危险性较大工程
安全监管制度与专项方案范例
（模架工程）

高淑娴　魏铁山　周与诚　等编著

中国建筑工业出版社

图书在版编目（CIP）数据

危险性较大工程安全监管制度与专项方案范例（模架工程）/高淑娴等编著. ——北京：中国建筑工业出版社，2017.3（2023.2重印）
ISBN 978-7-112-20343-7

Ⅰ. ①危… Ⅱ. ①高… Ⅲ. ①建筑工程-工程施工-安全管理-建筑方案 Ⅳ. ①TU714

中国版本图书馆 CIP 数据核字（2017）第 012653 号

为交流危险性较大工程监管经验，提高模架工程专项方案的编制水平，本书编委会编写了此书。本书分上下两篇，上篇包括危大工程监管制度综述、北京市落实制度具体做法综述和专项方案编制要点，下篇给出了 9 个典型工程专项方案范例，其中包括落地式脚手架工程、悬挑式脚手架工程、附着式升降脚手架工程、房屋建筑模板支撑架工程、跨管线现浇箱式桥梁模架工程、跨道路现浇箱式桥梁模架工程、地铁明挖车站模架工程、液压爬升模板工程、液压升降卸料平台工程。书中范例均按新的评价标准要求进行编写，体现了北京地区所属工程类型的编制水平。

本书可供行业管理人员、技术人员及项目管理人员参考使用。

责任编辑：王　梅　范业庶　杨　允　杨　杰
责任设计：李志立
责任校对：李欣慰　党　蕾

危险性较大工程安全监管制度与专项方案范例
（模架工程）
高淑娴　魏铁山　周与诚　等编著

*

中国建筑工业出版社出版、发行（北京海淀三里河路 9 号）
各地新华书店、建筑书店经销
霸州市顺浩图文科技发展有限公司制版
北京凌奇印刷有限责任公司印刷

*

开本：787×1092 毫米　1/16　印张：29¾　字数：743 千字
2017 年 7 月第一版　2023 年 2 月第三次印刷
定价：**88.00** 元
ISBN 978-7-112-20343-7
（29789）

《丛书》编写委员会

主　编：周与诚

副主编：高淑娴　高乃社　孙日增　李建设　刘　军

编　委：（按姓氏笔画排序）

刘　军　孙日增　李红宇　李建设　杨年华

张德萍　周与诚　高乃社　高淑娴　郭跃龙

魏铁山

本书编写组

主　　编：高淑娴

副主编：魏铁山　周与诚

编写人员：（按姓氏笔画排序）

于大海　王振兴　牛大伟　毛　杰　古文辉

刘志坚　苏　靖　李　军　李鸿飞　李雁鸣

杨国良　杨晓毅　张德萍　陆文娟　陈　伟

陈大伟　周与诚　赵天庆　胡裕新　姜传库

高淑娴　郭跃龙　梅晓丽　常亚静　魏铁山

序 1

安全生产事关人民群众切身利益,事关经济社会和谐稳定发展,事关全面建成小康社会战略的实现。建筑业是国民经济支柱产业,涉及面广,从业人员多,在深入贯彻落实新发展理念,大力推进行业转型升级和可持续发展的新形势下,必须守住安全生产的底线。近年来,我国建筑施工安全生产形势持续稳定好转,但生产安全事故尤其是较大以上事故仍时有发生,形势依然严峻。进一步加强建筑施工安全管理,增强重大安全风险防控能力,是一项十分紧迫的任务。

危险性较大的分部分项工程(以下简称危大工程)是建筑施工安全管理的重点和难点,具有数量多、分布广、掌控难、危害大等特征,一旦发生事故,容易导致人员群死群伤或者造成重大不良社会影响。为规范和加强危大工程安全管理,住房和城乡建设部先后印发了《危险性较大工程安全专项施工方案编制及专家论证审查办法》(建质〔2004〕213号)和《危险性较大的分部分项工程安全管理办法》(建质〔2009〕87号),有效促进了危大工程安全管理和技术水平的提高,对防范和遏制建筑施工生产安全事故的发生起到了重要作用。但是,各地贯彻执行中还存在一些薄弱环节,如危大工程专项方案编制质量不高,论证把关不严,不按方案施工等问题,带来了重大施工安全隐患,甚至造成群死群伤事故。

北京市在危大工程安全管理工作中积极思考、勇于探索,结合自身实际,制定了一系列危大工程安全监管的规章制度和政策措施,并在实践中不断总结提高,成效显著。在此基础上,北京市住房城乡建设委员会组织有关专家,对近几年在危大工程安全管理方面的经验和做法,以及部分典型工程实例进行了认真总结,精心编写了这套《危险性较大工程安全监管制度与专项方案范例》丛书。

该丛书详细介绍了北京市危大工程专家库管理、专家论证细则、动态管理等制度措施及具体做法,值得其他省市参考借鉴。该丛书分岩土工程、模架工程、吊装与拆卸工程和拆除与爆破工程四个专业,概括提出了危大工程专项方案编制要点,并编写了47个高水平的危大工程专项方案范例。这些范例均来源于工程实践,经过精心挑选、认真梳理,涵盖了危大工程主要类型,内容翔实,具有较强的专业性、指导性和实用性,可供参与危大工程专项方案编制、论证及安全管理的广大工程技术和管理人员学习参考。

相信该丛书的出版将对进一步提升我国危大工程安全管理水平,有效防控建筑施工过程中的重大安全风险,不断减少建筑施工生产安全事故起到积极的促进作用。

序 2

建筑施工安全一直是各级政府关注的重要工作，为防止发生建筑施工安全事故，各级政府都投入了大量的人力和物力。然而，由于建筑工程施工具有个性突出、技术复杂、量大面广、工期紧、人员素质偏低、管理粗放，以及制度不健全、监管不到位等原因，重大事故仍时有发生，造成重大生命财产损失，给全面建设小康社会带来不利影响。2009 年，住房和城乡建设部印发了《危险性较大的分部分项工程安全管理办法》（建质［2009］87号），俗称 87 号文，为做好建筑施工安全管理工作提供了重要依据和抓手，对防范发生重大事故发挥了重要作用。

北京市住房城乡建设委为落实好 87 号文，本着改革创新、转变政府职能的原则，在制度建设、组织保障、安全管理信息化和充分调动社会力量等方面做了一些积极的探索，取得了一些成绩。截至目前，基于 87 号文，共制订了 6 个配套文件，建立了拥有 2000 多名专家的专家库，每年有 800 多名专家参与危险性较大工程施工安全专项方案的论证，建立了危险性较大工程动态管理平台，每年有约 120 位专家跟踪指导超过 1000 项危险性较大工程施工安全专项方案执行情况，初步实现了危险性较大工程安全管理信息化，基本遏制了危险性较大工程安全事故的发生。此外，还探索建立了政府向社会组织购买服务的模式，培养了一支组织严密、训练有素、具有较高水平的应急抢险专家团队。

当前，北京市住房城乡建设委正在贯彻北京市"十三五"建设规划和习近平总书记对北京城市建设的指示精神，推进落实首都城市战略定位、加快建设国际一流的和谐宜居之都。北京城市副中心、新机场、冬奥会、世园会、CBD 核心区、环球影城、城市轨道交通建设工程等重点工程相继开工建设，建设任务十分繁重，建筑施工安全工作更显重要。我们这些年在危险性较大工程管理方面建立的制度、取得的经验和组建的专家团队为做好施工安全工作打好了基础，也必将发挥重要作用。

该丛书是北京市对危险性较大工程安全管理工作的阶段性总结，也是业内 80 多位安全技术管理专家集体智慧的结晶。书中上篇中介绍了北京市住建委落实 87 号文的一些具体做法，这些监管制度是经过长期实践探索最终形成的，具有很强的可执行性，随后介绍了危险性较大工程施工安全专项方案的编制要点，按照岩土工程、模架工程、钢结构工程、吊装及拆卸工程、拆除与爆破工程等专业进行划分，最后重点列举了 47 个具有代表性的危险性较大工程施工安全专项方案范例，基本涵盖了危险性较大工程范围内的主要施工工艺和方法，有很强的针对性和可操作性。希望这些做法和范例能够为兄弟省市在危险性较大工程管理方面提供有价值的参考，能帮助建筑企业有效提高危险性较大工程安全专项方案的编制水平，为进一步加强全国建设行业危险性较大工程的管理有所帮助。

借此书出版发行之际，向多年来支持北京市住建委安全管理工作，并取得突出成绩的专家学者、社会组织表示诚挚的谢意。

王承军

丛 书 前 言

建筑施工安全是各级政府、企业和从业人员的头等大事。为防范和遏制建筑施工安全事故的发生，建设部 2004 年印发了《危险性较大工程安全专项施工方案编制及专家论证审查办法》，在此基础上，经过修改完善，于 2009 年发布《危险性较大的分部分项工程安全管理办法》，将基坑支护、模板脚手架、起重吊装、拆除爆破等七项可能导致作业人员群死群伤的分部分项工程定义为危险性较大的分部分项工程（简称危大工程）。该办法规定危大工程施工前必须编制专项方案，超过一定规模的还应当组织专家论证。从此，编制危大工程专项方案并组织专家论证成为我国建筑业的一项制度性要求和安全管理措施，以把住专项方案质量关，确保方案阶段的安全隐患不带入施工环节。

但要编制和识别一个合格的专项方案并非易事。目前，专项方案编制及专家论证制度已实施 12 年，对于专项方案如何编制、专家按什么标准论证、论证结论如何确定等问题仍没有统一答案，不利于把住专项方案质量关。北京市住建委在规范专项方案编制和专家论证行为方面做了一些探索，除规定专家论证结论必须明确为"通过""修改后通过"或"不通过"三选一之外，2014 年又组织专家研究制订了"通过""修改后通过"和"不通过"的判断标准。此外，北京市在专家库的建立、管理和使用，以及专项方案实施过程中的信息化管理等方面做了一些有益的探索，取得了一些成果。

为了提高施工技术人员编制专项方案的水平，帮助专家履行好专项方案论证职责，以及方便有关部门分享北京市危大工程管理经验，我们组织专家编制了该套丛书。

编制专项方案是施工技术人员的基本功。一位刚进入施工企业的大学生，接到的第一项挑战性的工作很可能是编写专项方案，这套丛书会帮助你摆脱"无处下手"的困境，"照猫画虎"快速上手。你只需要从中找到一个类似的范例，按照范例编写的主要内容及表述方式，结合拟建项目的具体情况，至少可以编写出一个"修改后通过"的专项方案。

快速识别一个专项方案的优劣是参与专项方案论证专家的基本功。专家论证专项方案并不是一件容易的事，受审阅方案时间、施工经验、施工方案复杂性等多重因素的影响，专家如何在有限的时间里快速识别专项方案的优劣、把住质量关是衡量专家水平高低的重要标志。这套丛书提供了优秀专项方案的标准，对于类似的工程，对照一下范例，审查方案中是否做到：该说的都说了、说了的都说清楚了、说清楚了的都说对了。把住了这三条，就把住了专项方案质量，论证的工作也变得容易了。

做好危大工程管理工作需要配套的规章制度。北京市自 20 世纪 90 年代开始研究危大工程管理，从技术规范和行政管理两方面入手，通过编制技术规范和制订规范性文件，规范相关主体行为，以提高专业技术水平和施工安全管理水平。至 2016 年，危大工程有了技术标准，此外，北京市在住建部发布的《危险性较大的分部分项工程安全管理办法》基础上，制订了六个配套的规范性文件和工作制度，使参与危大工程管理的各方主体都有章可循。

北京市将危大工程分为四个专业：岩土工程、模架工程、吊装与拆卸工程和拆除与爆破工程。本丛书包括上述四个专业共五册，47 个范例，80 余位专家参与编写。每册分上、下两篇，上篇含危大工程监管制度综述、北京市落实制度具体做法综述和专项方案编制要点，下篇为范例。其中：《岩土工程》由周与诚、刘军等 22 人编写，含放坡开挖工程、土钉墙（复合土钉墙）支护工程、桩锚支护工程、内支撑支护工程、人工挖孔桩工程、竖井开挖工程、矿山法区间工程、顶管工程和盾构工程等 9 个范例；《模架工程》由高淑娴、魏铁山等 25 人编写，含落地式脚手架工程、悬挑式脚手架工程、附着式升降脚手架工程、房屋建筑模板支撑架工程、桥梁建筑模板支撑架工程、地铁明挖车站模架工程、液压爬升模板工程、液压升降卸料平台工程等 9 个范例；《钢结构工程》由高乃社、高淑娴等 28 人编写，含单层厂房钢结构工程、连桥钢结构工程、单层网壳钢结构工程、大跨度网架整体提升工程、大跨度空间网格钢结构工程、大跨度桁架滑移钢结构工程、大跨度网架钢结构工程、大跨度网架整体顶升工程等 8 个范例；《吊装与拆卸工程》由孙曰增、李红宇、王凯晖、董海亮等 18 人编写，含箱型梁吊装工程、特殊结构施工吊篮安装工程、架桥机安装工程、门式起重机安装工程、门式起重机拆卸工程、地连墙钢筋笼吊装工程、钢结构桁架滑移工程、钢结构网架提升工程、倒装法水罐安装工程、盾构机出井吊装工程、盾构机下井吊装工程、塔式起重机安装工程、塔式起重机拆卸工程等 13 个范例；《拆除与爆破工程》由李建设、杨年华等 16 人编写，含建筑物逐层拆除工程、建筑物超长臂液压剪拆除工程、高耸构筑物破碎拆除工程、高耸构筑物机械破碎定向倾倒拆除工程、桥梁机械拆除工程、建筑物整体切割拆除工程、地铁隧道爆破工程、路基石方开挖爆破工程等 8 个范例。

本丛书在编写过程中得到了住建部王天祥处长、北京市住建委陈卫东副主任、魏吉祥站长等领导的支持及中国建筑工业出版社的悉心指导和帮助，陈大伟教授和魏吉祥站长对上篇进行修改和审核，住建部工程质量安全监管司王英姿副司长和北京市住建委王承军副主任为本丛书作序，在此深表感谢。

由于编者水平有限及时间仓促等原因，书中难免存在不妥之处，欢迎读者指正，以便再版时纠正。联系邮箱：weidacongshu@qq.com，电话：010-63964563，010-63989081转 815

《丛书》编写委员会
2017 年 6 月

前　言

本书中的模架工程是对《危险性较大的分部分项工程安全管理办法》中"超过一定规模的、危险性较大的"与模架相关的分部分项工程的统称，包括模板工程与支撑体系、脚手架工程等。本书模板工程与支撑体系中包括房屋建筑、桥梁建筑、地铁建筑模板与支撑架工程的支撑体系和液压爬升模板工程等，脚手架工程中包括落地式脚手架，悬挑脚手架，附着式升降脚手架等分部分项工程。

本书分上篇和下篇。上篇含三章：第1章绪论，由周与诚编写，第2章《危大工程管理办法》解读，由周与诚、陈大伟编写，第3章北京市危大工程监管情况介绍，由周与诚、郭跃龙、张德萍、牛大伟编写。下篇含模架工程专项方案编制要点和9个范例，其中：模架工程专项方案编制要点由高淑娴编写，范例1落地式脚手架工程，由李军、魏铁山编写；范例2悬挑式脚手架工程，由陈伟、胡裕新编写；范例3附着式升降脚手架工程，由姜传库、王振兴、刘建国编写；范例4房屋建筑模架工程，由于大海、梅晓丽编写；范例5、范例6桥梁建筑模架工程，由赵天庆、杨国良、常亚静、陆文娟、苏靖编写；范例7地铁明挖车站模架工程，由李雁鸣、毛杰编写；范例8液压爬升模板工程，由杨晓毅、梅晓丽、刘志坚编写；范例9液压升降卸料平台工程，由李雁鸣、李鸿飞，古文辉编写。

本书中9个范例均基于实际工程但又高于实际工程专项方案。为了保留范例的真实性和可复制性，所有范例从形式到内容均完整保留。但由于实际工程的局限性，或太简单，或过于复杂，致使其代表性不足，且由于缺乏专项方案的评价标准（北京市2015年6月开始实施专项方案评价标准），编制水平普遍不高，在编写范例时原方案中内容均按照新的评价标准要求进行修改。所以，本书中所列9个范例均代表了目前北京地区所属工程类型的较高编制水平，值得学习借鉴。

本书在编写过程中采用了北京市住建委的文件和研究成果，借鉴了一些单位的专项方案资料，在此深表感谢。

由于编者水平有限及时间仓促等原因，书中难免存在不妥之处，欢迎读者指正，以便再版时纠正。

本书编写组

2017年6月

目　　录

上篇　危大工程监管制度

下篇　模架工程专项方案编制要点及范例

上篇

危大工程监管制度

第1章 绪　　论

周与诚　编写

1.1　危大工程安全监管制度的设立

建筑业是我国的支柱产业，但生产安全事故也占了较大比例。据国家安监总局《2015年建筑行业领域安全生产形势综合分析》，2015 事故起数和死亡人数分别占全国工矿事故总数的 32.3％和 31.6％，如图 1.1-1 所述。其中较大以上事故起数及死亡人数占总数的 60％左右，图 1.1-2 为 2015 年建筑业较大事故所占比例，其中塌方、起重伤害之和达到 61％。

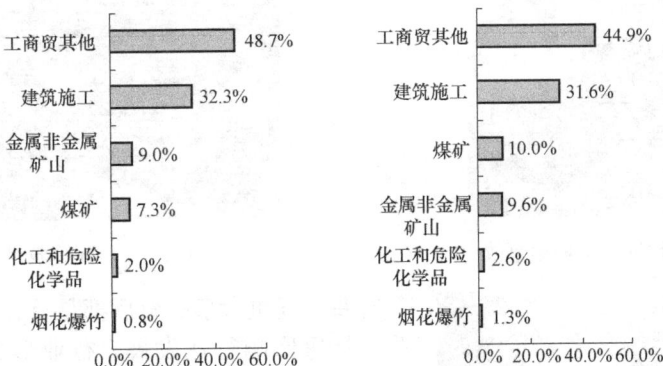

图 1.1-1　2015 年全国工矿事故起数和死亡人数比例

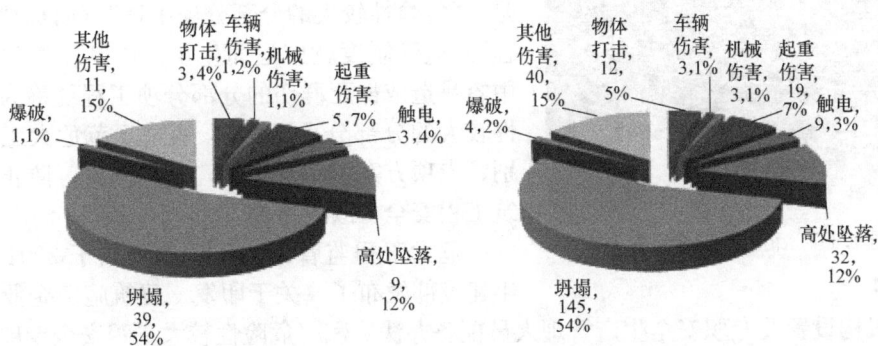

图 1.1-2　2015 年建筑业较大事故起数及死亡人数

在全国造成较大影响的建筑施工重大安全事故中，几乎都是由危大工程引起的，说明对危大工程的安全管理仍存在一定的问题和差距。如图 1.1-3 所示江西丰城电厂滑模垮塌

周与诚　北京城建科技促进会理事长，北京岩土工程协会秘书长，教授级高级工程师，注册土木工程师（岩土），从事岩土工程设计，施工、咨询、管理等工作近 30 年。

事故，图 1.1-4 所示杭州地铁基坑坍塌事故，图 1.1-5 所示北京地铁基坑坍塌事故，图 1.1-6 所示广州建筑基坑坍塌事故，图 1.1-7 所示北京模架垮塌事故。

图 1.1-3 江西丰城电厂滑模垮塌事故

图 1.1-4 杭州地铁基坑坍塌事故

图 1.1-5 北京地铁基坑坍塌事故

图 1.1-6 广州建筑基坑坍塌事故

图 1.1-7 北京模架垮塌事故

每一起重大事故背后都是重大的生命和财产损失，严重影响行业发展、行业形象和和谐社会建设。作为一个以人为本、为人民服务的政府，必然要采取措施，强化监管，以防范发生这类事故。于是，"危险性较大的分部分项工程"（简称"危大工程"）监管制度就应运而生了。该制度将建筑工程中容易造成群死群伤的分部分项工程统称为"危险性较大的分部分项工程"，通过规范危大工程的识别、专项方案编制及实施，达到减少、防止发生建筑工程安全事故的目的。

危大工程监管作为一项制度始于 2004 年，当年建设部发布了《关于印发〈建筑施工企业安全生产管理机构设置及专职安全生产管理人员配备办法〉和〈危险性较大工程安全专项施工方案编制及专家论证审查办法〉的通知》（建质〔2004〕213 号，下称 213 号文，详见附录 1），其中的《危险性较大工程安全专项施工方案编制及专家论证审查办法》部分对危大工程的分类、专项方案编制、专家论证等做了规定。但该文件过于简单，对专项方案编制、方案内容、方案实施、专家条件、专家组构成、专家管理等方面未做明确规定，可操作性不强。建设部于 2006 年启动了修订 213 号文的调研工作，2009 年住建部印发了《危险性较大的分部分项工程安全管理办法》的通知（建质〔2009〕87 号，下称《危大工程管理办法》，详见附录2），替代了213号文的《危险性较大工程安全专项施工方案编制及专家论证审查办法》。《危大工程管理办法》奠定了危大工程监管制度的基础。

实行危大工程监管制度既是现实的需要，也是法律法规的要求。《危大工程管理办法》的直接依据是2004年2月施行的《建设工程安全生产管理条例》，该《条例》第二十六条规定，施工单位应当在施工组织设计中编制安全技术措施，对于基坑支护与降水工程、土方开挖工程、模板工程、起重吊装工程、脚手架工程、拆除与爆破工程等达到一定规模的危险性较大的分部分项工程，要求编制专项施工方案；对涉及深基坑、地下暗挖工程、高大模板工程的专项施工方案，施工单位还应当组织专家进行论证、审查。《条例》的依据是《建筑法》。《建筑法》第三十八条规定，建筑施工企业在编制施工组织设计时，应当根据建筑工程的特点制定相应的安全技术措施；对专业性较强的工程项目，应当编制专项安全施工组织设计，并采取安全技术措施。

1.2　危大工程安全监管制度实施的成效

（1）提高施工单位的技术管理水平。危大工程监管制度一方面要求施工单位主动作为，建立危大工程监管制度，从危大工程识别、编制方案、组织专家论证、修改完善方案、监督实施方案，到检查验收，不断地完善制度，培训锻炼人才；另一方面，通过制度化安排，让社会专家有序地参与施工单位危大工程专项方案制定环节之中，帮助施工单位提高和把控专项方案质量，与此同时，通过专家论证会，让施工单位相关岗位的人员旁听专家点评、答疑，熟悉、掌握专项方案要点，提高监督工作的针对性和效率。事实上，相当多的施工单位项目部已经把专项方案专家论证作为针对性极强的技术交流培训会。施工单位的技术管理水平也得到了提升。

（2）提高专家的技术水平。建筑施工是一个实践性特别强的行业，仅有理论知识几乎寸步难行。而经验的积累又受到建筑工程工期长、个性突出、施工环境相对封闭等特点的局限，施工技术、经验常常形成单位化、区域化的信息孤岛，交流不畅，导致单位间、区域间施工技术水平相差太大。危大工程监管制度给了专家快速开阔眼界、交流积累技术经验的机会。有的专家每年能参与几十个专项方案的论证，类似于积累几十个工程经验！这在制度施行之前是不可想象的，只有大型企业的技术负责人才有可能得到。现如今，专家们不再仅仅服务于所属企业，而是服务于所在地区，有的甚至服务于全国，在不断学习和传递经验的过程中，技术水平得到快速明显的提升。

（3）专项方案编制工作得到规范。按照《危大工程管理办法》的规定，凡是危大工程，施工前必须编制专项方案，超过一定规模的，施工单位还应组织专家论证。专家论证其实就是请五位以上的专家"挑方案毛病"，专家"挑毛病"的过程也是传授经验的过程。由于专家们大多数是行业内企业的技术负责人或技术骨干，在相互学习借鉴中不断改进本单位的专项方案编制内容、方法及表述方式等。这样，经过十多年的不断改进，现在全国施工单位的专项方案编制水平已今非昔比，明显提高。

（4）提高了工程项目施工决策水平和地方政府应急管理水平。项目经理是项目施工的最高决策者，不仅在施工、经营管理方面常常一人说了算，在技术管理方面有时也擅自做主，瞎指挥，蛮干。危大工程监管制度让第三方的社会专家参与项目重大技术方案的论证，优化了项目技术决策程序，提高了项目决策水平。另外，按照危大工程监管制度，各省市建设行政主管部门都建立了专家库，这个在专项方案论证和方案实施中不断打磨的专家群体，成为各地完善应急管理制度、提高应急处置水平的基础。

（5）安全事故得到有效遏制。图 1.2 为 2010 年至 2016 年全国建筑业较大及以上事故统计图，事故起数和死亡人数十年来稳中有降。这份成绩与危大工程监管制度密不可分。可以预见，随着我国建筑向高、大、深、新方向发展，以及全行业对危大工程监管制度重要性的认识逐步加深和管理经验的不断积累，这项制度对防范发生安全事故的作用将更加突出。

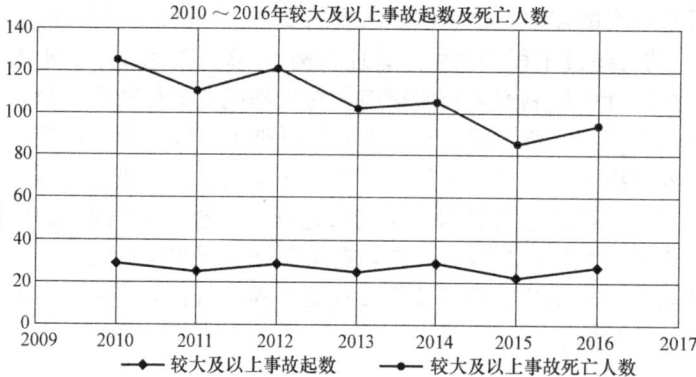

图 1.2 2010～2016 年全国建筑业较大及以上
事故起数和死亡人数统计图

1.3 危大工程安全监管制度取得的经验、存在的问题和发展方向

危大工程监管制度的目的是防止发生群死群伤事故，其核心内容是编制合格的危大工程专项方案并确保其得以执行。和其他制度一样，其建立和完善也需要一个不断总结、修订和提高的过程。

2004 年建设部印发《危险性较大工程安全专项施工方案编制及专家论证审查办法》，全文共八条，主要明确了应当编制专项方案的危大工程和应当组织专家论证审查的危大工程范围；规定了专项方案的编制、审核和签字；规定了专家论证人数、完善方案和严格执行方案。该办法对于危大工程清单管理、专项方案内容、专家论证内容、组织专家论证、专家条件、专家管理、专项方案执行、违规责任等未做规定，其可操作性不强。

2009 年在调研基础上，住建部印发《危险性较大的分部分项工程安全管理办法》，全文共二十五条另加两个附件，围绕专项方案的编制和执行，对参建各方主体（建设单位、施工单位、监理单位、评审专家、工程建设主管部门）明确了工作要求，《办法》的系统性、针对性和可操作性大大增强。

从 2009 年至今，该办法已实施八年，全国各地建设行政主管部门为贯彻落实该项制度进行了探索，取得了一些成绩和经验，同时也暴露出一些问题。一条最基本的经验是：地方建设行政主管部门应当严格执行《办法》的规定，并依据本地区实际情况制定配套制度。严格执行《办法》是指：危大工程施工前必须编制专项方案，超过一定规模的必须经过专家论证；制定《办法》实施细则、专家库工作制度；建立专家库和专家诚信档案，专家库面向社会公开。配套制度是指：规范专家行为、提升专项方案论证水平和危大工程信息化管理的相关制度。存在的主要问题表现为：部分地区没有严格执行《办法》规定，在专项方案论证组织形式、专家库的建立及专家管理等方面跑偏；专项方案编制及专家论证缺乏标准；以及《办法》法律地位较低，约束力不足等。因此，适时对该办法进行修改和完善，并提升其法律地位，加大《办法》对相关各方的约束力是十分必要的。另外，政府组织引导专业技术力量制定专项方案编制技术指南或标准，并加强技术交流和培训，对于提高危大工程专项方案的编制、论证、执行和监管水平，具有十分重要的作用。

第 2 章 《危大工程管理办法》解读

周与诚　陈大伟　编写

2.1　目的及适用范围

为进一步规范和加强对危险性较大的分部分项工程安全管理，积极防范和遏制建筑施工生产安全事故的发生，住房和城乡建设部于 2009 年 5 月 13 日颁布《危险性较大的分部分项工程安全管理办法》（下称《危大工程管理办法》）。该办法内容丰富，重点解读如下。

2.1.1　对象

对象包括主体和客体。主体包括建设单位、施工单位、监理单位、评审专家、工程建设主管部门和上述单位或部门的相关人员；客体就是危大工程专项方案（识别、编制、实施）。

2.1.2　目的

为加强对危险性较大的分部分项工程安全管理，明确安全专项施工方案编制内容，规范专家论证程序，确保安全专项施工方案实施，积极防范和遏制建筑施工生产安全事故的发生。

2.1.3　范围

房屋建筑和市政基础设施工程（以下简称"建筑工程"）的新建、改建、扩建、装修和拆除等建筑安全生产活动及安全管理。

2.2　危大工程的定义及范围

2.2.1　定义

危大工程是"危险性较大的分部分项工程"的简称，危险性较大分部分项工程是指建筑工程在施工过程中存在的、可能导致作业人员群死群伤或造成重大不良社会影响的分部分项工程。

2.2.2　范围

序号	危险性较大的分部分项工程范围	超过一定规模的危险性较大的分部分项工程范围
一	基坑支护、降水工程	开挖深度超过3m(含3m)或虽未超过3m但地质条件和周边环境复杂的基坑(槽)支护、降水工程	（一）深基坑工程中开挖深度超过5m(含5m)的基坑(槽)的土方支护、降水工程。 （二）深基坑工程中开挖深度虽未超过5m,但地质条件、周围环境和地下管线复杂，或影响毗邻建筑(构筑)物安全的基坑(槽)的土方支护、降水工程

陈大伟　工学博士，现任首都经济贸易大学建设安全研究中心主任，研究方向工程建设安全与风险管理。兼任：国务院安委会专家咨询委员建筑施工专业委员会专家、国家安全生产专家组建筑施工专业组副组长。

续表

序号		危险性较大的分部分项工程范围	超过一定规模的危险性较大的分部分项工程范围
二	土方开挖工程	开挖深度超过 3m(含 3m)的基坑(槽)的土方开挖工程	(一)深基坑工程中开挖深度超过5m(含 5m)的基坑(槽)的土方开挖工程。 (二)深基坑工程中开挖深度虽未超过 5m,但地质条件、周围环境和地下管线复杂,或影响毗邻建筑(构筑)物安全的基坑(槽)的土方开挖工程
三	模板工程及支撑体系	(一)各类工具式模板工程:包括大模板、滑模、爬模、飞模等工程	(一)工具式模板工程:包括滑模、爬模、飞模工程
		(二)混凝土模板支撑工程:	(二)混凝土模板支撑工程:
		1. 搭设高度 5m 及以上	1. 搭设高度 8m 及以上
		2. 搭设跨度 10m 及以上	2. 搭设跨度 18m 及以上
		3. 施工总荷载 10kN/m² 及以上	3. 施工总荷载 15kN/m² 及以上
		4. 集中线荷载 15kN/m 及以上	4. 集中线荷载 20kN/m 及以上
		5. 高度大于支撑水平投影宽度且相对独立无联系构件的混凝土模板支撑工程	
		(三)承重支撑体系:用于钢结构安装等满堂支撑体系	(三)承重支撑体系:用于钢结构安装等满堂支撑体系,承受单点集中荷载 700kg 及以上
四	起重吊装及安装拆卸工程	(一)采用非常规起重设备、方法,且单件起吊重量在 10kN 及以上的起重吊装工程 (二)采用起重机械进行安装的工程 (三)起重机械设备自身的安装、拆卸	(一)采用非常规起重设备、方法,且单件起重量在 100kN 及以上的起重吊装工程。 (二)起重量 300kN 及以上的起重设备安装工程;高度 200m 及以上内爬起重设备的拆除工程
五	脚手架工程	(一)搭设高度 24m 及以上的落地式钢管脚手架工程	(一)搭设高度 50m 及以上落地式钢管脚手架工程
		(二)附着式整体和分片提升脚手架工程	(二)提升高度 150m 及以上附着式整体和分片提升脚手架工程
		(三)悬挑式脚手架工程	(三)架体高度 20m 及以上悬挑式脚手架工程
		(四)吊篮脚手架工程	
		(五)自制卸料平台、移动操作平台工程	
		(六)新型及异型脚手架工程	
六	拆除、爆破工程	(一)建筑物、构筑物拆除工程 (二)采用爆破拆除的工程	(一)采用爆破拆除的工程。(二)码头、桥梁、高架、烟囱、水塔或拆除中容易引起有毒有害气(液)体或粉尘扩散、易燃易爆事故发生的特殊建、构筑物的拆除工程。(三)可能影响行人、交通、电力设施、通讯设施或其他建、构筑物安全的拆除工程。(四)文物保护建筑、优秀历史建筑或历史文化风貌区控制范围的拆除工程
七	其他	(一)建筑幕墙安装工程	(一)施工高度 50m 及以上的建筑幕墙安装工程
		(二)钢结构、网架和索膜结构安装工程	(二)跨度大于 36m 及以上的钢结构安装工程;跨度大于 60m 及以上的网架和索膜结构安装工程
		(三)人工挖扩孔桩工程	(三)开挖深度超过 16m 的人工挖孔桩工程

序号	危险性较大的分部分项工程范围		超过一定规模的危险性较大的分部分项工程范围
七	其他	（四）地下暗挖、顶管及水下作业工程	（四）地下暗挖工程、顶管工程、水下作业工程
		（五）预应力工程	
		（六）采用新技术、新工艺、新材料、新设备及尚无相关技术标准的危险性较大的分部分项工程	（五）采用新技术、新工艺、新材料、新设备及尚无相关技术标准的危险性较大的分部分项工程

2.3　各方主体责任

1）建设单位工作要求

（1）在申请领取施工许可证或办理安全监督手续时，提供危险性较大的分部分项工程清单和安全管理措施；

（2）参加专家论证会；

（3）项目负责人签字认可专项方案，参加检查验收；

（4）责令施工单位停工整改，向建设主管部门报告。

2）施工单位工作要求

（1）建立危险性较大的分部分项工程安全监管制度；

（2）负责编制、审核、审批安全专项方案；

（3）负责组织专家论证会并根据论证意见修改完善安全专项方案；

（4）负责按专项方案组织施工，不得擅自修改、调整专项方案；

（5）负责对现场管理人员和作业人员进行安全技术交底；

（6）指定专人对专项方案实施情况进行现场监督和按规定进行监测；

（7）技术负责人应当定期巡查专项方案实施情况；

（8）组织有关人员进行验收；

（9）负责对建设、监理和主管部门提出问题和隐患进行整改落实。

3）监理单位工作要求

（1）建立危险性较大的分部分项工程安全监管制度；

（2）项目总监理工程师审核专项方案并签字；

（3）参加专家论证会；

（4）将危险性较大工程列入监理规划和监理实施细则；

（5）制定安全监理工作流程、方法和措施；

（6）对安全专项方案的实施情况进行现场监理，对不按方案实施的，应当责令整改，对拒不整改的，应当及时向建设单位报告；

（7）组织有关人员验收危大工程。

4）专家工作要求

专项方案经论证后，专家组应当提交论证报告，对论证的内容提出明确的意见，并在论证报告上签字。

5）建设行业主管部门工作要求

（1）按专业类别建立专家库，并公示专家名单，及时更新专家库；

（2）制定专家资格审查办法和监管制度并建立专家诚信档案；

（3）依据有关法律法规处罚违规的建设单位、施工单位和监理单位；

（4）制定实施细则。

2.4　专项施工方案编制

施工单位应当在危险性较大的分部分项工程施工前编制专项方案；对于超过一定规模的危险性较大的分部分项工程，施工单位应当组织专家对专项方案进行论证。建筑工程实行施工总承包的，专项方案应当由施工总承包单位组织编制。其中，起重机械安装拆卸工程、深基坑工程、附着式升降脚手架等专业工程实行分包的，其专项方案可由专业承包单位组织编制。

专项方案编制应当包括以下内容：

（1）工程概况：危险性较大的分部分项工程概况、施工平面布置、施工要求和技术保证条件。

（2）编制依据：相关法律、法规、规范性文件、标准、规范及图纸（国标图集）、施工组织设计等。

（3）施工计划：包括施工进度计划、材料与设备计划。

（4）施工工艺技术：技术参数、工艺流程、施工方法、检查验收等。

（5）施工安全保证措施：组织保障、技术措施、应急预案、监测监控等。

（6）劳动力计划：专职安全生产管理人员、特种作业人员等。

（7）计算书及相关图纸。

专项方案应当由施工单位技术部门组织本单位施工技术、安全、质量等部门的专业技术人员进行审核。经审核合格的，由施工单位技术负责人签字。实行施工总承包的，专项方案应当由总承包单位技术负责人及相关专业承包单位技术负责人签字。不需专家论证的专项方案，经施工单位审核合格后报监理单位，由项目总监理工程师审核签字。危大工程专项方案编制审核审批流程如图2.4所示。

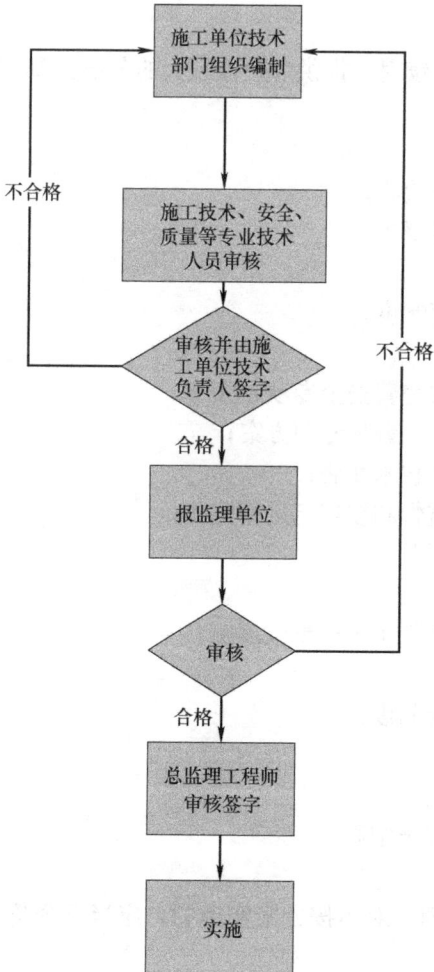

图2.4　危大工程专项方案编制审核审批流程

2.5　专家论证

超过一定规模的危险性较大的分部分项工程专项方案应当由施工单位组织召开专家论

证会。实行施工总承包的，由施工总承包单位组织召开专家论证会。

下列人员应当参加专家论证会：

（1）专家组成员；

（2）建设单位项目负责人或技术负责人；

（3）监理单位项目总监理工程师及相关人员；

（4）施工单位分管安全的负责人、技术负责人、项目负责人、项目技术负责人、专项方案编制人员、项目专职安全生产管理人员；

（5）勘察、设计单位项目技术负责人及相关人员。

专家组成员应当由 5 名及以上符合相关专业要求的专家组成。本项目参建各方的人员不得以专家身份参加专家论证会。

专家论证的主要内容：

（1）专项方案内容是否完整、可行；

（2）专项方案计算书和验算依据是否符合有关标准规范；

（3）安全施工的基本条件是否满足现场实际情况。

专项方案经论证后，专家组应当提交论证报告，对论证的内容提出明确的意见，并在论证报告上签字。该报告作为专项方案修改完善的指导意见。超过一定规模的危大工程专项方案编制审核审批流程如图 2.5 所示。

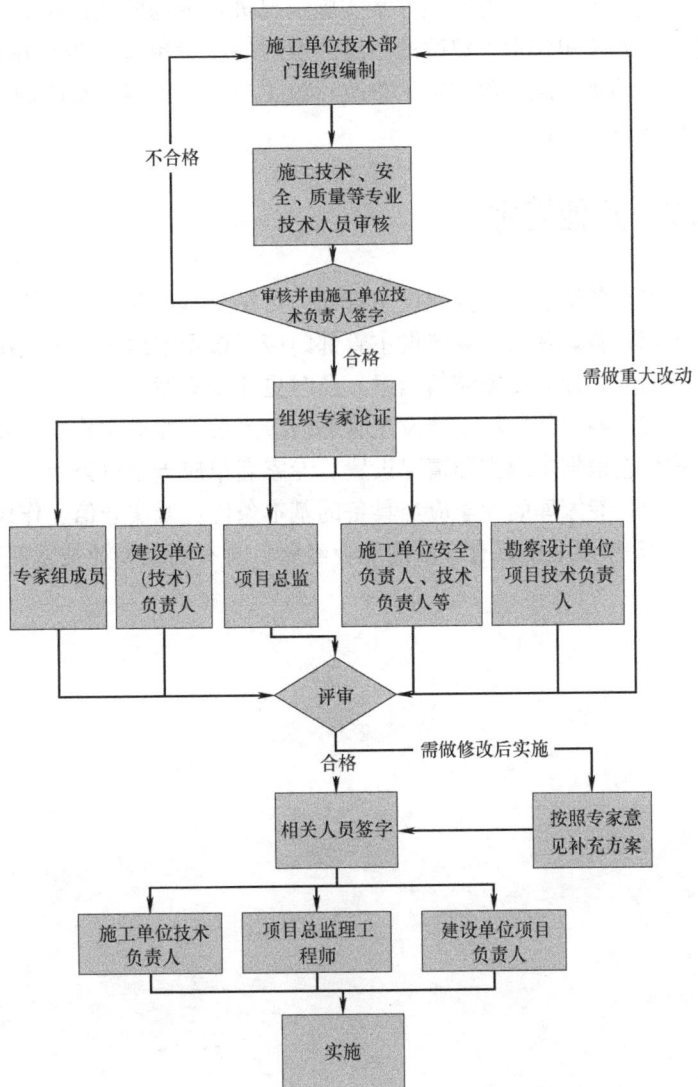

图 2.5　超过一定规模的危大工程专项方案编制审核审批流程

2.6　方案实施

施工单位应当根据论证报告修改完善专项方案，并经施工单位技术负责人、项目总监理工程师、建设单位项目负责人签字后，方可组织实施。实行施工总承包的，应当由施工总承包单位、相关专业承包单位技术负责人签字。

专项方案实施前，编制人员或项目技术负责人应当向现场管理人员和作业人员进行安全技术交底。

施工单位应当指定专人对专项方案实施情况进行现场监督和按规定进行监测。发现不按照专项方案施工的，应当要求其立即整改；发现有危及人身安全紧急情况的，应当立即组织作业人员撤离危险区域。施工单位技术负责人应当定期巡查专项方案实施情况。

监理单位应当对专项方案实施情况进行现场监理；对不按专项方案实施的，应当责令整改，施工单位拒不整改的，应当及时向建设单位报告；建设单位接到监理单位报告后，应当立即责令施工单位停工整改；施工单位仍不停工整改的，建设单位应当及时向住房城乡建设主管部门报告。

2.7 其他规定

（1）各地住房城乡建设主管部门可结合本地区实际，依照本办法制定实施细则。

（2）各地住房城乡建设主管部门应当根据本地区实际情况，制定专家资格审查办法和管理制度并建立专家诚信档案，及时更新专家库。

（3）各地住房城乡建设主管部门应当按专业类别建立专家库。专家库的专业类别及专家数量应根据本地实际情况设置。专家名单应当予以公示。

（4）专家库的专家应当具备的基本条件：诚实守信、作风正派、学术严谨；从事专业工作 15 年以上或具有丰富的专业经验；具有高级专业技术职称。

第3章 北京市危大工程安全监管情况介绍

周与诚 郭跃龙 张德萍 牛大伟 编写

3.1 贯彻落实危大工程安全监管制度总体情况

北京市从 1990 年代开始，基坑坍塌问题日渐突出，建设行政主管部门及工程技术人员着手研究防止基坑事故的办法。1994 年，上海市和天津市实施基坑支护方案专家评审制度，对防止基坑事故发挥了重要作用，北京市曾尝试学习借鉴上海天津的经验，但因多种原因未能实现。直到 2003 年地方标准《建筑工程施工技术管理规程》发布时，才在该规程第 10 章中列了一条，对基坑支护施工方案的管理进行了规范。2004 年，建设部印发《关于印发〈建筑施工企业安全生产管理机构设置及专职安全生产管理人员配备办法〉和〈危险性较大工程安全专项施工方案编制及专家论证审查办法〉的通知》（建质〔2004〕213 号，下称 213 号文），北京市计划制订实施细则，但随后建设部启动了修订 213 号文的调研工作，北京参与了 2006 年在上海召开的启动会，实施细则的研制发布工作被推迟。2009 年，住建部印发《危险性较大的分部分项工程安全管理办法》（建质〔2009〕87 号，下称《危大工程管理办法》），同年 11 月，北京市印发了实施细则《北京市实施〈危险性较大的分部分项工程安全管理办法〉规定》（京建施〔2009〕841 号，下称《实施〈危大工程管理办法〉规定》，详见附录 3）。

2010 年，在《实施〈危大工程管理办法〉规定》基础上，北京市住建委成立了"北京市危险性较大的分部分项工程管理领导小组"和"北京市危险性较大的分部分项工程管理领导小组办公室"（下称"危大办"），建立了"北京市危险性较大分部分项工程专家库"（下称"危大专家库"）；"危大办"制订了《北京市危险性较大分部分项工程专家库工作制度》（下称《专家库工作制度》，详见附录 4）和《北京市危险性较大分部分项工程安全专项施工方案专家论证细则》（下称《专家论证细则》）。2011 年，北京市住建委印发《北京市轨道交通建设工程专家管理办法》（京建法〔2011〕23 号，下称《轨道交通专家管理办法》，详见附录 5）；"领导小组"发布《北京市危险性较大分部分项工程专家库专家的考评和诚信档案管理办法》（下称《专家考评与诚信档案管理办法》，详见附录 6）。2012 年北京市住建委印发《北京市危险性较大的分部分项工程安全动态管理办法》（京建法〔2012〕1 号，下称《动态管理办法》，详见附录 7），并建立了"危险性较大的分部分项工程安全动态管理平台"（下称"动态管理平台"）。2014 年，北京市住建委组织专家开展专项方案论证标准和关键节点识别研究，并将研究成果应用于修订《专家论证细则》之中。2015 年，实行《专家论证细则》（2015 版），详见附录 8，实现了专项方案编制及专家论证工作的标准化。

3.2　印发《实施〈危大工程管理办法〉规定》

北京市自 20 世纪 90 年代开始研究基坑安全管理措施，2006 年参与了建设部修订 213 号文的调研工作。有了这些基础，北京的实施细则发布较快，2009 年 5 月《危大工程管理办法》发布，北京的实施细则就开始征求意见，并于同年 11 月印发了《实施〈危大工程管理办法〉规定》。

《实施〈危大工程管理办法〉规定》主要内容除《危大工程管理办法》内容之外，设立了危大工程的管理机构、明确了专家库的建立和管理程序、细化了专家论证结论的形式和内容，使得《危大工程管理办法》更具可操作性。具体细化的内容包括：

1）第九条至第十一条设立了危大工程领导小组及办公室，明确了职责任务。

2）第十二条将危大工程分为岩土工程、模架工程、吊装及拆卸工程、爆破及拆除工程四个专业，并分别设立专家库。

3）第十三条至第十八条明确专家库建立方式、程序、任期，规定专家的权利义务和责任。

4）第十九条规定由领导小组办公室建立超过一定规模的危大工程专项方案档案，并跟踪其执行情况。

5）第二十条至第二十三条规定了专家组的构成、预审方案、论证报告的形式及要求、资料存档等。

3.3　规范专家论证行为

为规范专家行为，"危大办"制订了《专家库工作制度》和《专家论证细则》。《专家工作制度》明确了专家入、出库的程序，规定了专家的权利和义务。《专家论证细则》则是专家参与专项方案论证活动时的技术规则。

《专家工作制度》共十条，主要内容：依据、领导小组和办公室职责、专业分类、专家聘任方式和程序、专家任期、专家责权利、组长的权利和义务等。

《专家论证细则》分通用部分和专业技术部分，通用部分包含总则、程序和纪律，适用于专家库内的四个专业；专业技术部分包括岩土工程、模架工程、起重与吊装拆卸工程、拆除与爆破工程四个专业技术评审细则。各专业技术论证部分均包括符合性论证和实质性论证。

《专家论证细则》是做好专项方案编制及专家论证工作的基础，并具有较高的技术含量。自 213 号文实施后，北京市危大工程专项方案的编制及专家论证工作在探索中逐步开展。当时的情况是：一方面，各施工单位依据规范和经验编制的专项方案，内容不统一，编制深度不一致，水平参差不齐；另一方面，专家也是依据自己的经验论证方案，专家水平及把握尺度相差较大；专项方案编制及专家论证都不规范。2009 年，北京市印发《实施〈危大工程管理办法〉规定》，为指导施工单位编制专项方案，规范专家论证内容，"危大办"组织四个专业的知名专家，在深入研究专业技术标准的基础上，结合北京地区的实际情况，编写出简明扼要的《专家论证细则》。

经过几年专项方案编制及专家论证实践活动，我们发现了更深层次的问题，需要设法解决。按照《实施〈危大工程管理办法〉规定》，专家论证结论统一为："通过"、"不通过"或"修改后通过"。应该说，这样的论证结论较此前的"基本可行"、"总体可行"、"在精心施工的前提下是安全的"等类的论证结论要明确得多。但问题是：在什么情况下论证结论为"不通过"？什么情况下论证结论为"修改后通过"？什么情况下论证结论为"通过"？有的方案编制质量很差，问题很多，专家提出了很多条修改意见，相当于要重新编制方案，但最后的论证结论可能是"修改后通过"，甚至可能是"通过"。由于"照顾面子"等多方面的原因，论证结论很少出现"不通过"的。也有一些专家，或水平不高看不出问题，或不认真查看，对存在明显缺陷的方案，论证结论为"通过"。针对这些问题，北京市住建委 2014 年建立课题，研究"不通过"、"修改后通过"和"通过"的判定标准。经过 24 位专家一年的研究，制订了基于四个专业共计 29 种施工方法的专项方案论证结论"不通过"、"修改后通过"、"通过"及关键节点的判定标准，形成了 2015 版的《专家论证细则》。

3.4　危大工程管理信息化

3.4.1　动态管理办法

《动态管理办法》与"动态管理平台"是北京市危大工程管理特色。为了将专家资源从服务于专项方案制订环节延伸至施工环节，以及实现危大工程管理信息化，更加有效地防止发生危大工程事故，北京市住建委印发了《动态管理办法》。主要内容包括：

（1）建立了"动态管理平台"。规定危大工程的认定、抽取专家、方案上传、专家预审方案、专家论证会、论证结论上传与确认、方案实施情况上传、专家跟踪及结论等均应通过"动态管理平台"进行。

（2）确立了视频论证会和专家电子签名的合规性。规定组织单位可以采用远程视频会议的方式召开专家论证会，专家论证报告可采用电子签名。

（3）规定了论证结论为"修改后通过"的处理方式。规定论证结论为"修改后通过"的，专家组长须对修改后的专项方案再次填写审查意见，该意见作为监理单位是否批准开工的参考依据。

（4）实行危大工程专项方案执行情况月报制度。要求施工单位每月 1 日至 5 日登录"动态管理平台"填写上月专项方案的实施情况，并应向专家提供能够判断工程安全状况的文字说明、相关数据和照片。

（5）实行专家跟踪专项方案执行情况制度。要求专家组长（或专家组长指定的专家）应当自专项方案实施之日起每月跟踪一次，在"动态管理平台"上填写信息跟踪报告。当工程项目施工至关键节点时，还应对专项方案的实施情况进行现场检查，指出存在的问题，并根据检查情况对工程安全状态做出判断，填写信息跟踪报告。

（6）设立专家免责条款。规定专家的论证工作和跟踪工作不替代施工单位日常质量安全管理工作职责。施工单位对危险性较大的分部分项工程专项方案的实施负安全和质量责任。

3.4.2　"动态管理平台"

"动态管理平台"是基于计算机和网络技术，服务于危大工程管理的信息平台。施工单位、专家和建设行政主管部门通过平台实现管理目标。施工单位通过该平台抽取专家、上传方案、上传论证结论、上传施工月报、组织视频专家论证会等，图 3.4-1 为施工单位

操作界面截图；专家预审方案、提出预审意见、确认论证结论、上传跟踪及结论等，图
3.4-2 为专家跟踪专项方案执行情况操作界面截图；建设行政主管部门适时查看辖区内危
大工程专项方案论证情况及执行情况，以便采取针对性监管措施等，图 3.4-3 为建设行政
主管部门操作界面截图。"动态管理平台"信息化目标是：全面、及时、准确。

图 3.4-1　施工单位操作界面截图

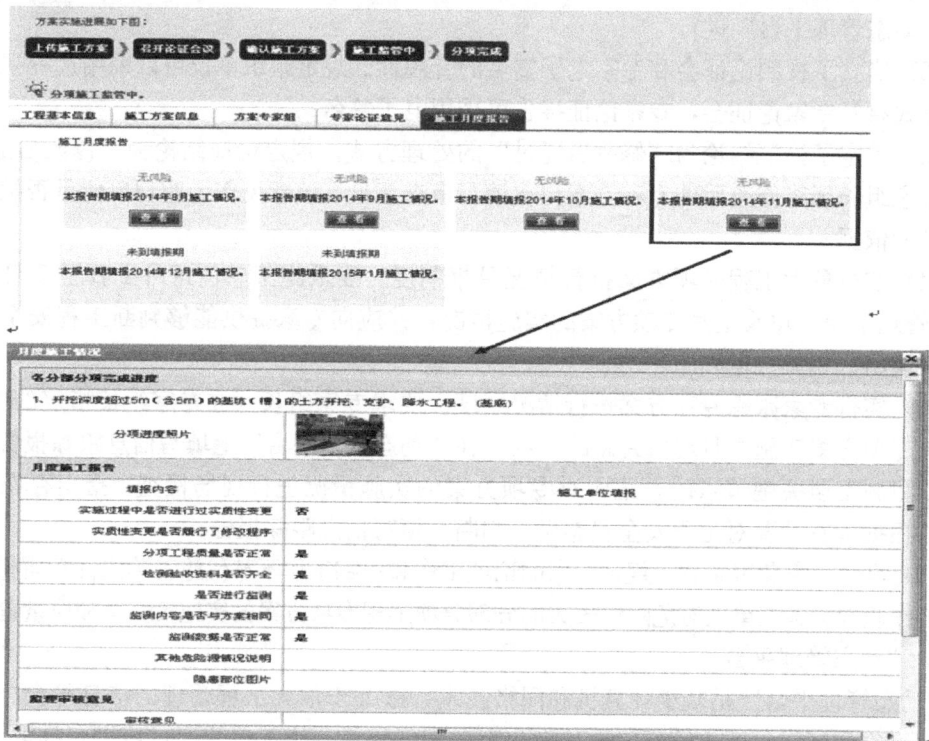

图 3.4-2　专家跟踪专项方案执行情况界面截图

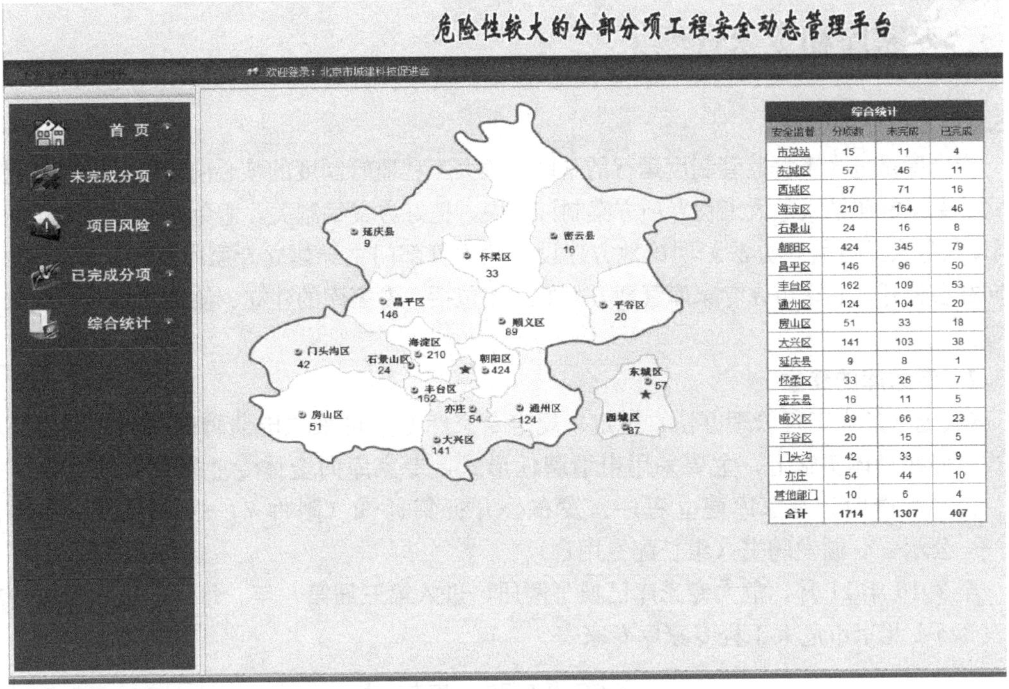

图 3.4-3　建设行政主管部门操作界面截图

3.4.3 "动态管理平台"运行状况

"动态管理平台"自 2012 年 8 月正式运行以来，基本达到了建立平台的目的，取得了较好的效果。主要表现在：

（1）方便了施工单位专项方案上传和专家跟踪，提高了方案上传率和专家跟踪质量。表 3.4 为 2013 年至 2016 年 9 月平台上专项方案数量、参与论证专家人数、被跟踪方案数量及跟踪专家人数。据 2015 和 2016 年基坑抽查结果显示，平台上传率分别达到 60.7％和 86％。专家通过跟踪及时发现安全隐患 2013、2014 和 2015 年分别为 14、11 和 3 处。

		2013 年至 2016 年 9 月平台上方案及专家跟踪情况表				表 3.4
序号	年度	论证方案（个）	论证专家（名）	施工单位（家）	跟踪工程（项）	跟踪专家（名）
1	2013 年	1526	767	281	836	118
2	2014 年	1539	785	290	927	133
3	2015 年	1461	766	318	818	108
4	2016 年（截至 9 月底）	1021	629	255	1297（含 15 年未完工）	112
总计		5547	2947	1144	2581	471

（2）有利于管理方及时掌握辖区内危大工程进展情况。

市（区）建委可随时了解本辖区内危大工程数量、各项工程的形象进度及其安全状态；亦可进一步查询项目的专项方案及专家论证、跟踪等信息；还可以做一些初步统计分析工作。监督机构开展专项检查之前查看平台项目情况，可提高监督工作的针对性和工作效率。

17

3.5　专家库和专家管理

3.5.1　专家库的管理

专家库是危大工程监管制度运行的基础。危大工程监管制度的核心内容就是以制度化的方式将专家资源纳入危大工程专项方案制订之中，把好方案编制关，避免安全隐患流入施工环节。《危大工程管理办法》明确地方建设行政主管部门主导建立专家库及专家诚信档案，并向社会公开。北京市在专家库管理方面的工作包括：专家库的建立、使用和换届，专家考评等。

3.5.2　专家库的建立

《实施〈危大工程管理办法〉规定》规定专家库专家可采取申请聘任和特邀聘任两种形式，但在具体实施上，主要采用申请聘任形式，专家库向全体专业技术人员开放，公开、公平、透明。专家库建立程序：发布公开征集通知（附件7）——初选——资格评审——公示——颁发聘书（组长配专用章）。

至 2016 年 11 月，危大专家库已换了两届，进入第三届第一年。每届专家库专家情况见表 3.5-1 北京市危大工程专家库专家表。

北京市危大工程专家库专家表　　　　　　　　表 3.5-1

	岩土工程	模架工程	拆卸安装工程	拆除与爆破工程	合计
第一届	525	440	77	24	1066
第二届	703	404	65	26	1198
第三届	790	437	62	21	1310

3.5.3　专家库的使用

专家库在市住建委官网（http：//www.bjjs.gov.cn/publish/portal0/tab1777/）向社会公开，供相关单位和个人查询或抽取专家。

（1）查询。按上述网址（或市住建委官网首页→查询中心→其他查询→北京市危险性较大的分部分项工程专家库）进入专家库，可按专业类别、姓名或证书编号查询，其中专业类别从下拉菜单中点选，如图 3.5-1 所示。

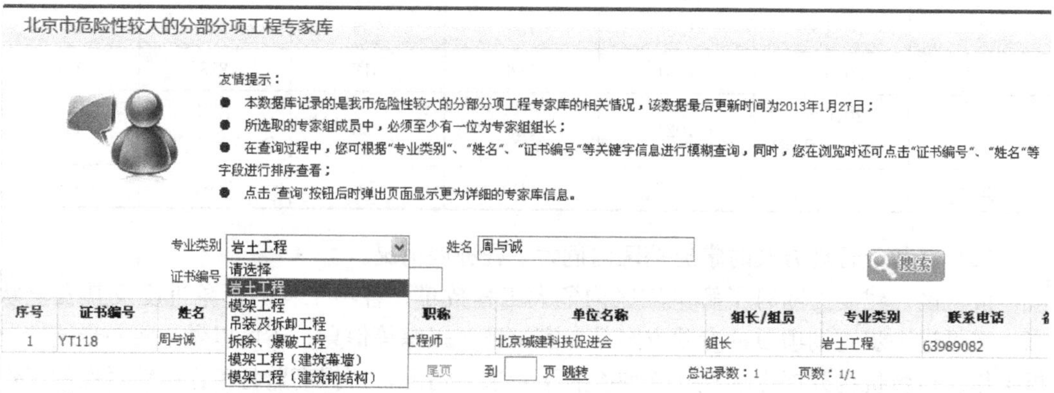

图 3.5-1　危大专家库查询图

(2) 施工单位抽取专家。施工单位组织专项方案论证之前，须组建专家组，专家从专家库中抽取，专家库内查询不到的工程技术人员不得以专家身份参加专项方案论证会。

3.5.4　专家考评

专家考评依据《专家考评与诚信档案管理办法》。"危大办"每年对所有库内专家定量考评一次，由业绩、继续教育、加分和减分四项累积而成，其中业绩分包括方案论证和方案执行跟踪，满分为各 40 分；继续教育满分为 20 分；加分项包括危大工程现场检查、抢险、编制规范等三项，每项加 4 分～5 分；减分项目包括违规参加专项方案论证、未跟踪专项方案执行、未审查出专项方案中安全隐患、论证后发生事故、受到处罚等五项，每项/次罚 0.5 分～50 分。考评分数计入专家诚信档案，并作为换届时是否续聘的依据。

3.5.5　换届工作

换届是保持专家库活力、优化专家资源的重要措施。到目前为止，"危大专家库"和"轨道交通专家库"分别于 2013 年和 2016 年完成了两次换届。按照淘汰率不低于 15% 和末位淘汰原则，确定续聘和淘汰专家名单，并增选符合条件的专家入库。每届淘汰和增选一次，期间原则上不做增减。换届淘汰和增选情况见表 3.5-2 和表 3.5-3。

危大专家库和轨道交通专家库 2013 年第一次换届情况表　　　　表 3.5-2

	第一届专家人数	淘汰人数	增补人数	第二届专家人数
危大库	1066	183	315	1198
轨道库	862	114	149	897
合计	1928	297	464	2095

危大专家库和轨道交通专家库 2016 年第二次换届情况表　　　　表 3.5-3

	第二届专家人数	淘汰人数	增补人数	第三届专家人数
危大库	1198	175	287	1310
轨道库	897	190	119	826
合计	2095	365	406	2136

3.6　取得的效果

北京市在危大工程管理方面的探索和实践取得了较好的效果。主要表现在以下几个方面：

(1) 危大工程事故明显减少。北京市自 2008 年之后基本没有发生重大基坑塌方事故，而此前每年都有 2、3 起影响很大的事故，如东直门基坑塌方事故、熊猫环岛地铁基坑塌方事故、苏州街地铁暗挖塌方事故、京广桥地铁隧道塌方事故、空间中心车库基坑塌方事故等。2012 年至 2016 年 10 月，基本没有出现重大基坑险情。模架工程、起重与吊装拆卸工程、拆除与爆破工程等危大工程事故也大幅减少。

(2) 建立了一套较完善的制度。北京市在住建部《危大工程管理办法》基础上，围绕专项方案编制、专家论证、专项方案实施、专家库管理等先后印发了《实施〈危大工程管理办法〉规定》、《轨道交通专家管理办法》和《动态管理办法》三个文件；"危大办"和"领导小组"分别制订了《专家库工作制度》、《专家论证细则》和《专家考评与诚信档案管理办法》三项制度。使得危大工程监管制度的各参与方均有章可循，职责明确。

（3）探索出一种新的组织形式。北京市采取政府主导、社会力量广泛参与的方式开展危大工程监管工作。市住建委和市重大办负责制定规则，专家库面向社会征集，并委托社会团体——北京城建科技促进会组织实施。市住建委以政府购买服务方式，通过签订服务合同明确双方职责。自 2010 年以来，危大工程监管顺畅、成果丰硕的实践表明这种新的组织形式是成功的。

（4）组织和培训了一个全国最大的专家群体。北京市 2010 年建立"危大专家库"，2012 年建立"轨道交通专家库"，两库专家总数约 2100 名，去除重叠部分后，专家人数约 1600 人。据 2013 年后"动态管理平台"统计数据表明：每年约 800 名专家参与了约 1500 项专项方案论证，约 120 名专家组长参与了专项方案实施情况跟踪。这个专家群体通过多年有序参与学习、交流、方案论证及指导实践活动，技术水平和指导能力有了很大提高，他们中的不少专家不仅服务于北京建设工程，也服务于全国各地建设工程。

（5）相关单位的技术和管理水平明显提高。按照住建部《危大工程管理办法》规定，专项方案论证会由施工单位组织，监理单位、勘察设计单位、建设单位参加。论证会上，专家组（不少于 5 位）与这些单位的技术人员、管理人员就某个具体危大工程的施工方案进行讨论、评议，指出方案中的不足之处，并提出改进措施。可以说，每一次认真的专项方案论证会都是一次针对性极强的技术交流会、培训会。事实上，业内技术人员普遍认为，通过参加专项方案专家论证会，开阔了眼界，丰富了经验，提升了能力，专项方案的编制水平及监督落实能力都有了很大提高。

附录 1

关于印发《建筑施工企业安全生产管理机构设置及专职安全生产管理人员配备办法》和《危险性较大工程安全专项施工方案编制及专家论证审查办法》的通知

建质〔2004〕213 号

各省、自治区建设厅、直辖市建委，江苏省、山东省建管局，新疆生产建设兵团建设局：

现将《建筑施工企业安全生产管理机构设置及专职安全生产管理人员配备办法》和《危险性较大工程安全专项施工方案编制及专家论证审查办法》印发给你们，请结合实际，贯彻执行。

中华人民共和国建设部
二〇〇四年十二月一日

建筑施工企业安全生产管理机构设置及专职安全生产管理人员配备办法

第一条 为规范建筑施工企业和建设工程项目安全生产管理机构的设置及专职安全生产管理人员的配置工作，根据《建设工程安全生产管理条例》，制定本办法。

第二条 本办法适用于土木工程、建筑工程、线路管道和设备安装工程及装修工程的新建、改建、扩建和拆除等活动。

第三条 安全生产管理机构是指建筑施工企业及其在建设工程项目中设置的负责安全生产管理工作的独立职能部门。

建筑施工企业所属的分公司、区域公司等较大的分支机构应当各自独立设置安全生产管理机构，负责本企业（分支机构）的安全生产管理工作。建筑施工企业及其所属分公司、区域公司等较大的分支机构必须在建设工程项目中设立安全生产管理机构。

安全生产管理机构的职责主要包括：落实国家有关安全生产法律法规和标准、编制并适时更新安全生产监管制度、组织开展全员安全教育培训及安全检查等活动。

第四条　专职安全生产管理人员是指经建设主管部门或者其他有关部门安全生产考核合格，并取得安全生产考核合格证书在企业从事安全生产管理工作的专职人员，包括企业安全生产管理机构的负责人及其工作人员和施工现场专职安全生产管理人员。

企业安全生产管理机构负责人依据企业安全生产实际，适时修订企业安全生产规章制度，调配各级安全生产管理人员，监督、指导并评价企业各部门或分支机构的安全生产管理工作，配合有关部门进行事故的调查处理等。

企业安全生产管理机构工作人员负责安全生产相关数据统计、安全防护和劳动保护用品配备及检查、施工现场安全督查等。

施工现场专职安全生产管理人员负责施工现场安全生产巡视督查，并做好记录。发现现场存在安全隐患时，应及时向企业安全生产管理机构和工程项目经理报告；对违章指挥、违章操作的，应立即制止。

第五条　建筑施工总承包企业安全生产管理机构内的专职安全生产管理人员应当按企业资质类别和等级足额配备，根据企业生产能力或施工规模，专职安全生产管理人员人数至少为：

（一）集团公司——1人/百万平方米·年（生产能力）或每十亿施工总产值·年，且不少于4人。

（二）工程公司（分公司、区域公司）——1人/十万平方米·年（生产能力）或每一亿施工总产值·年，且不少于3人。

（三）专业公司——1人/十万平方米·年（生产能力）或每一亿施工总产值·年，且不少于3人。

（四）劳务公司——1人/五十名施工人员，且不少于2人。

第六条　建设工程项目应当成立由项目经理负责的安全生产管理小组，小组成员应包括企业派驻到项目的专职安全生产管理人员，专职安全生产管理人员的配置为：

（一）建筑工程、装修工程按照建筑面积：

1. 1万平方米及以下的工程至少1人；

2. 1万～5万平方米的工程至少2人；

3. 5万平方米以上的工程至少3人，应当设置安全主管，按土建、机电设备等专业设置专职安全生产管理人员。

（二）土木工程、线路管道、设备按照安装总造价：

1. 5000万元以下的工程至少1人；

2. 5000万～1亿元的工程至少2人；

3. 1亿元以上的工程至少3人，应当设置安全主管，按土建、机电设备等专业设置专职安全生产管理人员。

第七条　工程项目采用新技术、新工艺、新材料或致害因素多、施工作业难度大的工程项目，施工现场专职安全生产管理人员的数量应当根据施工实际情况，在第六条规定的配置标准上增配。

第八条　劳务分包企业建设工程项目施工人员 50 人以下的，应当设置 1 名专职安全生产管理人员；50 人～200 人的，应设 2 名专职安全生产管理人员；200 人以上的，应根据所承担的分部分项工程施工危险实际情况增配，并不少于企业总人数的 5‰。

第九条　施工作业班组应设置兼职安全巡查员，对本班组的作业场所进行安全监督检查。

第十条　国务院铁路、交通、水利等有关部门和各地可依照本办法制定实施细则。有关部门已有规定的，从其规定。

第十一条　本办法由建设部负责解释。

危险性较大工程安全专项施工方案编制及专家论证审查办法

第一条　为加强建设工程项目的安全技术管理，防止建筑施工安全事故，保障人身和财产安全，依据《建设工程安全生产管理条例》，制定本办法。

第二条　本办法适用于土木工程、建筑工程、线路管道和设备安装工程及装修工程的新建、改建、扩建和拆除等活动。

第三条　危险性较大工程是指依据《建设工程安全生产管理条例》第二十六条所指的七项分部分项工程，并应当在施工前单独编制安全专项施工方案。

（一）基坑支护与降水工程

基坑支护工程是指开挖深度超过 5m（含 5m）的基坑（槽）并采用支护结构施工的工程；或基坑虽未超过 5m，但地质条件和周围环境复杂、地下水位在坑底以上等工程。

（二）土方开挖工程

土方开挖工程是指开挖深度超过 5m（含 5m）的基坑、槽的土方开挖。

（三）模板工程

各类工具式模板工程，包括滑模、爬模、大模板等；水平混凝土构件模板支撑系统及特殊结构模板工程。

（四）起重吊装工程

（五）脚手架工程

1. 高度超过 24m 的落地式钢管脚手架；

2. 附着式升降脚手架，包括整体提升与分片式提升；

3. 悬挑式脚手架；

4. 门形脚手架；

5. 挂脚手架；

6. 吊篮脚手架；

7. 卸料平台。

（六）拆除、爆破工程

采用人工、机械拆除或爆破拆除的工程。

（七）其他危险性较大的工程

1. 建筑幕墙的安装施工；

2. 预应力结构张拉施工；

3. 隧道工程施工；

4. 桥梁工程施工（含架桥）；

5. 特种设备施工；

6. 网架和索膜结构施工；

7. 6m 以上的边坡施工；

8. 大江、大河的导流、截流施工；

9. 港口工程、航道工程；

10. 采用新技术、新工艺、新材料，可能影响建设工程质量安全，已经行政许可，尚无技术标准的施工。

第四条　安全专项施工方案编制审核

建筑施工企业专业工程技术人员编制的安全专项施工方案，由施工企业技术部门的专业技术人员及监理单位专业监理工程师进行审核，审核合格，由施工企业技术负责人、监理单位总监理工程师签字。

第五条　建筑施工企业应当组织专家组进行论证审查的工程

（一）深基坑工程

开挖深度超过 5m（含 5m）或地下室三层以上（含三层），或深度虽未超过 5m（含 5m），但地质条件和周围环境及地下管线极其复杂的工程。

（二）地下暗挖工程

地下暗挖及遇有溶洞、暗河、瓦斯、岩爆、涌泥、断层等地质复杂的隧道工程。

（三）高大模板工程

水平混凝土构件模板支撑系统高度超过 8m，或跨度超过 18m，施工总荷载大于 $10kN/m^2$，或集中线荷载大于 15kN/m 的模板支撑系统。

（四）30m 及以上高空作业的工程

（五）大江、大河中深水作业的工程

（六）城市房屋拆除爆破和其他土石大爆破工程

第六条　专家论证审查

（一）建筑施工企业应当组织不少于 5 人的专家组，对已编制的安全专项施工方案进行论证审查。

（二）安全专项施工方案专家组必须提出书面论证审查报告，施工企业应根据论证审查报告进行完善，施工企业技术负责人、总监理工程师签字后，方可实施。

（三）专家组书面论证审查报告应作为安全专项施工方案的附件，在实施过程中，施工企业应严格按照安全专项方案组织施工。

第七条　国务院铁路、交通、水利等有关部门和各地可依照本办法制定实施细则。

第八条　本办法由建设部负责解释。

附录2

关于印发《危险性较大的分部分项工程安全管理办法》的通知

建质［2009］87号

各省、自治区住房和城乡建设厅，直辖市建委，江苏省、山东省建管局，新疆生产建设兵团建设局，中央管理的建筑企业：

为进一步规范和加强对危险性较大的分部分项工程安全管理，积极防范和遏制建筑施工生产安全事故的发生，我们组织修订了《危险性较大的分部分项工程安全管理办法》，现印发给你们，请遵照执行。

中华人民共和国住房和城乡建设部

二○○九年五月十三日

危险性较大的分部分项工程安全管理办法

第一条　为加强对危险性较大的分部分项工程安全管理，明确安全专项施工方案编制内容，规范专家论证程序，确保安全专项施工方案实施，积极防范和遏制建筑施工生产安全事故的发生，依据《建设工程安全生产管理条例》及相关安全生产法律法规制定本办法。

第二条　本办法适用于房屋建筑和市政基础设施工程（以下简称"建筑工程"）的新建、改建、扩建、装修和拆除等建筑安全生产活动及安全管理。

第三条　本办法所称危险性较大的分部分项工程是指建筑工程在施工过程中存在的、可能导致作业人员群死群伤或造成重大不良社会影响的分部分项工程。危险性较大的分部分项工程范围见附件一。

危险性较大的分部分项工程安全专项施工方案（以下简称"专项方案"），是指施工单位在编制施工组织（总）设计的基础上，针对危险性较大的分部分项工程单独编制的安全技术措施文件。

第四条　建设单位在申请领取施工许可证或办理安全监督手续时，应当提供危险性较大的分部分项工程清单和安全管理措施。施工单位、监理单位应当建立危险性较大的分部分项工程安全监管制度。

第五条　施工单位应当在危险性较大的分部分项工程施工前编制专项方案；对于超过一定规模的危险性较大的分部分项工程，施工单位应当组织专家对专项方案进行论证。超过一定规模的危险性较大的分部分项工程范围见附件二。

第六条　建筑工程实行施工总承包的，专项方案应当由施工总承包单位组织编制。其中，起重机械安装拆卸工程、深基坑工程、附着式升降脚手架等专业工程实行分包的，其专项方案可由专业承包单位组织编制。

第七条　专项方案编制应当包括以下内容：

（一）工程概况：危险性较大的分部分项工程概况、施工平面布置、施工要求和技术保证条件。

（二）编制依据：相关法律、法规、规范性文件、标准、规范及图纸（国标图集）、施工组织设计等。

（三）施工计划：包括施工进度计划、材料与设备计划。

（四）施工工艺技术：技术参数、工艺流程、施工方法、检查验收等。

（五）施工安全保证措施：组织保障、技术措施、应急预案、监测监控等。

（六）劳动力计划：专职安全生产管理人员、特种作业人员等。

（七）计算书及相关图纸。

第八条　专项方案应当由施工单位技术部门组织本单位施工技术、安全、质量等部门的专业技术人员进行审核。经审核合格的，由施工单位技术负责人签字。实行施工总承包的，专项方案应当由总承包单位技术负责人及相关专业承包单位技术负责人签字。

不需专家论证的专项方案，经施工单位审核合格后报监理单位，由项目总监理工程师审核签字。

第九条 超过一定规模的危险性较大的分部分项工程专项方案应当由施工单位组织召开专家论证会。实行施工总承包的，由施工总承包单位组织召开专家论证会。

下列人员应当参加专家论证会：

（一）专家组成员；

（二）建设单位项目负责人或技术负责人；

（三）监理单位项目总监理工程师及相关人员；

（四）施工单位分管安全的负责人、技术负责人、项目负责人、项目技术负责人、专项方案编制人员、项目专职安全生产管理人员；

（五）勘察、设计单位项目技术负责人及相关人员。

第十条 专家组成员应当由5名及以上符合相关专业要求的专家组成。

本项目参建各方的人员不得以专家身份参加专家论证会。

第十一条 专家论证的主要内容：

（一）专项方案内容是否完整、可行；

（二）专项方案计算书和验算依据是否符合有关标准规范；

（三）安全施工的基本条件是否满足现场实际情况。

专项方案经论证后，专家组应当提交论证报告，对论证的内容提出明确的意见，并在论证报告上签字。该报告作为专项方案修改完善的指导意见。

第十二条 施工单位应当根据论证报告修改完善专项方案，并经施工单位技术负责人、项目总监理工程师、建设单位项目负责人签字后，方可组织实施。

实行施工总承包的，应当由施工总承包单位、相关专业承包单位技术负责人签字。

第十三条 专项方案经论证后需做重大修改的，施工单位应当按照论证报告修改，并重新组织专家进行论证。

第十四条 施工单位应当严格按照专项方案组织施工，不得擅自修改、调整专项方案。

如因设计、结构、外部环境等因素发生变化确需修改的，修改后的专项方案应当按本办法第八条重新审核。对于超过一定规模的危险性较大工程的专项方案，施工单位应当重新组织专家进行论证。

第十五条 专项方案实施前，编制人员或项目技术负责人应当向现场管理人员和作业人员进行安全技术交底。

第十六条 施工单位应当指定专人对专项方案实施情况进行现场监督和按规定进行监测。发现不按照专项方案施工的，应当要求其立即整改；发现有危及人身安全紧急情况的，应当立即组织作业人员撤离危险区域。

施工单位技术负责人应当定期巡查专项方案实施情况。

第十七条 对于按规定需要验收的危险性较大的分部分项工程，施工单位、监理单位应当组织有关人员进行验收。验收合格的，经施工单位项目技术负责人及项目总监理工程师签字后，方可进入下一道工序。

第十八条 监理单位应当将危险性较大的分部分项工程列入监理规划和监理实施细则，应当针对工程特点、周边环境和施工工艺等，制定安全监理工作流程、方法和措施。

第十九条 监理单位应当对专项方案实施情况进行现场监理；对不按专项方案实施的，应当责令整改，施工单位拒不整改的，应当及时向建设单位报告；建设单位接到监理单位报告后，应当立即责令施工单位停工整改；施工单位仍不停工整改的，建设单位应当及时向住房城乡建设主管部门报告。

第二十条 各地住房城乡建设主管部门应当按专业类别建立专家库。专家库的专业类别及专家数量应根据本地实际情况设置。

专家名单应当予以公示。

第二十一条 专家库的专家应当具备以下基本条件：

（一）诚实守信、作风正派、学术严谨；

（二）从事专业工作 15 年以上或具有丰富的专业经验；

（三）具有高级专业技术职称。

第二十二条 各地住房城乡建设主管部门应当根据本地区实际情况，制定专家资格审查办法和监管制度并建立专家诚信档案，及时更新专家库。

第二十三条 建设单位未按规定提供危险性较大的分部分项工程清单和安全管理措施，未责令施工单位停工整改的，未向住房城乡建设主管部门报告的；施工单位未按规定编制、实施专项方案的；监理单位未按规定审核专项方案或未对危险性较大的分部分项工程实施监理的；住房城乡建设主管部门应当依据有关法律法规予以处罚。

第二十四条 各地住房城乡建设主管部门可结合本地区实际，依照本办法制定实施细则。

第二十五条 本办法自颁布之日起实施。原《关于印发〈建筑施工企业安全生产管理机构设置及专职安全生产管理人员配备办法〉和〈危险性较大工程安全专项施工方案编制及专家论证审查办法〉的通知》（建质〔2004〕213 号）中的《危险性较大工程安全专项施工方案编制及专家论证审查办法》废止。

附件一：危险性较大的分部分项工程范围

附件二：超过一定规模的危险性较大的分部分项工程范围

附件一

危险性较大的分部分项工程范围

一、基坑支护、降水工程

开挖深度超过 3m（含 3m）或虽未超过 3m 但地质条件和周边环境复杂的基坑（槽）支护、降水工程。

二、土方开挖工程

开挖深度超过 3m（含 3m）的基坑（槽）的土方开挖工程。

三、模板工程及支撑体系

（一）各类工具式模板工程：包括大模板、滑模、爬模、飞模等工程。

（二）混凝土模板支撑工程：搭设高度 5m 及以上；搭设跨度 10m 及以上；施工总荷载 $10kN/m^2$ 及以上；集中线荷载 $15kN/m^2$ 及以上；高度大于支撑水平投影宽度且相对独

立无联系构件的混凝土模板支撑工程。

（三）承重支撑体系：用于钢结构安装等满堂支撑体系。

四、起重吊装及安装拆卸工程

（一）采用非常规起重设备、方法，且单件起吊重量在 10kN 及以上的起重吊装工程。

（二）采用起重机械进行安装的工程。

（三）起重机械设备自身的安装、拆卸。

五、脚手架工程

（一）搭设高度 24m 及以上的落地式钢管脚手架工程。

（二）附着式整体和分片提升脚手架工程。

（三）悬挑式脚手架工程。

（四）吊篮脚手架工程。

（五）自制卸料平台、移动操作平台工程。

（六）新型及异型脚手架工程。

六、拆除、爆破工程

（一）建筑物、构筑物拆除工程。

（二）采用爆破拆除的工程。

七、其他

（一）建筑幕墙安装工程。

（二）钢结构、网架和索膜结构安装工程。

（三）人工挖扩孔桩工程。

（四）地下暗挖、顶管及水下作业工程。

（五）预应力工程。

（六）采用新技术、新工艺、新材料、新设备及尚无相关技术标准的危险性较大的分部分项工程。

附件二

超过一定规模的危险性较大的分部分项工程范围

一、深基坑工程

（一）开挖深度超过 5m（含 5m）的基坑（槽）的土方开挖、支护、降水工程。

（二）开挖深度虽未超过 5m，但地质条件、周围环境和地下管线复杂，或影响毗邻建筑（构筑）物安全的基坑（槽）的土方开挖、支护、降水工程。

二、模板工程及支撑体系

（一）工具式模板工程：包括滑模、爬模、飞模工程。

（二）混凝土模板支撑工程：搭设高度 8m 及以上；搭设跨度 18m 及以上，施工总荷载 15kN/m² 及以上；集中线荷载 20kN/m² 及以上。

（三）承重支撑体系：用于钢结构安装等满堂支撑体系，承受单点集中荷载 700kg 以上。

三、起重吊装及安装拆卸工程

（一）采用非常规起重设备、方法，且单件起吊重量在 100kN 及以上的起重吊装工程。

（二）起重量 300kN 及以上的起重设备安装工程；高度 200m 及以上内爬起重设备的拆除工程。

四、脚手架工程

（一）搭设高度 50m 及以上落地式钢管脚手架工程。

（二）提升高度 150m 及以上附着式整体和分片提升脚手架工程。

（三）架体高度 20m 及以上悬挑式脚手架工程。

五、拆除、爆破工程

（一）采用爆破拆除的工程。

（二）码头、桥梁、高架、烟囱、水塔或拆除中容易引起有毒有害气（液）体或粉尘扩散、易燃易爆事故发生的特殊建、构筑物的拆除工程。

（三）可能影响行人、交通、电力设施、通信设施或其他建、构筑物安全的拆除工程。

（四）文物保护建筑、优秀历史建筑或历史文化风貌区控制范围的拆除工程。

六、其他

（一）施工高度 50m 及以上的建筑幕墙安装工程。

（二）跨度大于 36m 及以上的钢结构安装工程；跨度大于 60m 及以上的网架和索膜结构安装工程。

（三）开挖深度超过 16m 的人工挖孔桩工程。

（四）地下暗挖工程、顶管工程、水下作业工程。

（五）采用新技术、新工艺、新材料、新设备及尚无相关技术标准的危险性较大的分部分项工程。

附录3

北京市实施《危险性较大的分部分项工程安全管理办法》规定

第一条　为加强危险性较大的分部分项工程安全管理，积极防范和遏制建筑施工生产安全事故的发生，根据住房和城乡建设部《危险性较大的分部分项工程安全管理办法》（建质〔2009〕87 号），并结合我市实际情况，制定本实施规定。

第二条　本市行政区域内的房屋建筑工程和市政基础设施工程（以下简称"建设工程"）的新建、改建、扩建以及装修工程和拆除工程中的危险性较大的分部分项工程安全管理，适用本规定。

第三条　危险性较大的分部分项工程及超过一定规模的危险性较大的分部分项工程范围适用住房和城乡建设部《危险性较大的分部分项工程安全管理办法》（建质〔2009〕87号）相关规定。

第四条　北京市住房和城乡建设委员会（以下简称"市住房城乡建设委"）负责全市危险性较大的分部分项工程的安全监督管理工作，区（县）建设行政主管部门负责本辖区内危险性较大的分部分项工程的具体安全监督工作。

第五条　施工单位应当在危险性较大的分部分项工程施工前编制专项方案；对于超过一定规模的危险性较大的分部分项工程，施工单位应当组织专家对专项方案进行论证。

危险性较大的分部分项工程专项施工方案（以下简称"专项方案"），是指施工单位在编制施工组织（总）设计的基础上，针对危险性较大的分部分项工程单独编制的安全技术措施文件。

第六条　建筑工程实行施工总承包的，专项方案应当由施工总承包单位组织编制。其中，起重机械安装拆卸工程、深基坑工程、附着式升降脚手架等专业工程实行分包的，其专项方案可由专业承包单位组织编制。

第七条　专项方案应当由施工单位技术部门组织本单位施工技术、安全、质量等部门的专业技术人员进行审核，经审核合格的，由施工单位技术负责人签字。实行施工总承包的，专项方案应当由总承包单位技术负责人及相关专业承包单位技术负责人签字。

不需专家论证的专项方案，经施工单位审核合格后报监理单位，由项目总监理工程师审核签字。

第八条　超过一定规模的危险性较大的分部分项工程专项方案应当由施工单位组织召开专家论证会。实行施工总承包的，由施工总承包单位组织召开专家论证会。

第九条　市住房城乡建设委成立危险性较大的分部分项工程管理领导小组（以下简称"领导小组"），对超过一定规模的危险性较大的分部分项工程专项方案的专家论证进行管理。

领导小组组长由市住房和城乡建设委分管施工安全的主管主任担任，施工安全管理处、市建设工程安全质量监督总站、科技与村镇建设处、北京城建科技促进会为领导小组成员单位。领导小组下设办公室，办公室设在北京城建科技促进会。

第十条　领导小组的职责是组织制定专家资格审查办法和监管制度，建立专家诚信档案，审定专家的聘任或解聘，组建北京市危险性较大的分部分项工程专家库（下称"专家库"），协调处理专项方案专家论证中出现的重大争议。

第十一条　领导小组办公室应当及时完成领导小组交办的工作任务，起草专家管理工作制度，协助执法机构检查专项方案落实情况，对专家论证的专项方案实施进展情况进行跟踪管理。

第十二条　专家库分四个专业类别设置，各专业类别及对应的超过一定规模的危险性较大的分部分项工程、专家条件等见附件一。

第十三条　专家库专家采取申请聘任和特邀聘任两种形式，以申请聘任为主。申请聘任遵循下列程序：

（一）符合条件的申请人按要求填写并向领导小组办公室提交申请材料。

（二）领导小组办公室接受申请人的申请材料后，进行必要的核实，并进行初选和评审。办公室将初选通过的申请人名单在市住房城乡建设委网站上公示1周。

（三）领导小组办公室将通过评审和公示的申请人提请领导小组审定。

（四）领导小组向通过审定的专家颁发聘书。

第十四条　领导小组根据专家论证需要可直接邀请专业技术人员担任专家，并颁发聘书。

第十五条　专家库专家名单在市住房城乡建设委网上公布。专家聘用期限一般为3年，可连聘连任。

第十六条　专家享有下列权利：

（一）担任专项方案论证专家。

（二）对专项方案进行论证，提出论证意见，不受任何单位或者个人的干预。

（三）接受劳务咨询和专项检查报酬。

（四）根据论证需要调阅工程相关技术资料。

第十七条　专家负有下列义务：

（一）遵守专家论证规则和相关工作制度。

（二）客观公正、科学廉洁地进行论证。

（三）协助市和区（县）建设行政主管部门检查专项方案落实情况。

（四）参与论证的工程出现险情时，为抢险提供技术支持。

（五）对在论证过程中知悉的商业秘密，遵守保密规定。

第十八条　专家有下列情形之一，领导小组视情节轻重给予告诫、暂停或取消专家资格的处理，并予以公告：

（一）不履行专家义务。

（二）论证结论无法实施或不符合工程实际情况。

（三）论证结论无法保证工程安全。

第十九条　领导小组办公室应建立超过一定规模的危险性较大的分部分项工程的档案，并采取咨询、抽查等方式定期跟踪专项方案的实施进展情况，并向领导小组提交跟踪报告。

施工单位应如实、及时地向领导小组办公室反映情况。

第二十条　组织专家论证的施工单位应当在论证会召开前从专家库中随机抽取 5 名（或 5 名以上单数）符合相关专业要求的专家组成专家组，也可以委托领导小组办公室随机抽取专家组成专家组。

项目参建单位的人员不得作为论证专家。

第二十一条　组织专家论证的施工单位应当于论证会召开 3 天前，将需要论证的专项方案送达论证专家。专家应于论证会前预审方案。

第二十二条　专项方案经论证后，专家组应当提交"危险性较大的分部分项工程专家论证报告"（附件二），对论证的内容提出明确的意见，在论证报告上签字，并加盖论证专用章。

报告结论分三种：通过、修改后通过和不通过。报告结论为通过的，施工单位应当严格执行方案；报告结论为修改后通过的，修改意见应当明确并具有可操作性，施工单位应当按专家意见修改方案；报告结论为不通过的，施工单位应当重编方案，并重新组织专家论证。

第二十三条　论证工作结束后 7 日内，专家组组长应负责将通过论证的专项方案和专家论证报告各一份送交领导小组办公室存档。

第二十四条　市和区（县）建设行政主管部门在日常的监督抽查过程中，发现工程参建单位未按照《危险性较大的分部分项工程安全管理办法》（建质〔2009〕87 号）和本规定实施的，应责令改正，并依法处罚。

第二十五条　建设单位对施工、工程监理等单位提出不符合安全生产法律、法规和强制性标准规定要求的，依据《建设工程安全生产管理条例》，责令限期改正，处 20 万元以上 50 万元以下的罚款。

建设单位接到监理单位报告后，未立即采取措施，责令施工单位停工整改或报告住房城乡建设主管部门的，对其进行通报批评，造成严重后果的依法处理。

第二十六条　工程监理单位有下列行为之一的，依据《建设工程安全生产管理条例》，责令限期改正；逾期未改正的，责令停业整顿，并处 10 万元以上 30 万元以下的罚款；情节严重的，降低资质等级，直至吊销资质证书；造成重大安全事故，构成犯罪的，对直接责任人员，依照刑法有关规定追究刑事责任；造成损失的，依法承担赔偿责任：

（一）未对专项方案进行审查的。

（二）发现安全事故隐患未及时要求施工单位整改或者暂时停止施工的。

（三）施工单位拒不整改或者不停止施工，未及时向有关主管部门报告的。

第二十七条　施工单位在危险性较大的分部分项工程施工前，未编制专项方案，依据《建设工程安全生产管理条例》，责令限期改正；逾期未改正的，责令停业整顿，并处 10 万元以上 30 万元以下的罚款；情节严重的，降低资质等级，直至吊销资质证书；造成重大安全事故，构成犯罪的，对直接责任人员，依照刑法有关规定追究刑事责任；造成损失的，依法承担赔偿责任。

第二十八条　本规定自 2010 年 2 月 1 日起执行。

附件一：专家库专业类别、范围和专家条件

附件二：危险性较大的分部分项工程专家论证报告

附件一

专家库专业类别、范围和专家条件

序号	专业类别	超过一定规模的危险性较大的分部分项工程	专家条件	备注
1	岩土工程	1. 开挖深度超过 5m(含 5m) 的基坑(槽)的土方开挖、支护、降水工程。 2. 开挖深度虽未超过 5m，但地质条件、周围环境和地下管线复杂，或影响毗邻建筑(构筑)物安全的基坑(槽)的土方开挖、支护、降水工程。 3. 开挖深度超过 16m 的人工挖孔桩工程。 4. 地下暗挖工程、顶管工程、水下作业工程。 5. 采用新技术、新工艺、新材料、新设备及尚无相关技术标准的危险性较大的分部分项工程	1. 诚实守信、作风正派、学术严谨； 2. 从事专业工作 15 年以上或具有丰富的专业经验； 3. 具有高级专业技术职称或注册岩土工程师资格； 4. 身体健康，能胜任专项方案论证工作	
2	模架工程	1. 工具式模板工程：包括滑模、爬模、飞模工程。 2. 混凝土模板支撑工程：支撑高度 8m 及以上；搭设跨度 18m 及以上，施工总荷载 15kN/m² 及以上；集中线荷载 20kN/m 及以上。 3. 承重支撑体系：用于钢结构安装等满堂支撑体系，承受单点集中荷载 700kg 以上。 4. 搭设高度 50m 及以上落地式钢管脚手架工程。 5. 提升高度 150m 及以上附着式整体和分片提升脚手架工程。 6. 架体高度 20m 及以上悬挑脚手架工程。 7. 施工高度 50m 及以上的建筑幕墙安装工程。 8. 跨度大于 36m 及以上的钢结构安装工程；跨度大于 60m 及以上的网架和索膜结构安装工程。 9. 采用新技术、新工艺、新材料、新设备及尚无相关技术标准的危险性较大的分部分项工程	1. 诚实守信、作风正派、学术严谨； 2. 从事结构施工或模架专业技术工作 15 年以上，并主持过重大工程模架方案的编制； 3. 具有高级专业技术职称； 4. 身体健康，能胜任专项方案论证工作	

续表

序号	专业类别	超过一定规模的危险性较大的分部分项工程	专家条件	备注
3	吊装及拆卸工程	1. 采用非常规起重设备、方法，且单件起吊重量在100kN及以上的起重吊装工程。 2. 起重量300kN及以上的起重设备安装工程；高度200m及以上内爬起重设备的拆除工程。 3. 采用新技术、新工艺、新材料、新设备及尚无相关技术标准的危险性较大的分部分项工程	1. 诚实守信、作风正派、学术严谨； 2. 从事专业工作15年以上或具有丰富的专业经验； 3. 具有高级专业技术职称； 4. 身体健康，能胜任专项方案论证工作	
4	拆除、爆破工程	1. 采用爆破拆除的工程。 2. 码头、桥梁、高架、烟囱、水塔或拆除中容易引起有毒有害气(液)体或粉尘扩散、易燃易爆事故发生的特殊建、构筑物的拆除工程。 3. 可能影响行人、交通、电力设施、通信设施或其他建、构筑物安全的拆除工程。 4. 文物保护建筑、优秀历史建筑或历史文化风貌区控制范围的拆除工程。 5. 采用新技术、新工艺、新材料、新设备及尚无相关技术标准的危险性较大的分部分项工程	1. 诚实守信、作风正派、学术严谨； 2. 从事专业工作15年以上或具有丰富的专业经验； 3. 具有高级专业技术职称； 4. 身体健康，能胜任专项方案论证工作	

附件二

危险性较大的分部分项工程专家论证报告

工程名称			
总承包单位		项目负责人	
分包单位		项目负责人	
危险性较大的分部分项工程名称			

专家一览表

姓名	性别	年龄	工作单位	职务	职称	专业

专家论证意见：

（加盖论证专用章）

年　月　日

专家签名	组长： 专家：

总承包单位（盖章）：　　　　　　　　　　　　　年　月　日

附录4

北京市危险性较大分部分项工程专家库工作制度

第一条　为贯彻落实住房和城乡建设部《危险性较大的分部分项工程安全管理办法》（建质〔2009〕87号）（下称《办法》），根据《北京市实施〈危险性较大的分部分项工程安全管理办法〉规定》（京建施〔2009〕841号），组建北京市危险性较大分部分项工程专家库（下称"专家库"），制定本工作制度。

第二条　市住房城乡建设委危险性较大分部分项工程管理领导小组（下称领导小组）负责组建专家库，决定专家库专家的聘任或解聘。领导小组办公室负责专家库的组建、更新和管理等事务工作，负责建立和管理专家诚信档案及专家培训工作。

第三条　专家库分四个专业类别，各专业类别对应的危险性较大的分部分项工程、专家条件等见附件一。

第四条　专家库专家采取申请聘任和特邀聘任两种形式，以申请聘任为主。申请聘任遵循下列程序：

（一）符合条件的申请人按要求填写并向领导小组办公室提交申请材料。

（二）领导小组办公室接受申请人的申请材料后，进行必要的核实，并进行初选和评审。办公室将初选通过的申请人名单在市住房城乡建设委网站上公示一周。

（三）领导小组办公室提通过评审和公示的申请人提请领导小组审定。

（四）领导小组向通过审定的专家颁发聘书。

（五）领导小组从聘任专家中任命若干名组长，作为专项方案论证专家组组长人选，并配发专家论证专用章。

领导小组根据专家论证需要可直接邀请专业技术人员担任专家，并颁发聘书。

第五条　专家库专家名单及联系电话在市住房城乡建设委和北京城建科技促进会网站上公布。专家任期实行动态管理，一般为三年，可连聘连任。依据工作需要，不定期聘任符合条件的专家；不定期对犯有严重错误的专家进行除名；不定期接受由于健康、工作调动或工作性质变化等原因，不宜继续任职的专家辞职；也可根据实际情况，由领导小组予以解聘；或换届时，不再聘任。

第六条　专家享有下列权利：

（一）接受聘请，担任专项方案论证专家。

（二）对专项方案进行独立论证，提出论证意见，不受任何单位或者个人的干预。

（三）接受劳务咨询和专项检查报酬。

（四）根据论证需要调阅工程相关技术资料。

（五）法律、行政法规规定的其他权利。

第七条　专家负有下列义务：

（一）遵守专家论证规则和相关工作制度。

（二）客观公正、科学廉洁地进行论证。

（三）协助市和区（县）建设行政主管部门检查专项方案落实情况。

（四）参与论证的工程出现险情时，为抢险提供技术支持。

（五）对在论证过程中知悉的商业秘密，遵守保密规定。

（六）法律、行政法规规定的其他义务。

第八条　专家组长除上述第六条、第七条权利和义务外，尚有如下权利和义务：

（一）主持专家组方案论证工作，归纳统一专家意见。

（二）在论证报告上加盖"专项方案专家论证专用章"（由领导小组办公室统一配发）。

（三）应于论证工作结束后一周内，将专家论证报告和专项方案邮寄（送）达领导小组办公室。

（四）组织专家组对所论证项目的实施情况进行跟踪，了解方案落实情况。

第九条　专家有下列情形之一，领导小组视情节轻重给予告诫、暂停或取消专家资格的处理，并予以公告：

（一）不履行专家义务。

（二）论证结论无法实施或不符合工程实际情况。

（三）论证结论无法保证工程安全。

第十条　本工作制度经领导小组批准后实施，由办公室负责解释。

附录5

北京市轨道交通建设工程专家管理办法

第一条　为加强轨道交通建设工程专家管理，规范专家论证咨询行为，积极发挥专家在轨道交通建设中的作用，推进本市轨道交通建设又好又快发展，特制定本办法。

第二条　市住房城乡建设委会同市重大项目建设指挥部办公室组建"轨道交通建设工程资深专家顾问团"（下称"轨道交通资深专家顾问团"）和"北京市轨道交通建设工程专家库"（下称"轨道交通专家库"），并对其进行管理，日常事务工作委托北京城建科技促进会负责。

第三条　轨道交通资深专家顾问团成员为60岁以上、身体健康且为北京轨道交通工程做出突出贡献的专家，由市住房城乡建设委和市重大项目建设指挥部办公室直接聘任。轨道交通资深专家顾问团主要职能：

（一）参与轨道交通线路走向决策咨询；

（二）参与重大风险工程设计、施工方案咨询；

（三）参与事故调查、应急抢险、技术交流等工作；

（四）参与城市轨道交通工程法规文件、标准规范编制和审查工作；

（五）参与城市轨道交通工程新技术、新工艺、新材料、新设备的鉴定和评估工作；

（六）其他重大技术咨询工作。

第四条　轨道交通专家库分岩土工程（含明挖、暗挖、降水、盾构、监测）、模架工程、吊装及拆卸工程（含塔吊、龙门吊等）、轨道工程、混凝土工程、防水工程、材料及材料检测和桥梁工程等八个专业，其中岩土工程、模架工程、吊装及拆卸工程等三个专业纳入市住房城乡建设委危险性较大的分部分项工程专家库（下称"危大工程专家库"）统一管理，其他五个专业参照前三个专业进行管理。

岩土工程、模架工程、吊装及拆卸工程等三个专业专家的管理除应遵守本办法外，还应遵守《危险性较大的分部分项工程安全管理办法》（建质〔2009〕87号）和《北京市实施〈危险性较大的分部分项工程安全管理办法〉规定》（京建施〔2009〕841号）等相关规定。

第五条　轨道交通专家库专家应具备以下条件：

（一）诚实守信、作风正派、学术严谨，具有良好的职业道德；

（二）具有相关专业高级及以上专业技术职称（有特殊业绩者可不受此条件限制）；

（三）熟悉相关的法律法规和技术标准，有丰富的城市轨道交通在京工程建设实践经验；

（四）曾参加城市轨道交通工程法规文件、标准规范编制，或曾参加重大风险工程设计审查、专项施工方案论证和应急抢险等工作；

（五）年龄在 40 岁（含）至 60 岁（含）之间，身体健康，能够胜任所从事的业务工作；

（六）年龄在 40 周岁（不含）以下，但工作业绩突出，经考核合格，可以不受本条第（二）款和第（五）款的限制。

第六条　轨道交通专家库中模架工程、吊装及拆卸工程按市住房城乡建设委危险性较大的分部分项工程专家证书编号，其他专业专家证书编号在各专业之前冠以"DT"，以示区别。

第七条　对本市轨道交通建设工程专项方案进行论证咨询活动时，应当从轨道交通专家库中选取专家。专家应当依据自己的专业及特长接受组织单位的聘请并参加论证会，不得跨专业参加专项方案论证会，也不得参加自己不擅长的专项方案论证会。

第八条　专项方案论证组织单位应根据所论证的方案涉及的专业聘请持相关专业证书的专家参加论证会。参与论证会各专家的专业组成应合理。明挖（暗挖、盾构）等专项方案论证应同时聘请监测、降水等专业的专家，以保证专家论证意见全面、客观、科学。

第九条　专家享有下列权利：

（一）接受聘请，担任专项方案论证专家；

（二）对专项方案进行独立论证，提出论证意见，不受任何单位或者个人的干预；

（三）接受劳务咨询和专项检查报酬；

（四）根据论证需要调阅工程相关技术资料；

（五）法律、法规规定的其他权利。

第十条　专家负有下列义务：

（一）遵守专家论证规则和相关规定。

（二）客观公正、科学严谨地参加专项方案论证活动。

（三）及时了解掌握本专业技术发展状况，提供相关的政策咨询及技术咨询，协助制定城市轨道交通工程的相关法规政策和技术标准。

（四）积极参加主管部门组织的活动，按时完成交办的监督检查、事故调查、应急抢险、技术交流等各项工作。

（五）未经主管部门同意不得以轨道交通专家库专家的名义组织任何活动，也不得以轨道交通专家库专家的名义从事商业咨询服务活动。

（六）对在论证过程中知悉的国家秘密、商业秘密和个人隐私，应当遵守相关法律法规的规定和保密约定。

（七）在进行论证活动时应廉洁自律，不得接受超出论证合理报酬之外的任何现金、有价证券、礼品等。

（八）不得以专家库专家的身份参加所在单位组织的专项方案论证活动。

（九）法律、法规规定的其他义务。

第十一条　在进行专项方案论证时，应经全体与会专家协商一致，投票选出专家组长。专家组长除上述第九条、第十条权利和义务外，尚有如下权利和义务：

（一）主持方案论证工作，综合归纳专家意见。

（二）于论证工作结束后一周内，将专家论证报告和专项方案报送北京城建科技促进会。

（三）依据有关规定，组织专家组成员对所论证专项方案的执行情况进行跟踪，了解方案落实情况。

第十二条　专家任期为三年，可连聘连任。

第十三条　主管部门按下列要求对专家进行动态管理：

（一）依据工作需要随时聘任符合条件的专家；

（二）接受由于健康、工作调动或工作性质变化等原因，不宜继续任职的专家辞职；

（三）对犯有严重错误的专家除名；

（四）任期届满前，由北京市危险性较大的分部分项工程管理领导小组办公室根据有关规定对轨道交通专家库中专家进行考评，决定续聘或不再聘任。

第十四条　专家有下列情形之一，主管部门视情节轻重给予告诫、暂停或取消专家资格的处理，并予以公告。

（一）不履行本办法第十条第（一）、（二）、（五）、（六）、（七）、（八）款专家义务的；

（二）论证结论无法实施或不符合工程实际情况的；

（三）论证结论无法保证工程安全的；

（四）工程按论证方案实施后发生事故，且事故的原因之一为经论证的方案存在明显缺陷的。

第十五条　本办法自 2012 年 1 月 1 日起执行。

附录 6

北京市危险性较大分部分项工程专家库专家考评及诚信档案管理办法

第一条　为加强和完善北京市危险性较大分部分项工程专家库专家管理，提高专家库管理水平，依照《危险性较大的分部分项工程安全管理办法》（建质〔2009〕87 号）等相关文件，并结合本市实际情况，制定本管理办法。

第二条　本办法适用于北京市危险性较大分部分项工程专家库专家的考评和诚信档案管理。

第三条　北京市危险性较大分部分项工程管理领导小组负责专家考评和专家诚信档案的管理。领导小组办公室负责具体事务工作。

第四条　领导小组办公室按北京市危险性较大分部分项工程专家考评项目及分值表（附件一），对库内专家进行考评打分，每年一次，并通过适当的方式公布考评结果。

第五条　专家任期届满前，依据专家三年考评得分之和（专家任期不满三年的，其得分数为任期内考评得分与任期月数之商乘 36 个月），从高到低排名，按专业前 85％的专家获得续聘资格，其余 15％的专家不再续聘。

第六条　通过考评拟续聘的专家名单在市住房和城乡建设委员会网站上公示一周。领导小组向通过公示和审定的专家颁发聘书。

第七条　领导小组办公室为专家库内每名专家建立诚信档案，档案记录的内容包括每年考评得分、加分项目和减分项目等。

第八条　本办法经领导小组批准后实施，由办公室负责解释。

附件一

北京市危险性较大分部分项工程专家考评项目及分值表

序号	项目名称	内容	分值	备注
1	业绩	方案论证	每参与一项论证得2分，每年最多40分	以"危险性较大的分部分项工程安全动态管理平台"（下称"安全动态管理平台"）记录为依据
		方案执行跟踪	每项"安全动态管理平台"上跟踪一次得0.5分，现场跟踪一次得2分，每年最多40分	以"安全动态管理平台"记录和危大工程领导小组办公室记录为依据
2	继续教育	参加危大工程相关的法规培训、技术经验交流	每8学时4分，每年最多20分	以危大工程领导小组办公室记录备案的学时为依据
3	加分	参加市住建委组织的危大工程现场检查	每工日4分，每年最多20分	以危大工程领导小组办公室记录备案的工日为依据
		参加市住建委组织的抢险	每工日5分，每年最多20分	以危大工程领导小组办公室记录备案的工日为依据
		参加市住建委（住建部）组织的规范（危大工程）编制	每项5分，每年最多10分	以危大工程领导小组办公室记录备案的项目为依据
4	减分	参加未登录"安全动态管理平台"的专项方案论证	每项每人扣10分	以市（区/县）住建委和安全质量监督机构及危大工程领导小组办公室查证确认的项目为依据
		应跟踪未跟踪	每项（次）扣0.5分	以"安全动态管理平台"记录和危大工程领导小组办公室查证确认的项（次）为依据
		未审查出专项方案中安全隐患	每项每人扣10分	以市住建委和危大工程领导小组办公室查证确认的项目为依据
		发生事故，且与方案中安全隐患直接相关	重特大事故，每项每人－50分，一般事故－30分	以市住建委和危大工程领导小组办公室查证确认的项目为依据
		受到处罚	告诫－5分、警告－20分、暂停专家资格－30分、取消专家资格－50分	以市住建委和危大工程领导小组办公室查证确认的项目为依据。不重复扣分

附录7

北京市危险性较大的分部分项工程安全动态管理办法

第一条 为进一步加强本市危险性较大的分部分项工程安全动态管理，进一步落实安全生产各方主体责任，提高建设工程施工安全管理水平，有效防范生产安全事故发生，依照《危险性较大的分部分项工程安全管理办法》（建质〔2009〕87号）和《北京市实施〈危险性较大的分部分项工程安全管理办法〉规定》（京建施〔2009〕841号）等相关文件，并结合本市实际，制定本办法。

第二条 本市行政区域内的房屋建筑和市政基础设施工程（以下简称"建设工程"）的新建、改建、扩建以及装修和拆除工程中的危险性较大的分部分项工程的安全动态管理，适用本办法。

第三条 北京市住房和城乡建设委员会（以下简称"市住房城乡建设委"）负责全市危险性较大的分部分项工程的施工安全监督管理工作。区（县）建设行政主管部门负责本辖区内危险性较大的分部分项工程的施工安全监督管理工作。

第四条 市住房城乡建设委建立"危险性较大的分部分项工程安全动态管理平台"（以下简称"危大工程安全动态管理平台"），本市危险性较大的分部分项工程的认定、抽取专家、方案上传、专家预审方案、专家论证会、论证结论上传与确认、方案实施情况上传、专家跟踪及结论等均应通过危大工程安全动态管理平台进行。

第五条 市住房城乡建设委危险性较大的分部分项工程管理领导小组办公室（办公室设在北京城建科技促进会）负责危大工程安全动态管理平台的管理和维护工作。

第六条 危大工程安全动态管理平台登录网址为：www.cjjch.net，施工单位和监理单位凭北京市建设工程发包承包交易中心发的"企业智能IC卡"或"身份认证锁"登录，登录后给各工程项目分配用户名和密码。各工程项目凭分配的用户名和密码登录，具体操作方法见危大工程安全动态管理平台使用说明。

无"企业智能IC卡"或"身份认证锁"的单位凭单位名称和组织机构代码注册用户名和密码后进行登录。

专家凭用户名和密码登录，用户名为专家聘书编号，密码默认为666666，专家登录系统后可自行修改密码。有"身份认证锁"的专家可以直接插锁登录。

市、区（县）建设行政主管部门凭授权的用户名和密码登录。

第七条 对于超过一定规模的危险性较大的分部分项工程，应当由施工单位组织专家对专项施工方案进行论证；实行施工总承包的，由施工总承包单位组织专家论证。组织单位应从危大工程安全动态管理平台专家库中抽取专家，专家人数和专业应符合相关规定。

第八条 组织单位应当于专家论证会召开三天前将专项施工方案上传至危大工程安全动态管理平台，并通知已聘请的专家下载专项施工方案。参加专家论证会的专家应下载专项施工方案并进行预审。

第九条 组织单位可以采用现场会议或远程视频会议的方式召开专家论证会。采用现场会议论证的，专家论证报告需手工签名。采用远程视频会议论证的，专家论证报告须采用电子签名。

第十条 专家组应当就每项论证出具论证报告。采用现场会议论证的，组织单位应当于专家论证会结束后3日内将论证报告的扫描件上传至危大工程安全动态管理平台。论证结论为"修改后通过"的，专家组长须对修改后的专项施工方案再次填写审查意见，该意见作为监理单位是否批准开工的参考依据。

第十一条　施工单位在危险性较大的分部分项工程施工期，应每月 1 日至 5 日（节假日顺延）登录危大工程安全动态管理平台填写上月专项施工方案的实施情况，并应向专家提供能够判断工程安全状况的文字说明、相关数据和照片。监理单位应负责督促落实。

第十二条　对于超过一定规模的危险性较大的分部分项工程，专家组长（或专家组长指定的专家）应当自专项方案实施之日起每月跟踪一次，在危大工程安全动态管理平台上填写信息跟踪报告。当工程项目施工至关键节点时，还应对专项施工方案的实施情况进行现场检查，指出存在的问题，并根据检查情况对工程安全状态做出判断，填写信息跟踪报告。

第十三条　施工单位对危险性较大的分部分项工程专项施工方案的实施负安全和质量责任。专家的论证工作和跟踪工作不替代施工单位日常质量安全管理工作职责。

第十四条　市住房城乡建设委危险性较大的分部分项工程管理领导小组办公室将制定专家考评及诚信档案相关管理办法，每年对专家考核一次，并将考核结果进行公布。

第十五条　各区（县）建设工程安全监督执法机构应对危险性较大的分部分项工程专项施工方案的编制、专家论证及实施情况进行检查。市建设工程安全监督执法机构应对危险性较大的分部分项工程专项施工方案的编制、专家论证及实施情况实施抽查。

第十六条　应急抢险工程中涉及危险性较大的分部分项工程的应急处置不适用本办法。

第十七条　本办法自 2012 年 7 月 1 日起开始施行。

附录 8

北京市危险性较大分部分项工程安全专项施工方案
专家论证细则（2015 版）
通用部分内容
（1 总则、2 程序、3 纪律）

1　总则

1.1　根据住房和城乡建设部《危险性较大的分部分项工程安全管理办法》（建质〔2009〕87 号）、《北京市实施<危险性较大的分部分项工程安全管理办法>规定》（京建施〔2009〕841 号）《北京市危险性较大的分部分项工程安全动态管理办法》（京建法〔2012〕1 号）和北京市危险性较大分部分项工程专家库工作制度及相关规定，制订本细则。

1.2　《北京市危险性较大分部分项工程安全专项施工方案专家论证细则》（下称本细则）适用于参与专项方案论证活动的专家及相关工作人员。

1.3　专家应本着"安全第一、保护环境、技术先进、经济合理"的原则，客观公正、严肃认真地进行方案论证工作。

2 程序

2.1 抽取专家。论证组织单位从市住建委网上办事大厅登录"危险性较大的分部分项工程安全动态管理平台",聘请专家组成专家组,专家组成员应得到组长同意。

2.2 方案预审。专家应于会前从市住建委网上办事大厅登录"危险性较大的分部分项工程安全动态管理平台"预审方案,为论证会做好准备。

2.3 论证会及论证报告。专家按确认的论证时间、地点聚齐后,由组长组织专家进行专项方案论证,通过现场勘察、质疑和答辩,专家组独立编写和签署专项方案专家论证报告(格式见附件一)。

2.4 宣读并提交论证报告、接受劳务咨询费。组长向与会各方宣读论证报告,并将报告(组长保留一份)提交给组织单位,按规定标准接受劳务咨询费。

论证流程图:

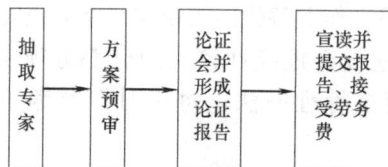

2.5 对于论证结论为"修改后通过"的专项方案,施工单位应按专家组意见对专项方案进行修改并将其上传至危大工程管理平台,专家组长或专家组委托的组员审核修改后的方案并上传审核意见,审核通过后,论证工作结束。

2.6 钢结构安装工程、建筑幕墙安装工程专项方案论证时,专家组成中相应有钢结构、幕墙技术专家。

3 纪律

3.1 专家在应诺参加某项目论证活动后,应按约定时间准时参加,不得迟到、早退,不得擅自更改承诺。若遇特殊情况确实不能履行承诺,应在约定论证时间前 24 小时通知组织单位,并经确认后方可不参加论证活动。

3.2 专家不得参加本单位的论证活动。发现论证项目为本单位项目时,应主动回避。

3.3 专家应树立良好的职业道德,按照本细则及相关技术标准,客观公正、严肃认真地进行论证,不受任何单位或个人的干预,并在论证报告上签名,承担个人责任。

3.4 专家在论证过程中应当做到:

3.4.1 应充分发表自己意见,有权坚持个人意见并写入论证报告;

3.4.2 不得在未填写论证意见的空白表格和文件上签名;

3.4.3 不得中途退出论证;

3.4.4 在论证过程中,应服从有关部门的监督;

3.4.5 专家组对论证结论和修改意见负责,专家对个人坚持的意见负责。

3.5 专家应接受参加论证活动的劳务报酬,但不得接受超出论证合理报酬之外的任何现金、有价证券、礼品等。

3.6 专家有义务向领导小组办公室及时举报或反映论证过程中所出现的违纪违法行

为或不正当现象。

3.7 专家应认真学习相关的法律、法规文件，积极参加相关规范规则的培训，不断提高业务能力。

3.8 专家对论证结论负责。专家未认真履行论证职责将受到如下处理：未审出专项方案中的重大缺陷导致工程事故的，取消专家资格；未审出专项方案中的重大缺陷但尚未导致工程事故的，暂停论证资格6个月；无故缺席论证会的，给予告诫。

4 论证技术标准

4.1 符合性论证

4.1.1 专项方案封面签章齐全（包括编制人、审核人、审批人签字和编制单位盖章）；

4.1.2 专项方案的主要内容基本完整。主要内容：（1）编制依据；（2）工程概况；（3）模架体系选择；（4）模架设计方案与施工工艺；（5）施工安全保证措施；（6）应急预案；（7）模架施工图；（8）计算书。

4.2 实质性论证

4.2.1 编制依据

（1）国家、行业和地方相关规范规程；

（2）企业标准；

（3）相关设计图纸；

（4）安全管理法规文件：《建设工程安全生产管理条例》（国务院第393号令）、《危险性较大的分部分项工程安全管理办法》（建质〔2009〕87号）、《北京市实施＜危险性较大的分部分项工程安全管理办法＞规定》（京建施〔2009〕841号）等；

（5）新型模架产品标准及试验检测报告；

（6）其他：施工组织设计、相关施工方案、地质勘查报告等。

4.2.2 工程概况

（1）危险性较大的分部分项工程内容及周边结构情况；

（2）施工平面布置图、相关结构平面图、剖面图；

（3）危险性较大的分部分项工程施工的工期安排；

（4）模架工程施工的重点、难点、特点。

4.2.3 模架体系选择

（1）确定模架选型原则，比较优选；

（2）确定模架选型。

4.2.4 模架设计方案与施工工艺

（1）技术参数。按照不同部位及特殊节点，对模架形式、尺寸和连接节点进行描述。重点为模架基础或预埋锚固的设计、模架设计、模架上部设计、构造拉结设计；安全防护设计，特殊部位的监测设计；

（2）工艺流程。模架安装、拆除工艺流程；模架安装、使用和拆除中的技术安全要求；

（3）模架材料、产品质量标准和检验控制措施。模架采用的所有材料和产品的质量标准，进场检验程序和控制措施；

（4）模架安装质量标准及检查验收程序。

4.2.5 施工安全保证措施

（1）特种作业人员和专职安全生产管理人员的配置要求；

（2）模架安装、使用、拆除过程中，保证模架基础、模架上部、构造拉结等各部位质量、安全的技术措施；

（3）季节性施工安全技术措施。雨、雪、风季、特殊气温等条件下的安全保证措施；

（4）施工过程中的监测监控措施。主要内容：监测方法、监测周期、允许变形值及报警值；明确监测仪器设备的名称、型号和精度等级；中间监测结果的反馈和应用；绘制监测点平面布置图；监测监控管理规定。

4.2.6 应急预案。主要内容包括：应急小组成员的名单、职责、联系电话以及施工地点与最近的医院的路线示意图；重点防范部位的概况；施工过程中的风险；控制措施；施救措施；应急预案的启动条件。

4.2.7 模架施工图

（1）模架施工图主要包括：模架布置平面图、立面图；典型剖面图；基础、预埋锚固等节点详图；对于支撑架工程应有上部自由端、构造拉结等节点详图；对于脚手架工程应有连墙件、悬挑、卸荷及剪刀撑等构造节点详图；

（2）监测点布置平面图；

（3）所有图纸应符合绘图规范要求，按图例、按比例、标尺寸，不应采用示意图。

4.2.8 计算书

（1）计算依据、计算参数和控制指标；

（2）荷载计算；

（3）按照传力顺序依次计算各构件；

（4）绘制计算简图。

4.3 论证结论判定标准

依据相关规定，专家论证结论为三种形式，即"通过"、"修改后通过"和"不通过"。专家组应依据模架工程类别按下列标准做出论证结论。

4.3.1 模板工程及支撑体系

（1）模板工程及支撑体系专项方案中出现下列情况之一的应判定为："不通过"。

1）未装订成册或签章不全。

2）方案设计与工程实际情况严重不符。

3）无模架设计图（包括架体平面布置图、典型剖面图、支撑节点详图等）。

4）无模架设计计算书或主要计算内容不全。

5）模架设计计算与模架设计图不符合导致无法判断计算结果的合理性。

6）主要承载杆件（立杆、立柱、大跨度桁架等）强度、刚度、稳定性、抗倾覆计算结果不通过或存在颠覆判定结果的重大错误。

7）支撑架基础存在沉陷、坍塌、滑移风险，可能造成安全事故但无有效措施的。

8）重型结构支撑架下的楼板结构承载力无验算或未经设计确认。

9）模架构造设计及搭设、混凝土浇筑、拆除等工序的技术措施存在重大缺陷或安全隐患。

10）其他直接涉及施工安全但又不能在论证会现场提出明确具体的改进措施的情形。

（2）模板工程及支撑体系专项方案中出现下列情况之一的应判定为："修改后通过"。

1）模架设计图不完善，缺关键节点的设计图。

2）模架计算书计算内容有欠缺、计算方法不合理或计算参数取值有误，但不影响对计算结果安全性判断。

3）模架次要杆件计算结果不通过，但不影响模架整体的安全性。

4）模架构造设计有缺陷，存在一定安全隐患。

5）水平结构与竖向结构同时浇筑，无有针对性的安全构造措施。

6）模架拆除方法针对性不强，存在一定安全隐患。

7）模架重要承载构件无检验、验收标准。

8）模架整体无检验、验收标准。

9）对于有特殊基础要求的模架，无基础或架体预压方案。

10）对于基础较薄弱或主梁跨度较大、超重梁板、高宽比超规范的模架，无施工监测方案。

11）模架施工可能导致邻近重要建（构）筑物、地下管线变形，无防护措施或措施不到位。

12）模架跨越河道施工，无围堰或导流方案，防汛措施不到位。

13）模架跨越现况交通施工，安全防护措施不到位。

14）模架搭设、拆除以及混凝土浇筑等重要工序施工技术措施不完善或存在缺陷。

15）季节性施工措施、应急预案等内容不完善。

16）其他对施工安全有直接影响，但能够提出明确具体改进措施的情形。

（3）模板工程及支撑体系专项方案中没有出现"不通过"和"修改后通过"情形的，可判定为："通过"。

4.3.2　脚手架工程

（1）脚手架工程专项方案中出现下列情况之一的应评定为："不通过"。

1）未装订成册或签章不全。

2）无计算书或计算模型错误、计算参数错误导致无法判定计算结果合理性。

3）无脚手架设计图。（平面布置图、立剖面布置图、预埋、连墙节点图）

4）脚手架架体搭设的基础、地基未提出承载力要求或要求明显不能满足实际需要的。

5）对脚手架架体的杆件间距、主节点、剪刀撑、斜撑、连墙件、卸荷等关键构造未提出明确要求或要求违反规范的。

6）悬挑式脚手架未对钢梁以及预埋件等重要架体构件的规格、型号、敷设等明确要求的。

7）安全专项施工工方案未对荷载、调整、拆除等影响稳定的行为提出明确要求的。

8）其他直接涉及施工安全但又不能在论证会现场提出明确具体的改进措施的情形。

（2）脚手架工程专项方案中出现下列情况之一的应评定为："修改后通过。"

1）安全专项施工工方案部分计算不正确的。

2）脚手架设计图纸不完善，节点尺寸标注不全，连墙件遇结构无法实现。

3）对脚手架架体搭设的基础、地基提出明确的承载力要求，但缺乏可操作性。

4）对脚手架架体的杆件间距、主节点、剪刀撑、斜撑、连墙件、卸荷等关键构造等存在不明确的情形。

5）悬挑式脚手架悬挑次梁、阴阳角、阳台等特殊节点设计存在缺陷的。

6）季节性施工措施、应急预案等内容不完善。

7）安全专项施工工方案中监测监控以及预案措施不具体的。

8）其他对施工安全有直接影响，但能够提出明确具体改进措施的情形。

（3）脚手架工程专项方案中没有出现"不通过"和"修改后通过"情形的，可判定为："通过"。

4.3.3 附着升降脚手架工程

（1）附着升降脚手架工程专项方案中出现下列情况之一的应判定为："不通过"。

1）未装订成册或签章不全。

2）使用非标准构件，无设计及计算且结构设计不合理影响安全使用。

3）方案提供爬架标准计算书，但工程实际存在较大突破标准计算书的工况或计算条件（荷载、爬升高度、附着部位存在薄弱的结构构件等）的情况未专门复核验算导致无法判断计算结果的合理性。

4）不符合构造尺寸要求，且无具体措施及相关计算。

5）提升机位设置不合理，影响结构安全或架体安全使用。

6）物料平台与爬架相连接但没有测试报告或未经过省级以上行政主管部门组织的技术鉴定的。

7）无具体安全防护措施，不能满足施工防护要求。

8）无防倾覆、防坠落和同步升降控制装置或其设置不规范。

9）无架体安装、升降、使用、拆除具体方法及注意事项。

10）其他直接涉及施工安全但又不能在论证会现场提出明确具体的改进措施的情形。

11）方案与实际情况不符或未考虑工程的特殊要求。

12）架体有下降使用要求，无安全专项措施的。

（2）附着升降脚手架工程专项方案中出现下列情况之一的应判定为："修改后通过"。

1）提升机位设置不合理，但不影响安全使用。

2）计算参数取值不合理，但不影响对计算结果合理性判断。

3）安全防护措施不到位。

4）无季节性施工措施。

5）无架体特殊部位加强构造措施或特殊部位加强构造措施不完善。

6）无架体与外墙模板、物料平台等相互关系及注意事项。

7）塔吊、施工电梯、施工流水段等位置架体设计不合理，但不影响架体整体稳定性及安全防护。

8）无架体维护保养措施。

9）无安全装置使用说明及维护保养措施。

10）无应急预案或应急预案不完善。

11）其他对施工安全有直接影响，但能够提出明确具体改进措施的情形。

12）设计图不全或有缺陷。（平面布置图、立剖面布置图、预埋、连墙节点图）

（3）专项方案中没有出现"不通过"和"修改后通过"情形的，可判定为："通过"。

4.3.4　爬模工程

（1）爬模工程专项方案中出现下列情况之一的应判定为："不通过"。

1）未装订成册或签章不全。

2）无爬模设计计算书、计算参数取值不合理、计算模型错误、主要计算内容（荷载、承载螺栓承载力、混凝土冲切承载力、混凝土局部受压承载力、顶升力、导轨变形等）不全或计算工况不全，导致无法判断计算结果的合理性。

3）无爬模设计图。（包括爬模机位平面布置图、典型剖面图、节点详图等）

4）有爬模标准计算书，但工程存在较大突破标准计算书的工况或计算条件（荷载、单次浇筑高度或爬升高度、附着部位存在薄弱的结构构件等）不利的情况未专门复核验算导致无法判断计算结果的合理性。

5）附着支座设置数量不足、不合理。

6）没有按照墙体厚度设计预埋系统。

7）无遇洞口和钢骨架时预埋系统的处理措施和节点大样图。

8）架体水平、大阳角处或竖向悬挑长度超过规范要求；无具体措施及相关验算。

9）爬模与塔吊、布料机等施工机械布置相互关系不明确。

10）架体上各层平台施工荷载不明确；没有相应施工控制措施。

11）无防坠爬升器或设置不规范。

12）油缸选用的额定荷载小于工作荷载的二倍，且不可调整机位间距。

13）方案与实际情况不符或未考虑工程的特殊要求。

14）其他直接涉及施工安全但又不能现场提出明确具体的改进措施的情形。

（2）爬模工程专项方案中出现下列情况之一的应判定为："修改后通过"。

1）爬模设计计算参数取值不合理，但不影响对计算结果合理性判断。

2）爬模设计图不完善（如缺少非标层设计、无电气系统图、部分机位布置与结构构件有冲突、个别机位布置间距对规范有突破），缺部分关键节点的设计图（墙体有内缩时，无挂座节点措施等）。

3）未针对工程情况进行总体施工部署和设计（如框-筒结构中，筒体与框架部分的进度协调，筒体竖向与水平结构的协调关系；水平结构滞后施工时，无施工安全技术措施或节点设计等）。

4）机位等构造间距不符合规范要求。

5）无作业层防护、断片处防护或措施不到位。

6）无塔吊、布料机在架体部位的安全防护措施。

7）对于薄弱结构部位，无爬模架构造措施或结构加强措施。

8）无消防逃生通道设置。

9）无各阶段爬模检查验收标准。

10）无爬模拆除方案；或拆除方案针对性不强，存在安全隐患。

11）无风季、雨季（特别防雷）、冬季施工技术措施。

12）无应急预案或应急预案不完善。

13）无总分包安全管理职责和验收程序。

14）油缸选用的额定荷载小于工作荷载的二倍，可通过机位间距调整。

15）其他对施工安全有直接影响，但能够提出明确具体改进措施的情形。

（3）专项方案中没有出现"不通过"和"修改后通过"情形的，可判定为："通过"。

4.3.5　单层钢结构工程

（1）单层钢结构工程专项方案中出现下列情况之一的应判定为："不通过"。

1）未装订成册或签章不全。

2）方案中无吊装起重设备作业行驶路线图、吊装站位图（吊装平面布置图）、最不利吊装位置的吊装剖面（立面）图或不按比例绘制，无法证明所选吊机在所需起吊荷载下的工作半径、起吊高度以及跨越地面及空中障碍的能力满足施工安全要求。

3）用于吊装的钢丝绳、吊耳、吊装带、卸扣、吊钩等选用无相关设计计算或计算错误，无法判断选用的合理性。

4）采用抬吊方式吊装作业，起重设备的负荷分配不明确，且无吊装作业安全的相关验算和保证措施。

5）处于吊装状态易变形的构件或结构单元，未进行强度、稳定性和变形的相关验算，且无防止结构变形的相关保证措施。

6）由多个构件在地面组拼的重型组合构件吊装时，吊点位置和数量未经计算确定。

7）对于单层排架类结构，如门式钢架、型钢或钢管平面桁架结构时，施工方案中未考虑结构的拼装方案和安全措施：平拼（卧拼）时，构件的翻身起吊防失稳措施及验算；立拼时构件的稳定加固措施；构件拼装就位地点与吊机站位的关系（尤其针对采用汽车吊或抬吊的情况）。

8）缺少屋面梁或桁架吊装就位后的稳定（防平面外失稳）措施。

9）门式刚架结构在施工过程中纵向柱间稳定措施（尤其是柱脚为非插入式杯口节点的情况）不完善。

10）吊装施工现场（含构件堆放、拼装）内或近邻架空高压线而方案中无相关安全措施内容时。

11）钢结构安装过程中的各阶段结构的安装流水段或单元不能形成完整的稳定单元体系，且无可靠的施工技术措施使其可以承受结构自重及施工荷载、恶劣天气情况以及吊装施工中冲击荷载的作用。

12）支承移动式起重设备的地面和楼面，尤其是支承地面处于边坡或临近边坡时，未进行承载力、变形验算或边坡稳定验算。

13）其他直接涉及施工安全但又不能在论证会现场提出明确具体的改进措施的情形。

（2）单层钢结构工程专项方案中出现下列情况之一的应判定为："修改后通过"。

1）方案编制依据不准确。

2）选用非定型产品作为起重设备时，未编制专项方案。

3）钢结构安装顺序或焊接顺序不合理。

4）有预变形要求的，未考虑预变形措施。

5）安装的安全保障措施不完善。

6）未考虑到吊装起重范围内涉及的空中、地下障碍物，无相关防护措施或措施不到位。

7）主要的施工工艺、施工方法的质量安全保证措施不完善。

8）无针对工程特点的冬、雨季（防雷接地等）季节安全施工方案。

9）无应急预案或应急预案不完善。

（3）单层钢结构工程专项方案中没有出现"不通过"和"修改后通过"情形的，可判定为："通过"。

4.3.6　多层、高层钢结构工程

（1）多层、高层钢结构工程专项方案中出现下列情况之一的应判定为："不通过"。

1）未装订成册或签章不全。

2）钢结构吊装作业选用的起重设备无法满足施工需求。

3）用于吊装的钢丝绳、吊耳、吊装带、卸扣、吊钩等选用无相关设计计算或计算错误，无法判断选用的合理性。

4）采用抬吊方式吊装作业，起重设备的负荷分配错误，且无吊装作业安全的相关验算和保证措施。

5）处于吊装状态易变形的构件或结构单元，未进行强度、稳定性和变形的相关验算，且无防止结构变形的相关保证措施。

6）由多个构件在地面组拼的重型组合构件吊装时，吊点位置和数量未经计算确定。

7）钢结构安装过程中各阶段结构的安装流水段或单元不能形成完整的稳定单元体系，且无可靠的施工技术措施使其可以承受结构自重及施工荷载、恶劣天气情况以及吊装施工中冲击荷载的作用。

8）支承移动式起重设备的地面和楼面，尤其是支承地面处于边坡或临近边坡时，未进行承载力、变形验算或边坡稳定验算。

9）需进行施工阶段结构安全验算的工程，由于验算方法错误或计算参数取值不合理导致无法判断计算结果的合理性。

10）其他直接涉及施工安全但又不能在论证会现场提出明确具体的改进措施的情形。

（2）多层、高层钢结构工程专项方案中出现下列情况之一的应判定为："修改后通过"。

1）方案编制依据不准确。

2）选用非定型产品作为起重设备时，未编制专项方案。

3）钢结构安装顺序或焊接顺序不合理。

4）流水段和柱节长度的划分不合理。

5）未考虑竖向压缩变形而采取预调安装标高或设置后连接件等相应措施。

6）有预变形要求的，未考虑预变形措施。

7）塔吊布置、安装、顶升、拆除作业以及施工中的群塔作业安全措施不完善。

8）高空施工的安全设施，如：人员交通通道、爬梯、操作平台、焊接风棚，焊机设备及工具平台不完善。

9）加强层桁架、支撑等大型结构构件的高空拼装安全措施不完善。

10）未考虑到吊装起重范围内涉及的空中、地下障碍物，无相关防护措施或措施不到位。

11）主要的施工工艺、施工方法的质量安全保证措施不尽完善。

12）无针对工程特点的冬、雨季（防雷接地等）季节安全施工方案。

13）无应急预案或应急预案不完善。

（3）多层、高层钢结构工程专项方案中没有出现"不通过"和"修改后通过"情形的，可判定为："通过"。

4.3.7　大跨度空间钢结构工程

（1）大跨度空间钢结构工程专项方案中出现下列情况之一的应判定为："不通过"。

1）未装订成册或签章不全。

2）钢结构吊装作业选用的起重设备无法满足施工需求。

3）用于吊装的钢丝绳、吊耳、吊装带、卸扣、吊钩等选用无相关设计计算或计算错误，无法判断选用的合理性。

4）采用抬吊方式吊装作业，起重设备的负荷分配错误，且无吊装作业安全的相关验算和保证措施。

5）处于吊装状态易变形的构件或结构单元，未进行强度、稳定性和变形的相关验算，且无防止结构变形的相关保证措施。

6）由多个构件在地面组拼的重型组合构件吊装时，吊点位置和数量未经计算确定。

7）施工阶段的临时支承结构和措施未按施工工况的荷载作用进行相关可靠性设计计算，当临时支撑结构和措施对结构产生较大影响时，未提交原设计单位进行确认。

8）采用下滑移法施工的网格结构，滑移脚手架（平台）无完整方案时。

9）采用悬挑法安装网架、网壳结构时，无可靠下挠累积偏差控制和消除措施、无可靠安全措施、无可靠完善螺栓紧固到位质量保证措施、无可靠防高坠措施。

10）支承移动式起重设备的地面和楼面，尤其是支承地面处于边坡或临近边坡时，未进行承载力、变形验算或边坡稳定验算。

11）对封闭结构的安装，未考虑设计与实际安装温差产生的温度应力，且无相关防范措施。

12）焊接工艺不符合钢结构焊接规范（GB 50661）的相关规定，易导致焊缝裂纹等缺陷，并有可能造成结构倒塌等安全事故的。

13）施工阶段的结构安全没有进行正确的相关仿真模拟分析计算，无法保证施工安全正常进行。

14）其他直接涉及施工安全但又不能在论证会现场提出明确具体的改进措施的情形。

（2）大跨度空间钢结构工程专项方案中出现下列情况之一的应判定为："修改后通过"。

1）方案编制依据不准确。

2）空间结构吊装单元的划分不合理或未能详细描述形成初始稳定体系的顺序与过程。

3）选用非定型产品作为起重设备时，未编制专项方案。

4）构件吊装顺序、合龙时间段选取、卸载方式不合理。

5）单榀桁架（屋架）在起板和吊运过程中没有采取防止构件变形的措施。

6）未考虑环境温度变化对大跨度空间钢结构的影响。

7）未与设计单位共同确定预起拱值。

8）工装胎架、承重、支撑设计方案节点构造不合理。

9）工况分析未能完全反映施工实况，应补充完善。

10）索（预应力）结构未编制专项方案。

11）施工监测方案的监测关键点布置不合理。

12）未考虑到吊装起重范围内涉及的空中、地下障碍物，无相关防护措施或措施不到位。

13）主要的施工工艺、施工方法的质量安全保证措施不尽完善。

14）无针对工程特点的冬、雨季（防雷接地等）季节安全施工方案。

15）无应急预案或应急预案不完善。

（3）大跨度空间钢结构工程专项方案中没有出现"不通过"和"修改后通过"情形的，可判定为："通过"。

4.3.8　高耸钢结构工程

（1）高耸钢结构工程专项方案中出现下列情况之一的应判定为："不通过"。

1）未装订成册或签章不全。

2）钢结构吊装作业选用的起重设备无法满足施工需求。

3）用于吊装的钢丝绳、吊耳、吊装带、卸扣、吊钩等选用无相关设计计算或计算错误，无法判断选用的合理性。

4）采用抬吊方式吊装作业，起重设备的负荷分配不明确，且无吊装作业安全的相关验算和保证措施。

5）处于吊装状态易变形的构件或结构单元，未进行强度、稳定性和变形的相关验算，且无防止结构变形的相关保证措施。

6）由多个构件在地面组拼的重型组合构件吊装时，吊点位置和数量未经计算确定。

7）支承移动式起重设备的地面和楼面，尤其是支承地面处于边坡或临近边坡时，未进行承载力、变形验算或边坡稳定验算。

8）采用整体起板法安装时，提升吊点的数量和位置以及起板过程中结构倾斜状态的结构安全未进行相关结构验算。

9）其他直接涉及施工安全但又不能在论证会现场提出明确具体的改进措施的情形。

（2）高耸钢结构工程专项方案中出现下列情况之一的应判定为："修改后通过"。

1）方案编制依据不准确。

2）选用非定型产品作为起重设备时，未编制专项方案。

3）未考虑施工过程中风荷载、环境温度和日照对结构变形的影响。

4）工装胎架、承重、支撑设计方案节点构造不合理。

5）工况分析未能完全反映施工实况，应补充完善。

6）施工监测方案的监测关键点布置不合理。

7）未考虑到吊装起重范围内涉及的空中、地下障碍物，无相关防护措施或措施不到位。

8）主要的施工工艺、施工方法的质量安全保证措施不尽完善。

9）无针对工程特点的冬、雨季（防雷接地等）季节安全施工方案。

10）无应急预案或应急预案不完善。

（3）高耸钢结构工程专项方案中没有出现"不通过"和"修改后通过"情形的，可判定为："通过"。

4.3.9 幕墙工程

（1）幕墙工程专项方案中出现下列情况之一的应判定为："不通过"。

1）未装订成册或签章不全；

2）材料运输设备

① 材料运输设备（如吊轨、小吊车、炮车等）未明确各构件的规格、材料类型、连接螺栓、焊缝及连接板等；

② 材料运输设备（如吊轨、小吊车、炮车等）无平面、立面及节点详图等；

③ 无相应设计计算（包括设备、楼板）；

④ 设计计算方法错误或计算方法不明确或计算参数取值不合理导致无法判断计算结果的合理性。

3）吊篮

① 无吊篮布置平面及立面图；

② 未明确非标吊篮的各构件的规格、材料类型、连接螺栓、焊缝、连接板及相应的设计；支撑在女儿墙上的吊篮，未对女儿墙等结构进行设计（北京市建筑施工高处作业吊篮京建法〔2014〕4 号）；

③ 设计计算方法错误或计算方法不明确或计算参数取值不合理导致无法判断计算结果的合理性。

4）脚手架

① 无脚手架平面及立面图布置；

② 脚手架无设计计算；

③ 设计计算方法错误或计算方法不明确或计算参数取值不合理导致无法判断计算结果的合理性。

5）交叉作业

① 幕墙安装与主体结构施工交叉作业时，无安全防护措施

② 无防护布置平立面图。

（2）幕墙工程专项方案中出现下列情况之一的应判定为："修改后通过"。

1）设计计算参数取值不合理，但不影响对计算结果合理性判断。

2）未明确材料运输设备。

3）未明确如吊轨、小吊车、炮车及非标吊篮的验收标准。

4）未明确如吊轨、小吊车及非标吊篮的安全试运行标准。

5）设置在支撑架上的吊篮支架无相应的支撑架布置图、构造图和相应的计算，无支撑架基础是否安全可靠的验算。

6）无应急预案或应急预案不完善。

7）无防雷、防火、临电使用及季节性施工安全措施，或措施不能满足施工安全要求。

8）其他对施工安全有直接影响，但能够提出明确具体改进措施的情形。

（3）幕墙工程专项方案中没有出现"不通过"和"修改后通过"情形的，可判定为："通过"。

4.3.10　应用新技术、新工艺、新材料、新设备的工程

（1）应用新技术、新工艺、新材料、新设备专项方案中出现下列情况之一的应判定为："不通过"。

1）无企业营业执照或代理商营业执照（代理授权书）。

2）无企业标准；或企业标准未在相关政府部门备案。

3）无产品试验或检测报告。

4）安全专项施工方案参照相关模架工程判定为不通过的。

（2）应用新技术、新工艺、新材料、新设备专项方案中出现下列情况之一的应判定为："修改后通过"。

1）具备企业营业执照或代理商营业执照（代理授权书），但论证现场没有相关资料，在一周以内可补齐。

2）具备企业标准，但论证现场没有相关资料，在一周以内可补齐。

3）具备产品检测报告、产品合格证，但论证现场没有相关资料，在一周以内可补齐。

4）安全专项施工方案参照相关模架工程判定为修改后通过的。

（3）应用新技术、新工艺、新材料、新设备专项方案中没有出现"不通过"和"修改后通过"情形的，可判定为："通过"。

（注：新技术、新工艺、新材料、新设备指：没有国家、行业或地方技术标准的技术、工艺、材料和设备）

4.4　关键节点识别标准

依据相关规定，当工程施工至关键节点时，负责跟踪专项方案执行情况的专家应进行现场检查，因此，专家组应当依据表 4.4 模架工程关键节点识别表识别该工程关键节点，并编写入论证报告之中。

模架工程关键节点识别表 表 4.4

序号	模架工程名称	关 键 节 点
1	模板工程及支撑体系	1. 高度及跨度均大于 12m 的模架搭设完毕后； 2. 高宽比大于 2.5 的模架； 3. 有预压要求的模架预压时
2	脚手架工程	1. 脚手架基础、地基加固、悬挑脚手架钢梁敷设完成搭设脚手架前； 2. 架体完成第一次卸荷

序号	模架工程名称	关键节点
3	附着升降脚手架工程	1. 搭设完毕爬升前； 2. 爬架部分重新拆改时
4	爬模工程	1. 爬模安装完毕爬升前 2. 施工过程中爬模架体调整拆改（平面结构变化拆除架体、罕见气候条件停工采取防护措施、故障设备调换）
5	单层钢结构工程	无
6	多层、高层钢结构工程	无
7	大跨度空间钢结构工程	1. 钢结构施工用临时支承、支撑完成； 2. 钢结构整体提升、滑移、整体吊装或预应力开始张拉； 3. 钢结构合拢、卸载
8	高耸钢结构工程	提升开始或整体起板开始
9	幕墙工程	吊篮、吊轨、炮车及小吊车等安装完毕并进行试运行后
10	应用新技术、新工艺、新材料、新设备的工程	新技术、新工艺、新材料、新设备安装或搭设完毕、使用之前

下篇

模架工程专项方案编制要点及范例

第4章 模架工程专项方案编制要点

高淑娴 编写

编入本书的范例，均为需要进行专家论证的安全专项施工方案。提交专家论证的专项方案，应签章齐全、装订成册、内容完整。

签章齐全指专项方案上应当有编写人、审核人和审批人签字，还应当有法人单位盖章。原因一是如果未经相关人员和单位签章，责任不清，无法确认专项方案；二是签章不全的方案，往往存在脱离项目实际、与施工组织设计不协调等问题，可操作性差；三是签章不全有可能存在工程挂靠问题。因此，一个合格的专项方案应当签章齐全。

装订成册是指经过胶粘不易拆装单独成册。之所以提出这样的要求，一是避免施工单位更换方案内容，造成实施的方案与论证的方案不是同一方案，责任不清；二是避免论证意见与方案内容不一致。专家论证会后，施工单位对方案进行修改，然后将专家论证意见与修改后的方案订在一起，如果原方案不是装订成册，而是可以直接替换的，则专家意见中指出的问题在方案中根本不存在，造成混乱。

内容完整是指专项方案内容应该符合住建部建质[2009]87号文件中的相关要求。即专项方案内容包括：工程概况、编制依据、施工计划、施工工艺技术、施工安全保证措施、劳动力计划、计算书及相关图纸。对于模架工程安全专项施工方案，其主要内容应包括编制依据；工程概况；施工部署；模架（脚手架）体系选择；模架（脚手架）设计方案与施工工艺；施工安全保证措施；应急预案；模架（脚手架）施工图；计算书等。

4.1 编制依据

编制依据的主要内容有：技术标准规范；设计图纸；安全管理法规文件；施工组织设计、相关施工方案、地质勘查报告等。

（1）技术标准规范：指国家、行业和地方的相关技术标准、规范规程；当专项方案涉及采用新技术、新工艺、新材料、新设备等尚无相关技术标准时，应提供企业标准及国家试验检测报告作为依据。

（2）安全管理法规文件：《建设工程安全生产管理条例》（国务院第393号令）、《危险性较大的分部分项工程安全管理办法》（建质[2009]87号）、《建设工程高大模板支撑系统施工安全监督管理导则》（建质[2009]254号）、《北京市实施<危险性较大的分部分项工程安全管理办法>规定》（京建施[2009]841号）等。

（3）施工组织设计、相关施工方案：施工组织设计中流水段划分、塔吊位置的确定、施工缝留设对于模架设计来说，就是设计条件或者必须针对这些内容要进行相应的节点设计；相关施工方案通常指混凝土浇筑施工方案，钢结构安装方案，幕墙安装方案等，它们

高淑娴：北京卓良模板有限公司，教授级高级工程师，总工程师，从事建筑模架工程28年。

是相应的模板支撑架、脚手架操作平台、吊篮设计的基础和条件。因此，在模架专项方案设计前明确施工组织设计和相关施工方案是至关重要的。

（4）地质勘查报告：当地下结构、桥梁其支撑架需要支撑在地基基础上时，应有地质勘察报告。

4.2　工程概况

工程概况是要介绍工程的基本情况，专项方案中涉及的危险性较大的分部分项工程的情况及周边结构情况，根据工程的复杂程度，应提供相应的施工平面布置图、工程结构平面、剖面图等。

（1）工程简介

主要内容包括工程名称、位置、工程长宽高；提供工程的设计单位、施工总承包、监理单位、专业分包单位名称；提供工程工期要求与质量目标要求等。

（2）危险性较大的分部分项工程概况

危险性较大的分部分项工程概况是专项方案设计施工的重要条件，这一部分的内容是否全面清晰，直接影响着专项方案是否漏项，是否有针对性和可操作性。危险性较大的分部分项工程概况应有结构类型、结构梁板柱尺寸、柱网尺寸、结构高度尺寸、平立面变化等尺寸的详细介绍；同时应有与模架专项方案相关的施工组织设计内容，如爬模专项施工方案就必须有塔吊、施工电梯、布料机等大型设备的布置方案和混凝土施工方案；支撑架专项方案中必须有施工缝尺寸和具体位置；为了更为清楚描述这部分内容，应附上相应结构平面施工图和结构剖面图，现场施工总平面布置图，塔吊布置图和施工电梯位置图等。

4.3　施工部署

施工部署的主要内容包括：施工组织管理、施工准备、施工平面布置、施工进度计划、流水段划分和施工顺序等。

施工部署对于整个专项方案而言是最重要的一章，涉及整个项目的资源配置和管理，是方案的"中枢神经"。要编写好这一章，编写人必须对该项目施工目标、场地条件、设备配置、施工总分包设置及管理人员等情况有全面的了解。如果本章编写目标明确、布置合理、资源配置恰当，则为安全顺利实施该项目打下了良好基础。

由于该章的内容基本不直接涉及施工安全和质量，所以在专家论证专项方案时也不把该章内容作为重点。依据《北京市危险性较大的分部分项工程安全专项施工方案专家论证细则（2015 版）》，专项方案"不通过"或"修改后通过"的条件中，基本不涉及本章的内容。

（1）施工组织管理

施工组织管理中，应明确施工总承包、分包和相关各方在专项方案中的具体职责，明确管理层次。

（2）施工准备

根据不同的模架工程施工工艺要求，基本内容如下：

首先是技术准备，包括专项方案的审核批准；施工前对相关施工人员的技术交底工作；按照专项方案和设计要求，对模架产品的质量验收工作等。

其次是施工人员组织，包括需要的特种作业人员和专职安全生产管理人员的配置要求，对施工人员应经过专业培训、持有上岗操作证的要求；施工和专业分包队伍应配备专职安全生产管理人员等。

最后是材料、场地与设备机具准备，场地的准备涉及具体的模架产品不同，对场地的要求也不同，如模板的堆放需要平整的场地，场地应有排水措施；爬模架需要在现场进行组装，场地的大小必须满足组装尺度的要求，同时场地应在塔吊回转半径内等，设备机具的准备包括运输安装工具，如塔吊；需要进行现场组装的爬模架还需要临时存放工具和产品零配件的仓库等。

（3）施工进度计划

施工进度计划中应将涉及模架工程的进度计划进行详细说明，便于根据进度安排，进行相应的模架安全技术设计，做出季节性施工安全技术的预控措施。

（4）施工顺序和流水段划分

施工顺序对于保证模架安全非常重要，如框架结构中梁板柱同时浇筑混凝土和先浇筑柱、后浇筑梁板的两种混凝土施工方案中，支撑架的稳定设计、构造要求和安全风险是不同的，一些模架安全事故的发生，就是因为方案是先浇筑柱、后浇筑梁板混凝土，现场施工时采用梁板柱同时浇筑混凝土的方法造成的，所以在施工部署中必须明确施工顺序。

明确流水段划分同样重要，尤其对于脚手架、爬模架的专项方案，在流水段处必须有安全防护的节点设计和施工要求。

4.4　模架（脚手架）体系选择

模架（脚手架）体系选择主要是通过对危险性较大的模架分部分项工程及施工的特点分析，进行模架产品及模架施工工艺的选择，在满足安全、质量、工期的前提下，充分考虑可操作性和经济性。

目前常用模架体系有扣件式钢管脚手架、碗扣式钢管脚手架、盘销式钢管脚手架、门式钢管脚手架、附着式升降脚手架、集成式升降脚手架、液压爬升防护屏、液压爬升模板、吊篮等，当选择不同的模架体系和施工工艺时，其技术标准规范不同，质量验收依据的标准不同，安全计算内容也不同，因此，在专项方案中必须明确模架体系。

4.5　模架（脚手架）设计方案与施工工艺

模架（脚手架）设计方案与施工工艺为专项方案的核心和重点审查内容，是保证模架工程安全实施、满足可操作性的关键，这部分内容包括模架的技术参数设计、工艺流程设计、模架（脚手架）材料、产品质量标准和检验控制措施、模架（脚手架）安装质量标准及检查验收程序等内容，根据工程的结构复杂程度，采用施工工艺的不同和模架产品的不同，在方案结构上会有较大的不同。

4.5.1　技术参数设计

技术参数设计以计算书或标准规范规定为依据，对模架（脚手架）设计的各部位、连接节点和构造要求以数据进行描述。模架（脚手架）专项方案中，应重点进行架体支座（基础）的设计、架体设计、架体上部设计、构造拉结设计、安全防护设计、特殊部位的监测设计等。

对于不同的工程结构和模架体系，架体支座（基础）不同。当架体基础为混凝土底板时，混凝土厚度应经过计算，满足施工荷载及架体自重的要求；当架体基础为回填土时，回填土密实度应符合设计要求，并有排水措施；当架体基础为混凝土楼板时，楼板下各层连续支顶设计层数应满足工程设计要求，必要时应通过设计院的确认签字；当架体基础为悬挑钢梁时，钢梁上应设计立杆固定节点，钢梁断面应经计算，满足承载力和刚度的要求；对于箱梁支撑架，应对基础处理做出专门设计，明确基础碾压设备及基础压实度指标，铺筑材料做法及厚度，确保大的施工荷载作用下支架基础的稳定；当采用爬模架产品体系时，其支座为附着支撑结构，首先附着支撑结构的设置位置必须合理，不应设置在挑阳台、梁底等不利位置；附着支撑结构与建筑结构连接固定方式应满足规范要求；附着支撑结构设置数量间距应经过计算符合规范要求等。

架体设计部分，在脚手架和支撑架专项方案中，施工现场经常采用的产品是扣件式钢管脚手架、碗扣式钢管脚手架、盘销式钢管脚手架、门式钢管脚手架，上述产品现行技术规程分别为《建筑施工扣件式钢管脚手架安全技术规范》JGJ 130—2011，《建筑施工碗扣式钢管脚手架安全技术规范》JGJ 166—2008，《建筑施工承插型盘扣式钢管支架安全技术规程》JGJ 231—2010，《建筑施工门式钢管脚手架安全技术规范》JGJ 128—2010，《钢管满堂支架预压技术规程》JGJ/T 194—2009，《钢管脚手架、模板支架安全选用技术规程》DB11/T 583—2015（北京地方标准），脚手架和支撑架的立杆、水平杆、自由端等的间距除了以计算为依据，还应该满足上述规范规定的构造要求，如扫地杆的要求：扣件式钢管脚手架扫地杆距离地面200mm，碗扣式钢管脚手架扫地杆距离地面350mm，盘销式钢管脚手架扫地杆距离地面550mm；设计支撑架时，自由端长度是关键的控制尺寸，采用扣件式钢管脚手架时自由端应不大于400mm，采用碗扣式钢管脚手架时自由端应不大于700mm，采用盘销式钢管脚手架时自由端应不大于650mm。

对于桥梁工程的支撑架设计，贝雷梁和钢支柱等产品和施工技术也比较常见，这类产品目前没有行业标准，应遵守相应的企业标准并具有国家试验检测报告。当支撑架符合预压条件或要求预压时，应遵守《钢管满堂支架预压技术规程》JGJ/T 194—2009 的规定。

对于爬模架的架体设计，现行技术规程分别为《液压爬升模板施工技术规程》JGJ 195—2010，《建筑施工工具式脚手架安全技术规范》JGJ 202—2010，《液压升降整体脚手架安全技术规程》JGJ 183—2009；主架体的支撑跨度、水平悬挑长度和竖向悬臂长度、剪刀撑设置均应遵守上述规范的规定。

构造拉结设计指架体与结构之间的连接，包括脚手架的连墙件设计，脚手架的卸载节点设计，悬挑架中悬挑钢梁与结构楼板的锚固，支撑架连墙抱柱的措施等；构造拉结措施必须以计算为依据，但有些不需要计算，如抱柱措施；专项方案中的构造拉结设计必须明确其具体位置及在各方向间距，以构造拉结设计的可操作性，如脚手架中的二步三跨或三步三跨拉结措施，如果是在一个柱网间距较大、层高较高的框架结构中，就不能实现，必须采取其他拉结措施保证架体与结构的可靠拉结和稳定。

安全防护设计中，首先是脚手架和支撑架的安全平网和安全立网的设置应满足规范要求；在爬模架设计中安全防护设计包括全立面防护网板或安全网防护设计，各操作平台作业层防护，上下通道的洞口防护，开口处的翻版防护，流水段处的侧面防护，塔吊、布料机与爬模架相关处的防护等。

4.5.2　工艺流程设计

模架专项方案中工艺流程设计部分主要内容为：模架（脚手架）安装、拆除工艺流程；模架（脚手架）安装、使用和拆除中的技术安全要求。

在专项方案中，模架工艺流程设计是在技术参数设计基础上对模架组装、安装、拆除的先后顺序、技术条件制约和每一环节的技术要求规定，尤其需要强调的是，在模架设计时就必须进行模架拆除设计，如支撑架设计中自由端高度必须满足模板及主次龙骨拆除空间需要，而爬模设计中模板退模距离一般应满足钢筋绑扎、模板清理空间的要求，爬模架拆除解体单元的大小及重量涉及堆放场地要求，现场起重设备能力及爬模架变形等。因此，此部分内容是安全管理的重要组成部分。

本部分内容应首先编制模架安装、拆除的工艺流程，如果是爬模架，还应有现场组装的流程，然后针对流程中关键步骤规定其操作过程中的质量、安全技术要求，避免因安装、拆除不符合设计要求而引起安全问题。下面以外脚手架搭设安装为例。

外脚手架的搭设安装流程为：基础处理→立杆垫板铺完后由一侧开始排尺，在垫板上用粉笔画出立杆轴心线，然后在垫板上摆放扫地杆→竖立杆（随立杆与扫地杆用直角扣件紧扣）→装扫地小横杆→安第一步大横杆→安装第一步小横杆→校正立杆→设第一排拉结点→安第二步大横杆→安装第二步小横杆……依次类推，搭设高度 5 步大横杆时安装剪刀撑和横向支撑，绑扎防护栏杆及挡脚板并挂安全网保护。

外脚手架的搭设安装技术安全要求为：

1）总体要求

扣件式钢管脚手架必须配合施工进度搭设，一次搭设高度不超过相邻连墙件以上两步（3m）。脚手架搭设的技术要求、允许偏差与检验方法，应符合《建筑施工扣件式钢管脚手架安全技术规范》JGJ 130 的规定。

2）脚手架地基基础要求

（1）垫板和底座均应准确地放在定位线上。

（2）垫板采用 4m×0.25m×0.05m 的防腐木垫板，底座采用 8 号槽钢（U 口向上）。

（3）立杆底座置于垫板之上且底面标高宜高于自然地坪 50mm，并设置排水沟，保证脚手架基础不被浸泡。

3）立杆搭设要求

（1）立杆除顶层顶步外，其余各层各步必须采用对接接长，立杆的对接扣件应交错布置，两根相邻立杆的接头不应设置在同步内，同步内隔一根立杆的两个相隔接头在高度方向错开的距离不小于 500mm；各接头中心至主节点的距离不大于 500mm。

（2）脚手架开始搭设立杆时，每隔 6 跨设置一根抛撑，直至连墙件安装稳定后，方可根据情况拆除。

（3）当架体搭设至有连墙件的主节点时，在搭设完该处的立杆、纵向水平杆、横向水平杆后，应立即设置连墙件。

4）纵向水平杆搭设要求

（1）脚手架纵向水平杆随立杆按步搭设，并采用直角扣件与立杆固定；

（2）纵向水平杆设置在立杆内侧，单根杆长度不小于 3 跨；

（3）纵向水平杆接长采用对接扣件连接或搭接；

（4）两根相邻纵向水平杆的接头不设置在同步或同跨内；不同步或不同跨两个相邻接头在水平方向错开的距离小于 500mm；各接头中心至最近主节点的距离不应大于纵距的 500m。见图 4.5-1。

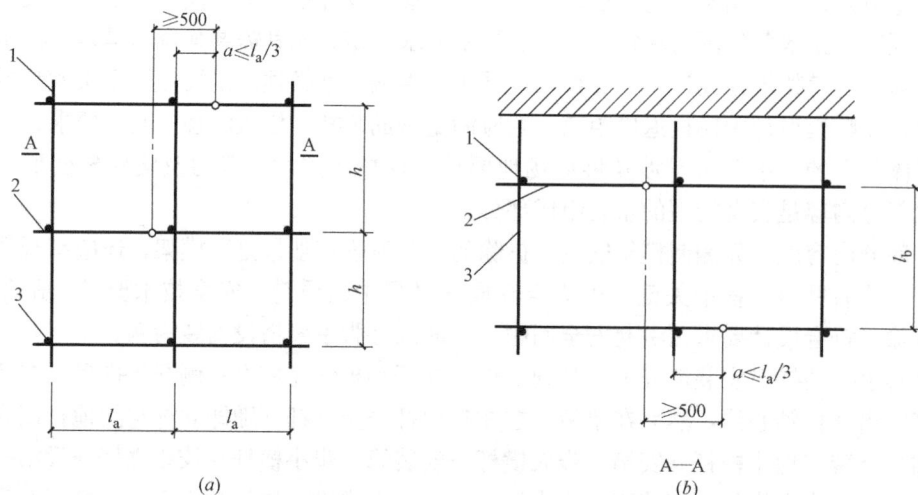

图 4.5-1　纵向水平杆对接接头布置
（a）接头不在同步内（立面）；（b）接头不在同跨内（平面）
1—立杆；2—纵向水平杆；3—横向水平杆

（5）纵向水平杆搭接长度不小于 1m，并等间距设置 3 个旋转扣件固定；端部扣件盖板边缘至搭接纵向水平杆杆端的距离不应小于 100mm。

（6）本工程纵向水平杆四周交圈设置，并用直角扣件与内外角部立杆固定。

5）横向水平杆搭设要求

（1）作业层上非主节点处的横向水平杆，根据支承脚手板的需要等间距设置，最大间距不应大于 500mm。

（2）本工程使用木脚手板，脚手架的横向水平杆两端均采用直角扣件固定在纵向水平杆上。

（3）脚手架横向水平杆的靠墙一端至墙装饰面的距离为 100mm。

（4）横向水平杆采用对接时主节点处必须设置一根横向水平杆，用直角扣件扣接且严禁拆除。

6）脚手架纵向、横向扫地杆搭设要求

（1）脚手架必须设置纵、横向扫地杆。纵向扫地杆应采用直角扣件固定在距钢管底端 200mm 处的立杆上。横向扫地杆应采用直角扣件固定在紧靠纵向扫地杆下方的立杆上。

（2）脚手架立杆不在同一高度上时，必须将高处的纵向扫地杆向低处延长两跨与立杆固定。见图 4.5-2。

7）脚手架连墙件安装要求

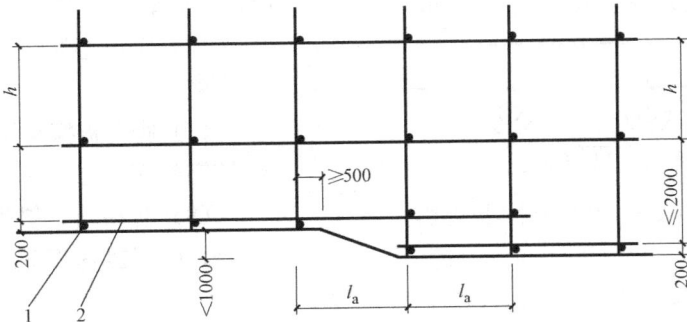

图 4.5-2　高低跨处纵横向扫地杆构造详图
1—横向水平杆；2—纵向水平杆

（1）靠近主节点设置，偏离主节点的距离不大于 300mm。

（2）从底层第二步纵向水平杆处开始设置，当该处设置有困难时，采用临时斜撑固定。

（3）本工程连墙件优先拉结窗洞口和结构柱，局部不满足要求处采用打孔穿墙连接。

（4）连墙件的安装应随脚手架搭设同步进行，不得滞后安装。

（5）当脚手架施工操作层高出相邻连墙件以上二步时，应采取确保脚手架稳定的临时拉结措施，直到上一层连墙件安装完毕后再根据情况拆除。

8）剪刀撑搭设要求

（1）剪刀撑的斜杆应用旋转扣件固定在与之相交的横向水平杆的伸出端或立杆上，旋转扣件中心线至主节点的距离不大于 150mm。斜杆与地面夹角为 $45°\sim60°$ 在其间应增加 2~4 个扣点。

（2）剪刀撑斜杆的接长采用搭接，搭接长度不小于 1m，并采用 3 个旋转扣件固定。端部扣件盖板的边缘至杆端距离不应小于 100mm。

（3）脚手架剪刀撑随立杆、纵向和横向水平杆等同步搭设，不得滞后安装。

9）扣件安装要求

（1）扣件规格应与钢管外径相同。

（2）螺栓拧紧扭力矩不应小于 40N・m，且不应大于 65N・m。

（3）在主节点处固定横向水平杆、纵向水平杆、剪刀撑、横向斜撑等用的直角扣件、旋转扣件的中心点的相互距离不大于 150mm。

（4）对接扣件开口应朝上或朝内。

（5）各杆件端头伸出扣件盖板边缘的长度不小于 100mm。

10）脚手板的铺设要求

（1）最底一层水平杆满铺脚手板，以保证脚手架底层有足够的横向水平刚度，同时也防止物件从空中掉落。

（2）作业层脚手板沿纵向应满铺，铺稳。离开墙面不大于 150mm。

（3）作业层下面需留一层脚手板作为防护层，施工时作业层升高一层，则把下面一层脚手板翻在上面作为作业层的脚手板，两层交错上升。

（4）作业层端部脚手板探头长度应取 150mm。

（5）脚手板采用对接形式，即对头铺设脚手板，在每块脚手板两端下面均要有小横杆，杆离板端的距离应取 130～150mm，小横杆应放正、绑牢。见图 4.5-3。

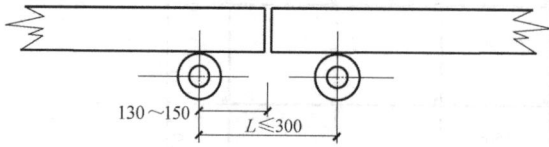

图 4.5-3 脚手板对接构造图

（6）作业层脚手板下方兜设一层安全网。

（7）脚手板探头用直径 1.2mm 的镀锌钢丝固定在支承杆件上。

（8）在拐角、斜道平台口处的脚手板，应用镀锌钢丝固定在横向水平杆上，防止滑动。

4.5.3 模架（脚手架）材料、产品质量标准和检验控制措施

原材料质量、按照产品标准检验的管理要求是方案实施安全的基础，所以本节内容也很关键，模架安全事故调查中，模架产品质量不合格占到了很大的比例。

1）在专项方案中，模架（脚手架）采用的主要构配件应至少有以下质量证明和检验报告：

（1）模架构配件应有原材料质量证明书；

（2）扣件应有性能复试报告（JGJ 130—2011 强条 8.1.4）；

（3）可调托撑应有性能试验报告；

（4）盘销式钢管脚手架应有整体试验报告；

（5）爬模架中锥形承载接头、承载螺栓、挂钩连接座、导轨、防坠爬升器等重要受力部件，应有材料复检报告（JGJ 195—2010 第 4.2.4 条）；

（6）爬模架产品应有鉴定或验收证书；

（7）新技术、新产品、新工艺和新设备应有企业标准，并有力学性能检测报告。

2）模架产品质量标准

产品质量标准应根据相关规范标准，明确规定产品、构配件关键的尺寸允许偏差和外观质量如焊缝、表面处理、锈蚀、损坏等要求。

对于扣件式钢管脚手架产品，JGJ 130—2011 规范规定了钢管直径、壁厚、钢管外表面锈蚀深度、钢管弯曲、可调托撑支托板的标准尺寸及允许偏差，规定了扣件的外观（不允许有裂缝、变形、滑丝的螺栓存在；扣件与钢管接触部位不应有氧化皮；活动部位应能灵活转动，旋转扣件两旋转面间隙应小于 1mm；扣件表面应进行防锈处理等），在专项方案中应明确各要求。

在模板支撑架中，常用方木（主要规格 50×100，100×100，100×200 等）做主次龙骨，而目前的规范中，没有明确的尺寸偏差规定，因此，方案编写人可以根据方案和市场实际情况规定其偏差标准，同时，在模架计算中应采用最小尺寸进行安全验算。

同样，如果属于新产品，在现行规范上没有规定时，应依据企业标准或项目设计要求明确产品验收应遵守的标准。

其他产品同上述模式，不在此赘述。

3）产品进场检验程序和控制措施

模架产品进场，应由施工总承包组织监理、专业公司、项目技术，生产，安全和作业班组负责人等，按照技术规范和产品标准等有关技术文件，对模架产品的质量资料和实际供货质量进行验收，并做好记录。

模架产品经验收合格，方可进入组装或安装程序。

4.5.4　模架（脚手架）安装质量标准及检查验收程序

（1）模架（脚手架）安装质量标准是根据模架设计技术参数及构造措施，对关键部位、关键尺寸设定允许偏差。扣件式钢管脚手架、碗扣式钢管脚手架、盘销式钢管脚手架等有现行规范的产品，规范中对安装质量标准有明确要求，但规范中的安装标准是通用标准，具体到某一个专项方案时，需要根据项目实际应用标准。

（2）一般模架安装的检查验收程序是：安装前，施工总承包组织监理、专业公司、项目技术、生产、安全和作业班组负责人等相关方按照方案要求，对技术资料、结构轴线、标高测量定位、预埋件安装位置进行检查验收，符合要求后进行安装。模架安装完成后，施工总承包组织监理、专业公司等相关方按照专项方案有关技术参数检查验收后方可投入使用。同时，应规定遇停工、特殊天气等情况，重新启用模架前应重新验收。

4.6　施工安全保证措施

（1）组织保障：要求施工安全组织机构健全并有清晰的职责划分，此部分内容根据工程复杂程度及模架施工工艺的难度，可以独立成章，也可以与施工组织管理部分的内容合并在一起。

（2）依据不同的模架施工工艺特点，制定模架（脚手架）安装、使用、拆除过程中，保证架体支座（基础）、架体、架体上部、构造拉结等各部位质量、安全的技术措施，在专项方案编制中，此部分内容经常出现的问题是照抄规范，或者写一些很空洞的要求，没有结合项目的实际和模架施工工艺的关键控制点，造成方案的操作性不强或无法执行。因此，此部分一定结合工程实际情况，结合设计技术参数的要求，结合安装质量标准，制定出能够保证技术参数、质量要求的具体操作方法。

（3）季节性施工安全技术措施：应结合项目的地域特点和模架工程的工期安排，对施工期间的雨、雪、风、特殊气候等条件下，做出相应的安全保证方案。同（2）一样，此部分要求必须有可操作性，符合工程实际。

如在桥梁工程范例中现浇箱梁的冬季施工安全措施摘抄如下：

冬期采用暖棚法，即将混凝土结构置于搭设的棚中，棚内生火炉加热，使混凝土处于正温环境下养护。沿箱梁支架四周用阻燃帆布将箱梁包住，四周阻燃帆布与箱梁支架的防身护栏齐高。在棚内生火炉加热。混凝土浇筑完成后，利用钢管搭设可靠牢固的顶面支撑，用阻燃帆布将箱梁保温棚上口封闭。同时在混凝土达到一定强度后及时覆盖土工布或阻燃棉被。

附着升降脚手架范例的风季施工安全措施摘抄如下：

① 大风到来前，应及时将高空作业人员撤至安全区。

② 项目相关管理人员应时刻注意掌握天气变化情况，防止大风突然袭击，在得到大风预报时，应及时采取措施：解开附着式升降脚手架上部悬臂部分（架体从上至下至少四步）的安全网；利用钢管扣件将架体与结构或楼面预埋件（预埋件位置为正对提升机位处，离结构外檐 800mm 处设置）进行有效拉结，拉结间距不得大于 4.5m，同时不得大于三跨，以减少风力对架体的作用荷载。

③ 大风过后，必须首先对附着式升降脚手架各组件、钢管扣件、连接螺栓、焊缝等进行全面认真检查，对架体机构的连接部位进行检查和整改加固后，方可投入使用。

④ 对堆放在楼层边、架体上的小型机具和零星材料要固定好，不能固定的东西要转移到楼层安全区域内，防止在刮风过程中落物伤人。

（4）监测监控

模架工程监测监控的主要作用为安全预警，一般情况下，脚手架、支撑架的监测采用经纬仪、水准仪或全站仪等测量设备监测架体受力过程中的位移变化，对于悬挑式支撑架、50m 以上落地脚手架等重大危险、特殊部位或采用新技术的工程，宜采用压力传感器、应变片法测试受力或应力应变，技术比较复杂的爬模架产品有的本身自带智能预警装置等。专项方案中模架监测的主要内容为：监测项目的概况和目的、监测方案（监测设备、监测点布置图、监测方法、监测频次、数据采集方案）、理论计算与预警值、监测数据统计分析等，根据项目监测复杂情况和采用测试方法的不同，上述内容可删减。

4.7　应急预案

应急预案的一般内容有：施工现场应急管理体系、安全应急救援联系电话、施工过程中的风险分析、应急准备措施和应急响应措施、应急救援装备及应急救援药品；应急医疗急救路线图。

施工单位基本上都形成了标准的应急预案，在模架专项方案中需要注意的是只编写和模架危险源相关的应急预案，而不是工程施工中所有的应急预案，同时应急预案根据工程大小，模架工艺的难度进行编写，满足可操作性要求。

4.8　模架（脚手架）施工图

模架（脚手架）施工图是专项方案中的重要内容，一方面通过施工图设计，要把专项方案中的技术参数和构造措施通过图纸显示其可操作性；同时体现模架与周边结构的相互关系；最为关键的是要满足施工人员按图施工的要求，起到指导施工的作用。所以对模架（脚手架）施工图的最基本要求是按比例绘制，不得采用示意图。

（1）模架施工图主要包括：模架施工平面图、立面图；典型剖面图；安全防护、支座（基础）、预埋锚固、构造拉结、架体上部自由端等特殊部位节点详图。

在房建公建工程中，支撑架施工平面图中应显示后浇带位置，流水段划分情况，以便对此部位进行单独设计；立面图或典型剖面图中要把高支撑架周边部位（上下左右）的结构显示清楚，只有这样才能保证高支撑架立杆的设计正确和周边拉结构造措施的可操作性。

当模板支撑架采用碗扣式钢管脚手架、盘销式钢管脚手架等标准模数产品时，应根据支撑架的实际支撑高度计算自由端的尺寸，而不能只是照抄规范给一个限定值，只有这样，才能保证进场立杆等材料组合的正确，并保证自由端设计满足安全需要。

（2）脚手架施工图主要包括：脚手架搭设平面图、立面图；典型剖面图；安全防护、联墙件、预埋件、悬挑、卸荷及剪刀撑等构造节点详图。上述每一项的节点详图设计都非常重要，举例说明如下：

在脚手架施工图设计中的连墙件设计。在扣件式钢管脚手架设计中，连墙件设计不能只停留在三步三跨的简单要求，而是结合工程实际，把实现三步三跨的具体做法按比例放到施工图上，检查结构的层高、柱网间距和框架梁位置尺寸与脚手架立杆间距步距的相互关系，从而保证连墙件设计的可操作性。

同样，脚手架的安全防护的设计也非常重要，尤其是爬模架施工图的设计，涉及与塔吊相邻部位、施工电梯、布料机、墙体洞口、平台间上下通道等的防护设计，涉及流水段断片处的安全防护设计；由于爬模架在施工过程中反复爬升、施工，同时一般多高层平面立面结构都会有不同的变化，因此，安全防护的施工图设计也必须根据这些变化逐一进行设计。

(3) 对于有监测要求的模架工程，应按照监测设计绘制监测点布置平面图。

4.9　计算书

模架（脚手架）计算书是专项方案技术参数、安全措施的依据，计算的原则一般为选择最不利工况、最不利荷载、最大受力节点进行安全计算或验算；如果采用新产品、新技术、新工艺和新设备，除了安全计算，还应提供其力学性能试验报告。

模架（脚手架）计算书的主要内容如下：

(1) 计算依据、计算参数和控制指标：主要为国家、行业和地方标准规范，控制指标应根据规范和具体模架类型的设计确定，不能盲目照抄规范，如同样是悬挑钢梁，当其上分别为脚手架和支撑架时，其端部的挠度控制指标是完全不同的。

(2) 荷载计算：按照行业专业标准和《建筑结构荷载规范》GB 50009—2012 进行荷载计算。

(3) 绘制计算简图，按照传力顺序依次进行各构件的强度、刚度、稳定性计算，进行支座、基础的强度、刚度计算。计算主要顺序和内容见表 4.9。

模架（脚手架）计算内容一览表　　　　　　　　　　　表 4.9

序号	类　别		构件验算顺序与内容	备注
1	模架	竖向模架	①面板—次龙骨—背楞—对拉螺栓（支撑）承载力和变形计算； ②吊钩、勾头螺栓等节点承载力计算	
2		水平模架	①面板—次龙骨—主龙骨—横、纵向水平杆承载力和变形计算； ②立杆稳定性计算； ③连接扣件抗滑承载力计算； ④立杆地基基础或楼板承载力计算	
3	脚手架		①横、纵向水平杆承载力和变形计算； ②立杆稳定性计算； ③连接扣件抗滑承载力计算； ④立杆地基基础或楼板承载力计算； ⑤连墙件强度、稳定性、连接强度计算；型钢悬挑梁承载力和变形、锚固计算	

序号	类　别	构件验算顺序与内容	备注
4	爬模	①模板体系承载力和变形计算； ②架体承载力和变形计算； ③导轨承载力和变形计算； ④混凝土支座承载力计算； ⑤爬升动力计算	
5	爬架	①竖向主框架构件强度和压杆的稳定计算； ②水平支承桁架构件的强度和压杆的稳定计算； ③脚手架架体构架构件的强度和压杆稳定计算； ④附着支承结构构件的强度和压杆稳定计算； ⑤附着支承结构穿墙螺栓以及螺栓孔处混凝土局部承压计算； ⑥连接节点计算	

范例 1　落地式脚手架工程

李　军　魏铁山　编写

李　军：中国新兴建设开发总公司建宇公司，高级工程师，总工程师，主要从事技术管理工作 23 年。

魏铁山：北京城建科技促进会，高级工程师，注册安全工程，模架专业委员会副主任，专职从事技术安全工作 40 年。

某工程落地式脚手架安全专项施工方案

编制：
审核：
审批：

***公司
年 月 日

目　　录

1 编 制 依 据

本施工方案的编制主要依据相关的建筑、结构图，施工组织设计，规范、规程。相关标准、图集、法规等具体详见表 1.1-1～表 1.1-4。

国家、行业和地方规范   表 1.1-1

序　号		名　称	编　号
国家标准	1	钢管脚手架扣件	GB 15831—2006
	2	建筑地基基础设计规范	GB 50007—2011
	3	建筑结构荷载规范	GB 50009—2012
	4	混凝土结构设计规范	GB 50010—2010
	5	钢结构设计规范	GB 50017—2003
	6	混凝土结构工程施工质量验收规范	GB 50204—2015
	7	钢结构焊接规范	GB 50661—2011
	8	混凝土结构工程施工规范	GB 50666—2011
	9	钢结构工程施工规范	GB 50755—2012
行业标准	1	钢筋焊接及验收规范	JGJ 18—2012
	2	建筑机械使用安全技术规程	JGJ 33—2012
	3	施工现场临时用电安全技术规范	JGJ 46—2005
	4	建筑施工安全检查标准	JGJ 59—2011
	5	建筑施工高处作业安全技术规范	JGJ 80—2016
	6	建筑施工扣件式钢管脚手架安全技术规范	JGJ 130—2011
	7	建筑施工临时支撑结构技术规范	JGJ 300—2013
地方标准	1	钢管脚手架、模板支架安全选用技术规程	DB11/T 583—2015

设计图纸和施工组织设计   表 1.1-2

序号	名　称	编　号	备　注
1	×××工程施工图纸		
2	×××工程施工组织设计		

安全管理法律、法规及规范性文件   表 1.1-3

序号	名　称	编　号	备　注
1	建设工程安全生产管理条例	国务院 393 号令	
2	危险性较大的分部分项工程安全管理办法	建质[2009]87 号	2009/5/13 发布
3	北京市实施《危险性较大的分部分项工程安全管理办法》规定	京建施[2009]841 号	
4	《北京市危险性较大的分部分项工程安全动态管理办法》	京建法[2012]1 号	

其他　　　　　　　　　　　　　　　　　　　　　　表 1.1-4

序号	名　称	编　号	备　注
1	北京市危险性较大的分部分项工程安全专项施工方案专家论证细则(2015 版)		
2			
3			

2　工　程　概　况

2.1　工程简介

本工程为节能改造工程，工程概况见表 2.1-1，脚手架设置参数见表 2.1-2。结合本工程特点原有外墙为面砖面层，为保证施工安全，外脚手架采用落地扣件式钢管脚手架。根据危险性较大的分部分项工程安全管理办法（建质［2009］87 号文）要求：搭设高度 50m 及以上落地式钢管脚手架，属于超过一定规模的危险性较大的分部分项工程，本方案主要针对主楼脚手架编制。

工程概况表　　　　　　　　　　　　　　表 2.1-1

工程名称	＊＊＊工程		项目编号	＊＊＊
工程地点	＊＊＊		建设单位	＊＊＊
设计单位	＊＊＊		建筑结构形式	框架-剪力墙
监理单位	＊＊＊		施工单位	＊＊＊
建筑面积	主楼	13278.7m²	建筑高度	主楼　52.80m
	北裙房	3408.22m²		北裙房　16.6m
建筑层数	主楼	地上:15 层;地下 1 层		
	北裙楼	地上:5 层;地下 1 层		
建筑层高	主楼	地上 3.30m		
	北裙楼	地上 4.80m		
外墙装饰	门窗	断桥铝合金		
	保温	60 厚岩棉复合板		
	饰面	浅灰色和浅黄色外墙涂料		

脚手架设置参数表　　　　　　　　　　表 2.1-2

序号	部位	支撑面落地位置	支撑架落地标高	建筑物檐高	架体搭设高度	施工项目
1	主楼	室外地坪	−1.500m	52.80m	55.80m	外檐装修
2	北裙房	室外地坪	−1.500m	16.6m	20m	外檐装修

2.2　结构平面、立面图

详见附图一：原结构标准层平面图（略）

附图二：原结构立面图（略）

2.3　工程重点及难点

由于本工程为节能改造项目,架体连墙件布置受原结构限制,并且脚手架搭设高度超50m,所以保证搭设和拆除时脚手架结构稳定和安全施工是本工程的重点。

3　脚手架体系选择

本工程为内外装修改造项目,包括主楼和北裙房室内外建筑节能改造。因本项目节能设计中,外墙新增岩棉复合板保温体系且外墙装饰由原面砖面层改造为涂料面层,为方便施工且保证周边行人、车辆通行安全,需沿结构外围搭设全封闭式脚手架,选择落地式双排扣件式钢管脚手架。

4　施 工 部 署

4.1　施工组织机构及职责分工

4.1.1　施工组织机构设置

本工程施工组织机构如图4.1所示。

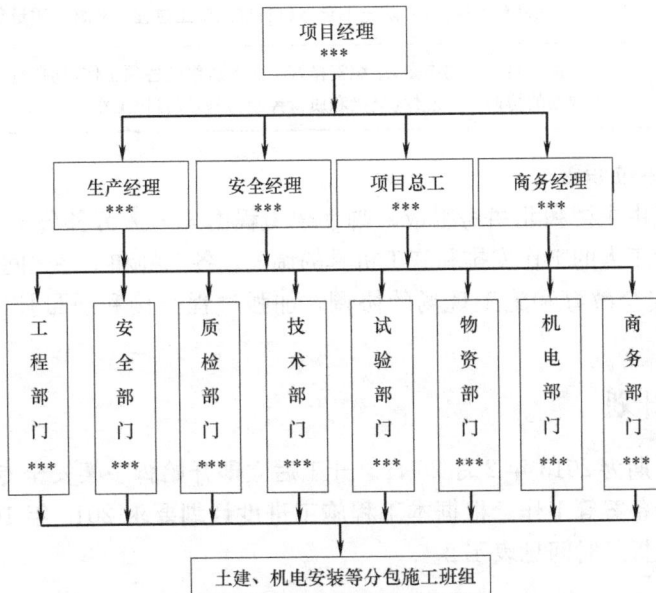

图4.1　施工组织机构图

4.1.2　组织机构职责划分

组织机构职责划分　　　　　　　　　　　　　　　　　　表4.1

职位	姓名	职　　责
项目经理	＊＊＊	项目经理是项目施工安全管理的第一负责人,对脚手架施工全过程的安全生产负全面领导责任,并在架体搭设完成后,负责组织架体的验收

职位	姓名	职　责
项目总工	＊＊＊	在施工技术、质量等方面负主要责任，根据相关标准和规范编制、审核专项施工方案，组织实施专项施工方案并负责各项措施的落实。 过程中检查指导体系搭设和验收
生产经理	＊＊＊	受项目经理领导，对项目外架施工安全生产负现场管理责任，是项目施工现场全面生产管理工作的组织和指挥者。对工程工期、质量、安全生产和环境保护负有直接的领导责任
安全经理	＊＊＊	详细了解施工方案，负责架体搭设和检查、验收。同时负责对架体的定期检查、评议、整改等工作，召开安全专题会
工程部门	＊＊＊	脚手架搭设前对工人进行安全和技术交底；加强过程控制，搭设完毕要按照施工规范和设计要求进行验收，同时做好预检记录，做好架体的监控记录。对架体操作、施工注意事项进行详细的交底
技术部门	＊＊＊	编制专项施工方案，负责对施工方案、安全技术措施的交底和监督执行，对发现的施工安全问题提出改进措施，并督促及时解决
安全部门	＊＊＊	配合安全总监，监督、协调项目各部门的脚手架管理工作。协助组织项目定期与不定期安全检查，发现问题及时报告、督促整改
物资部门	＊＊＊	负责市场调查、材料采购供应、施工机具和设备的租赁等工作。对进场的材料在品种、规格、质量、数量方面进行全面检查，并做好验收记录；对所有进入现场的材料及时进行标识，保证材料不被错用，防止不合格材料进入施工过程。对材料质量负直接责任
施工队长	＊＊＊	根据项目经理的指令，组织安排好本队各班组的各项工作，加强对工人的安全教育和施工现场的协调，加强过程交接和质量控制，并做好自检工作

4.1.3　劳务分包单位职责

本工程脚手架由主楼和北裙房组成。脚手架工程由＊＊＊劳务公司负责施工，负责人：＊＊＊。负责工人的工作安排和施工机具的调配，各工种和工序之间的衔接工作。负责加强对工人的安全教育和施工现场的协调，加强过程交接和质量控制，并做好自检工作。

4.2　施工进度计划

本工程开工日期为 2013 年 2 月 25 日。开工后立即开始脚手架安全专项方案的编制、报批、论证、上传备案等工作。根据本工程施工进度计划要求 2013 年 10 月 31 日亮相。脚手架具体搭设及拆除时间见表 4.2。

脚手架搭设及拆除时间　　　　　　　　　　　表 4.2

部位 ＼ 时间	开始时间			结束时间			合计 （天）
	年	月	日	年	月	日	
主楼脚手架搭设	2013	3	5	2013	4	25	52
主楼脚手架使用和维护	2013	4	26	2013	9	30	158
主楼脚手架拆除	2013	10	1	2013	10	25	25

4.3　施工准备

4.3.1　技术准备

（1）熟悉审查图纸，学习国标、地标、企业标准和相关文件要求和验收标准。

（2）编制安全专项施工方案，并进行专家论证。

（3）项目技术负责人根据论证后的施工方案对项目人员及操作班组进行全面的方案交底和施工技术交底。

4.3.2　人员准备

根据建质〔2008〕75号规定，脚手架搭设人员必须是经过建设主管部门考核合格，取得建筑施工特种作业人员操作资格证书的专业架子工，上岗人员定期体检，体检合格者方可发上岗证，凡患有高血压、贫血病、心脏病及其他不适合高空作业者，一律不得上脚手架操作。

所有人员入场后必须经三级安全教育及现场考试合格方可进行作业，作业前所有作业人员必须经过安全技术交底、配备相应的安全防护措施（如：安全帽、安全鞋、安全带等）方可进行作业。

劳动力计划和职责见表4.3-1。

劳动力计划和职责　　　　　　　　　　表4.3-1

工　　种	部　　位		职　　责
	北裙房	主楼	
架子工	20	40	防护设施搭设及拆除
测量放线工	2	2	负责脚手架垂直度控制

4.3.3　机具准备

脚手架机具表　　　　　　　　　　表4.3-2

序号	设备名称	规　　格	单位	数量	备注
1	锤子	重量1kg	个	20	
2	单扳手	开口宽22～24mm	把	10	
3	活动扳手	最大开口宽65mm	把	10	
4	钢丝钳	长150mm、175mm	把	10	
5	墨斗、粉丝带	—	个	2	
6	水准仪	DZS3-1/AL332	台	1	
7	水平尺	长450mm、500mm	个	2	
8	钢卷尺	5m/30m	把	2	
9	工程测量尺	2m	把	2	
10	拧紧力矩检测扳手	配套	把	5	
11	倒链		个	4	

4.3.4　材料准备

1）钢管

（1）钢管采用外径 48.3mm、壁厚 3.6mm 的 Q235 焊接钢管，材质符合《碳素结构钢》GB/T 700 中 Q235-A 级钢的规定。

（2）钢管必须涂有防锈漆，外径及壁厚、端面及钢管的弯曲变形应符合要求。

（3）钢管表面应平直光滑，不应有裂缝、结疤、分层、错位、硬弯、毛刺、压痕和深的划道。对于旧钢管还应检查其表面锈蚀深度。

2）扣件

扣件应采用可锻铸铁或铸钢制作，其质量和性能应符合现行国家标准《钢管脚手架扣件》GB 15831 的规定，扣件在螺栓拧紧扭力矩达到 65N·m 时不得发生破坏。与钢管管径相匹配。同时，扣件进场时应检查其质量证明文件。进场后应进行抽样复试，扣件在使用前应逐个挑选，有裂缝、变形或螺栓出现滑丝的严禁使用。目前使用的扣件形式有以下 3 种：

（1）直角扣件：用于连接两根互相垂直交叉的钢管；

（2）回转扣件：用于连接两根呈任意角度交叉的钢管；

（3）对接扣件：用于将两根钢管对接接长。

3）脚手板

木脚手板材质应符合现行国家标准《木结构设计规范》GB 50005 中Ⅱa 级材质的规定。脚手板厚度不应小于 50mm，两端宜各设置直径不小于 4mm 的镀锌钢丝箍两道。禁止使用扭曲变形、劈裂、腐朽和有横透疖的脚手板。

4）安全网

水平网为大眼锦纶网，立网为密目网，必须是经国家指定监督检验部门鉴定许可生产的厂家产品，并具有合格证等质量证明资料。

5）钢丝绳

所选用钢丝绳必须为符合国家规范规定产品，有出厂合格证和检测报告等质量证明资料。

6）材料配备

本工程施工现场场地狭小，因此，应根据工程总体施工进度计划的要求编制脚手架材料进场计划，分批进场，避免过多占用施工场地。具体的脚手架材料配备见表 4.3-3。

脚手架材料配备

表 4.3-3

材料名称	规　　格	单位	数量	备　　注
钢管	ϕ48.3×3.6mm；6m	m	12500	本工程脚手架为装修脚手架
钢管	ϕ48.3×3.6mm；4m	m	3000	
钢管	ϕ48.3×3.6mm；2.5m	m	3000	
钢管	ϕ48.3×3.6mm；1.5m	m	8000	
扣件	直角、回转、对接扣件	个	10000	
脚手板	50mm×250mm×4000mm	m³	15	
密目安全网（立网）	1.5m×6m	片	600	
安全兜网	3m×6m	片	200	

5　脚手架设计方案及施工工艺

5.1　脚手架设计

本工程结合工程特点脚手架选型为落地式扣件钢管脚手架。主楼北侧与裙房相连，南侧为主楼出入口。主楼外脚手架东西两侧立杆立于室外地坪上；南侧外架搭设过程中需穿主出入口雨篷而过，故搭设前需提前对雨棚铝塑装饰板等构件进行拆除；北侧部分立杆立于北裙房屋面，屋面做法为面砖面层。裙房结构经与设计协商无需进行加固处理。在外架拆除前严禁拆除连墙件或因室内装饰需求随意更改构架参数。

主楼脚手架设计和计算参数见表5.1。

主楼脚手架设计和计算参数　　　　表5.1

脚手架参数	支撑面落地位置	室外地坪	支撑架落地标高(m)	−1.500
	支撑形式	落地式	架体搭设高度(m)	55.80
	横向间距(m)	1.05	步距(m)	1.50、1.80
	立杆纵距(m)	1.50	内排架距离墙体长度(m)	0.30
	脚手架搭设高度(m)	55.80	双管立杆高度(m)	18.00
	连墙件布置	2步3跨	钢管型号	$\phi 48.3 \times 3.6$
剪刀撑	剪刀撑形式	普通型		
地基参数	地基承载力降低系数	1	基础底面扩展面积(m²)	0.25
风荷载计算	基本风压	0.30kPa	风荷载体型系数	1.088
	风荷载高度变化系数	0.77		
静荷载参数	脚手板自重标准值	0.35kN/m	安全设施与安全网	0.01kN/m²
	栏杆挡脚手板标准值	0.17kN/m	脚手板类型	木脚手板
活荷载参数	均布荷载标准值(kN/m²)	2	脚手架用途	装修脚手架

5.2　脚手架搭设要求

5.2.1　脚手架搭设工艺流程

外脚手架搭设自下而上进行，基础处理→主楼南入口雨篷面板拆除→立杆垫板铺完后由一侧开始排尺，在垫板上用粉笔画出立杆轴心线，然后在垫板上摆放扫地杆→竖立杆（随即立杆与扫地杆用直角扣件紧扣）→装扫地小横杆→安装第一步大横杆→安装第一步小横杆→校正立杆→设第一排拉结点→安装第二步大横杆→安装第二步小横杆……依次类推，搭设高度5步大横杆时安装剪刀撑和横向支撑，绑扎防护栏杆及挡脚板并挂安全网保护。

5.2.2　搭设要求

本工程扣件式钢管脚手架必须配合施工进度搭设，一次搭设高度不超过相邻连墙件以上两步（3m）。

脚手架搭设的技术要求、允许偏差与检验方法，应符合《建筑施工扣件式钢管脚手架安全技术规范》的规定。

5.2.3 地基基础要求

1) 垫板和底座均应准确地放在定位线上;

2) 垫板采用 4m×0.25m×0.05m 的防腐木垫板,底座采用 8 号槽钢(U 口向上)。

3) 立杆底座置于垫板之上且底面标高宜高于自然地坪 50mm,并设置排水沟,保证脚手架基础不被浸泡。

5.2.4 立杆搭设要求

1) 立杆除顶层顶步外其余各层各步必须采用对接接长,立杆的对接扣件应交错布置,两根相邻立杆的接头不应设置在同步内,同步内隔一根立杆的两个相隔接头在高度方向错开的距离不小于 500mm;各接头中心至主节点的距离不大于 500mm。

2) 脚手架开始搭设立杆时,每隔 6 跨设置一根抛撑,直至连墙件安装稳定后,方可根据情况拆除。

3) 当架体搭设至有连墙件的主节点时,在搭设完该处的立杆、纵向水平杆、横向水平杆后,应立即设置连墙件。

5.2.5 纵向水平杆搭设要求

1) 脚手架纵向水平杆随立杆按步搭设,并采用直角扣件与立杆固定;

2) 纵向水平杆设置在立杆内侧,单根杆长度不小于 3 跨;

3) 纵向水平杆接长采用对接扣件连接或搭接;

4) 两根相邻纵向水平杆的接头不设置在同步或同跨内;不同步或不同跨两个相邻接头在水平方向错开的距离小于 500mm;各接头中心至最近主节点的距离不应大于纵距的 500m。见图 5.2-1。

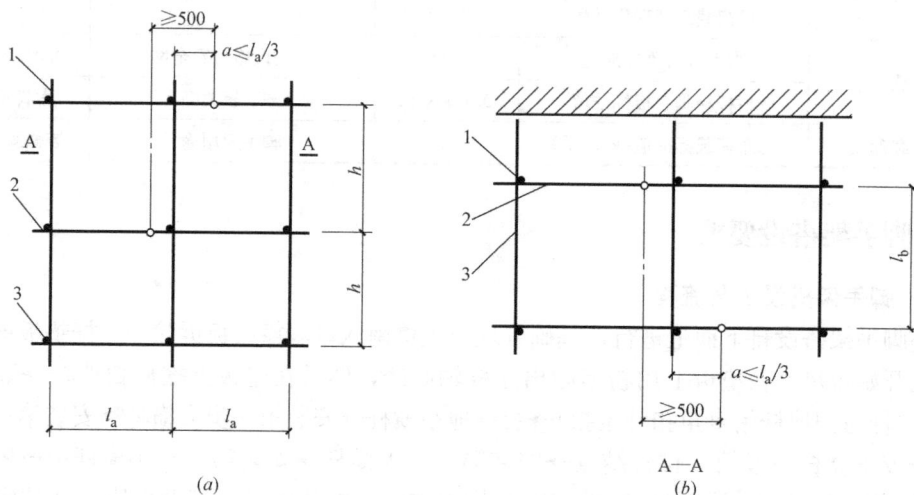

图 5.2-1 纵向水平杆对接接头布置
(a) 接头不在同步内(立面);(b) 接头不在同跨内(平面)
1—立杆;2—纵向水平杆;3—横向水平杆

5) 纵向水平杆搭接长度不小于 1m,并等间距设置 3 个旋转扣件固定;端部扣件盖板边缘至搭接纵向水平杆杆端的距离不应小于 100mm。

6）本工程纵向水平杆四周交圈设置，并用直角扣件与内外角部立杆固定。

5.2.6　横向水平杆搭设要求

1）作业层上非主节点处的横向水平杆，根据支承脚手板的需要等间距设置，最大间距不应大于 500mm。

2）本工程使用木脚手板，脚手架的横向水平杆两端均采用直角扣件固定在纵向水平杆上。

3）脚手架横向水平杆的靠墙一端至墙装饰面的距离为 100mm。

4）横向水平杆采用对接时主节点处必须设置一根横向水平杆，用直角扣件扣接且严禁拆除。

5.2.7　脚手架纵向、横向扫地杆搭设要求

1）脚手架必须设置纵、横向扫地杆。纵向扫地杆应采用直角扣件固定在距钢管底端 200mm 处的立杆上。横向扫地杆应采用直角扣件固定在紧靠纵向扫地杆下方的立杆上。

2）脚手架立杆不在同一高度上时，必须将高处的纵向扫地杆向低处延长两跨与立杆固定。见图 5.2-2。

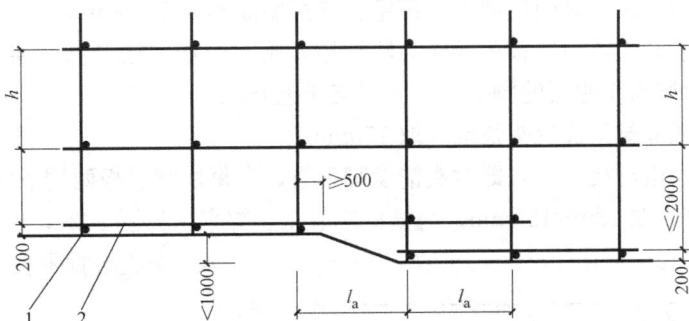

图 5.2-2　高低跨处纵横向扫地杆构造详图

1—横向水平杆；2—纵向水平杆

5.2.8　脚手架连墙件安装要求

1）靠近主节点设置，偏离主节点的距离不大于 300mm；

2）从底层第二步纵向水平杆处开始设置，当该处设置有困难时，采用临时斜撑固定；

3）本工程连墙件优先拉结窗洞口和结构柱，局部不满足要求处采用打孔穿墙连接；

4）连墙件的安装应随脚手架搭设同步进行，不得滞后安装；

5）当脚手架施工操作层高出相邻连墙件以上二步时，应采取确保脚手架稳定的临时拉结措施，直到上一层连墙件安装完毕后再根据情况拆除。

5.2.9　剪刀撑搭设要求

1）剪刀撑的斜杆应用旋转扣件固定在与之相交的横向水平杆的伸出端或立杆上，旋转扣件中心线至主节点的距离不大于 150mm。斜杆与地面夹角为 45°～60°在其间应增加 2～4 个扣点；

2）剪刀撑斜杆的接长采用搭接，搭接长度不小于 1m，并采用 3 个旋转扣件固定。端部扣件盖板的边缘至杆端距离不应小于 100mm；

3）脚手架剪刀撑随立杆、纵向和横向水平杆等同步搭设，不得滞后安装。

5.2.10　双排脚手架门洞搭设要求

1）门洞桁架下的两侧立杆应为双管立杆，副立杆高度高于门洞口 2 步；

2）门洞桁架中伸出上下弦杆的杆件端头，均应增设一个防滑扣件，该扣件宜紧靠主节点处的扣件。

5.2.11　扣件安装要求

1）扣件规格应与钢管外径相同；

2）螺栓拧紧扭力矩不应小于 40N·m，且不应大于 65N·m；

3）在主节点处固定横向水平杆、纵向水平杆、剪刀撑、横向斜撑等用的直角扣件、旋转扣件的中心点的相互距离不大于 150mm；

4）对接扣件开口应朝上或朝内；

5）各杆件端头伸出扣件盖板边缘的长度不小于 100mm。

5.2.12　脚手板的铺设要求

1）架体首层顶板处水平杆满铺脚手板，以保证脚手架底层有足够的横向水平刚度，同时也防止物件从空中掉落。

2）作业层脚手板沿纵向应满铺，铺稳。离开墙面不大于 150mm。

3）作业层下面需留一层脚手板作为防护层，施工时作业层升高一层，则把下面一层脚手板翻在上面作为作业层的脚手板，两层交错上升。

4）作业层端部脚手板探头长度应取 150mm。

5）脚手板采用对接形式，即对头铺设脚手板，在每块脚手板两端下面均要有小横杆，杆离板端的距离应取 130～150mm，小横杆应放正、绑牢。见图 5.2-3。

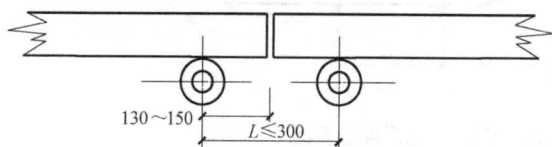

图 5.2-3　脚手板对接构造图

6）作业层脚手板下方兜设一层安全网。

7）脚手板探头用直径 1.2mm 的镀锌钢丝固定在支承杆件上。

8）在拐角、斜道平台口处的脚手板，应用镀锌钢丝固定在横向水平杆上，防止滑动。

5.3　脚手架构造措施

5.3.1　脚手架基础构造设计

本工程原有散水已经局部破损。脚手架搭设前将原有散水铲除，并且对原回填土进行夯实，然后浇筑 200mm 厚混凝土（强度等级 C15）垫层，宽 1.80m。待混凝土垫层具备强度后方可搭设脚手架。搭设时应在立杆底部铺设 4m×0.25m×0.05m 防腐木垫板，并且在木垫板上垫 8 号槽钢（U 口向上）作为脚手架底座。严禁立杆直接落在混凝土垫层表面上，垫板与混凝土垫层表面接触密实。并且在架体基础外 500mm 处设排水沟与现场沉淀池连通。见图 5.3-1。

5.3.2　脚手架立杆与横杆构造设计

本工程脚手架搭设形式为双排单立杆扣件式钢管脚手架和双排双立杆扣件式钢管脚手架。脚手架搭设排距为 1.05m；立杆的纵距 1.50m；步距 1.50m 和 1.80m 穿插；内排架距离墙体（装饰涂料墙面）长度为 0.30m；主楼搭设总高度为 55.80m（高出女儿墙 1.5m），双立杆搭设高度为 18.00m。

主楼脚手架双立杆搭设高度 18.00m，下部双立杆与上部单立杆的连接方式见图 5.3-2。

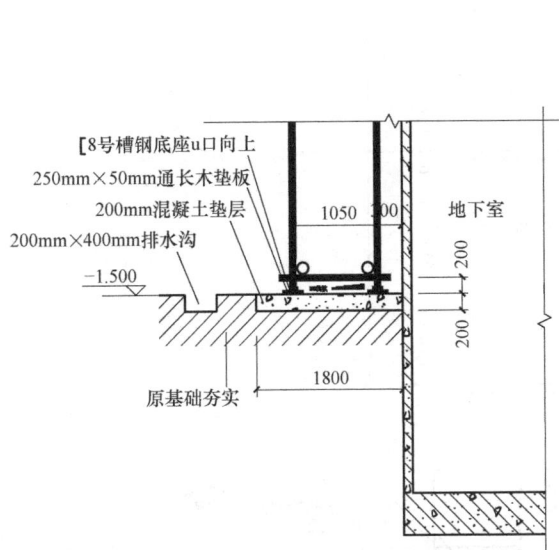

图 5.3-1　脚手架基础布置详图　　　　图 5.3-2　双立杆与单立杆连接方式

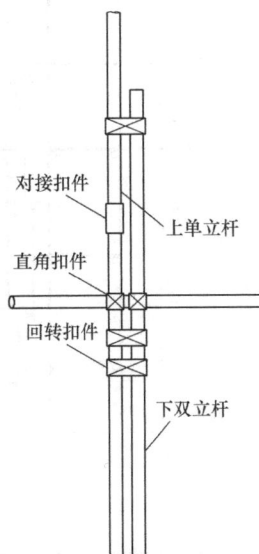

5.3.3　剪刀撑构造设计

1）剪刀撑

本工程沿脚手架两端和转角处起，全立面设置剪刀撑。详见附图二、附图三。

2）横向斜撑

主楼东侧施工电梯位置脚手架开口处，两边均设置斜撑和连墙件。横向斜撑应在同一步间，由底至顶层呈"之"字形连续布置。

5.3.4　连墙件构造设计

本工程连墙件采用刚性连墙杆连接，连墙件的布置如下：

1）连墙件按两步三跨设置，间距最大为 3.6m×4.5m。

2）连墙件采用墙杆与脚手架内外立杆相连接。拉结部位优先选择窗洞口拉结。局部不满足拉结要求处采用在结构墙体上打膨胀螺栓固定钢板和钢短管，再与连墙杆采用单扣件进行拉结。拉结方法见图 5.3-3。

5.3.5　钢丝绳卸荷设计

本工程脚手架在 12 层（标高 38.00m）处采用钢丝绳进行卸荷。卸荷采用 $\phi15.5$mm 钢丝绳与脚手架内外排主节点拉结，间距不大于 4 跨。卸荷钢丝绳上端固定采用在结构墙上打孔，孔径 $\phi22$。内穿 $\phi20$ 螺栓端部焊接钢筋拉环。脚手架卸荷设置见图 5.3-4。

5.3.6　作业层、斜道的栏杆和挡脚板的搭设要求

1）栏杆和挡脚板均应搭设在外立杆的内侧，上栏杆上皮高度为 1.2m，中栏杆应居中设置；挡脚板高度不少于 180mm，立挂密目安全网；顶层作业面内立杆内侧应设一道防护杆。栏杆与挡脚板构造见图 5.3-5。

(a)

50mm×50mm×8m钢垫板
φ16膨胀螺栓双螺母固定
单扣件固定

500mm×500mm×10m钢板

连墙件预埋件做法剖面图

φ48端钢管

连续焊缝

50mm×50mm×8m钢垫板 φ16膨胀螺栓双螺母固定
φ16膨胀螺栓双螺母固定
φ48短钢管,焊接固定
500mm×500mm×10mm钢板
结构墙体

连墙体预埋件做法平面图

A—A剖面

(b)

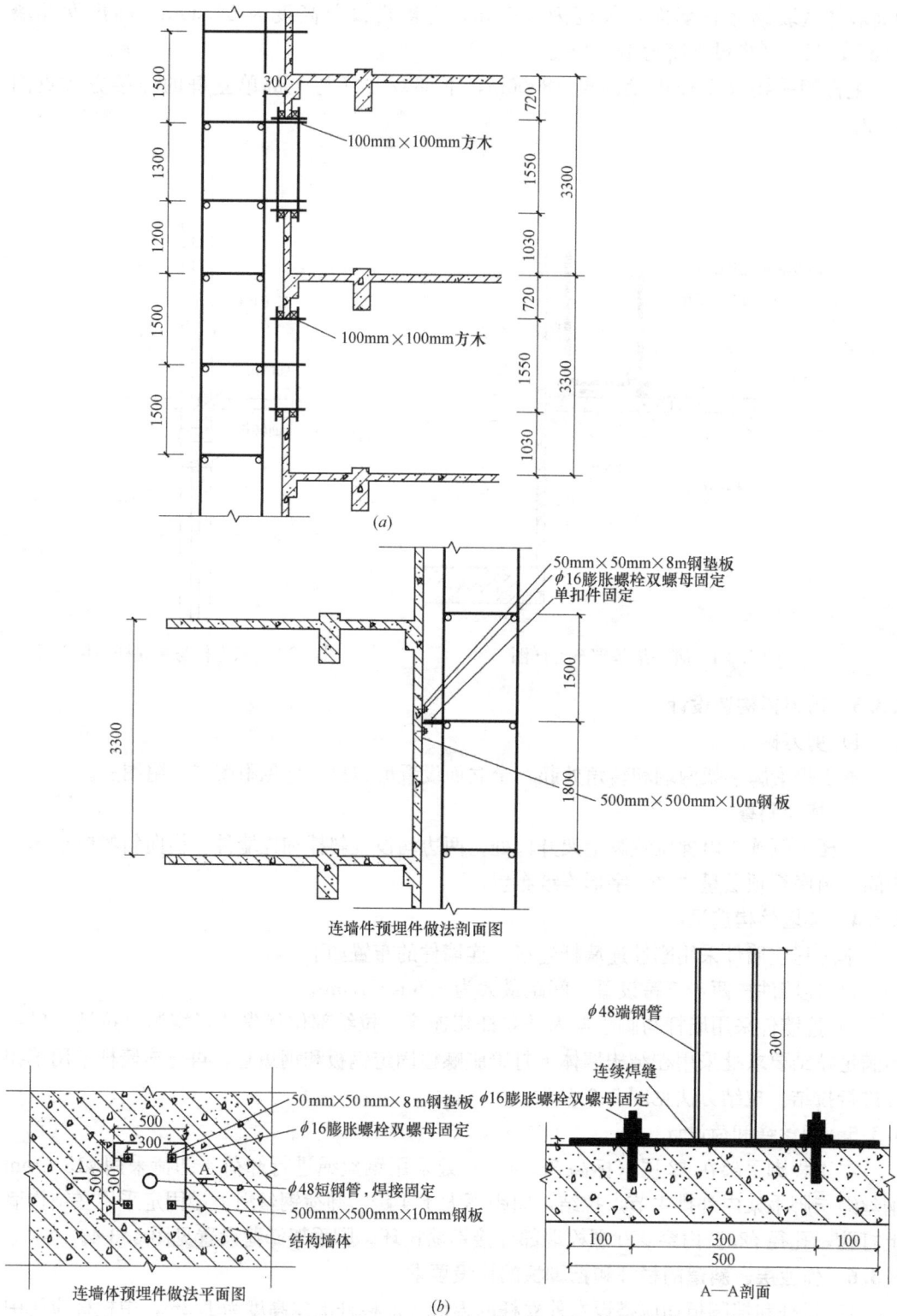

图 5.3-3 连墙件布置详图

(a) 洞口处连墙件布置剖面图;(b) 预埋件处连墙件布置详图

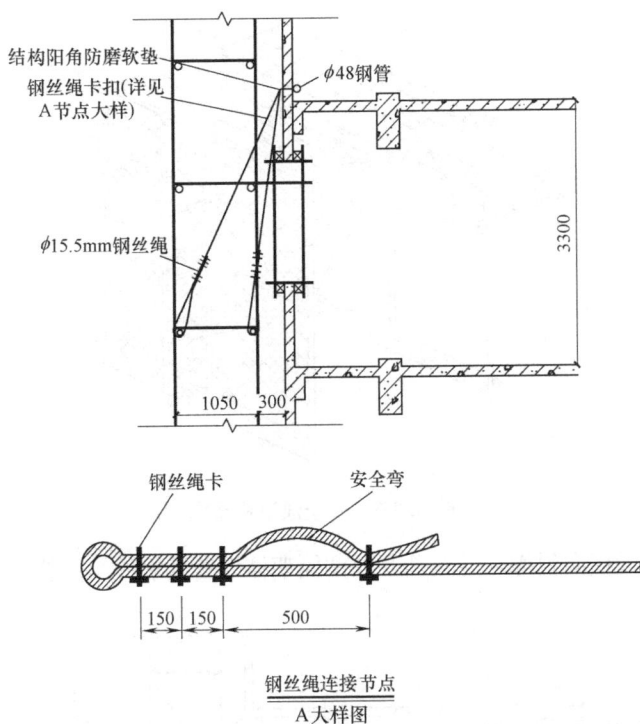

结构阳角防磨软垫
钢丝绳卡扣(详见A节点大样)
φ48钢管
φ15.5mm钢丝绳
3300
1050 300

钢丝绳卡 安全弯

150 150 500

钢丝绳连接节点
A大样图

图 5.3-4 钢丝绳卸荷布置详图

2）沿脚手架外立杆内侧满挂密目安全网，用 14 号镀锌铁丝绑扎牢固，不留缝隙，四周应交圈。

5.3.7 安全通道构造设计

在主楼南侧原出入口处设置安全通道，安全通道采用钢管搭设防护棚。进入楼内的防护棚应宽于出入口宽度。其大小为：4.0m×2.5m×3.5m（长×宽×高），顶棚采用 50mm 厚脚手板搭设两道防砸棚，上下层间距为 0.5m。在出入口两侧采用双立杆，立杆横向间距 1.05m，纵向间距 1.5m，大横杆步距 1.5m，小横杆间距 1.5m。门洞两侧分别增加两根斜腹杆，并用旋转扣件固定在与之相交的小横杆的伸出端上，旋转扣件中心线至主节点的距离在 150mm 内。当斜腹杆在 1 跨内跨越 2 个步距时，应在相交的大横杆处增设一根小横杆，将斜腹杆固定在其伸出端上；斜腹杆宜采用通长杆件，必须接长时用对接扣件连接，并用密目安全网封闭。详见图 5.3-6。

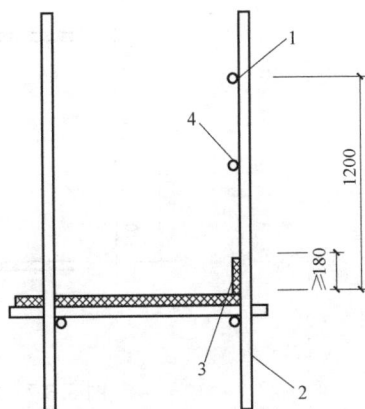

图 5.3-5 栏杆与挡脚板构造
1—上栏杆；2—外立杆；
3—挡脚板；4—中栏杆

5.3.8 脚手架与施工升降电梯开口处构造设计

1）施工升降电梯吊笼尺寸 3m×1.3m×2.5m，标准节尺寸 650mm×650mm×1508mm，底笼外形尺寸 3100mm×4200mm，其所在位置楼层将影响脚手架立杆及横杆的贯通，被断

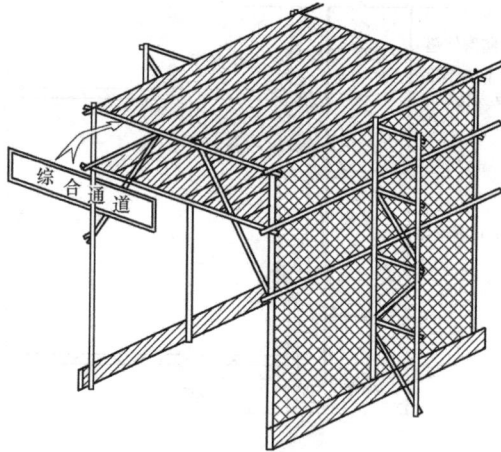

图 5.3-6　安全通道构造图

开处要求脚手架加设横向斜撑，并在断开处两侧架体设置连墙件与结构拉结。见图 5.3-7。

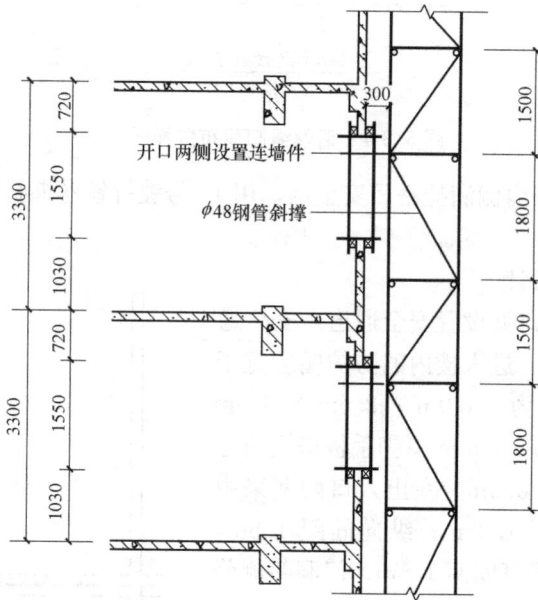

图 5.3-7　施工电梯开口处剖面构造详图

2）施工升降电梯附着臂安装时要求穿入脚手架横、纵杆之间，不得接触架体杆件，附着臂穿入架体位置的立面安全网应开洞并在洞口四边绑扎牢固。施工升降电梯附着高度、附着臂长度应由专业设备公司提供参数，在脚手架搭设时，根据参数对架体进行微调，以满足上述要求。

5.4　脚手架拆除要求

（1）脚手架拆除前全面检查脚手架的扣件连接、连墙件、支撑体系等是否符合原构造设计要求。

（2）根据检查结果补充完善脚手架专项方案中的拆除顺序和措施，经审批后方可实施。

（3）脚手架在拆除前安全员要向拆除施工人员进行书面安全交底工作。

（4）脚手架拆除前清除脚手架上杂物及地面障碍物。

（5）双排脚手架拆除作业必须由上而下逐层进行，严禁上下同时作业，连墙件必须随脚手架逐层拆除，严禁先将连墙件整层或数层拆除后再拆脚手架，分段拆除高差大于两步时，应增设连墙件加固。

（6）当脚手架拆至下部最后一根长立杆的高度（约6.5m）时，应先在适当位置搭设临时抛撑加固后，再拆除连墙件。

（7）架体拆除作业应设专人指挥，当有多人同时操作时，应明确分工、统一行动，且应具有足够的操作面。

（8）拆除后的构配件必须妥善运至地面，严禁抛掷至地面。

（9）运至地面的构配件及时检查、整修与保养，并应按品种、规格分别存放。

6 脚手架的质量检查、验收

6.1 检查与验收程序

（1）脚手架的检查与验收应有项目负责人组织项目技术，生产、安全和作业班组负责人等有关人员参加，按照技术规范，施工方案，技术交底等有关技术文件，对脚手架进行分段验收，在确认符合要求后报监理单位验收，合格后方可使用。

（2）脚手架使用阶段安全员负责日常巡视检查架体安全情况。

6.2 构配件检查与验收

6.2.1 构配件进场检查和验收

1）构配件外观质量检查与验收要求见表6.2-1。

构配件外观质量检查与验收要求　　　　　　　　　　　　　　表6.2-1

项目	要　　求	抽检数量	检查方法
技术资料	营业执照、资质证明、生产许可证、产品合格证、质量检测报告、相关合同要件	—	检查资料
钢管	钢管表面应平直光滑，不得有裂缝、结疤、分层、错位、硬弯、毛刺、压痕、深的划道及严重锈蚀等缺陷，严禁打孔； 钢管外壁使用前必须涂刷防锈漆；钢管内壁宜涂刷防锈漆	全数	目测
钢管外径及壁厚	外径48.3mm；壁厚大于等于3mm	3%	游标卡尺测量
扣件	不允许有裂缝、变形、滑丝的螺栓存在；扣件与钢管接触部位不应有氧化皮；活动部位应能灵活转动，旋转扣件两旋转面间隙应小于1mm；扣件表面应进行防锈处理	全数	目测

续表

项目	要　　求	抽检数量	检查方法
脚手板	木脚手板不得有通透疖疤、扭曲变形、劈裂等影响安全使用的缺陷，严禁使用含有标皮的、腐朽的木脚手板	全数	目测
安全网	安全网绳不得损坏和腐朽，平支安全网宜使用锦纶安全网；密目式阻燃安全网除满足网目要求外，其锁扣间距应控制在 300mm 以内	全数	目测

2）钢管、扣件力学性能检测要求见表 6.2-2。

钢管、扣件力学性能检测要求　　　　　　　　　　表 6.2-2

构配件名称	检测项目	抽检数量	检测标准	复试要求
扣件	直角：抗滑性能、抗破坏性能、扭转刚度。旋转扣件：抗滑性能、抗破坏性能、抗拉性能、抗压性能	281～500 件，取 8 件；501～1200 件，取 13 件；1201～10000 件，取 20 件	《钢管脚手架扣件》	复试合格后方可使用
膨胀螺栓	拉拔试验	每一检验批锚固件总数 1‰，且不少于 5 件	《建筑结构加固工程质量验收规范》	复试合格后方可使用

3）构配件尺寸有抽检不合格时应对全部构配件进行实测，不满足要求的严禁使用。

6.2.2　脚手架搭设过程及使用前的检查与验收

1）脚手架搭设完成后验收要求见表 6.2-3。

脚手架搭设完成后验收要求　　　　　　　　　　表 6.2-3

序号	项　　目		技术要求	允许偏差	检验方法	备注
1	专项施工方案		按权限进行审批	—	检查资料	—
2	基础	承载力	满足设计要求	—	应有设计计算书	要有验收记录
		排水	不积水	—	观察	—
		底座或垫板	不晃动、滑动	—	观察	—
			不沉降	—10	观察	—
3	立杆垂直度		—	≤3‰	用经纬仪或吊线和卷尺	—
4	杆件间距（mm）	步距	—	±20	钢板尺	—
		纵距	—	±50	钢板尺	—
		横距	—	±20	钢板尺	—
5	水平加强层、水平剪刀撑、竖向剪刀撑		按规范要求设置		钢板尺	

2）扣件式钢管脚手架搭设完后，应按下表对螺栓拧紧扭力矩进行检查见表 6.2-4。

安装扣件数量（个）	抽检数量（个）	扭力矩值范围（N·m）	检验方法	允许的不合格数
50～90	5			0
90～150	8			1
151～280	13	40～65	随机抽取,力矩扳手测扭力矩	1
281～500	20			2
501～1200	32			3
1201～3200	50			5

6.2.3　脚手架使用过程中的检查

1）脚手架在使用过程中应进行下列检查

（1）基础是否有不均匀沉降，立杆底座与基础面的接触有无松动或悬空情况；

（2）杆件的设置和连接，连墙杆、支撑、门洞桁架等的构造是否符合要求；

（3）扣件螺栓是否松动；

（4）立杆的沉降与垂直度的偏差是否符合要求；

（5）安全防护措施是否符合要求；

（6）是否超载。

2）在下列情况下应对脚手架重新进行检查验收

（1）遇六级以上大风、大雨后，寒冷地区开冻后；

（2）停工超过一个月恢复使用前。

7　施工安全保证措施

7.1　安全管理措施

7.1.1　安全保证措施

各级管理人员要以对职工生命负责的态度去严格要求，严格管理，认真抓好安全工作，搞好安全设施。

1）人员要求

（1）严格按本方案搭设要求进行施工；

（2）必须持证上岗。具备高空作业的能力，18 岁以上、40 岁以下，无疾病；

（3）必须服从管理人员的安排。遵守项目各项安全管理规定和制度。进入施工现场的人员必须戴安全帽，系好安全带，作好防护设施。不得穿拖鞋等，必须穿防滑鞋上班。严禁向下抛扔杂物，不得酒后作业，严禁嬉闹；

（4）必须负责搭设前和搭设后的日常检查和修养；

（5）听从管理人员安排，积极配合项目安全员日常检查，发现问题及时整改。

2）搭设要点

（1）钢管架子立杆应稳放在木脚手板上；

（2）立杆间距、长向横杆间距、短向横杆间距符合方案要求；

（3）钢管立杆长向横杆接头应错开，要用扣件连接拧紧螺栓，不准用铁丝绑扎；

（4）架子搭设高度在临边结构处，必须按要求同建筑物间设拉结杆连接牢固；

（5）架子立杆下和当前操作层必须铺设脚手板，架体与结构间空隙用跳板和木方封严；

（6）安全网挂设，安全网必须内挂，并用专用尼龙绳或符合要求的其他材料绑扎严密、牢固；

（7）搭设完毕后，必须经项目组织验收合格后，方可投入使用。

3）使用阶段

（1）操作层上的施工荷载应符合设计要求，不得超载，不得将承重物件固定在脚手架上，严禁任意悬挂起重设备；

（2）六级及六级以上大风和大雨天应停止架子搭设作业，雨后上架操作应有防滑措施；

（3）主节点处杆件的安装，连墙体，支撑的构造是否符合设计要求，扣件螺栓是否松动，架子立杆的沉降与垂直度允许偏差是否符合规定要求；

（4）在脚手架使用期间，严禁任意拆除下列杆件：

主节点处的纵、横向水平杆、扫地杆、连墙杆、拉结杆、剪刀撑。

4）拆除阶段

（1）架子在拆除前工长要向拆架施工人员进行书面安全交底工作，交底有接受人签字；

（2）拆除架子，周围应设围栏或警戒标志，并设专人看管，严禁非操作人员入内；

（3）脚手架拆除作业必须由上而下逐层进行，严禁上下同时作业；连墙件必须随脚手架逐层拆除，严禁先将连墙件整层或数层拆除后再拆脚手架；分段拆除高差大于两步时，应增设连墙件加固。

（4）当脚手架拆至下部最后一根长立杆的高度时，应先在适当位置搭设临时抛撑加固后，再拆除连墙件。

（5）拆除架子长向横杆，剪刀撑，应先拆中间扣，再拆两头扣，由中间操作人往下顺杆子；

（6）拆除的脚手杆、脚手板、钢管、扣件等材料，应向下传递或用绳吊下，禁止往下乱扔；

（7）拆架前先清理架上杂物，如脚手板上的混凝土、构件、U形卡、活动杆子及材料，按拆架原则先拆后搭的杆子；

（8）拆除工艺流程：拆脚手板→拆短向横杆→长向横杆→拆除层的剪刀撑→立杆→拉杆传递至楼地面→按规格堆码。

（9）拆杆和放杆时必须由2～3人协同操作，拆长向横杆时，应由站在中间的人将杆顺下传递，下方人员接到杆拿稳拿牢后，上方人员才准松手，严禁往下乱扔脚手料具；

（10）搭拆架人员必须系安全带，拆除过程中，应指派一个责任心强、技术水平高的工人担任指挥，负责拆除工作的全部安全作业；

（11）拆架时有管线阻碍不得任意割移，同时要注意扣件崩扣，避免踩在滑动的杆件上操作；

（12）拆架时螺丝扣必须从钢管上拆除，不准螺丝扣在被拆下的钢管上；

（13）拆架人员应配备工具套，手上拿钢管时，不准同时拿扳手，工具用后必须放在工具套内。拆下来的脚手杆要随拆、随清、随运，分类、分堆、分规格码放整齐，要有防水措施，以防雨后生锈。扣件要分型号装箱保管；

（14）拆架休息时不准坐在架子上或不安全的地方，严禁在拆架时嬉戏打闹；

（15）拆架人员要穿戴好个人劳保用品，不准穿胶底易滑鞋上架作业，衣服要轻便；

（16）拆除中途不得换人，如更换人员必须重新进行安全技术交底；

（17）拆下来的脚手杆要随拆、随清、随运，分类、分堆、分规格码放整齐，要有防水措施，以防雨后生锈。扣件要分型号装箱保管。

7.1.2　安全防护措施

1）严格按照施工方案和技术交底要求组织施工；

2）重点加强结构与脚手架间隙的封闭；

3）安全网必须用符合安全部门规定的防火安全网；在作业层下必须搭设水平网一道，水平网要求牢固、严密；

4）操作面上必须配备足够的灭火安全器材，成立义务消防队；

5）在脚手架搭设、使用、拆除的过程中应严格按照项目安全部门单独编制的《安全生产控制措施》管理制度执行：

（1）项目技术部应根据现场的实际情况，编制具有可操作性的全面施工组织设计及特殊部位的分项技术方案（措施），其中必须包含有关于安全生产内容的指导意见。并应实行分级审批制度，在现场实际施工之前及时下发到施工人员手中。

（2）项目经理部项目总工在搭设前进行全面技术交底。班组长每天应对工人进行施工要求、作业环境的安全交底（班组日志）。每周一项目经理应对施工人员进行综合安全交底。

（3）每周一项目经理部应组织一次综合检查，安全部对在检查中发现的安全问题应及时签发整改通知书，被要求整改单位应及时整改，并在规定时间内作出书面反馈。

（4）项目安全员应每天巡视工地，对发现的问题除及时口头通知有关负责人整改外，还应通过日检表书面通知有关负责人。如次日巡视时发现问题未被解决，应再次口头通知有关负责人，同时以整改通知书形式通知有关负责人整改，并报告项目有关领导。

7.1.3　防大雨大风措施

1）下雨天气和五级以上大风应停止架上作业；

2）大风过后要对架上的脚手板、安全网等认真检查一次。

7.1.4　防触电措施

架子在架设和使用期间，严防与带电体接触。对电线和脚手架进行包扎隔绝，架子采取接地处理。在脚手架上施工的电焊机、水钻、撬棍小型工具等，要放在干燥木板上，操作者要戴绝缘手套，穿绝缘鞋，电器外壳要采取保护性接地或接零措施。夜间施工的照明线通过脚手架时，使用电压不超过 36V 的低压电源；电源线严禁直接绑挂在脚手架上，如必须绑挂，要用木方等作为隔离措施。

7.2　脚手架的搭设规定

（1）搭设之前对进场的脚手架杆配件进行严格的检查，禁止使用规格和质量不合格的杆配件。

（2）脚手架的搭设必须统一交底后作业，必须统一指挥，严格按前述搭设程序进行。

（3）本工程搭设的是装修外脚手架，因此应从一个角部开始并向两边延伸交圈搭设，搭设过程中随立随校正后予以固定。

（4）在连墙设置以前，为确保构架稳定及作业人员的安全，应设置适量抛撑。

（5）剪刀撑、斜杆等整体连接杆件和连墙件应随搭设的架子及时设置。

（6）脚手架在顶层连墙点之上的自由高度不得大于 6m，当作业层高出其下连墙件 2 步（3.0m）以上时，且尚无连墙件时，应采取临时的撑拉措施。

（7）脚手板采用 50 厚木脚手板，脚手板应铺平、铺稳，并用 14 号铁丝绑扎固定。

（8）脚手架使用过程中需在楼层处搭设施工作业层，要求脚手板铺设后标高与楼面标高高差不超过 200mm。

（9）设置连墙杆时，应掌握其松紧程度，避免引起杆件的显著变形。

（10）工人在架上进行搭设作业时，作业面上需铺设临时脚手板并固定，工人必须戴好安全帽和佩挂安全带，不得单人进行较重杆件和易失衡、脱手、碰接、滑跌等不安全作业。

（11）在搭设过程中不得随意改变构杆设计、减少配件设置和对立杆、纵距作 $\geqslant$ 100mm 的构架尺寸放大，确实需要调整和改变尺寸，应提交技术人员协商解决。

（12）扣件一定要拧紧，严禁松拧或漏拧，脚手架搭设后应及时逐一对扣件进行检查。

7.3　脚手架的使用规定

（1）使用人力在架上搬运和安装构件的自重$\leqslant$250kg。严禁施工材料集中堆放。

（2）作业人员在架上的最大作业高度以不超过作业层 1.5m 为度，禁止在脚手板上加垫器物或脚手板以增加操作高度和范围。

（3）在作业中，禁止随意拆除脚手架的基本构件，整体性杆件，连接紧固杆和连墙件。确因操作需要临时拆除时，必须经主管人员同意，采取相应弥补措施，并在作业完后及时恢复。

（4）工人在架上作业时，应注意个人安全保护和他人安全，避免发生碰撞、闪失和落物，严禁在架上戏闹和坐在栏杆上等不安全处休息。

（5）人员上下必须走安全防护的出入通道（斜道），严禁攀爬脚手架上下。

（6）工人上架作业前，各小组先行检查有无影响安全作业的问题存在，在排除和解决后方可作业，发生异常和危险情况时，应立即通知架上人员撤离。

（7）每步架作业完成后，必须将多余材料、物品移至室内，工人收工前应清理架面，将材料堆放整齐，垃圾清扫走，在任何情况下，严禁自架上向下抛掷材料物品和倾倒垃圾。

（8）脚手架搭设前，应按专项施工方案向施工人员进行交底。

7.4 脚手架拆除规定

（1）脚手架的拆除顺序与搭设顺序相反，须遵循先搭后拆，后搭先拆的原则，从脚手架顶端拆除其顺序为：安全网→护身栏→挡脚板→脚手板→小横杆→大横杆→立杆→连墙杆→纵向支撑。

（2）连墙件应在位于其上的全部可拆杆件都拆除后方可拆除。

（3）在拆除过程中凡已松开连接的杆件应及时拆除，避免误扶和依靠已松脱连接的杆件。

（4）拆除的杆配件应以安全的方式运出和卸下，必须绑扎牢固或装入容器内才可吊下，严禁向下抛掷，拆除过程中应作好配合，协调工作，禁止单人进行拆除较重杆件等危险性作业。

（5）拆除脚手架时必须划分安全区，设警戒标志，并设专人警戒。

（6）拆除前须指派专人检查架子上的材料、杂物等是否清理干净，否则不许拆除。拆除时应按规定程序拆除。

7.5 季节施工措施及危险源预防措施

7.5.1 脚手架雨期施工措施

1）脚手架的坡道要加防滑条，防滑条间距不大于30cm，不得随意增大间距，安装挡脚板和防护网。

2）脚手架安装防雷装置。

3）实行总承包项目的脚手架及防护设施，总承包方应与分包方办理交接手续，分包方严禁私自拆改，如有变动需经总承包方批准。如未经总包批准擅自拆改脚手架全部责任应由分包负责。

4）大雨期间不得进行脚手架的搭设和拆除；雨前、雨中、雨后都要随时随地检查脚手架，发现问题及时采取处理措施。

5）五级以上大风、大雨天气停止脚手架作业。在雨季要经常检查脚手板、斜道板、跳板上有无积雪、积水等物。若有则应随时清扫，并要采取防滑措施。

7.5.2 脚手架防汛与大风天气措施

在接到气象台和上级防汛防台紧急警报后，项目经理及分包单位负责人留项目部加强值班，项目部组织工程抢修抢险组加强值班，检查、监督做好防汛防台应急措施，重新对脚手架进行检查，是否有构件松动变形，并且脚手架要增加硬拉结，在原来的基础上再在中间加固一道。

7.5.3 脚手架防雷、防电措施

防雷：遇降雨时，人员不得站在最上层架体上；进入楼层内避雨时也应与架体保持一定安全距离，以免雷电伤人。

防电：操作架在架设和使用期间，严防与带电体接触。对有近距离接触的电线和脚手架应进行包扎隔绝，脚手架采取接地处理。在脚手架上施工的电焊机等电器，要放在干燥木板上，操作者要戴绝缘手套、穿绝缘鞋，电器外壳要采取保护性接地或重复接零措施。夜间施工的照明线通过脚手架时，使用电压不超过36V的低压电源；电源线严禁直接绑

挂在脚手架上，如必须绑挂，要用木方等绝缘材料作为隔离措施。

接地线：采用 $\phi 12$ 镀锌钢筋或 5×40 的镀锌扁钢，接地线与强电设计的接地体进行连接，保证接触可靠，防雷冲击接地电阻值不得大于 30Ω。

8 监测方案

8.1 监测内容

本工程脚手架架体监测主要为位移监测。

8.2 监测周期

位移监测频率不应少于每日 1 次。监测数据变化量较大或速率加快时，应提高监测频率。

8.3 允许变形值及报警值

本工程外脚手架的监测警戒值为水平位移 $H/300 = 186$mm 或前 3 次读数平均值的 1.5 倍。

8.4 监测仪器

监测仪器表

表 8.4

监测仪器名称	型号	精度	检测时间
经纬仪	DJD2-C	$2''$	2013 年 3 月 1 日
水准仪	AL332-1	—	2013 年 3 月 1 日
钢卷尺	50m	—	2013 年 3 月 1 日

8.5 监测结果的反馈和应用

1）监测由专人进行记录，将记录反馈到项目部，项目部根据反馈上来的记录到现场查看实际情况并采取相应措施。

2）当出现下列情况之一时，应立即启动安全应急预案：

（1）监测数据达到报警值时；

（2）架体结构的荷载突然发生意外变化时；

（3）周边场地突然出现较大沉降或严重开裂的异常变化时。

8.6 位移监测点平面布置

1）位移监测点的布置可分为基准点和位移监测点。其布设应符合下列规定：

（1）检测基准控制点布设在周围不宜发生沉降和位移的永久建筑物或构造物上；

（2）在外脚手架位置的顶层、底层及中部设置位移监测点；

（3）本工程外脚手架监测点共 14 个，主要设置位置角部和四边中部位置。

2）基准点及监测点平面布置图，详见附图三。

8.7　监测监控管理规定

（1）监测人员不得脱岗，待出现安全隐患时第一时间对现场进行整改。

（2）在施工过程中，监测数据超出预警值时，立即停止施工，撤离所有人员，待安全处理后再行施工。

（3）在施工上层结构时，对架体进行检查，无异常后再行施工上层结构。

9　应 急 预 案

为对脚手架工程施工中出现脚手架倾倒、垮架，人员高空坠落，落物伤人等事故发生后进行及时有效地抢救，最大限度地保护职工生命和减少国家财产的损失，制定本应急预案。

9.1　适用范围

脚手架工程整个施工阶段及发生脚手架倾倒、垮架，人员高空坠落，落物伤人等事故时。

9.2　抢险机构

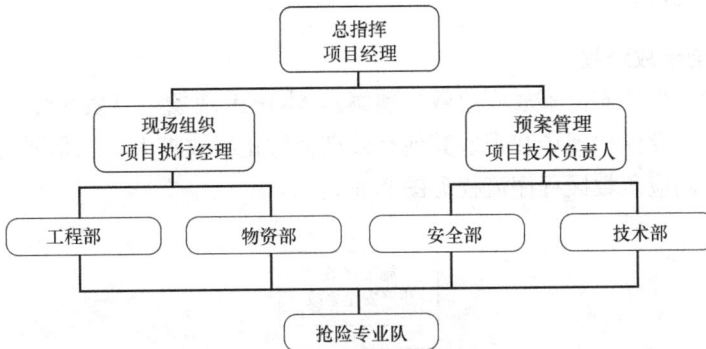

图 9.2　抢险组织机构图

9.3　人员职责

构配件外观质量检查与验收要求　　　　　　　　　　　表 9.3

序号	职位	姓名	电话	职　　责
1	项目经理	＊＊＊	＊＊＊＊	应急指挥总指挥。全面负责应急指挥工作； 有权采取一切可能手段，以控制和减少事故危害； 授予相关人员相应的应急处理权
2	项目安全总监	＊＊＊	＊＊＊＊	组织相关部门、人员进行事故调查，并形成记录； 当项目经理、项目主管生产副经理不在时，担任应急总指挥工作

序号	职位	姓名	电话	职　责
3	技术部	＊＊＊	＊＊＊＊	组织有关部门编制、修订、评审应急预案。督促相关部门做好事故抢险过程记录
4	工程部	＊＊＊	＊＊＊＊	协助技术部编制、修订、评审应急预案； 组织进行应急预案的演习，并提出改进建议； 发生事故时，组织抢险队进行抢险、营救、减损防护工作
5	物资部	＊＊＊	＊＊＊＊	协助技术部进行应急预案的编制、修订、评审； 落实应急预案所需物资、设备的准备工作

9.4　应急物资准备

为了在脚手架工程施工中事故发生时能够及时采取应对措施，平时准备下述物资：

（1）警戒隔离物资：警戒桩，警戒线；存放地点：现场仓库。

（2）人员急救设备：急救箱，急救药品，担架；存放地点：会议室。

（3）减损防护物资：钢管、安全网等；存放地点：现场仓库。

9.5　应急抢险队

应急抢险队由项目部现场员工组成，平时进行抢险、急救方面的学习和培训，当事故发生时即可投入应急抢险和救援工作。

9.6　应急抢险程序

9.6.1　生产安全事故流程

依据公司的《生产安全事故应急救援预案》，本施工现场一旦发生生产安全事故，一是要立即抢救伤员及保护现场和采取其他有效措施防止事故扩大；二是要及时向公司经理报告。本施工现场应急救援程序流程见图9.6-1。

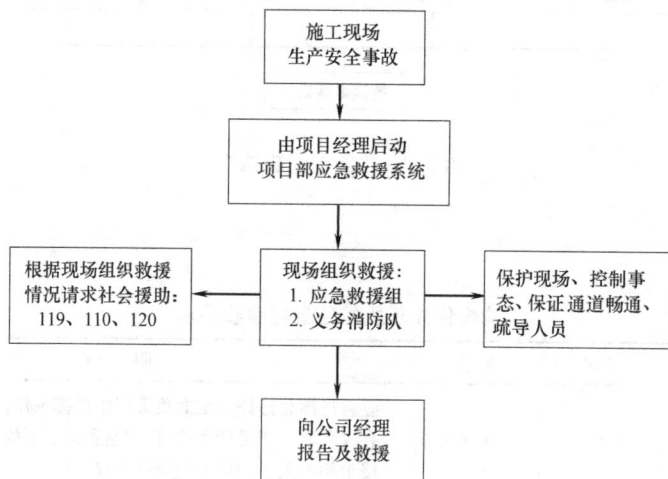

图9.6-1　应急救援程序流程图

9.6.2　生产安全事故报告

1）现场生产安全事故报告程序见图 9.6-2，当工地发生脚手架坍塌事故，最先发现事故的人员应大声呼叫，呼叫内容要明确：某某部位发生脚手架坍塌事故！将信息正确传出。听到呼叫的任何人，均有责任将信息报告给与其最近的管理人员，使消息迅速报告到应急响应小组现场总指挥处，应急响应小组现场总指挥负责现场组织工作。报警员负责打急救 120，报告事故地点，同时必须告知工程附近醒目标志建筑，以利救护车迅速判定方位。接车员迅速到路口接车，引领救护车从具备驶入条件的道路迅速到达现场。

2）事故发生，组长应立即询问最先发现事故人员有关情况，了解是否有人员伤害。

3）在急救车未到来前，副组长负责抢救下来的伤员，应使其平躺地上，周围应通风良好，有呼吸窒迫，抢救小组成员应对其进行人工呼吸。

4）发生脚手架坍塌事件且造成人员一般轻伤及以上人身伤害时，项目安全生产应急领导小组应在 1 小时内上报公司人身伤害和突发环境事件应急工作组。

5）项目人身伤害和突发环境事件应急工作组接到脚手架坍塌事件相关信息后实行首接负责制，并负责收集、汇总脚手架坍塌事件信息。

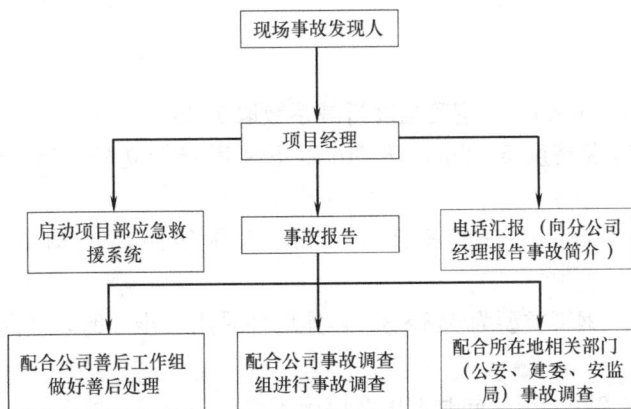

图 9.6-2　现场生产安全事故报告程序流程图

9.6.3　事故现场应急处理

警戒隔离：抢险队员在事故现场周围用警戒桩、警戒线带等物资设置警戒隔离区，非抢险队员不得进入警戒区内，以防止发生连锁事故，为更好地进行抢险救护工作创造条件。

人员疏散：抢险队员将事故现场被困人员，及时组织转移到安全地带，并将现场非抢险队人员转移出事故现场。

人员抢救：抢险队员将受伤人员从事故现场解救出来，并进行现场急救处理。

控制险情：抢险队员使用预备的应急物资，对有进一步倾斜、倒塌发展趋势的脚手架进行加固，以最大限度减少人员和财产损失。

设置向导：在事故现场入口及进入现场的主要通道边安排引导人员，以引导救险车辆、人员、物资等迅速准确地进入事故现场。

记录：事故发生后，由质安部有关人员对事故的发生、发展以及抢险救护等过程情况进行记录，为事后的调查、分析提供资料。

9.7　善后处理

现场抢险工作完成后，由项目部经理组织项目部有关部门和人员，配合上级部门，对事故的发生、发展等方面的情况进行调查，形成相关的调查记录。对事故中受伤人员应及时送医院治疗，直到伤愈出院，并按有关要求支付受伤期间的误工损失；对事故中不幸死亡人员应做好其家属的安抚工作，并按有关要求及时将赔偿费用支付给其家属。

9.8　应急救援线路

如果是轻伤，在工地简单处理后，再到医院检查；如果是重伤，应迅速送医院抢救。

原则上将距离项目较近的□□□医院作为应急医院，约 3km，应急电话□□□-□□□□□□□□。线路图（略）。

10　计　算　书

10.1　计算参数

钢管强度为 205.0N/mm²，钢管强度折减系数取 1.00。

双排脚手架，搭设高度 55.8m，18.0m 以下采用双管立杆，18.0m 以上采用单管立杆。

立杆的纵距 1.50m，立杆的横距 1.05m，内排架距离结构 0.30m，立杆的步距 1.80m。

（计算参数采用）钢管类型为 $\phi 48 \times 3.0$，连墙件采用 2 步 3 跨，竖向间距 3.60m，水平间距 4.50m。

施工活荷载为 2.0kN/m²，同时考虑 2 层施工。

脚手板采用木板，荷载为 0.35kN/m²，按照铺设 3 层计算。

栏杆采用木板，荷载为 0.17kN/m，安全网荷载取 0.0100kN/m²。

脚手板下小横杆在大横杆上面，且主结点间增加两根小横杆。

基本风压 0.30kN/m²，高度变化系数 0.7700，体型系数 1.0880。

地基承载力标准值 180kN/m²，基础底面扩展面积 0.250m²，地基承载力调整系数 1.00。

钢管惯性矩计算采用 $I = \pi(D^4 - d^4)/64$，抵抗矩计算采用 $W = \pi(D^4 - d^4)/32D$。

10.2　小横杆的计算

小横杆按照简支梁进行强度和挠度计算，小横杆在大横杆的上面。计算简图见图 10.2。

按照小横杆上面的脚手板和活荷载作为均布荷载计算小横杆的最大弯矩和变形。

10.2.1　均布荷载值计算

小横杆的自重标准值　$P_1 = 0.038$kN/m

脚手板的荷载标准值　$P_2 = 0.350 \times 1.500/3 = 0.175$kN/m

活荷载标准值　$Q=2.000\times1.500/3=1.000\text{kN/m}$

荷载的计算值　$q=1.2\times0.038+1.2\times0.175+1.4\times1.000=1.656\text{kN/m}$

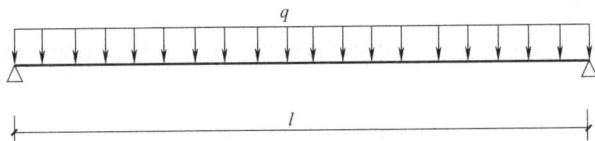

图 10.2　小横杆计算简图

10.2.2　抗弯强度计算

最大弯矩考虑为简支梁均布荷载作用下的弯矩

计算公式如下：

$$M_{q\max}=ql^2/8$$

$$M=1.656\times1.050^2/8=0.228\text{kN}\cdot\text{m}$$

$$\sigma=0.228\times10^6/4491.0=50.819\text{N/mm}^2$$

小横杆的计算强度小于 205.0N/mm^2，满足要求！

10.2.3　挠度计算

最大挠度考虑为简支梁均布荷载作用下的挠度

计算公式如下：

$$V_{q\max}=\frac{5ql^4}{384EI}$$

荷载标准值　$q=0.038+0.175+1.000=1.213\text{kN/m}$

简支梁均布荷载作用下的最大挠度

$V=5.0\times1.213\times1050.0^4/(384\times2.06\times10^5\times107780.0)=0.865\text{mm}$

小横杆的最大挠度小于 1050.0/150 与 10mm，满足要求！

10.3　大横杆的计算

大横杆按照三跨连续梁进行强度和挠度计算，小横杆在大横杆的上面。计算简图见图 10.3。

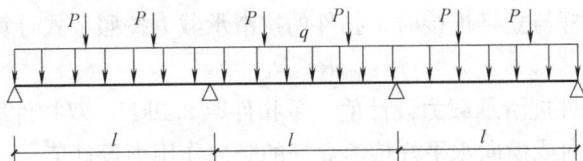

图 10.3　大横杆计算简图

用小横杆支座的最大反力计算值，在最不利荷载布置下计算大横杆的最大弯矩和变形。

10.3.1　荷载值计算

小横杆的自重标准值　$P_1=0.038\times1.050=0.040\text{kN}$

脚手板的荷载标准值 $P_2 = 0.350 \times 1.050 \times 1.500/3 = 0.184$kN

活荷载标准值 $Q = 2.000 \times 1.050 \times 1.500/3 = 1.050$kN

荷载的计算值 $P = (1.2 \times 0.040 + 1.2 \times 0.184 + 1.4 \times 1.050)/2 = 0.869$kN

10.3.2 抗弯强度计算

最大弯矩考虑为大横杆自重均布荷载与荷载的计算值最不利分配的弯矩和均布荷载最大弯矩计算公式如下：

$$M_{max} = 0.08ql^2$$

集中荷载最大弯矩计算公式如下：

$$M_{pmax} = 0.267Pl$$

$$M = 0.08 \times (1.2 \times 0.038) \times 1.500^2 + 0.267 \times 0.869 \times 1.500 = 0.357\text{kN} \cdot \text{m}$$

$$\sigma = 0.357 \times 10^6/4491.0 = 79.382\text{N/mm}^2$$

大横杆的计算强度小于 205.0N/mm²，满足要求！

10.3.3 挠度计算

最大挠度考虑为大横杆自重均布荷载与荷载的计算值最不利分配的挠度和均布荷载最大挠度计算公式如下：

$$V_{max} = 0.677 \times \frac{ql^4}{100EI}$$

集中荷载最大挠度计算公式如下：

$$V_{pmax} = 1.883 \times \frac{Pl^3}{100EI}$$

大横杆自重均布荷载引起的最大挠度

$V_1 = 0.677 \times 0.038 \times 1500.004/(100 \times 2.060 \times 10^5 \times 107780.000) = 0.059$mm

集中荷载标准值 $P = (0.040 + 0.184 + 1.050)/2 = 0.637$kN

集中荷载标准值最不利分配引起的最大挠度

$V_1 = 1.883 \times 637.035 \times 1500.003/(100 \times 2.060 \times 10^5 \times 107780.000) = 1.823$mm

最大挠度和

$$V = V_1 + V_2 = 1.883\text{mm}$$

大横杆的最大挠度小于 1500.0/150 与 10mm，满足要求！

10.4 扣件抗滑力的计算

纵向或横向水平杆与立杆连接时，扣件的抗滑承载力按照下式计算：

$$R \leqslant R_c$$

其中 R_c——扣件抗滑承载力设计值，单扣件取 8.0kN，双扣件取 12.0kN；

R——纵向或横向水平杆传给立杆的竖向作用力设计值。

荷载值计算

大横杆的自重标准值 $P_1 = 0.038 \times 1.500 = 0.058$kN

小横杆的自重标准值 $P_3 = 0.038 \times 1.500 \times 1.45 = 0.0827$kN

脚手板的荷载标准值 $P_2 = 0.350 \times 1.050 \times 1.500/2 = 0.276$kN

活荷载标准值 $Q = 2.000 \times 1.050 \times 1.500/2 = 1.575$kN

荷载的计算值 $R=1.2\times0.058+1.2\times0.276+1.4\times1.575+1.2\times0.0827=2.705kN$

单扣件抗滑承载力的设计计算满足要求！

当直角扣件的拧紧力矩达 $40\sim65N\cdot m$ 时，试验表明：单扣件在 12kN 的荷载下会滑动，故规定抗滑承载力取 8.0kN；

双扣件在 20kN 的荷载下会滑动，故规定抗滑承载力取 12.0kN。

10.5 脚手架荷载标准值

作用于脚手架的荷载包括静荷载、活荷载和风荷载。静荷载标准值包括以下内容：

(1) 每米立杆承受的结构自重标准值（kN/m）；本例系数为 0.107

$$N_{G1}=0.107\times55.800+18.000\times0.038=6.676kN$$

(2) 脚手板的自重标准值（kN/m²）；本例采用木脚手板，标准值为 0.35

$$N_{G2}=0.350\times3\times1.500\times(1.050+0.300)/2=1.063kN$$

(3) 栏杆与挡脚手板自重标准值（kN/m）；本例采用栏杆、木脚手板当挡板，标准值为 0.17

$$N_{G3}=0.170\times1.500\times3=0.765kN$$

(4) 吊挂的安全设施荷载，包括安全网（kN/m²）；本例系数为 0.010

$$N_{G4}=0.010\times1.500\times55.800=0.837kN$$

经计算得到，静荷载标准值 $N_G=N_{G1}+N_{G2}+N_{G3}+N_{G4}=9.341kN$

活荷载为施工荷载标准值产生的轴向力总和，内、外立杆按一纵距内施工荷载总和的 1/2 取值。

经计算得到，活荷载标准值 $N_Q=2.000\times2\times1.500\times1.050/2=3.150kN$

风荷载标准值应按照以下公式计算

$$W_k=U_z\cdot U_s\cdot W_0$$

其中 W_0——基本风压（kN/m²），$W_0=0.300$；

U_z——风荷载高度变化系数，$U_z=0.770$；

U_s——风荷载体型系数：$U_s=1.088$。

经计算得到：$W_k=0.300\times0.770\times1.088=0.251kN/m^2$。

考虑风荷载时，立杆的轴向压力设计值计算公式

$$N=1.2N_G+0.9\times1.4N_Q$$

经过计算得到，底部立杆的最大轴向压力：

$$N=1.2\times9.341+0.9\times1.4\times3.150=15.178kN$$

单双立杆交接位置的最大轴向压力：

$$N=1.2\times6.719+0.9\times1.4\times3.150=12.032kN$$

不考虑风荷载时，立杆的轴向压力设计值计算公式

$$N=1.2N_G+1.4N_Q$$

经过计算得到，底部立杆的最大轴向压力：

$$N=1.2\times9.341+1.4\times3.150=15.619kN$$

单双立杆交接位置的最大轴向压力：

$$N=1.2\times6.719+1.4\times3.150=12.473kN$$

风荷载设计值产生的立杆段弯矩 M_w 计算公式

$$M_w = 0.9 \times 1.4 W_k l_a h^2 / 10$$

其中　　W_k——风荷载标准值（kN/m^2）；

　　　　l_a——立杆的纵距（m）；

　　　　h——立杆的步距（m）。

经过计算得到风荷载产生的弯矩：

$$M_w = 0.9 \times 1.4 \times 0.251 \times 1.500 \times 1.800 \times 1.800 / 10 = 0.154 kN \cdot m$$

10.6　立杆的稳定性计算

单双立杆交接位置和双立杆底部均需要立杆稳定性计算。

双立杆底部的钢管截面面积和抗弯截面模量按照两倍的单钢管截面的 0.7 折减考虑。

10.6.1　不考虑风荷载时，双立杆的稳定性计算

$$\sigma = \frac{N}{\varphi A} \leqslant [f]$$

其中　　N——立杆的轴心压力设计值，底部 $N = 15.619 kN$，单双立杆交接位置 $N = 12.473 kN$；

　　　　i——计算立杆的截面回转半径，$i = 1.60 cm$；

　　　　k——计算长度附加系数，取 1.155；

　　　　u——计算长度系数，由脚手架的高度确定，$u = 1.500$；

　　　　l_0——计算长度（m），由公式 $l_0 = kuh$ 确定，$l_0 = 1.155 \times 1.500 \times 1.800 = 3.118 m$；

　　　　A——立杆净截面面积，$A = 5.935 cm^2$；

　　　　W——立杆净截面模量（抗弯截面模量），$W = 6.287 cm^3$；

　　　　λ——长细比，为 $3118/16 = 196$；

　　　　λ_0——允许长细比（k 取 1），为 $2700/16 = 169 < 210$，长细比验算满足要求！

　　　　φ——轴心受压立杆的稳定系数，由长细比 l_0/i 的结果查表得到 0.190；

　　　　σ——钢管立杆受压强度计算值（N/mm^2）；

　　　　$[f]$——钢管立杆抗压强度设计值，$[f] = 205.00 N/mm^2$。

经计算得到：

$$\sigma = 15619/(0.19 \times 594) = 138.842 N/mm^2$$

不考虑风荷载时，双立杆的稳定性计算 $\sigma < [f]$，满足要求！

不考虑风荷载时，单立杆的稳定性计算

经计算得到单双立杆交接位置 $\sigma = 12473/(0.19 \times 424) = 155.226 N/mm^2$；

不考虑风荷载时，单双立杆交接位置的立杆稳定性计算 $\sigma < [f]$，满足要求！

10.6.2　考虑风荷载时，双立杆的稳定性计算

$$\sigma = \frac{N}{\varphi A} + \frac{M_W}{W} \leqslant [f]$$

其中　　N——立杆的轴心压力设计值，底部 $N = 15.178 kN$，单双立杆交接位置 $N = 12.032 kN$；

i——计算立杆的截面回转半径，$i=1.60\text{cm}$；

k——计算长度附加系数，取 1.155；

u——计算长度系数，由脚手架的高度确定，$u=1.500$；

l_0——计算长度（m），由公式 $l_0=kuh$ 确定，$l_0=1.155\times1.500\times1.800=3.118\text{m}$；

A——立杆净截面面积，$A=5.935\text{cm}^2$；

W——立杆净截面模量（抵抗矩），$W=6.287\text{cm}^3$；

λ——长细比，为 $3118/16=196$；

λ_0——允许长细比（k 取 1），为 $2700/16=169<210$，长细比验算满足要求！

φ——轴心受压立杆的稳定系数，由长细比 l_0/i 的结果查表得到 0.190；

M_W——计算立杆段由风荷载设计值产生的弯矩，$M_W=0.154\text{kN}\cdot\text{m}$；

σ——钢管立杆受压强度计算值（N/mm^2）；

$[f]$——钢管立杆抗压强度设计值，$[f]=205.00\text{N/mm}^2$；

经计算得到　$\sigma=15178/(0.19\times594)+154000/6287=159.400\text{N/mm}^2$；

考虑风荷载时，双立杆的稳定性计算 $\sigma<[f]$，满足要求！

考虑风荷载时，单立杆的稳定性计算

经计算得到单双立杆交接位置 $\sigma=12032/(0.19\times424)+154000/4491=184.007\text{N/mm}^2$；

考虑风荷载时，单双立杆交接位置的立杆稳定性计算 $\sigma<[f]$，满足要求！

10.7　连墙件的计算

连墙件的轴向力计算值应按照下式计算：
$$N_l=N_{lw}+N_0$$

其中　N_{lw}——风荷载产生的连墙件轴向力设计值（kN），应按照下式计算：
$$N_{lw}=1.4\times w_k\times A_w$$

w_k——风荷载标准值，$w_k=0.251\text{kN/m}^2$；

A_w——每个连墙件的覆盖面积内脚手架外侧的迎风面积：
$$A_w=3.60\times4.50=16.200\text{m}^2；$$

N_0——连墙件约束脚手架平面外变形所产生的轴向力（kN），$N_0=3.000$。

经计算得到 $N_{lw}=5.700\text{kN}$，连墙件轴向力计算值 $N_l=8.700\text{kN}$

根据连墙件杆件强度要求，轴向力设计值 $N_{f1}=0.85A_c[f]$

根据连墙件杆件稳定性要求，轴向力设计值 $N_{f2}=0.85\varphi A[f]$

其中　φ——轴心受压立杆的稳定系数，由长细比 $l/i=30.00/1.60$ 的结果查表得到 $\varphi=0.95$；

净截面面积 $A_c=4.24\text{cm}^2$；毛截面面积 $A=4.24\text{cm}^2$；$[f]=205.00\text{N/mm}^2$。

经过计算得到 $N_{f1}=73.865\text{kN}$

$N_{f1}>N_l$，连墙件的设计计算满足强度设计要求！

经过计算得到 $N_{f2}=70.188\text{kN}$

$N_{f2}>N_l$，连墙件的设计计算满足稳定性设计要求！

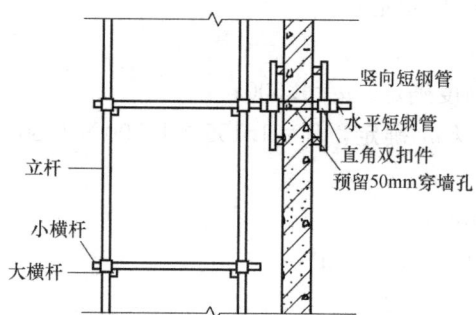

图 10.7 连墙件双扣件连接示意图

连墙件采用双扣件与墙体连接（图 10.7）。

经过计算得到 $N_1 = 10.403\mathrm{kN}$ 小于双扣件的抗滑力 12.0kN，连墙件双扣件满足要求！

10.8 立杆的地基承载力计算

立杆基础底面的平均压力应满足下式的要求

$$p_k \leqslant f_g$$

其中　p_k——脚手架立杆基础底面处的平均压力标准值，$p_k = N_k/A = 49.96\mathrm{kPa}$；

　　　N_k——上部结构传至基础顶面的轴向力标准值 $N_k = 9.34 + 3.15 = 12.49\mathrm{kN}$；

　　　A——基础底面面积（m^2）；$A = 0.25$；

　　　f_g——地基承载力设计值（$\mathrm{kN/m}^2$），$f_g = 180.00$。

地基承载力设计值应按下式计算

$$f_g = k_c \times f_{gk}$$

其中　k_c——脚手架地基承载力调整系数，$k_c = 1.00$；

　　　f_{gk}——地基承载力标准值，$f_{gk} = 180.00$；

地基承载力的计算满足要求！

附图一　主楼结构标准层平面图（略）

附图二　主楼结构立面图（略）

附图三　主楼脚手架立杆平面布置图（监测点平面图）

附图四　1～12 轴立面图（监测点立面图）

附图五　K～A 轴立面图

附图六　1—1 剖面图

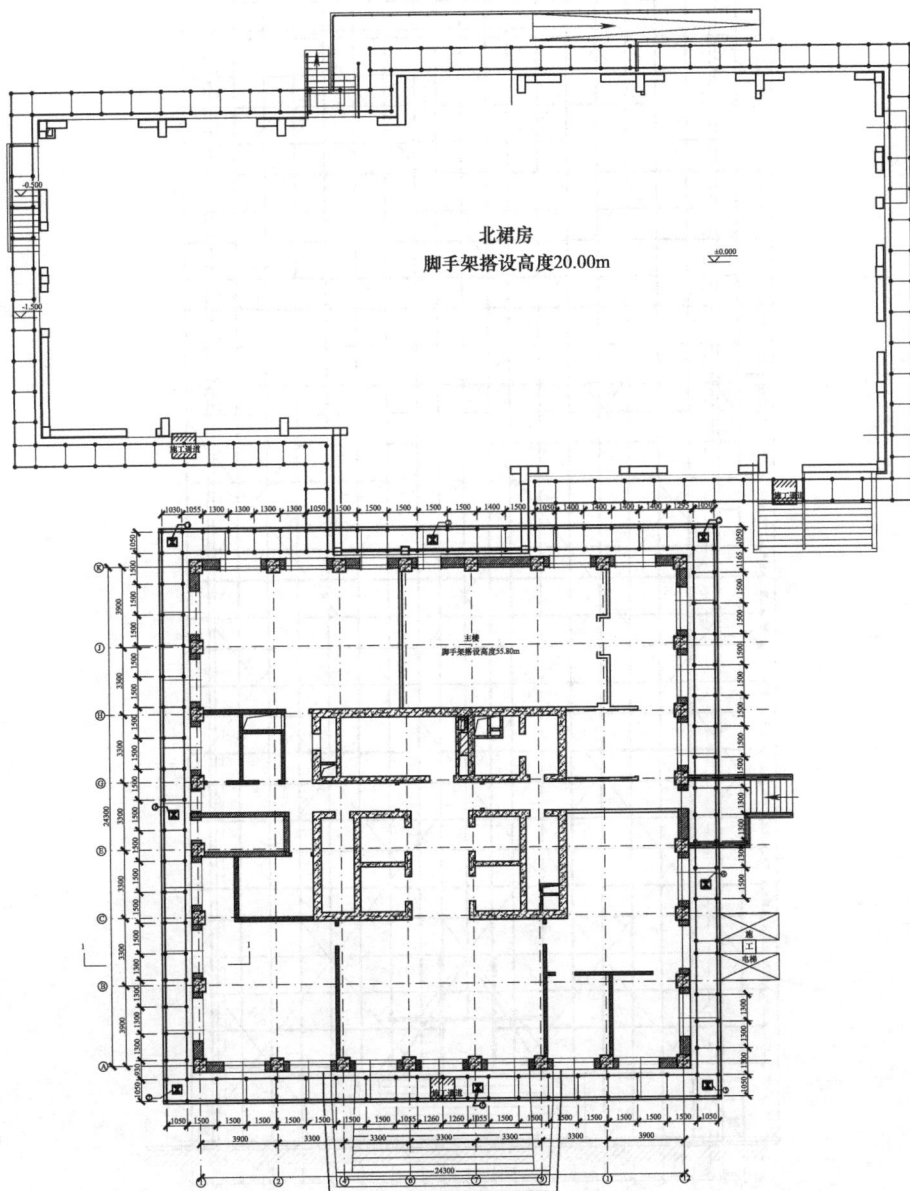

北裙房
脚手架搭设高度20.00m

①～⑫主楼、北裙房平面(监测点平面)图

图例:
o	脚手架钢管
——	结构外边线
▨	钢筋混凝土
▧	砌体
▨	监测点

主楼脚手架立杆平面布置图(监测点平面图)		图号	附图三
设计		制图		审核	

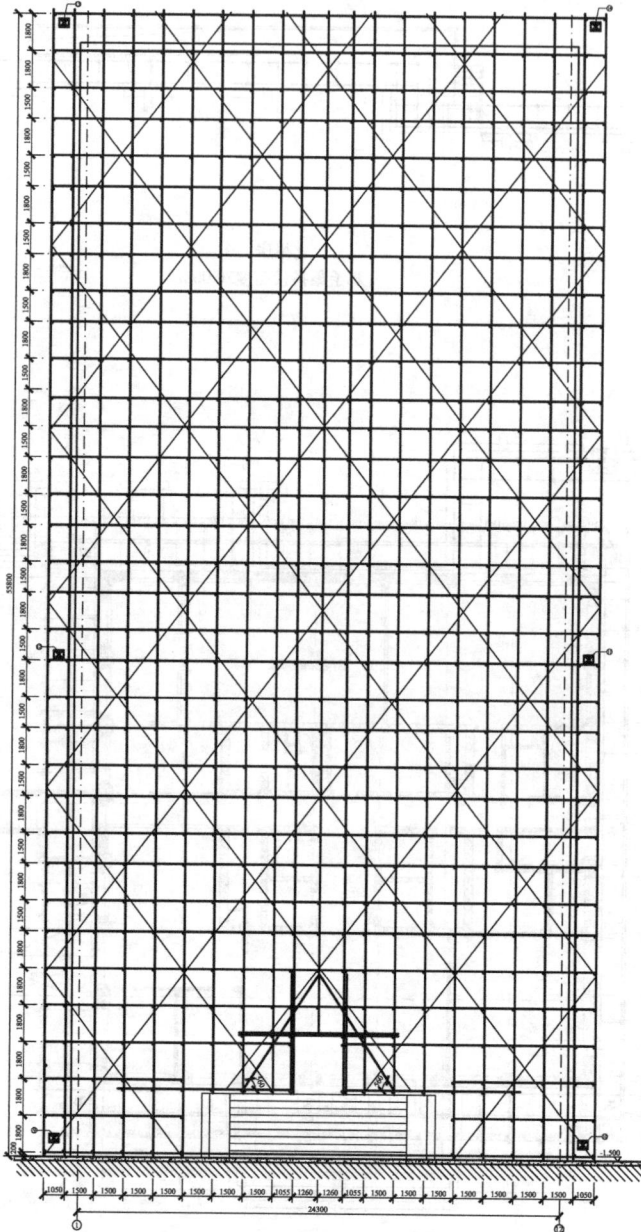

①～⑫轴立面(监测点平面)图

图例：

- ○　脚手架钢管
- ——　结构外边线
- ——　剪刀撑
- 🔲　混凝土垫层
- ■　原状土

1～12轴立面图(监测点立面图)		图号	附图四
设计		制图		审核	

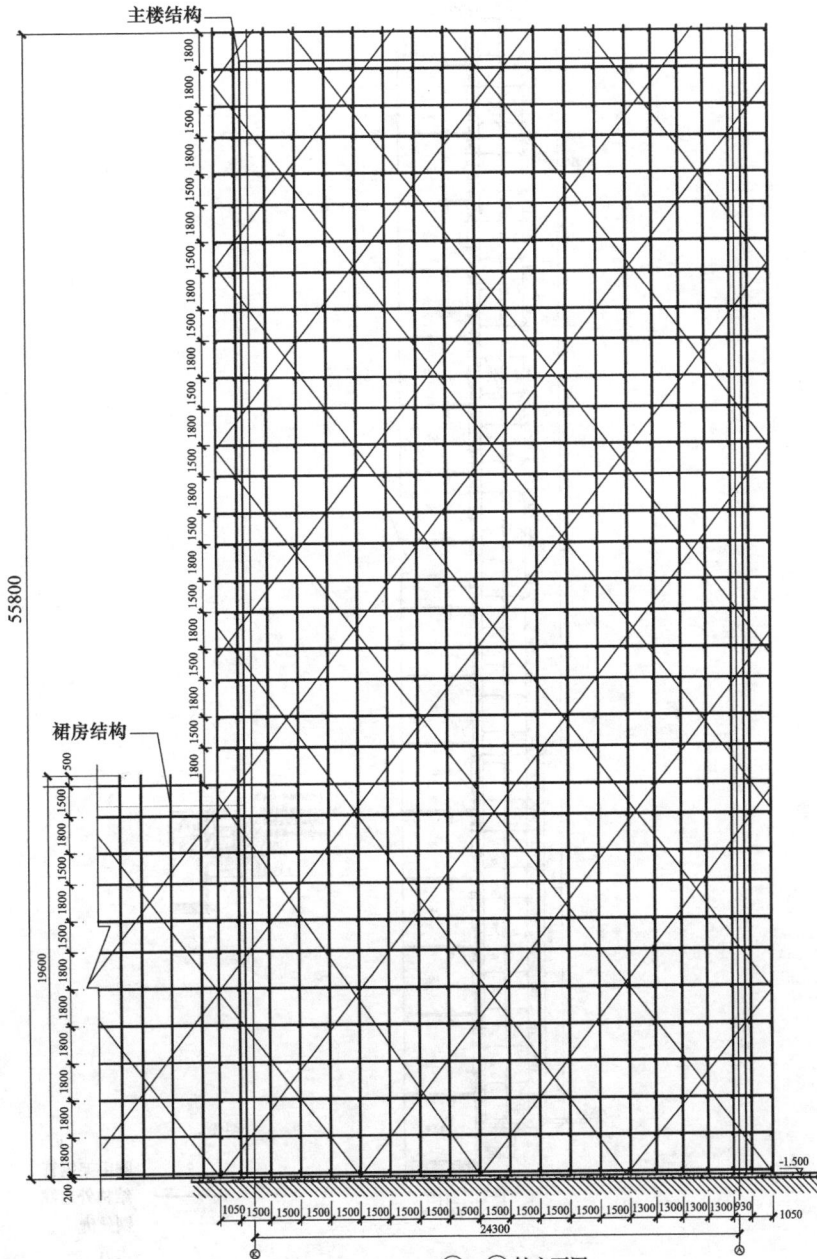

主楼结构

裙房结构

55800

19600

主楼结构标注（自上而下）：1800 1800 1500 1500 1800 1800 1500 1500 1800 1800 1500 1500 1800 1800 1500 1500 1800 1800 1500 1500 1800 1800 1500 1500 1800 1800 1500 1500 1800

裙房结构标注（自上而下）：500 1500 1500 1800 1800 1800 1800 1800 1800 1800

200

-1.500

1050 1500 1500 1500 1500 1500 1500 1500 1500 1500 1500 1500 1300 1300 1300 1300 930　1050

24300

$\underline{ⓚ{\sim}Ⓐ 轴立面图}$

图例：

○　　脚手架钢管

───　结构外边线

──┼──　剪刀撑

▨　　混凝土垫层

■　　原状土

K～A轴立面图		图号	附图五
设计	制图	审核	

105

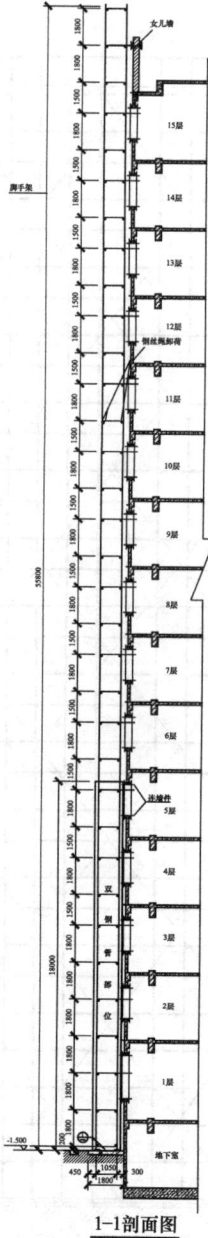

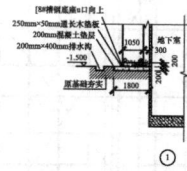

图例：

○　脚手架钢管

━━　结构外边线

──　钢丝绳

▪　木方

▨　混凝土垫层

▩　原状土

1—1剖面图			图号	附图六
设计		制图	审核	

范例 2　悬挑式脚手架工程

陈　伟　胡裕新　编写

陈　伟：中国建筑科学研究院，副研究员，主任，1998 年参加工作，主要从事建筑工程施工软件的开发和研究。
胡裕新：中国建筑学会施工分会模板及脚手架专业委员会委员，高级工程师（教授级），从事建筑施工40 年。

某工程悬挑式脚手架安全专项施工方案

编制：

审核：

审批：

＊＊＊公司

年　月　日

目　　录

1 编 制 依 据

1.1 国家、行业和地方规范

序号		名 称	编 号
国家标准	1	钢管脚手架扣件	GB 15831—2006
	2	建筑地基基础设计规范	GB 50007—2011
	3	建筑结构荷载规范	GB 50009—2012
	4	混凝土结构设计规范	GB 50010—2010
	5	钢结构设计规范	GB 50017—2003
	6	冷弯薄壁结构技术规范	GB 50018—2002
	7	混凝土结构工程施工质量验收规范	GB 50204—2015
	8	钢结构工程施工质量验收规范	GB 50205—2001
	9	钢结构焊接规范	GB 50661—2011
	10	混凝土结构工程施工规范	GB 50666—2011
	11	钢结构工程施工规范	GB 50755—2012
行业标准	1	钢筋焊接及验收规范	JGJ 18—2012
	2	建筑机械使用安全技术规程	JGJ 33—2012
	3	施工现场临时用电安全技术规范	JGJ 46—2005
	4	建筑施工安全检查标准	JGJ 59—2011
	5	建筑施工高处作业安全技术规范	JGJ 80—2016
	6	建筑施工扣件式钢管脚手架安全技术规范	JGJ 130—2011
	7	建筑施工临时支撑结构技术规范	JGJ 300—2013
地方标准	1	钢管脚手架、模板支架安全选用技术规范	DB 11/T583—2015

1.2 设计图纸和施工组织设计

图纸	1	＊＊＊工程施工图	
施组	2	＊＊＊工程施工组织设计	

1.3 安全管理法律、法规及规范性文件

序号	名 称	编 号
1	中华人民共和国安全生产法	2014 年修订
2	建设工程安全生产管理条例	国务院令第 393 号
3	北京市实施《危险性较大的分部分项工程安全管理办法》规定	京建施[2009]841 号文
4	北京市危险性较大的分部分项工程安全动态管理办法	京建法[2012]1 号文

1.4　其他

序号	名　称	编　号
1	北京市危险性较大的分部分项工程安全专项施工方案专家论证细则(2015 版)	
2		
3		
4		

2　工　程　概　况

2.1　工程概况

工程名称	＊＊＊工程
建设单位	＊＊＊公司
设计单位	＊＊＊设计院
监理单位	＊＊＊公司
总包单位	＊＊＊公司
勘察单位	＊＊＊公司
工程建设地点	本工程位于北京市海淀区

2.2　建筑概况

序号	项　目	内　容			
1	建筑面积(m²)	总建筑面积	16748.23	地下总建筑面积	1581.38
		标准层建筑面积	793.89	地上总建筑面积	15166.85
2	建筑层数	地下	2层	地上	19层
3	建筑物高度	建筑总高	57.95m	室内外高差	0.45mm
4	建筑物层高	地下	地下二层 3.30m;地下一层 3.45m		
		地上	地上 2.80m		

2.3　结构概况

序号	项　目		内　容
1	结构形式		剪力墙结构
2	钢材	钢筋	HPB300 级钢(φ);HRB400 级钢(ψ)
		型钢及钢板	Q235-B、Q345-B 级钢
		焊条	E43 型用于 HPB300 级钢筋; E50 型用于 HRB400 级钢筋

序号	项　目		内　容			
3	混凝土强度等级	部位	基础垫层	基础底板、地梁	墙体、柱	梁、顶板
		地下二层	C15	C30；S6	C40；S6	C30；S6
		地下一层～4层	—	—	C40	C30
		5～10层	—	—	C35	C25
		11～16层	—	—	C30	C25
		17～顶层	—	—	C25	C25
		其他	C25			
4	填充墙体	砌块	MU5	砂浆		M5
5	主要构件截面尺寸	楼板(mm)	120、140、180、180、200、300			
			3层、12层楼板厚度均为120			
		墙体(mm)	180、200、250、300、610、700			

3　脚手架体系选择

综合考虑楼层数、成本以及现场保证主体连续施工并及时插入回填土施工等各方面因素，决定采用型钢悬挑脚手架，架体只用于结构施工防护，施工荷载≤3kN/m²，结构施工完拆除。

地上结构均从3层楼面开始悬挑钢梁，具体悬挑部位如表3-1所示。

悬挑脚手架设置情况表　　　　　　　　　　　表3-1

悬挑次数	悬挑层数	脚手架形式
第1次	3～12层	自3层楼面开始至12层楼面(共9层)采用悬挑脚手架,进行第1次悬挑,悬挑脚手架搭设高度为:2.8m×9+1.5m=26.7m
第2次	12～屋面	自12层楼面开始至屋面(共8层)采用悬挑脚手架,进行第2次悬挑,悬挑脚手架搭设高度为:2.8m×8+0.75+1.5m=24.65m

4　施工部署

4.1　施工组织机构及职责分工

4.1.1　安全生产领导小组

安全生产是企业生存与发展的前提条件，安全防护是达到无重大伤亡事故的必然保障。为此项目经理部成立以项目经理为组长的安全防护领导小组，其机构组成、人员编制及责任分工如图4.1所示。

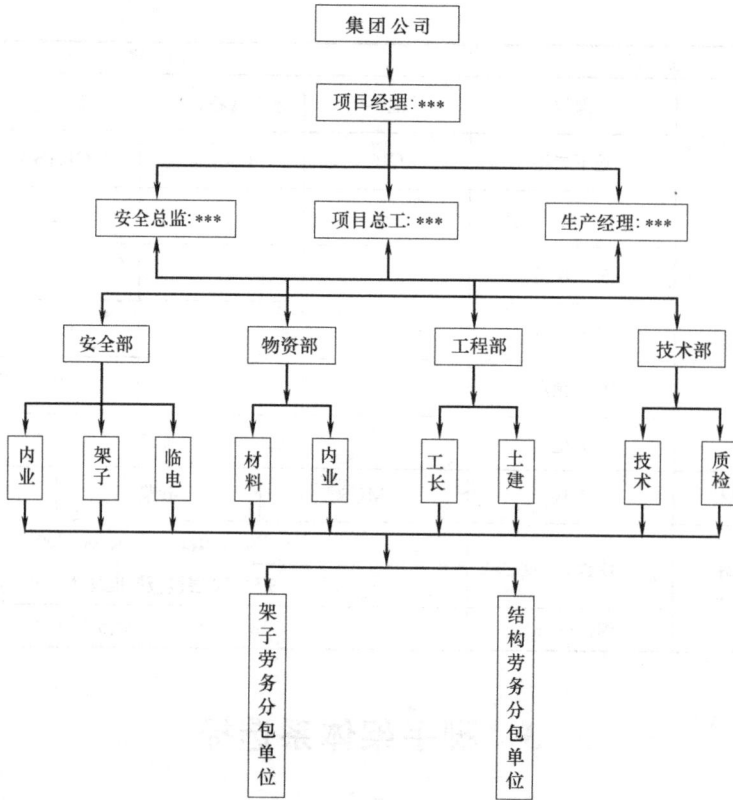

图 4.1 安全生产领导小组机构图

4.1.2 职责分工

序号	职位	姓名	职 责
1	项目经理	＊＊＊	项目经理是工程项目施工安全管理的第一责任人,负责整体协调工作,对外架施工全过程的安全生产和文明施工负全面领导责任,负责组织架体的验收
2	项目总工	＊＊＊	技术总部署,审核脚手架施工方案,并对安全负领导责任;根据相关标准和规范编制、审核专项施工方案,并组织专家、建设单位、监理单位及项目主要人员进行方案论证,过程中检查指导体系搭设和验收
3	生产经理	＊＊＊	现场施工总指挥,并对安全负领导责任;对项目外架施工安全生产负现场管理责任,是施工生产组织和指挥系统负责人。组织对专项施工方案的资源调配,监督指导施工队安全生产、文明施工,负责安全生产措施、工序组织、安全生产投入在施工现场的具体实施
4	安全总监	＊＊＊	现场安全全面管理,并对安全负直接领导责任;详细了解施工方案,负责架体搭设和检查、验收。同时在悬挑架体搭设和使用阶段,主持对架体的定期检查、评议、整改等工作,召开安全专题会
5	工程部	＊＊＊	负责悬挑脚手架安装前对工人进行技术交底;在搭设过程中加强过程控制,搭设完毕要按照施工规范和设计要求进行验收,同时做好预检记录,做好架体的监控记录。对架体操作、施工注意事项进行详细的交底
6	技术部	＊＊＊	编制专项施工方案,负责对施工方案、现场材料复试工作、技术措施的交底和监督执行,对发现的施工安全问题提出改进措施,并督促及时解决。参加安全检查和生产安全隐患排查整改,坚持每日对施工现场技术、方案、措施的合规性进行检查指导
7	安全部	＊＊＊	配合安全总监,监督、协调项目各部门的脚手架管理工作。协助组织项目定期与不定期安全检查,发现问题及时报告、督促整改。对施工现场进行每日巡查,监督安全管理人员进行安全检查。对所有进场人员进行安全意识教育,建立健全安全管理制度。负责安全管理资料、安全检查记录、安全日记的收集和整理工作

序号	职位	姓名	职　责
8	物资部	＊＊＊	悬挑架施工所需物资的保障及回收管理;对进场的材料在品种、规格、质量、数量方面进行全面检查,并做好验收记录;对所有进入现场的材料及时进行标识,保证材料不被错用,防止不合格材料进入施工过程;监督检查项目配属队伍材料管理达标,保证合格材料使用在工程上
9	工长	＊＊＊	现场施工具体调配与协调,加强过程交接和质量控制,并做好自检工作,及时汇报悬挑架体搭设中存在的问题,在架体验收后,由监测人员做好架体监测工作
10	安全员	＊＊＊	现场脚手架检查、安全技术交底、入场培训、安全资料的收集、整理、归档,并对安全负直接责任
11	材料员	＊＊＊	根据施工进度计划要求积极组织材料按时进场,并负责材料进厂检验
12	劳务分包单位	＊＊＊	劳务分包单位应使其承包范围内的安全防护、脚手架搭设满足安全使用功能,并严格按照国家现行安全标准、规程及项目经理部编制的《型钢悬挑脚手架安全专项施工方案》进行施工,其应满足工程施工过程中的安全使用功能,并对其负安全责任。 劳务分包单位必须严格按照国家有关安全技术规范进行施工,施工过程中自觉接受总包单位的检查、指导。服从总包方的安全生产管理,执行总包方的各种安全管理规定,分包方不服从管理导致生产安全事故的,由分包单位承担相应或全部责任

4.2　施工进度计划

主要部位施工进度计划如下。

时间 部位	搭设时间		拆除时间		搭设层数
	开始时间	结束时间	开始时间	拆除时间	
3～12层	2014.06.01	2014.8.20	2014.08.28	2014.09.10	9层
12～屋面	2014.08.20	2014.10.25	2014.11.01	2014.11.10	8层

4.3　施工准备

4.3.1　技术准备

1)脚手架安全防护系统经研讨确定选用工字钢悬挑脚手架体系。

2)搭设脚手架的作业人员必须经过培训,取得建筑施工脚手架特种作业操作资格证书后方可上岗。其他相关施工人员应掌握相应的专业知识和技能。

3)脚手架搭设前,项目工程技术负责人应当根据专项施工方案和有关规范、标准的要求,对现场管理人员、操作班组、作业人员进行安全技术交底,并履行签字手续。

4)作业人员应严格按规范、专项施工方案和安全技术交底书的要求进行操作,并正确穿戴相应的劳动防护用品。

4.3.2　人员准备

1)脚手架搭设人员必须取得建筑施工特种作业人员操作资格证书。所有人员入场后必须经三级安全教育及现场考试合格方可进行作业。

2)安全防护人员配备

安全防护人员配备符合表4.3-1要求。

安全防护人员配备表　　　　　　　　表 4.3-1

工种	人数	任务
架子工	25	防护设施搭设及拆除
测量放线工	2	负责脚手架垂直度控制

4.3.3 材料准备

1）材料准备

序号	材料名称	规格	材料要求
1	工字钢	Ⅰ10、Ⅰ18、Ⅰ22a	工字钢的材质应符合现行国家标准《碳素结构钢》GB/T 700 或《低合金高强度结构钢》GB/T 1591 的规定,并应有合格证、检测报告等质量证明文件
2	钢管	φ48.3×3.6	材质符合《碳素结构钢》GB/T 700 中 Q235-A 级钢的规定。钢管必须涂有防锈漆,外径及壁厚、端面及钢管的弯曲变形应符合要求。钢管表面应平直光滑,不应有裂缝、结疤、分层、错位、硬弯、毛刺、压痕和深的划道。对于旧钢管还应检查其表面锈蚀深度
3	扣件	直角扣件 回转扣件 对接扣件	扣件应采用可锻铸铁或铸钢制作,其质量和性能应符合现行国家标准《钢管脚手架扣件》GB 15831 的规定,扣件在螺栓拧紧扭力矩达到 65N·m 时不得发生破坏。与钢管管径相匹配。同时,扣件进场时应检查其质量证明文件。当对扣件质量有怀疑时,应按现行国家标准《钢管脚手架扣件》GB 15831 的规定抽样检测。扣件在使用前应逐个挑选,有裂缝、变形或螺栓出现滑丝的严禁使用
4	脚手板	厚度 ≥50mm	木脚手板材质应符合现行国家标准《木结构设计规范》GB 50005 中Ⅱa 级材质的规定。脚手板两端宜各设置直径不小于 4mm 的镀锌钢丝箍两道。禁止使用扭曲变形、劈裂、腐朽和有横透疖的脚手板
5	安全网	—	水平网为大眼锦纶网,立网为密目网,必须是经国家指定监督检验部门鉴定许可生产的厂家产品,并具有合格证等质量证明资料
6	钢丝绳	φ16	所选用钢丝绳必须为符合国家规范规定产品,有出厂合格证和检测报告等质量证明资料
7	锚环或锚固螺栓	φ20	用于固定型钢悬挑梁的 U 形钢筋拉环或锚固螺栓材质应符合现行国家标准《钢筋混凝土用钢第 1 部分:热轧光圆钢筋》GB 1499.1 中 HPB300 级钢筋的规定

2）材料配备

工程施工过程中,应根据工程总体施工进度计划的要求编制脚手架材料进场计划,分批进场,避免过多占用施工场地。具体的脚手架材料配备符合表 4.3-2 要求。

脚手架材料配备表　　　　　　　　表 4.3-2

序　　号	材料名称	材料规格	数量
1	18 工字钢	3750mm	138 根
2	18 工字钢	4100mm	40 根
3	22a 工字钢	5600mm	16 根
4	22a 工字钢	6000mm	4 根
5	10 工字钢	6000mm	40 根
6	钢管	6m	3000 根
7	钢管	4m	160 根
8	钢管	2.5m	500 根
9	钢管	1.5m	4500 根

续表

序　号	材料名称	材料规格	数量
10	扣件	直角、回转、对接扣件	2.1万个
11	脚手板	50mm×4m	250m³
12	密目安全网（立网）	1.5mm	1800m²
13	钢丝绳	ϕ16	450m
14	U形螺栓	ϕ20	500个

4.3.4　机械准备

脚手架机具表　　　　　　　　表4.3-3

名称	数量	备注
架子扳手	15	防护设施搭设及拆除
力矩扳手	10	检查架子扣件拧紧力度是否达到要求
倒链	4	调整架子水平弯曲度

5　脚手架设计方案及施工工艺

5.1　型钢悬挑脚手架设计

本工程从3层楼面开始采用型钢悬挑双排脚手架，立杆采用单立杆，小横杆在上，且主节点处必须设置水平杆；横杆与立杆连接方式为单扣件，连墙件布置取两步三跨，采用双扣件连接。搭设尺寸如表5.1所示。

脚手架搭设尺寸　　　　　　　　表5.1

序号	部位	钢梁型号	钢管型号	搭设高度	搭设方式	立杆纵距（m）	立杆横距（m）	立杆步距（m）	内排距墙距离（m）
1	3层楼面～12层楼面	Ⅰ10 Ⅰ18 Ⅰ22a	ϕ48.3×3.6	26.7m	悬挑式	1.0～1.5	0.9～1.05	1.3、1.5	0.35
2	12层楼面～屋面	Ⅰ10 Ⅰ18 Ⅰ22a	ϕ48.3×3.6	24.65	悬挑式	1.0～1.5	0.9～1.05	1.3、1.5	0.35

操作层满铺50mm厚脚手板，操作层沿外立杆内侧设置200mm高挡脚脚板，下部兜大眼安全网。悬挑架最下层（悬挑钢梁层）立杆排距之间满铺脚手板，内立杆与结构之间部分（350mm）满铺多层板，多层板下部垫木方。

每根型钢悬挑梁外端设置钢丝绳与上一层建筑结构拉结，钢丝绳不参与悬挑钢梁受力计算，钢丝绳与工字钢的角度大于等于45°。

悬挑钢梁的悬挑长度应按设计确定，固定端长度不小于悬挑长度的1.25倍。通用部位脚手架宽度为1.05m，钢梁悬挑长度为1.5m，锚固长度为2.25m，钢梁长度为3.75m。

5.2　脚手架搭设

5.2.1　搭设流程

钢梁锚环设置→安装悬挑主梁→悬挑主梁上立杆定位→焊接卸荷点及立杆定位钢筋→

搭设脚手架。

5.2.2 钢梁锚环及悬挑梁预留洞设置

钢梁锚环设置如图 5.2-1、图 5.2-2 所示。

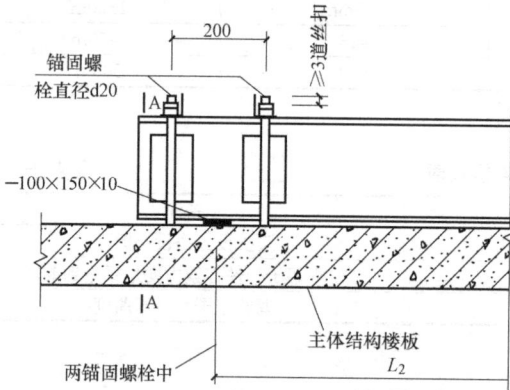

图 5.2-1 钢梁锚环立面图

1）型钢悬挑梁固定端采用 2～3 个 U 形螺栓与建筑结构梁板固定，U 形螺栓预埋至混凝土梁、板底层钢筋下部位置，与混凝土梁、板底层钢筋绑扎牢固，留足保护层厚度，锚固长度符合现行国家标准《混凝土结构设计规范》GB 50010 中钢筋锚固的规定。

2）锚固位置设置在楼板上，楼板的厚度为 120mm。

3）用于型钢悬挑梁锚固的 U 形螺栓，对建筑结构混凝土楼板有一个上拔力，在上拔力作用下，楼板产生负弯矩，楼板配置负弯矩筋，以防止楼板上部开裂。

4）螺栓丝扣应采用机床加工并冷弯成型，不使用板牙套丝或挤压滚丝，长度不小于 120mm；U 形螺栓采用冷弯成型。

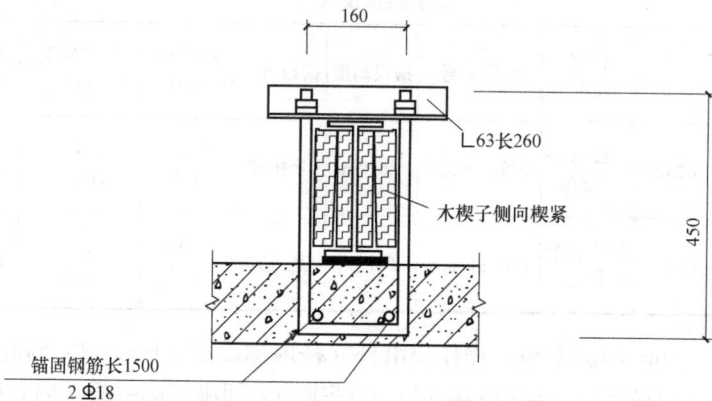

图 5.2-2 钢梁锚环剖面图

5）如图 5.2-2 所示，钢梁锚环根部应设置 2 根附加钢筋（$\phi18$），长度 1500mm。

6）型钢悬挑梁与建筑结构采用 U 形螺栓，上部采用角钢压板固定，其角钢的尺寸为 63mm×63mm×6mm；

7）钢梁悬挑层在墙体合模前，应根据脚手架悬挑钢梁的位置预留钢梁穿墙孔洞。悬挑钢梁排布避开暗柱，如必须穿暗柱时，需同具有相应资质的设计单位商定补强措施。

5.2.3 安装悬挑主梁

1）悬挑端按梁长度翘起 1‰，悬挑梁与墙连接部位下部垫实。

2）钢筋拉环、U 形螺栓与型钢间隙用木楔楔紧（参照图 5.2-2）。外墙为门窗洞口时以及外墙为混凝土墙时锚环的设置如图 5.2-3 所示。

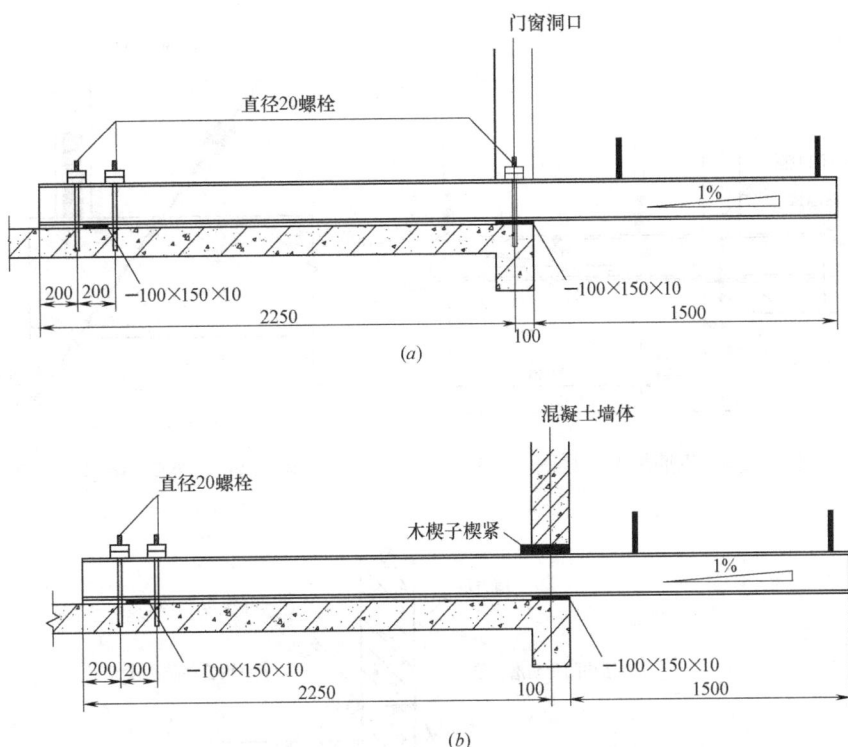

（a）

（b）

图 5.2-3　锚环设置立面图

5.2.4　焊接挑梁卸荷点及立杆定位点

1）立杆定位点

搭设脚手架时防止立杆滑动，在钢梁上表面立杆处焊 200mm 长 ϕ25 钢筋棍。位置、尺寸等如图 5.2-4、图 5.2-5 所示。

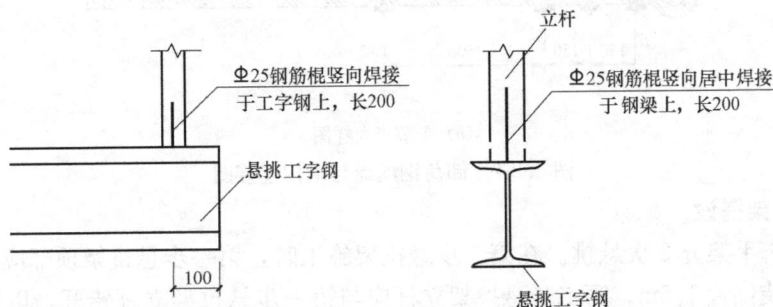

图 5.2-4　钢筋棍尺寸详图

2）挑梁卸荷点设置

本工程悬挑式脚手架的卸荷采用 ϕ16 钢丝绳套在工字钢端部，∟63×6 角钢双面焊于工字钢底部,用来进行钢丝绳的定位。悬挑梁卸荷点设置图如图 5.2-6 所示,卸荷钢丝绳与结构连接图如图 5.2-7 所示。

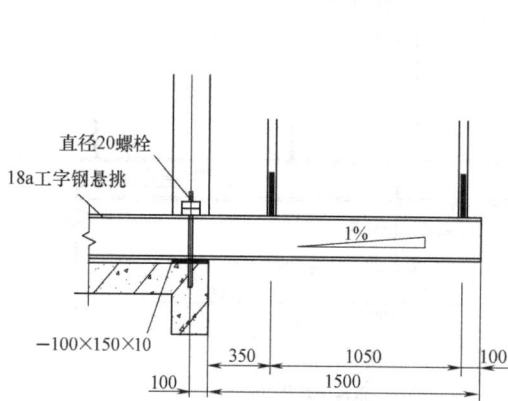

图 5.2-5 钢筋棍位置详图

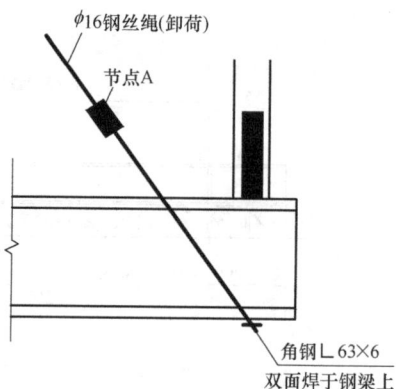

图 5.2-6 挑梁卸荷点设置图

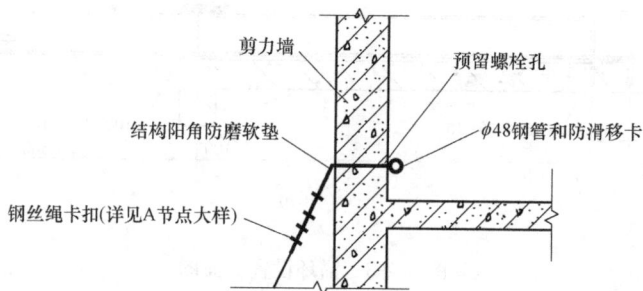

(a)

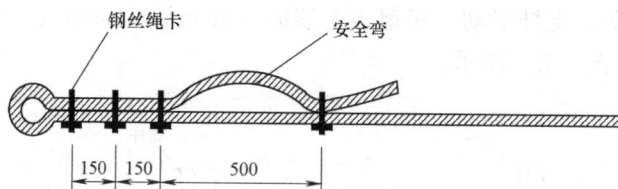

(b) A 节点大样图

图 5.2-7 卸荷钢丝绳与结构连接图

5.2.5 脚手架搭设

本悬挑脚手架分 2 次悬挑。在第二步悬挑架施工时,第一步悬挑架顶部应高于第二步悬挑钢梁安装位置 1.5m。第二步悬挑架立杆应与第一步悬挑架立杆错开,以避免第一步悬挑架顶部与第二步悬挑架起步架发生冲突。

1)脚手架搭设应满足人员操作、材料堆放及运输等实用要求,并保证搭设升高、周转脚手板和操作安全方便。

2)脚手架搭设前,应先组织相关部门对脚手架的基础进行验收。

3）依据本设计方案的要求，沿建筑物外围按间距排好立杆的位置。摆放纵、横向钢管，然后安装立杆，内、外侧立杆应同时安装。刚开始安装立杆时应 4～5 人同时配合进行。

4）纵向水平杆应随立杆按步搭设，并应采用直角扣件与立杆固定，在封闭型脚手架的同一步距中，纵向水平杆应四周交圈设置，并应用直角扣件与外角部立杆固定。

5）当架体搭设至有连墙件的主节点时，在搭设完该处的立杆、纵向水平杆、横向水平杆后，应立即设置连墙件。

6）脚手架必须配合施工进度搭设，一次搭设高度不超过相邻连墙件以上两步。

7）脚手架连墙件的安装应随脚手架搭设同步进行，不得滞后安装，当脚手架施工操作层高出相邻连墙件以上两步时，应采取保证脚手架稳定的临时拉结措施，直到上一层连墙件安装完毕后拆除。

8）脚手架必需设置纵向、横向扫地杆。纵向扫地杆应采用直角扣件固定在距钢管底端不大于 200mm 处的立杆上。脚手架纵向、横向剪刀撑应随立杆、纵向和横向水平杆等同步搭设，不得滞后安装。

9）杆件端头伸出扣件之外的长度不少于 100mm。

10）杆件的安装和要求：靠近立杆的小横杆可紧固于立杆上，为保证大模板能顺利安装，双排脚手架小横杆靠墙的一端应离开墙面≥200mm。剪刀撑的搭设是内斜杆扣在立杆上，外斜杆扣在小横杆的伸出部分上，这样可以避免两根斜杆相交时把钢管别弯，斜杆两扣件与立杆节点（即立杆与横杆的交点）的距离不宜大于 150mm。脚手架各杆件伸出的端头，均应不小于 100mm，以防止杆件滑脱。

5.2.6 扣件的安装及注意事项

1）开口朝向：用于连接大横杆的对接扣件，开口应朝架子内侧，螺栓向上，避免开口向上，以防雨水进入。

2）拧紧程度：装螺栓时应注意将根部放正和保证适当的拧紧程度，这对于脚手架的承载能力、稳定和安全影响很大。螺栓拧得不紧固然不好，但拧得过紧会使扣件和螺栓断裂，所以螺栓的拧紧必须适度。要求扭力矩不小于 40N·m，最大不得超过 65N·m。为了控制拧紧程度，操作人员可根据所用扳手的长度用测力计校核自己的手劲，反复练习，以求达到不用测力计也能准确地掌握扭力矩的大小。

5.2.7 脚手板铺设

脚手架操作层应满铺脚手板，其脚手板的铺设应符合以下要求：

1）脚手板应满铺、铺稳，离墙面的距离不大于 150mm；

2）脚手板探头采用直径 3.2mm 的镀锌钢丝固定在支承杆件上；

3）在拐角处的脚手板，用镀锌钢丝固定在横向水平杆上，防止滑动。

操作层脚手板下方设置双层安全网兜底，施工层以下每隔 9m 应用安全网封闭。架体外围采用密目式安全网全封闭，密目式安全网宜设置在脚手架外立杆的内侧，并用专用绑绳与架体绑扎牢固。转角处，为保证架体施工方便以及架体稳定性，设置 10 号工字钢连接悬挑钢梁和钢管（详见图 5.2-8）。

5.2.8 特殊节点处理

1）阳角处理

阳角转角处双排脚手架内外均设置角部斜撑。外脚手架处加两道钢丝绳卸荷，卸荷钢丝绳采用隔一层布一层，卸荷点处设双扣件抗滑，阳角处脚手架平面布置如图 5.2-8 所示，立面布置图如图 5.2-9 所示。

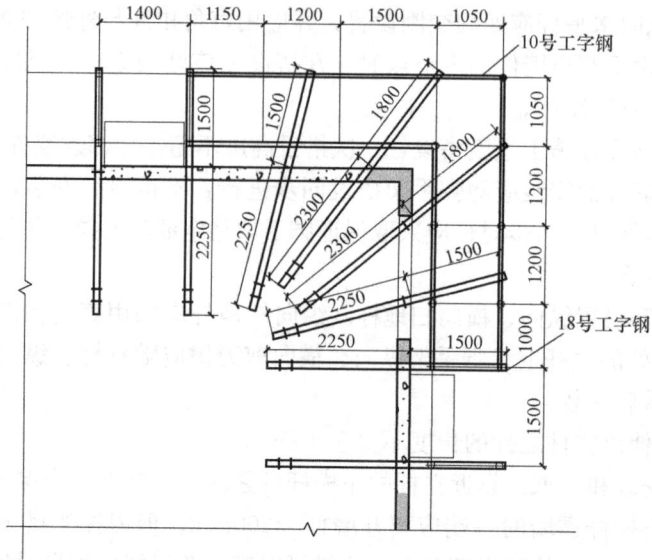

图 5.2-8 阳角处脚手架平面布置图

2）阴角做法及悬挑架底层防护

阴角转角处与相邻架体部位连接采用直角双排架连接，靠近阴角一侧的第一根工字钢梁采用 5.6m 长，钢丝绳卸荷布置位于悬挑钢梁端部位置。悬挑架底层防护平面图如图 5.2-10 所示，悬挑架底层防护剖面图如图 5.2-11 所示。

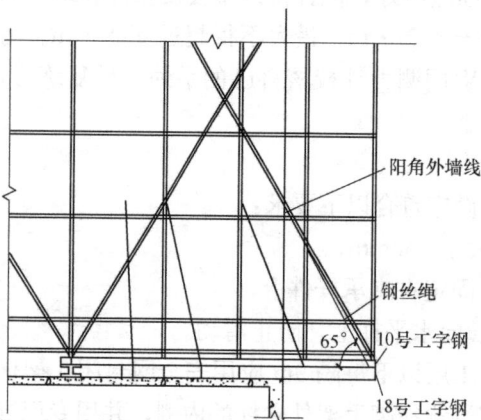

图 5.2-9 阳角处脚手架立面布置图

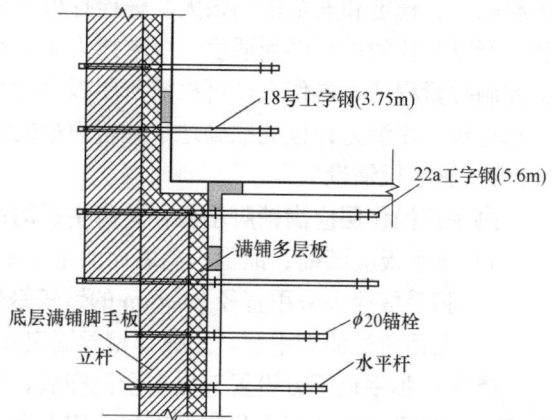

图 5.2-10 悬挑架底层防护平面图

3）升降梯处处理

脚手架在升降梯处不连续，电梯范围的纵向水平杆单独设置，为保证脚手架的整体稳定性，此处脚手架要进行加固处理：在升降梯两侧的脚手架加设横向斜撑，并于该处层层设置拉墙杆，与结构紧固拉结。外用电梯处外架布置图如图 5.2-12 所示。

4）卸料平台处处理

对于卸料平台处的纵向水平杆及立杆单独设置，安装卸料平台时需拆除该层卸料平台范围的架体和安全网（采用斜撑加固措施），上层架体采取加固措施，该层卸料平台提升后，恢复该层架体，以满足卸料平台安装使用，架体不得与卸料平台有连接。待卸料平台拆除后，将架体恢复成原状。卸料平台处外架布置如图 5.2-13 及图 5.2-14所示。

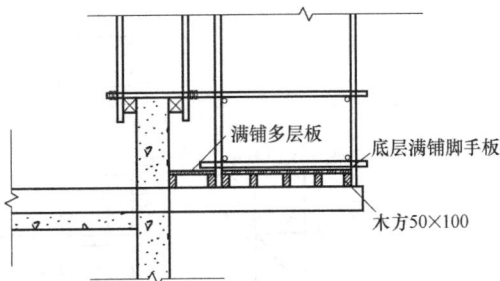

图 5.2-11 悬挑架底层防护剖面图

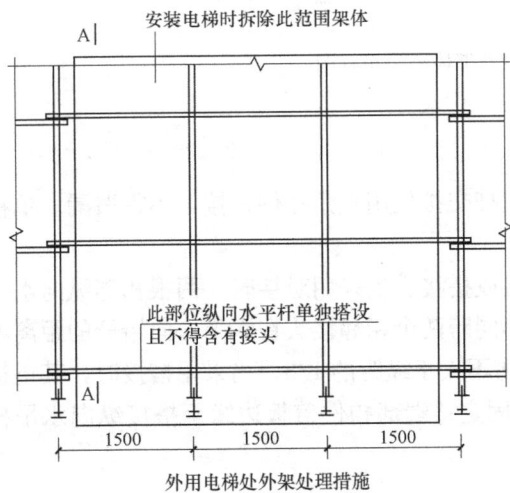

图 5.2-12 外用电梯处外架布置图

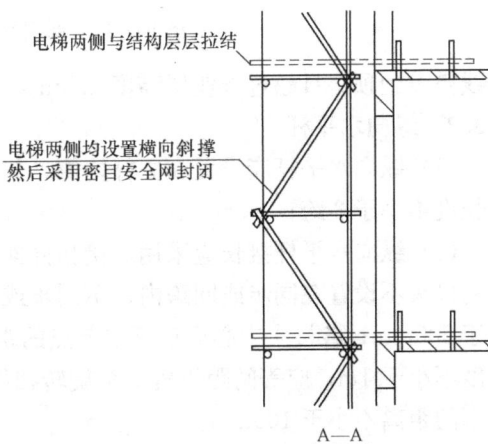

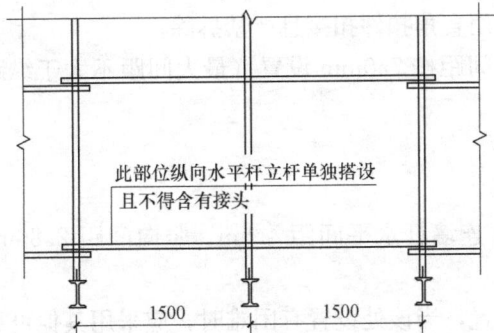

图 5.2-13 卸料平台处外架布置图

5.3 悬挑脚手架构造措施

5.3.1 立杆

（1）起步立杆长为 6m 和 4m（将接头错开），以后均用 6m 杆；

（2）采用对接扣件连接立杆接头，立杆的对接扣件应交错设置，两个相邻立杆接头不能设在同步同跨内，同步内隔一根立杆的两个相隔接头在高度方向错开的距离不宜小于 500mm，各接头中心至主节点的距离不宜大于步距的 1/3，立杆必须沿其

123

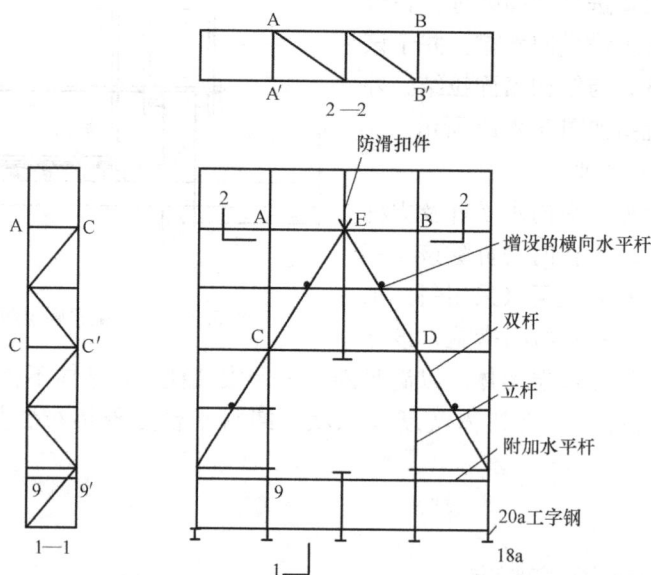

图 5.2-14　卸料平台处架体搭设布置图

轴线搭设到顶，且超过作业层高度 1.5m。

5.3.2　纵向水平杆

（1）纵向水平杆应设置在立杆内侧，与立杆交接处用直角扣件连接，不得遗漏。单根杆长度不小于 3 跨；

（2）纵向水平杆接长应采用对接扣件连接或搭接。当采用对接时，两根相邻纵向水平杆的接头不设置在同步或同跨内；不同步或不同跨两个相邻接头在水平方向错开的距离不小于 500mm；各接头中心至最近主节点的距离不大于纵距的 1/3。当采用搭接时，其搭接长度不小于 1m，应等间距设置 3 个旋转扣件固定；端部扣件盖板边缘至搭接纵向水平杆杆端的距离不小于 100mm。

5.3.3　扫地杆

所有外架均须设置纵、横向扫地杆。纵向扫地杆用直角扣件固定在距钢梁上皮 200mm 处的立杆上；横向扫地杆用直角扣件紧靠纵向扫地杆下方固定在立杆上。

5.3.4　横向水平杆

（1）主节点处必须设置一根横向水平杆，用直角扣件扣接且严禁拆除；

（2）作业层上非主节点处的横向水平杆的间距按 750mm 设置（最大间距不大于纵距的 1/2）；

（3）小横杆设置在大横杆的上面。

5.3.5　连墙杆

（1）连墙杆靠近主节点按两步三跨设置，连墙杆水平间距 4.5m、竖向间距 2.86m，偏离主节点≤300mm；

（2）应从底层第一步纵向水平杆处开始设置，当该处设置有困难时，应采用其他可靠措施固定；

（3）连墙件中的连墙杆应呈水平设置，当不能水平设置时，应向脚手架一端下斜连接；

（4）当脚手架下部暂不能设连墙件时应采取防倾覆措施。

（5）本架体与结构的连接采用钢管双扣件连接，门窗洞口处利用架体主节点处的横向水平杆伸至门窗洞口与结构进行拉结；窗口不符合拉结模数时，在墙上预留 50mm 穿墙孔，孔洞上下各放置 2 根 50mm×100mm 的木方，用双扣件把竖向短钢管和水平短钢管连接起来。做法如图 5.3 所示。

5.3.6　剪刀撑及横向斜撑

（1）剪刀撑的起步一般沿外架立面长度以奇数立杆根数设置（如 5 根、7 根），且不小于 6m，剪刀撑与地面的倾角应在 45°～60°之间；

（2）剪刀撑的斜杆接长采用搭接，当剪刀撑采用对接时，对接扣件应交错设置，两个相邻立杆接头不能设在同步同跨内，同步内隔一根立杆的两个相隔接头在高度方向错开的距离不宜小于 500mm，各接头中心至主节点的距离不宜大于步距的 1/3。当采用搭接时，其搭接长度不小于

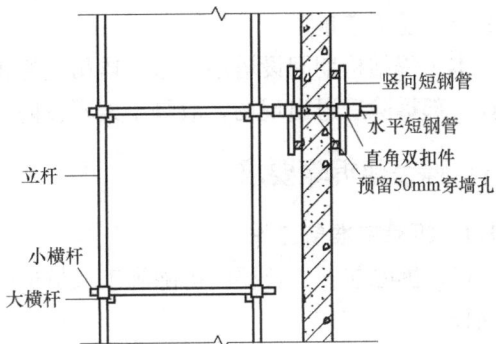

图 5.3　连墙件双扣件连接示意图

1m，并应采用不少于 3 个旋转扣件固定；端部扣件盖板边缘至杆端的距离不小于 100mm。

（3）脚手架应在外侧全立面连续设置剪刀撑，剪刀撑斜杆应用旋转扣件固定在与之相交的横向水平杆的伸出端或立杆上，旋转扣件中心线至主节点的距离不大于 150mm。

（4）开口型双排脚手架两端均必须设置横向斜撑。

5.3.7　钢丝绳卸荷

根据《建筑施工扣件式钢管脚手架安全技术规范》JGJ 130—2011 的相关规定，每根型钢悬挑梁外端设置钢丝绳与上一层建筑结构拉结，钢丝绳不参与悬挑钢梁受力计算。

5.3.8　脚手板

（1）作业层脚手板应铺满、铺稳、铺实。

（2）木脚手板应设置在三根横向水平杆上。当脚手板长度小于 2m 时，可采用两根横向水平杆支承，但应将脚手板两端与横向水平杆可靠固定，严防倾翻。脚手板的铺设应采用对接平铺或搭接铺设。脚手板对接平铺时，接头处应设两根横向水平杆，脚手板外伸长度应取 130～150mm，两块脚手板外伸长度的和不大于 300mm；脚手板搭接铺设时，接头应支在横向水平杆上，搭接长度不小于 200mm，其伸出横向水平杆的长度不小于 100mm。

（3）作业层端部脚手板探头长度应取 150mm，其板的两端均应固定于支承杆件上。

（4）脚手板不得有空隙和探头板、飞跳板；脚手板用直径不小于 3.2mm 的镀锌铁丝与小横杆（挡脚板为立杆）绑扎牢固，不得在人行走时有滑动。

5.3.9　安全网

本脚手架架体外围采用密目式安全网全封闭，密目式安全网宜设置在脚手架外立杆和

大横杆的内侧，并应与架体绑扎牢固。操作层脚手板下方设置双层安全网兜底，施工层以下每隔10m应用安全网封闭。平网均须兜至墙面（利用穿墙、柱螺栓孔或对拉片拉紧水平兜网）。

5.3.10 作业层的栏杆和挡脚板的搭设要求

（1）栏杆和挡脚板均搭设在外立杆的内侧，并沿脚手架外立杆内侧满挂密目安全网，用专用绑绳绑扎牢固，不留缝隙，四周交圈。

（2）上栏杆上皮高度为1.2m，中栏杆居中设置，挡脚板高度为180mm。

5.3.11 防雷接地

本工程结构期间设塔吊一台，塔吊上避雷针（接闪器）的保护范围能覆盖架体，且在架体全部拆除后退出现场，故脚手架不设防雷装置。

5.4 脚手架拆除要求

5.4.1 拆除前准备工作

（1）拆除前，工长要向拆除施工人员进行书面安全技术交底。班组要学习安全技术操作规程。

（2）拆除脚手架时，地面设围栏和警戒标志，并派专人看守。严禁一切非操作人员入内。

（3）全面检查脚手架的扣件连接，连墙杆支撑是否牢固、安全。

（4）清除脚手架上杂物及地面障碍物。

5.4.2 脚手架拆除要求

拆除脚手架时，要进行安全和技术交底，作业面有专人管理，应有专人负责统一指挥，由于施工现场人比较多，要避免零配件坠落伤人。脚手架的拆除应按照搭设作业的相反程序进行，同时应特别注意以下几点：

（1）外架拆除前，工长要向拆架施工人员进行书面安全交底工作，交底有接受人签字。

（2）拆除前，班组要学习安全技术操作规程，班组必须对拆架人员进行安全交底，交底要有记录，交底内容要有针对性，拆架子的注意事项必须讲清楚。

（3）拆架前在地上用绳子或铁丝先拉好围栏，没有监护人，没有安全员工长在场，外架不准拆除。

（4）架子拆除程序应由上而下，按层按步拆除。先清理架上杂物，如脚手板上的混凝土、砂浆块、U形卡、活动杆子及材料。应遵循"先搭的后拆、后搭的先拆"的程序。

（5）拆除工艺流程：拆护栏→拆脚手板→拆小横杆→拆大横杆→拆剪刀撑→拆立杆→拉杆传递至地面→清除扣件→按规格堆码。

（6）拆杆和放杆时必须由2～3人协同操作，拆大横杆时，应由站在中间的人将杆顺下传递，下方人员接到杆拿稳拿牢后，上方人员才准松手，严禁往下乱扔脚手料具。

（7）拆架人员必须系安全带，拆除过程中，应指派一个责任心强、技术水平高的工人担任指挥，负责拆除工作的全部安全作业。

（8）拆架时有管线阻碍不得任意割移，同时要注意扣件崩扣，避免踩在滑动的杆件上操作。

（9）拆架时扣件必须从钢管上拆除，不准将扣件留在被拆下的钢管上。

（10）拆架人员应配备工具套，手上拿钢管时，不准同时拿扳手，工具用后必须放在工具套内。

（11）拆架休息时不准坐在架子上或不安全的地方，严禁在拆架时嬉戏打闹。

（12）拆架人员要穿戴好个人劳保用品，不准穿胶底易滑鞋上架作业，衣服要轻便。

（13）拆除中途不得换人，如更换人员必须重新进行安全技术交底。

（14）拆下来的脚手杆要随拆、随清、随运，分类、分堆、分规格码放整齐，要有防水措施，以防雨后生锈。扣件要分型号装箱保管。

（15）拆下来的钢管要定期重新外刷一道防锈漆，刷一道调合漆。弯管要调直，扣件要上油润滑。

（16）严禁架子工在夜间进行架子搭拆工作。未尽事宜工长在安全技术交底中做详细的交底，施工中存在问题的地方应及时与技术部门联系，以便及时纠正。

（17）拆除作业必须由上而下逐层进行，严禁上下同时作业；连墙件必须随脚手架逐层拆除，严禁先将脚手架整层或数层拆除后再拆脚手架，分段拆除高差不应大于2步，如高差大于2步，应增设连墙件加固。

（18）工字钢的拆除时，先将工字钢固定钢筋、楔子拆除，检查孔洞是否满足工字钢顺利抽出，再将吊环安装在工字钢 1/3 处，然后人工将工字钢向楼外推至楼内剩余 1/3，将第二个吊环安装在工字钢另一端的 1/3 处，慢慢提升使吊环牢固后，再将工字钢全部推出，统一指挥将工字钢吊至地面，每层工字钢 用木方垫起，码放整齐，拆除必须使用电焊气割工艺时，应严格按照国家特殊工种的要求和消防规定执行。

6　脚手架的检查、验收

6.1　检查与验收程序

（1）由专业施工队、架子工长自检合格后，报项目部。

（2）由项目负责人组织验收，验收人员应包括施工单位和项目两级技术人员、项目安全、质量、施工人员，监理单位的总监和专业监理工程师。

验收内容应包含：锚固螺栓隐检验收、钢梁安装质量验收、架体分段验收，全部验收合格后报监理单位。

验收合格，经施工单位项目技术负责人及项目总监理工程师签字后，方可进入后续工序的施工。

（3）安全员负责日常巡视检查支撑架体安全情况。

6.2　构配件检查与验收

6.2.1　构配件的检查和验收

（1）施工单位应对进场的承重杆件、连接件等材料的产品合格证、生产许可证、检测报告进行复核，并对其表面观感、重量等物理指标进行抽检。

（2）构配件外观质量检查与验收要求见表 6.2-1。

构配件外观质量检查与验收表 表 6.2-1

项目	要求	抽检数量	检查方法
技术资料	营业执照、资质证明、生产许可证、产品合格证、质量检测报告、相关合同要件	—	检查资料
工字钢	工字钢表面不得有结疤、裂缝、气泡、夹杂(非金属夹杂)、折叠、麻面、分层、拉裂、辊印、粘结等	全数	目测
U形螺栓	螺栓无裂纹、裂槽、毛刺,螺纹无破伤;丝扣清晰,按照要求进行倒角;螺栓表面色彩涂层均匀,无斑纹、水迹、锈迹等	全数	目测
钢管	钢管表面应平直光滑,不得有裂缝、结疤、分层、错位、硬弯、毛刺、压痕、深的划道及严重锈蚀等缺陷,严禁打孔;钢管外壁使用前必须涂刷防锈漆,钢管内壁宜涂刷防锈漆	全数	目测
钢管外径及壁厚	外径48mm;壁厚大于等于3mm	3%	游标卡尺测量
扣件	不允许有裂缝、变形、滑丝的螺栓存在;扣件与钢管接触部位不应有氧化皮;活动部位应能灵活转动,旋转扣件两旋转面间隙应小于1mm;扣件表面应进行防锈处理	全数	目测
脚手板	木脚手板不得有通透疖疤、扭曲变形、劈裂等影响安全使用的缺陷,严禁使用含有标皮的、腐朽的木脚手板	全数	目测
安全网	安全网绳不得损坏和腐朽,平安安全网宜使用锦纶安全网;密目式阻燃安全网除满足网目要求外,其锁扣间距应控制在300mm以内	全数	目测

(3)悬挑脚手架用型钢的材质应符合现行国家标准《碳素结构钢》GB/T 700 或《低合金高强度结构钢》GB/T 1591 的规定,并应符合现行国家标准《钢结构工程施工质量验收规范》。

(4)本脚手架所采用的材料应符合本方案 4.3 章节的要求,钢管的允许偏差符合表 6.2-2 要求。

钢管允许偏差表 表 6.2-2

项次	项 目	允许偏差 Δ(mm)	示意图	检查工具
1	焊接钢管尺寸	外径48mm;壁厚大于等于3mm	—	游标卡尺
2	钢管两端面切斜偏差 Δ	1.70		塞尺 拐角尺
3	钢管外表面锈蚀深度	≤0.18		游标卡尺

项次	项　目	允许偏差 Δ(mm)	示意图	检查工具
4	各种杆件钢管的端部弯曲 $l \leqslant 1.5m$	$\leqslant 5$		钢板尺
	立杆钢管弯曲 $3m < l \leqslant 4m$ $4m < l \leqslant 6.5m$	$\leqslant 12$ $\leqslant 20$		
	水平杆、斜杆的钢管弯曲 $l \leqslant 6.5m$	$\leqslant 30$		

6.2.2　木脚手板质量检查和验收

符合规范的规定，宽度、厚度允许偏差应符合 GB 50005 的规定；不得使用扭曲变形、劈裂、腐朽的脚手板。

6.3　脚手架检查与验收

6.3.1　脚手架及其地基基础应在下列阶段进行检查与验收：

(1) 型钢梁安装完成后及脚手架搭设前；

(2) 作业层上施加荷载前；

(3) 每搭设完 6~8m 高度后；

(4) 达到设计高度后；

(5) 遇有六级及六级以上强风或大雨后，冻结地区解冻后；

(6) 停用超过一个月；

(7) 在使用过程中，发现有显著变形、沉降、拆除杆件和拉结以及其他安全隐患存在的情况时。在脚手架基础（钢梁）、分段措施完成之后，由项目负责人组织验收，验收人员应包括施工单位和项目两级技术人员、项目安全、质量、施工人员，监理单位的总监和专业监理工程师。验收合格，经施工单位项目技术负责人及项目总监理工程师签字后，方可进入后续工序的施工。

6.3.2　脚手架日常检查

除应按上述阶段进行检查验收外，在脚手架的使用过程中应进行日常检查（每日巡查和每周定期检查）。要做好日常的维修、保养记录。脚手架的验收和日常检查包含的项目有：

(1) 杆件的设置和连接，连墙件、支撑、门洞桁架等构造；

(2) 地基应无积水，底座位应无松动，立杆应无悬空；

(3) 扣件螺栓应无松动；

(4) 安全防护措施；

(5) 规范要求的允许偏差项目；

(6) 应无超载使用等。

6.3.3　脚手架搭设的技术要求、允许偏差和检验方法见表 6.3-1。

脚手架搭设的技术要求、允许偏差表　　　　　　　　　　表 6.3-1

项次	项目		技术要求	允许偏差 Δ(mm)	示意图	检查方法
1	地基基础	表面	坚实平整	—	—	观察
		排水	不积水			
		垫板	不晃动			
		底座	不滑动			
			不沉降	—10		

续表

项次	项目		技术要求	允许偏差 Δ(mm)	示意图			检查方法
2	最后验收垂直度		—	±100				用经纬仪或吊线和卷尺
	搭设中检查偏差的高度(mm)			搭设中检查偏差的高度(m)	总高度			
					40m	20m	26.7m	
				$H=2$	±7			
				$H=10$	±25	±7	±7	
				$H=20$	±50	±50	±37.12	
				$H=30$	±75	±100	±74.77	
				$H=40$	±100		±100	
				中间档次用插入法				
3	间距	步距	—	±20	—			钢板尺
		纵距		±50				
		横距		±20				
4	纵向水平杆高差	一根杆的两端	—	±20				水平仪或水平尺
		同跨内两根纵向水平杆高差	—	±10				
5	扣件安装	主节点处各扣件中心点相互距离	$a\leqslant150mm$	—				钢板尺
		同步立杆上两个相隔对接扣件的高差	$a\geqslant500mm$	—				钢卷尺
		立杆上的对接扣件至主节点的距离	$a\leqslant h/3$					

续表

项次	项目		技术要求	允许偏差 Δ(mm)	示意图	检查方法
5	扣件安装	纵向水平杆上的对接扣件至主节点的距离	$a \leqslant l_a/3$	—		钢卷尺
		扣件螺栓拧紧扭力矩	40～65N·m	—		扭力扳手
6	剪刀撑斜杆与地面的倾角		45°～60°	—		角尺
7	脚手板外伸长度	对接	$a=130～150mm$ $l\leqslant300mm$	—		卷尺
		搭接	$a\geqslant100mm$ $l\geqslant200mm$	—		卷尺

注：图中，1—立杆；2—纵向水平杆；3—横向水平杆；4—剪刀撑。

6.3.4　扣件螺栓的检查

安装后的扣件螺栓拧紧扭力矩应采用扭力扳手检查，抽样方法应按随机分布原则进行。抽样检查数量与质量判定标准按表 6.3-2 执行，不合格的应重新拧紧至合格，扣件拧紧抽样检查数量及质量判定标准见表 6.3-2。

扣件拧紧抽样检查数量及质量判定标准　　　　表 6.3-2

项次	检查项目	安装扣件数量(个)	抽检数量(个)	允许的不合格数
1	连接立杆与纵(横)向水平杆或剪刀撑的扣件；接长立杆、纵向水平杆或剪刀撑的扣件	51～90	5	0
		91～150	8	1
		151～280	13	1
		281～500	20	2
		501～1200	32	3
		1201～3200	50	5
2	连接横向水平杆与纵向水平杆的扣件(非主节点处)	51～90	5	1
		91～150	8	2
		151～280	13	3
		281～500	20	5
		501～1200	32	7
		1201～3200	50	10

6.3.5　搭设施工用的脚手架材料，必须把好材料质量关，不符合规定要求的材料，严禁使用。

7　施工安全保证措施

7.1　脚手架安全管理措施

（1）扣件式钢管脚手架安装与拆除人员必须是经考核合格的专业架子工，架子工应持证上岗。并经入场三级教育、现场考核合格、经班前讲话后方可作业。

（2）搭拆脚手架人员作业时必须戴好安全帽、系安全带、穿防滑鞋。

（3）脚手架的构配件质量与搭设质量必须符合本方案及相关规范的要求，并经验收合格后方可使用。

（4）钢管上严禁打孔。

（5）作业层上的施工荷载应符合本方案设计要求，不得超载。不得将模板支架、支腿、缆风绳、泵送混凝土和砂浆的输送管等固定在架体上；严禁悬挂起重设备，严禁拆除或移动架体上的安全防护措施。

（6）当有六级及六级以上强风、浓雾、雨或雪天气时应停止脚手架搭设与拆除。雨、雪后上架作业应有防滑措施，并应扫除积雪。

（7）夜间不得进行脚手架搭设与拆除。

（8）脚手架的安全检查及维护应按本方案严格执行。

（9）脚手板应铺设牢靠、严实，并应用安全网双层兜底。施工层以下每隔10m应用安全网封闭。

（10）脚手架沿架体外围应用密目式安全网全封闭，密目式安全网宜设置在脚手架外立杆的内侧，并应与架体绑扎牢固。

（11）在脚手架使用期间，严禁拆除主节点处的纵、横向水平杆，纵、横向扫地杆和连墙件。其余部位须临时拆改的，必须经技术、安全部门书面同意后方可实行拆改。

（12）在脚手架上进行电、气焊作业时，必须到安全部门申请动火证，经安全部门同意并取得动火证后，配置防火措施和安排专人看护后方可作业。

（13）工地临时用电线路的架设及脚手架接地、避雷措施等，应按现行行业标准《施工现场临时用电安全技术规范》JGJ 46 的有关规定执行。

（14）搭拆脚手架时，地面应设围栏和警戒标志，并应派专人看守，严禁非操作人员入内。

（15）在架子的搭设过程中，一定要按照操作规程施工，严禁非法操作。严禁上架人员在架面上奔跑、退行、嬉闹和坐在栏杆上等不安全处休息。上下必须走安全防护的斜道，严禁攀援脚手架上下。

（16）收工前应清理架面，将材料堆放整齐，垃圾清扫运走，必须将多余材料、物品移至室内，在任何情况下，严禁自架上向架下抛掷材料、物品和倾倒垃圾。

（17）施工过程中，应随时观察地基及脚手架的变化情况，大风雨后，要观察有无变化，发现问题及时处理。

（18）脚手架上应在危险部位悬挂相应的安全警示标识及警示说明。

（19）其他未述要求按照有关架子安全技术要求和规范进行施工。

（20）本脚手架仅限结构施工，且在结构施工时不允许承受大模板及其支撑体系荷载。

7.2　脚手架搭设过程中安全保证措施

（1）搭设之前对进场的脚手架杆配件进行严格的检查，禁止使用规格和质量不合格的杆配件。

（2）脚手架的搭设必须统一交底后作业，必须统一指挥，严格按前述搭设程序进行。

（3）本工程搭设的是周边脚手架，因此应从一个角部开始并向两边延伸交圈搭设，搭设过程中随立随校正后予以固定。

（4）在连墙设置以前，为确保构架稳定及作业人员的安全，应设置适量抛撑。

（5）剪刀撑、斜杆等整体连接杆件和连墙件应随搭设的架子及时设置。

（6）脚手架在顶层连墙点之上的自由高度不得大于 6m，当作业层高出其下连墙件 2 步或 4m 上时，且尚无连墙件时，应采取临时的撑拉措施。

（7）脚手板采用 50 厚木跳板，脚手板应铺平、铺稳，并用 14 号铁丝绑扎固定。

（8）脚手架使用过程中需在楼层处搭设施工作业层，要求脚手板铺设后标高与楼面标高高差不超过 200mm。

（9）设置连墙杆或撑拉杆时，应掌握其松紧程度，避免引起杆件的显著变形。

（10）工人在架上进行搭设作业时，作业面上需铺设临时脚手板并固定，工人必须戴好安全帽和佩挂安全带，不得单人进行较重杆件和易失衡、脱手、碰接、滑跌等不安全作业。

（11）在搭设过程中不得随意改变架体设计、减少配件设置和对立杆、纵距作 $\geqslant$ 100mm 的构架尺寸放大，确实需要调整和改变尺寸，应提交技术人员协商解决。

（12）扣件一定要拧紧，严禁松拧或漏拧，脚手架搭设后应及时逐一对扣件进行检查。

7.3　脚手架使用过程中安全保证措施

（1）作业层上的施工荷载 $\leqslant 3kN/m^2$，不得超载。

（2）禁止在脚手板上加垫器物，或单块脚手板以增加操作高度。

（3）在作业中，禁止随意拆除脚手架的基本构件，整体性杆件，连接紧固杆和连墙件。确因操作需要临时拆除时，必须经主管人员同意，采取相应弥补措施，并在作业完后及时恢复。

（4）工人在架上作业时，应注意个人安全保护和他人安全，避免发生碰撞、闪失和落物，严禁在架上戏闹和坐在栏杆上等不安全处休息。

（5）工人上架作业前，各小组先行检查有无影响安全作业的问题存在，在排除和解决后方可作业，发生异常和危险情况时，应立即通知架上人员撤离。

（6）每步架作业完成后，必须将多余材料、物品移至室内，工人收工前应清理架面，将材料堆放整齐，垃圾清扫走，在任何情况下，严禁自架上向下抛掷材料物品和倾倒垃圾。

7.4 脚手架拆除过程中安全保证措施

（1）脚手架的拆除顺序与搭设顺序相反，须遵循"先搭后拆，后搭先拆"的原则，从脚手架顶端拆除其顺序为：安全网→护身栏→挡脚板→脚手板→小横杆→大横杆→立杆→连墙杆→纵向支撑。

（2）连墙件应在位于其上的全部可拆杆件都拆除后方可拆除。

（3）在拆除过程中凡已松开连接的杆件应及时拆除，避免误扶和依靠已松脱连接的杆件。

（4）拆除的杆配件应以安全的方式运出和卸下，必须绑扎牢固或装入容器内才可吊下，严禁向下抛掷，拆除过程中应作好配合，协调工作，禁止单人进行拆除较重杆件等危险性作业。

（5）拆除脚手架时必须划分安全区，设警戒标志，并设专人警戒。

（6）拆除前须指派专人检查架子上的材料、杂物等是否清理干净，否则不许拆除。拆除时应按规定程序拆除。

7.5 季节性施工保证措施

（1）五级及以上大风和雨天停止脚手架施工作业。

（2）注意施工中的防滑，尤其是在高处作业时，应系好安全带并穿防滑鞋，防止手持工具坠落后伤人。

（3）在雷雨天气不得进行施工作业，防止遭受雷击，如施工中下雨，必须将材料进行整理，不得冒雨施工。

（4）钢管应存放在专业的存放架上，不得直接放置在地面上，下雨之前应将钢管进行苫盖，防止生锈。

（5）注意不得在空间狭窄的低洼处单独作业，也不得在隐蔽处单独作业，防止发生危险。

8 脚手架监测

8.1 监测内容

监测的内容应该包括悬挑脚手架的位移监测。

8.2 监测周期

位移监测频率不少于每日 1 次。监测数据变化量较大或速率加快时，应提高监测频率。

8.3 允许报警值

监测报警值应采用监测项目的累计变化量和变化速率值进行控制，并满足表 8.3 规定。

监测报警值　　　　　　　　　　　　　　　　表 8.3

监测指标	限值		本工程报警值		
位移	水平位移量：$H/300$		水平位移量：89mm		
	近 3 次读数平均值的 1.5 倍				
工字钢变形	悬臂端	$2L_f/250$	第 1、3、6、8 监测点	18 号工字钢（悬挑 1.8m）	14mm
			第 2 监测点	22 号工字钢（悬挑 2.5m）	20mm
			第 4、7 监测点	18 号工字钢（悬挑 1.5m）	12mm
			第 5、10 监测点	22 号工字钢（悬挑 2.4m）	19mm
	非悬臂端	$l/150$（l 为支座跨距）	第 9 监测点	10 号工字钢	6mm

8.4　监测仪器

监测仪器　　　　　　　　　　　　　　　　表 8.4

监测仪器名称	型号	精度	检测时间
全站仪	NTS-362R	$2''$	
水准仪	AL332-1	—	
钢卷尺	50m	—	

8.5　监测结果的反馈和应用

监测由专人进行记录，将记录反馈到项目部，项目部根据反馈上来的记录到现场查看实际情况并采取相应措施。

当出现下列情况之一时，应立即启动安全应急预案：

（1）监测数据达到报警值时。

（2）脚手架上的荷载突然发生意外变化时。

8.6　位移监测点平面布置

1）位移监测点的布置可分为基准点和位移监测点。其布设应符合下列规定：

（1）检测基准点分别布设在四周永久建筑物上。

（2）在外脚手架位置的顶层、底层及每 5 步设置位移监测点。

（3）外脚手架监测点每一层面设置 10 个，本工程监测点共计 40 个，主要设置位置为角部和四边中部位置。

2）基准点及监测点平面布置图（见附图 2）。

8.7　监测监控管理规定

（1）安全员应与监测人员相配合，待出现安全隐患时应第一时间对现场进行整改。

（2）在施工过程中，监测数据超出预警值 89mm 时，立即停止施工，撤离所有人员，待安全处理后再行施工。

（3）在施工上层结构时，对架体进行检查，无异常后再行施工上层结构。

9　应　急　预　案

9.1　应急预案内容概述

为及时有效地处理脚手架坍塌等突发事件，项目建立以项目班子为首、各部门支持配合的施工应急响应小组。在事故发生第一时间内启动应急机制，保证做到：统一指挥、职责明确、信息畅通、反应迅速、处置果断，把事故损失降到最低。

9.2　应急管理机构

9.2.1　应急救援小组架构图如图9.2所示。

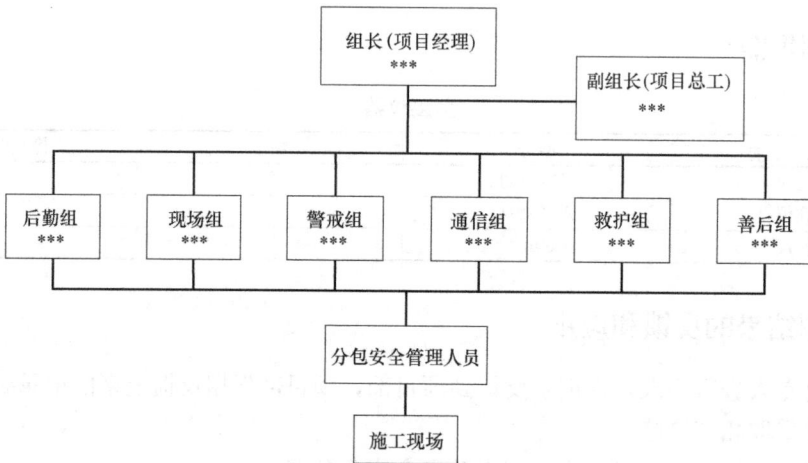

图9.2　应急救援小组组织机构图

9.3　主要职责

序号	职位	姓名	电话	职　责
1	项目经理	＊＊＊	＊＊＊＊	全面负责项目部应急救援责任制的组织和落实工作,为应急准备及响应的培训工作提供必要的资源,是应急救援的第一负责人
2	项目总工	＊＊＊	＊＊＊＊	积极配合组长组织和落实救援小组的工作,是应急救援的主要负责人
3	通信组	＊＊＊	＊＊＊＊	1. 接警的第一时间内准确、迅速地向项目部应急救援组发出事故通知,并及时将指挥中心的各种指令准确传达到相关部位; 2. 负责在关键部位引导公共组织顺利到达现场; 3. 协助公司级应急救援通信组工作
4	警戒组	＊＊＊	＊＊＊＊	1. 迅速对事故现场周围建立警戒区域,为应急救援工作的物资运输、人群疏散、救援队伍提供交通畅通; 2. 防止无关人员进入事故现场发生不必要的伤亡或进行违法活动。 3. 负责项目部应急救援的警戒与治安; 4. 协助发出警报、现场紧急疏散、人员清点、传达紧急信息、执行指挥机构的通告、协助事故调查; 5. 协助公司级应急救援的警戒与治安

序号	职位	姓名	电话	职　　责
5	现场组	＊＊＊	＊＊＊＊	1. 尽快控制事故的发展,防止事故的蔓延和进一步扩大; 2. 迅速抢救伤员及珍贵财物、资料; 3. 根据现场的实际情况做出准确判断,不得冒险作业,为公共急救组织到达现场开展急救工作做好充分准备; 4. 负责项目部级应急救援的消防和抢险; 5. 协助公司级应急救援的消防和抢险
6	救护组	＊＊＊	＊＊＊＊	1. 组织受伤人员的现场急救; 2. 根据受伤的情况合理安排转送医院进行治疗; 3. 准备必要的急救器材及药品; 4. 负责项目部级应急救援的医疗与卫生工作; 5. 协助公司级应急救援的医疗与卫生职能
7	后勤组	＊＊＊	＊＊＊＊	1. 负责应急物资的准备和管理; 2. 负责及时供应所需的设备、材料、用品等,参加设备安全事故的调查处理
8	善后组	＊＊＊	＊＊＊＊	1. 主要负责事故调查、分析、处理; 2. 协调相关单位积极处理事故,将事故影响降到最低

9.4 演练

在脚手架施工时由组长组织救援小组各人员进行演练。

9.5 应急响应

出现事故时,在现场的任何人员都必须立即向组长报告,汇报内容包括事故的地点、事故的程度、迅速判断事故可能发展的趋势、伤亡情况等,及时抢救伤员、在现场警戒、观察事故发展的动态并及时将现场的信息向组长报告。

组长接到事故发生后,立即赶赴现场并组织、调动救援的人力、物力赶赴现场展开救援工作。

9.6 应急救援

9.6.1 脚手架倒塌、高处坠落和物体打击事故造成的伤害

脚手架倒塌、高处坠落和物体打击事故主要造成:人员伤害、财产损失、作业环境破坏。

9.6.2 应急救援方法

(1) 有关人员的安排

组长、副组长接到通知后马上到现场全程指挥救援工作,立即组织、调动救援的人力、物力赶赴现场展开救援工作。组员立即进行抢救。

(2) 人员疏散、救援方法

指挥安排有危险的各人员疏散到安全的地方,并做好安全警戒工作。各组员和现场其他的各人员对现场受伤害、受困的人员、财物进行抢救。人员有支架的构件或其他物件压住时,先对支架进行观察,如需局部加固的,立即组织人员进行加固后,方可进行相应的抢救,防止抢险过程中再次倒塌,造成进一步的伤害。加固或观察后,确认没有进一步的

危险，立即组织人力、物力进行抢救。

（3）伤员救护

对伤员做第一时间临时护理，并立即送往医院进行救治。

（4）现场保护

由具体的组员带领警卫人员在事故现场设置警戒区域，用三色纺织布或挂有彩条的绳子圈围起来，由警卫人员旁站监护，防止闲人进入。

9.7　物资准备

（1）按相关措施要求，物资供应部门应提前准备好所需灭火器材、紧急救护设备等。

（2）项目上应随时至少有一辆车备用，遇到紧急事故时能最快时间内将伤病人员送至附近医院。

（3）应急器材必须放置在明显、便于索取的地方，并作醒目的标识。

（4）应急准备物资或器材或设备主管人员应按规定贮存，防止丢失、变质、损坏，同时还应不定期检查，保证其有效，并做好检查记录。

9.8　救援方法

9.8.1　高空坠落应急救援方法

（1）现场只有1人时应大声呼救；2人以上时，应有1人或多人去打"120"急救电话及马上报告应急救援领导小组抢救。

（2）当发现有人从高空坠落时首先要呼救，救人是第一原则，首要任务是救人，在保证自己不被再次伤害的情况下，一边救人，一边大声呼叫，呼叫内容要明确地点或部位的发生情况，并将信息准确传出。

（3）现场听到呼叫的任何人，均有责任将高空坠落情况报告给其最近的项目部管理人员、抢险小组成员，使消息立刻报告给项目应急救援指挥部。

（4）应急救援领导小组应立即通知项目各应急相应小组，组织现场抢险工作。

（5）抢险过程中要避免二次伤害，抢险过程要及时清理危险物。

（6）仔细观察伤员的神志是否清醒、是否昏迷、休克等现象，并尽可能了解伤员落地的身体着地部位和着地部位的具体情况。

（7）如果是头部着地，同时伴有呕吐、昏迷等症状，很可能是颅脑损伤，应该迅速送医院抢救。如发现伤者耳朵、鼻子有血液流出，千万不能用手帕棉花或纱布去堵塞，以免造成颅内压增高或诱发细菌感染，会危及伤员的生命安全。

（8）如果伤员腰、背、肩部先着地，有可能造成脊柱骨折，下肢瘫痪，这时不能随意翻动，搬动时要三个人同时同一方向将伤员平直抬于木板上，不能扭转脊柱，运送时要平稳，否则会加重伤情。

（9）警戒保卫组负责疏通事发现场道路，保证救援工作顺利进行。

（10）高处坠落因为受到高速的冲击力使人体组织和器官遭到一定程度破坏而引起的损伤，通常有多个系统或多个器官受到损伤，严重者当场死亡，高空坠落除有直接或间接受伤器官表现外，尚可有昏迷、呼吸窘迫、面色苍白和表情淡漠等症状，可导致胸、腹腔内脏组织器官发生损伤，为了在抢救时按伤者受伤情况进行抢救，防止由抢救产生的二次伤害，应遵守以下原则：

① 由于高空坠落可能引起出血，出血量大就有生命危险。常用的止血方法有：指压止血、加压包扎止血、加垫屈肢止血和止血带止血。

② 包扎可以起到快速止血、保护伤口、防护污染作用，有利于转送和进一步治疗。常用方法有：绷带包扎、三角巾包扎等。

③为了使断骨不再加重，避免断骨对周围组织的伤害，减轻伤员的痛苦并便于搬运，常用夹板的方法来固定。

9.8.2　脚手架坍塌应急救援方法

（1）施工现场发生脚手架坍塌事故，现场负责人应立即组织人员进行抢救伤员，停止一切施工作业，立即报告其公司领导。单位主要领导及相关部门负责人应尽快赶往事故现场，组织抢险工作，并成立以主要负责人及为首的抢险指挥部。公司各部门、各基层单位必须无条件服从抢险指挥部的指挥，保证人员、机械、物资和车辆的有效调度。按有关规定执行事故上报和调查取证工作。

（2）当发生脚手架坍塌事故时，立即组织人员及时抢救，防止事故扩大，在有伤亡的情况下控制好事故现场。

（3）立即拨打120急救中心与医院取得联系，或拨打110、119，求救帮助。上报时应尽量说清楚伤员人数、情况、地点、联系电话等，并派人到路口等待。

（4）急报项目部应急救援小组、公司和有关应急救援单位，采取有效的应急救援措施。

（5）抢救被掩埋人员，并转移到安全地方。

（6）对轻伤人员进行简易的包扎，防止出血，预防感染。

（7）若伤员出现呼吸、心跳骤停，应立即进行心肺复苏、人工胸外心脏按压、人工呼吸等。保持伤员呼吸道畅通，消除伤员口、鼻、咽、喉部的异物、血块、呕吐物等。人工胸外心脏按压、人工呼吸不能轻易地放弃，必须坚持到底。

（8）清理事故现场，检查现场施工人员是否齐全，避免遗漏伤亡人员，把事故损失控制到最小。

（9）预备应急救援工具：切割机、起重机、药箱、担架等。

9.8.3　物体打击应急救援方法

当物体打击伤害发生时，应尽快将伤员转移到安全地点进行包扎、止血、固定伤肢，应急以后及时送医院治疗。

（1）止血：根据出血种类，采用加压包止血法、指压止血法、堵塞止血法和止血带止血法等。

（2）对伤口包扎：以保护伤口、减少感染，压迫止血、固定骨折、扶托伤肢，减少伤痛。

（3）对于头部受伤的伤员，首先应仔细观察伤员的神志是否清醒，是否昏迷、休克等，如果有呕吐、昏迷等症状，应迅速送医院抢救，如果发现伤员耳朵、鼻子有血液流出，千万不能用手巾棉花或纱布堵塞，因为这样可能造成颅内压增高或诱发细菌感染，会危及伤员的生命安全。

（4）如果是轻伤，在工地简单处理后，再到医院检查；如果是重伤，应迅速送医院抢救。

把距离项目较近的＊＊＊医院作为应急医院，约 3 公里，应急电话＊＊＊－＊＊＊＊＊＊＊＊。

到医院线路图（略）。

10　计　算　书

10.1　标准部位悬挑脚手架计算书

标准部位的悬挑水平钢梁采用 18 号工字钢，建筑物外悬挑段长度 1.50m，建筑物内锚固段长度 2.25m。

10.1.1　计算参数

钢管强度为 205.0N/mm²，钢管强度折减系数取 1.00。

双排脚手架，搭设高度 26.7m，立杆采用单立管。

立杆的纵距 1.50m，立杆的横距 1.05m，内排架距离结构 0.35m，立杆的步距 1.50m。

采用的钢管类型为 $\phi 48 \times 3.0$。

连墙件采用 2 步 3 跨，竖向间距 3.00m，水平间距 4.50m。

施工活荷载为 3.0kN/m²，同时考虑 1 层施工。

脚手板采用木板，荷载为 0.35kN/m²，按照铺设 2 层计算。

栏杆采用木板，荷载为 0.17kN/m，安全网荷载取 0.0100kN/m²。

脚手板下小横杆在大横杆上面，且主结点间增加两根小横杆。

基本风压 0.30kN/m²，高度变化系数 0.7700，体型系数 1.0880。

悬挑水平钢梁采用 18 号工字钢，建筑物外悬挑段长度 1.50m，建筑物内锚固段长度 2.25m。

悬挑水平钢梁采用悬臂式结构，没有钢丝绳或支杆与建筑物拉结。

钢管惯性矩计算采用 $I = \pi (D^4 - d^4)/64$，抵抗距计算采用 $W = \pi (D^4 - d^4)/32D$。

10.1.2　脚手架计算过程

1）小横杆的计算

小横杆按照简支梁进行强度和挠度计算，小横杆在大横杆的上面（图 10.1-1）。

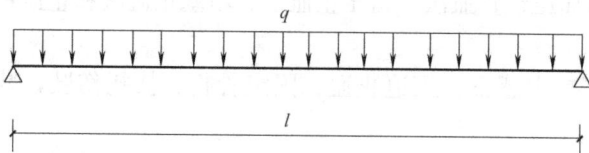

图 10.1-1　小横杆计算简图

按照小横杆上面的脚手板和活荷载作为均布荷载计算小横杆的最大弯矩和变形。

（1）均布荷载值计算

小横杆的自重标准值　$P_1 = 0.038$kN/m

脚手板的荷载标准值　$P_2 = 0.350 \times 1.500/3 = 0.175$kN/m

活荷载标准值　$Q = 3.000 \times 1.500/3 = 1.500$kN/m

荷载的计算值　$q = 1.2 \times 0.038 + 1.2 \times 0.175 + 1.4 \times 1.500 = 2.356$kN/m

（2）抗弯强度计算

最大弯矩考虑为简支梁均布荷载作用下的弯矩。

计算公式如下：

$$M_{qmax} = ql^2/8 \tag{10.1-1}$$

$$M = 2.356 \times 1.050^2/8 = 0.325\text{kN} \cdot \text{m}$$

$$\sigma = 0.325 \times 10^6/4491.0 = 72.300\text{N/mm}^2$$

小横杆的计算强度小于 205.0N/mm²，满足要求！

（3）挠度计算

最大挠度考虑为简支梁均布荷载作用下的挠度。

计算公式如下：

$$V_{qmax} = \frac{5ql^4}{384EI} \tag{10.1-2}$$

荷载标准值 $q = 0.038 + 0.175 + 1.500 = 1.713\text{kN/m}$

简支梁均布荷载作用下的最大挠度

$$V = 5.0 \times 1.713 \times 1050.0^4/(384 \times 2.06 \times 10^5 \times 107780.0) = 1.221\text{mm}$$

小横杆的最大挠度小于 1050.0/150 与 10mm，满足要求！

2）大横杆的计算

大横杆按照三跨连续梁进行强度和挠度计算，小横杆在大横杆的上面（图 10.1-2）。

用小横杆支座的最大反力计算值，在最不利荷载布置下计算大横杆的最大弯矩和变形。

（1）荷载值计算

小横杆的自重标准值 $P_1 = 0.038 \times 1.050 = 0.040\text{kN}$

脚手板的荷载标准值 $P_2 = 0.350 \times 1.050 \times 1.500/3 = 0.184\text{kN}$

活荷载标准值 $Q = 3.000 \times 1.050 \times 1.500/3 = 1.575\text{kN}$

荷载的计算值 $P = (1.2 \times 0.040 + 1.2 \times 0.184 + 1.4 \times 1.575)/2 = 1.237\text{kN}$

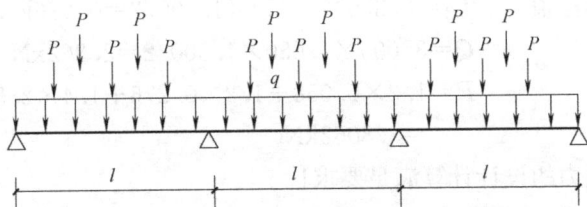

图 10.1-2 大横杆计算简图

（2）抗弯强度计算

最大弯矩考虑为大横杆自重均布荷载与荷载的计算值最不利分配的弯矩和。

均布荷载最大弯矩计算公式如下：

$$M_{max} = 0.08ql^2 \tag{10.1-3}$$

集中荷载最大弯矩计算公式如下：

$$M_{pmax} = 0.267Pl \tag{10.1-4}$$

$$M = 0.08 \times (1.2 \times 0.038) \times 1.500^2 + 0.267 \times 1.237 \times 1.500 = 0.504\text{kN} \cdot \text{m}$$

$$\sigma = 0.504 \times 10^6 / 4491.0 = 112.155 \text{N/mm}^2$$

大横杆的计算强度小于 205.0N/mm²，满足要求！

（3）挠度计算

最大挠度考虑为大横杆自重均布荷载与荷载的计算值最不利分配的挠度和。均布荷载最大挠度计算公式如下：

$$V_{max} = 0.677 \frac{ql^4}{100EI} \tag{10.1-5}$$

集中荷载最大挠度计算公式如下：

$$V_{pmax} = 3.029 \times \frac{Pl^3}{100EI} \tag{10.1-6}$$

大横杆自重均布荷载引起的最大挠度

$$V_1 = 0.677 \times 0.038 \times 1500.00^4 / (100 \times 2.060 \times 10^5 \times 107780.000) = 0.06 \text{mm}$$

集中荷载标准值 $P = (0.040 + 0.184 + 1.575)/2 = 1.799 \text{kN}$

集中荷载标准值最不利分配引起的最大挠度

$$V_2 = 1.883 \times 1799.070 \times 1500.00^3 / (100 \times 2.060 \times 10^5 \times 107780.000) = 5.15 \text{mm}$$

最大挠度和

$$V = V_1 + V_2 = 5.209 \text{mm}$$

大横杆的最大挠度小于 1500.0/150 与 10mm，满足要求！

3）扣件抗滑力的计算

纵向或横向水平杆与立杆连接时，扣件的抗滑承载力按照下式计算：

$$R \leqslant R_c \tag{10.1-7}$$

其中　R_c——扣件抗滑承载力设计值，单扣件取 8.0kN，双扣件取 12.0kN；

$\quad\quad\quad R$——纵向或横向水平杆传给立杆的竖向作用力设计值。

大横杆的自重标准值　$P_1 = 0.038 \times 1.500 = 0.058 \text{kN}$

小横杆的自重标准值　$P_3 = 0.038 \times 3 \times 0.5 \times (1.05 + 0.1 + 0.3) = 0.08265 \text{kN}$

脚手板的荷载标准值　$P_2 = 0.350 \times 1.050 \times 1.500 / 2 = 0.276 \text{kN}$

活荷载标准值　$Q = 3.000 \times 1.050 \times 1.500 / 2 = 2.362 \text{kN}$

荷载的计算值　$R = 1.2 \times 0.058 + 1.2 \times 0.276 + 1.4 \times 2.362 + 1.2 \times 0.08265$

$\quad\quad\quad\quad\quad = 3.8062 \text{kN}$

单扣件抗滑承载力的设计计算满足要求！

当直角扣件的拧紧力矩达 40～65N·m 时，试验表明：单扣件在 12kN 的荷载下会滑动，故抗滑承载力按规定取 8.0kN。

双扣件在 20kN 的荷载下会滑动，故抗滑承载力按规定取 12.0kN。

4）脚手架荷载标准值

作用于脚手架的荷载包括静荷载、活荷载和风荷载。

静荷载标准值包括以下内容：

（1）每米立杆承受的结构自重标准值（kN/m）；本例为 0.1196

$$N_{G1} = 0.120 \times 26.700 = 3.193 \text{kN}$$

（2）脚手板的自重标准值（kN/m²）；本例采用木脚手板，标准值为 0.35

$$N_{G2}=0.350 \times 2 \times 1.500 \times (1.050+0.350)/2=0.735 \text{kN}$$

（3）栏杆与挡脚手板自重标准值（kN/m）；本例采用栏杆、木脚手板挡板，标准值为 0.17

$$N_{G3}=0.170 \times 1.500 \times 2=0.510 \text{kN}$$

（4）吊挂的安全设施荷载，包括安全网（kN/m²）；0.010

$$N_{G4}=0.010 \times 1.500 \times 26.700=0.401 \text{kN}$$

经计算得到，静荷载标准值 $N_G=N_{G1}+N_{G2}+N_{G3}+N_{G4}=4.838 \text{kN}$。

活荷载为施工荷载标准值产生的轴向力总和，内、外立杆按一纵距内施工荷载总和的 1/2 取值。

经计算得到，活荷载标准值 $N_Q=3.000 \times 1 \times 1.500 \times 1.050/2=2.362 \text{kN}$

风荷载标准值应按照以下公式计算

$$W_k=U_z \cdot U_s \cdot W_0 \tag{10.1-8}$$

其中　W_0——基本风压（kN/m²），$W_0=0.300$；

　　　U_z——风荷载高度变化系数，$U_z=0.770$；

　　　U_s——风荷载体型系数：$U_s=1.088$。

经计算得到，风荷载标准值 $W_k=0.300 \times 0.770 \times 1.088=0.251 \text{kN/m}^2$。

考虑风荷载时，立杆的轴向压力设计值计算公式

$$N=1.2N_G+0.9 \times 1.4N_Q \tag{10.1-9}$$

经过计算得到，底部立杆的最大轴向压力 $N=1.2 \times 4.838+0.9 \times 1.4 \times 2.362=8.783 \text{kN}$

不考虑风荷载时，立杆的轴向压力设计值计算公式

$$N=1.2N_G+1.4N_Q \tag{10.1-10}$$

经过计算得到，底部立杆的最大轴向压力 $N=1.2 \times 4.838+1.4 \times 2.362=9.114 \text{kN}$

风荷载设计值产生的立杆段弯矩 M_W 计算公式

$$M_W=0.9 \times 1.4W_k l_a h^2/10 \tag{10.1-11}$$

其中　W_k——风荷载标准值（kN/m²）；

　　　l_a——立杆的纵距（m）；

　　　h——立杆的步距（m）。

经过计算得到风荷载产生的弯矩：

$$M_w=0.9 \times 1.4 \times 0.251 \times 1.500 \times 1.500 \times 1.500/10=0.107 \text{kN} \cdot \text{m}$$

5）立杆的稳定性计算

（1）不考虑风荷载时，立杆的稳定性计算

$$\sigma=\frac{N}{\varphi A} \leqslant [f] \tag{10.1-12}$$

其中　N——立杆的轴心压力设计值，$N=9.114 \text{kN}$；

　　　i——计算立杆的截面回转半径，$i=1.60 \text{cm}$；

　　　k——计算长度附加系数，取 1.155；

　　　u——计算长度系数，由脚手架的高度确定，$u=1.500$；

　　　l_0——计算长度（m），由公式 $l_0=kuh$ 确定，$l_0=1.155 \times 1.500 \times 1.500=$

2.599m；

A——立杆净截面面积，$A=4.239\text{cm}^2$；

W——立杆净截面模量（抵抗矩），$W=4.491\text{cm}^3$；

λ——长细比，为 $2599/16=163$；

λ_0——允许长细比（k 取 1），为 $2250/16=141<210$，长细比验算满足要求！

φ——轴心受压立杆的稳定系数，由长细比 l_0/i 的结果查表得到 0.268；

σ——钢管立杆受压强度计算值（N/mm^2）；

$[f]$——钢管立杆抗压强度设计值，$[f]=205.00\text{N/mm}^2$。

经计算得：

$\sigma=9114/(0.27\times424)=80.156\text{N/mm}^2$；

不考虑风荷载时，立杆的稳定性计算 $\sigma<[f]$，满足要求！

（2）考虑风荷载时，立杆的稳定性计算

$$\sigma=\frac{N}{\varphi A}+\frac{M_{\text{w}}}{W}\leqslant[f] \tag{10.1-13}$$

其中　N——立杆的轴心压力设计值，$N=8.783\text{kN}$；

i——计算立杆的截面回转半径，$i=1.60\text{cm}$；

k——计算长度附加系数，取 1.155；

u——计算长度系数，由脚手架的高度确定，$u=1.500$；

l_0——计算长度（m），由公式 $l_0=kuh$ 确定，$l_0=1.155\times1.500\times1.500=$
2.599m；

A——立杆净截面面积，$A=4.239\text{cm}^2$；

W——立杆净截面模量（抵抗矩），$W=4.491\text{cm}^3$；

λ——长细比，为 $2599/16=163$；

λ_0——允许长细比（k 取 1），为 $2250/16=141<210$，长细比验算满足要求！

φ——轴心受压立杆的稳定系数，由长细比 l_0/i 的结果查表得到 0.268；

M_{w}——计算立杆段由风荷载设计值产生的弯矩，$M_{\text{w}}=0.107\text{kN}\cdot\text{m}$；

σ——钢管立杆受压强度计算值（N/mm^2）；

$[f]$——钢管立杆抗压强度设计值，$[f]=205.00\text{N/mm}^2$。

经计算得到

$\sigma=8783/(0.27\times424)+107000/4491=101.045\text{N/mm}^2$；

考虑风荷载时，立杆的稳定性计算 $\sigma<[f]$，满足要求！

6）连墙件的计算（图 10.1-3）

连墙件的轴向力计算值应按照下式计算：

$$N_1=N_{\text{lw}}+N_0 \tag{10.1-14}$$

其中　N_{lw}——风荷载产生的连墙件轴向力设计值（kN），应按照下式计算：

$$N_{\text{lw}}=1.4\times w_{\text{k}}\times A_{\text{w}}$$

w_{k}——风荷载标准值，$w_{\text{k}}=0.251\text{kN/m}^2$；

A_{w}——每个连墙件的覆盖面积内脚手架外侧的迎风面积：

$A_{\text{w}}=3.00\times4.50=13.500\text{m}^2$；

N_0——连墙件约束脚手架平面外变形所产生的轴向力（kN）；$N_0 = 3.000$

经计算得到 $N_{lw} = 4.750$kN，连墙件轴向力计算值 $N_1 = 7.750$kN

根据连墙件杆件强度要求，轴向力设计值 $N_{f1} = 0.85A_c[f]$

根据连墙件杆件稳定性要求，轴向力设计值 $N_{f2} = 0.85\varphi A[f]$

连墙件轴向力设计值 $N_f = 0.85\varphi A[f]$

其中　φ——轴心受压立杆的稳定系数，由长细比 $l/i = 35.00/1.60$ 的结果查表得到 $\varphi = 0.94$；

净截面面积 $A_c = 4.24$cm²；毛截面面积 $A = 4.24$cm²；$[f] = 205.00$N/mm²。

经过计算得到 $N_{f1} = 73.865$kN

$N_{f1} > N_1$，连墙件的设计计算满足强度设计要求！

经过计算得到 $N_{f2} = 69.450$kN

$N_{f2} > N_1$，连墙件的设计计算满足稳定性设计要求！

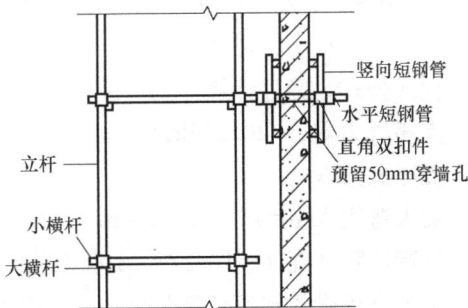

图 10.1-3　连墙件双扣件连接示意图

竖向短钢管
水平短钢管
直角双扣件
预留50mm穿墙孔
立杆
小横杆
大横杆

10.1.3　悬挑梁的受力计算

悬挑脚手架按照带悬臂的单跨梁计算（图 10.1-4）。

悬出端 C 受脚手架荷载 N 的作用，里端 B 为与楼板的锚固点，A 为墙支点。

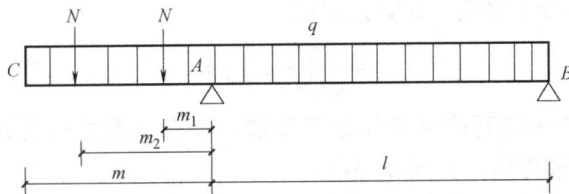

图 10.1-4　悬臂单跨梁计算简图

支座反力计算公式

$$R_A = N(2 + k_2 + k_1) + \frac{ql}{2}(1+k)^2 \tag{10.1-15}$$

$$R_B = -N(k_2 + k_1) + \frac{ql}{2}(1 - k^2) \tag{10.1-16}$$

支座弯矩计算公式

$$M_A = -N(m_2 + m_1) - \frac{qm^2}{2} \tag{10.1-17}$$

C 点最大挠度计算公式

$$V_{max} = \frac{Nm_2^2 l}{3EI}(1 + k_2) + \frac{Nm_1^2 l}{3EI}(1 + k_1) + \frac{ml}{3EI} \cdot \frac{ql^2}{8}(-1 + 4k^2 + 3k^3) \tag{10.1-18}$$
$$+ \frac{Nm_1 l}{6EI}(2 + 3k_1)(m - m_1) + \frac{Nm_2 l}{6EI}(2 + 3k_2)(m - m_2)$$

其中 $k = m/l$，$k_1 = m_1/l$，$k_2 = m^2/l$。

145

本工程算例中，$m=1500\text{mm}$，$l=2250\text{mm}$，$m_1=350\text{mm}$，$m_2=1400\text{mm}$；

水平支撑梁的截面惯性矩 $I=1660.00\text{cm}^4$，截面模量（抵抗矩）$W=185.00\text{cm}^3$。

受脚手架作用集中强度计算荷载 $N=9.11\text{kN}$

水平钢梁自重强度计算荷载 $q=1.2\times30.60\times0.0001\times7.85\times10=0.29\text{kN/m}$

$k=1.50/2.25=0.67$

$k_1=0.35/2.25=0.16$

$k_2=1.40/2.25=0.62$

代入公式，经过计算得到

支座反力 $R_A=26.216\text{kN}$

支座反力 $R_B=-6.908\text{kN}$

最大弯矩 $M_A=16.273\text{kN}\cdot\text{m}$

抗弯计算强度 $f=16.273\times10^6/(1.05\times185000.0)=83.774\text{N/mm}^2$

水平支撑梁的抗弯计算强度小于 215.0N/mm^2，满足要求！

受脚手架作用集中计算荷载 $N=4.84+2.36=7.20\text{kN}$

水平钢梁自重计算荷载 $q=30.60\times0.0001\times7.85\times10=0.24\text{kN/m}$

最大挠度 $V_{\max}=6.540\text{mm}$

按照《建筑施工扣件式钢管脚手架安全技术规范》JGJ 130—2011 表 5.1.8 规定：

水平支撑梁的最大挠度小于 $3000.0/250$，满足要求！

10.1.4 悬挑梁的整体稳定性计算

水平钢梁采用 18 号工字钢，计算公式如下

$$\sigma=\frac{M}{\varphi_b W_x}\leqslant[f] \tag{10.1-19}$$

其中 φ_b——均匀弯曲的受弯构件整体稳定系数，查表《钢结构设计规范》GB 50017—2011 附录得到：$\varphi_b=2.00$；

由于 φ_b 大于 0.6，按照《钢结构设计规范》GB 50017—2011 附录 B 其值 $\varphi'_b=1.07-0.282/\varphi_b=0.929$

经过计算得到强度 $\sigma=16.27\times10^6/(0.929\times185000.00)=94.69\text{N/mm}^2$；

水平钢梁的稳定性计算 $\sigma<[f]$，满足要求！

10.1.5 锚固段与楼板连接的计算

1）水平钢梁与楼板压点如果采用钢筋拉环，拉环强度计算如下：

水平钢梁与楼板压点的拉环受力 $R=6.908\text{kN}$

水平钢梁与楼板压点的拉环强度计算公式为

$$\sigma=\frac{N}{A}\leqslant[f] \tag{10.1-20}$$

其中 $[f]$ 为拉环钢筋抗拉强度，每个拉环按照两个截面计算，按照《混凝土结构设计规范》第 9.7.6 条，$[f]=65\text{N/mm}^2$；

压点处采用 2 个 U 形钢筋拉环连接，承载能力乘以 0.85 的折减系数；钢筋拉环抗拉强度为 110.50N/mm^2；

所需要的水平钢梁与楼板压点的拉环最小直径 $D=[6908\times4/(3.1416\times110.50\times2)]$

$1/2＝7mm$；

水平钢梁与楼板压点的拉环一定要压在楼板下层钢筋下面，并要保证两侧 30cm 以上搭接长度。

2）水平钢梁与楼板压点如果采用螺栓，螺栓粘结力锚固强度计算如下：

锚固深度计算公式

$$h \geqslant \frac{N}{\pi d[f_b]} \tag{10.1-21}$$

其中　N——锚固力，即作用于楼板螺栓的轴向拉力，$N＝6.91kN$；

　　　　d——楼板螺栓的直径，$d＝20mm$；

　　　　$[f_b]$——楼板螺栓与混凝土的容许粘接强度，计算中取 $1.5N/mm^2$；

　　　　h——楼板螺栓在混凝土楼板内的锚固深度。

经过计算得到 h 要大于 $6908.22/(3.1416×20×1.5)＝73.3mm$。

3）水平钢梁与楼板压点如果采用螺栓，混凝土局部承压计算如下：

混凝土局部承压的螺栓拉力要满足公式

$$N \leqslant \left(b^2 - \frac{\pi d^2}{4}\right)f_c \tag{10.1-22}$$

其中　N——锚固力，即作用于楼板螺栓的轴向拉力，$N＝6.91kN$；

　　　　d——楼板螺栓的直径，$d＝20mm$；

　　　　b——楼板内的螺栓锚板边长，$b＝5d＝100mm$；

　　　　f_c——混凝土的局部挤压强度设计值，计算中取 $0.95f_c＝13.59N/mm^2$；

经过计算得到公式右边等于 $131.6kN$；

楼板混凝土局部承压计算满足要求！

4）水平钢梁与楼板锚固压点部位楼板负弯矩配筋计算如下：

锚固压点处楼板负弯矩数值为 $M＝6.91×2.25/2＝7.77kN \cdot m$

根据《混凝土结构设计规范》GB 50010—2010 第 6.2.10 条

$$\alpha_s = \frac{M}{\alpha_1 f_c b h_0^2} \qquad \zeta = 1 - \sqrt{1 - 2\alpha_s}$$

$$\gamma_s = 1 - \zeta/2 \qquad A_s = \frac{M}{r_s h_0 f_y} \tag{10.1-23}$$

其中　α_1——系数，当混凝土强度不超过 C50 时，α_1 取为 1.0，当混凝土强度等级为 C80 时，α_1 取为 0.94，期间按线性内插法确定；

　　　　f_c——混凝土抗压强度设计值；

　　　　h_0——截面有效高度；

　　　　f_y——钢筋受拉强度设计值。

截面有效高度 $h_0＝120-15＝105mm$；

$\alpha_s＝7.77×10^6/(1.000×14.300×1.5×1000×105.0^2)＝0.0330$

$\xi＝1-(1-2×0.0330)^{1/2}＝0.0330$

$\gamma_s＝1-0.0330/2＝0.9830$

楼板压点负弯矩配筋为

$\qquad A_s＝7.77×10^6/(0.9830×105.0×210.0)＝358.5mm^2$

悬挑脚手架计算满足要求！

10.2 特殊部位的悬挑脚手架次梁和主梁计算书

为了较为准确地计算特殊部位的脚手架立杆传到次梁上的荷载设计值和标准值，笔者利用脚手架安全计算软件，计算了在施工活荷载 $3kN/m^2$，同时施工层数为 1 层时，多种不同立杆纵距下的立杆轴力，结果如表 10.2-1、表 10.2-2 所示，次梁和主梁材料参数见表 10.2-3。

立杆的横距为 1.05m 时立杆轴力 表 10.2-1

l_b	500		525		550		575		650		1050		1100	
	N	N_k	N	N_k	N	N_k	N	N_k	N	N_k	N	N_k	N	N_k
	5.31	4.29	5.41	4.37	5.48	4.42	5.59	4.5	5.83	4.69	7.24	5.76	7.42	5.89
l_b	1125		1175		1200		1225		1275		1350		1400	
	N	N_k	N	N_k	N	N_k	N	N_k	N	N_k	N	N_k	N	N_k
	7.52	5.97	7.7	6.11	7.77	6.16	7.88	6.24	8.05	6.37	8.59	6.80	8.76	6.93

立杆的横距为 0.9m 时立杆轴力 表 10.2-2

l_b	500		650		750		1025		1100	
	N	N_k	N	N_k	N	N_k	N	N_k	N	N_k
	5.12	4.15	5.59	4.51	5.9	4.75	6.78	5.42	7.00	5.59
l_b	1175		1200		1350		1500			
	N	N_k	N	N_k	N	N_k	N	N_k		
	7.254	5.78	7.317	5.83	8.075	6.43	8.547	6.79		

注：表中符号含义如下：
l_b—立杆纵距（mm）；
N—立杆轴力设计值（kN）；
N_k—立杆轴力标准值（kN）。

次梁和主梁材料参数表 表 10.2-3

序号	材料名称	面积 A（mm²）	惯性矩 I（mm⁴）	抵抗矩 W（mm³）
1	10 号工字钢	1430	2450000	49000
2	18 号工字钢	3060	16600000	185000
3	22a 号工字钢	4200	34000000	309000

提取次梁的结构力学模型时，作用在次梁上的荷载是立杆的轴力，次梁的支座是主梁；提取主梁的结构力学模型时，作用在主梁上的荷载大小等于其对次梁的支座反力，主梁的支座为主体结构。依据规范规定，计算次梁和主梁的强度时取荷载的设计值，计算次梁和主梁的变形时取荷载的标准值。

计算中次梁和主梁强度的设计值取 $215N/mm^2$。对于悬臂段，变形允许值取 $2L_f/250$（L_f 为悬臂段长度）；对于非悬臂段，变形允许值取 $L/150$（L 为支座跨距）和 10mm 二者的小值。因为结构是左右对称的，因此只取有代表性的部位进行计算。

10.2.1 正北侧楼梯间（第 2 监测点）

1）外侧次梁

（1）强度计算结构力学模型（图 10.2-1）

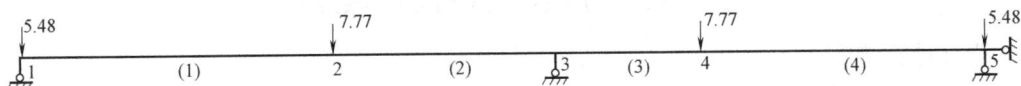

图 10.2-1 外侧次梁强度计算结构力学模型

强度计算结果：

$M_{max} = 2.55\text{kN} \cdot \text{m}$

$\sigma = M_{max}/W = 2.55 \times 10^6/49000 = 52.0\text{N/mm}^2 < 215\text{N/mm}^2$

（2）变形计算结构力学模型（图 10.2-2）：

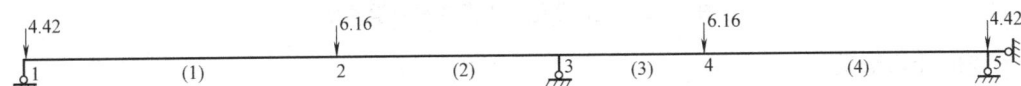

图 10.2-2 外侧次梁变形计算结构力学模型

变形计算结果：

$V_{max} = 0.78\text{mm} < [v] = 10\text{mm}$

2）内侧次梁

（1）强度计算结构力学模型（图 10.2-3）

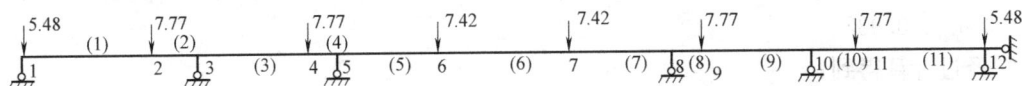

图 10.2-3 内侧次梁强度计算结构力学模型

强度计算结果：

$M_{max} = 3.65\text{kN} \cdot \text{m}$

$\sigma = M_{max}/W = 3.65 \times 10^6/49000 = 74.5\text{N/mm}^2 < 215\text{N/mm}^2$

（2）变形计算结构力学模型（图 10.2-4）

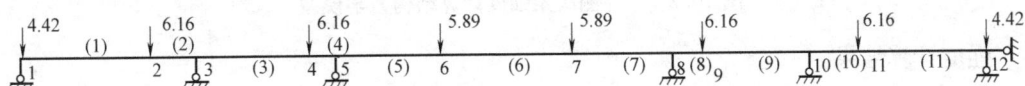

图 10.2-4 内侧次梁变形计算结构力学模型

变形计算结果：

$V_{max} = 2.94\text{mm} < [v] = 10\text{mm}$

3）主梁（22a 工字钢，悬挑 2.5m）

（1）强度计算结构力学模型（图 10.2-5）

图 10.2-5 主梁强度计算结构力学模型

强度计算结果：

$M_{max}=32.74\text{kN}\cdot\text{m}$

$\sigma=M_{max}/W=32.74\times10^6/309000=106.0\text{N/mm}^2<215\text{N/mm}^2$

（2）变形计算结构力学模型（图 10.2-6）

图 10.2-6 主梁变形计算结构力学模型

变形计算结果：

$V_{max}=17.1\text{mm}<[v]=20\text{mm}$

（3）稳定性验算

$$\sigma=\frac{M}{\varphi_b W_N}\leqslant[f]\tag{10.2-1}$$

其中 φ_b——均匀弯曲的受弯构件整体稳定系数，查表《钢结构设计规范》GB 50017—2011 附录得到：$\varphi_b=2.05$。

由于 φ_b 大于 0.6，按照《钢结构设计规范》GB 50017—2011 附录 B 其值 $\varphi_b'=1.07-0.282/\varphi_b=0.932$

经过计算得到：

$\sigma=32.74\times10^6/(0.932\times309000.00)=113.7\text{N/mm}^2<215\text{N/mm}^2$

10.2.2 西北侧阳角（第 1 监测点）

1）外侧次梁（悬挑 1.05m）

（1）强度计算结构力学模型（图 10.2-7）

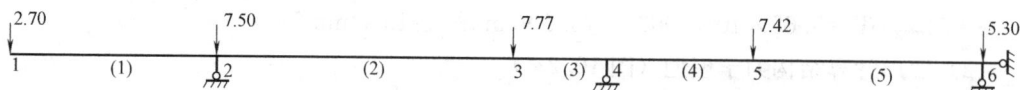

图 10.2-7 外侧次梁强度计算结构力学模型

强度计算结果：

$M_{max}=2.84\text{kN}\cdot\text{m}$

$\sigma=M_{max}/W=2.84\times10^6/49000=58.0\text{N/mm}^2<215\text{N/mm}^2$

（2）变形计算结构力学模型（图 10.2-8）

变形计算结果：

$V_{max}=4.08\text{mm}<[v]=8.4\text{mm}$

2）内侧次梁（悬挑 0.77m）

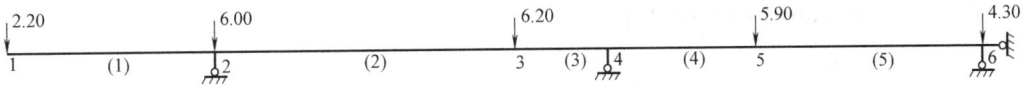

图 10.2-8　外侧次梁变形计算结构力学模型

（1）强度计算结构力学模型（图 10.2-9）

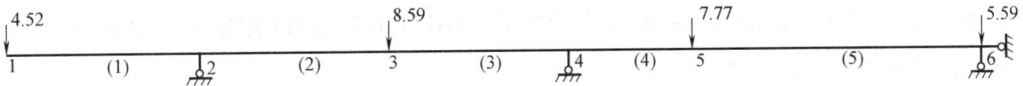

图 10.2-9　内侧次梁强度计算结构力学模型

强度计算结果：

$M_{max}=3.48\text{kN}\cdot\text{m}$

$\sigma=M_{max}/W=3.48\times10^6/49000=71.0\text{N/mm}^2<215\text{N/mm}^2$

（2）变形计算结构力学模型（图 10.2-10）

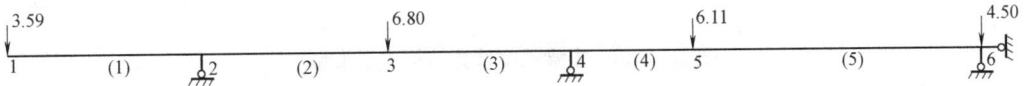

图 10.2-10　内侧次梁变形计算结构力学模型

变形计算结果：

$V_{max}=2.25\text{mm}<[v]=6.16\text{mm}$

3）主梁（18 号工字钢，悬挑 1.8m）

（1）强度计算结构力学模型（图 10.2-11）

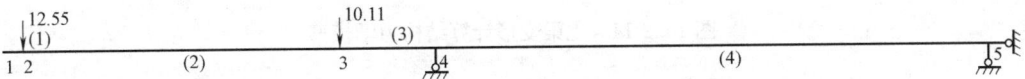

图 10.2-11　主梁强度计算结构力学模型

强度计算结果：

$M_{max}=25.4\text{kN}\cdot\text{m}$

$\sigma=M_{max}/W=25.4\times10^6/185000=137.3\text{N/mm}^2<215\text{N/mm}^2$

（2）变形计算结构力学模型（图 10.2-12）

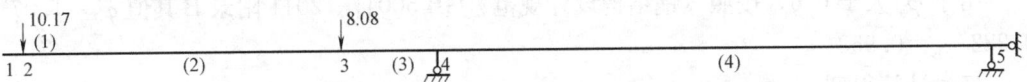

图 10.2-12　主梁变形计算结构力学模型

变形计算结果：

$V_{max}=14.36mm<[v]=14.4mm$

（3）稳定性验算：

$$\sigma=\frac{M}{\varphi_b W_x}\leqslant[f] \tag{10.2-2}$$

其中　φ_b——均匀弯曲的受弯构件整体稳定系数，查表《钢结构设计规范》GB 50017—2011 附录得到：$\varphi_b=2.00$。

由于 φ_b 大于 0.6，按照《钢结构设计规范》GB 50017—2011 附录 B 其值 $\varphi_b'=1.07-0.282/\varphi_b=0.929$

经过计算得到：

$\sigma=25.4\times10^6/(0.929\times185000.00)=147.8N/mm^2<215N/mm^2$

10.2.3　西侧中段阴角（第 10 监测点）

主梁（22a 工字钢，悬挑 2.4m）

（1）强度计算结构力学模型（图 10.2-13）

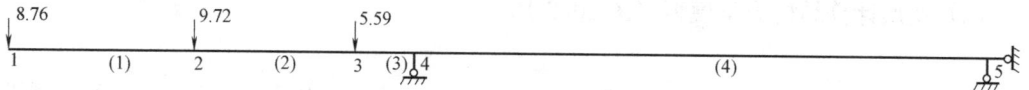

图 10.2-13　主梁强度计算结构力学模型

强度计算结果：

$M_{max}=34.25kN\cdot m$

$\sigma=M_{max}/W=34.25\times10^6/309000=110.8N/mm^2<215N/mm^2$

（2）变形计算结构力学模型（图 10.2-14）

图 10.2-14　主梁变形计算结构力学模型

变形计算结果：

$V_{max}=15.6mm<[v]=19.2mm$

（3）稳定性验算

$$\sigma=\frac{M}{\varphi_b W_x}\leqslant[f] \tag{10.2-3}$$

其中　φ_b——均匀弯曲的受弯构件整体稳定系数，查表《钢结构设计规范》GB 50017—2011 附录得到：$\varphi_b=2.4$。

由于 φ_b 大于 0.6，按照《钢结构设计规范》GB 50017—2011 附录 B 其值 $\varphi_b'=1.07-0.282/\varphi_b=0.953$

经过计算得到：

$\sigma=34.25\times10^6/(0.953\times309000.00)=116.3N/mm^2<215N/mm^2$

10.2.4　西侧南段（第 4 监测点）

1）外侧次梁

（1）强度计算结构力学模型（图 10.2-15）

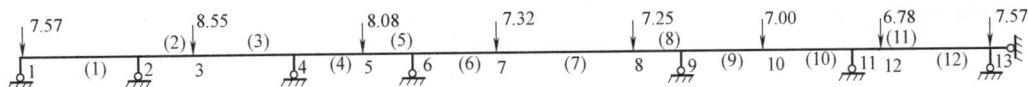

图 10.2-15　外侧次梁强度计算结构力学模型

强度计算结果：

$M_{max}=2.69\text{kN}\cdot\text{m}$

$\sigma=M_{max}/W=2.69\times10^6/49000=54.9\text{N/mm}^2<215\text{N/mm}^2$

（2）变形计算结构力学模型（图 10.2-16）

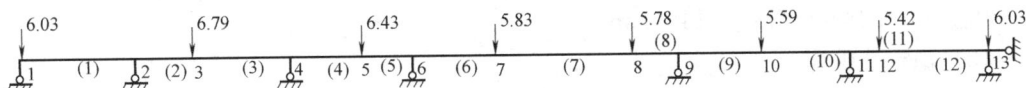

图 10.2-16　外侧次梁变形计算结构力学模型

变形计算结果：

$V_{max}=1.04\text{mm}<[v]=10\text{mm}$

2）内侧次梁

（1）强度计算结构力学模型（图 10.2-17）

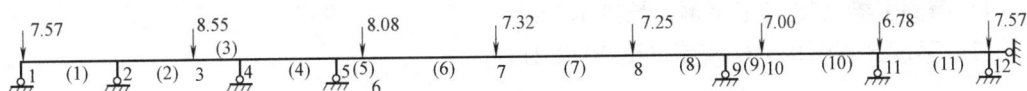

图 10.2-17　内侧次梁强度计算结构力学模型

强度计算结果：

$M_{max}=5.48\text{kN}\cdot\text{m}$

$\sigma=M_{max}/W=5.48\times10^6/49000=111.8\text{N/mm}^2<215\text{N/mm}^2$

（2）变形计算结构力学模型（图 10.2-18）

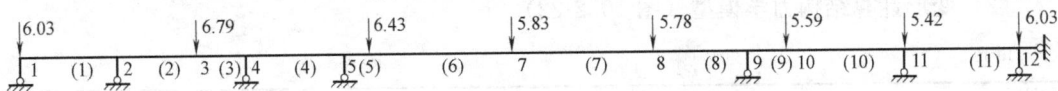

图 10.2-18　内侧次梁变形计算结构力学模型

变形计算结果：

$V_{max}=5.51\text{mm}<[v]=6.81\text{mm}$

3）北侧主梁（18 号工字钢，悬挑 1.8m）

（1）强度计算结构力学模型（图 10.2-19）

图 10.2-19 北侧主梁强度计算结构力学模型

强度计算结果：

$M_{max} = 27.6 \text{kN} \cdot \text{m}$

$\sigma = M_{max}/W = 27.6 \times 10^6 / 185000 = 149.2 \text{N/mm}^2 < 215 \text{N/mm}^2$

（2）变形计算结构力学模型（图 10.2-20）

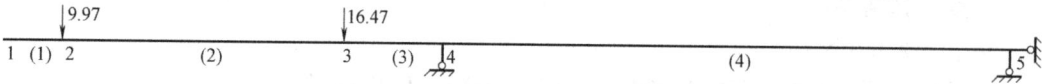

图 10.2-20 北侧主梁变形计算结构力学模型

变形计算结果：

$V_{max} = 14.38 \text{mm} < [v] = 14.4 \text{mm}$

（3）稳定性验算

$$\sigma = \frac{M}{\varphi_b W_x} \leqslant [f] \tag{10.2-4}$$

其中 φ_b——均匀弯曲的受弯构件整体稳定系数，查表《钢结构设计规范》GB 50017—2011 附录得到：$\varphi_b = 2.00$。

由于 φ_b 大于 0.6，按照《钢结构设计规范》GB 50017—2011 附录 B 其值 $\varphi_b' = 1.07 - 0.282/\varphi_b = 0.929$

经过计算得到：$\sigma = 27.6 \times 10^6/(0.929 \times 185000.00) = 160.6 \text{N/mm}^2 < 215 \text{N/mm}^2$

4）南侧主梁（18 号工字钢，悬挑 1.5m）

（1）强度计算结构力学模型（图 10.2-21）

图 10.2-21 南侧主梁强度计算结构力学模型

强度计算结果：

$M_{max} = 25.0 \text{kN} \cdot \text{m}$

$\sigma = M_{max}/W = 25.0 \times 10^6/185000 = 135.1 \text{N/mm}^2 < 215 \text{N/mm}^2$

（2）变形计算结构力学模型（图 10.2-22）

图 10.2-22 南侧主梁变形计算结构力学模型

变形计算结果

$V_{max} = 10.25 \text{mm} < [v] = 12.0 \text{mm}$

（3）稳定性验算

$$\sigma=\frac{M}{\varphi_b W_x}\leqslant[f] \tag{10.2-5}$$

其中 φ_b——均匀弯曲的受弯构件整体稳定系数，查表《钢结构设计规范》GB 50017—2011 附录得到：$\varphi_b=2.00$。

由于 φ_b 大于 0.6，按照《钢结构设计规范》GB 50017—2011 附录 B 其值 $\varphi_b'=1.07-0.282/\varphi_b=0.929$

经过计算得到：

$\sigma=25.0\times10^6/(0.929\times185000.00)=145.5\text{N/mm}^2<215\text{N/mm}^2$

11 附 图

附图 1 工字钢及锚固点平面（及监测点）布置图
附图 2 立杆平面（及监测点）布置图
附图 3 1—1 剖面图
附图 4 2—2 剖面图
附图 5 脚手架西立面（及监测点）布置图
附图 6 脚手架北立面（及监测点）布置图
附图 7 节点图

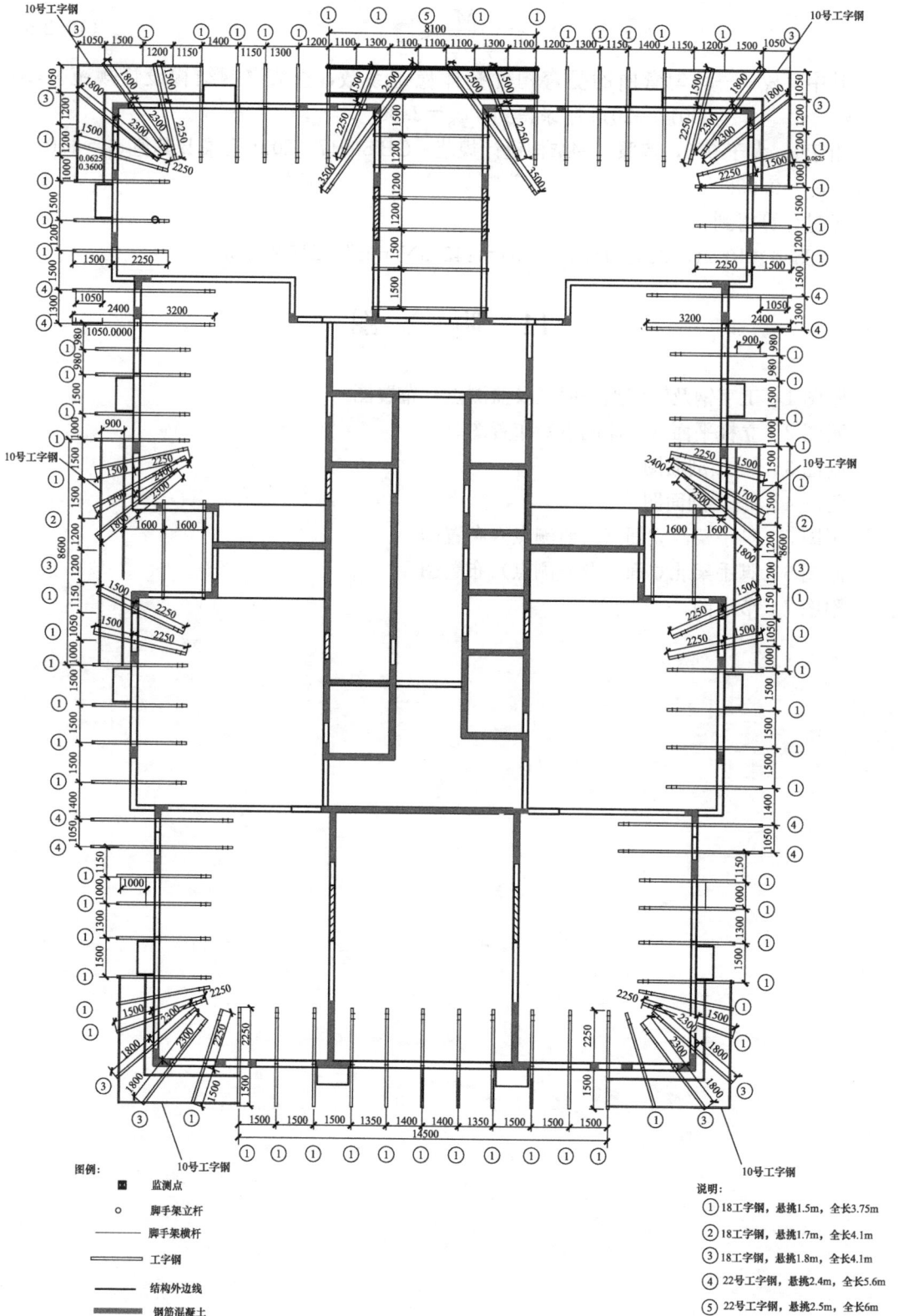

图例:

▨ 监测点

○ 脚手架立杆

— 脚手架横杆

▭ 工字钢

— 结构外边线

▬ 钢筋混凝土

说明:

① 18工字钢,悬挑1.5m,全长3.75m

② 18工字钢,悬挑1.7m,全长4.1m

③ 18工字钢,悬挑1.8m,全长4.1m

④ 22号工字钢,悬挑2.4m,全长5.6m

⑤ 22号工字钢,悬挑2.5m,全长6m

附图1 工字钢及锚固点平面(及监测点)布置图

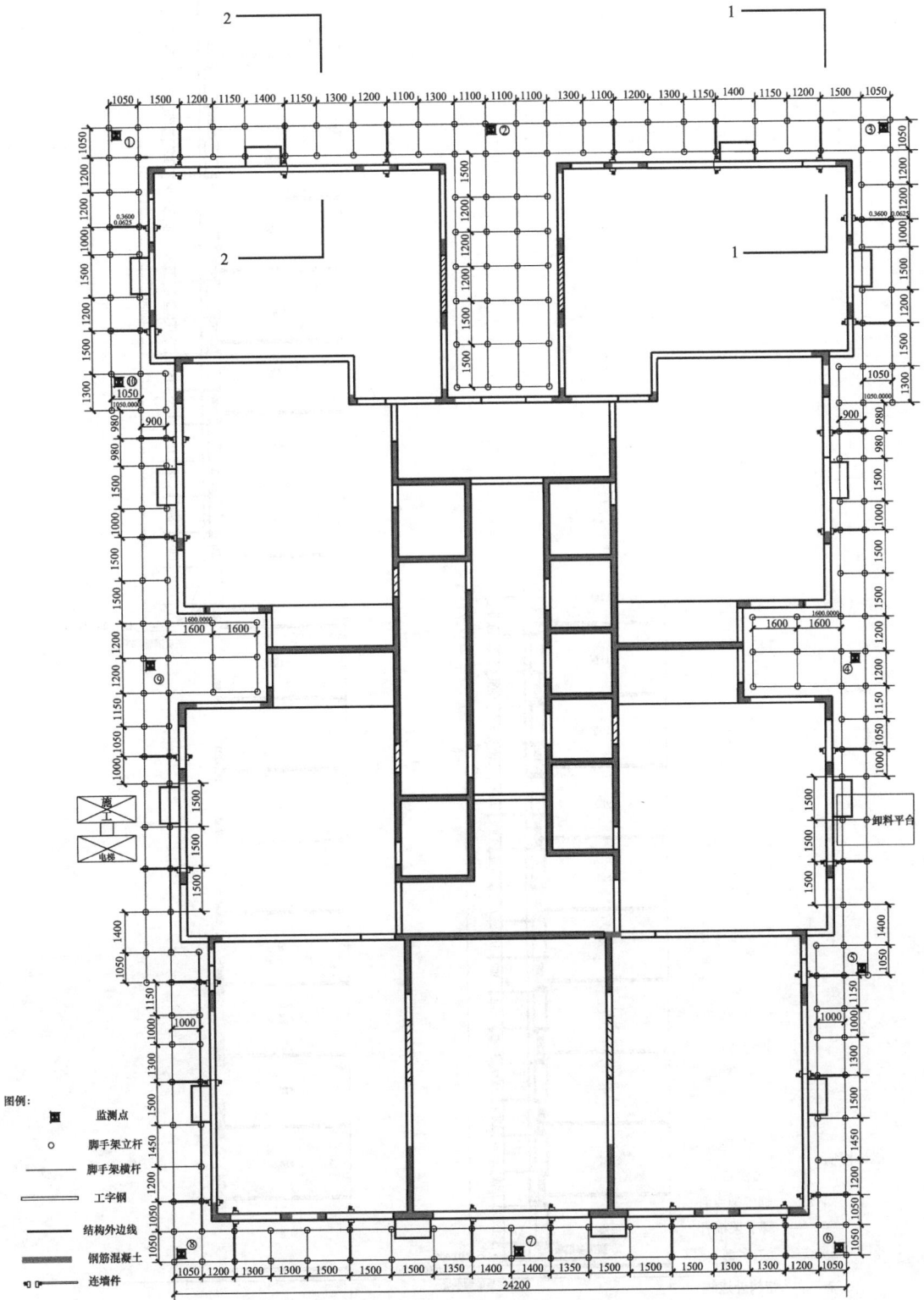

图例：
▨ 监测点
○ 脚手架立杆
── 脚手架横杆
▭ 工字钢
── 结构外边线
▰ 钢筋混凝土
◁▷ 连墙件

附图 2 立杆平面（及监测点）布置图

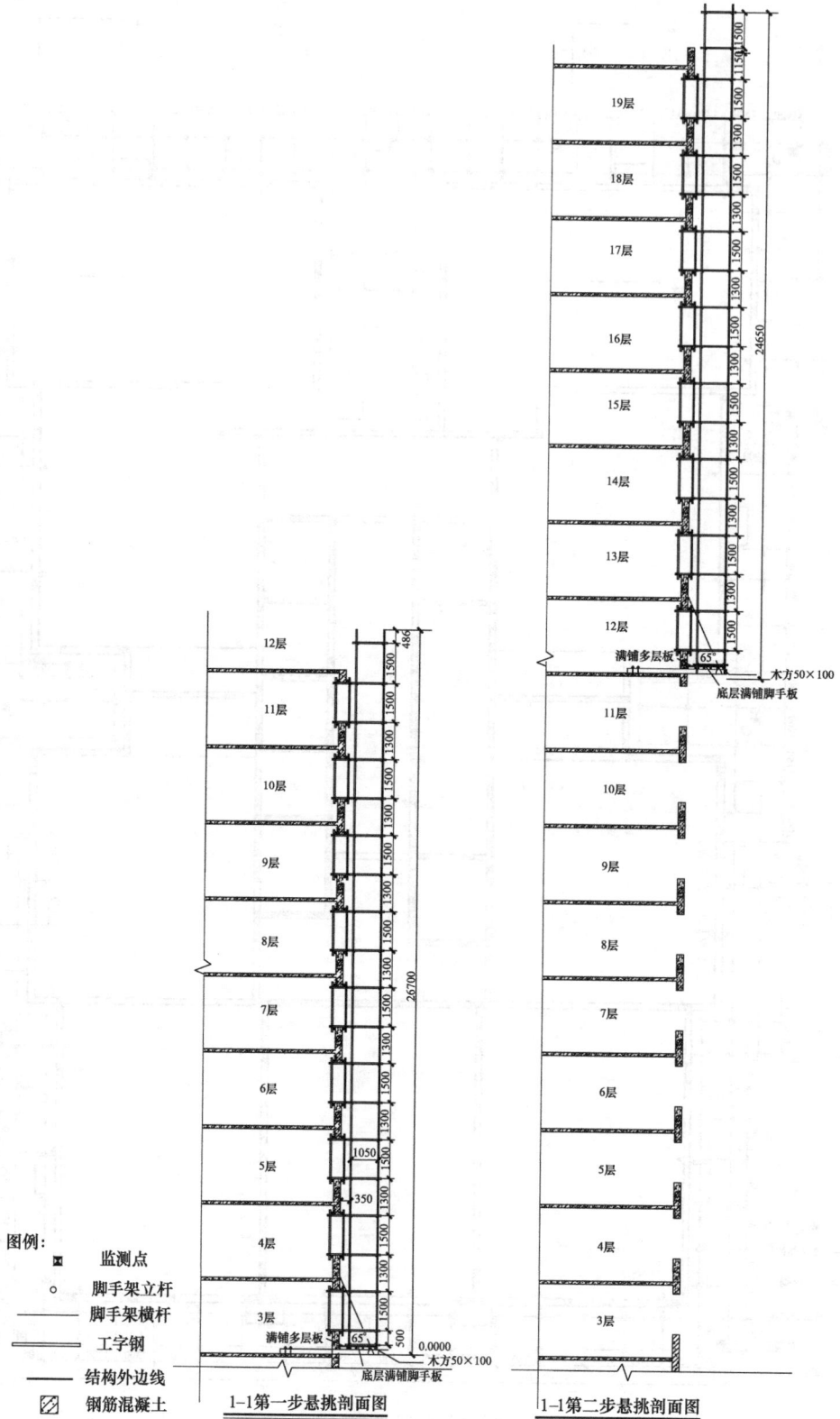

图例:

- ▣ 监测点
- ○ 脚手架立杆
- —— 脚手架横杆
- ▬ 工字钢
- —— 结构外边线
- ▨ 钢筋混凝土

1—1第一步悬挑剖面图

1—1第二步悬挑剖面图

附图3 1—1剖面图

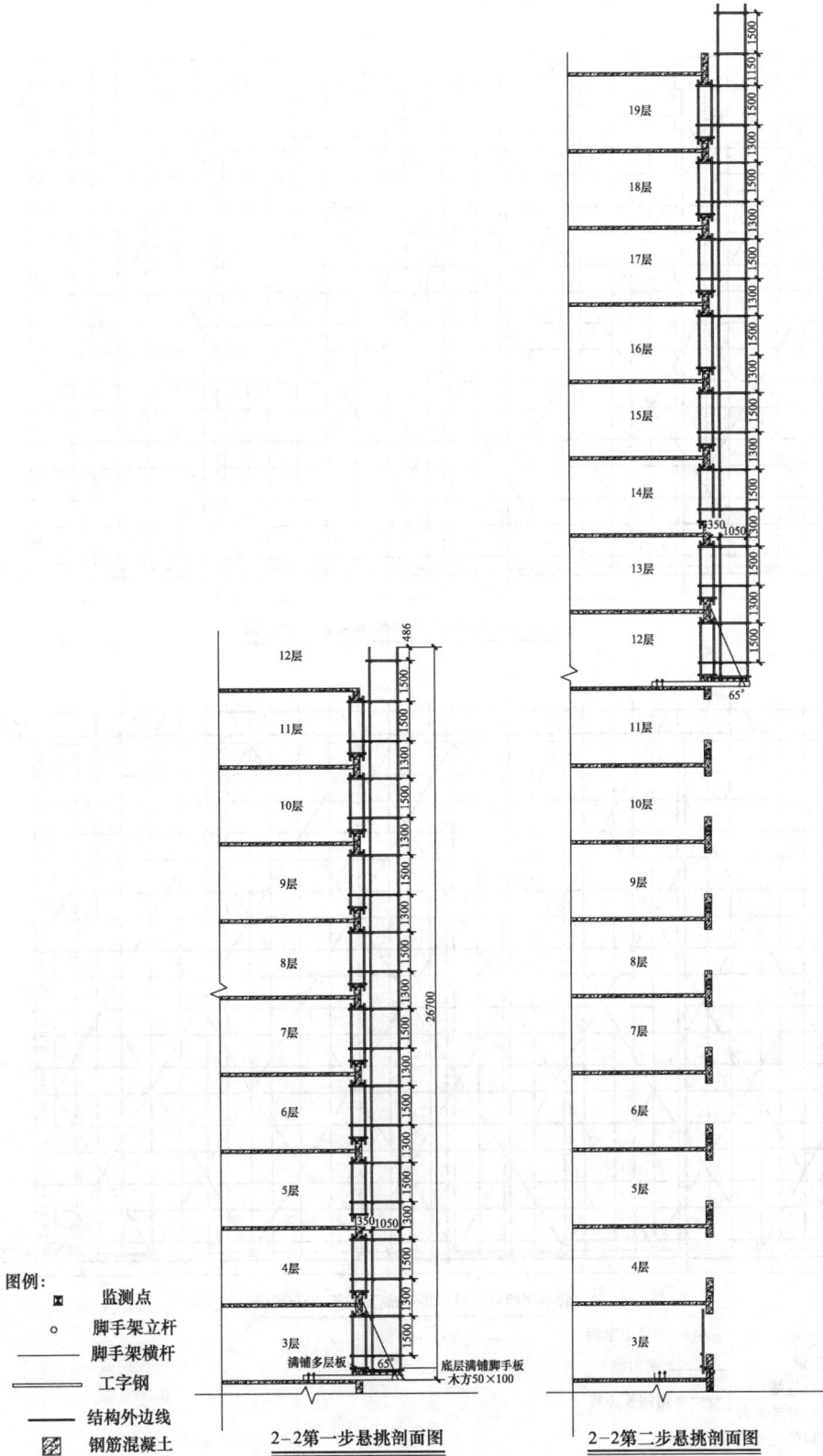

图例：
- ▣ 监测点
- ∘ 脚手架立杆
- ── 脚手架横杆
- ▭ 工字钢
- ── 结构外边线
- ▨ 钢筋混凝土

2-2第一步悬挑剖面图

2-2第二步悬挑剖面图

附图4 2—2剖面图

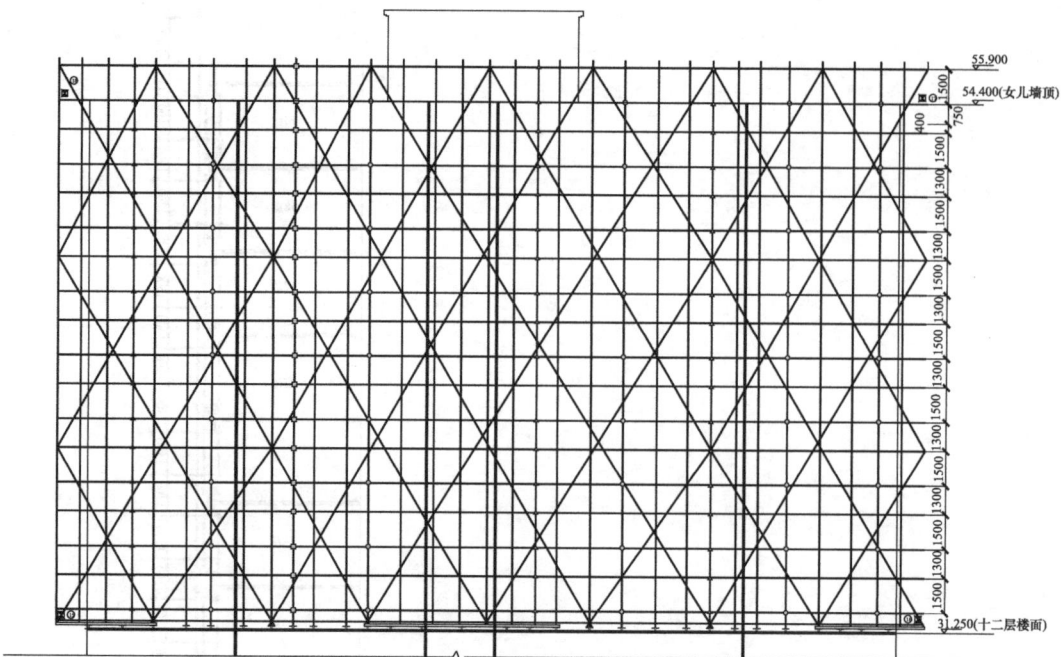

脚手架西立面第二步悬挑(及监测点)布置图

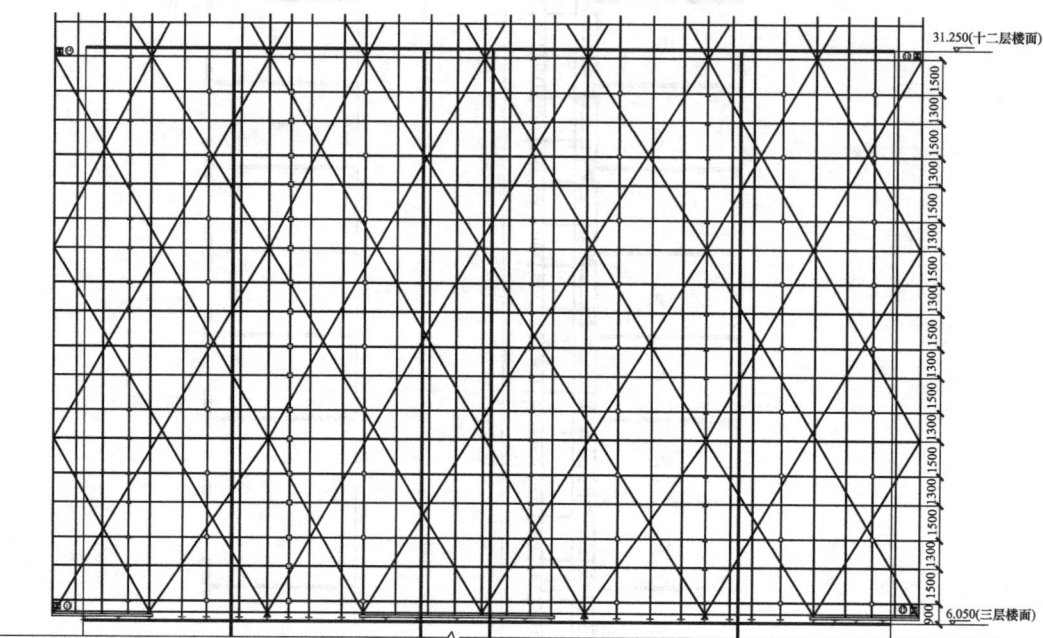

脚手架西立面第一步悬挑(及监测点)布置图

图例：

图标	说明	图标	说明
▨	监测点	═══	10号工字钢
⊥	工字钢	───	剪刀撑
◎	墙体处连墙件	───	结构外边线
△	小洞口处连墙件		
□	大洞口处连墙件		

附图5 脚手架西立面（及监测点）布置图

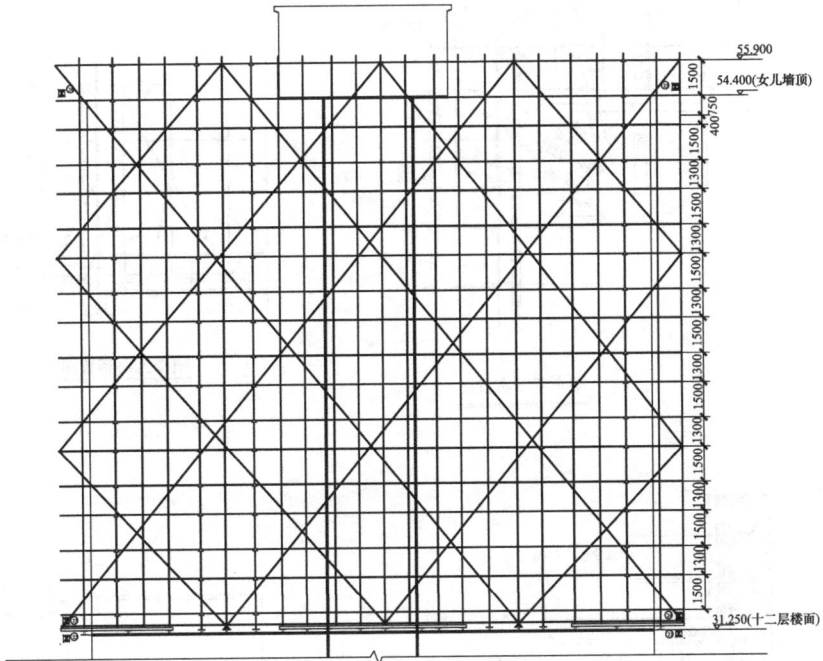

脚手架北立面第二步(及监测点)布置图

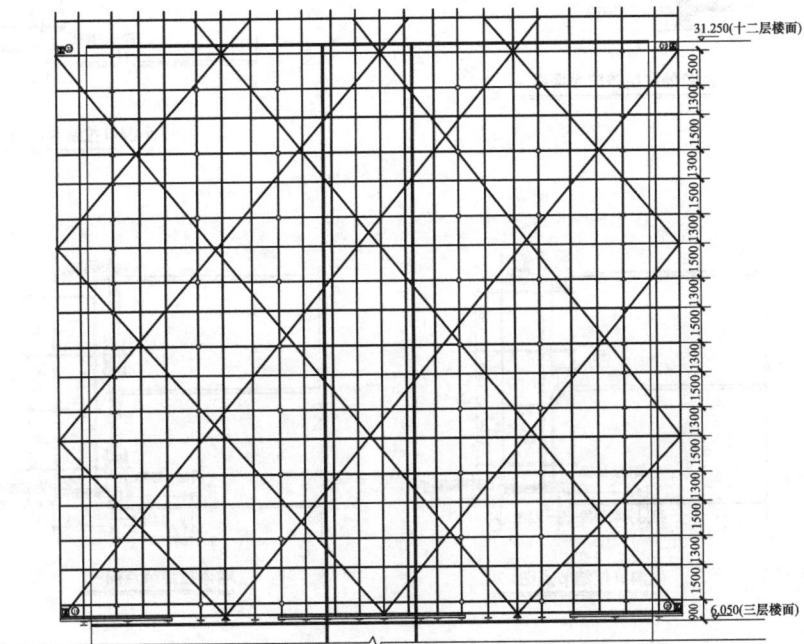

脚手架北立面第一步(及监测点)布置图

图例:
■ 监测点　　　　　———— 10号工字钢
⊥ 工字钢　　　　　———— 剪刀撑
○ 墙体处连墙件　　———— 结构外边线
△ 小洞口处连墙件
□ 大洞口处连墙件

附图 6　脚手架北立面（及监测点）布置图

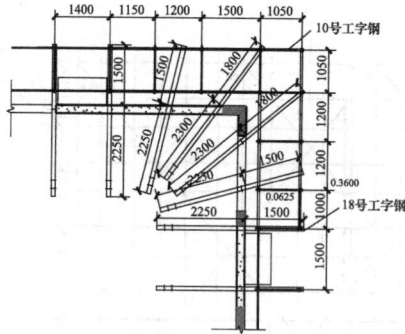

阳角平面布置图

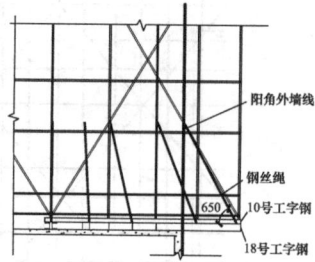

阳角立面布置图

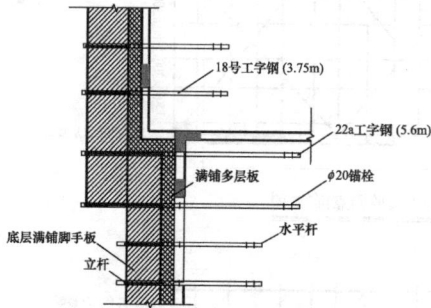

阴角处底层防护平面图

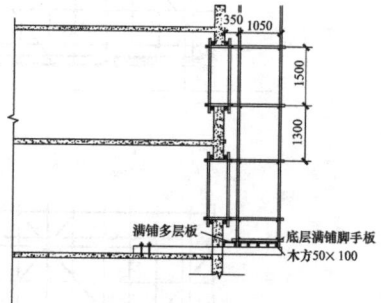

小洞口拉结节点图-1

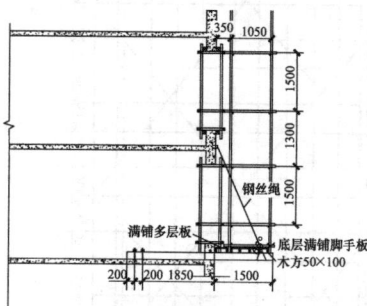

大洞口拉结节点图-2

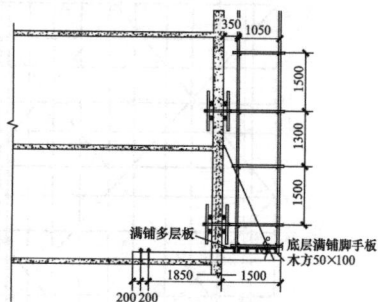

墙体拉结节点图-3

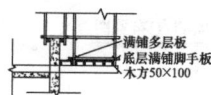

底层防护节点图

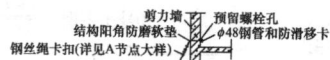

附图7 节点图

范例 3　附着式升降脚手架工程

姜传库　王振兴　刘建国　编写

姜传库：北京基河人施工技术有限责任公司总经理，教授级高工，工作 31 年，主要从事土建施工各类
　　　　模板、脚手架及施工机械的研究。
王振兴：北京城建北方建设有限责任公司总工，高级工程师，工作 23 年，主要从事施工技术管理及施
　　　　工技术研发。
刘建国：北京星河人施工技术有限责任公司总工，工程师，工作 13 年，主要从事各类模板脚手架的设
　　　　计、开发。

某工程附着式升降脚手架安全专项施工方案

编制：

审核：

审批：

＊＊＊公司

年　　月　　日

目　　录

1 编 制 依 据

1.1 国家、行业和地方规范

国家、行业标准和地方规范列表，如表 1.1 所列。

国家、行业和地方规范 表 1.1

类别	名 称	编 号
国家标准	建筑结构荷载规范	GB 50009—2012
	混凝土结构设计规范	GB 50010—2010
	钢结构设计规范	GB 50017—2003
	冷弯薄壁型钢结构技术规范	GB 50018—2002
	混凝土结构工程施工质量验收规范	GB 50204—2015
	钢结构工程施工质量验收规范	GB 50205—2001
	混凝土结构工程施工规范	GB 50666—2011
	安全网	GB 5725—2009
	起重机设计规范	GB/T 3811—2008
	重要用途钢丝绳	GB 8918—2006
	钢管脚手架扣件	GB 15831—2006
行业标准	建筑机械使用安全技术规程	JGJ 33—2012
	施工现场临时用电安全技术规范	JGJ 46—2005
	建筑施工安全检查标准	JGJ 59—2011
	建筑施工高处作业安全技术规程	JGJ 80—91
	建筑施工扣件式钢管脚手架安全技术规范	JGJ 130—2011
	建筑施工工具式脚手架安全技术规范	JGJ 202—2010
地方规范	略	

1.2 安全管理法律、法规及规范性文件

安全管理法律、法规及规范性文件列表，如表 1.2 所列。

安全管理法律、法规及规范性文件 表 1.2

序 号	名 称	编 号
1	中华人民共和国安全生产法	主席令第 70 号(2002)
2	建设工程安全生产管理条例	国务院令 393 号(2003)
3	危险性较大的分部分项工程安全管理办法	建质[2009]87 号

1.3 图纸及相关资料

设计图纸及相关资料列表，如表 1.3 所列。

设计图纸及相关资料 表1.3

序号	图 纸 名 称	备 注
1	建筑施工图、结构施工图	无
2	施工组织设计	无
3	塔吊、施工电梯、出料平台相关资料	无

2 工 程 概 况

2.1 项目概况

附着式升降脚手架相关各参建单位如表2.1所列（其中具体单位名称略）。

项目各参建单位概况 表2.1

序号	项 目	内 容
1	建设单位	
2	设计单位	
3	监理单位	
4	监督单位	
5	总包单位	
6	附着式升降脚手架分包单位	

2.2 结构概况

与附着式升降式脚手架相关的结构概况主要有：建筑结构的结构形式、建筑层数、建筑总标高、层高、外立面变化情况等，结构概况如表2.2所列。

与附着升降脚手架相关结构概况 表2.2

序号	项 目	内 容	
1	建筑功能及主体结构形式	建筑功能	住宅
		结构形式	剪力墙结构
2	建筑面积	19999.09m²	
3	建筑层数	地上28层	
4	建筑标高及层高	建筑总标高	78.46m
		标准层(首层～27层)	2.9m
		突出屋面层	4.5m

2.3 结构平面、立面图

结构平面图如图2.3-1所示。
结构立面图如图2.3-2所示。

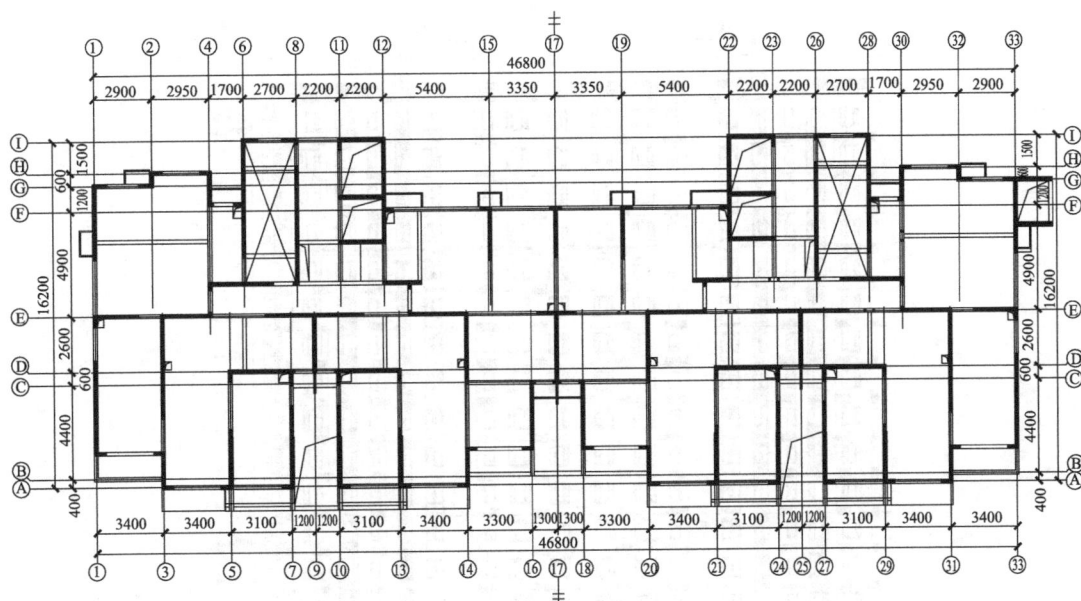

图 2.3-1 结构平面图

2.4 工程重点及难点

（1）本工程的主体为剪力墙结构，附着式升降脚手架设计的重点是架体在阳台处的立面附着方式，通过使用特制钢梁进行转接，在施工中如何规范特制钢梁支撑，如何保证附着位置处结构安全是本工程施工的重点。

（2）由于本结构南边部分层有装饰梁连梁，连梁内部采光井采用普通悬挑脚手架进行防护，连梁外侧布置附着式升降脚手架，附着式升降脚手架与采光井内部的普通悬挑式脚手架相邻部位的施工防护是本工程的重点。

（3）本项目第14、15、19、20号提升机位布置于电梯井剪力墙处，由于电梯井内部无水平结构，无法为附着式升降脚手架附墙装置提供对拉螺栓拆除作业平台，故采用固定预埋件的方式，避免在附墙装置周转过程中发生危险。

3 施 工 部 署

3.1 施工组织管理

3.1.1 施工组织管理机构

附着式升降脚手架属于危险性较大的分部分项工程，为保障管理力量，确保施工安全，对该项目应成立专门的管理机构，总承包单位与附着式升降脚手架分包单位分别指定专职管理人员并明确各自职责，进行管理和监督。施工组织管理机构图如图3.1-1所示（具体人名略）。

3.1.2 施工总承包单位应履行职责

（1）按照标准、规范及相关文件要求安全使用附着式升降脚手架，严禁违规、违章操

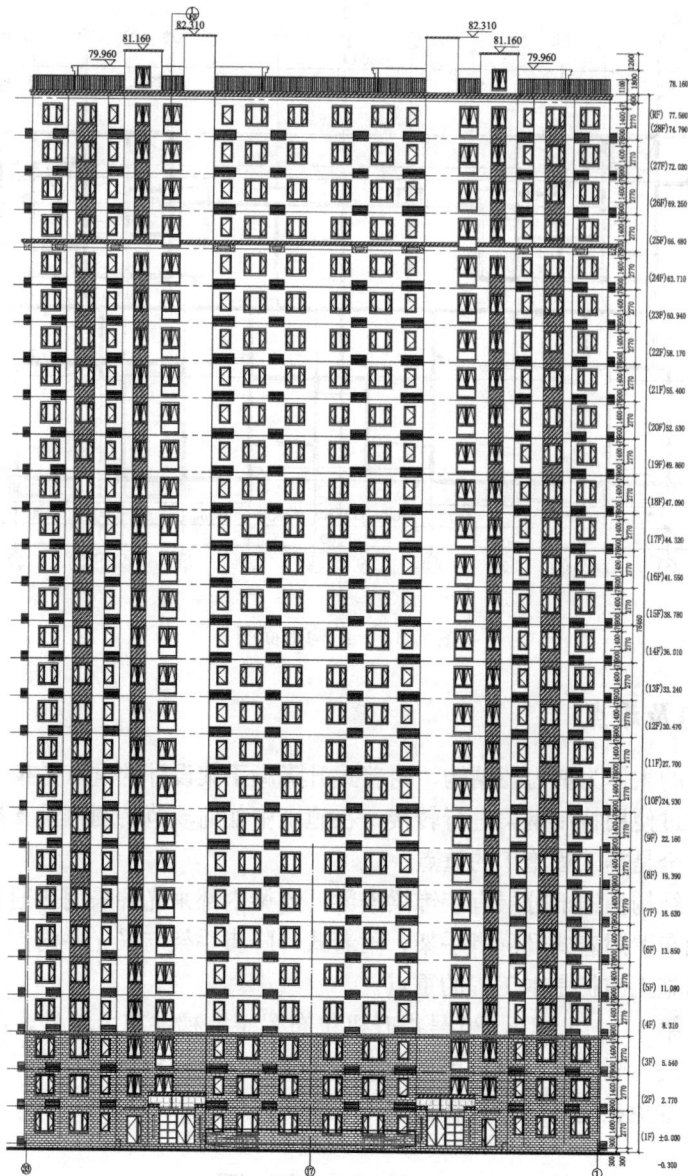

图 2.3-2 建筑立面图

作和使用；

（2）督促附着式升降脚手架专业承包单位对其作业人员进行安全技术交底。安装、升降、使用、拆除等作业前，对有关作业人员进行安全教育。督促专业承包单位对附着式升降脚手架进行检查和维护保养，明确每月检查和维护保养的时间；

（3）升降作业时在附着式升降脚手架作业区下方（或周边）做好安全警戒，并派安全专职管理人员负责看护；

（4）组织附着式升降脚手架的安装检查验收和使用登记备案工作。审查附着式升降脚手架的科学技术成果鉴定（评估）证书、产品合格证，审查特种作业人员的建筑施工特种作业操作资格证书，审查专业承包单位营业执照、资质证书、安全生产许可证等相关资料；

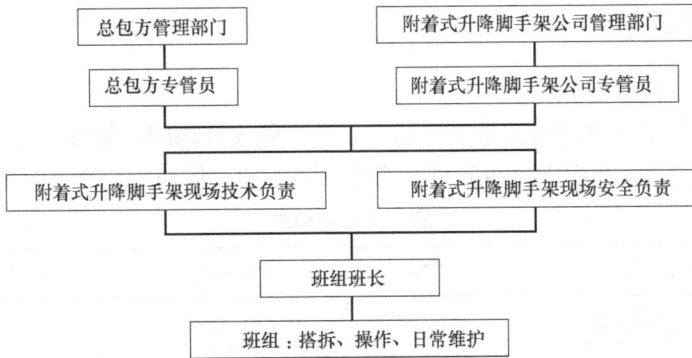

图 3.1 施工组织管理机构图

（5）附着式升降脚手架使用期间，安排专职安全员定期进行巡查，发现安全隐患责令专业分包单位进行整改。

3.1.3 分包单位应履行职责

（1）按照附着式升降脚手架相关规范及标准编制施工方案，并严格按照方案施工；

（2）在总包方监督下对附着式升降脚手架施工中安全工作负直接的组织和领导责任；

（3）制定施工现场安全保障体系、安全管理制度，并负责组织实施和对附着式升降脚手架作业人员进行安全技术交底；

（4）负责附着式升降脚手架的安全运行，主要内容包括附着式升降脚手架的对拉螺栓孔预留、组装、搭设、提升操作、日常维护保养及拆除作业；

（5）施工现场所采用的施工机具及设备等必须满足安全要求，配电系统要符合施工现场临时用电规范相关要求；

（6）对施工现场存在的重大危险源要重点监控，制定切实可行的安全防护方案和保证措施并落实到位；

（7）如遇停工后复工、五级以上大风等恶劣天气，应对架体进行全面检查。

3.2 流水段划分和施工顺序

本项目水平结构施工共分为四个施工流水段，分别为Ⅰ段、Ⅱ段、Ⅲ段、Ⅳ段，施工顺序为Ⅰ段→Ⅱ段→Ⅲ段→Ⅳ段，见图 3.2。

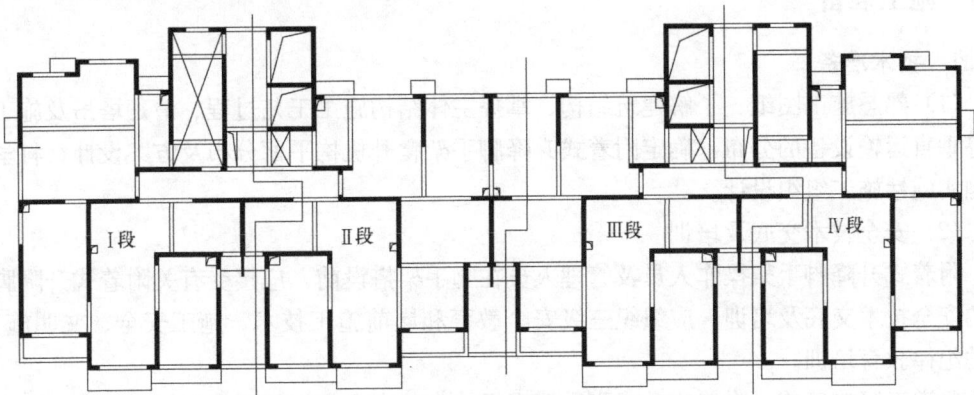

图 3.2 水平结构流水段划分平面图

3.3　施工进度计划

3.3.1　施工进度计划

根据总包单位提供结构施工进度计划，以及附着式升降脚手架施工相关式部分结构施工进度计划见表3.3，确定本项目附着式升降脚手架的具体使用范围及工期。

施工进度计划表

表3.3

序号	任务名称	工期	开始时间	完成时间	前置任务
1	地下 D1、D2 结构施工	14 个工作日	2015 年 6 月 2 日	2015 年 6 月 15 日	56
2	F1～F2 施工	12 个工作日	2015 年 6 月 16 日	2015 年 6 月 27 日	57
3	附着式升降脚手架组装平台施工	2 个工作日	2015 年 6 月 28 日	2015 年 6 月 29 日	58
4	F3～F28 层施工	150 个工作日	2015 年 6 月 30 日	2015 年 11 月 26 日	59

3.3.2　附着式升降脚手架施工范围及工期

（1）施工范围

本项目结构外立面无特殊变化，附着式升降脚手架从第二层开始搭设，结构第六层搭设完成，附着式升降脚手架爬升阶段进行主体结构施工，爬升至顶层时进行高空拆除，外立面装饰装修阶段不使用附着式升降脚手架，具体施工范围如下：自 1 层顶板下返800mm 开始搭设，最后一次附着在 28 层，防护至屋面。

注：附着式升降脚手架防护范围以外部分需搭设普通脚手架进行防护。

（2）工期

按照附着式升降脚手架施工范围及本项目主体结构施工进度计划，附着式升降脚手架自 2015 年 6 月进场，2015 年 12 月退场，如主体结构施工工期调整，附着式升降脚手架施工工期相应调整。

3.4　施工平面布置

施工现场总平面布置图如图 3.4 所示，本方案为其中 12 号楼的附着式升降脚手架施工方案。

3.5　施工准备

3.5.1　技术准备

（1）熟悉施工图纸、了解建筑结构、掌握主体结构施工工艺过程、清楚塔吊及施工电梯等垂直运输设备的分布，确定附着式升降脚手架爬升机构平面分布及方案设计，科学地编制实施性施工组织设计。

（2）安全技术交底及培训

附着式升降脚手架操作人员及管理人员在脚手架搭设前，应接受有关附着式升降脚手架的安全技术交底及培训。应组织三级安全教育和岗前施工技术、施工安全、文明施工、劳动纪律教育培训。

每道工序施工前，附着式升降脚手架现场技术负责人应编写详尽的技术交底，向相关

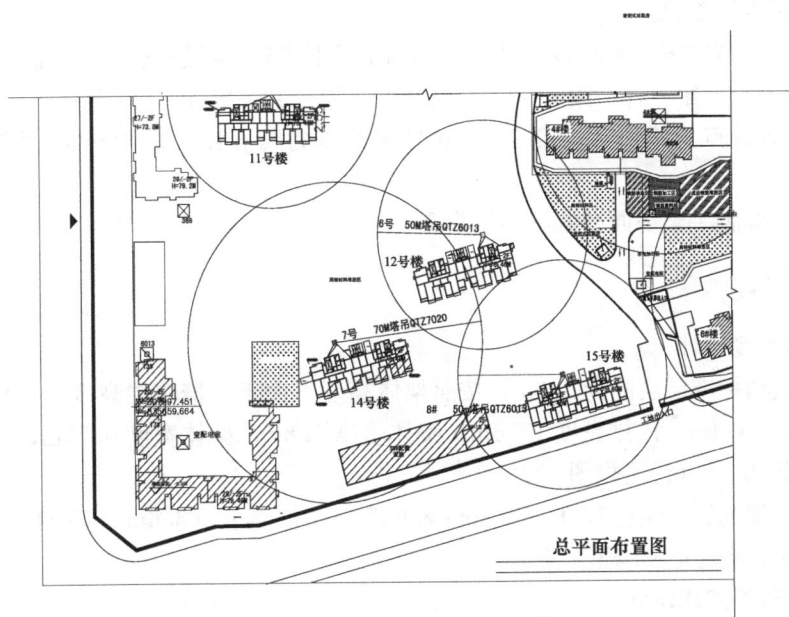

图3.4　施工现场总平面布置图

人员讲解有关作业标准、技术要求、安全要点等内容并要求有关人员签字存档。

3.5.2　人员准备

特种作业人员计划：

架体搭设拆除期间：架子工5人，辅助工5人；架体正常升降过程中：架子工3人，辅助工2人。

注：以上劳动力结合结构施工进度计划，在满足施工防护要求的前提下进行适当调整。

3.5.3　材料及设备准备

（1）附着式升降脚手架主要材料计划

略。

（2）辅助材料、工器具准备

架体搭设材料：钢管、扣件、脚手板、安全网、预埋管、铅丝、铁钉等，所有材料材质必须符合国家有关规定。

电工工具准备：螺丝刀、电工刀、钳子、扳手、试电笔、万用表、绝缘胶布。

机械工具准备：榔头、扳手、钳子、线锤、水平尺、卷尺。

指挥工具准备：对讲机。

4　附着式升降脚手架设计

4.1　平面设计

平面主要反映附着式升降脚手架整体布局、预埋点平面位置以及附着式升降脚手架内排立杆离墙距离等参数。

本工程结合结构施工流水段，共设计附着式升降脚手架提升机位 33 榀，分为 6 片，第 1～3 号提升点为第一片，第 4～13 号提升点为第二片，第 14～16 号提升点为第三片，第 17～20 号提升点为第四片，第 21～30 号提升点为第五片，第 31～33 号提升点为第六片。

附着式升降脚手架平面布置图详见附图 1。

4.2 立面设计

4.2.1 架体高度设计

本工程结构标准层层高为 2.9m，按照架体高度不大于 5 倍楼层高度的原则，设计架体外排高度为 14.4m，内排高度 12.6m，架体步高 1.8m，架体宽度 0.75m，架体底面比临近上楼面低 0.8m（详见附图 2）。

竖向主框架配置：主框架 Ⅰ（1.8m）×1 件＋主框架 Ⅱ（3.6m）×3 件。导轨配置：导轨 Ⅰ×1 根＋导轨 Ⅱ×1 根。

4.2.2 立面附着方式设计

本工程根据不同附着机位处节点形式，设计立面附着方式详见附图 3、附图 4、附图 5。其中部分机位设置在阳台部位，由于阳台梁承载力低，设计特制钢梁作为立面附着装置的转接件，用于解决阳台无法直接预埋的问题，根据具体机位对应位置节点情况，第 2、5、29、32 号机位设计使用特制 B 型钢梁，第 3、30 号机位使用特制 L 型钢梁附着方式详见附图 5。特制钢梁的安装要求如下：

1）特制 B 型钢梁安装要求

（1）特制钢梁安装时横梁保证水平，水平偏差≤30mm；

（2）钢梁必须贴实楼面安装；

（3）钢梁前端附墙装置面板与结构面贴实，确保钢梁水平方向不发生位移；

（4）钢梁尾端对拉螺栓位置必须加垫板，螺母必须拧紧；

（5）竖向斜支承（$\phi48×3.5$mm 钢管）两根与地面预先埋设的短钢管扣接，支承底部设置扫地杆，中部设置腰杆；

（6）斜支撑与特制钢梁支承件扣接并加防滑扣件。

2）特制 L 型钢梁安装要求

（1）特制钢梁安装时横梁保证水平，水平偏差≤30mm；

（2）钢梁连接面板必须贴实墙面安装；

（3）钢梁端部安装对拉螺栓位置必须加垫板，螺母必须拧紧；

（4）竖向斜支承（$\phi48×3.5$ 钢管）两根支承在墙面交角处，支承底部设置扫地杆，中部设置腰杆；

（5）斜支撑与特制钢梁钢管利用扣件扣接并多扣一个防滑扣件。

4.3 预埋设计

4.3.1 预埋件定位

本附着式升降脚手架每个附墙装置采用水平向两根对拉螺栓固定，对拉螺栓间距

160mm。在结构钢筋绑扎完毕，模板安装之前将预埋件套管按照附着式升降脚手架平面布置图中提升机位的平面定位尺寸（详见附图 1）及预埋节点大样图（详见附图 6）进行逐点放线预埋。

4.3.2　预埋件制作及安装要求

1）预埋件制作

采用 $\phi40\times2.0$mmPVC 管作为预埋件套管，预埋件套管长度为相应提升机位处梁（或墙）的厚度，按照两预埋孔尺寸要求将 PVC 管与两根直径不小于 6mm 短钢筋绑扎牢固，预埋间距必须满足要求。PVC 管预埋件制作大样图如图 4.3-1 所示。

2）预埋件的安装要求

安装时预埋件与结构钢筋绑扎牢固，防止混凝土浇筑时预埋件位置偏移。预埋件两端采用胶带封堵，防止混凝土灌入，具体安装要求如下：

（1）依据平面布置图中平面定位尺寸及预埋节点大样图中立面定位尺寸逐点放线预埋，预埋必须准确，预埋管埋设允许尺寸偏差符合表 4.3 的要求。

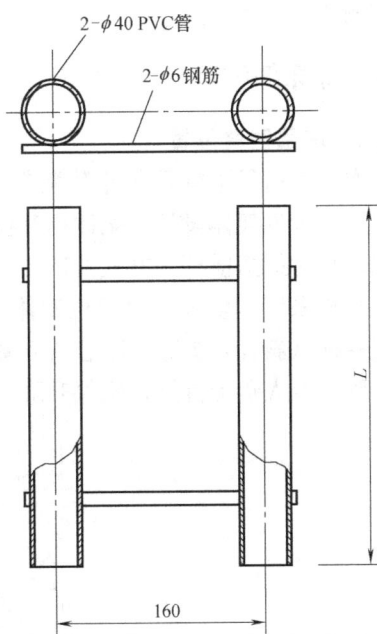

图 4.3-1　PVC 管预埋件制作大样图

预埋尺寸允许偏差　　　　　　　　　　表 4.3

项　　　目	允　许　偏　差
临近两层预埋孔垂直允许偏差	20mm
多层累积预埋孔垂直允许偏差	40mm
同一预埋处两孔水平允许偏差	10mm

（2）预埋件必须保证水平，预埋孔中心间距为 160mm。

（3）合模前安装预埋件，PVC 管与结构钢筋进行绑扎，保证混凝土浇筑过程中预埋件位置准确。

（4）混凝土浇筑、振捣时应避让预埋管，以防止预埋管位置发生偏移或预埋管破碎。

（5）如果有漏埋、预埋超出尺寸精度要求，必须重新开孔，保证附墙装置螺栓安装孔齐全可靠。

4.3.3　固定预埋件设计

本项目第 14、15、19、20 号提升机位布置于电梯井筒处，由于电梯井内部无水平结构，附着升降脚手架附墙装置对拉螺栓周转不方便，故采用固定预埋件的方式，固定预埋件制

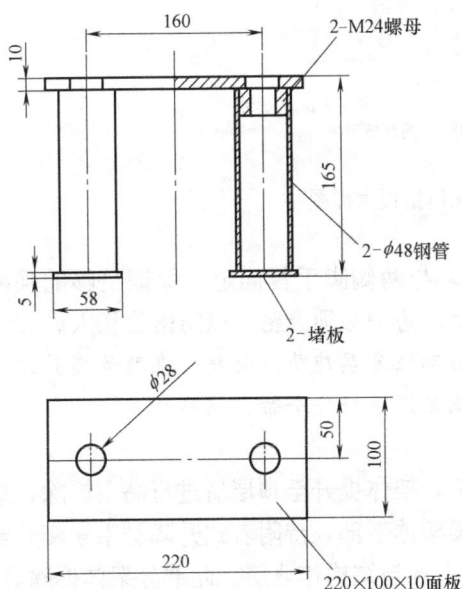

图 4.3-2　固定预埋件制作大样图

作如图 4.3-2 所示。

4.4 特殊部位设计

4.4.1 塔吊附臂位置

本项目塔吊附臂需穿过附着式升降脚手架架体。结合总包方提供塔吊施工方案进行塔吊附臂位置处架体设计。架体提升机构及立杆布置避开塔吊附臂，架体提升时塔吊附臂位置采取临时拆搭横杆的方式处理，避免塔吊附臂与架体提升机构以及立杆干涉。大横杆及剪刀撑均采用短横杆，此部位架体进行局部加强（图 4.4-1）。架体升降时，将预先搭设的短横杆（斜杆）拆除，附着式升降脚手架提升过后，应立即恢复所拆杆件。此部位设专人看管，专人负责拆搭，确保升降安全和架体的整体性。

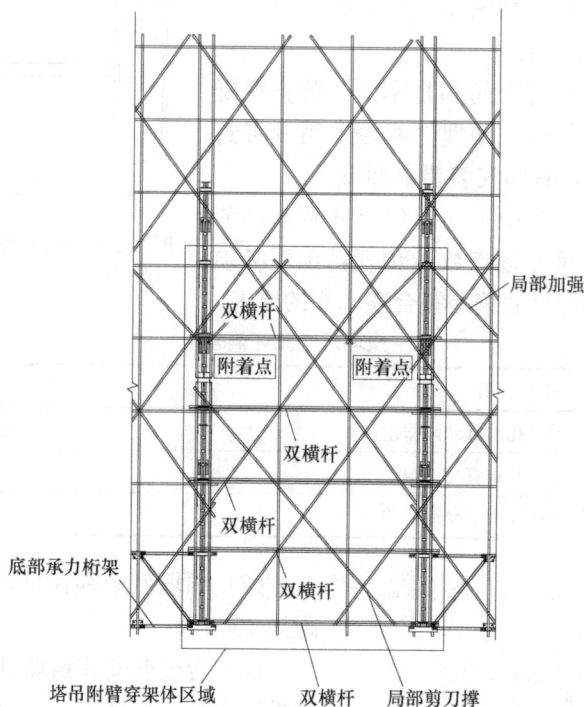

图 4.4-1 塔吊附臂位置架体搭设大样图

塔吊附墙位置对应架体底部脚手板单独铺设，与两侧脚手板固定，保证足够的强度（图 4.4-2），内挑距结构不大于 200mm，设置翻板，防护必须严密，以防落物伤人。

注意：塔吊附墙处是安全隐患较大的地方，该部位底层应重点防护。在架体提升过程中临时搭拆杆件需要两人配合共同完成，拆搭作业必须系好安全带。

4.4.2 施工电梯位置

本项目装饰装修阶段不使用附着式升降脚手架，架体提升至顶层后进行高空拆除，结构施工期间施工电梯始终跟随在附着式升降脚手架架体下部，待附着式升降脚手架爬升至顶层时，拆除第 17 号提升机位处架体，电梯可以上冲至结构作业层。此部分架体拆除后，施工电梯对应部位及临边做好安全防护。

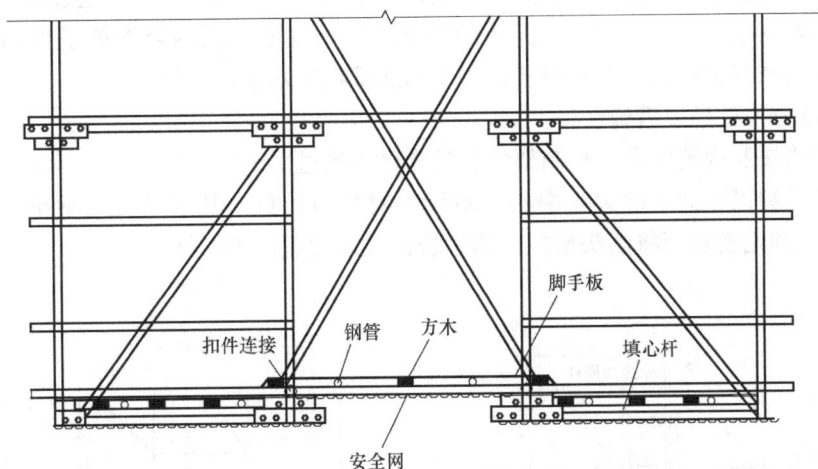

图4.4-2 塔吊附臂位置底层脚手板制作大样图

4.4.3 物料平台位置

物料平台设置在两个提升机位之间，并通过卸荷钢丝绳直接卸载至结构，与架体保持相对独立。

物料平台处架体预留洞口，需局部加强，断开处底部架体按照架体底部脚手板铺设要求做好防护（图4.4-3）。附着式升降脚手架爬升前需使用塔吊将物料平台吊至地面，附着式升降脚手架爬升到位后，再进行安装。物料平台定位后，不可随意更改位置。

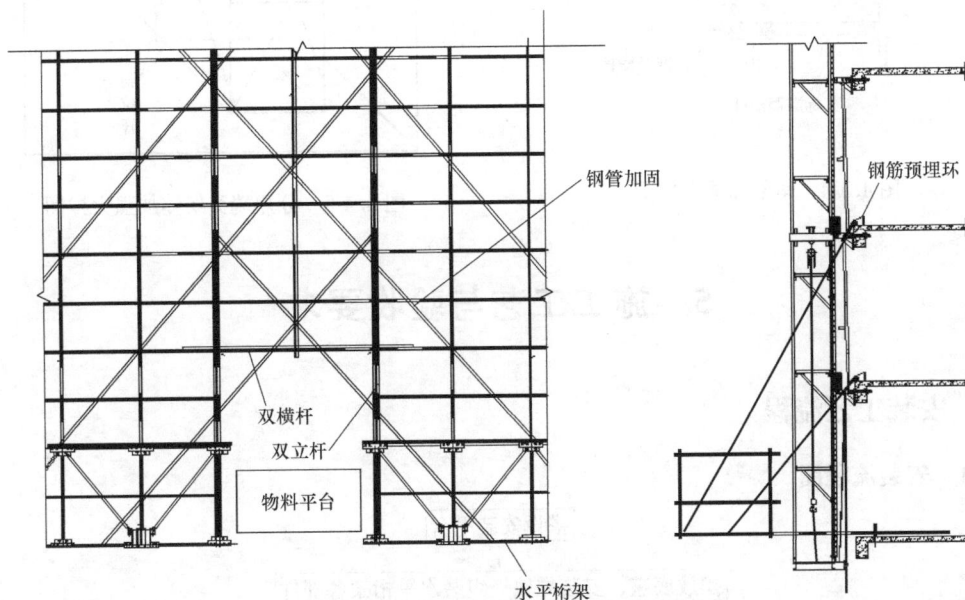

图4.4-3 物料平台开洞处架体做法大样图

4.4.4 架体转角、分片处

1）角部加强措施

附着式升降脚手架在转角处设置两通立杆、三通立杆、四通立杆，通过螺栓将定型杆件连接成桁架（图 4.4-4），并采取如下的加强措施，在架体的内外两侧设置四根卸载斜杆，斜杆一头扣接至竖向主框架位置，一头与底部桁架水平杆扣接。

2）架体分片处加强措施

（1）严格按照规范要求，控制架体悬挑长度不超过 2m；

（2）悬挑端以竖向主框架为中心成对设置对称斜拉杆，其水平夹角不小于 45°～60°（图 4.4-5）；并用密目网将断头密封，脚手板铺设层设置防护栏杆。

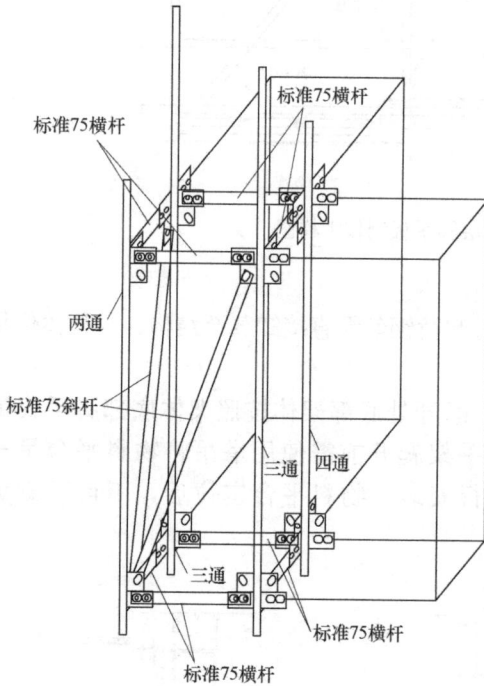

图 4.4-4　角部加强大样图

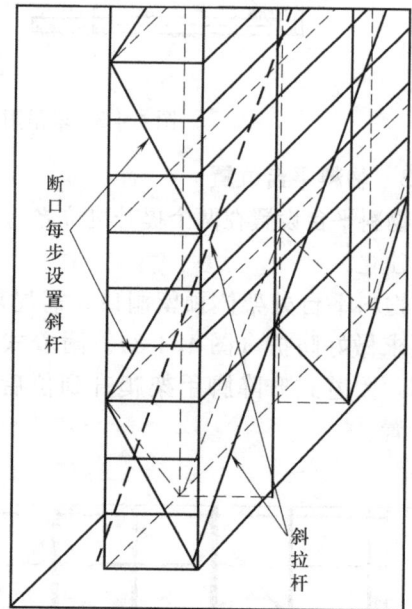

图 4.4-5　分片端头架体加强大样图

5　施工工艺与验收要求

5.1　安装工艺流程

5.1.1　安装流程图

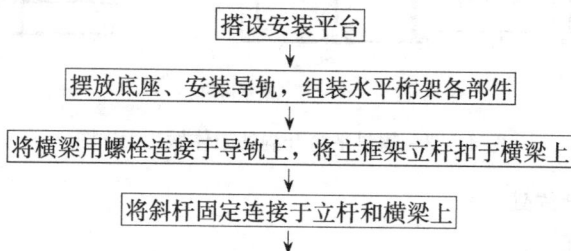

安装附墙导向装置后，将架体卸荷到附墙支座上

↓

随结构接高架体、搭设脚手架、铺设中间层或临时脚手板

↓

与建筑结构做临时架体拉结、张挂外排密目安全网

↓

装完第三个横梁后，安装提升座和上一层附墙导向座

↓

接高主框架立杆、将架体搭设至设计高度、铺设顶层脚手板、挡脚板

↓

铺设底层安全网及脚手板、制作翻板

↓

上部架体与结构进行有效拉结（拉结间距不大于6m）

↓

张挂外排密目安全网至架顶

↓

将防坠吊杆插入底座防坠装置内，安装提升钢丝绳

↓

摆放电控柜、分布电缆线、安装电动葫芦、接线、调试电器系统

↓

预紧电动葫芦、检查验收、拆除架体与结构上部拉接、同步提升一层

↓

安装全部完毕，进入提升循环

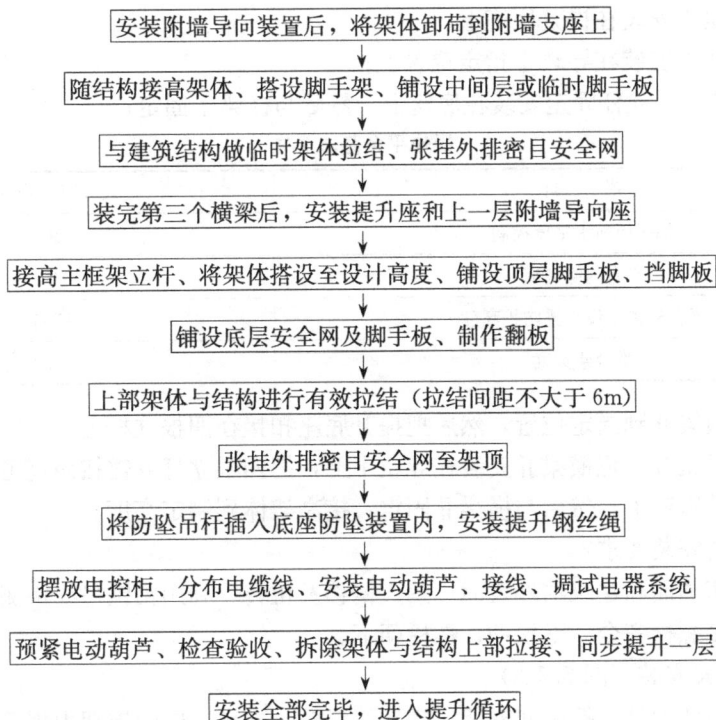

5.1.2　具体安装步骤

1）操作平台搭设

本工程在1层搭设安装平台，平台离墙距离不大于200mm，平台宽度1.5m，外侧搭设单排防护，单排防护高度1.5m，如图5.1-1所示。

平台操作面位于1层顶板下返$L=$ 800mm，平台上满铺脚手板，在正对爬升机构处脚手板上预留300mm×300mm的孔洞。

平台承载要求：3kN/m²，基本要求如表5.1-1所列。

2）提升底座摆放

将提升底座按照附着式升降脚手架平面布置图中定位尺寸摆放于平台，提升底座应与结构平行，底座水平向允许偏差±20mm；其内排立杆中心与结构最大外檐离墙距离应与平面布置图一致、允许偏差±10mm。

3）竖向主框架安装

竖向主框架是由横梁、斜杆、导轨、立杆组成的格构式主框架，按照附着式升降脚手架立面设计进行安装。

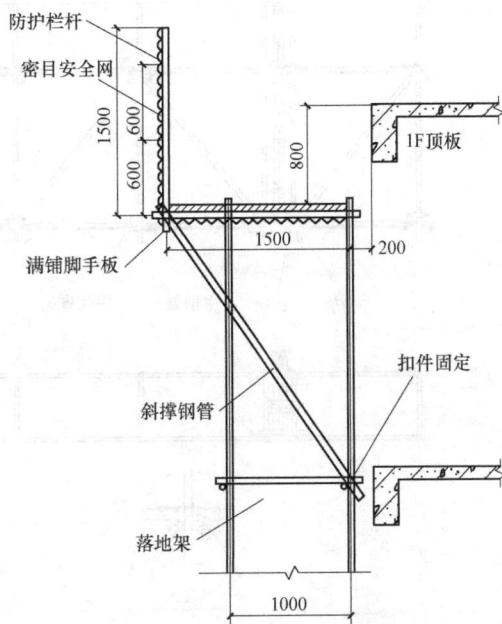

图5.1-1　组装平台搭设大样图

（1）将导轨Ⅰ安装在提升底座上；

（2）把横梁Ⅰ安装在导轨Ⅰ指定位置上；

（3）把四根 6m 立杆固定安装在底座上，然后与横梁Ⅰ固定；

操作平台基本要求 　　表 5.1-1

项　　目	尺寸要求(mm)
脚手板面水平度控制	50
平台内缘离墙	200
平台外侧搭设单排防护高度	1500
平台架宽度	1200

（4）安装横梁Ⅱ到指定位置，然后把提升底座扣接在四根立杆上；

（5）安装导轨Ⅱ，把横梁Ⅱ安装在导轨Ⅰ上，把四根立杆（需按照规范要求设置）插入并固定在提升座座上，然后与横梁Ⅱ固定，接高架体到制定高度。

竖向主框架安装要求：

垂直于底座顶面和建筑物外表面，禁止偏移及扭转。利用铅锤吊线检测竖向主框架垂直度偏差。连接螺栓齐全、不松动，螺栓朝下。

4）水平桁架安装（图 5.1-2）

（1）水平桁架构件包括中间框架、横杆、斜杆、立杆。中间框架为焊接刚性框架，横杆、斜杆为 6.3 号槽钢杆件。水平桁架单元跨模数为 0.75m、0.9m、1.2m、1.5m。

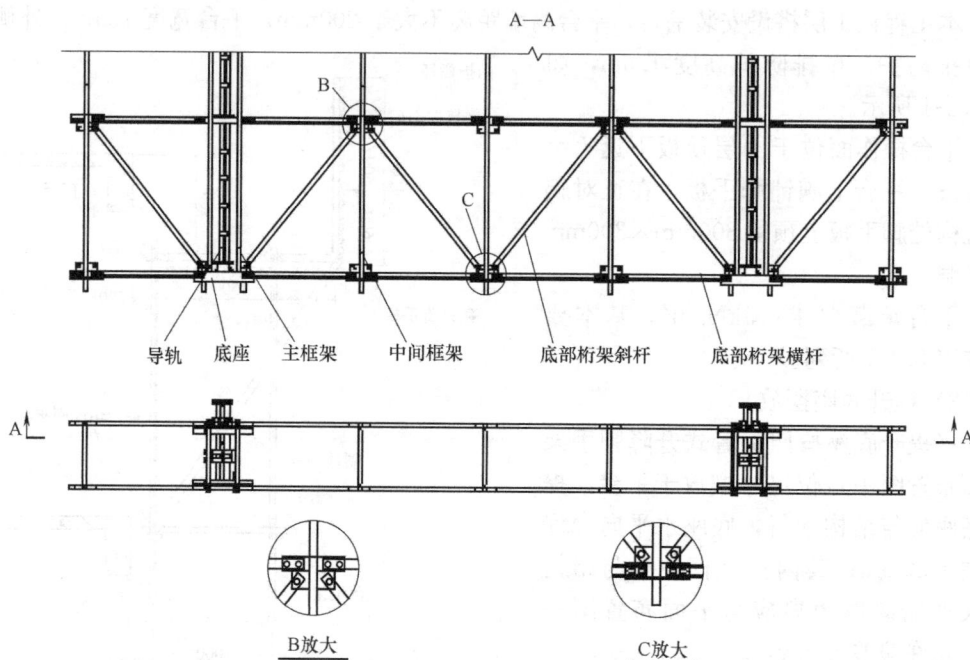

图 5.1-2　水平承力桁架大样图

（2）水平桁架的组装要根据附着式升降脚手架平面图的水平模数进行选件组装，其水平模数间距也就是上部脚手架的立杆柱距。

（3）水平桁架连接节点利用 M20×40 螺栓连接，螺栓插入由里向外，螺母确保拧紧。

（4）单根横杆水平偏差≤10mm、直线段的横杆累积水平偏差≤30mm；水平桁架内排架应平行于建筑物外墙，纵向垂直度≤50mm。

（5）利用水平尺检测水平桁架水平及垂直，利用水管检测远距离跨度间水平，对不符合水平要求处，在中间框架、立杆下面加垫木方或先期使用可调托撑进行调整。

水平桁架底部、顶部分别加两道填心杆，填心杆沿桁架封闭。

5）附着支承结构的安装

对拉螺栓及附墙导向座：检测预埋孔位置正确后，安装对拉螺栓，对拉螺栓采用直径 24mm 的螺栓，材质为 28MnSiP，每层安装两根，两根水平向对拉螺栓间距为 160mm。墙体内侧安装垫板，预紧梯形螺纹特制螺母；墙体外侧安装附墙导向座，附墙导向座与导轨及预埋孔中心线对齐，水平偏差≤20mm。附墙导向座和垫板必须贴实墙体后，方可拧紧对拉螺栓螺母。对拉螺栓禁止漏装、虚装；后垫板垫实结构；螺母必须拧紧，拧紧力矩 40～65N・m。

导座拉杆安装：先安装附墙导向装置后，利用 φ30×130 销轴将导座拉杆与附墙装置连接（注意，销轴必须安装卡簧），调整导座拉杆到合适长度。导座拉杆与附墙装置的连接必须采用专用销轴。

6）提升横梁的安装

每个提升机位处安装一件提升横梁。提升横梁安装于架体上，位于主框架立杆顶部。提升横梁与竖向主框架连接牢固，要求连接螺栓齐全可靠，严禁漏装，提升横梁必须水平，允许水平偏差 10mm。

7）提升钢丝绳的规格数量符合表 5.1-2 要求。

材料规格配置　　　　　　　　　　　　　　　　表 5.1-2

名　称	规　格	单套爬升机构配置数量
提升钢丝绳	φ20　6×37	1 根

提升钢丝绳从提升底座大滑轮穿过（将钢丝绳嵌入滑轮槽中并保证滑轮转动），钢丝绳一端固定于电动葫芦下吊勾上，另一端穿过防坠装置拨杆后固定于提升横梁下吊环。

注意：提升钢丝绳必须穿过底座防脱吊环，架体提升前检查提升钢丝绳是否入到底座导轮槽中。

8）绳卡的安装数量与间距符合表 5.1-3 要求。

材料规格配置　　　　　　　　　　　　　　　　表 5.1-3

名称	规格	数量	间距
提升钢丝绳	Y20	4 个/端	120～150mm

绳卡安装要求：

（1）绳卡安装方向一致；

（2）绳卡安装 U 型一端卡钢丝绳绳尾一端；

（3）间距要符合要求；

（4）绳卡螺栓应拧紧，数量应符合要求。

9）卸荷座的安装

每套爬升机构安装两个卸荷座，分别安装于附着式升降脚手架覆盖范围内第一层和第二层顶板位置附墙导向装置。

卸荷座通过两根销轴安装与架体临近附墙装置安装孔处，然后通过调节卸荷座的微调螺栓，使得卸荷座充分受力，通过微调螺栓，使得同一机位处上下两个卸荷座同时受力。

10）电器控制系统安装及注意事项

电器系统包括总控箱、分控箱、电缆线、电动葫芦、无线遥控装置等。

配电线路必须由专业电工按设计要求铺设，配电线路要求按现行《施工现场临时用电安全技术规范》JGJ 46—2005 的相关规定执行。

本项目配置一台主控箱，每个提升机位处设置一台分控箱，电缆线沿架体周长设置，并设置保护。葫芦电机型号一致，相序相同，每次提升时葫芦链条预紧，架体提升时分控箱开关打开到相同位置，主控箱统一同时供电，电控系统原理图如图 5.1-3 所示。

电控系统注意事项：

（1）电气控制系统的安装必须由专业电工完成，电工需持证上岗；

（2）主控箱的摆放位置应结合施工现场总配电箱的位置，转接箱（分控箱）应固定在每个提升机位架体对应节点处，设置在葫芦挂设位置脚手板铺设层，并应与架体主节点绑扎牢固；

（3）电缆线固定安装于附着式升降脚手架外侧大横杆下面且与主电缆线分布于同一步高内，分片处主电缆线预留长度应满足提升一层高度要求（使用长度 12m 电缆线），电缆线接头必须利用绝缘防水胶布绑扎牢固；接线应牢固可靠，避免虚接、漏接；

（4）转接箱之间电缆线用四芯胶软线，其中一芯接保护零线；电缆线长度根据提升机位实际跨度确定，动力线使用绝缘 PVC 套管进行绝缘保护，沿途绑扎在钢管上；

（5）电缆线接到葫芦时，应使用非金属绑扎带将电缆线与葫芦电机固定，避免电缆线接头被拉脱而引起电源短路；

（6）主控箱应满足接零及漏电保护等安全要求；

（7）电动葫芦安装于提升横梁上，下吊钩调到底处时链条不得翻链、扭接。使用电动环链葫芦时，应遵守使用说明书的规定；

（8）电动葫芦应注意维修保养，发现部件损坏应及时更换；

（9）要避免动力线在升降中拉断；

（10）电动葫芦链条要保持清洁润滑，定期用钢丝刷净砂浆等赃物，并加刷机油润滑；

（11）架体提升前，电动葫芦必须单独试运行，检查运行的可靠性，包括升、降及停止，试运行无误后方可进行整体提升作业，严禁电动葫芦"带病"作业；

（12）线控快速插头从主控箱拔下后，应当装入塑料袋密封，以免插头进水或护套线被破坏。

11）钢管脚手架搭设

附着式升降脚手架除水平承力桁架和竖向主框架以外架体搭设钢管脚手架。按照平面布置图、立面图、预埋图等搭设脚手架。

所用材料：钢管《低压流体输送焊接钢管》GB/T 3091—2008

扣件《钢管脚手架扣件》GB 15831—2006

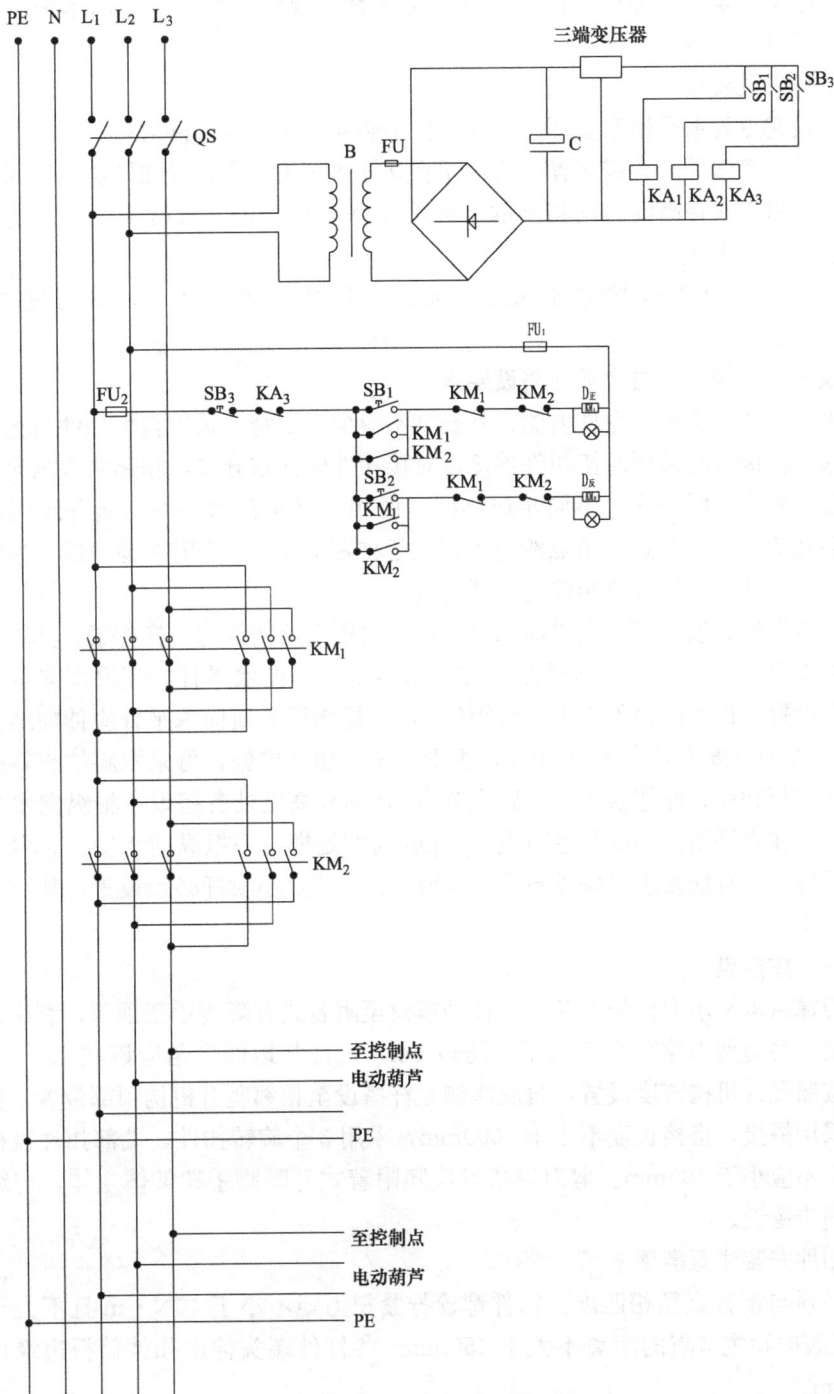

图 5.1-3　电控系统原理图

　　附着式升降脚手架所用钢管、扣件、安全网必须为合格产品，搭设须采用 ϕ48mm 的钢管和标准扣件，钢管应无裂痕、弯曲、压扁和严重腐蚀现象，扣件无裂缝、变形、螺丝无滑丝、机械性能应符合《钢管脚手架扣件》GB 15831—2006 有关规定，脚手架搭设应符合《建筑施工安全检查标准》JGJ 59—2011 的有关规定。脚手板采用木板，安全网必须为阻燃式密目安全网。

12）立杆搭设要求

立杆搭设起点为水平桁架立杆点，立杆接头必须采用对接扣件对接。

立杆上的对接扣件应交错布置，两根相临立杆的接头不应设置在同步内，同步内隔一根立杆的两相邻接头在高度方向错开的距离不宜小于 500mm，各接头中心至主节点的距离不宜大于步距的 1/3。

立杆应垂直，垂直度偏差不大于 60mm；多根立杆应平行，平行度偏差不大于 100mm。

13）纵向水平杆、横向水平杆搭设要求

纵向水平横杆宜设置于立杆内侧，其长度不应少于 3 跨，采用直角扣件与立杆扣接。

纵向水平杆接长时采用对接扣件连接，对接扣件应交错分布，相邻两根纵向水平杆接头不应设置在同步、同跨内，不同步或不同跨两相邻接头在水平方向错开距离不应小于 500mm，各接头中心至最近主节点距离不宜大于柱距离 1/3。使用木脚手板，纵向水平杆设置于横向水平杆下，用直角扣件与立杆连接。

每一主节点处必须设置一根横向水平杆，必须用直角扣件与立杆扣紧，其轴线偏离主节点的距离不应大于 150mm。操作层上非主节点处的横向水平杆，宜根据支承脚手架的需要等间距设置，最大间距不应大于柱距的 1/2。操作层上横向水平杆应伸向结构并距结构 200mm；外伸长度不宜大于 500mm，否则应采取加强措施，可采取斜拉或斜撑于架体立杆的方式进行卸荷。操作层外排架距主节点 900mm 高度处各搭设一根纵向水平横杆作为防护栏杆；在水平桁架顶部距主节点 300mm 高度处搭设一根纵向水平杆。内外大横杆应水平、平行，某直线段水平偏差不大于 30mm。主节点小横杆必须设置，禁止漏装，用直角扣件连接。

14）剪刀撑搭设

外剪刀撑从水平承力桁架下弦杆立杆处搭设至附着式升降脚手架顶部，利用旋转扣件与立杆扣接，每道剪刀撑宽度不大于 4 跨或 6m，斜杆与地面夹角应该在 45°～60°之间。内剪刀撑按照爬升机构跨度设置，自底座侧立杆搭设至相邻爬升机构顶部位置。剪刀撑斜杆接长宜采用搭接，搭接长度不小于 1000mm，采用 3 个旋转扣件，端部扣件盖板边缘具至杆端距离不应小于 100mm。剪刀撑搭设应随附着式升降脚手架架体主体，与纵向和横向水平杆同步搭设。

15）扣件安装注意事项

扣件必须与钢管直径相匹配。扣件螺栓拧紧扭力矩不小于 40N·m 且不大于 65N·m。扣件安装时距主节点的距离不大于 150mm。各杆件端头伸出扣件盖板边缘长度不应小于 100mm。

16）防护搭设

（1）架体底层防护

架体底层使用钢管和木方间隔做内挑，内挑至距离结构最大外檐不大于 200mm，然后在内挑与结构之间设置可活动翻板封闭（图 5.1-4）。

（2）脚手板及挡脚板的搭设

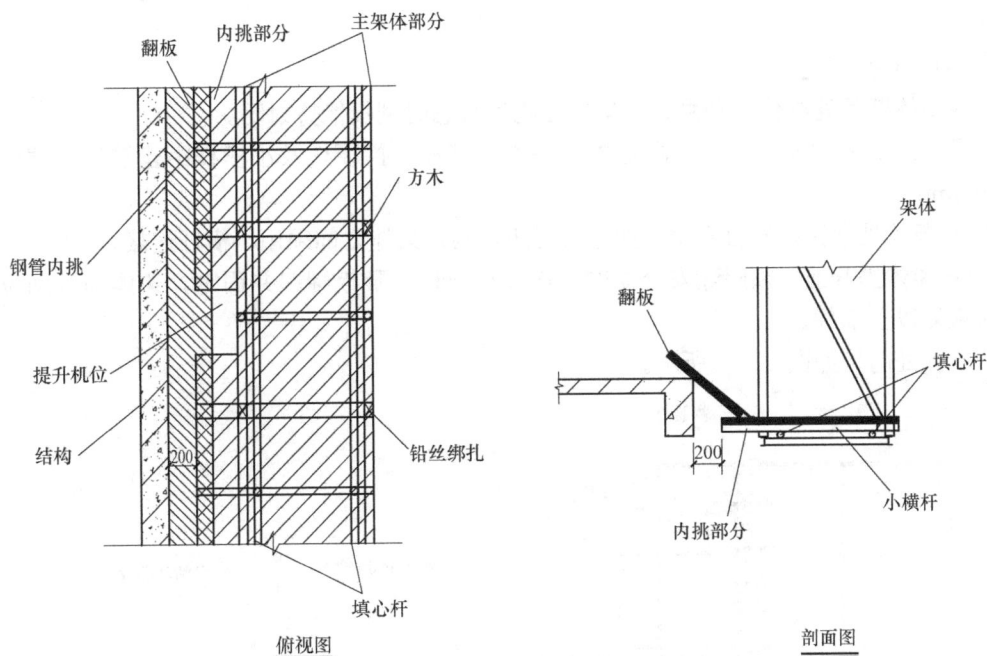

图 5.1-4 底层脚手板做法大样图

脚手板采用木脚手板，木脚手板采用松木板，厚度不小于 50mm，宽度不小于 200mm，不得使用开裂、腐朽脚手板。

结构施工时，脚手板铺设 4 层，分别在架体第 1 步、第 4 步、第 6 步和第 7 步。

作业层脚手板应满铺，并保证铺设牢固，离墙距离根据施工需要尽可能不大于 300mm。

脚手板搭接时，接头必须支承在横向水平杆上，搭接长度应大于 200mm，伸出横向水平杆长度不应小于 100mm，接缝不大于 10mm、脚手板端头利用钢筋或铅丝固定于支撑杆件上。

附着式升降脚手架底层脚手板采用木脚手板，其缝隙小于 5mm。

在操作层外排架处，利用木板搭设挡脚板，其高度为 180mm。挡脚板应垂直于脚手板、高度一致，对接缝设置于立杆处，利用铅 14 号以上铅丝与立杆固定。

（3）翻板制作安装

在附着式升降脚手架最底层内排架与结构外缘之间制作安装翻板。翻板使用合页与脚手板连接。制作翻板时，要依照建筑结构外形，分块制作，遇立杆时，制作凹槽。翻板应连续设置，拼缝及与脚手板和建筑物的间隙应小于 10mm，翻板水平夹角应控制在 30°～60°，翻板与脚手板搭接长度不小于 100mm（图 5.1-5）。

（4）安全网铺设

安全网使用 2000 目/100cm² 的密目安全网。

附着式升降脚手架外排立杆内侧必须铺挂密目安全网，铺设安全网必须绷紧、平滑、无缝隙（间隙不大于 20mm），架体角部可利用木条绷网。架体底层脚手板下面挂设密目安全网并使用大口网兜底。顶层和中间脚手板铺设层架体内排立杆至结构外檐处张挂水平网。

（5）断片处防护

在架体断片处制作活动翻板，架体在施工状态时翻板保持封闭。

① 操作层断片处在 0.9m 高处搭设一道拦腰杆，拦腰杆及小横杆距建筑物一端要小于 200mm。

② 断片处须张挂密目安全立网进行封闭；两片架体之间须用小横杆连接。

③ 架体提升前，须解除安全立网、连接小横杆，翻板翻起并固定，架体提升到位后及时恢复以上部件。

断片处防护如图 5.1-5 所示。

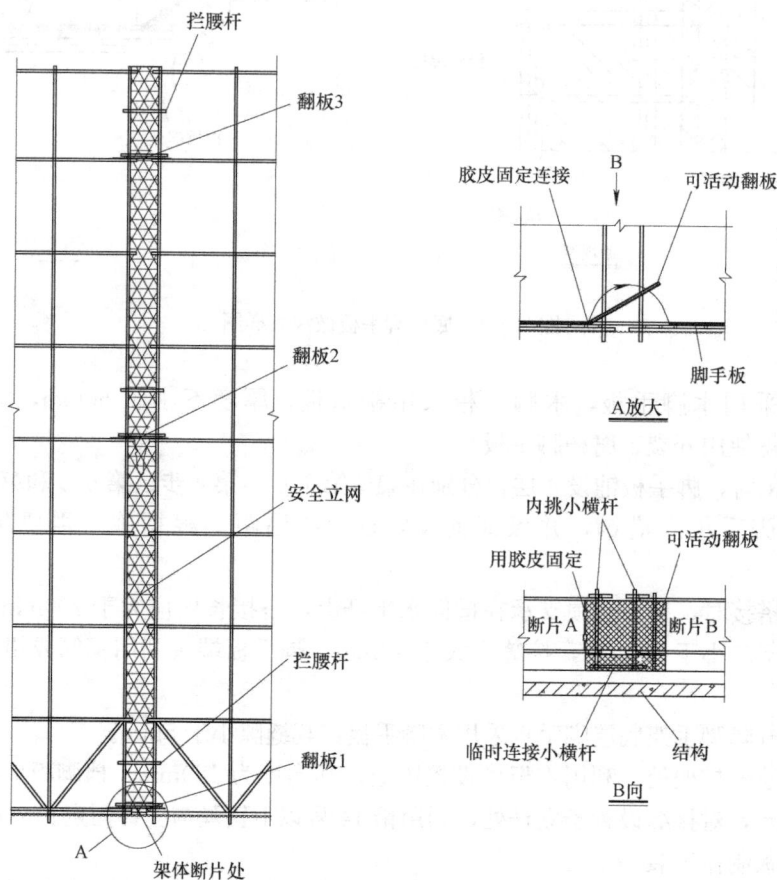

图 5.1-5 断片端头防护做法大样图

17）架体分片错层时临时防护

本工程架体分片较多，四个施工流水段之间结构可能有一个层高的高差，当相邻两个施工段结构有高差时，相邻两段架体将出现高低差，出现架体边缘端面防护问题，要在先提升架体顶部与后提升架体底部架体分片端头使用密目安全网进行封闭防护，并在脚手板铺设层设置防护栏杆及挡脚板（图 5.1-6）。

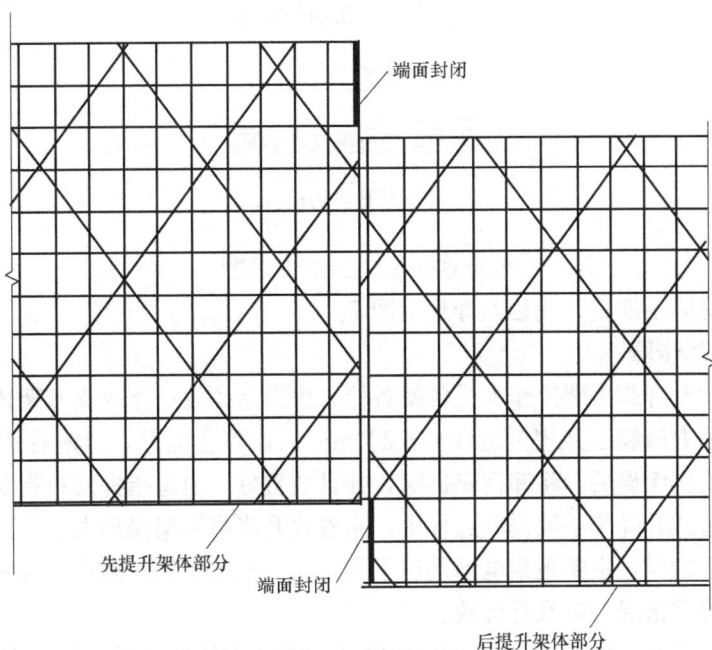

图 5.1-6 流水段错层时临时防护大样图

5.2 施工流程

5.2.1 附着式升降脚手架施工流程图

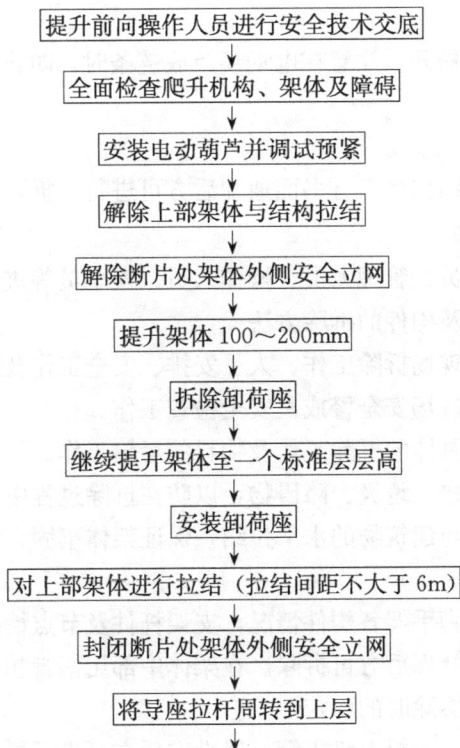

提升前向操作人员进行安全技术交底

↓

全面检查爬升机构、架体及障碍

↓

安装电动葫芦并调试预紧

↓

解除上部架体与结构拉结

↓

解除断片处架体外侧安全立网

↓

提升架体 100~200mm

↓

拆除卸荷座

↓

继续提升架体至一个标准层层高

↓

安装卸荷座

↓

对上部架体进行拉结（拉结间距不大于6m）

↓

封闭断片处架体外侧安全立网

↓

将导座拉杆周转到上层

↓

```
┌─────────────────────┐
│  拆除最下的附墙导向座  │
└──────────┬──────────┘
           ↓
┌─────────────────────┐
│     结构施工一层      │
└──────────┬──────────┘
           ↓
┌─────────────────────┐
│   安装上部附墙导向装置 │
└──────────┬──────────┘
           ↓
┌─────────────────────┐
│    进行提升前的检查    │
└──────────┬──────────┘
           ↓
┌─────────────────────┐
│  准备进入下一次提升循环 │
└─────────────────────┘
```

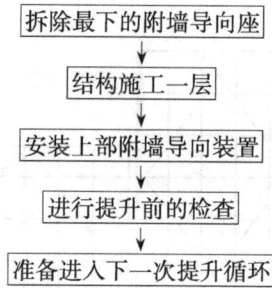

附着式升降脚手架提升流程图详见附图 7。

5.2.2　施工具体步骤

（1）附着式升降脚手架操作人员各就各位，由总指挥发布指令提升架体。

（2）附着式升降脚手架提升起 100～200mm 后，停止提升，对附着式升降脚手架进行检查，确认安全无误后，将卸荷座拆除，并且放置好，由总指挥发布指令继续提升。

（3）在附着式升降脚手架提升过程中，附着式升降脚手架操作人员，要巡视附着式升降脚手架的提升情况，主要观察电动葫芦下钩有无与架体干涉，附墙导向座和导轨是否卡阻现象，发现异常情况，应及时反映。

（4）有异常情况立即切断电源，停止提升，并通知架子班长，等查明原因排除障碍后，重新发布提升指令。

（5）附着式升降脚手架提升高度为一个标准层层高，提升到位后，首先安装卸荷座、并对架体进行拉结。

（6）将翻板放下，并且固定好，用木板或编织物将底座防护好，以防止混凝土进入。

（7）将电动葫芦链条松开。注意在电动葫芦放链条时，防止发生误操作。

5.3　拆除工艺流程

架体拆除必须在接到结构施工方书面通知后方可进行，拆除严格按照拆除方案执行。

5.3.1　拆除前的准备工作

（1）组织现场技术人员、管理人员、操作人员、安全员等进行安全技术交底，明确拆除顺序、安全保障体系以及构件的拆除方法。

（2）现场总指挥负责现场拆除工作、人员安排、安全工作及进度掌握。

（3）项目安全员负责现场安全警戒及安全检查工作。

（4）班组长负责现场具体的拆除工作及物料的运输工作。

（5）清除架体上的杂物、垃圾、障碍物，以防在拆除过程中发生坠落。

（6）做好每一层架体与建筑物的水平拉结，保证架体牢固、稳定、安全拆除，以防在拆除过程中架体发生倾覆。

（7）检查附着式升降脚手架各构件情况，支架杆件及节点情况，检查安全即停装置是否锁紧，如有异常需妥善处理后方可拆除。在架体中部用钢管扣件将架体与结构及预埋钢管拉结加固，以保证架体拆除时的稳定性。

（8）准备工作完毕后，上报上级主管，经批准后方可进行拆除工作。

5.3.2　拆除步骤

在架体拆除前必须检查所有卸荷钢丝绳是否有效，在保证卸荷钢丝绳有效的前提下进行下面的步骤。

(1) 在拆除区域设立警戒标志、划警戒线并由专职安全员负责现场交通、安全指挥工作。

(2) 拆除架体时先拆除非主框架部分的架体，再拆除下部架体，最后拆除连墙机构。由上至下按拆除顺序图逐步拆除各单元。

由上至下顺序拆除横杆、立杆、超长临边斜杆，最后拆除前应绑上防坠绳，严禁上下同时拆除。

普通钢管脚手架拆除步骤为：脚手板→安全立网→踢脚板→防护栏杆→小横杆→大横杆→外立杆→里立杆。

桁架拆除步骤为：脚手板→安全网→踢脚板→兜底安全网→内、外斜腹杆→上弦水平槽钢→下弦水平槽钢→中间桁架→提升机构。

(3) 开始拆除附墙装置前，应先将下一步架体与结构进行加固，然后再拆除相应部分架体及附墙装置。

(4) 通过调节卸荷座螺栓（或加垫木方）保持架体处于卸荷状态。水平拉结随架体拆除由上至下依次逐层拆除。

(5) 当拆除到附着式升降脚手架至最后一步（只有两道附墙装置、一根导轨及一道卸荷）时，应停止对爬升机构即附墙装置的拆除，用塔吊将预拆除架体吊好（要求塔吊钢丝绳与预拆除架体平行），塔吊钢丝绳预拉紧后，将架体按照机位点断开，将最后一个导轨用铅丝与架体捆扎牢固，用安全绳水平拉住架体后，拆除架体与建筑物的各种拉接，慢慢放松水平拉结安全绳，使架体不发生晃动，指挥塔吊将架体放到地面指定地方拆除。

注意：所有构件拆除前应绑扎防坠绳，严禁上下同时拆除，在拆除架体与结构之间的拉结时，架体上严禁站人且严禁操作人员站在架体上进行拆除。

5.4　验收要求

附着式升降脚手架安装完毕后，专业承包单位应首先组织自检并出具自检报告。自检合格后，报总承包单位，由施工总承包单位组织专业承包单位及监理单位对附着式升降脚手架进行联合验收。验收应按照《建筑施工工具式脚手架安全技术规范》JGJ 202—2010中附表中检查项目和要求进行，验收合格后各相关单位应在验收表上签字，方可投入使用。

附着式升降脚手架每次提升前均需按照《附着式升降脚手架提升作业前检查验收表》中内容进行检查验收，验收需履行相关签字手续，验收合格后方允许提升。提升到位后填写《附着式升降脚手架首次安装完毕及使用前检查验收表》。

6　监测监控措施

(1) 在架体组装搭设期间应注意操作平台水平度的控制已确保架体搭设完成后整体水

平度和垂直度满足相关规范要求。

（2）使用同一厂家同一批次的电动葫芦，已减少提升过程中由于电动葫芦速度差导致的不同步。

（3）提升前应对架体进行全面检查，清除一切可能的障碍，防止架体在提升过程中由于局部干涉导致的架体变形及不同步。

（4）提升过程中采用智能荷载同步控制系统进行荷载及同步控制，荷载控制装置具有超载报警和停机等功能，能够避免架体超载使用，安排操作人员观察架体提升全过程，发现问题及时处理。

（5）架体提升到位后，按照检查验收表的内容对架体进行安全检查，发现有损坏变形构件及时修复或更换，检查验收合格后交付使用。

7　施工安全保证措施

7.1　产品质量保证措施

从附着式升降脚手架的设生产制造、组装搭设、现场使用各个环节制定相应的质量保证措施，以便附着式升降脚手架的安全使用。

（1）附着式升降脚手架按相关规范和技术标准进行设计计算，必须具有足够的强度、刚度和稳定性。

（2）严格按施工方案、附着式升降脚手架国家标准及行业标准加工制作和现场装配使用。

（3）装配及使用过程中及时观测架体及各组件的水平度和垂直度，发现偏移及时纠正。

（4）在架体组装及使用中，有针对性的实行各级、各阶段的检查、验收制度。组装过程中，各班组应认真的自检、复检，再报总承包单位并与施工总包方联合验收合格后才能使用。

（5）执行提升前后检查验收制度：附着式升降脚手架系统爬升前验收，做好验收记录，验收合格后，下达爬升许可证；爬升过程控制，附着式升降脚手架系统每次爬升，必须设置现场总指挥，并记录爬升过程；爬升完成后，必须对附着式升降脚手架系统再进行全面的检查，合格后下达准用证。

（6）指定专人负责，架体操作进行分工，各操作环节落实到人。

（7）制定相应的奖罚制度，对班组人员进行考核评比。

7.2　安装过程安全保证措施

（1）设备构件的质量合格与否，是所安装架体本质安全保障的关键因素。搭设附着式升降脚手架所使用的材料及构配件必须验收合格后方可使用。

（2）附着式升降脚手架组装搭设前设置平台。安装平台应有保障施组装人员的安全防护措施，安装平台的精度、承载力应满足架体安装的要求。

（3）架体安装时，操作人员必须系好安全带，指挥与塔式起重机人员应和架工密切配合，以防意外发生。

（4）安装过程中严禁进行交叉作业，特殊情况必须交叉作业时，须使设置防护棚，以确保施工安全。

（5）安装作业时，在地面应设置围栏和警示标志并应派专人看护，非操作人员不得入内。

（6）架体安装过程中，及时安装附着装置并做好架体悬臂部分与结构间的可靠拉结。

（7）架体安装过程中，及时做好脚手板的铺设并予固定；做好架体分组等断开处端部及架体与结构间空洞的水平防护和立面防护。

7.3 施工过程安全保证措施

在附着式升降脚手架施工时，应严格按照操作规程及施工方案要求，本着"安全第一、预防为主"的方针，做好安全工作，主要安全保证措施如下：

（1）架体作业前应对所有相关工种作业人员，如木工、钢筋工、瓦工等进行安全技术交底，确保相互之间协调配合工作顺利进行。

（2）架体操作人员必须持脚手架特种作业上岗证并经专业技术培训，培训合格后方可上岗。

（3）架体升降时，架体上的垃圾杂物应清理干净，任何人员不得停留在架体上。

（4）架体升降时电动葫芦挂点、提升钢丝绳挂点应牢靠、稳固，每次升降前应进行认真检查。

（5）架体升降前应检查防坠装置、防倾覆装置及荷载同步控制装置是否灵敏可靠。

（6）应对现场施工人员进行架体的正确使用和维护的安全教育，严禁任意拆除和损坏架体结构或防护设施，严禁超载使用，严禁利用架体吊运物料。

（7）升降完成后应立即对该组架体进行检查验收，经检查验收合格后方可使用。

（8）施工过程应建立严格检查制度，班前班后、复工、大风暴雨等恶劣天气之后均应有专人进行检查。

（9）架体与建筑物之间的防护装置及拉结措施，不得任意拆除，以防意外发生。不允许夜间进行架体升降操作。

（10）施工过程中，应经常对架体、架体组件等进行检查，如出现锈蚀严重，焊缝异常等情况，应及时作出处理。

（11）高空作业人员必须佩戴安全带和工具包，以防坠物伤人。

（12）严禁酒后及带病操作附着式升降脚手架。

（13）附着式升降脚手架使用过程中禁止以下违章作业：利用附着式升降脚手架吊运物料、在附着式升降脚手架上推车、在附着式升降脚手架上拉结吊装缆绳（索）、任意拆除结构件或松动连接件、拆除或移动附着式升降脚手架上的安全防护措施、塔吊等起吊物料时禁止碰撞或者扯动附着式升降脚手架架体、禁止向附着式升降脚手架操作层脚手板上倾倒施工渣土、禁止用附着式升降脚手架支顶模板。

（14）附着式升降脚手架使用过程中对螺栓连接件、升降动力设备、防倾防坠装置、电控设备等应进行使用过程中的维护保养。

7.4　拆除过程安全保证措施

（1）架体拆除时应划分作业区，楼层底部周围设围栏或竖立警戒标志，设专人指挥，严禁非作业人员入内。

（2）严禁在同一垂直面上进行交叉作业。拆除时要统一指挥，上下呼应，动作协调，当解开与另一人有关的结扣时，应通知对方，以防坠落。

（3）在拆架过程中，不得中途换人。

（4）水平拉结不能同时拆除两层，水平拉结以上架体悬臂端不得大于两步架。

（5）拆除构件应轻拿轻放，严禁抛掷。

（6）拆除构件应及时清理，分类运至地面，避免将构件堆放在楼面，防止以后运输困难。

（7）拆除人员完成当天作业离开工作岗位前，必须认真检查拆除部分的架体结构及连墙件加固情况，严禁有松动的杆件和临边堆放材料以及各类杂物存放，以防下坠伤人。

（8）附着式升降脚手架拆除过程中应注意保护好建筑成品，严禁触摸、撞击、损坏、污染各类内外墙面砖、涂料、铝合金门窗、水管，做好文明施工工作。

（9）全部拆除后，及时装运入库，防止丢失。

8　季节性施工保证措施

8.1　防风措施

本工程施工施工中可能会遇到大风，附着式升降脚手架在此期间施工应采取相应的预防措施，具体为：

（1）大风到来前，应及时将高空作业人员撤至安全区。

（2）项目相关管理人员应时刻注意掌握天气变化情况，防止大风突然袭击，在得到大风预报时，应及时采取措施：解开附着式升降脚手架上部悬臂部分（架体从上至下至少四步）的安全网；利用钢管扣件将架体与结构或楼面预埋件（预埋件位置为正对提升机位处，离结构外檐 800mm 处设置）进行有效拉结，拉结间距不得大于 4.5m，同时不得大于三跨，以减少风力对架体的作用荷载。

（3）大风过后，必须首先对附着式升降脚手架各组件、钢管扣件、连接螺栓、焊缝等进行全面认真检查，对架体机构的连接部位进行检查和整改加固后，方可投入使用。

（4）对堆放在楼层边，架体上的小型机具和零星材料要固定好，不能固定的东西要转移到楼层安全区域内，防止在刮风过程中落物伤人。

8.2　防火措施

建筑施工过程中易燃品，极易引起火灾，要及时清理外架上临时存放的施工易燃品，防止发生火灾。

（1）在附着式升降脚手架每片架体上按相关要求设置灭火器材。

（2）严禁在脚手架上吸烟、烤火等。

（3）在结构临边严禁使用电气焊等明火作业，必须有防护措施。

（4）管理好电源和电器设备，停止使用时必须断电，预防短路，在带电情况下维修或操作电气设备时要防止产生的电弧或电火花掉落至附着式升降脚手架架体。

（5）电气焊作业完毕后要详细检查相临附着式升降脚手架架体上、下范围内是否有余火，是否损伤了架体，待确保无隐患后才准离开作业地点。

9　应急预案

9.1　应急管理体系

9.1.1　应急管理机构

组长：＊＊

副组长：＊＊

组员：＊＊

9.1.2　职责

应急领导小组职责：当现场发生安全事故时，负责指挥抢救工作，向各组员下达抢救指令任务，协调各员之间的抢救工作，随时掌握各组最新动态并做出最新决策，第一时间向 110、119、120、当地政府安监部门、公安部门求援。

后勤组职责：为事故救援提供相关后勤保障。

保安组职责：负责工地的安全保卫，支援其他抢救组的工作，保护事故现场。

9.2　应急措施

9.2.1　电动葫芦链条断裂事故处理

当电动葫芦由于扭链、咬链或卡链强行动作发生链条断裂时，断链机位处架体会出现局部下沉现象，此时防坠装置迅速打开，架体下沉最大间距不大于 80mm。

如果出现这种情况，首先保证架体所有操作人员撤离至安全地带，然后，由施工班组长指挥，分两组共 4 名熟练人员对架体进行加固，避免二次事故发生，具体操作如下：

（1）一组人员对事故机位处架体进行加固，使用备用手动葫芦对架体进行卸荷，另外一组人员对两侧机位处架体进行拉结加固，待架体加固到位后，将事故机位处电动葫芦进行更换。

（2）更换结束，确保安全可靠后，拆除相应拉结加固件，松开手动葫芦，控制转接箱开关按钮，通过对单机位控制对架体进行水平校正，校正结束后，对架体进行正常提升。

9.2.2　坍塌或高空坠落事故处理

一旦发生架体体系失稳坍塌或人员高处坠落事故时，首先鸣哨警示，疏散地面警戒线附近人员，迅速远离危险区，同时立即报告总包方和公司领导，请求救援。如发生人员伤害，应立即将受伤人员送至就近医院进行抢救治疗或拨打 120 急救电话，并保护好现场，按照总包方或分公司应急处理意见处理善后工作。

在应急抢救过程中遇有威胁他人人身安全或事故有进一步扩大的危险时，应迅速组织人员脱离危险场所，必要时应封闭现场，疏散人员和重要物资，确保抢救人员的安全。

事故发生后，现场人员应当妥善保护事故现场以及相关证据，不得破坏事故现场、毁灭相关证据。

因抢救人员、防止事故扩大以及疏通交通等原因，需要移动事故现场物件的，应当做出标志，绘制现场简图并做出书面记录，妥善保存现场重要痕迹、物证。

发现有人员受伤后，主要应急措施：

（1）高空坠落发生后发现人员应立即移走周围可能继续产生危险的坠落物、障碍物，同时及时报警，电话120。

（2）为急救医生留出通道，使其尽可能最快到达伤员处。

（3）抢救人员应对伤员进行识别，不可急速移动或摇动伤员身体。应组织人员平托伤员身体，缓慢将其放至于平坦的地面上；若发现伤员呼吸障碍，应进行口对口人工呼吸。

（4）若发现伤员出血，应迅速采取止血措施，可在伤口近心端结扎，但应每半小时松开一次，避免坏死。动脉出血应用指压大脚根部股动脉止血。

9.2.3 触电事故处理

当触电事故发生时，发现人应疾呼附近人员组织抢救，首先应切断电源，然后按照以下步骤处理：

1）使触电人员脱离带电体：抢救人员必须首先保证自己不被伤害。如在附近有电源开关，应首先采用切断电源的方法；如附近无电源开关，应寻找干燥木方、木板等绝缘材料，挑开带电体；如可以迅速呼唤到周围电工，电工可利用本人绝缘手套、绝缘鞋齐全的条件，迅速使触电者摆脱带电部分。

2）急救：触电者摆脱带电体后，应立即就地对其进行急救，除非周围狭窄、潮湿，不具备抢救条件，可将其转移到另外的地方。

发生触电后急救步骤如下：

（1）使触电者仰面平躺，检查有无呼吸和心脏跳动；

（2）如触电者呼吸短促或微弱，胸部无明显呼吸起伏，立即给其做口对口人工呼吸；

（3）如触电者脉搏微弱，应立即对其进行人工心脏按压，在心脏部位不断按压、松开，频率为 60 次/min，帮助触电者复苏心脏跳动；

因触电的不良影响，不是一下子表现出来的。因此，即使触电者自我感觉良好，也不得继续工作，应使其平躺，保持安静，同时保证周围空气流通，尽快将伤者送往医院进行救治或立即拨打120急救电话，同时告知总包方领导和公司应急处理小组，并保护好现场，维护好现场秩序，按照总包方领导或公司应急处理小组意见进行善后处理工作，包括配合调查、接受处理和重新制定并落实整改措施。

9.2.4 火灾事故处理

火灾发生时，首先应尽快组织一线所有人员快速有序地撤离事故现场至安全区域，利用现场包括灭火器在内的消防器材进行灭火，同时拨打119火警电话和报告总包方领导小组及公司应急处理小组。当专业消防队员到达现场后，说明火灾情况，全力协助消防队员进行灭火作业。火灾熄灭后，听从领导指挥，保护好现场，配合有关方面的调查取证，同时按领导要求做好善后清理工作。火灾事故调查处置报告出来后，按照有关处理决定执行对相关责任人的处罚，同时按要求制定整改防范措施并落实到位。

9.3　应急物资准备

应急领导小组应配备救援器材：

(1) 医疗器材：简易担架、氧气袋、塑料袋、小药箱等；

(2) 抢救工具：一般工地常备工具即可；

(3) 照明器材：手电筒、应急灯 36V 以下安全线路、灯具等；

(4) 通信器材：电话、手机、对讲机、警示灯等；

(5) 交通工具：工地面包车；

(6) 灭火器材：干粉灭火器。灭火器日常按要求就位，紧急情况下集中使用。

9.4　应急示意图（略）

10　计　算　书

10.1　前言

本计算书将反映 XHR-10 型动轨式附着式升降脚手架系统关键部件的受力状况、强度及稳定性等计算内容。主要计算根据是《建筑施工工具式脚手架安全技术规范》JGJ 202—2010。

计算单元的选取原则是符合《建筑施工工具式脚手架安全技术规范》JGJ 202—2010 规定。

(1) 桁架导轨式附着式升降脚手架设计支承跨度≤7.0m，选择计算单元的跨度为 6.9m。

(2) 桁架导轨式附着式升降脚手架设计架体全高与支承跨度乘积一般小于 110m^2。设计架体高度 14.4m，架体高度与支承跨度乘积：14.4m×6.9m＝99.36m^2＜110m^2。

(3) 架体内外排立杆中心距为 0.75m，步高为 1.8m。

综上所述，本设计计算书选取一支承跨度 6.9m 的一榀脚手架作为计算单元。

10.2　相关术语

(1) 竖向主框架：由横梁、斜杆、立杆构成的空间桁架结构体系，用于构造附着式升降脚手架架体，垂直于建筑物外立面，并与附着支承结构相连，主要承受和传递竖向和水平荷载的竖向框架。

(2) 水平支承桁架：用于构造附着式升降脚手架架体，主要承受架体竖向荷载，并将竖向载荷传递至竖向主框架和附着支承结构的水平结构。

(3) 附着支承结构：直接与工程结构相连，承受并传递脚手架荷载的支承结构。

(4) 支承跨度：两相邻竖向主框架中心轴线之间的距离。

(5) 脚手架高度：架体最底层杆件轴线至架体最上层横杆（护栏）轴线间的距离。

(6) 防坠装置：架体在升降和使用过程中发生意外坠落的制动装置。

(7) 防倾覆装置：防止架体在升降和使用过程中发生倾覆的装置。

10.3　荷载规定和计算系数

1）荷载规定

（1）恒载：包括搭设架体的钢管和扣件、竖向主框架、水平支承桁架、作业层脚手板、安全网、提升机构以及固定于架体上的设备等传给附着支承点的全部材料、构配件、器具的自重。

（2）活荷载（施工荷载）：架体在工作状态下，结构施工时，按两层荷载（每层 $3kN/m^2$）计算；装修施工时，按三层荷载（每层 $2kN/m^2$）计算；架体在升降状态下，施工活荷载按每层 $0.5kN/m^2$ 计算。

（3）风荷载：风压标准值按照规范计算确定。挡风面积按挡风材料、杆件的实际挡风面积计算。

2）计算系数

（1）结构重要性系数 γ_0 取 0.9

（2）恒载分项系数 γ_G 取 1.2；活荷载分项系数 γ_Q 取 1.4

（3）附加荷载不均匀系数 γ_1 取 1.3，γ_2 取 2.0

（4）竖向主框架和水平支承桁架

压杆　　$\lambda \leqslant 150$　　　　拉杆　　$\lambda \leqslant 300$

（5）单一系数法复核时，其安全系数 K 值

对于强度设计时：　　　　$K \geqslant 1.5$

对于稳定性设计时：　　　$K \geqslant 2.0$

（6）钢丝绳安全系数

根据《建筑施工工具式脚手架安全技术规范》JGJ 202—2010 第 4.2.4.3 条规定，当建筑物层高为 3.0m（含）以下时应取 6.0。

10.4　计算方法

本《计算书》中架体结构和附着支承结构按照"概率极限状态法"进行计算。承载力设计表达式为：

$$\gamma_0 S \leqslant R \tag{10.4-1}$$

式中　γ_0——结构重要性系数，取 0.9；

　　　S——荷载效应；

　　　R——结构抗力。

按照"概率极限状态法"进行设计时，按承载力极限状态设计的计算荷载取荷载的设计值；按使用极限状态设计的计算荷载取荷载的标准值。

升降动力设备、吊具、索具按"容许应力设计法"进行设计计算，取强度容许值，计算表达式为：

$$\sigma \leqslant [\sigma] \tag{10.4-2}$$

式中　σ——设计应力；

　　　$[\sigma]$——容许应力。

10.5　附着式升降脚手架组成及特点

附着式升降脚手架结构包括几大部分组成：

（1）架体：采用扣件式脚手架杆件组装的架体。

（2）竖向主框架和水平支承桁架：采用型钢定型焊接加工螺栓连接的桁架或框架。

（3）爬升机构包括：附着支承结构（预埋件、对拉螺栓、垫板、销轴等）、底座（包含防坠装置）、防倾及导向装置（附墙导向座）、承重装置（卸荷座、花篮螺栓以及连墙装置）、提升装置（提升座）。

（4）自身提升设备：电动葫芦、电控柜、电缆线。

10.6　荷载标准值计算

10.6.1　恒荷载

恒载即脚手架结构及其上附属物自重，包括立杆、大横杆、小横杆、剪刀撑、护栏、扣件、安全网、脚手板（挡脚板）、电闸箱、控制箱、竖向主框架、水平支承桁架、安装在脚手架上的爬升装置自重等。

1）脚手板自重计算

脚手板采用 50mm 厚的木板，架体内排立杆离墙 450mm，脚手板铺设时离墙 200mm，则脚手板宽度为：$750+450-200=1000mm$。脚手板的自重标准值为 $0.35kN/m^2$。

（1）单层脚手板自重：$6.9m×1.0m×0.35kN/m^2=2.42kN$

（2）三层脚手板自重：$2.42kN×3=7.26kN$

（3）四层脚手板自重：$2.42kN×4=12.1kN$

2）挡脚板自重计算

在脚手板铺设层架体的外排搭设 180mm 高、50mm 厚的木板作为挡脚板，挡脚板线荷载取 0.14kN/m，则有：

（1）单层自重：$6.9m×0.14kN/m=0.97kN$

（2）三层自重：$0.97kN×3=2.91kN$

（3）五层自重：$0.97kN×5=4.85kN$

3）竖向主框架自重计算

一套竖向主框架包括 1 个底座（单重 84.57kg），1 个提升座（单重 43.6kg），7 个横梁（单重 14.6kg），14 根斜杆（单重 4.95kg），1 根导轨（单重 159.1kg），4 根立杆（每根长度 14.4m），即为：

$$(84.57+43.6+14.6×7+4.95×14+159.1)×10×10^{-3}+4×14.4×0.0384=6.8kN$$

4）安全网自重计算

外排架外侧面、脚手板下面均铺设密目式安全网，重量系数为 $0.005kN/m^2$。

$$(14.4×6.9+1.0×6.9×3层)×0.005kN/m^2=0.6kN$$

5）水平支承桁架自重计算

水平支撑桁架如图 10.6 所示。自重见表 10.6。

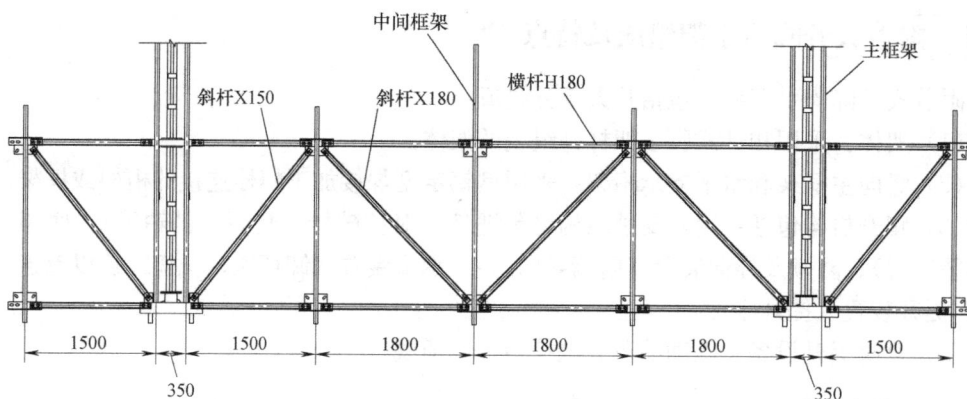

图 10.6 水平支撑桁架

水平支承桁架自重表 表 10.6

序号	名称	数量(根)	单重(kN)	总重(kN)
1	横杆 H180	12	0.112	1.344
2	横杆 H150	4	0.093	0.372
3	斜杆 X180	6	0.154	0.924
4	斜杆 X150	2	0.141	0.282
5	中间框架	3 套	0.331	0.993
6	螺栓 M20×40	80 条	0.0015	0.12
7	螺母 M20	80 个	0.00068	0.0544
合计总重(kN)				4.09

6) 安装于架体上的爬升机构和卸荷机构的自重计算

包括电动葫芦，卸荷座 3 个，电闸箱和电控箱，即：

$$0.85+10.56×3×10×10^{-3}+0.5=1.67kN$$

7) 脚手架架体自重计算

附着式升降脚手架架体部分采用钢管扣件脚手架，本《计算书》引用钢管扣件式脚手架来统计架体自重荷载。架体钢管规格采用 $\phi48×3.5$，重量系数为 $0.0384kN/m$，直角扣件 $0.0132kN/个$，旋转扣件 $0.0146kN/个$，对接扣件 $0.0184kN/个$。

(1) 大横杆：$7×2×6.9×0.0384=3.7kN$

(2) 护身杆：$8×6.9×0.0384=2.1kN$

(3) 立杆：$2×3×(14.4-1.8)×0.0384=2.9kN$

(4) 小横杆：(含脚手板铺设层小横杆加密)$(7×3+3×3)×1.0×0.0384=1.15kN$

(5) 剪刀撑：12 根 $×6m/$根$×0.0384=2.76kN$

(6) 扣件：每根立杆对接扣件 2 个，每根大横杆、护身杆直角扣件 5 个、对接扣件 1 个，每根小横杆直角扣件 2 个；剪刀撑每根旋转扣件 7 个。

直角扣件：$(22×5+21×2)×0.0132=2.0kN$

旋转扣件：$2×7×0.0146=0.2kN$

对接扣件：$(6×2+22×1)×0.0184=0.63kN$

所以脚手架结构自重为：$3.7+2.1+2.9+1.15+2.76+2.83=15.4\text{kN}$

以上各项合计为恒荷载（结构施工时实际只铺设 3 层脚手板）：

$$G_K=7.26+2.91+6.8+0.6+4.09+1.67+15.4=38.7\text{kN}$$

10.6.2　活荷载

1）施工荷载

（1）使用工况下，结构施工时，按 2 层作业层 3kN/m^2 计算，装修施工时，按 3 层作业层 2kN/m^2 计算。

$$Q_K=6.9\text{m}\times0.75\text{m}\times6\text{kN/m}^2=31.1\text{kN}$$

（2）升降工况下，施工活荷载：按照作业层 0.5kN/m^2 计算

结构施工时：$Q_K=6.9\text{m}\times0.75\text{m}\times2\text{ 层}\times0.5\text{kN/m}^2=5.2\text{kN}$

装修施工时：$Q_K=6.9\text{m}\times0.75\text{m}\times3\text{ 层}\times0.5\text{kN/m}^2=7.8\text{kN}$

2）风荷载计算

按下式计算：

$$W_k=\beta_z\cdot\mu_s\cdot\mu_z\cdot w_0 \tag{10.6-1}$$

式中　μ_z——风压高度变化系数。按照田野、乡村、丛林、丘陵以及房屋比较稀疏的中、小城镇和大城市郊区的 B 类地面粗糙度采用（高度按 200m 考虑，12 号楼实际高度为 78.46m），查《建筑结构荷载规范》可得 $\mu_z=2.61$；

　　w_0——基本风压。应按现行国家标准《建筑结构荷载规范》附录中 $n=10$ 年的规定采用，取 $w_0=0.4\text{kN/m}^2$；

　　μ_s——风荷载体型系数。按照《编制建筑施工脚手架安全技术标准的统一规定》中，背靠建筑物的情况为"敞开框架和开洞墙"，故取 $\mu_s=1.3\phi$，其中 ϕ 为挡风系数。

按照规范取 $\phi=0.8$，$\mu_s=1.3\phi=1.04$；

　　β_z——风振系数，取 1.0。

风荷载标准值：

$$\begin{aligned}W_k&=\beta_z\cdot\mu_s\cdot\mu_z\cdot w_0\\&=1.0\times1.04\times2.61\times0.4\\&=1.09\text{kN/m}^2\end{aligned}$$

10.7　竖向主框架计算

竖向主框架在使用工况下，同时承受竖向荷载（恒载＋施工活荷载）和风荷载，且均比升降工况下相应荷载要大得多，故仅对主框架的使用工况进行计算，取一片主框架为计算对象。

10.7.1　主框架在竖向荷载作用下的计算

在使用工况下，每片主框架承受竖向荷载设计值为：

$$P_{设}=\frac{\gamma_1\gamma_0(\gamma_G G_k+\gamma_Q Q_k)}{2} \tag{10.7-1}$$

式中　γ_0——结构重要性系数，$\gamma_0=0.9$；

　γ_G、γ_Q——恒载、活载分项系数，$\gamma_G=1.2$，$\gamma_Q=1.4$；

γ_1——附加荷载不均匀系数，在使用工况下取 $\gamma_1 = 1.3$；

G_K、Q_K——恒载标准值、施工荷载标准值。

所以有：

$P_设 = 1.3 \times 0.9 \times (1.2 \times 38.7 + 1.4 \times 31.1)/2$

$\qquad = 52.6 \text{kN}$

主框架所承受竖向荷载设计值由内外侧立柱各承担 1/2，即每根立杆承受的竖向荷载值为：$P_设/2 = 26.3 \text{kN}$。

10.7.2　主框架在风荷载作用下的计算

主框架内侧节点均通过横梁用螺栓连接在导轨上，两片主框架共同承担一跨脚手架间的风荷载，即每片主框架承担竖向线风荷载（标准值）为：$q_风 = 1.09 \text{kN/m}^2 \times 6.9 \text{m}/2 = 3.76 \text{kN/m}$。

将线风荷载（标准值）简化为作用在主框架外侧节点上的水平集中荷载。

即：$3.76 \text{kN/m} \times 1.8 \text{m} = 6.77 \text{kN}$

由上可得主框架在竖向荷载和风荷载作用下的受力简图如图 10.7-1 所示。

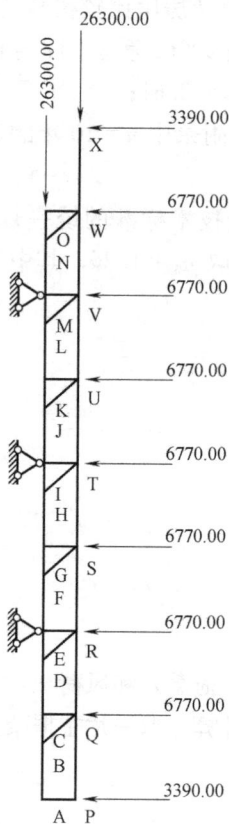

图 10.7-1　竖向
主框架受力简图

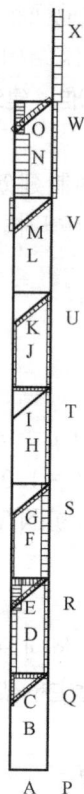

图 10.7-2　竖向主框
架轴力图

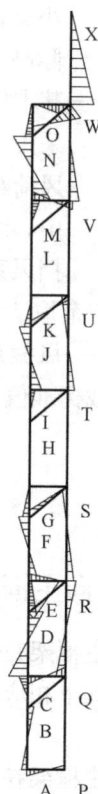

图 10.7-3　竖向主
框架弯矩图

由计算软件得主框架的轴力图如图 10.7-2 所示，弯矩图如图 10.7-3 所示。

由计算结果分析可知，在竖向荷载和风荷载的共同作用下，主框架内立杆 MN 为最不利杆件，选取 MN 为验算对象。内立杆 MN 为导轨与主框架立杆的组合杆件。

经结构计算软件计算得立杆 MN 所受力：

$$N_{MN}=49454N，M_{MN}=4946208N \cdot m$$

此荷载由主框架内立杆与导轨共同承担，为了使计算偏于安全，按导轨承担全部荷载验算。

导轨为双 6.3 号槽钢的组焊件，截面特性如下：

$$i=24.5mm，A=1690mm，W=32200mm^3$$

杆件为两端铰接，计算长度系数 $\mu=1.0$。计算得：$\lambda=73.5$，查表得：$\phi=0.76$。

$$\sigma=\frac{N}{\varphi A}+\frac{Mx}{W} \tag{10.7-2}$$

$$=\frac{49454N}{0.76 \times 1690}+\frac{4946208}{32200}=192.1N/mm^2<205N/mm^2$$

所以竖向主框架承载力满足要求！

10.8　水平支承桁架计算

附着式升降脚手架的水平支承桁架分内外两片，其两端分别与竖向主框架相连，且将竖向主框架作为支座。水平支承桁架分升降、坠落、使用三种工况。显然，在使用工况下其承受竖向荷载最大，因此以下仅就它的使用工况进行计算。

水平桁架如图 10.8-1 所示。

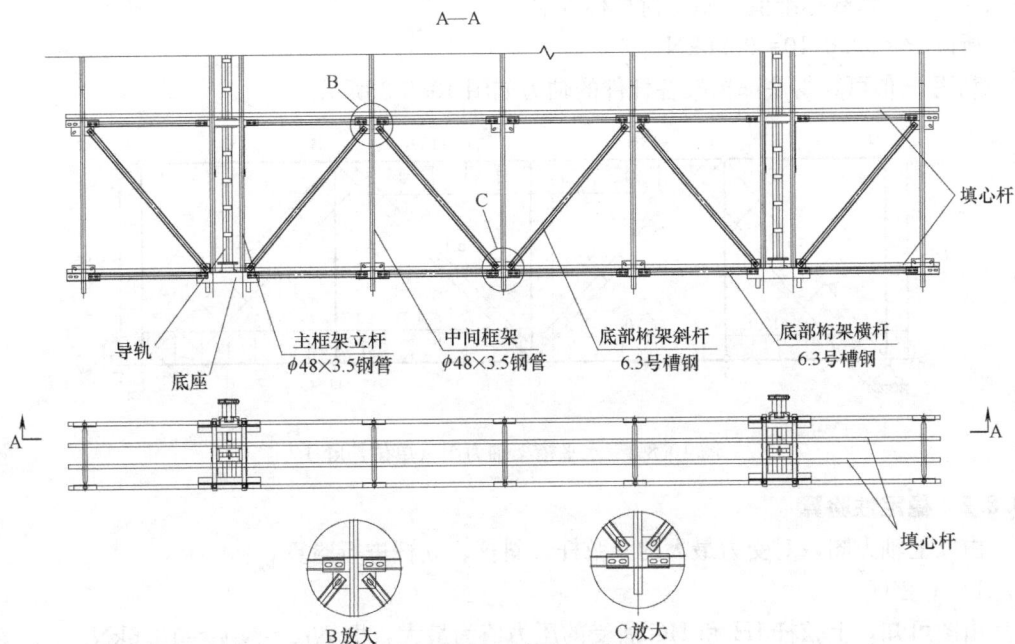

图 10.8-1　水平桁架示意图（一）

水平支承桁架计算跨度为 6.9m。计算简图如 10.8-2 所示。

进行受力分析可知，水平支承桁架上部结点承受桁架本身荷载以外的全部恒载（自

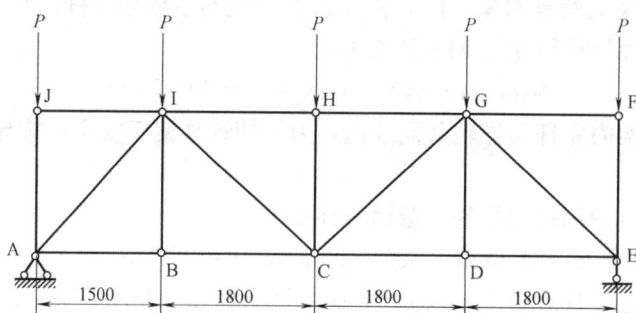

图 10.8-2 水平桁架示意图（二）

重）和活载（施工荷载），并由内外两片桁架共同承受，共 10 个节点分担。

10.8.1 荷载计算

恒载：$G_K = 7.26 + 2.91 + 6.8 + 0.6 + 1.67 + 15.4 = 34.64$kN

施工活荷载：$Q_K = 31.1$kN

荷载组合：

$$\gamma_1\gamma_0(\gamma_G G_k + \gamma_Q Q_k) = 1.3 \times 0.9 \times (1.2 \times 34.64 + 1.4 \times 31.1) = 99.6\text{kN} \quad (10.8-1)$$

式中：γ_0——结构重要性系数，$\gamma_0 = 0.9$；

γ_G、γ_Q——恒载、活载分项系数，$\gamma_G = 1.2$，$\gamma_Q = 1.4$；

γ_1——附加荷载不均匀系数，在使用工况下取 $\gamma_1 = 1.3$；

G_K、Q_K——恒载标准值、施工荷载标准值。

所以 $P = 99.6/10 = 9.96$kN。

利用 P 值可算得底部桁架各杆件的轴力如图 10.8-3 所示。

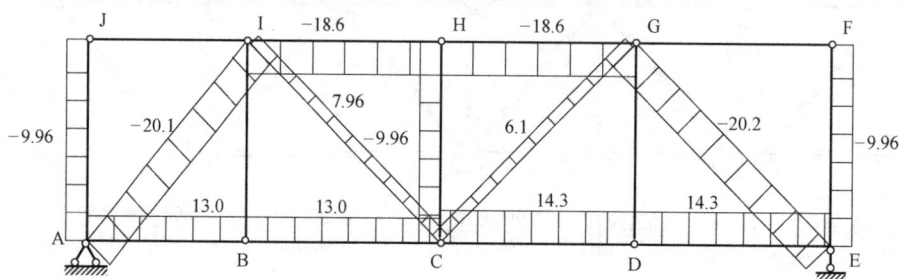

图 10.8-3 水平桁架轴力图（单位：kN）

10.8.2 稳定性验算

由以上轴力图，对受力最大的上弦杆、斜杆、立杆进行验算。

1）上弦杆

由图可知，上弦杆 IH 和 HG 所受的压力值为最大，即 $N_{IN} = N_{HG} = 18.6$kN。

取其中一根杆为验算对象。上弦杆采用的是 6.3 号槽钢，长 $l = 1800$mm，其截面特性：

$A = 845.1$mm^2　$i_x = 24.5$mm。

① 长细比计算

上弦杆按两端铰接考虑，取计算长度 $l_0 = l = 1800\mathrm{mm}$，所以：

$$\frac{l_0}{i_\mathrm{x}} = \frac{1800\mathrm{mm}}{24.5\mathrm{mm}} = 74 < \left[\frac{l}{i}\right] = 250 \tag{10.8-2}$$

查表得稳定系数 $\varphi = 0.818$。

② 杆身稳定计算

$$\sigma = \frac{N_\mathrm{IH}}{\varphi A} = \frac{18.6 \times 10^3 \mathrm{N}}{0.818 \times 845.1\mathrm{mm}} = 26.9\mathrm{N/mm^2} < f = 205\mathrm{N/mm^2} \tag{10.8-3}$$

满足要求！

2）斜杆

由图可知，斜杆 GE 所受的压力值为最大，即 $N_\mathrm{GE} = -20.2\mathrm{kN}$，取斜杆 GE 作为验算对象。斜杆采用的是 6.3 号槽钢，长 $l_0 = 2550\mathrm{mm}$，其截面特性：$A = 845.1\mathrm{mm^2}$　$i_\mathrm{x} = 24.5\mathrm{mm}$

① 长细比计算

$$\frac{l_0}{i_\mathrm{x}} = \frac{2550\mathrm{mm}}{24.5\mathrm{mm}} = 104 < \left[\frac{l}{i}\right] = 250 \tag{10.8-4}$$

查表得稳定系数 $\varphi = 0.607$。

② 杆身稳定计算

$$\sigma = \frac{N_\mathrm{CE}}{\varphi A} = \frac{20.2 \times 10^3 \mathrm{N}}{0.607 \times 845.1\mathrm{mm^2}} = 35.9\mathrm{N/mm^2} < f = 205\mathrm{N/mm^2} \tag{10.8-5}$$

满足要求！

3）立杆

由图可知，立杆 HC 所受的压力值为最大，即 $N_\mathrm{HC} = -9.96\mathrm{kN}$。

取该立杆为验算对象。立杆实际采用的是 $\phi 48 \times 3.5$ 钢管制作，为了使计算偏于保守，计算时按 $\phi 48 \times 3.0$ 钢管进行考虑，长 $l_0 = 1800\mathrm{mm}$，其截面特性：

$A = 423.9\mathrm{mm^2}$　$i_\mathrm{x} = 15.95\mathrm{mm}$

（1）长细比计算

$$\frac{l_0}{i_\mathrm{x}} < \frac{1800\mathrm{mm}}{15.95\mathrm{mm}} = 113 < \left[\frac{l}{i}\right] = 250 \tag{10.8-6}$$

查表得稳定系数 $\phi = 0.35$

（2）杆身稳定计算

$$\sigma = \frac{N_\mathrm{HC}}{\varphi A} = \frac{9.96 \times 10^3 \mathrm{N}}{0.35 \times 423.9\mathrm{mm^2}} = 67.13\mathrm{N/mm^2} < f = 205\mathrm{N/mm^2} \tag{10.8-7}$$

满足要求！

10.9　提升座计算

架体通过挂在提升座吊环上的电动葫芦链条的收缩来进行升降运动，当架体进行提升时，提升座支撑横梁受力最不利，必须验算其抗弯强度，提升横梁如图 10.9 所示。

10.9.1　提升挂座上横梁计算

1）抗弯验算：

提升挂座上横梁采用的是双 6.3 号槽钢，$W_\mathrm{x} = 16.1\mathrm{cm^3}$，长 $l = 440\mathrm{mm}$，两端焊接于提升挂座下横梁之上，故按两端固接进行计算。提升工况下荷载计算如下：

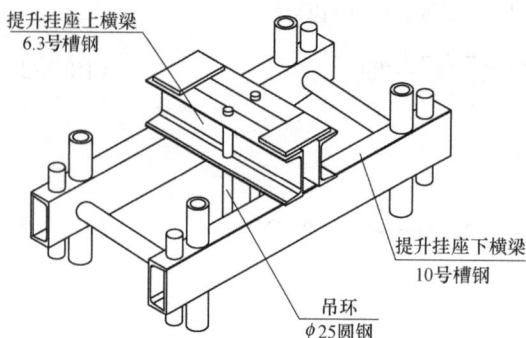

提升挂座上横梁
6.3号槽钢

提升挂座下横梁
10号槽钢

吊环
$\phi 25$圆钢

图 10.9 提升横梁示意图

内力组合：$N = \gamma_2 \gamma_0 (\gamma_G G_k + \gamma_Q Q_k)$

式中 γ_0——结构重要性系数，$\gamma_0 = 0.9$；

γ_G、γ_Q——恒载、活载分项系数，$\gamma_G = 1.2$，$\gamma_Q = 1.4$；

γ_2——附加荷载不均匀系数，在升降工况下取 $\gamma_2 = 2.0$；

G_K、Q_K——恒载标准值、施工荷载标准值。

所以有：$N = 2.0 \times 0.9 \times (1.2 \times 38.7 + 1.4 \times 5.2)$

$$= 96.7 \text{kN}$$

所以最大弯矩值为：$M_{max} = \dfrac{1}{8} N = 5318.5 \text{kN} \cdot \text{mm}$

抗弯强度按下式验算：

$$\sigma = \frac{M_{max}}{W_X} < f \tag{10.9-1}$$

即 $\sigma = \dfrac{5318.5 \times 10^3}{2 \times 16.1 \times 10^3} = 165.17 \text{N/mm}^2 < f = 205 \text{N/mm}^2$

满足要求！

2）挠度计算

跨中最大挠度按下式计算：

$$v = \frac{Fl^3}{48EI} = \frac{96.7 \times 440^3 \times 10^3}{48 \times 2.06 \times 10^5 \times 245 \times 10^4} = 0.337 \text{mm} \leqslant [v] = \frac{l}{250} = 1.76 \text{mm}$$

$$\tag{10.9-2}$$

满足要求！

10.9.2 提升挂座下横梁计算

1）抗弯验算

提升挂座下横梁采用的是 10 号槽钢和钢板焊接而成的组合截面，长 $l = 750 \text{mm}$，已知槽钢 $W_x = 39.7 \text{cm}^3$，钢板截面尺寸为 $b \times h = 8 \times 80$，$W_x = 8.53 \text{cm}^3$，两端铰接，取其中一根下横梁进行验算：

由前面计算可知，$N = 2.0 \times 0.9 \times (1.2 \times 38.7 + 1.4 \times 5.2) = 96.7 \text{kN}$

所以每根下横梁所受的集中荷载为 $P = N/2 = 48.35 \text{kN}$

所以最大弯矩值为：$M_{max} = Pl/4 = 48.35 \times 750/4 = 9065.63 \text{kN} \cdot \text{mm}$

抗弯强度按下式验算：

$$\sigma = \frac{M_{max}}{W_X} < f$$

即 $\sigma = \dfrac{9065.63 \times 10^3}{(39.7 + 8.53) \times 10^3} = 187.96 \text{N/mm}^2 < f = 205 \text{N/mm}^2$ $\tag{10.9-3}$

满足要求！

2）挠度计算

跨中最大挠度按下式计算：

$$v = \frac{Pl^3}{48EI} = \frac{48.35 \times 750^3 \times 10^3}{48 \times 2.06 \times 10^5 \times 245 \times 10^4} = 0.842 \text{mm} \leqslant [v] = \frac{1}{250} = 3 \text{mm} \quad (10.9\text{-}4)$$

满足要求！

10.9.3　吊环焊缝强度计算

吊环共有 4 道焊缝，焊缝受到剪力的作用，焊缝高度为 5mm，按下式计算焊缝强度：

$$\sigma_f = \frac{N}{0.7 h_f l_\omega} < f_v^w \quad (10.9\text{-}5)$$

即为：$\sigma_f = \dfrac{96.7 \times 10^3}{0.7 \times 5 \times 4 \times (80 - 2 \times 5)} = 99 \text{N/mm}^2 < f_v^w = 160 \text{N/mm}^2$

所以吊环的焊缝强度满足要求！

10.9.4　吊环抗拉强度计算

吊环采用 $\phi 25$ 圆钢制成，截面面积为 490.63mm^2，对其进行受力分析可知吊环受拉力作用，吊环受拉截面面积为 $A = 2 \times 490.63 = 981.26 \text{mm}^2$，抗拉强度验算如下：

$$\sigma = \frac{N}{A} = \frac{96700}{981.26} = 98.55 \text{N/mm}^2 < f = 205 \text{N/mm}^2 \quad (10.9\text{-}6)$$

满足要求！

10.10　附墙系统计算

附墙系统的计算可分为附墙支座的强度计算和对拉螺栓的计算。

10.10.1　附墙支座

按照规范要求，计算附墙支座时，应按使用工况进行，选取其中承载荷载最大处的支座进行计算，其设计荷载值应乘以冲击系数 $\gamma_3 = 2.0$。导向座如图 10.10-1 所示。

架体在使用工况下，实际安装 4 个附墙导向座上，通过 2 根可调拉杆连成一体，使附墙导向座整体受力；考虑施工现场不确定因素，为了使计算偏于安全，按 3 个导向座同时受力考虑；此时附墙导向座同时受施工荷载和风荷载的作用，取其中一个导向座为验算对象，受力简图如图 10.10-2 所示。

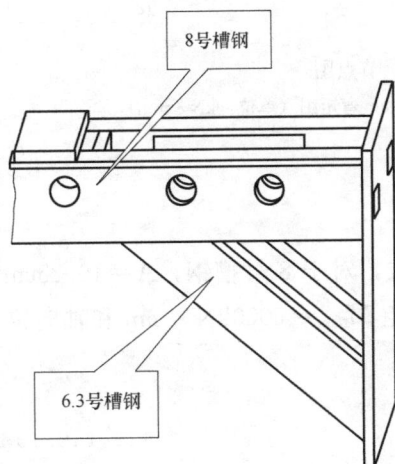

图 10.10-1　附墙导向座

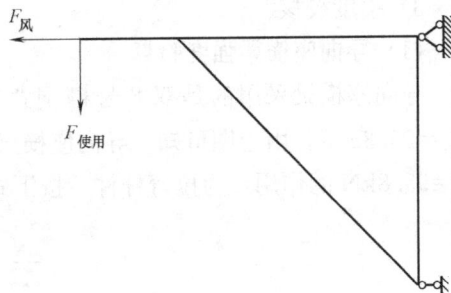

图 10.10-2　附墙导向座受力简图

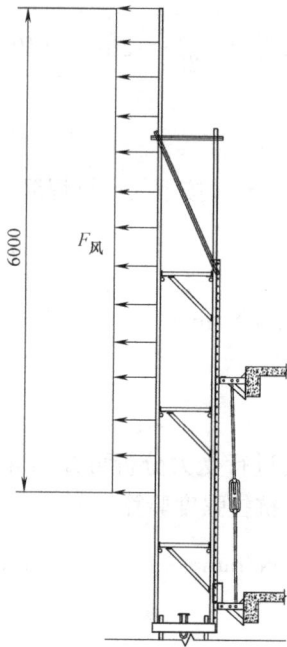

图 10.10-3　附墙导向座受力简图（二）

1）$F_{使用}$ 计算

荷载组合：$F_{使用}=\gamma_3(\gamma_G G_k+\gamma_Q Q_k)/3$　（10.10-1）

式中　γ_G、γ_Q——恒载、活载分项系数，$\gamma_G=1.2$，
　　　　　　　　$\gamma_Q=1.4$；

　　　　γ_3——冲击系数，$\gamma_3=2.0$；

　　　　G_K、Q_K——恒载标准值、施工荷载标准值。

所以 $F_{使用}=2.0\times(1.2\times38.7+1.4\times31.1)/3$
　　　　　　$=60\text{kN}$

2）$F_{风}$ 计算

架体在使用工况下，选取受力最不利的一个附墙支座进行风荷载计算，根据实际受力分析可知，最上部的附墙支座所受风荷载最大，如图 10.10-3 所示。

所以有：

$F_{风}=1.09\text{kN/m}^2\times6.9\text{m}\times6\text{m}$
　　　$=45.1\text{kN}$

通过计算可求得附墙导向座的轴力图、弯矩图、节点图如图 10.10-4 所示。

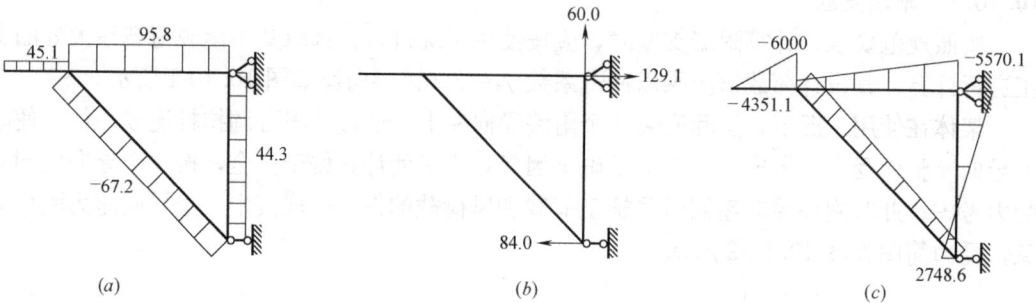

图 10.10-4　轴力图、弯矩图、节点图

（a）轴力图（单位：kN）；（b）节点图（单位：kN）；（c）弯矩图（单位：kN·mm）

3）强度校核

（1）导向座横梁强度验算

导向座横梁采用的是双 8 号槽钢背靠背焊接而成，对于 8 号槽钢，$A=10.25\text{cm}^2$，$W_x=25.3\text{cm}^3$，由上图可知，导向座横梁同时受到弯矩 $M_{max}=6000\text{kN·mm}$ 和轴向拉力 $N=95.8\text{kN}$ 的作用，为拉弯杆件，按下式验算其强度：

$$\frac{N}{A_n}+\frac{M_x}{\gamma_x W_x}\leqslant f \tag{10.10-2}$$

即：

$$\frac{N}{A_n} + \frac{M_x}{\gamma_x W_x} = \frac{95.8 \times 10^3}{2 \times 10.25 \times 10^2} + \frac{6000 \times 10^3}{1.05 \times 2 \times 25.3 \times 10^3}$$

$$= 46.7 + 112.9$$

$$= 159.6 \leqslant f = 215 \text{N/mm}^2$$

所以导向座横梁强度满足要求！

（2）导向座斜支撑梁强度验算

导向座斜支撑梁采用的是双 6.3 号槽钢背靠背焊接而成，长度 $l = 350$mm。6.3 号槽钢截面特性：$A = 8.451$cm^2，$W_x = 16.1$cm^3，$i_x = 2.45$cm，由上图可知，导向座斜支撑梁同时受到弯矩 $M_{max} = 4351.1$kN·mm 和轴向压力 $N = 67.2$kN 的作用，为压弯杆件，按下式验算其强度：

$$\frac{N}{A_n} + \frac{M_x}{\gamma_x W_x} \leqslant f$$

即：

$$\frac{N}{A_n} + \frac{M_x}{\gamma_x W_x} = \frac{67.2 \times 10^3}{2 \times 8.451 \times 10^2} + \frac{4351.1 \times 10^3}{1.05 \times 2 \times 16.1 \times 10^3}$$

$$= 39.75 + 128.7$$

$$= 168.4 \leqslant f = 215 \text{N/mm}^2$$

所以导向座斜支撑梁强度满足要求！

10.10.2　对拉螺栓验算

附墙支座采用的是 2 根 M24 高强度螺栓，螺栓采用 28MnSiB 材质制成，抗拉设计强度为 $f_t^b = 785$N/mm^2，抗剪设计强度为 $f_v^b = 471$N/mm^2。由节点图可知对拉螺栓受到拉力和剪力的共同作用，每根对拉螺栓所受剪力 $N_v = 60/2 = 30$kN，所受拉力 $N_t = 129.1/2 = 64.6$kN，M24 对拉螺栓参数及承载力设计值如下：

螺纹处有效面积：$A_e = 352.5$mm^2，螺纹小径 $d_1 = 21.185$mm

受剪承载力设计值：

$$N_v^b = n_v \frac{\pi d_1^2}{4} f_v^b = 1 \times \frac{3.14 \times 21.185^2}{4} \times 471 \text{N/mm}^2 = 166 \text{kN} \tag{10.10-3}$$

受拉承载力设计值：$N_t^b = A_e f_t^b = 352.5mm^2 \times 785N/mm^2 = 276.7$kN

对拉螺栓同时承受拉力和剪力时的验算：

$$\sqrt{\left(\frac{N_v}{N_v^b}\right)^2 + \left(\frac{N_t}{N_t^b}\right)^2} = \sqrt{\left(\frac{30}{166}\right)^2 + \left(\frac{64.6}{276.7}\right)^2} = 0.3 < 1 \tag{10.10-4}$$

对拉螺栓满足要求！

10.11　对拉螺栓孔处混凝土抗压承载能力验算

当混凝土强度达到 C10 时即可提升架体，架体提升时，对拉螺栓孔处混凝土受到对

拉螺栓的挤压作用，该处的混凝土的受压承载能力应符合下式要求，

$$N_V \leqslant 1.35\beta_b\beta_t f_c bd \tag{10.11}$$

式中 N_V——一个螺栓所承受的剪力，取 30000N；

β_b——螺栓孔混凝土受荷计算系数，取 0.39；

β_t——混凝土局部承压强度提高系数，取 1.73；

f_c——上升时混凝土龄期试块轴心抗压强度设计值，对于 C10 混凝土，取 $f_c = 5N/mm^2$；

b——混凝土外墙厚度，取 $b = 200mm$；

d——对拉螺栓直径（有套管时为套管外径，预埋套管外径为 40mm），所以取 $d = 40mm$

所以：

$1.35\beta_b\beta_t f_c bd = 1.35 \times 0.39 \times 1.73 \times 5 \times 200 \times 40 = 36433.8N \geqslant N_V = 30000N$

所以对拉螺栓孔处混凝土抗压承载能力满足要求！

10.12 防坠吊杆计算

10.12.1 吊杆强度计算

防坠吊杆如图 10.12-1 所示。

防坠装置是为了防止在升降过程中，提升机具发生故障而引发脚手架坠落事故。即当提升机具发生故障失效时，升降过程中的恒载和施工荷载转而由防坠吊杆来承担，防坠吊杆采用吊环和 $\phi30$ 圆钢焊接而成。各荷载标准值取值如下：

恒载　　　　$G_k = 38.7kN$

施工荷载　　$Q_k = 5.2kN$

1）内力组合

按《附着式升降脚手架设计和使用管理规定》要求，内力组合设计值算式为：

$$N = \gamma_0\gamma_2(\gamma_G G_k + \gamma_Q Q_k)$$

式中 γ_0——结构重要性系数，$\gamma_0 = 0.9$

γ_G、γ_Q——恒载、活载分项系数，$\gamma_G = 1.2$，$\gamma_Q = 1.4$

γ_2——附加荷载不均匀系数，$\gamma_2 = 2.0$

G_k、Q_k——恒载标准值、施工荷载标准值对防坠吊杆产生的拉力。

$N = 0.9 \times 2.0 \times (1.2 \times 38.7kN + 1.4 \times 5.2kN) = 99.6kN$

2）强度计算

对于 $\phi30$ 圆钢，截面面积 $A = 706.5mm^2$

$$\sigma = \frac{N}{A} = \frac{96.6 \times 10^3}{706.5} = 136.7N/mm^2 < f = 205N/mm^2 \tag{10.12}$$

满足要求！

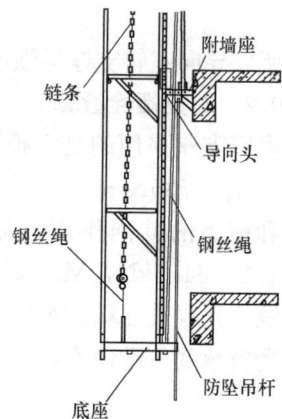

图 10.12-1 防坠吊杆示意图

10.12.2　焊缝强度计算

防坠吊杆采用吊环和 $\phi30$ 圆钢焊接而成，焊缝如图 10.12-2 所示，共 4 道长为 100mm 的焊缝，焊缝高度为 6mm，受剪力作用。

按下式计算焊缝强度：

$$\sigma_f = \frac{N}{0.7h_f l_\omega} < f_v^w \qquad (10.12-2)$$

即为：$\sigma_f = \dfrac{99.6 \times 10^3}{0.7 \times 6 \times 4(100 - 2 \times 6)} = 67.4 \text{N/mm}^2 < f_v^w = 125 \text{N/mm}^2$

所以防坠杆的焊缝强度满足要求！

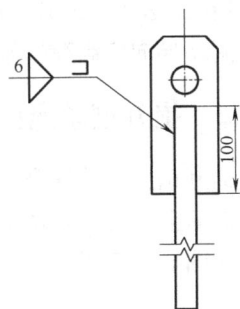

图 10.12-2　防坠吊杆焊缝示意图

图 10.13　卸荷座示意图

10.13　卸荷座销轴抗剪计算

架体处于使用工况下时，通过导轨和卸荷座，利用卸荷销卸荷到两个附墙导向座上，如图 10.13 所示。

每个导向座有 2 个 $\phi20$ 的销轴抗剪，$A = 314\text{mm}^2$，为了使计算偏于安全，按一个导向座卸荷考虑，即只有 2 个销轴同时受力，销轴双面受剪，所以每个销轴所受的剪力为 $V = P_{使用}/4$，其中：

$$P_{使用} = \gamma_1\gamma_0(\gamma_G G_k + \gamma_Q Q_k)$$
$$= 1.3 \times 0.9 \times (1.2 \times 38.7 + 1.4 \times 31.1)$$
$$= 105.3\text{kN}$$

$$\qquad (10.13\text{-}1)$$

$$\tau_V = V/A = 105.3 \times 1000/314 \times 4 = 83.8\text{N/mm}^2 \leqslant f_v = 120\text{N/mm}^2 \qquad (10.13\text{-}2)$$

所以销轴抗剪满足要求！

10.14　附墙导向座卸荷销轴计算

架体在升降时，提升钢丝绳的一端卸荷到附墙导向座的卸荷销轴上，如图 10.14 所示。

此时销轴双面受剪，必需验算其剪切应力。销轴采用的是 $\phi30$ 圆钢，其截面积为 $A = 706.5\text{mm}^2$，按下式验算其剪应力：

$$\tau_V = V/A \qquad (10.14\text{-}1)$$

其中 $V = \gamma_2\gamma_0(\gamma_G G_k + \gamma_Q Q_k)$
$$= 2.0 \times 0.9 \times (1.2 \times 38.7 + 1.4 \times 5.2)$$
$$= 99.6\text{kN}$$

$$\qquad (10.14\text{-}2)$$

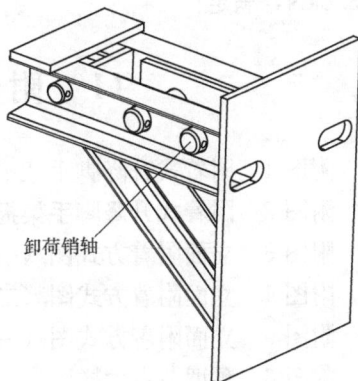

图 10.14　卸荷销轴大样图

所以：$\tau_V = (99.6 \times 10^3)/(2 \times 706.5) = 70.5 \text{N/mm}^2 \leqslant f_v = 120 \text{N/mm}^2$

附墙导向座卸荷销轴抗剪满足要求！

10.15　提升钢丝绳计算

提升钢丝绳从底座的滑轮穿过，将钢丝绳嵌入滑轮槽中并保证滑轮转动，一端挂于附墙导向座上，另一端从信号轴外侧穿过，挂于电动葫芦下吊钩上，电动葫芦挂在提升横梁上。如图 10.15 所示。

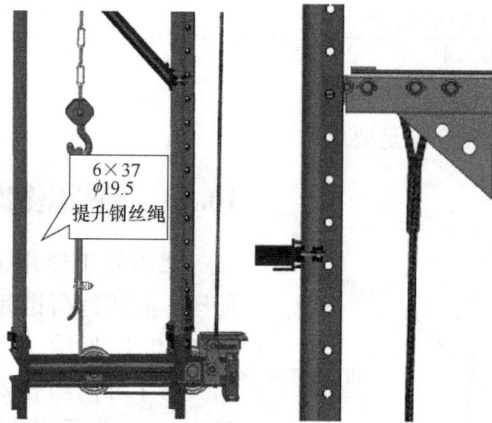

图 10.15　提升钢丝绳大样图

升降工况下荷载标准值为：

$$Q = G_k + Q_k = 38.7 + 5.2 = 43.9 \text{kN}$$

提升钢丝绳的设计破断力：

$$F_g = KQ = 6 \times 43.9 \text{kN} = 263.4 \text{kN} \tag{10.15}$$

式中：K——安全系数，$k = 6.0$。根据《建筑施工工具式脚手架安全技术规范》JGJ
　　　　202—2010 第 4.2.4.3 条规定，当建筑物层高为 3.0m（含）以下时应
　　　　取 6.0，本工程标准层层高为 2.9m，故取 $k = 6.0$；

　　　　Q——起重重量，$Q = 43.9 \text{kN}$（升降工况下荷载标准值）。

选用 $6 \times 37 \phi 19.5$，公称抗拉强度 $= 1961 \text{N/mm}^2$ 的钢丝绳，其破断力 276.5kN$> F_g = $
263.4kN，满足！

11　附着式升降脚手架施工图

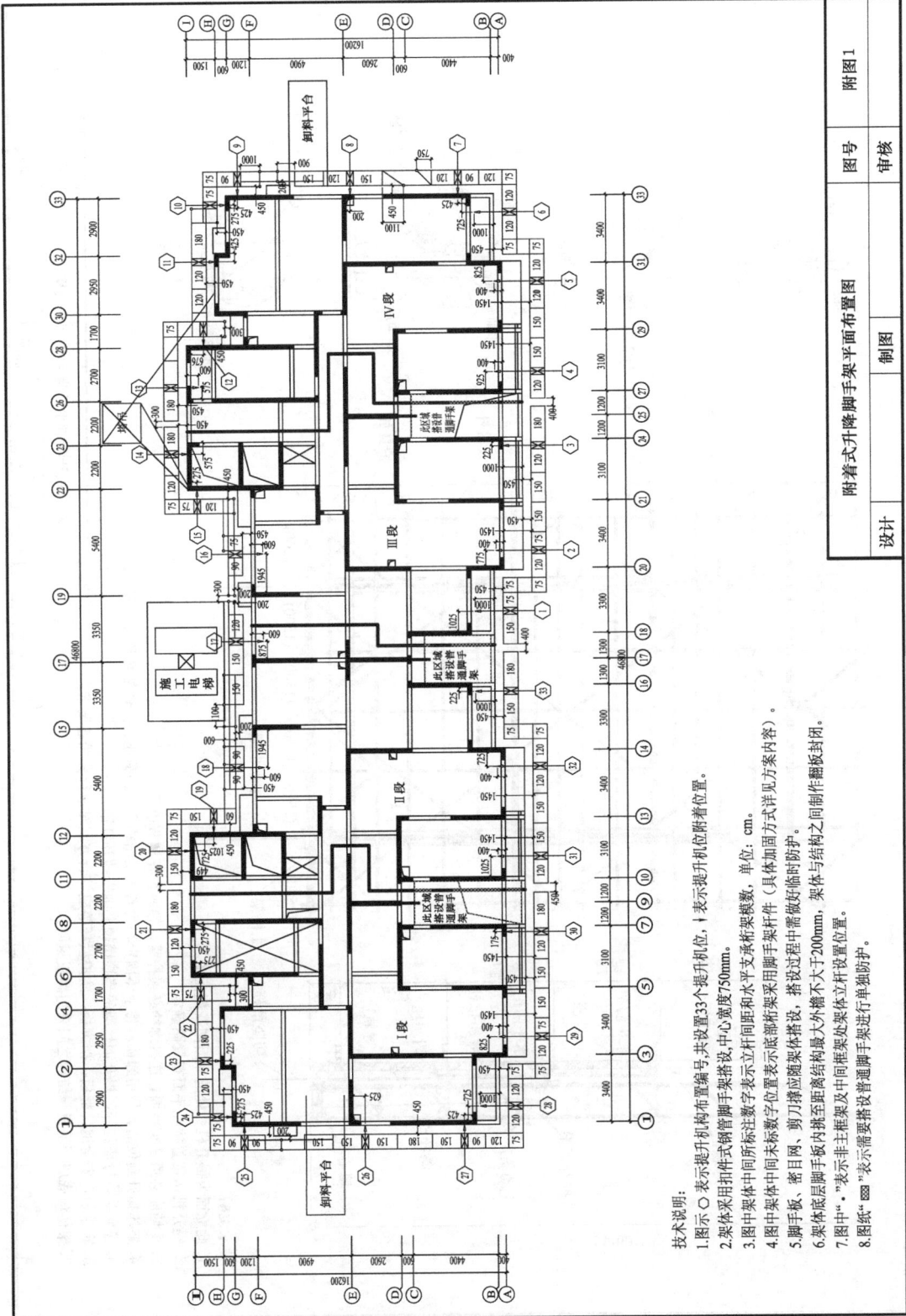

附着式升降脚手架平面布置图

技术说明：

1.图示○表示提升机构布置编号,共设置33个提升机位,↑表示提升机位附着位置。

2.架体采用扣件式钢管脚手架搭设,中心宽度750mm。

3.图中架体中间所标注数字表示架体搭设,单位:cm。

4.图中架体中间末标数字位置表示底部所架采用脚手架杆件(具体加固方式详见方案内容)。

5.脚手板、密目网、剪刀撑应随架体搭设,搭设过程中需做好临时防护。

6.架体底层脚手板内挑至框架结构最大外伸槽不大于200mm。

7.图中"▲"表示丰框主框架处及中间框架处架体立杆设置位置。

8.图纸"▨"表示需要搭设普通脚手架体处进行单独防护。

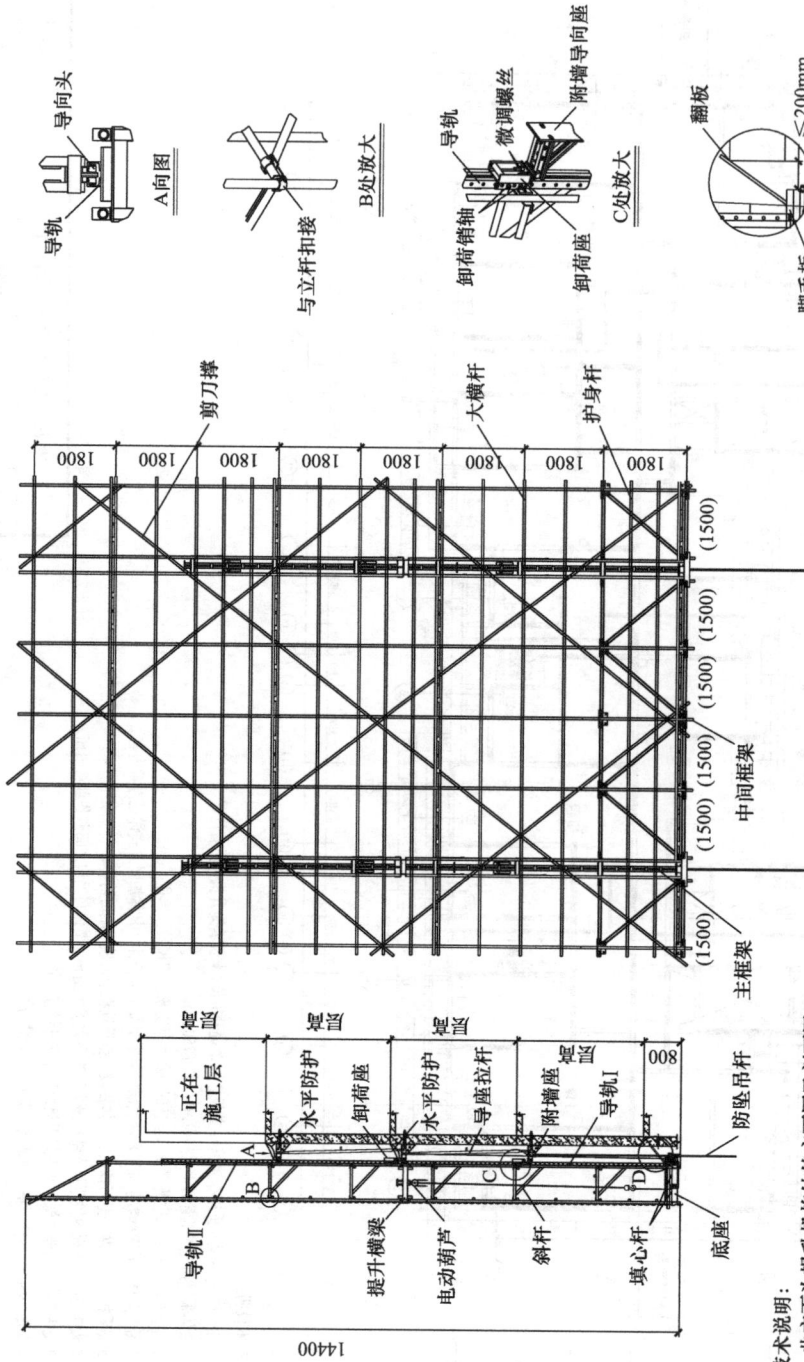

附着式升降脚手架提升机构立面图

附图2

技术说明：
1. 此立面图为提升机构处的立面剖面图及剖面图。
2. 提升机构位置按照实墙平面布置图确定。
3. 附墙座必须贴实墙面，连接螺栓必须拧紧，使用卸荷座将架体固定在附墙支承座附着紧度一致。
4. 架体提升到位后，使用卸荷座的连接销轴必须安装齐全。
5. 导向头、导座拉杆、提升钢丝绳的连接销轴安装时必须开口销。
6. 脚手板、翻板、安全网、挡脚板、防护栏杆等应符合方案对应部分描述要求。
7. 架体最底层脚手板与结构之间采用翻板封闭。

立面附着方式图（一）

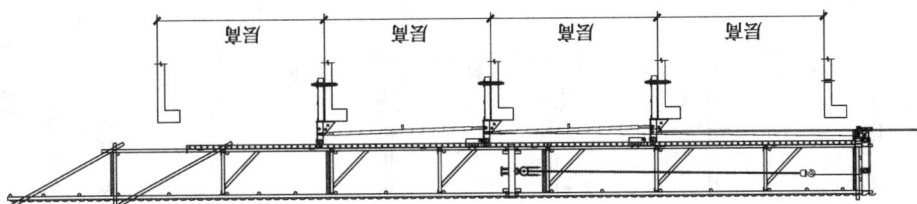

适用于：16、17、18号提升机位。

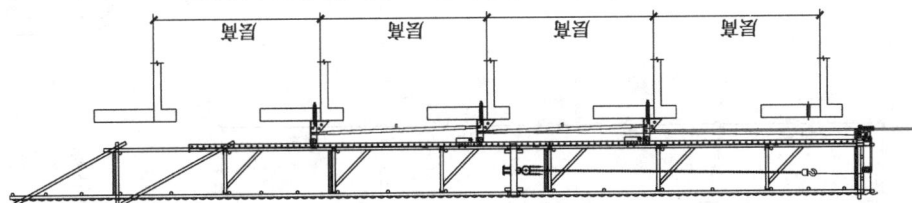

适用于：8、26号提升机位。

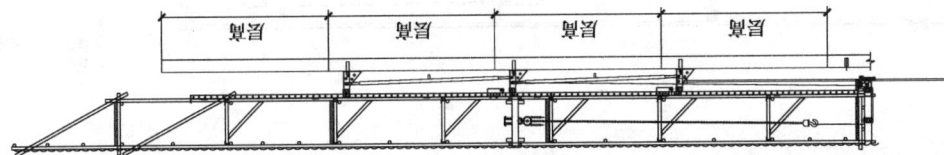

适用于：14、15、19、20号提升机位。

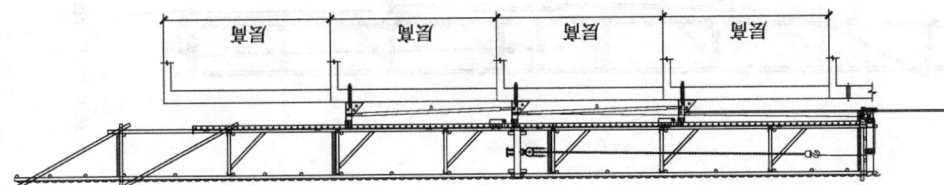

适用于：7、9、10、11、12、21、22、23、24、25、27号提升机位。

| 设计 | | 制图 | | 审核 | | 图号 | 附图3 |

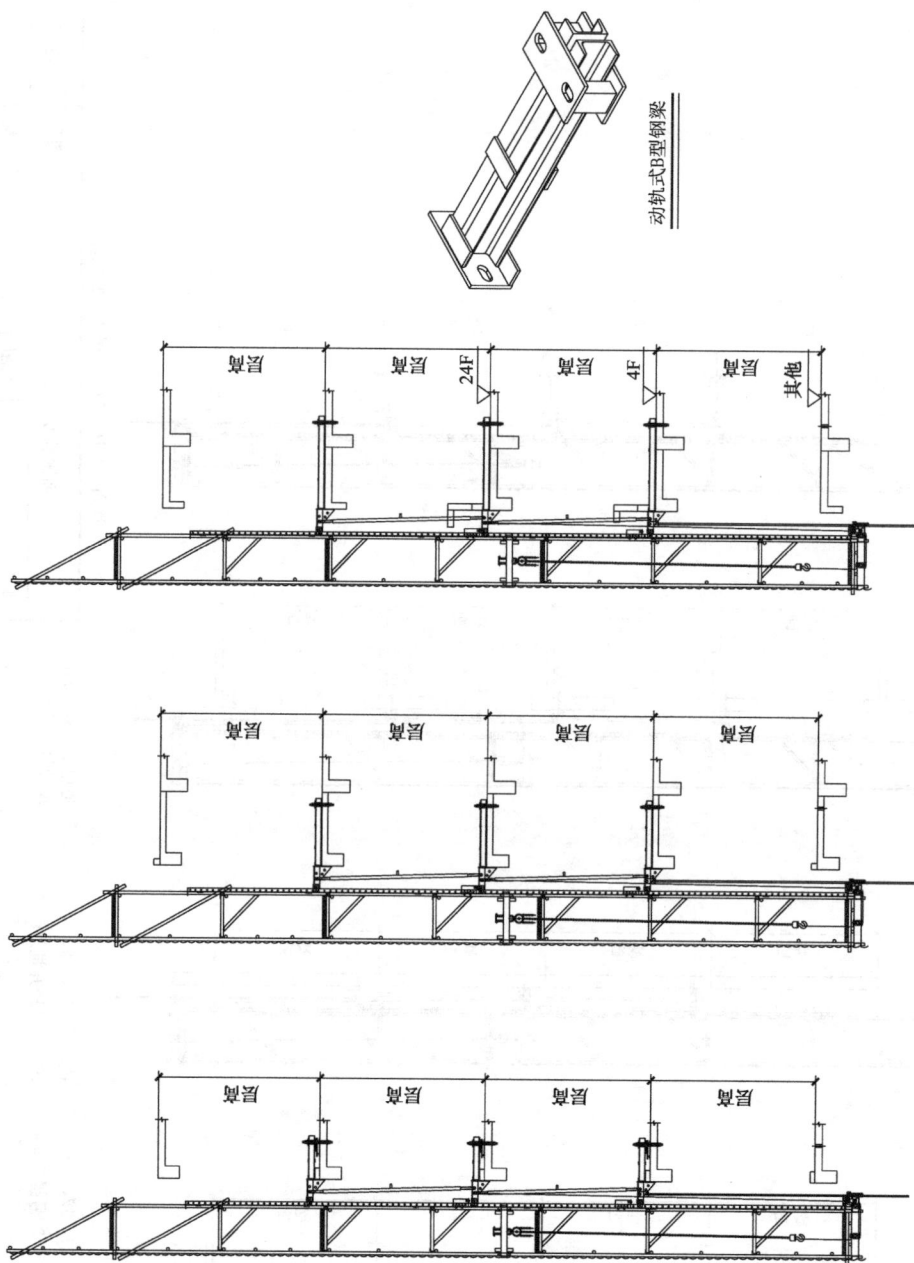

动轨式B型钢梁

立面附着方式图（二）

适用于：4、31号提升机位。

适用于：1、6、28、33号提升机位。

适用于：13号提升机位。

设计	制图	审核	图号	附图4

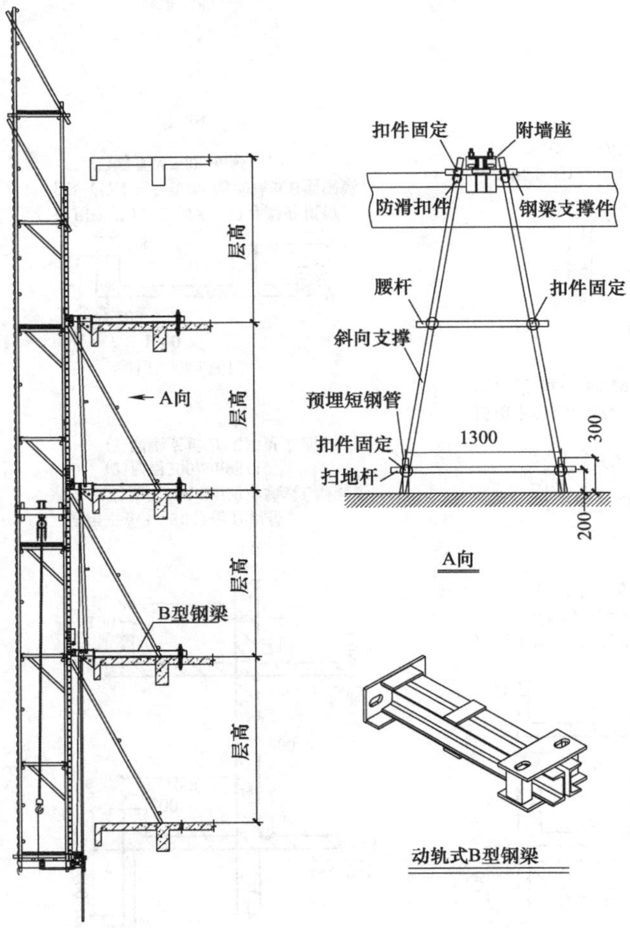

适用于：2、5、29、32号提升机位。

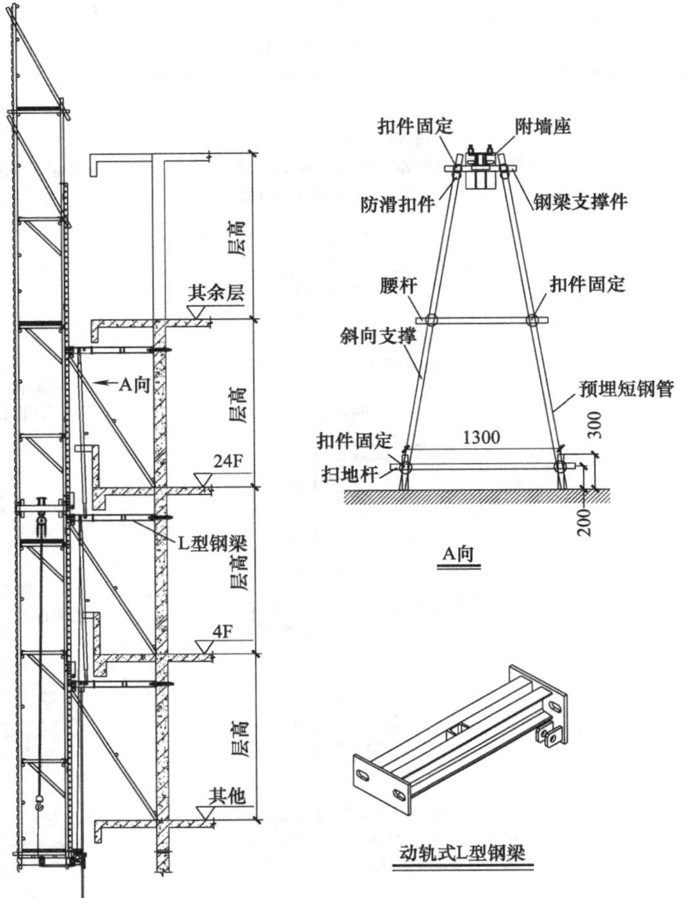

适用于：3、30号提升机位。

立面附着方式图（三）				图号	附图5
设计		制图		审核	

预埋节点大样图

设计		制图		审核		附图6
					图号	

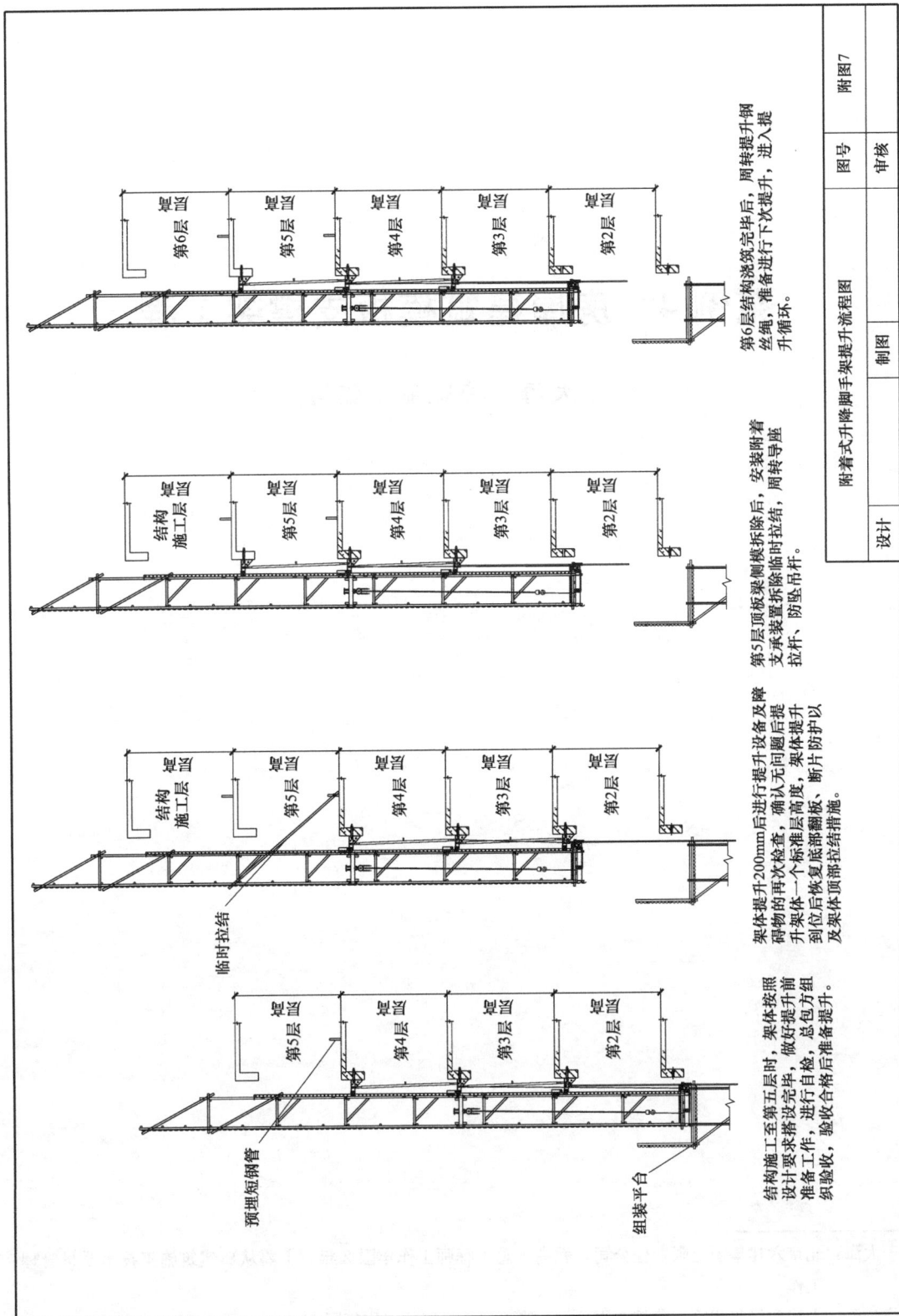

第6层结构浇筑完毕后，周转提升钢丝绳，准备进行下次提升，进入提升循环。

第5层顶板梁侧模拆除后，安装附着支承装置拆除临时拉结，周转导座拉杆、防坠吊杆。

架体提升200mm后进行设备及障碍物的再次检查，确认无问题后提升架体一个标准层高度，架体提升到位后恢复底部翻板、断片防护以及架体顶部拉结措施。

结构施工至第五层时，架体按照设计要求搭设完毕，做好提升前准备工作，进行自检，总包方组织验收，验收合格后准备提升。

临时拉结

预埋短钢管

组装平台

范例 4　房屋建筑模板支撑架工程

于大海　梅晓丽　编写

于大海：北京六建集团有限责任公司，教高　总工程师工作年限 2 年，主要从事建筑施工技术质量管理
　　工作

梅晓丽：中建一局集团第三建筑有限公司　高 2　总工程师工作年限 18 年，主要从事建筑施工技术质量
　　管理工作

某商业金融用地项目
高大模架安全专项施工方案

编制：

审核：

审批：

＊＊＊公司

年　　月　　日

目　　录

1　编　制　依　据

1.1　施工组织设计

表 1.1

序号	合同(协议)名称	编号	签订/编制日期
1	商业金融用地项目施工组织设计	00-00-C1-00	2015.01

1.2　施工图纸

表 1.2

序号	图纸名称		图纸编号	出图日期
1	结构施工图	结构设计总说明(一)、(二)、(三)	结施 0-2 至结施 0-4	2015.02
		基础详图通用图	结施 0-5	2015.02
		—	—	—
2	建筑施工图	总平面图	总施-001	2015.03
		地下四层平面组合图	建施-101	2015.03
		—	—	—

1.3　主要标准、规范、规程

表 1.3

序号	类别	名称	编号
1	国家	混凝土结构工程施工质量验收规范	GB 50204—2015
		建筑工程施工质量验收统一标准	GB 50300—2013
		混凝土结构工程施工规范	GB 50666—2011
		钢管脚手架扣件	GB 15831—2006
		碗扣式钢管脚手架构件	GB 24911—2010
2	行业	建筑施工安全检查标准	JGJ 59—2011
		建筑施工高处作业安全技术规程	JGJ 80—91
		建筑施工扣件式钢管脚手架安全技术规范	JGJ 130—2011
		建筑施工模板安全技术规范	JGJ 162—2008
		建筑施工碗扣式钢管脚手架安全技术规范	JGJ 166—2008
		建筑施工临时支撑结构技术规范	JGJ 300—2013

1.4　主要法规

表 1.4

序号	类别	名称	编号
1	建设部	危险性较大的分部分项工程安全管理办法	建质[2009]87 号文
		关于印发《建设工程高大模板支撑系统施工安全监督管理导则》的通知	建质[2009]254 号
2	北京市	北京市实施《危险性较大的分部分项工程安全管理办法》规定	京建施[2009]841 号
3		北京市危险性较大的分部分项工程安全动态管理办法	京建法[2012]1 号

2　工　程　概　况

2.1　工程简介

表2.1

序号	项目	内　容		
1	工程名称	商业金融用地项目		
2	建设地点	西长安街		
3	建设单位	＊＊＊置业有限公司		
4	设计单位	＊＊＊建筑设计院有限公司		
5	监理单位	＊＊＊工程咨询有限公司		
6	施工总承包单位	＊＊＊集团有限责任公司		
7	建筑功能	综合性办公楼		
8	建筑面积	总建筑面积	22.99万m²	占地面积	5.34万m²
		地下建筑面积	8.14万m²	地上建筑面积	14.85万m²
9	层数	地下	4	地上	1号楼:23层;2号楼:23层 3号楼:23层;4号楼:15层 5号楼:2层;人防出口:1层
10	建筑层高	地下部分层高(m)	地下四层		3.9
			地下三层、地下二层		3.7
			地下一层		3.8
		地上部分层高(m)	1、2号楼地上部分层高	1层	6.0
				二层	4.5
				3~23层(标准层)	4.1
			3号楼地上部分层高	1层	6.0
				2~23层(标准层)	4.2
			4号楼地上部分层高	1层	6.0
				2层	4.5
				3~15层	4.1
			5号楼及裙房层高	1层	6.0
				2层	4.5
11	结构形式	基础类型	1~4号楼主楼部分为筏板基础;1号、2号、4号楼裙房、5号楼及车库部分为柱子下独立基础、墙下条形基础加防水板		
		结构类型	1号、2号、4号楼框架核心筒结构;3号楼框架剪力墙结构;1号、2号、4号楼裙房、5号楼及车库框架结构		
		屋盖形式	现浇钢筋混凝土屋盖		
12	建筑高度	绝对标高	±0.00=75.40m	室内外高差	0.20m
		檐口高度	99m(23层)	建筑总高	120m

2.2　典型结构平面图

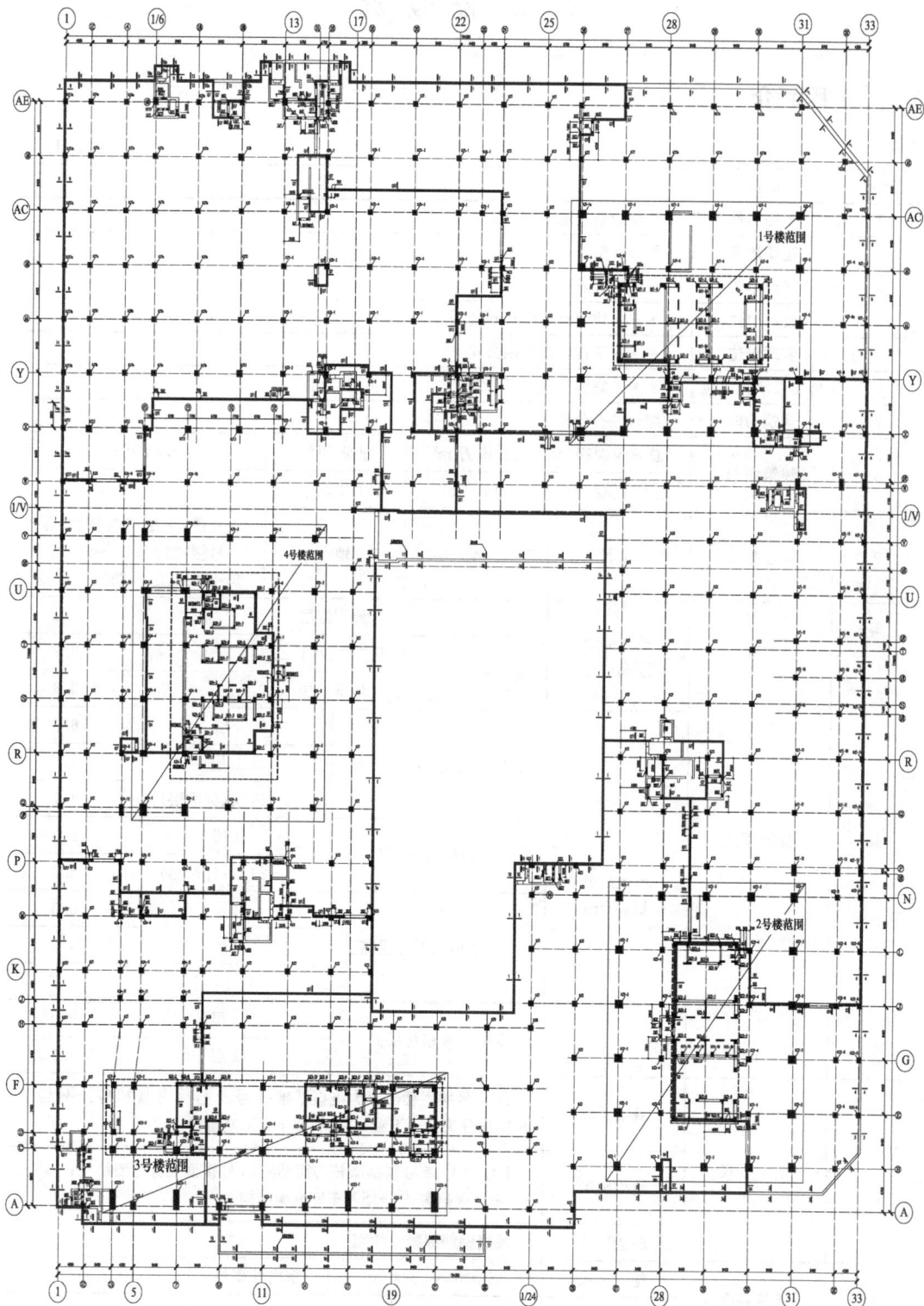

图 2.2　典型墙、柱平面图

2.3　高大模架工程概况

按照住房和城乡建设部《危险性较大的分部分项工程安全管理办法》（建质〔2009〕87号）的要求，混凝土模板支撑工程：搭设高度≥8m；搭设跨度≥18m，施工总荷载≥15kN/m²；集中线荷载≥20kN/m的模板支撑工程，属超过一定规模的危险性较大的分部分项工程，施工单位应编制安全专项施工方案并组织专家对专项方案进行论证。本工程需要编制论证方案的内容详见表2.3。

表 2.3

部位序号	楼层	部位(轴)	构件类型	截面尺寸(mm)	集中线荷载(kN/m)	跨度(m)	搭设高度(m)	论证类别
1	B2	(1/10)-18轴/K-H轴	梁	700×1000	23.80	8.00	2.75	荷载超限
				700×1100	25.94	7.00	2.65	荷载超限

B2层顶板,梁顶标高-3.650m

| 2 | B2 | 3、7、17轴/A-C轴 | 梁 | 900×1600 | 47.12 | 5.70 | 2.30 | 荷载超限 |

B2层顶板,梁顶标高-3.500m

部位序号	楼层	部位(轴)	构件类型	截面尺寸(mm)	集中线荷载(kN/m)	跨度(m)	搭设高度(m)	论证类别
3	B2	21轴/A-C轴	梁	1100×1600	57.60	5.50	2.30	荷载超限

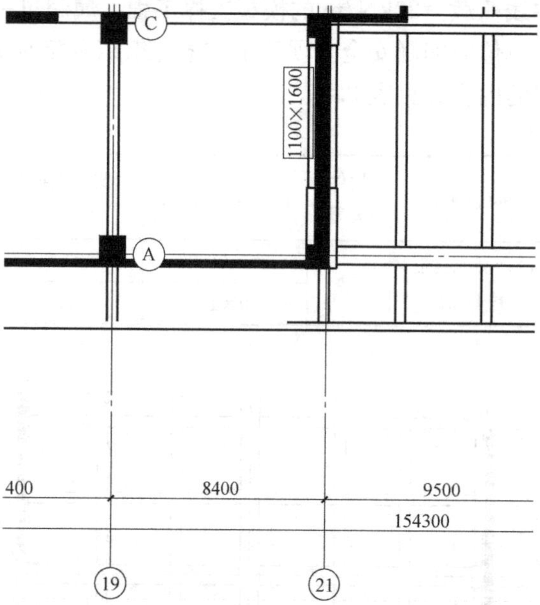

B2 层顶板,梁顶标高－3.500m

部位序号	楼层	部位(轴)	构件类型	截面尺寸(mm)	集中线荷载(kN/m)	跨度(m)	搭设高度(m)	论证类别
4	1F~3F	1号楼、2号楼主楼	梁	200×400	3.13	8.20	8.23	超高
			梁	300×650	6.99	10.35	7.98	—
			梁	400×650	9.32	9.92	7.98	—
			梁	600×800	16.73	7.2	7.83	—
			板	110	6.77	3.30	8.52	超高

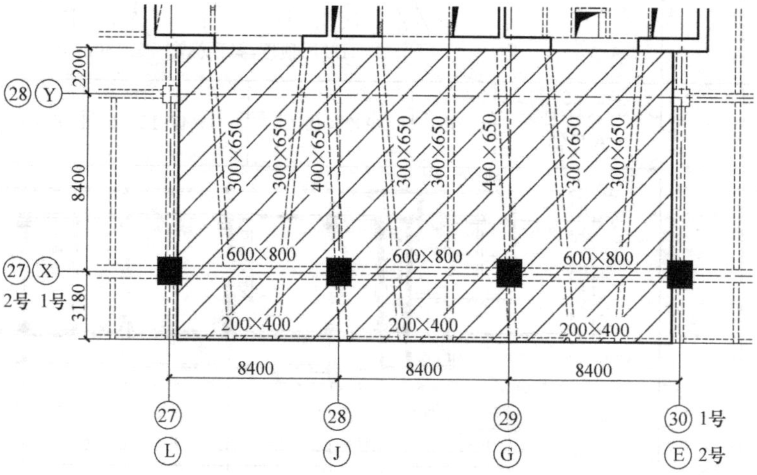

1号、2号楼处方向不同外,结构形式完全相同

图中阴影区域为超高范围,3F板顶标高为8.58m,基础落于1F地面标高为－0.05m

续表

部位序号	楼层	部位(轴)	构件类型	截面尺寸(mm)	集中线荷载(kN/m)	跨度(m)	搭设高度(m)	论证类别
5	1F~3F	3号楼主楼	梁	300×700	7.45	7.40	7.96	—
			梁	400×800	11.15	7.40	7.86	—
			板	120	7.07	3.85	8.54	超高

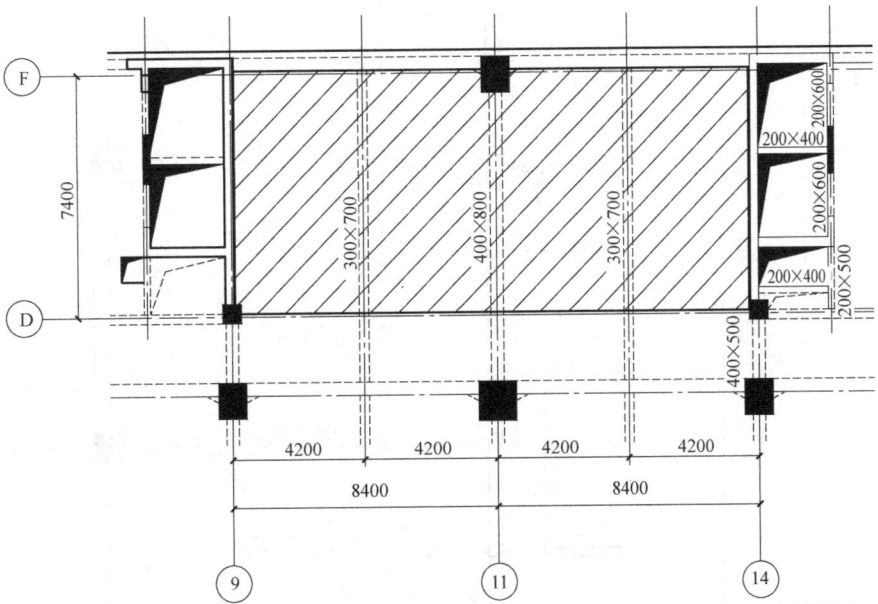

图中阴影区域为超高范围,3F板顶标高为8.81m,
基础落于1F地面标高为0.15m

部位序号	楼层	部位(轴)	构件类型	截面尺寸(mm)	集中线荷载(kN/m)	跨度(m)	搭设高度(m)	论证类别
6	1F~3F	4号楼主楼	梁	400×650	9.32	11.43	7.98	—
			梁	600×650	13.97	11.43	7.98	—
			板	150	7.99(总荷)	5.45	8.48	超高
			板	110	6.77(总荷)	2.65	8.52	超高

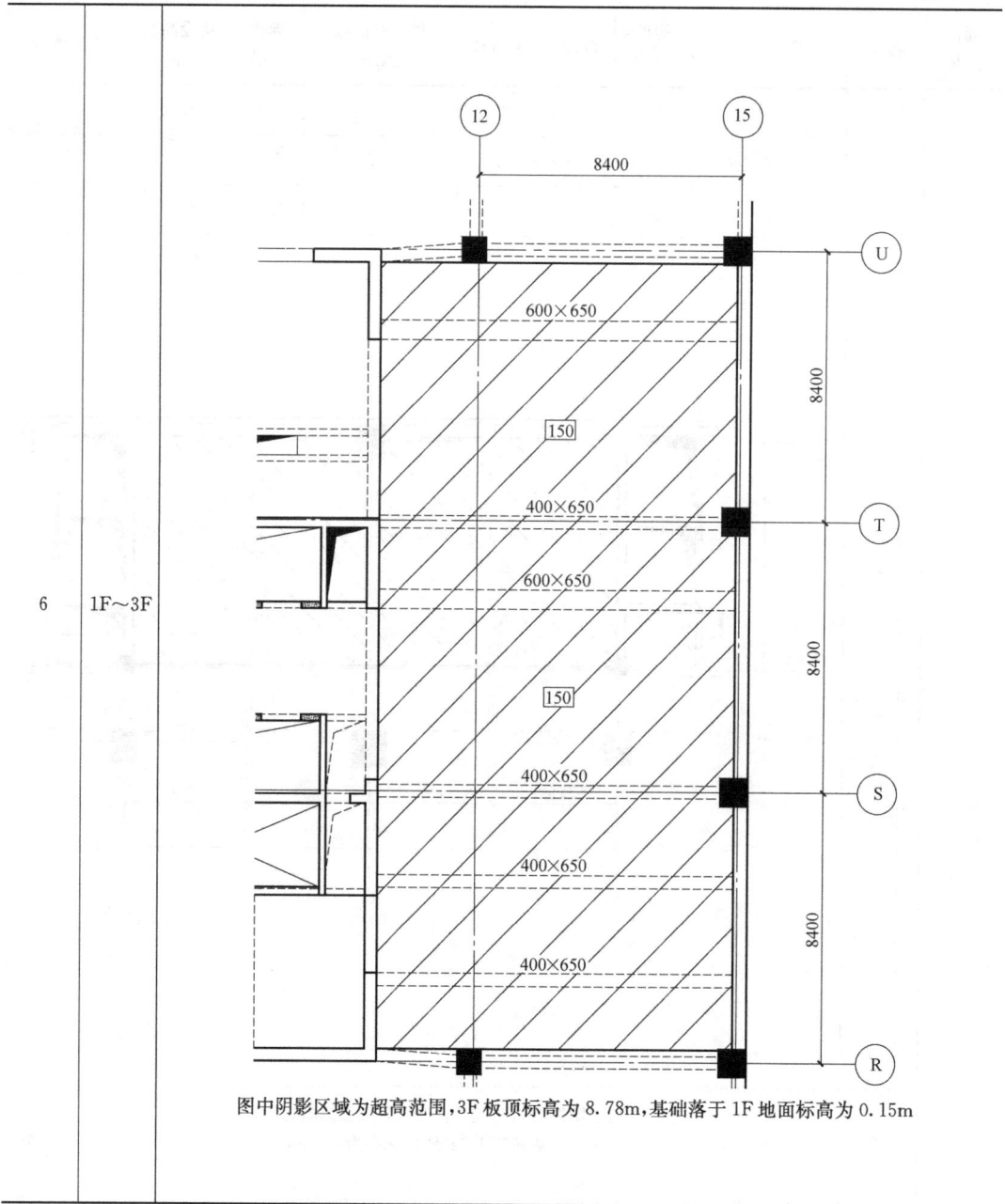

图中阴影区域为超高范围,3F板顶标高为8.78m,基础落于1F地面标高为0.15m

2.4　施工现场平面布置

本工程北侧、东侧、南侧设6.0m宽施工临时道路。结构施工期间共设五台塔吊,型号分别为ST70/27(65m)两台、ST60/15(55m)一台、STT153(55m)一台、F023B(45m)一台,能完全覆盖建筑和场区的面积,模板工程所使用的方木、模板、钢管等应堆放在指定区域内,要求做到按品种、按规格码放整齐。木工加工棚设在本工程东侧中部的硬化区域,木工棚内主要加工墙、柱模板、刨压方木等作业。具体详见图2.4。

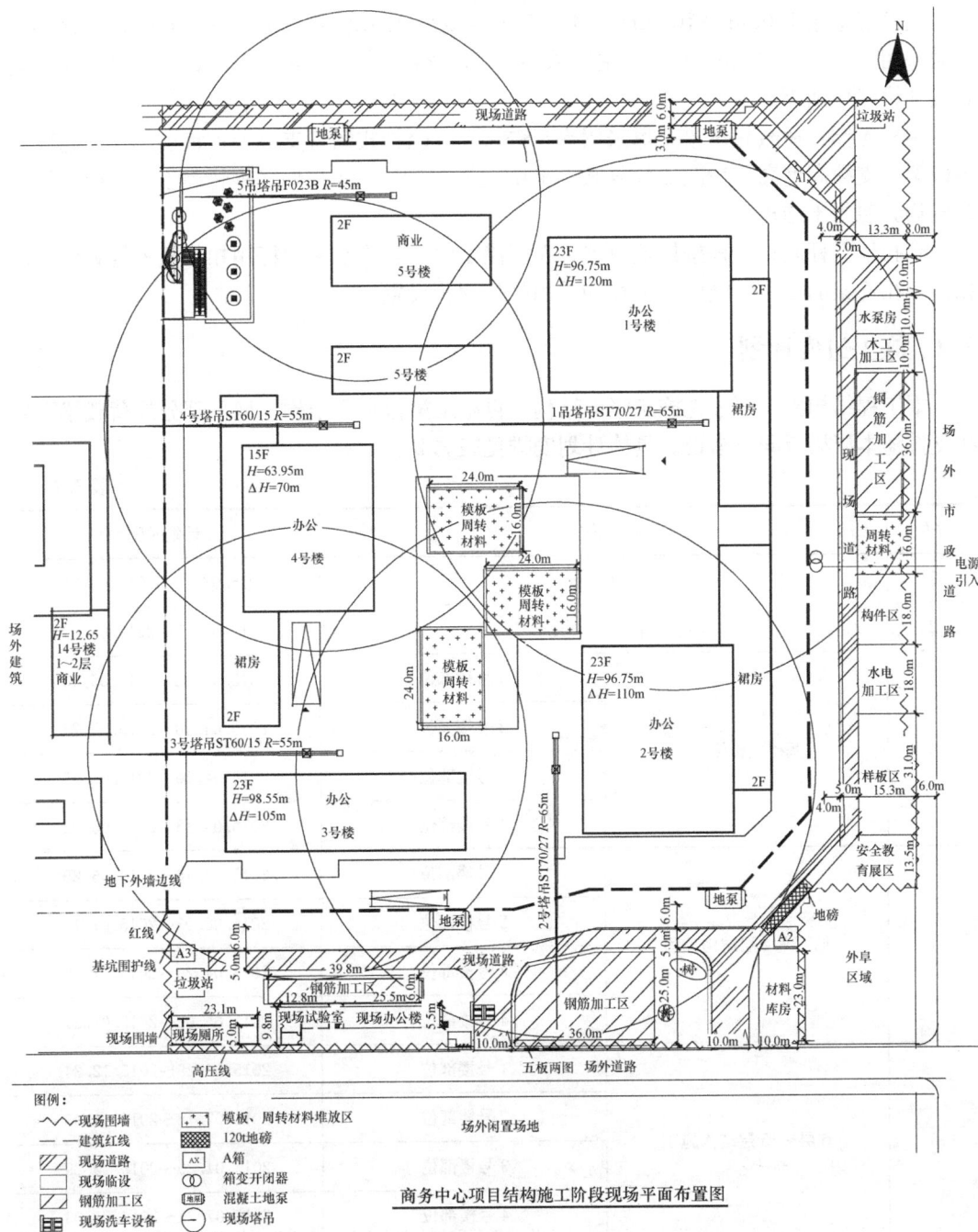

商务中心项目结构施工阶段现场平面布置图

图 2.4

3　施工部署

3.1　模架选型

模板面板均采用 15mm 厚覆膜木胶合板，梁、板下次龙骨采用 50mm×100mm 方木，板底主龙骨采用 100mm×100mm 方木，梁底主龙骨采用双 ϕ48.3×3.6mm 钢管；梁侧模次肋采用 50mm×100mm 方木，主肋采用双 ϕ48.3×3.6mm 钢管，高度超过 1000mm 的梁加穿梁螺栓加固。

模板支撑：荷载超重梁支撑采用 ϕ48×3.5mm 碗扣式钢管支撑架；首层至三层超高支撑模架，支撑高度高、情况比较复杂，采用 ϕ48.3×3.6mm 扣件式钢管满堂支撑架。模架基础均为混凝土结构板；

碗扣架立杆间距立杆按模数设置，在不满足模数时，水平拉杆用扣件或钢管替代。碗扣件、扣件架的水平、竖向剪力撑均采用扣件钢管设置。

3.2 施工进度计划

本工程结构施工顺序先施工竖向结构，再施工梁板水平结构。地下部分超荷载梁下碗扣支撑随本层梁板同时搭设。具体计划安排见表 3.2。

表 3.2

序号	计划内容		计划时间
1	基础垫层施工		2015.03.20～2015.03.29
2	垫层防水、保护层施工		2015.03.28～2015.04.11
3	基础底板施工	1号楼部位	2015.03.22～2015.05.10
		2号楼部位	2015.04.10～2015.05.24
		3号楼部位	2015.04.10～2015.05.29
		4号楼部位	2015.04.13～2015.05.22
4	地下室4层结构工程	1号楼部位	2015.04.10～2015.06.29
		2号楼部位	2015.05.03～2015.07.19
		3号楼部位	2015.04.29～2015.07.19
		4号楼部位	2015.05.02～2015.07.21
5	首层～15层结构施工	1号楼部位	2015.06.29～2015.12.24
		2号楼部位	2015.07.18～2016.01.03
		3号楼部位	2015.07.20～2015.12.29
		4号楼部位	2015.07.21～2016.01.03
6	16层～结构封顶	1号楼部位	2016.03.02～2016.05.03
		2号楼部位	2016.03.04～2016.05.15
		3号楼部位	2016.03.05～2016.05.06
7	地下室后浇带施工	1号、2号、3号楼部位	2016.06.05～2016.07.14
		4号楼部位	2016.03.06～2016.04.14

3.3 材料与设备计划

表 3.3

序号	物资、机具名称	规格	单位	数量	进场情况			
					年月	数量	年月	数量
1	木胶合板	1220mm×2440mm	张	8000	15.3	4000	15.7	4000
2	松木	0.05m×0.1m×3m	根	6000	15.3	3500	15.7	2500
3	松木	0.1m×0.1m×3m	根	2500	15.3	1200	15.7	1300
4	螺栓拉杆	$\phi16mm$	根	3000	15.3	1500	15.7	1500
5	扣件钢管	$\phi48.3×3.6mm$	吨	1600	15.3	1000	15.7	600
6	扣件	对接/十字/旋转	个	2500/8000/2000	15.3	2500/8000/2000	——	——
7	碗扣式钢管（立杆）	$\phi48×3.5×1.8m$	吨	400	15.3	400	——	——
8	碗扣式钢管（立杆）	$\phi48×3.5×2.4m$	吨	700	15.3	700	——	——
9	碗扣式钢管（横杆）	$\phi48×3.5×600mm$	吨	400	15.3	400	——	——
10	碗扣式钢管（横杆）	$\phi48×3.5×900mm$	吨	300	15.3	300	——	——
11	顶托	$L=700mm$	个	5000	15.3	2500	15.7	2500
12	台锯	m³066	台	2	15.3	2	15.7	0
13	手提电锯	DJ-03	台	4	15.3	2	15.7	2
14	手提电刨	DW-03	台	3	15.3	2	15.7	1
15	手提电钻	DZ-02	台	3	15.3	2	15.7	1

3.4 项目管理人员配备

3.4.1 项目管理人员

项目负责人：章＊＊

现场技术负责人：赵＊   生产负责人：李＊＊

现场安全负责人：王＊＊   质量负责人：蒋＊＊

木工工长：石＊＊   混凝土工长：徐＊＊

材料负责人：李＊＊

3.4.2 管理人员职责

（1）项目负责人

对模板及支撑工程的质量、进度、安全、文明施工负全面领导责任，并组织对超重、超高支撑体系进行验收。建立健全本项目的各项管理制度。负责内外协调，保证模板及支撑工程施工中的资源供给，合理组织施工，保证施工质量和工期。

（2）生产负责人

对模板及支撑工程的质量、进度和安全文明施工负主要领导责任。按照施工要求组织现场施工，对施工进度、现场安全文明生产、施工过程进行监控。做好各部门的沟通、协调工作。

（3）技术负责人

组织模板及支撑方案的编制，并负责方案的审核及交底工作。对模板及支撑工程质量管理及创优活动进行策划、控制、管理及监督，主持对模板工程质量的定期检查、评议、整改及工程质量验评；负责从施工前的质量预控，到施工中的质量过程控制，以及施工完的质量检查验评等全过程质量管理工作；负责对工程中出现的不合格品进行控制，并制定和组织实施纠正预防措施。

（4）安全负责人

对模板及支撑工程的安全、文明施工进行全面监督。组织作业人员入场三级安全教育。负责对现场机械设备、安全设施、电力设施和消防设施的检查验收工作。组织定期安全检查，组织安全管理人员每天巡查，督促隐患整改。对存在重大安全隐患的分部分项工程，有权下达停工整改决定。

（5）质量负责人

对模板及支撑工程质量负监督检查责任；组织隐、预检和分项工程验收，对工程的每一分项分部工程进行质量检查和评定；负责对进场材料设备的检查、检验工作。作好特殊工序、关键工序以及分部分项工程的检验标识；负责不合格品的控制。

（6）木工工长

负责模板及支撑工程施工前对工人进行安全和技术交底；在安装过程中加强过程质量安全控制，安装完毕要按照施工规范和方案要求进行验收，同时做好检查验收记录。

（7）混凝土工长

负责对混凝土工、进行安全、技术交底；浇筑过程中旁站监督控制混凝土浇筑顺序及浇筑速度。

（8）材料负责人

负责采购模板支撑所用材料，材料供应方应具备必要的资质，所供材料的规格尺寸应符合方案要求，并及时通知质量、技术人员对材料进行必要的检验与试验；对经检验试验证明不合格材料，应及时组织退场。

3.5　劳动力计划

表 3.5

部位	分工	人数
基础底板	配模	25
	模板安装	80
±0.00 以下结构	配模、加工	1 个班组 25 人
	模板安装	2 个班组各 75 人
	架子工	2 个班组各 20 人
±0.00 以上结构	配模、加工	1 个班组各 15 人
	模板安装	3 个班组各 45 人
	架子工	2 个班组各 15 人

注：架子工属于特殊工种，要求必须持证上岗。

4 模架设计方案与施工工艺

4.1 技术参数

4.1.1 设计方案

梁、板模板均采用15mm厚木胶合板，梁下次龙骨沿梁长方向布置；主龙骨垂直梁方向布置；主龙骨下设U形托，梁下立杆横向以梁中对称布置。

模架的支撑均位于结构楼面，架体底部设置垫木，且其下一楼层架体宜与上层立杆位置对应。

斜梁下的支撑立杆按照板下立杆间距纵横布置，为保证距梁边第一道立杆间距不大于300mm，在斜梁平面位置变化超出300mm时，需要在梁侧补充布置板支撑立杆，后增加的立杆间距原则上按照原立杆间距的1/2布置，并双向布置水平杆，长度不小于2个标准立杆间距，步距同板下支撑步距。

(1) 荷载超限梁模板设计体系

| 部位 | 梁截面 $b \times h$ (mm) | 梁侧模 | | | 梁底支撑 | | | | | |
		次肋(mm)	主肋(mm)	M16对拉螺栓	次龙骨(mm)	主龙骨(mm)	立杆(mm)	水平杆步距(mm)	支撑高度(m)	立杆a(mm)
1	700×1000 700×1100	50×100方木间距200	双φ48.3钢管间距600	2道距梁底150,600mm	50×100方木间距200	双φ48.3钢管间距600	双排碗扣立杆@600,纵距600	1200	2.75/2.65	LG2400 a=450/350
2	900×1600	50×100方木间距200	双φ48.3钢管间距600	4道距梁底150,450,750,1200mm	100×100方木间距230	双φ48.3钢管间距600	三排碗扣立杆@600,纵距600	1200	2.3	LG1800 a=600
3	1100×1600	50×100方木间距200	双φ48.3钢管间距600		100×100方木间距230	双φ48.3双钢管间距600	三排碗扣立杆@600,纵距600	1200	2.3	LG1800 a=600

(2) 楼板模板及支撑架构造

| 部位 | 板厚(mm) 梁截面 $b \times h$ (mm) | 板下支撑 | | | | 梁底支撑 | | | | 支撑高度(m) | 立杆m/a(mm) |
		次龙骨(mm)	主龙骨(mm)	立杆(mm)	水平杆步距(mm)	次龙骨(mm)	主龙骨(mm)	立杆(mm)	水平杆步距(mm)		
1	110 200×400 600×800	50×100方木竖向间距300	100×100方木间距900	扣件式钢管满堂支撑架立杆900×900	1200	50×100方木间距200	双φ48.3钢管间距900	二排立杆@600,纵距900	1200	8.52/7.83	6+2.2(1.5)立杆采用对接扣件接长/a≤500
	斜梁 300×650					50×100方木间距200	单φ48.3钢管间距900	三排立杆@450,纵距900	1200	7.98	
	斜梁 400×650					50×100方木间距200	双φ48.3钢管间距900	二排立杆@600,纵距900	1200	7.98	

续表

部位	板厚(mm) 梁截面 b×h (mm)	板下支撑				梁底支撑				支撑 高度 (m)	立杆 m/a (mm)
		次龙骨 (mm)	主龙骨 (mm)	立杆 (mm)	水平杆 步距 (mm)	次龙骨 (mm)	主龙骨 (mm)	立杆 (mm)	水平杆 步距 (mm)		
2	120 400×800 300×700	50×100 方木竖向 间距300	100×100 方木间距 900	扣件式钢 管满堂支 撑架立杆 900×900	1200	50×100 方木间距 200	双φ48.3 钢管间距 900	二排立杆 @600, 纵距900	1200	8.52/ 7.86	6+2.2 (1.5)立杆 采用对接 扣件接长/ a≤500
3	150 400×650 600×650	50×100 方木竖向 间距300	100×100 方木间距 900	扣件式 钢管满堂 支撑架 立杆 900×900	1200	50×100 方木间距 200	双φ48.3 双钢管 间距900	二排立杆 @600, 纵距900	1200	8.48/ 7.98	

4.1.2 构造要求

1）碗扣式钢管支撑架：支架顶部支撑点与支架顶层横杆距离不大于650mm；底层纵、横向水平杆作为扫地杆，距立杆底部350mm；

2）扣件式钢管支撑架：支架顶部支撑点与支架顶层横杆距离不大于500mm；底层纵、横向水平杆作为扫地杆，距立杆底部不大于200mm；立杆连接应错开，不得在一步内；

3）支撑架体上部U形托丝杠悬出长度不大于200mm；

4）竖向剪刀撑

（1）碗扣式钢管支撑架

荷载超限的梁，沿梁跨方向两侧从底到顶连续设置竖向剪刀撑；垂直梁截面方向的两端设置竖向剪刀撑。当梁跨度大于4.5m时，在其跨中设置重直梁方向的竖向剪刀撑，其间距不得大于4.5m。

（2）扣件式钢管满堂支撑架

在满堂支撑架架体外侧周边及内部纵、横向间距6～8m，由底至顶设置连续竖向剪刀撑；

竖向剪刀撑斜杆与地面夹角在45°～60°之间，斜杆每步与立杆或相邻水平杆扣接；

5）水平剪刀撑

在高度超限的梁板支撑架部位设置水平剪刀撑，在截面最高梁下部第一道水平杆标高处设置连续水平剪刀撑，在二层结构处设置第二道水平剪刀撑，在扫地杆标高处设置第三道水平剪刀撑，剪刀撑连续布置，与立杆扣紧。

6）抱柱、连墙件

高大架体与其周围有主体结构每两步设置抱柱及连墙件，保证架体与建筑物形成可靠连接。

7）梁模板支撑架与板模板支撑架的拉结

梁下模板支撑架设置水平杆与周围顶板模架有效连接。当不符合模数时，应延长梁底支撑的横向水平杆或增设板下水平杆，保证连接每侧各不少于两根立杆。梁底模架每步每跨都应与板模架连接。详见图4.1。

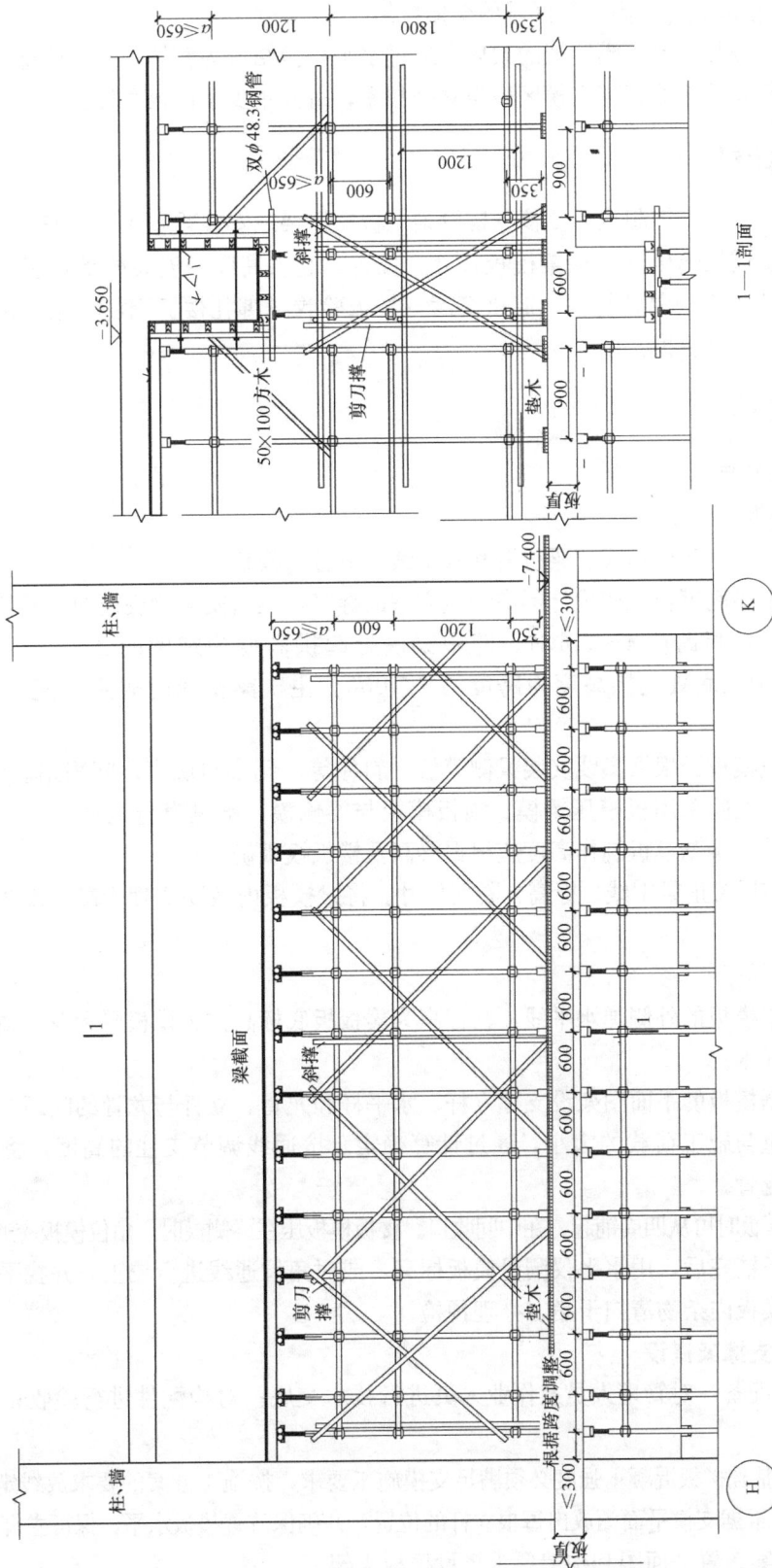

图 4.1　荷载超限梁碗扣架支撑

8）高支模区域与非高支模区域的架体拉结

高支模区域与非高支模区域的架体应通过水平杆拉结成为整体，高支模部位水平杆采用扣件式钢管延伸至非超高支模区域与立杆扣紧，每侧不少于两根立杆。

4.2　工艺流程

弹出轴线及标高控制线并复核→搭设梁、板支撑架→安装梁底龙骨→安装梁底模板→绑扎钢筋→安装梁侧模→复核梁模板尺寸、位置、起拱高度→安装楼板模板主、次木龙骨→铺设模板板面→复核标高、起拱高度→模板验收→绑扎楼板钢筋→梁板钢筋隐蔽验收→浇筑混凝土→拆模。

4.3　施工方法

4.3.1　模板安装

1）梁模板

（1）在柱子上弹出轴线、梁位置和水平线，钉柱头模板；

（2）安装梁底模板：按设计标高调整支柱的标高，然后安装梁底模板，并拉线找平；

（3）当梁底板跨度4～8m时，跨中梁底处起拱高度为跨度的2/1000，跨度8～18m时，跨中梁底处起拱高度为跨度的1/1000。主次梁交接时先主梁起拱，后次梁起拱；

（4）梁侧模板：根据墨线安装梁侧模板、斜撑等。侧模与底模之间采用侧模夹底模，楼板与梁侧模之间采用板模压梁模。顶板模板与梁侧模、梁侧模与梁底模之间接缝要严密，防止漏浆。梁侧模板制作高度应根据梁高及楼板模板确定；

（5）安装后校正梁中线、标高、断面尺寸。将梁模板内杂物清理干净，检查合格后办预检。

2）楼板模板

（1）在梁模板的外侧弹水平线，其标高为楼板板底标高减去模板厚和龙骨高度，然后按水平线钉托木；

（2）根据模板的平面图架设支撑立杆、水平杆和龙骨。立杆与龙骨的间距，应根据楼板混凝土自重与施工荷载的大小，通过计算确定。按通线调节支柱的高度，将主龙骨找平，架设次龙骨；

（3）铺模板时可从四周铺起，在中间收口。楼板模板压在梁侧模时，角位模板应通线钉固；

（4）楼板铺完后，用水平仪测量模板标高，或对角拉通线进行校正，并找平；

（5）将模板内杂物清扫干净，办理预检。

4.3.2　模板支撑架搭设

1）施工准备：对管理人员及作业人员进行技术交底；对构配件进行验收；清除搭设场地杂物；

2）支架基础楼板混凝土强度必须满足支模施工要求，按施工方案的要求放线定位。搭设立杆前，要先根据支模平面图放出每根立杆的位置，并确保放置垫板水平，保证立杆垂直；

3）按方案布置平面图和构造要求搭设模板支架。

4.3.3　混凝土浇筑

1）确保模板支架施工过程中均衡受载，超重梁采用由中部向两侧的浇筑方式；高支模部位浇筑顺序为先浇梁后浇板，从相邻结构向高支模部位进行浇筑。

2）混凝土浇筑前应检测其坍落度，混凝土浇筑速度均匀，一般浇筑高度不超过500mm。

3）布料杆设置在非超高、超重的模架范围内，相应部位下部立杆应加密1/2间距。布料杆浇筑混凝土时，确保在布料杆动作范围内无障碍物，布料杆支腿全部伸出并牢固，未支固前不得启动布料杆。

4）混凝土振捣器使用前，检查各部应连接牢固，旋转方向正确。振动棒使用前必须经电工检查，确认无漏电后方可使用。振捣器不得放在初凝的混凝土、楼板、脚手架上进行试振，如检修或作业间断时，应切断电源。

5）操作时振动棒应自然垂直地沉入混凝土，不得用力硬插、斜推，防止钢筋夹住棒头，避免长时间触碰模板板面。

6）振捣器作业时，软管弯曲半径不得小于50cm；软管不得有断裂；操作振捣器作业时，应穿戴好胶鞋和绝缘橡皮手套。

7）振动器应保持清洁，不得有混凝土粘结在电动机外壳上妨碍散热。使用振动棒应穿胶鞋，湿手不得接触开关，电源线不得有破皮漏电现象。

8）作业转移时，电动机的导线应保持有足够的长度和松度。严禁用电源线拖拉振捣器。用绳拉平板振捣器时，拉绳应干燥绝缘，移动或转向时不得用脚踢电动机。

9）塔吊吊运混凝土下料时，应慢落慢起，防止吊斗摆动过大伤人。且应协调组织好立体交叉，防止高空坠物伤人。

10）泵送混凝土时，泵送设备的停车制动和锁紧制动应同时使用，轮胎应楔紧，水源供应应正常和水箱应储满清水，料斗内应无杂物，各润滑点应润滑正常。

11）用输送泵输送混凝土，管道接头、安全阀必须完好，固定输送管的支撑架采用ϕ48钢管，钢管不能直接放在钢筋上，需放在铺设的垫木上，管道的架子必须牢固。泵管转弯处需做加强处理，且应用密目网和防漏彩条布进行围挡，防止泵管爆裂伤人，输送前必须试送。

4.3.4　模架拆除

1）模架拆除的强度要求（表4.3）

底模拆除时的混凝土强度要求　　　　　　　表4.3

构件类型	构件跨度(m)	达到设计的混凝土立方体抗压强度标注值的百分率(%)
板	≤2	≥50
	>2,≤8	≥75
	>8	≥100
梁、拱、壳	≤8	≥75
	>8	≥100
悬臂构件	—	≥100

2）其他要求

（1）水平构件拆除底模之前，必须执行拆模申请制度；为使模板拆除方便，并不出现提前拆模、错拆现象，本工程要求顶板、梁拆模，均需在同条件养护试块试压后，根据试验强度对照规范确定支撑底模拆模时间，拆模时由班组长提出书面申请，必须得到技术负责人审批方可进行。

（2）梁侧面模板拆模时，在混凝土强度能保证结构构件表面及棱角不因拆除模板而受损坏后，方可拆除。预埋件或外露钢筋插铁不得因拆模碰扰而松动。

（3）拆除模板的顺序和方法，应按模板设计的规定进行遵循先支后拆，后支先拆；先拆不承重的模板，后拆承重部分的模板；自上而下，先拆侧向支撑，后拆竖向支撑等原则。

（4）拆除楼层模板时，先下调支柱顶 U 形托螺杆，再拆除主龙骨，然后拆除板底模。在原有板底支撑架上适量搭设脚手板，以托住拆下的模板，严禁使拆下的模板自由坠落于地面。当梁和楼板模板拆除后，再拆除梁柱接头模板。

（5）拆除梁底模板的方法与拆除楼板模板相同。但在拆除跨度较大的梁底模板时，应从跨中开始下调支柱顶托螺杆，然后向两端逐根下调，再按以上要求做后续作业。拆除梁底模支柱时，也要从跨中向两端作业。

（6）模板拆除时，不应对楼层形成冲击荷载。拆除的模板和支架宜分散堆放并及时清运。

（7）模板工程作业组织，应遵循支模与拆模统一由一个作业班组进行作业。其好处是，支模就考虑拆模的方便和安全，拆模时，人员熟知情况，易找拆模关键点位，对拆模进度、安全、模板及配件的保护都有利。

（8）拆除钢管模板支撑架体系时应从上至下逐层拆除水平连杆及立杆、剪刀撑，连墙件应在位于其上的全部可拆杆件都拆除后才能拆除。拆除过程中，凡已松开连接的杆及应及时拆除运走，避免误扶或误靠已松脱连接的杆件。拆下的杆及配件应以安全的方式运出吊下，严禁向下抛掷。拆除过程中应做好配合协调动作，禁止单人进行拆除较重杆件等危险作业。

4.4　检查验收

4.4.1　材料质量要求

1）碗扣式钢管

（1）碗扣式钢管规格为 $\phi 48mm \times 3.5mm$，钢管壁厚 $3.5^{+0.25}_{0} mm$；

（2）立杆连接处外套管与立杆间隙小于或等于 2mm，外套管长度不得小于 160mm，外伸长度不得小于 110mm；

（3）架体组装质量要求

① 立杆的上碗扣应能上下串动、转动灵活，不得有卡滞现象；

② 立杆与立杆的连接孔处应能插入 $\phi 10mm$ 连接销；

③ 碗口节点上应在安装 1～4 个横杆时，上碗扣均能锁紧；

④ 每一框架内横杆与立杆的垂直度偏差应小于 5mm。

2）扣件式钢管

（1）钢管采用 ϕ48.3mm×3.6mm 钢管。钢管外径允许偏差±0.5mm，壁厚允许偏差±0.36mm，游标卡尺检测，抽查数量 3%；

（2）扣件进入施工现场应检查产品合格证，并应进行抽样复试，技术性能应符合现行国家标准《钢管脚手架扣件》GB 15831 规定。扣件在使用前应逐个挑选，有裂缝、变形、螺栓出现滑丝的严禁使用。

（3）钢管扣件力学检测（表 4.4-1）

钢管扣件力学检测　　　　　　　　　　　　　　　　　　　表 4.4-1

构配件名称	检测项目	抽查数量
钢管	抗拉强度、屈服点、断后伸长率	750 根为一批，每批抽取 1 根
扣件	直角扣件：抗滑性能、抗破坏性能、扭转刚度。 旋转扣件：抗滑性能、抗破坏性能、抗拉性能、抗压性能	281～500 件 8 件；501～1200 件 13 件；1201～1000020 件

3）可调托撑

应有产品质量合格证，其外径不得小于 36mm，直径与螺距应符合现行国家标准《梯形螺纹第 2 部分：直径与螺距系列》GB/T 5796.2 和《梯形螺纹第 3 部分：基本尺寸》GB/T 5796.3 的规定。另外可调托撑的螺杆与支托板焊接应牢固，焊缝高度不得小于 6mm；可调托撑与螺母旋合长度不得少于 5 扣，螺母厚度不得小于 30mm，插入立杆内的长度不得小于 150mm。可调托撑受压承载力设计值不应小于 40kN，支托板厚不应小于 5mm，变形不应大于 1mm，可调底座底板的钢板厚度不得小于 6mm，钢尺尺量测，抽查数量 3%。

4）方木

截面尺寸：50mm×100mm 方木不应小于 45×95mm；

　　　　　100mm×100mm 方木不应小于 90×90mm；

方木弹性模量 E 不应小于 10000.00N/mm^2；

方木抗弯强度设计不应小于 13.00N/mm^2；

方木抗剪强度设计值不应小于 1.500N/mm^2；

5）胶合板

截面尺寸：厚度不小于 15mm；

胶合板弹性模量 E 不应小于 6000.00N/mm^2；

胶合板抗弯强度设计不应小于 15.00N/mm^2；

胶合板抗剪强度设计值不应小于 1.40N/mm^2。

4.4.2　支撑架检查验收要求

1）检查验收时间节点

（1）高大模板支撑架搭设前，应由项目技术负责人组织对需要处理或加固的地基、基础进行验收，并留存记录；

（2）作业层上施加荷载前；

（3）首段高度达到 6m 时，应进行检查与验收；每搭设完 6～8m 高度后；

（4）架体随施工进度升高应按结构层进行检查；

（5）遇到六级及以上大风、大雨、大雪后；

（6）停工超过一个月恢复使用前；

（7）高大模板支撑系统应在搭设完成后，由项目负责人组织验收，验收人员应包括项目技术人员、项目安全、质量、施工人员，监理单位的总监和专业监理工程师。验收合格，经施工单位项目技术负责人及项目总监理工程师签字后，方可进入后续工序施工。

2）检查项目

碗扣式钢管支撑架检查项目见表 4.4-2。

表 4.4-2

检查内容	允许偏差
底层纵横水平杆与地面距离	≤350mm
上端可调螺杆伸出顶层水平杆的长度	≤650mm
模板支撑架高宽比	≤2
碗扣节点间距	±0.50mm
下碗扣与定位销下端间距	±1mm
立杆连接处外套管与立杆间隙	≤2mm
外套管外伸长度	≥110mm
内横杆与立杆的垂直度偏差	<5mm

扣件式钢管支撑架检查项目见表 4.4-3。

表 4.4-3

检查内容		技术要求	允许偏差
地基与基础	（垫板）	不晃动	—
立杆垂直度	搭设高度 2m	—	±7mm
	搭设高度 10	—	±30mm
	最后验收 15m	—	±45mm
满堂支撑架间距	步距	—	±20mm
	立杆	—	±30mm
纵向水平杆高差	一根杆两端	—	±20mm
	同跨内两根纵向水平杆高差	—	±10mm
剪刀撑斜杠与地面的倾角		45°～60°	—
主节点处各扣件中心点相互距离		$a≤150mm$	—
同步立杆上两个相隔对接扣件的高差		$a≥500mm$	—
立杆上的对接扣件至主节点的距离		$a≤h/3$	—
纵向水平杆上的对接扣件至主节点的距离		$a≤l_a/3$	—
扣件螺栓拧紧扭力矩		40～65N·m	采用力矩扳手随机抽查，每部位不合格数量不应大于 1 个

4.4.3 模板质量验收

1）主控项目

（1）模板及其支架必须有足够的强度、刚度和稳定性，能可靠地承受浇筑混凝土的自重、侧压力以及施工荷载。其支架的支承部分必须有足够的支承面积。下层楼板混凝土强度满足施工要求。

检查数量：全数检查。

检验方法：对照模板设计文件和施工技术方案观察。

（2）安装现浇结构的上层模板及支架时，下层模板应具有承受上层荷载的承受能力，或加设支架；上、下层支架的立杆应对准，并铺设垫板。

检查数量：全数检查。

检验方法：对照模板设计文件和施工技术方案观察。

（3）在涂刷模板隔离剂时，不得沾污钢筋与混凝土接槎处。

检查数量：全数检查

检验方法：观察

2）一般项目

（1）模板安装应满足下列要求

模板的接缝不应漏浆；板缝宽度应≤1.5mm，在浇筑混凝土前，木模板应浇水湿润，但模板内不应有积水。

模板与混凝土的接触面应清理干净并涂刷隔离剂，但不得采用影响结构性能或妨碍装饰工程施工的隔离剂。

浇筑混凝土前，模板内的杂物应清理干净。

检查数量：全数检查

检查方法：观察

（2）对跨度不小于 4m 的现浇钢筋混凝土梁、板，其模板应按设计要求起拱；当设计无具体要求时，起拱高度宜为跨度的 1/1000～3/1000。

检查数量：在同一检验批内，对梁应抽查构件数量的 10％，且不少于 3 件；对板应按有代表性的自然间抽查 10％，且不少于 3 间；对大空间结构，板可按纵、横轴线划分检查面，抽查 10％，且不少于 3 面。

检验方法：水准仪或拉线、钢尺检查。

（3）固定在模板上的预埋件、预留孔和预留洞均不得遗漏，且应安装牢固，其偏差符合表 4.4-4 的规定。

预埋件和预留孔和预留洞允许偏差量　　　　　　　表 4.4-4

项目		允许偏差(mm)		
			国家标准	长城杯标准
预埋钢板中心线位置		3	2	
预埋管、预留孔中心线位置		3	2	
插筋		5	5	5
		+10,0	+10,-0	+10,-0
预埋螺栓		2	2	2
		+10,0	+10,-0	+5,-0

续表

项目		允许偏差（mm）	
		国家标准	长城杯标准
预留洞	10	10	5
	＋10,0	＋10，－0	＋5，－0

注：检查中心线位置时，应沿纵、横两个方向量测，并取其中的较大值。

检查数量：在同一检验批内，对梁、柱应抽查构件数量的10%，且不少于3件；对墙和板应按有代表性的自然间抽查10%，且不少于3间；对大空间结构，墙可按相邻轴线间高度5m左右划分检查面，板可按纵横轴线划分检查面，抽查10%，且均不少于3面。

检验方法：钢尺检查。

（4）现浇结构模板安装的偏差应符合表4.4-5的规定。

检查数量：在同一检验批内，对梁、柱应抽查构件数量的10%，且不少于3件；对墙和板，应按有代表性的自然间抽查10%，且不少于3间；对大空间结构，墙可按相邻轴线间高度5m左右划分检查面，板可按纵、横轴线划分检查面，抽查10%，且均不少于3面。

现浇结构模板安装的允许偏差及检查方法　　　　表 4.4-5

项目	允许偏差（mm）		检验方法
	国家标准	长城杯标准	
轴线位置	5	3	钢尺检查
底模上表面标高	±5	±3	水准仪或拉线、钢尺检查
截面内部尺寸	±10	±5	钢尺检查
	＋4 －5	±3	钢尺检查
层高	6	3	经纬仪或吊线、钢尺检查
垂直度	8	5	经纬仪或吊线、钢尺检查
相邻两板表面高低差	2	2	钢尺检查
表面平整度	5	2	2m靠尺和塞尺检查

注：检查中心线位置时，应沿纵、横两个方向量测，并取其中的较大值。

检验方法：钢尺检查。

5　施工安全保证措施

5.1　管理要求

（1）项目经理部设专职安全员，班组设兼职安全员，实行安全值班制度，安全员在公司安全管理部和项目经理指导下，认真贯彻安全生产责任制，执行有关规定，推动和组织施工中的安全工作，形成健全的安全保证体系。明确模架施工现场安全责任人，负责施工全过程的安全管理工作；

（2）高大模架施工应按经审批的专项施工方案进行，方案未经原审批部门同意，任何人不得修改变更。施工前项目总工或方案编写人员应对项目管理人员及班组长进行方案交底，施工员对班组作业人员做好施工作业交底及安全技术交底，两级安全员及值班人员应进行全面检查，逐一检查脚手架、安全网、五口以及工人是否正确使用劳保用品，禁止工人违章作业，督促工人及时清理外架，安全网内的材料及杂物，严禁将模板堆放在外架上；

（3）高大模架分段或整体搭设安装完毕，经项目部验收并报请公司技术和安全负责人验收合格后方能进行钢筋安装；

（4）模架施工现场应搭设工作梯，作业人员不得从支撑架体爬上爬下；

（5）模架搭设、拆除作业，无关人员不得进入模架下，混凝土浇筑期间，任何人员均不得进入模架下，并由安全员或班组兼职安全员在现场监护；

（6）混凝土浇筑时，派安全员专职观察模板及其支撑架的变形情况，发现异常现象时应立即暂停施工，迅速疏散人员，待排除险情并经施工现场安全负责人检查同意后方可复工；

（7）施工期间，要避免材料、机具与工具集中堆放；

（8）模架搭设人员必须持证上岗，并戴安全帽、系安全带、穿防滑鞋；

（9）恶劣天气时应停止模板支架的搭设与拆除。

5.2　施工要求

（1）模板支撑立杆应垂直布置，横向水平撑和剪力撑要拉牢扣紧；上一道模板安装工序未完，支撑未固定时，不得进行下一道工序的施工；

（2）模板拆除时间应由施工管理人员确定，并经项目技术负责人签字认可方可进行，未经同意，班组严禁私自拆模，拆模时严禁野蛮施工，不得猛撬硬砸，拆下的模板不得随意抛掷，应分类按指定地点堆放，及时整理成堆，及时起钉，以防铁钉扎脚，严禁向下抛掷杂物、碎木料等；

（3）任何班组个人不得在现场乱拉、乱接、乱拆用电线路，所有用电操作应由持证的专职电工进行，临时用电电线应架空，不得将电线放在地面乱拖，发现电源插座损坏、破裂等隐患应及时通知专职电工或管理人员及时予以处理，下班时应及时拉断电源，以防触电事故发生；

（4）模板的垂直运输由塔吊进行，应配备持证人员操作塔吊，其他任何人不得对塔吊进行任何操作，运输时塔吊应有持证人员指挥；

（5）混凝土浇灌时，应控制混凝土浇灌的速度、冲击荷载，出料口与梁板的距离不得大 1m，不得直接冲击模板，下灰时要从多点布料，浇灌混凝土大梁时应从中间下料后，再均匀从梁的两端下料，防止下料集中引起的局部模板受力超载。保证模板体系受力均匀。此项工作由混凝土施工员直接负责，技术员监督执行情况；

（6）各种材料、机器设备应按施工现场总平面布置的指定地点堆放、加工及安装；

（7）模板安装过程及时搞好清理，梁板模板安装后应及时清理楼板面的木屑、杂物等，建筑垃圾应按指定地点堆放并插告示牌，保持施工现场清洁卫生；

（8）模板拆除后应及时起钉，清理模板面的水泥渣，并分类堆放，防止钉子扎脚，保持施工现场畅通无阻。

5.3 质量管控

1）高大模板安装必须按本方案进行，模板安装前应认真做好技术及安全交底，严禁任意变动施工顺序，每一道工序必须遵照"三检"制度，上一道工序在未经检查认可合格前，不得进行下一道工序施工；

2）模板安装前应严格检查板材的完好程度，禁止超薄板变形过大板及虫蛀腐坏板材的使用，模板在混凝土浇筑前必须充分浇水湿润；

3）模板安装前应预埋好铁件、预留孔、水电消防盒等，经复核进行合模；

4）模板安装应与钢筋绑扎、水电管线盒安装及混凝土浇筑等工种密切配合，交接手续及验收手续应作好；模板接缝宽度必须在允许偏差范围内，过宽的应及时修补；

5）支撑安装好后，应及时沿横向和纵向加设竖向剪刀撑、水平剪刀撑、剪刀撑应与支撑立杆扣紧固定牢固；

6）在浇筑混凝土时应设专人监测，如发现模板移位、鼓胀、下沉、漏浆、支撑脱落或预埋件走动等现象，应立即通知混凝土工停止浇筑，并按照技术人员的指导进行加固处理；

7）跨度在 4m 以上的梁、板结构底模板应按方案要求起拱；梁板挂模施工时，严禁踩踏负筋，如发现负筋歪斜时，应通知钢筋班组及时扶正加固；模板安装完成后，应及时清理杂物；

8）模板拆除必须在同条件养护试块达到规范规定的拆除强度后方可拆除，拆除应经项目技术负责人、安全负责人、共同签字认可后方可进行；调松 U 形托，使模板与混凝土脱离后再进行拆除，拆模的基本原则是后支先拆，先支后拆，先拆除侧模，后拆除底模，拆模时严禁猛撬硬砸，避免因拆模使混凝土受振动损伤及损坏模板，拆模时注意保护模板表面，减少损伤；

9）拆模后应及时清理模板，码放整齐防止变形、钢管支撑及配件要分类码放、及时吊运至储存；避免造成运输过程损坏变形。

5.4 施工监测措施

5.4.1 监测预警值

本工程超高模板支撑架（首层门厅梁板）在混凝土浇筑过程中进行架体沉降监测；以起拱值作为监测预警值。

1 号、2 号门厅部位在 600mm×800mm、400mm×650mm 梁跨中设置观测点，共 5 处预警值为 8mm；

3 号楼门厅部位在 300mm×700mm、400mm×800mm 两跨中设置观测点，共三处，预警值 8mm；

4 号楼门厅部位在 400mm×650mm、600mm×650mm 梁跨中设置观测点，共 6 处，预警值 10mm。

5.4.2 监测方法

监测使用激光水准仪，架设在相邻已浇筑完成的混凝土结构板上。检测频次为每 15 分钟各点检测一次。检测过程有专人对仪器进行看护。

5.4.3　监测点位布置方法

监测点位布置在论证区域,将变形观测用钢筋固定在梁跨中部位模板面板上,钢筋高出混凝土面 300～500mm,在激光水平扫描点上做出标记。

5.5　季节施工安全措施

本工程结构施工经历一个冬季及一个雨季施工,需要单独编制季节性施工方案。此安全专项方案所涉及的分部分项工程施工阶段处于春季 4 月至 5 月,该阶段北京地区属于多风、气候干燥、临近雨季。

(1) 下雨天气及五级风以上天气应停止架体上作业;

(2) 雨后要对架体上的脚手板、安全网等做作业前检查;

(3) 模板存放地面要做好排水措施。对各类模板加强防风紧固措施,在临时停放时防止大风失稳;

(4) 在混凝土浇筑前应及时准确地掌握天气情况。小雨天气可浇筑墙柱混凝土,梁板尽量避开雨天浇筑混凝土。

(5) 严格执行各项规章制度、操作规程和质量标准,认真落实施工组织设计和雨期施工技术措施;

(6) 雨天不得露天电焊。在潮湿地带作业时,操作人员应站在铺有绝缘物品的地方并穿好绝缘鞋。闸箱防雨漏电接地保护装置应灵敏有效,每星期检查一次线路绝缘情况。对于变压器等在雨期前进行电阻复测,排除隐患。

6　应急预案

6.1　项目部安全急救援预案

为了防范安全事故的发生,加强安全防范措施,避免安全事故的发生;在出现安全事故时,能够做到及时,有效的针对事故发生而采取的措施,使经济损失和人员伤亡降低到最低限度,项目部特别成立安全事故紧急救援小组,并且经常演练,达到在安全事故发生能够迅速、及时的处理妥当。

安全事故紧急救援小组名单:

组　长:章＊＊　电话:＊＊＊＊＊＊＊＊＊＊＊

副组长:单＊＊　电话:＊＊＊＊＊＊＊＊＊＊＊

赵＊＊　电话:＊＊＊＊＊＊＊＊＊＊＊

王＊＊　电话:＊＊＊＊＊＊＊＊＊＊＊

组员:严＊＊、李＊＊、郭＊＊、……

各成员职责:

(1) 组长:发生安全事故后,负责总体调度指挥,总体策划,及时与上级主管部门及各救护单位第一时间取得联系。

(2) 副组长:负责现场指挥实施救护工作,安排人员疏散、管理,保持稳定现场,冷静沉着处理。

（3）各组员：负责实施救护工作，保证事故发生后，能使救护工作做到最佳，确保经济损失和人员伤亡降低到最低限度。

（4）在发生安全事故时，紧急动员小组组员和各班班组进行迅速、针对性的处理，保护好现场。

紧急救援电话：

火警：119　　　急救：120　　　报警：110

（5）现场到医院的线路图（略）。

6.2　高处坠落和物体打击事故应急救援预案

（1）一旦发生高处坠落和物体打击事故后，项目部应立即组织人员进行抢救，并电话通知公司应急反应组织机构，同时迅速呼叫医务人员前来现场进行抢救。

（2）迅速排除致命和致伤因素：如搬开压在身上的重物；清除伤病员口鼻内的泥砂、呕吐物、血块或其他异物，保持呼吸道通畅等。

（3）检查伤员的生命体征：检查伤病员呼吸、心跳、脉搏情况。如有呼吸心跳停止，应就地立刻进行心脏按压和人工呼吸。

（4）止血：有创伤出血者，应迅速包扎止血，材料就地取材，可用加压包扎、上止血带或指压止血等。同时尽快送往医院。

（5）观察受伤人员摔伤及骨折部位，看其是否昏迷；注意摔伤及骨折部位的保护，避免不正确的抬运，使骨折错位而造成二次伤害。

（6）车辆一到立即就近送往医院。

（7）由事故调查组进行事故调查，责任分析并形成调查报告上报上级主管部门。

（8）总结经验教训，教育职工。

6.3　触电事故应急救援预案

（1）如果发生触电事故时首先断开电源。项目部应立即组织人员进行抢救，并电话通知公司应急反应组织机构，同时迅速呼叫医务人员前来现场进行抢救。

（2）电源开关在较远处时，可用绝缘材料（如木条等）把触电者与电源分离。

（3）高压线路触电：马上通知供电部门停电，如一时无法通知供电部门停电则可抛掷导电体（如裸导线），让线路短路跳闸，再把触电者拖离电源。

（4）触电者脱离电源后马上进行抢救，同时通知110送往最近的医院。

（5）由事故调查组进行事故调查，责任分析并形成调查报告上报上级主管部门。

6.4　机械伤害应急救援预案

（1）一旦发生机械伤害事故后，项目部应立即切断电源并组织人员进行抢救，并电话通知公司应急反应组织机构，同时迅速呼叫医务人员前来现场进行抢救。

（2）对伤员进行必要的处理，如止血：有创伤出血者，应迅速包扎止血，材料就地取材，可用加压包扎、上止血带或指压止血等。同时尽快送往医院。

6.5　模板、支撑架坍塌

1）一旦发生模板、支撑架坍塌事故，现场抢救组应首先进行疏散，清点人员，确定有无人员失踪、受伤。了解事发前该区域施工人员情况，作业人数，如有施工人员失踪或被压埋，立即组织有效的挖掘、移除工作。

挖掘、移除应采用人工挖掘、移除，禁止采用机械挖掘、移除，防止及机械对被埋人员造成伤害。人工挖掘、移除尽量避免使用尖锐性工具。抢救挖掘、移除人员应分班组，合理按照工作面安排人力，及时换班，保障抢救挖掘、移除人员体力，保证在最短时间内将被压埋人员抢救出来。

2）如有人员失踪、受伤，安全保卫组应立即报警。并做好救助车辆引导。

3）在专业医疗人员到达前由现场伤员抢救组对受伤人员进行简单救助。

（1）争分夺秒抢救被压埋者，使头部先露出，保证呼吸畅通。

（2）出来之后，呼吸停止者立即做人工呼吸，然后进行正规心肺复苏。

（3）伤口止血且使用止血带。

（4）切忌对压伤进行热敷或按摩。

6.6 消防事故应急救援预案

（1）发生火灾后，应大声喊："起火了！起火了！"，并拨打 119 报警；

（2）现场抢救组立即展开扑救防止火在蔓延，并立即通知公司消防组；

（3）消防组接到报警后立即到现场组织扑救；

（4）报警时一定要讲清发生火灾的部署、着火的材料、大概面积并留下报警人的电话；

（5）拨打 110 报警后，报警人到场外马路上等候消防车的到来并做好向导工作；

（6）接到报警后，消防组立即通知医务室人员到达现场组织抢救；

（7）安全保卫组组织人员按照疏散图指示及时疏散留在现场的工作人员；

（8）安全保卫组安排人员管理现场，预防趁乱偷盗行为的发生；

（9）现场抢救组随时与现场伤员营救组保持联系，如需送往医院治疗立即通知现场伤员营救组；

（10）发生火灾后立即切断电源，以防止扑救过程中造成触电；

（11）在火灾现场如有易爆物质，首先转移该物质以防止爆炸的发生；

（12）如电器起火应首先切断电源再组织扑救；

（13）如精密仪器起火应使用二氧化碳灭火器进行扑救；

（14）如油类、液体胶类发生火灾应使用泡沫或干粉灭火器，严禁使用水进行扑救；

（15）在扑救燃烧产生有毒物质的火灾时，扑救人员应该佩戴防毒面具后方可进行扑救；

（16）在扑救火灾的过程中，始终坚持救人第一的原则，严禁因拯救物资而置生命于不顾；

（17）对伤者实施急救措施后，立即送往医院治疗；

（18）消防组值班人员坚守岗位，认真负责、做好下情上达工作，对事件发展情况，所采取的措施，存在的问题，要认真做好记录，直至事件完全解决；

（19）事故调查组对事故原因进行调查、评价并提出相应的解决方案；事故调查组将事件发生、处理的全过程和预防的向公司汇报。

7 模架施工图

7.1 1号楼、2号楼3F超高梁、板支撑图

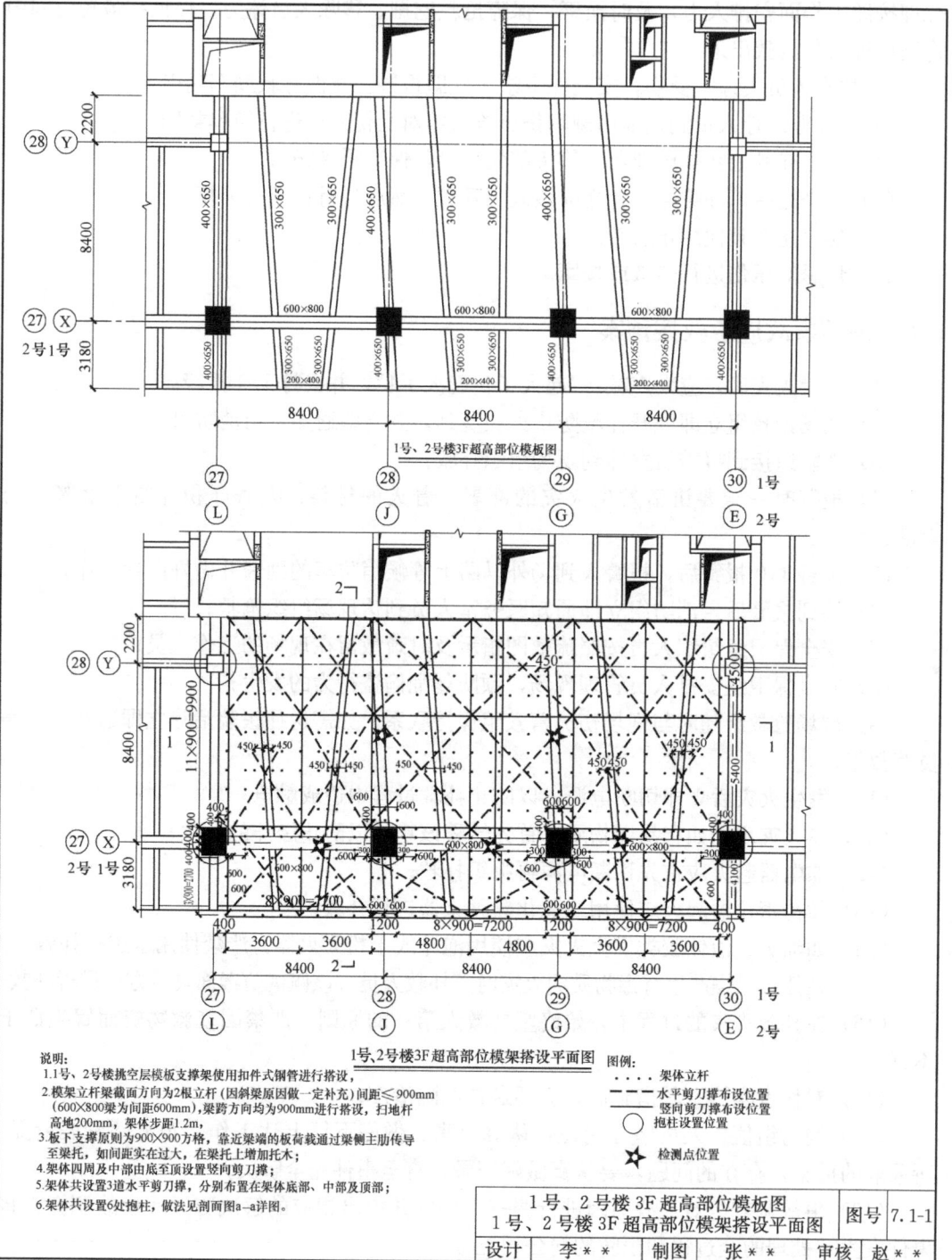

1号、2号楼3F超高部位模板图

1号、2号楼3F超高部位模架搭设平面图

说明:
1. 1号、2号楼挑空层模板支撑架使用扣件式钢管进行搭设。
2. 模架立杆梁截面方向为2根立杆(因斜梁原因做一定补充)间距≤900mm (600×800梁为间距600mm),梁跨方向均为900mm进行搭设,扫地杆高地200mm,架体步距1.2m;
3. 板下支撑原则为900×900方格,靠近梁端的板荷载通过梁侧主肋传导至梁托,如间距过大,在梁托上增加托木;
4. 架体四周及中部由底至顶设置竖向剪刀撑;
5. 架体共设置3道水平剪刀撑,分别布置在架体底部、中部及顶部;
6. 架体共设置6处抱柱,做法见剖面图a-a详图。

图例:
· · · · 架体立杆
- - - - 水平剪撑布设位置
—○— 竖向剪撑布设位置
○ 抱柱设置位置
☆ 检测点位置

1号、2号楼3F超高部位模板图 1号、2号楼3F超高部位模架搭设平面图	图号	7.1-1
设计	李**	制图	张**	审核	赵**

图 7.1-1

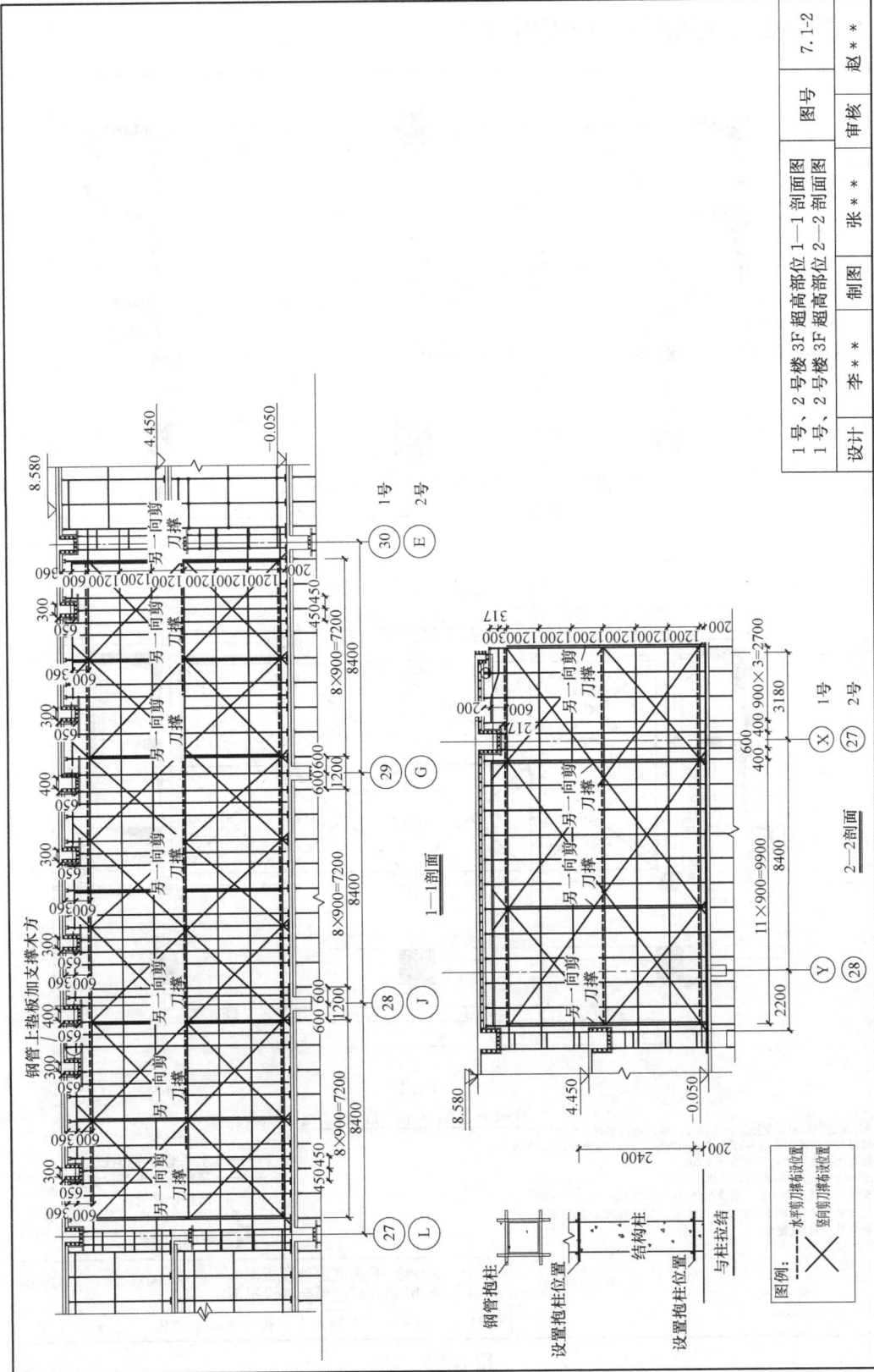

图 7.1-2

设计	李＊＊	制图	张＊＊	审核	赵＊＊
1号、2号楼 3F 超高部位 1—1 剖面图				图号	7.1-2
1号、2号楼 3F 超高部位 2—2 剖面图					

7.2　3号楼3F超高梁、板支撑体系图

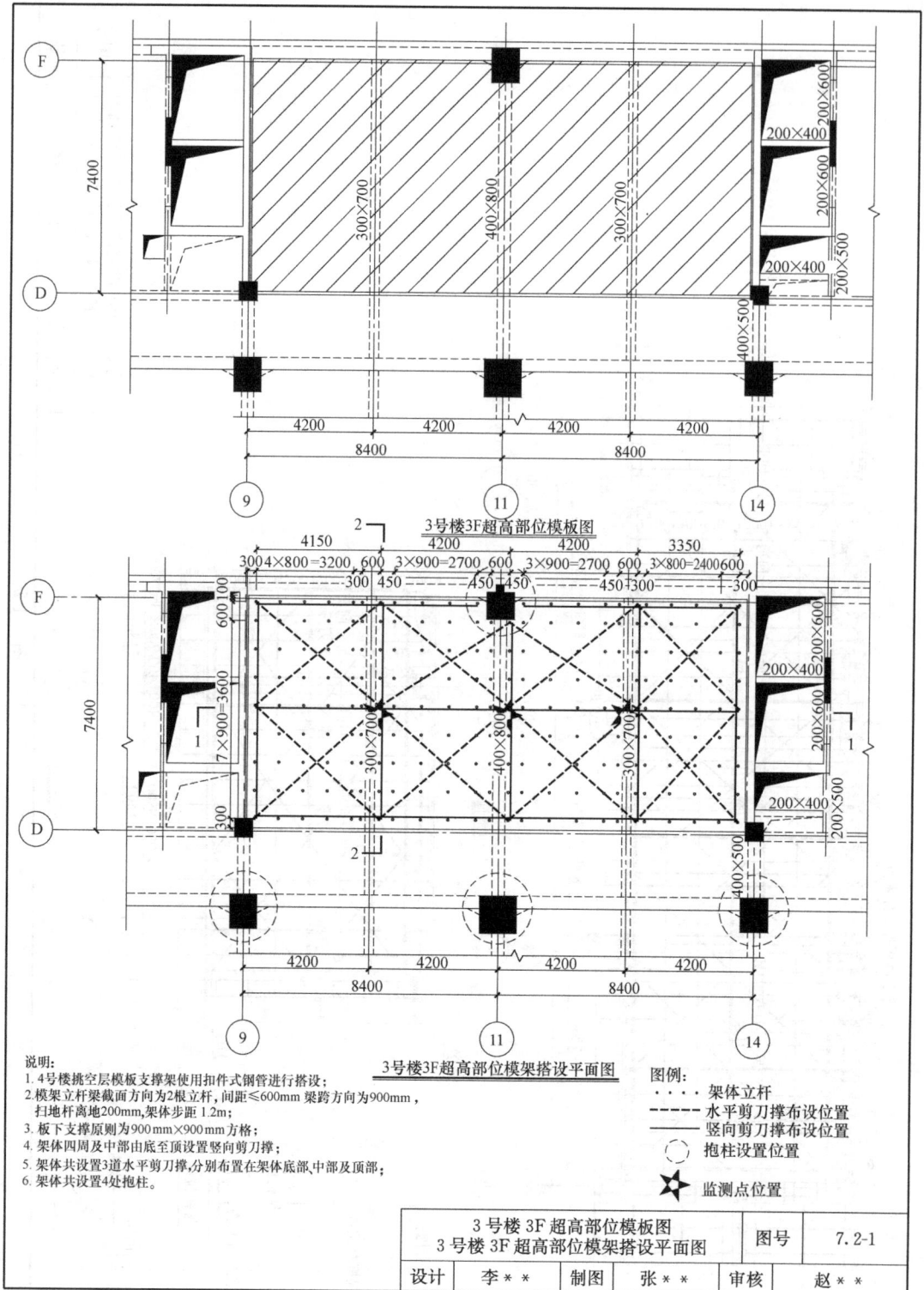

说明:
1. 4号楼挑空层模板支撑架使用扣件式钢管进行搭设;
2. 模架立杆梁截面方向为2根立杆,间距≤600mm梁跨方向为900mm,
扫地杆离地200mm,架体步距1.2m;
3. 板下支撑原则为900mm×900mm方格;
4. 架体四周及中部由底至顶设置竖向剪刀撑;
5. 架体共设置3道水平剪刀撑,分别布置在架体底部、中部及顶部;
6. 架体共设置4处抱柱。

图例:
　　　　　架体立杆
- - - - -　水平剪刀撑布设位置
————　竖向剪刀撑布设位置
◯　抱柱设置位置
✦　监测点位置

3号楼3F超高部位模板图 3号楼3F超高部位模架搭设平面图	图号	7.2-1
设计　李＊＊　制图　张＊＊　审核　赵＊＊		

图 7.2-1

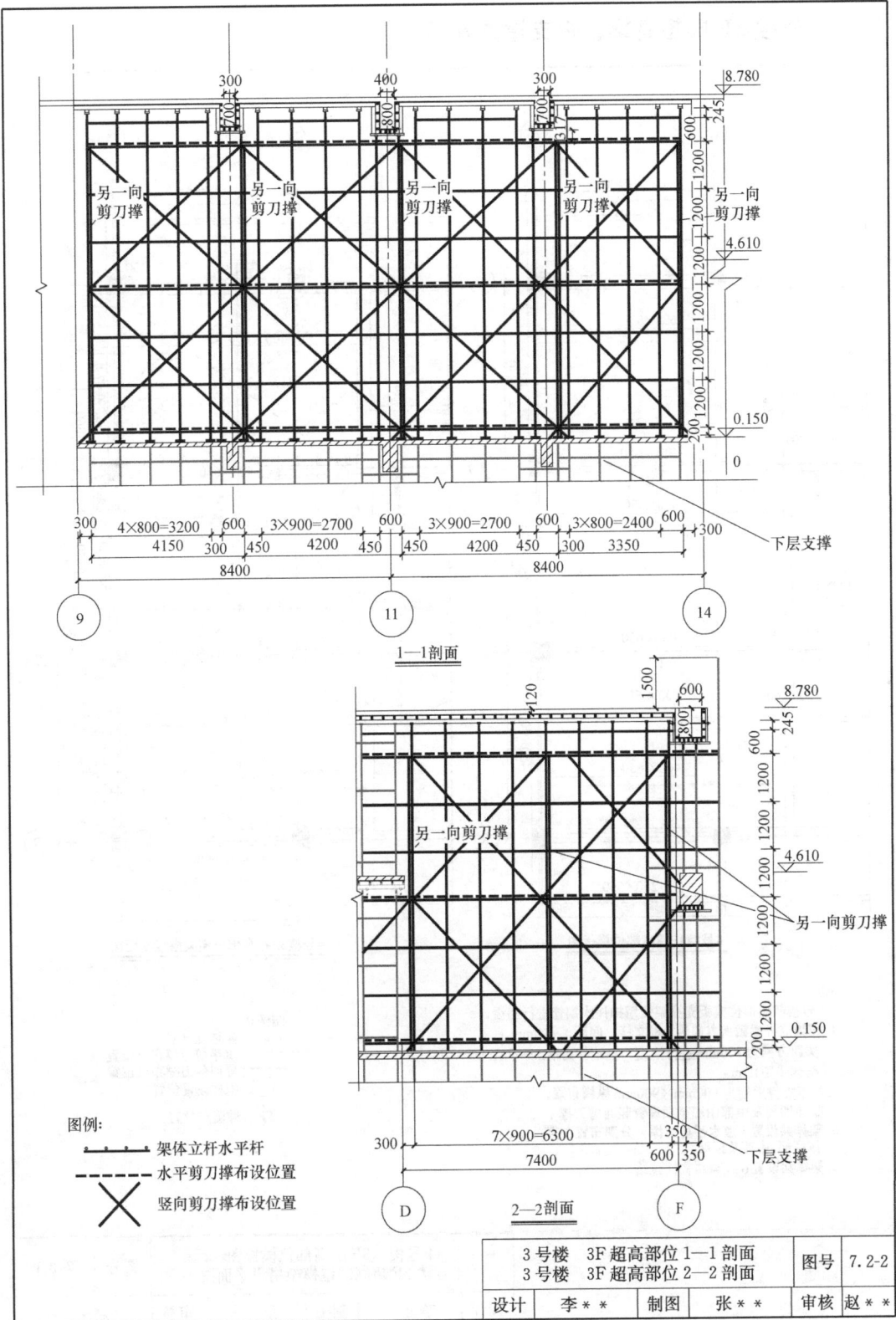

1—1剖面

图例：
┣━━━┫ 架体立杆水平杆
－－－－－ 水平剪刀撑布设位置
╳ 竖向剪刀撑布设位置

2—2剖面

3号楼　3F超高部位1—1剖面 3号楼　3F超高部位2—2剖面		图号	7.2-2
设计	李＊＊	制图	张＊＊	审核	赵＊＊

图 7.2-2

251

7.3 4号楼 3F 层超高梁、板支撑体系图

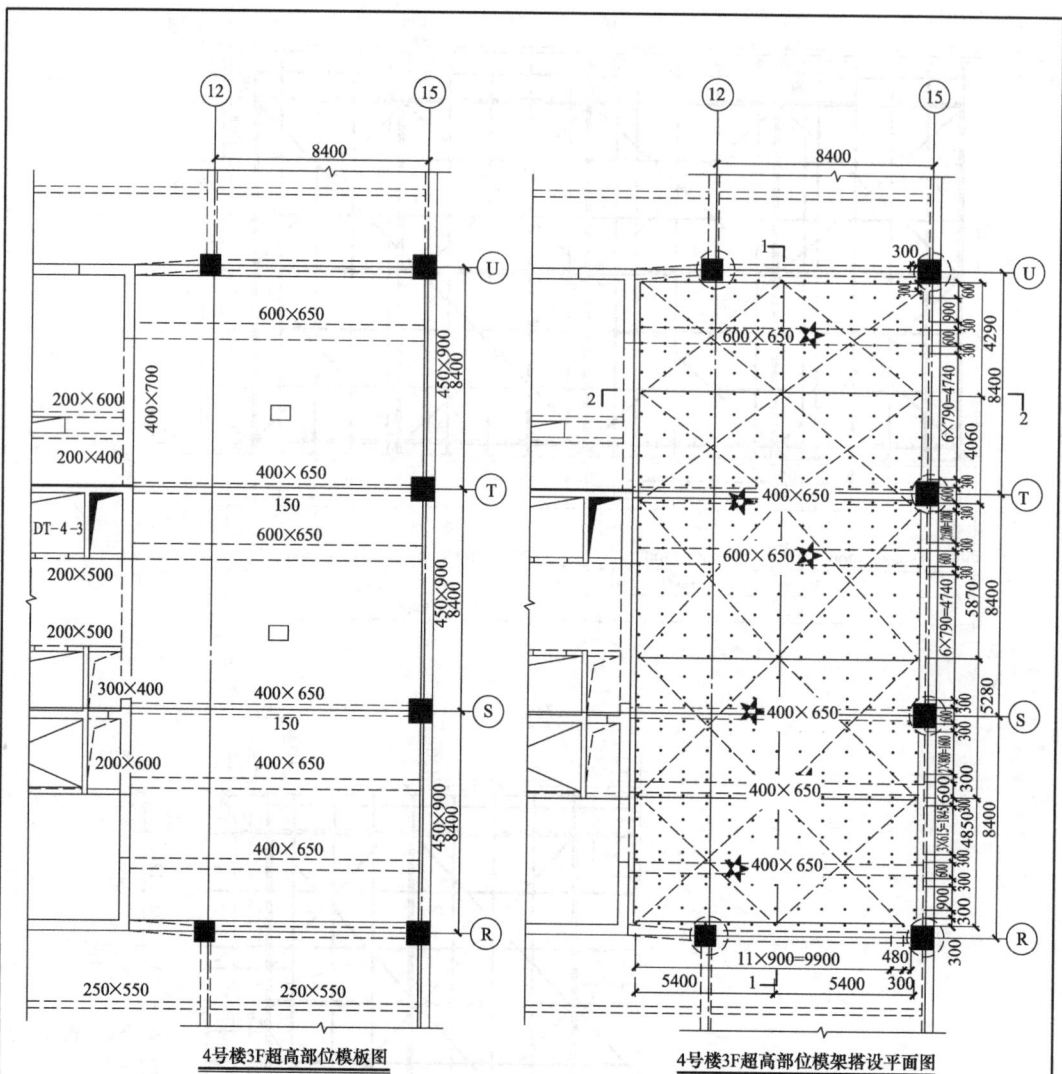

4号楼3F超高部位模板图

4号楼3F超高部位模架搭设平面图

说明:
1. 4号楼超高部位模板支撑架使用扣件式钢管进行搭设;
2. 模架立杆梁截面方向为2根立杆,间距≤600mm,
   梁跨方向为900mm进行搭设,扫地杆离地200mm,
   架体步距1.2m;
3. 板下支撑原则为900mm×900mm纵横布置;
4. 架体四周及中部由底至顶设置竖向剪刀撑;
5. 架体共设3道水平剪刀撑,分别布置在架
   体底部 中部及顶部;
6. 架体共设置6处与结构柱拉结;

图例:
- 架体立杆
- 水平剪刀撑布设位置
- 竖向剪刀撑布设位置
- 抱柱设置位置
- 监测点位置

4号楼 3F超高部位模板图 4号楼 3F超高部位模架搭设平面图		图号	7.3-1
设计	李＊＊ 制图 张＊＊ 审核	赵	＊＊

图 7.3-1

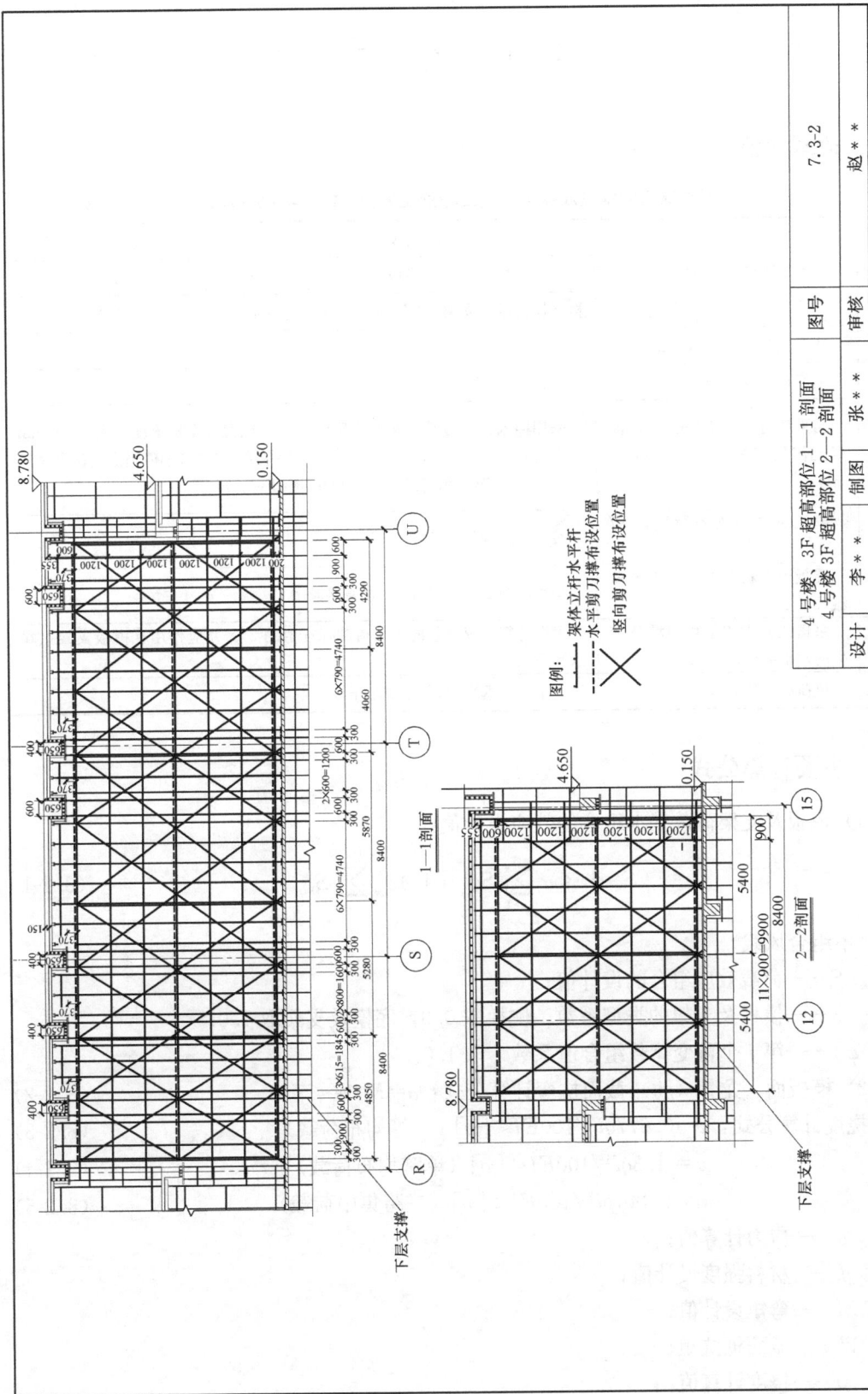

图 7.3-2

			图号	7.3-2
		张＊＊＊	审核	赵＊＊
设计	李＊＊	制图		

4 号楼、3F 超高部位 1—1 剖面
4 号楼、3F 超高部位 2—2 剖面

图例：
—————　架体立杆水平杆
-------　水平剪刀撑布设位置
╳　竖向剪刀撑布设位置

1—1剖面

2—2剖面

下层支撑

8　计　算　书

8.1　荷载取值

荷载取值依据《混凝土结构工程施工规范》GB 50666—2011　　　　表 8.1

G_1	模架及支架自重	平板的模板及小梁	0.3(木模)	0.5(定型组合钢模)
		楼梯模板、梁模板	0.5	0.75
		楼板模板及其支架(层高 4m 以下)	0.75	1.10
G_2	新浇混凝土自重(kN/m³)	24		
G_3	钢筋自重(kN/m³)	楼板 1.1;梁 1.5		
G_4	当采用内部振捣器时,新浇混凝土作用模板的侧压力(kN/m³)	采用插入式振捣器浇筑速度不大于 10m/h,混凝土坍落度不大于 180mm 时 $F=0.28\gamma_c t_0\beta V^{1/2}$,$\beta$ 取 $0.85\sim1.0$;$F=\gamma_c H$;取二者小值当浇筑速度大于 10m/h,或混凝土坍落度大于 180mm 时,$F=\gamma_c H$		
Q_1	施工人员及设备荷载(kN/m²)	按实际情况取,但不小于 2.5		
Q_2	混凝土下料时产生的水平荷载(kN/m²)	溜槽串筒 2;吊斗容器、小车直接倾倒 4		
Q_3	泵送混凝土或不均匀堆载产生的水平荷载(kN/m²)	可取计算工况下竖向永久荷载标准值的 2%,并应作用在模板支架上端水平方向		
Q_4	风荷载(kN/m²)	按十年一遇取值,但不应小于 0.2		

8.2　主要计算公式

1) 模板及支架荷载基本组合的效应设计值:

$$S=1.35\alpha\sum_{i\geqslant1}S_{G_{ik}}+1.4\varphi_{cj}\sum_{j\geqslant}S_{Q_{ik}} \tag{8.2-1}$$

(不组合风载)

式中　S——荷载效应组合的设计值;

　　　α——模板及支架的类型系数,侧模取 0.9,底模及支架取 1.0;

　　　φ_{cj}——第 j 个可变荷载组合值系数,取 1.0。

2) 模板面、龙骨(肋)截面抗弯计算公式:$\sigma=M/W<f$ 　(8.2-2)

挠度计算公式:$v=0.677ql^4/100EI<[v]$(三等均布荷载) 　(8.2-3)

　　　　　　　$v=1.3ql^4/100EI<[v]$(单跨均布荷载) 　(8.2-4)

　　　　　　　$v=1.146pl^3/100EI<[v]$(三跨集中荷载) 　(8.2-5)

式中　σ——应力计算值;

　　　f——材料强度设计值;

　　　M——弯矩设计值;

　　　W——截面抵抗矩;

　　　v——挠度计算值;

q——线荷载设计值；

p——集中荷载；

l——计算跨度，挠度按照多跨连续梁计算；

E——材料弹性模量；

I——截面惯性矩；

$[v]$——允许挠度。

3）支撑架钢管稳定性计算公式

$$\sigma=\frac{N}{\varphi A}\leqslant f \tag{8.2-6}$$

式中　N——立杆的轴心压力设计值；

φ——轴心受压立杆的稳定系数，由长细比 $\lambda=l_0/i$ 查表得；

i——计算立杆的截面回转半径；

A——立杆净截面面积；

W——立杆净截面抵抗矩（cm^3）；

σ——钢管立杆抗压强度计算值；

f——钢管立杆抗压强度设计值；

l_0——计算长度（m）。

4）长细比计算公式 $\lambda=l_0/i<[\lambda]$

式中　$[\lambda]$——允许长细比，支撑立杆取 180。

（1）扣件支撑依据《建筑施工扣件式钢管脚手架安全技术规范》JGJ 130—2011，两者取大值

顶部立杆 $\qquad\qquad l_0=ku_1(h+2a) \tag{8.2-7}$

非顶部立杆 $\qquad\qquad l_0=ku_2h \tag{8.2-8}$

式中　k——满堂支撑架计算长度附加系数，验算长细比时取 1，验算立杆稳定性时查表取；

u_1——计算长度系数；

u_2——计算长度系数；

h——脚手架步距；

a——立杆伸出顶层水平杆中心线至支撑点的长度。

（2）碗扣立杆计算长度： $\qquad l_0=h+2a \tag{8.2-9}$

5）梁对拉螺栓计算公式 $N<[N]=fA$

式中　N——对拉螺栓所受的拉力；

A——对拉螺栓有效面积；

f——对拉螺栓的抗拉强度设计值。

8.3　计算结果

取典型截面进行受力计算，结果显示模板及脚手架满足安全、质量受力要求。

（1）B2 层 900mm×1600mm 梁计算结果

表 8.3-1

序号	计算截面情况	荷载取值情况	模板及支撑材料情况
1	梁截面尺寸(m)：0.9×1.6 支顶高度 2.30m $a＝0.60$m 碗扣式钢管脚手架 $\phi48×3.5$	模板自重（kN/m²）：0.5；钢筋混凝土自重（kN/m³）：25.5； 施工均布荷载标准值（kN/m²）：2.5；倾倒混凝土侧压力（kN/m²）：水平 2.0，垂直 4.0； 振捣混凝土荷载标准值（kN/m²）：2.0	梁底次龙骨方木截面尺寸(mm)：90.0×90.0、间距(mm)：225(5 根)； 主龙骨钢管截面尺寸(mm)：双 $\phi48×3.0$、间距(mm)：600 梁侧次肋方木截面尺寸 b(mm)：45.0×95.0、间距(mm)：191(8 根)； 梁侧主肋钢管截面尺寸（mm）：双 $\phi48×3.0$ 间距(mm)：600； 穿梁螺栓竖向分布根数：4，水平间距 600mm 立杆梁截面方向间距(mm)：600；立杆梁跨度方向间距(mm)：600；步距(m)：1.2

序号		梁侧	梁底	支撑
1	计算简况	1. 面板的受弯应力计算值 $\sigma＝$3.587N/mm² 小于面板的抗弯强度设计值$[f]＝13.64$N/mm²，满足要求！ 2. 面板的最大挠度计算值 $v＝$0.136mm 小于面板的最大容许挠度值$[v]＝190.7/400＝0.477$mm，满足要求！ 3. 次肋最大受弯应力计算值为 3.73N/mm² 小于次肋的抗弯强度设计 11.8N/mm²，满足要求！ 4、次肋的最大挠度计算值 $v＝$0.155mm 小于次肋的最大容许挠度值$[v]＝600/400＝1.5$mm，满足要求！ 5. 主肋的受弯应力计算值为 117.52N/mm² 小于主肋的抗弯强度设计值$[f]＝205.00$N/mm²，满足要求！ 6. 主肋的最大挠度计算值 $\omega＝$0.360mm 小于主肋的最大容许挠度值$[\omega]＝450/150＝3.0$mm，满足要求！ 7. 穿梁螺栓所受的最大拉力 $N＝$13.681kN 小于穿梁螺栓最大容许拉力值$[N]＝22.25$kN，满足要求！	1. 面板的最大弯曲应力计算值为 8.267N/mm² 小于面板的抗弯强度设计值 15N/mm²，满足要求！ 2. 面板的最大挠度计算值 $v＝$0.415mm 小于面板的最大允许挠度$[v]＝225/250＝0.90$mm，满足要求！ 3. 次龙骨最大受弯应力计算值$\sigma＝4.43$N/mm² 小于次肋的抗弯强度设计$[f]＝13.0$N/mm²，满足要求！ 4. 次龙骨的最大挠度计算值 0.198mm 小于方木的最大允许挠度$[v]＝600/250＝2.4$mm，满足要求！ 5. 主龙骨的最大弯曲应力计算值 132.15N/mm² 小于主龙骨的抗弯强度设计值 205.0N/mm²，满足要求！ 6. 主龙骨的最大挠度 0.314mm 小于 $600/250＝2.4$mm，满足要求！	1. 钢管立杆稳定性计算 $\sigma＝163.95$N/mm² 小于钢管立杆抗压强度的设计值 $[f]＝205$N/mm²，满足要求！ 2. 基础落在楼板上，需要保证下一层架体有支撑。 3.$\lambda＝l_0/i＝230/1.578＝146＜[\lambda]＝180$

（2）B2 层 1100mm×1600mm 梁计算结果

表 8.3-2

序号	计算截面情况	荷载取值情况	模板及支撑材料情况
2	梁截面尺寸(m)：1.1×1.6 支顶高度 2.30m $a＝0.60$m 碗扣式钢管脚手架	模板自重（kN/m²）：0.5；钢筋混凝土自重（kN/m³）25.5； 施工均布荷载标准值（kN/m²）：2.5；倾倒混凝土侧压力（kN/m²）：水平 2.0，垂直 4.0； 振捣混凝土荷载标准值（kN/m²）：2.0	梁底次龙骨方木截面尺寸（mm）：90.0×90.0、间距(mm)：220(6 根)； 主龙骨钢管截面尺寸（mm）：双 $\phi48×3.0$、间距(mm)：600； 梁侧次肋方木截面尺寸 b(mm)：45.0×95.0、间距(mm)：191(8 根)； 梁侧主肋钢管截面尺寸（mm）：双 $\phi48×3.0$ 间距(mm)：600； 穿梁螺栓竖向分布根数：4，水平间距 600； 立杆梁截面方向间距(mm)：600；立杆梁跨度方向间距(mm)：600；步距(m)：1.2

序号		梁侧	梁底	支撑
2	计算简况	1. 面板的受弯应力计算值 $\sigma=$ 3.87N/mm² 小于面板的抗弯强度设计值 $[f]=13.64$N/mm²，满足要求！ 2. 面板的最大挠度计算值 $v=$ 0.136mm 小于面板的最大容许挠度值 $[v]=200/400=0.500$mm，满足要求！ 3. 次肋最大受弯应力计算值为 3.73N/mm² 小于次肋的抗弯强度设计 11.8N/mm²，满足要求！ 4. 次肋的最大挠度计算值 $v=$ 0.155mm 小于次肋的最大容许挠度值 $[v]=600/400=1.5$mm，满足要求！ 5. 主肋的受弯应力计算值为 117.52N/mm² 小于主肋的抗弯强度设计值 $[f]=205.00$N/mm²，满足要求！ 6. 主肋的最大挠度计算值 $\omega=$ 0.523mm 小于主肋的最大容许挠度值 $[\omega]=450/150=3.0$mm，满足要求！ 7. 穿梁螺栓所受的最大拉力 $N=$ 13.681kN 小于穿梁螺栓最大容许拉力值 $[N]=22.25$kN，满足要求！	1. 面板的最大弯曲应力计算值为 7.5117N/mm² 小于面板的抗弯强度设计值 15N/mm²，满足要求！ 2. 面板的最大挠度计算值 $v=$ 0.389mm 小于面板的最大允许挠度 $[v]=220/250=0.88$mm，满足要求！ 3. 次肋最大受弯应力计算值 $\sigma=4.16$N/mm² 小于次肋的抗弯强度设计 $[f]=13.0$N/mm²，满足要求！ 4. 方木的最大挠度计算值 0.190mm 小于方木的最大允许挠度 $[v]=600/250=2.4$mm，满足要求！ 5. 主龙骨的最大弯曲应力计算值 177.11N/mm² 小于主龙骨的抗弯强度设计值 205.0N/mm²，满足要求！ 6. 主龙骨的最大挠度 0.395mm 小于 600/250=2.4mm，满足要求！	1. 钢管立杆稳定性计算（组与不组风荷载大值）$\sigma=126.027$N/mm² 小于钢管立杆抗压强度的设计值 $[f]=205$N/mm²，满足要求！ 2. 基础落于楼板上，需要将保证下一层架体有支撑。 3. $\lambda=l_0/i=190/1.578=120<[\lambda]=180$

（3）B2 层 700mm×1100mm 梁计算结果

表 8.3-3

序号	计算截面情况	荷载取值情况	模板及支撑材料情况
3	梁截面尺寸(m)：0.7×0.11 支顶高度2.65m $a=0.35$m 碗扣式钢管架	模板自重（kN/m²）：0.5；钢筋混凝土自重（kN/m³）：25.5；施工均布荷载标准值（kN/m²）：2.5；倾倒混凝土侧压力（kN/m²）：水平21.6，垂直4.0；振捣混凝土荷载标准值（kN/m²）：2.0	梁底次龙骨方木截面尺寸（mm）：45.0×90.0、间距（mm）：175(5根)； 主龙骨钢管截面尺寸（mm）：双 $\phi48\times3.0$、间距（mm）：600； 梁侧次肋方木截面尺寸 b(mm)：45.0×95.0、间距（mm）：175(7根)； 梁侧主肋钢管截面尺寸（mm）：双 $\phi48\times3.0$、间距（mm）：600； 穿梁螺栓竖向分布根数：2，水平间距600； 梁底双排立杆，立杆梁截面方向间距（mm）：600；立杆梁跨度方向间距（mm）：600；步距(m)：1.2

续表

		梁侧	梁底	支撑
3	计算简况	1. 面板的受弯应力计算值 $\sigma 2.427 N/mm^2$ 小于面板的抗弯强度设计值 $[f]=13.64N/mm^2$，满足要求！ 2. 面板的最大挠度计算值 $v=0.072mm$ 小于面板的最大允许挠度值 $[v]=175/400=0.438mm$，满足要求！ 3. 次肋最大受弯应力计算值为 $2.99N/mm^2$ 小于次肋的抗弯强度设计 $11.8N/mm^2$，满足要求！ 4. 次肋的最大挠度计算值 $v=0.122mm$ 小于次肋的最大允许挠度值 $[v]=600/400=1.5mm$，满足要求！ 5. 主肋的受弯应力计算值为 $52.86N/mm^2$ 小于主肋的抗弯强度设计值 $[f]=186.36N/mm^2$，满足要求！ 6. 主肋的最大挠度计算值 $\omega=0.160mm$ 小于主肋最大允许挠度值 $[\omega]=600/150=3.0mm$，满足要求！ 7. 穿梁螺栓所受的最大拉力 $N=9.851kN$ 小于穿梁螺栓最大容许拉力值 $[N]=22.25kN$，满足要求！	1. 面板的最大弯曲应力计算值为 $3.556N/mm^2$ 小于面板的抗弯强度设计值 $15N/mm^2$，满足要求！ 2. 面板的最大挠度计算值 $v=0.108mm$ 小于面板的最大允许挠度 $[v]=175/250=0.70mm$，满足要求！ 3. 次龙骨最大受弯应力计算值 $\sigma=5.74N/mm^2$ 小于次肋的抗弯强度设计 $[f]=13.0N/mm^2$，满足要求！ 4. 次龙骨的最大挠度计算值 $0.215mm$ 小于方木的最大允许挠度 $[v]=600/250=2.4mm$，满足要求！ 5. 主龙骨的最大弯曲应力计算值 $148.37N/mm^2$ 小于主龙骨的抗弯强度设计值 $205.0N/mm^2$，满足要求！ 6. 主龙骨的最大挠度 $1.031mm$ 小于 $600/250=2.4mm$，满足要求！	1. 钢管立杆稳定性计算（组与不组风荷载大值）$\sigma=101.352N/mm^2$ 小于钢管立杆抗压强度的设计值 $[f]=205N/mm^2$，满足要求！ 2. 基础落于楼板上，需要将保证下一层架体有支撑。 3. $\lambda=l_0/i=190/1.578=120<[\lambda]=180$

（4）1F~3F 挑空层 $600mm \times 800mm$ 梁

表 8.3-4

序号	计算截面情况	荷载取值情况	模板及支撑材料情况
4	梁截面尺寸(m)：0.6×0.8 支顶高度 8.00m（最大） $a=0.50m$ 扣件钢管满堂支撑架	模板自重（kN/m^2）：0.5；钢筋混凝土自重（kN/m^3）：25.5 施工均布荷载标准值（kN/m^2）：2.5；倾倒混凝土侧压力（kN/m^2）：水平 2.0、垂直 4.0； 振捣混凝土荷载标准值（kN/m^2）：2.0	梁底次龙骨方木截面尺寸（mm）：45.0×90.0、间距（mm）：150（5根）； 主龙骨钢管截面尺寸（mm）：双 $\phi 48 \times 3.0$、间距（mm）：900； 梁侧次肋方木截面尺寸（mm）：45.0×90.0、间距（mm）：215（4根）； 梁侧主肋方木截面尺寸（mm）：90.0×90.0、间距（mm）：900； 不设穿梁螺栓，主肋上下锁口加固； 梁底双排立杆，立杆梁截面方向间距（mm）：600；立杆梁跨度方向间距（mm）：900；步距（m）：1.2

		梁侧	梁底	支撑
4	计算简况	1. 面板的受弯应力计算值 $\sigma=3.664N/mm^2$ 小于面板的抗弯强度设计值 $[f]=13.64N/mm^2$，满足要求！ 2. 面板的最大挠度计算值 $v=0.180mm$ 小于面板的最大容许挠度值 $[v]=215/400=0.538mm$，满足要求！ 3. 次肋最大受弯应力计算值为 $8.33N/mm^2$ 小于次肋的抗弯强度设计 $11.8N/mm^2$，满足要求！ 4. 次肋的最大挠度计算值 $v=0.766mm$ 小于次肋的最大容许挠度值 $[v]=900/400=2.25mm$，满足要求！ 5. 主肋的受弯应力计算值为 $11.54N/mm^2$ 小于主肋的抗弯强度设计值 $[f]=13.00N/mm^2$，满足要求！ 6. 主肋的最大挠度计算值 $\omega=0.867mm$ 小于主肋的最大容许挠度值 $[\omega]=650/250=2.6mm$，满足要求！	1. 面板的最大弯曲应力计算值为 $1.926N/mm^2$ 小于面板的抗弯强度设计值 $15N/mm^2$，满足要求！ 2. 面板的最大挠度计算值 $v=0.043mm$ 小于面板的最大允许挠度 $[v]=150/250=0.60mm$，满足要求！ 3. 次龙骨最大受弯应力计算值 $\sigma=9.10N/mm^2$ 小于次肋的抗弯强度设计 $[f]=13.0N/mm^2$，满足要求！ 4. 次龙骨的最大挠度计算值 $0.604mm$ 小于方木的最大允许挠度 $[v]=900/250=3.6mm$，满足要求！ 5. 主龙骨的最大弯曲应力计算值 $171.39N/mm^2$ 小于主龙骨的抗弯强度设计值 $205.0N/mm^2$，满足要求！ 6. 主龙骨的最大挠度 $1.201mm$ 小于 $600/250=2.4mm$，满足要求！	1. 钢管立杆稳定性计算（组与不组风荷载大值）$\sigma=149.782N/mm^2$ 小于钢管立杆抗压强度的设计值 $[f]=205N/mm^2$，满足要求！ 2. 基础落于楼板上，需要将保证下一层架体有支撑。 3. $\lambda=l_0/i=1\times2.247\times1.200\times100/1.60=169<[\lambda]=180$

（5）1F～3F 挑空层 400mm×650mm 梁计算结果

表 8.3-5

序号	计算截面情况	荷载取值情况	模板及支撑材料情况
5	梁截面尺寸（m）:0.4×0.65 支顶高度 7.980m（最大） $a=0.50m$ 扣件钢管满堂支撑架	模板自重（kN/m²）:0.5;钢筋混凝土自重（kN/m³）:25.5; 施工均布荷载标准值（kN/m²）:2.5;倾倒混凝土侧压力（kN/m²）:水平 2.0,垂直 4.0; 振捣混凝土荷载标准值（kN/m²）:2.0	梁底次龙骨方木截面尺寸（mm）:45.0×90.0,间距（mm）:133(4 根); 主龙骨钢管截面尺寸（mm）:双 $\phi48\times3.0$,间距（mm）:900; 梁侧次肋方木截面尺寸（mm）:45.0×90.0,间距（mm）:165(4 根); 梁侧主肋方木截面尺寸（mm）:90.0×90.0,间距（mm）:900; 不设穿梁螺栓,主肋上下锁口加固; 立杆梁截面方向间距（mm）:600;立杆梁跨度方向间距（mm）:900;步距（m）:1.2

		梁侧	梁底	支撑
5	计算简况	1. 面板的受弯应力计算值 $\sigma=$ 2.218N/mm² 小于面板的抗弯强度设计值 $[f]=13.64$N/mm²,满足要求! 2. 面板的最大挠度计算值 $v=$ 0.064mm 小于面板的最大容许挠度值 $[v]=165/400=0.413$mm,满足要求! 3. 次肋最大受弯应力计算值为 6.42N/mm² 小于次肋的抗弯强度设计 11.8N/mm²,满足要求! 4. 次肋的最大挠度计算值 $v=$ 0.591mm 小于次肋的最大容许挠度值 $[v]=900/400=2.25$mm,满足要求! 5. 主肋的受弯应力计算值为 8.29N/mm² 小于主肋的抗弯强度设计值 $[f]=11.8.00$N/mm²,满足要求! 6. 主肋的最大挠度计算值 $\omega=$ 0.447mm 小于主肋的最大容许挠度值 $[\omega]=450/250=1.8$mm,满足要求!	1. 面板的最大弯曲应力计算值为 1.837N/mm² 小于面板的抗弯强度设计值 15N/mm²,满足要求! 2. 面板的最大挠度计算值 $v=$ 0.024mm 小于面板的最大允许挠度 $[v]=133/250=0.532$mm,满足要求! 3. 次龙骨最大受弯应力计算值 $\sigma=6.32$N/mm² 小于次肋的抗弯强度设计 $[f]=13.0$N/mm²,满足要求! 4. 次龙骨的最大挠度计算值 0.495mm 小于方木的最大允许挠度 $[v]=900/250=3.6$mm,满足要求! 5. 主龙骨的最大弯曲应力计算值 115.39N/mm² 小于主龙骨的抗弯强度设计值 205.0N/mm²,满足要求! 6. 主龙骨的最大挠度 0577mm 小于 600/250=2.4mm,满足要求!	1. 钢管立杆稳定性计算(组与不组风荷载大值) $\sigma=85.392$N/mm² 小于钢管立杆抗压强度的设计值 $[f]=205$N/mm²,满足要求! 2. 基础落于楼板上,需要将保证下一层架体有支撑。 3. $\lambda=l_0/i=1\times 2.181\times 1.200\times 100/1.60=164<[\lambda]=180$

(6) 1F～3F 挑空层 150mm 顶板计算结果

表 8.3-6

序号	计算截面情况	荷载取值情况	模板及支撑材料情况
6	150mm 厚顶板支顶高度 8.48m $a=0.50$m 扣件钢管满堂支撑架	模板与木板自重(kN/m²):0.30; 混凝土与钢筋自重(kN/m³)25.1; 施工均布荷载标准值(kN/m²):2.50; 振捣混凝土荷载标准值(kN/m²):2.0	面板采用胶合面板,厚度(mm):15.0、弹性模量 E(N/mm²):6000.0、抗弯强度设计值(N/mm²):15.0; 抗剪强度设计(N/mm²):1.4; 板底支撑方木:方木截面尺寸(mm):45.0×90.0、间距(mm):300; 主龙骨方木:方木截面尺寸(mm):90.0×90.0、间距(mm):900; 方木截面特性:抗弯强度设计值(N/mm²):13.0、弹性模量 E(N/mm²):10000.0、抗剪强度设计(N/mm²):1.5; 扣件式钢管:立杆间距(mm):900×900、步距(m):1.2

			板底	支撑
6	计算情况		1. 面板的最大弯曲应力计算值为 2.933 N/mm² 小于面板的抗弯强度设计值 15.0N/mm²，满足要求！ 2. 面板的最大挠度计算值ω＝0.132 mm 小于面板的最大允许挠度[ω]＝300/250＝1.2mm，满足要求！ 3. 次龙骨最大受弯应力计算值 σ＝4.48N/mm² 小于次肋的抗弯强度设计[f]＝13N/mm²，满足要求！ 4. 次龙骨的最大挠度计算值 0.198mm 小于方术的最大允许挠度[ω]＝900/250＝3.6mm，满足要求！ 5. 主龙骨的最大弯曲应力计算值 7.84N/mm² 小于主龙骨的抗弯强度设计值 13 N/mm²，满足要求！ 6. 主龙骨的最大挠度为 0.351mm＜[ω]＝900/250＝3.6mm，满足要求！	1. 钢管立杆稳定性计算(组与不组风荷载大值) σ＝132.172N/mm² 小于钢管立杆抗压强度的设计值 [f]＝205 N/mm²，满足要求！ 2. 基础落于楼板上，需要将保证下一层架体有支撑。 3. λ＝l_0/i＝1×2.128×1.200×100/1.60＝160＜[λ]＝180

范例 5　跨管线现浇箱式桥梁模架工程

赵天庆　杨国良　常亚静　陆文娟　苏　靖　编　写

杨国良：北京城建道桥建设集团有限公司，高级工程师，总工程师，23 年，市政、道桥、公路等工程施
　　　　工技术
陆文娟：北京城建道桥建设集团有限公司，高级工程师，技术质量部部长，23 年，市政、道桥、公路等
　　　　工程施工技术
苏　靖：北京城建道桥建设集团有限公司，助理工程师，项目总工，7 年，市政、道桥、公路等工程施
　　　　工技术

某现浇箱式桥梁模架工程安全专项施工方案

编制：

审核：

审批：

＊＊＊公司

年　月　日

目　　录

1　编　制　依　据

1.1　国家、行业相关规范规程

（1）《建筑施工碗扣式钢管脚手架安全技术规范》JGJ 166—2008；

（2）《建筑施工扣件式钢管脚手架安全技术规范》JGJ 130—2011；

（3）《混凝土结构工程施工规范》GB 50666—2011；

（4）《钢管脚手架扣件》GB 15831—2006；

（5）《建筑施工模板安全技术规范》JGJ 162—2008；

（6）《钢管脚手架、模板支架安全选用技术规程》DB11/T 583—2015；

（7）《钢管满堂支架预压技术规程》JGJ/T 194—2009。

1.2　设计图纸和施工组织设计

（1）某工程第×标段招标文件、补遗书及现场考察资料；

（2）某工程施工图；

（3）某工程勘察报告；

（4）某工程施工组织设计。

1.3　安全管理法规文件

（1）《危险性较大的分部分项工程安全管理办法》（建质〔2009〕87号）；

（2）《建设工程高大模板支撑系统施工安全监督管理导则》（建质〔2009〕254号）。

2　工　程　概　况

2.1　总体概况

（略）

2.2　桥梁概况

某桥桥梁全长185.2m，全宽42m，分左右两幅，每幅桥宽21m。上部结构为现浇预应力混凝土连续箱梁，右幅跨径布置为24＋38＋29＋30＋30＋30m，左幅为29＋38＋24＋30＋30＋30m，梁高2.0m。下部结构中墩采用直径1.6m圆柱墩，每个墩柱下为5.5m×5.5m×2.1m承台，每个承台下设置4个$D=1.2$m钻孔灌注桩，桥台为肋板式桥台。

本桥箱梁为单箱四室，顶板宽20.3m，底板宽15.1m，梁高2.0m，顶板厚0.22m，底板厚0.2m，腹板宽度0.45m，翼缘板宽2.15m，厚0.25～0.47m。

本桥上跨现况某输油管线，采用门洞方式跨越管道，基础位于输油管道管底下1m，基础距离管道大于等于5m，门洞高度为5m（图2.2-1～图2.2-3）。

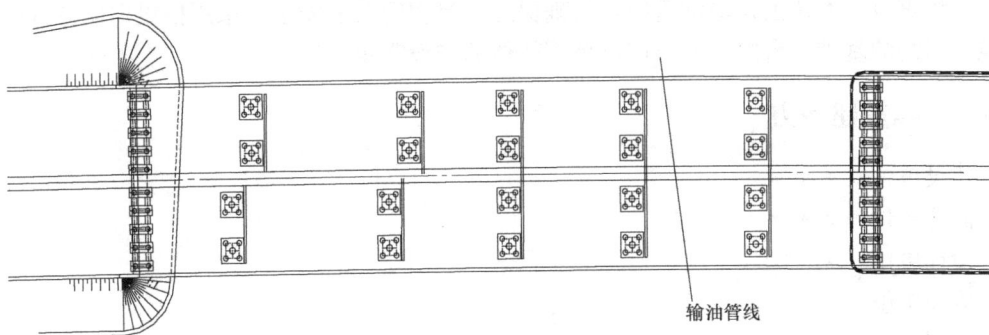

输油管线

图 2.2-1　某桥平面示意图

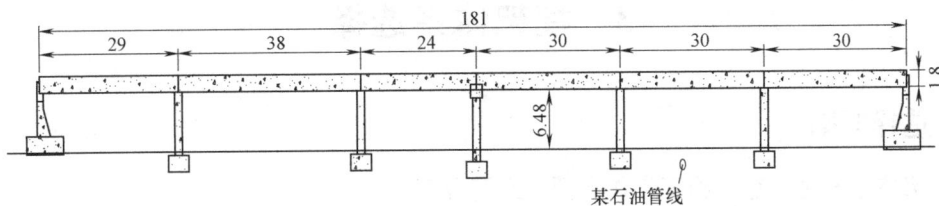

某石油管线

图 2.2-2　某桥立面示意图

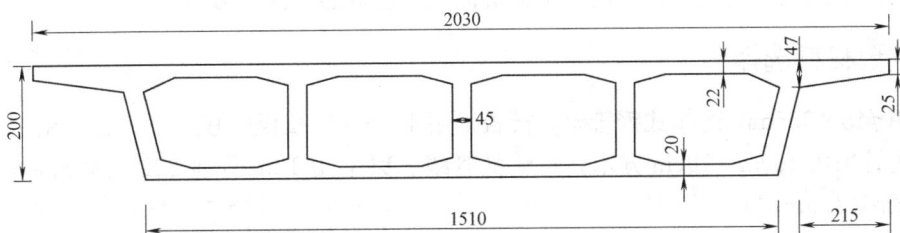

图 2.2-3　某桥横断面示意图

2.3　地质水文情况

本工程沿线底层以黏性土、砂性土层为主，沿线地质变化不大，整体地势平缓，桥区处暂未发现有不良地质。

工程场地钻孔中实测到三层地下水：第一层赋存于埋深约 13～16m 内的砂土层中。第二层赋存于埋深约 26～30m 之间的砂、卵石层中。第三层地下水赋予于埋深约 34～42m 之间分布的砂、卵石层中。

2.4　工程特点、难点及重点

工程特点：本桥较宽，且高度较低，支架高宽比小，支架整体稳定性好。

工程难点：根据勘察报告，桥区范围为粉砂土，地基承载力较差，地基处理质量要求高。

工程重点：本桥上跨输油管线，需确保施工过程管线的安全，采用搭设门洞方式跨越管线，门洞的基础、台阶处理及门洞范围架体的搭设需重视。

2.5　工程参建各方

建设单位：＊＊＊

监督单位：＊＊＊

设计单位：＊＊＊

监理单位：＊＊＊

勘察单位：＊＊＊

施工单位：＊＊＊

3　模架体系选择

3.1　选择原则

支架体系安全可靠，施工操作方便，经济合理。

3.2　支架体系选择

采用满堂红碗扣式支架，其优点是造价低，工艺成熟，操作方便。

3.3　主要材料选择

采用 $\phi48\times3.5mm$ 碗扣式钢管架，模板采用 1.5cm 竹胶板模板，主龙骨采用 10 号槽钢，次龙骨采用 $10cm\times10cm$ 方木，跨输油管线纵梁采用 12m 普通 321 型贝雷片，单片尺寸为 $3m\times1.5m$。

4　模架设计

4.1　基础处理

支架基础计划采用 15cm 的二灰碎石，采用人工配合机械摊铺，压路机压实，压实度不小于 95%。

承台基坑采用素土分层回填、分层压实，压实采用打夯机及压路机。回填至与原地面标高，压实度不小于 95%。

存在高差处采用开挖台阶方式，台阶处砌筑 24 砖墙，台阶高度采用 0.6m、1.2m。

4.2　满堂红支架搭设原则

顺桥向立杆纵距主要采用 90cm，在墩柱两侧及横梁处采用 60cm，横桥向立杆在翼缘板及底板处横距采用 90cm，腹板处立杆横距采用 60cm。水平杆步距采用 120cm，顶部采用 60cm。

支架底托下铺设 20cm 宽、5cm 厚大板。支架底部距离地面 30cm 处设置纵、横向扫地杆。顶部自由端长度不大于 650mm。

支架四周从底部至顶连续设置竖向剪刀撑，中间纵、横向按 4.5m 间距由底部至顶连续设置竖向剪刀撑。剪刀撑斜杆与地面夹角 45°～60°，斜杆每步与立杆扣接。同时支架顶部及底部设置水平剪刀撑。

每跨支架沿顺桥向根据设计提供的预拱度值（1～2cm）按二次抛物线设置预拱度（表 4.2）。

本桥支架搭设基本情况　　　　　　　　　　　　　　表 4.2

序号	桥梁名称	箱室形式	箱梁各项参数	支架步距	支架高宽
1	某桥	单箱四室	梁高：200cm 腹板厚度：45cm 底板＋顶板：42cm 翼缘板均厚：36cm	腹板：90cm×60cm 箱室：90cm×90cm 翼缘板：90cm×90cm 水平杆：120cm	宽：43m 高：6.5m 高宽比：0.15

4.3　主次龙骨及模板

主次龙骨：（1）底模：主龙骨采用 10 号槽钢，横桥向布置，间距与立杆步距一致。次龙骨采用 10cm×10cm 方木，顺桥向布置，间距 20cm。（2）外侧模：主龙骨采用 φ48 钢管，间距与立杆步距一致，背后采用三道水平钢管连接成整体。次龙骨采用 10cm×10cm 方木，间距 20cm。（3）翼缘板底模：主龙骨采用 10cm×10cm 方木，间距与立杆步距一致。次龙骨采用 10cm×10cm 方木，间距 20cm。

模板：采用 1.5cm 胶合板模板，圆弧倒角模板采用定型钢模。

4.4　预留门洞设计

本桥上跨某输油管线，根据产权单位要求，为确保管线安全，需以搭设门洞的方式跨越管线。门洞基础位于输油管道管底下 1m，两侧基础距离管道 5m，即门洞宽 10m，采用 12m 普通 321 型贝雷片，管道两侧浇筑宽 1.5m、0.6m 的 C20 条形混凝土基础，门洞高度为 5m。贝雷片布置与碗扣架立杆一致。

4.5　马道、护栏搭设

每联设置一处马道，采用折线上升方式。马道坡度小于等于 1∶3，宽 90cm，脚手板采用宽木板拼装，木板上按间距 30cm 设置防滑条。在马道两侧设置 20cm 高的挡脚板，并设置 120cm 高的防身护栏，采用密目网封闭。

在箱梁支架四周采用钢管搭设 120cm 高的防身护栏，护栏立杆与箱梁支架最外侧立杆用扣件连接牢固。护栏设置两道横杆并满挂安全密目网。

5　模　架　施　工

5.1　技术准备

技术人员熟悉施工图纸，分析结构特点以确定使用的模板材料和相应的支撑体系并编制专项施工方案和技术交底，作为工人施工的依据和质量控制标准。

施工前仔细阅读施工方案、支架体系平面布置图、节点构造图、了解现场实际情况，做到搭设支架前心中有数。

脚手架施工人员进场前，必须进行三级安全教育和相应考核。考核合格人员办理进场手续，才可上岗工作，每周进行一次安全教育培训。

测量人员准确放出桥梁中心线、跨中线、边线。

5.2 材料准备

材料考虑周转使用，一次投入的主要材料数量计划见表 5.2。

材料准备　　　　　　　　　　　　　　　表 5.2

序号	材料名称	材料规格	单位	数量
1	碗扣架	$\phi48\times3.5$mm	m^3	38600
2	竹胶板模板	244cm×122cm×1.5cm	m^2	7500
3	方木	5cm×8cm	m	3880
4	方木	10cm×10cm	m	9800
5	槽钢	10 号	m	9920
6	贝雷片	普通 321 型	m	324

5.3 施工机械准备（表 5.3）

机械准备　　　　　　　　　　　　　　　表 5.3

序号	名称	型号	单位	数量	备注
1	汽车吊车	25t	台	1	
2	电锯	MJ3212	台	2	
3	电刨	MB503A	台	10	
4	手提电锯		把	5	
5	电钻		把	5	
6	锤子	重量 0.25kg、0.5kg	把	10	
7	钢丝钳		把	5	
8	手动倒链		套	6	
9	活动扳手	最大开口 65mm	把	8	
10	单头扳手	开口宽：17～19、22～24	把	10	
11	墨斗、线坠		套	5	

5.4 施工工艺

箱梁施工流程：基础处理→搭设支架→支架验收→铺设底模→绑扎底、腹板钢筋→安装锚垫板、波纹管、钢绞线→腹板内侧模安装→浇筑底、腹板混凝土→顶板底模安装→箱梁顶板钢筋绑扎→浇筑顶板、翼缘板混凝土→养生→预应力张拉、孔道压浆、封锚→拆除支架。

5.4.1　支架基础处理

根据施工图纸、地勘报告及现场实际情况，桥区范围地质情况良好，未发现不良地基。

采用人工配合铲车、挖掘机对支架范围内的原地面进行整平，然后采用振动压路机压实，压实度不小于 90%。

承台基坑采用素土分层回填、分层压实，分层厚度 30cm，压实采用打夯机及压路机。回填至与原地面标高，压实度不小于 95%。

支架基地处理完成后，统一摊铺 15cm 厚二灰碎石，采用人工配合机械摊铺，振动压路机压实，要求压实度不小于 95%。

支架基础处理时设置 0.5% 的横坡，在支架基础四周外侧 1m 位置，设置排水沟，防止雨水冲刷支架基础。

5.4.2　支架搭设（详见模架设计图）

支架的搭设由专业架子工完成，架子工进场后需经过三级安全教育并考核合格后方可上岗作业。

根据施工图及相关导线点放出桥梁中心线、跨中线、边线，以利于支架立杆平面位置的确定。

支架由内向外搭设，根据测量放的基准点挂好线，沿线铺设 5cm 厚、20cm 宽大板，在大板上按设计的立杆步距搭设支架。

现浇箱梁：顺桥向立杆纵距主要采用 90cm，在墩柱两侧及横梁处采用 60cm，横桥向立杆在翼缘板及底板处横距采用 90cm，腹板处立杆横距采用 60cm。水平杆步距采用 120cm，顶部采用 60cm。

跨输油管线门洞基础位于管道底，采用小型机械开挖，人工配合。管道两侧开挖成台阶形式，台阶高 1.2m，宽 2m，台阶处砌筑 24 砖墙，台阶顶面抹水泥浆封闭处理。门洞基础采用宽 1.5m、高 0.6m 的 C20 条形混凝土基础，混凝土基础上搭设 30cm×60cm 的碗扣架，碗扣架顶托上横桥向安装 10 号槽钢，槽钢上安装贝雷片。贝雷片布置与碗扣架立杆一致，采用吊车吊装就位。贝雷片上铺设 10cm×15cm 方木，方木采用铁丝绑牢在贝雷片上，方木上搭设上部支架。

支架顶部自由端长度不大于 650mm，底部距离地面 30cm 处设置纵、横向扫地杆。

支架四周从底部至顶连续设置竖向剪刀撑，中间纵、横向按 4.5m 间距由底部至顶连续设置竖向剪刀撑。剪刀撑斜杆与地面夹角 45°～60°，斜杆每步与立杆扣接。同时支架顶部及底部设置水平剪刀撑。

支架搭设完成后，在立杆上安装顶托，按设计好高程对顶托高程进行统一调整，每跨支架沿顺桥向根据设计提供的预拱度值按二次抛物线设置预拱度。

顶托高程调成完后，在顶托上横桥向铺设 10 号槽钢作主龙骨，主龙骨上顺桥向铺设 10cm×10cm 方木作次龙骨，间距为 20cm，次龙骨搭接长度不小于 20cm，接头设在顶托处。

5.4.3　支架预压

1）预压目的

（1）检验排架及地基的强度及稳定性，消除混凝土施工前排架的非弹性变形（消除整个地基的沉降变形及排架各接触部位的变形）。

（2）计算出沉降量、弹性变形、非弹性变形最终确定模板调整高程。

2）预压方法

结合工期要求，并参照《钢管满堂支架预压技术规程》JGJ/T 194—2009 采用逐跨预压的方法（即每跨单独预压）进行预压。按设计要求采用混凝土结构恒载 1.2 荷载进行分级加载预压。

采用吨袋装满土后按各区域设计荷载加载进行预压，吨袋装满土后单重为 1.6～2t。

3）预压荷载计算

（1）腹板

宽 0.45m，高 2.0m，每延米加载值为：0.45×2.0×1×2.5×1.2＝2.7t。

（2）顶、底板

顶板底板厚度为 0.42m，宽 3.425m，每延米加载值：0.42×3.425×1×2.5×1.2＝4.3t。

（3）翼缘板

平均厚度为 0.36m，宽 2.15m，每延米加载值：0.35×2.15×1×2.5×1.2＝2.3t。

预压时要求荷载位置与梁体自重荷载分布相近。

4）加载方法

加载前仔细检查排架各节点是否连接牢固可靠。

加载采用吊车吊装，人工配合，安放顺序按照浇筑顺序从一端向另一端进行，先安放底层，在底层安放完成后在从一端向另一端安放第二层，如此循环，直至加到预先设定的荷载值。

按照梁体混凝土重量分配预压荷载。预压时要求荷载位置与梁体自重荷载分布相近。

预压分三级进行，首次加载值为预压荷载的 60%，观测数据，第二次加载至预压荷载的 80%，观测数据，第三次加载至预压荷载的 100%，观测数据。

5）沉降观测

沿结构的纵向每隔 1/4 跨径应布置一个观测断面，每个横断面选 5 个点作为观测点。观测点宜设在受力较均匀的主龙骨上，每个点用红油漆标记并进行编号。以本桥水准点作为沉降观测基准点，每次观测邀请监理单位进行复核。

在排架搭设完成之后，预压荷载施加之前，测量并记录每个测点的原始标高。

每级荷载施加完成之后，每间隔 12h 对排架沉降量进行监测，计算前后两次沉降差，当各测点前后两次的排架沉降差平均值小于 2mm 时，施加下一级荷载。

全部荷载施加完毕后，按设计要求，72h 内测量的地基沉降不大于 3mm 即可卸载。

卸载 6h 后观测各测点标高，计算前后两次沉降差，即弹性变形；

对观测取得的数据及时进行整理、分析，确定不同荷载情况下和卸载后的变形情况，并计算出沉降量、弹性变形、非弹性变形最终得出模板调整高程。

5.4.4　模板安装（详见模架设计图）

支架高程调好后，铺设底模，底模采用 1.5cm 胶合板模板。倒角圆弧处采用定型钢模，由专业厂家生产加工。倒角钢模直接落在主龙骨上。

外侧模采用 1.5cm 胶合板模板，背后次龙骨为 10cm×10cm 方木，水平设备，间距 20cm，采用铁丝与主龙骨绑紧。主龙骨采用 φ48 钢管，竖向设备，背后上中下（间距 50cm）设备三道水平钢管连接成整体，水平钢管处采用钢管进行支撑，支撑钢管与翼析的支架立杆锁死。同时翼缘板下每两排立杆设置一道 6m 长的斜拉钢管，斜拉钢管与箱梁底板下的立杆锁死。同时在边腹板外侧、主龙骨（10 号槽钢）上顺桥向再设置一道水平钢管，采用钢筋头焊接在槽钢上卡住该钢管，并使得主龙骨起到对拉杆的作用的。

内模采用 1.5cm 胶合板模板，次龙骨采用 5cm×8cm 方木，间距 30cm，主龙骨采用两根并置的钢管。采用钢管加顶托对撑，间距 100cm。在箱室中部设置水平及竖向连接钢管，竖向连接杆钢管间距 4.5m。由于倒角较长，倒角模板与立面模板每 2m 采用 5cm×8cm 方木加强连接，防止混凝土浇筑过程倒角模板上浮。

中、端横梁模板加固采用螺纹 φ16 钢筋对拉，对拉杆水平间距 90cm，竖向 65cm。

第一次混凝土浇筑完成且强度达到要求后，在底板上搭设钢管支撑，安装顶板模板，钢管支撑间距 90cm×120cm，中间设横、顺桥向水平钢管连接。顶板主、次龙骨均采用 10cm×10cm 方木，次龙骨间距 30cm，顶板模板采用 1.5cm 胶合板模板。

5.4.5　混凝土施工

现浇箱梁采用商品混凝土，泵车浇筑。分两次进行浇筑完成，第一次浇筑至顶板与腹板的交界处，第二次浇筑顶板。浇筑顺序：从纵坡低处的端横梁开始，沿腹板循环浇筑第一层（30cm），然后浇筑箱室底板，再循环分层将腹板浇筑到位。

5.5　施工技术要求及验收标准

1）基础处理范围定位线准确，基础处理完的顶面高程准确。

2）支架搭设前，支架立杆的定位放线准确。

3）基础处理时用压路机和夯实机械分层压（夯）实。

4）在搭设碗扣式钢管架时，连接完第一层水平杆未套入第二层立杆时，应对第一层立杆进行调直，支架搭设完成后，垂直度应小于 $L/500$ 且不大于 50mm。

5）底模铺设完后，进行高程调整，高程误差控制在 ±10mm。

6）支架搭设同时，应有扫地横杆、剪刀撑进行加固，以保证支架整体稳定性。

7）模板支架制作支立后符合以下标准，见表 5.5-1 和表 5.5-2。

模板、支架制作时的允许偏差　　　　　　　　　　　　　表 5.5-1

项目		允许偏差（mm）
模板的长度和宽度		±5
刨光模板相邻两板表面高低差		1
平板模板表面最大的局部不平	刨光模板	3
拼合板中木板间的缝隙宽度		2
支架尺寸		±5
榫槽嵌接紧密度		2

模板、支架安装的允许偏差　　　　　　　　　　　　　　表 5.5-2

项目	允许偏差(mm)
模板标高	±10
模板内部尺寸	+5,0
轴线偏位	10
模板相邻两板表面高差	2
模板表面平整	5
支架纵轴的平面位置	跨度的 1/1000 或 30
支架曲线形拱架的标高(包括建筑拱度在内)	+20,－10

8）碗扣式钢管

所租用碗扣支架及配件必须具有合格证，质量、规格符合规范及设计要求，钢管壁厚不得小于 3.0mm。钢管应无裂纹、凹陷、锈蚀，不得采用接长钢管。可调底座及可调托撑丝杆与螺母捏合长度不得少于 6 扣，插入立杆内的长度不得小于 150mm。外观尺寸符合《建筑施工碗扣式钢管脚手架安全技术规范》的要求。

钢管外观是否符合下列要求：

（1）钢管应平直光滑、无裂纹、无锈蚀、无分层、无结巴、无毛刺等，不得采用横断面接长的钢管。

（2）铸造件表面应光整，不得有砂眼、缩孔、裂纹、浇冒口残余等缺陷，表面粘砂应清除干净。

（3）冲压件不得有毛刺、裂纹、氧化皮等缺陷。

（4）各焊缝应饱满，焊药应清除干净，不得有未焊透、夹砂、咬肉、裂纹等缺陷。

9）方木

方木进场要对其规格、材质、外观、含水率等指标进行验收，不合格的不允许进场。方木截面允许偏差±10mm。

10）胶合板模板

胶合板模板进场时，要检查出厂合格证、规格尺寸等内容，确保与施工要求一致。进场的胶合板模板要求面板平整、无翘曲且无明显补疤，厚度均匀，其厚度允许偏差为±1.2mm。

进场材料的堆放要求底部垫方木架空，不得直接堆放在地上，并做好防水排水措施，防止雨水浸泡变形，上部要覆盖塑料布避免雨淋。

支架结构安装检查验收：

（1）首先检查支架所用钢管型号、数量、安装标高是否满足设计要求

（2）支架安装是否按照设计结构进行，各加强部位是否按照要求进行，剪刀撑布置是否符合要求。

（3）检查碗扣支架各连接部位是否牢固，顶托支撑点是否有悬空，各分配梁布置是否按照要求进行。支架搭设完成后报监理验收，验收合格后方可进行下一步工序施工。

模板安装检查验收：

（1）模板材料材质是否满足质量要求，规格型号是否与设计一致。

（2）模板就位后是否连接稳固，不得架空搁置；倒角模板拼缝是否连接紧密，无错台及明显接缝。

箱梁现浇过程支架检查：

根据以往经验，箱梁支架发生失稳主要发生在混凝土浇筑的后期，在荷载最大的时候发生，因此在箱梁浇筑过程中要严格控制支架沉降检测及现场巡查，箱梁浇筑的后期进行连续沉降观测。

（1）箱梁现浇过程中，检查支撑分配梁受力情况，是否存在变形；检查碗扣支架各连接部位是否牢固，顶托支撑点是否有悬空，整个支架的稳定状况等。

（2）箱梁现浇过程中，安排专人对模板变形情况进行巡查，发现异常情况或征兆时，要及时向现场指挥报告，采取有效措施进行加固处理，防止因爆模而产生安全事故。

（3）混凝土施工过程中，由专职测量员跟踪观测支架的沉降，架子工跟踪检查支架，一旦沉降量过大，应立即停止混凝土浇筑，认真分析原因，根据实际情况采取有效措施（如加设剪刀撑及加密支架等），保证砼施工的安全。混凝土浇筑前，要作好防雨准备，雨水过大时，用塑料彩条布整体覆盖已浇筑混凝土，避免雨水对混凝土的冲刷。

5.6　模架观测

（1）模架完成后，安排专人对支架进行全面检查，熟悉支架整体状况。

（2）在钢筋绑扎过程，由专人巡视架体整体情况是否有变化，各杆件是否有变形。

（3）根据以往经验，箱梁支架发生失稳主要发生在混凝土浇筑的后期，在荷载最大的时候发生，因此在箱梁浇筑过程中要严格控制支架沉降观测及现场巡查。观测点设置在支架基础沿箱梁中线的跨中及墩柱位置，沿箱梁腹板处底模上在跨中及墩柱位置。

（4）箱梁现浇过程中，安排专人对模板变形情况进行巡查，发现异常情况或征兆时，要及时向现场指挥报告，采取有效措施进行加固处理，防止因爆模而产生安全事故。

5.7　模架验收

基础处理完成后报项目部验收，验收合格后搭设第一步杆，第一步杆完成后经项目部验收合格后方可进行上部支架的搭设。支架搭设完成后，由施工班组自检，自检合格后，报项目部验收，项目总工组织技术、质量、安全人员进行联合验收，项目部验收合格后，报总监办工程部及安保部进行验收。验收合格后方可进行底模、钢筋的施工。

6　安全保证措施

6.1　支架搭设安全措施

（1）支架搭设要严格遵守施工程序，每道工序要经过技术和安全人员的验收。

（2）支架搭设前，先按施工图纸放线布置好木垫板，然后搭拼支架。第一层拼好之后，必须由工程技术人员抄平检查平整度，如高差太大，必须用底托调平。

（3）安装立杆时必须要控制其垂直度，防止立杆偏心受力。

（4）接头部位必须连接牢固。

（5）顶托和底托外露部分不超过 20cm，自由端超过 650mm 长的杆件要增加水平杆锁定；木垫板与地面铺装层之间要密贴，达到面受力，严禁形成点受力。

（6）支架立杆、水平杆及剪刀撑设计要满足支架荷载需要并符合安全技术要求。

（7）墩顶横梁及中隔梁处承载支架采取立柱适当加密的技术措施。

（8）支架纵、横向设连续式剪刀撑，斜杆与地面的倾角在 45°～60°之间。

（9）剪刀撑斜杆的接长宜采用搭接，搭接长度不小于 1m，斜杆用 3 个旋转扣件固定在与之相交的横向水平杆伸出端头立杆上。

（10）剪刀撑或横向斜撑各底层斜杆下端必须支撑在垫块上。

（11）扣件规格必须与钢管外径匹配，安装扣件时，螺栓拧紧扭力矩应在 40～65N·m。

（12）支架上部外侧采用翼缘板作为工作平台，平台外侧立杆应高于平台 1.5m，并设上下两道防护栏和挡脚板。

（13）工作平台用 5cm 厚木板满铺，平台外缘不得出现探头板。

（14）人行坡道要符合规范要求，坡道比例不得大于 1：3。

（15）支架搭设时所有进入场地人员均必须戴好安全帽，高处操作必须系安全带，特殊工种持证上岗。搭设时支架上搁置的临时行走板不允许悬挑且不允许单板作业，并进行适当的固定绑扎，以防止人员坠落。

（16）支架外侧设防护栏杆及安全网，必须搭设上部结构施工用的楼梯，设防护栏杆，做好夜间照明。

（17）不得将泵送混凝土管、缆风绳及砂浆运输管固定在架体上。

（18）支架支搭完毕后要经过项目部、项目监理部，安全主管部门的验收合格后方可投入使用。

6.2　支架拆除安全措施

预应力张拉完成、孔道注浆完成并达到强度要求，可进行底板支架拆除。

（1）支架拆除前，工长要向拆架施工人员进行书面安全交底工作，由接受人签字。

（2）拆除前，班组要学习安全技术操作规程，班组必须对拆架人员进行交底，交底要有记录，交底内容要有针对性，拆除支架的注意事项必须讲清楚。

（3）拆架前在工地上用绳子或铁丝先拉好围栏，没有监护人，没有安全员工长在场，外架不准拆除。

（4）支架拆除程序应由上而下，按层按步拆除。先清理架上杂物，如脚手板上的混凝土、砂浆块、活动杆子及材料。按拆架原则先拆后搭的杆子、剪刀撑、拉杆不准一次性全部拆除，要求杆拆到哪一层，剪刀撑、拉杆拆到哪一层。严禁上下层同时作业。

（5）拆除工艺流程：拆护栏→拆脚手板→拆横杆→拆剪刀撑→拆立杆→拉杆传递至地面→清除扣件→按规格堆码。

（6）拆架人员必须系安全带，拆除过程中，应指派一个责任心强、技术水平高的工人担任指挥，负责拆除工作的全部安全作业。

（7）要注意扣件崩扣，避免踩在滑动的杆件上操作。

（8）拆架时螺丝扣必须从钢管上拆除，不准螺丝扣在被拆下的钢管上。

（9）拆架人员应配备工具套，手上拿钢管时，不准同时拿扳手，工具用后必须放在工具套内。

（10）拆架休息时不准坐在支架上或不安全的地方，严禁在拆架时嬉戏打闹。

（11）拆架人员要穿戴好个人劳保用品，不准穿胶底易滑鞋上架作业，衣服要轻便。

（12）拆除中途不得换人，如更换人员必须重新进行安全技术交底。

（13）拆下来的杆件要随拆、随运，分类、分堆、分规格码放整齐，要有防水措施，以防雨后生锈。扣件要分型号装箱保管。

（14）严禁架子工在夜间进行支架搭拆工作。

6.3　模板加工安全措施

（1）使用的木工机械必须安装漏电保护器，分机要做到一机一闸一保护。使用前要对供电线路检查维修，以避免漏电。使用手动机械必须戴绝缘手套。

（2）电锯要有防护罩，锯末、刨花要及时清运到指定地点。

（3）木材堆放加工均设置足够的消防器材，严禁吸烟。

（4）现场动火必须严格遵守现场动火管理规定。

（5）加工时，必须严格遵守机械使用的规章制度，防止事故发生。

6.4　模板安装及拆除安全措施

（1）模板吊装前应检查吊装用绳索、卡具及每块模板的吊钩是否完整有效。

（2）吊装时应有专人指挥，统一信号。风力超过五级时，应停止吊装作业。

（3）模板拆除时，应有专人指挥，禁止非操作人员进入作业区。

（4）拆模时应分区按顺序拆除，禁止多组同时作业，相互干扰。

（5）模板拆除的顺序和方法应按照规定进行，遵循先支后拆、先非承重部位，后承重部位，以及自上而下的原则，拆模时严禁硬砸硬撬。

（6）拆除底模时，应逐块拆卸，不得成片松动和撬落，严禁大片模板坠落。

（7）拆模间隙时，应将已活动的模板、立杆、支撑等固定牢固，防止突然掉落、倒塌伤人。

（8）拆模时操作人员必须戴安全帽，模板下面严禁人员逗留及行走。高处作业，扎紧安全带，系于牢固处。

（9）模板拆除后要将模板上的朝天钉取出或砸弯，以免扎脚。

6.5　贝雷片的吊装与拆除安全措施

（1）采用吊车人工配合进行吊装，顺序是先里后外依次吊装整条贝雷片，依此类推完成整跨贝雷梁的安装。

（2）贝雷梁安装前对插完插销的梁安装安全销，对需要钢支撑顶面对接的贝雷梁，待对接完成后，由工人系好安全带，安装安全销。

（3）贝雷梁安装完成后，横向每隔3m用三角铁进行连接，连接方式为单面焊，并保持焊缝饱满。

（4）吊装贝雷梁时，项目部派专职安全员进行监控，施工员进行指挥，吊装范围设置安全警戒线，严禁梁底有人员作业或行走。

（5）禁止在临近既有线处进行吊装作业。

（6）吊机进行吊装前，防止吊机在吊装时倾覆。根据吊机起吊重物的重量和位置状况，吊机司机确定四个支腿打开的角度和吊臂大约需要转动的角度。四个支腿打开后，作业人员确定四个支腿下方的地面平整后方可打支腿，若地面不平整，则对地面作必要的平整处理，安装枕木打支腿，在枕木支腿安装完毕后和其他准备工作就绪后，项目部安全员检查合格后，方能进行起吊作业。

（7）拆除人员高空作业必须系好安全带，戴好安全帽，人员走动时必须将安全绳挂住稳固点，有组织的按方案进行拆除施工。

（8）拆除时，由专人指挥吊车整体吊起联成整体的贝雷架组吊放至地面，及时安排工人将吊下的贝雷梁拆散，堆码整齐后退租；吊装过程中施工人员需用缆风绳牵住贝雷梁两头，防止吊装时贝雷梁的摆动幅度过大。吊装时项目部派专职安全员进行监控。

（9）贝雷片拆除前，先将两侧及上部碗扣架拆除并清理完成，然后再采用吊车吊至平地后分解拆除。吊车支腿距台阶边不小于3m。

6.6 钢筋、模板、混凝土施工安全措施

（1）支架搭设完成，满足要求后进行箱梁模板施工，模板内模采用胶合板模板和方木组装而成，模板上的主、次龙骨间距根据计算确定，以保证模板的刚度。

（2）模板安装由专职起重指挥指挥吊车作业，在安装前要熟知作业区域的地形、地质情况，选择可靠的基础区域停车支腿作业，并做到平稳、牢固、可靠。施工前必须认真检查使用的工具、用具的安全性能，特别是钢丝扣、卡环的磨损情况，发现问题及时报告或更换。5级以上大风停止作业。

（3）钢筋在加工场加工，现场进行钢筋绑扎，作业人员严格按照钢筋施工操作规程实施。

（4）作业人员必须严格遵守高空作业安全操作规程，使用的各种工具、用具应有防止坠落的防护措施，严禁随意向下抛掷各种工具、物料。

（5）施工前必须对现场的安全设施，如：作业平台的走道板，安全网，护栏，爬梯等进行检查，确保安全可靠。

（6）混凝土浇筑施工大部分人员集中在作业平台上，作业面必须有足够的空间，便于施工人员的位置转换及工具、用具摆放。

（7）为防止高空坠落和物体打击，在其周围设置安全警戒线，并设置警示标志。

（8）夜间施工保证投入足够的照明设施。

（9）全体施工人员必须服从安排，听从指挥；严格遵守施工现场的"三个必须"；严格执行施工现场安全管理规定，规范自身行为，严格执行各自工种、设备的安全操作规程。

6.7 高空作业安全措施

（1）支搭支架必须由架子工操作，持证上岗。

（2）对施工人员进行安全技术培训，施工中严禁违章指挥违章作业。

（3）架子工作业必须遵守安全操作规程，有专人指挥，佩戴安全帽、安全带，穿防滑鞋。酗酒后严禁上架，严禁在架子上奔跑打闹。

（4）上下支架必须走安全梯或斜道，安全梯或斜道要与支架连接牢固。

（5）坚持安全交底制度，安全管理部门严格把关，及时检查验收。

（6）施工现场配备专职安全员值班，随时检查作业安全，发现违章及时纠正。

（7）遇 6 级（含）以上风力，高温，大雨等恶劣的天气，应停止支架作业。

（8）施工现场设置适量安全标语和安全警示标志牌，创造良好的安全氛围，促进安全生产。

6.8　施工现场防火措施

（1）加强对员工的消防安全知识教育，提高消防安全意识和防火救灾技能。

（2）施工现场必须按上级要求建立义务消防队，成员应进行消防专业知识培训和教育，做到有备无患。

（3）建立明火作业报告制度，凡需明火作业的部位和项目需提前向项目部提出申请，经批准方可进行明火作业，危险性较大的明火作业应派专人监护。

（4）配备足量的消防器材、用具和水源，并保证其常备有效，做到防患于未然。

（5）严格对易燃易爆物品的管理，禁止将燃油、油漆、乙炔等物品混存于一般材料库房，应有单独保管。

（6）对易燃物品仓库选址要远离员工宿舍及火源存在区域，同时要增加防护设施。

（7）临时用房，仓库必须留出足量的消防通道，以备应急之用。

（8）对于临时线路要加强管理和检查，防止因产生电火花造成火灾。

（9）定期对着火源、水源、消防器材等要害部位和设施进行安全检查，发现问题及时处理，将事故隐患消灭于萌芽状态。

7　季节性施工保证措施

7.1　雨期施工保证措施

（1）与气象部门取得联系，设专人收听天气预报，并做好详细记录，了解中、短期的天气情况和天气变化，指导施工。

（2）进入汛期前，对全线支架排水沟进行清理排查，保证雨水能够及时排走，不浸泡地基。

（3）下雨时设专人在现场巡视，并严禁进行支架支搭、拆除作业。

（4）若支架基础范围内有积水现象，及时组织人员进行人工排水，用扫把人工扫出，及时消除隐患。

（5）根据天气预报大暴雨前，对支架全面检查，在降雨前消除一切隐患。降雨过程中派专人定时巡查，发现隐患及时上报，并采取措施消除隐患。降雨后对支架全面排查，消除所有隐患后方进行施工作业。

（6）当日预报有雨时不安排混凝土浇筑，工地准备足够的塑料薄膜和支撑材料，防止不可预见下雨，能够尽快支棚挡雨，避免混凝土遭雨淋。

（7）在雨后要经常检查支架、斜道板上有无积水，若有则应随时清理，并要采取防滑措施。

7.2　冬期施工保证措施

冬期采用暖棚法，即将混凝土结构置于搭设的棚中，棚内生火炉加热，使混凝土处于正温环境下养护。

沿箱梁支架四周用阻燃帆布将箱梁包住，四周阻燃帆布与箱梁支架的防身护栏齐高。在棚内生火炉加热。混凝土浇筑完成后，利用钢管搭设可靠牢固的顶面支撑，用阻燃帆布将箱梁保温棚上口封闭。同时在混凝土达到一定强度后及时覆盖土工布或阻燃棉被。

冬期施工安全管理措施：

（1）入冬前组织经理部职工和施工队进行冬施安全教育。

（2）注意掌握天气情况，按方案做好冬施各项准备工作。

（3）冬期施工做好防滑措施，雪后、雨后及时清理脚手架及上人马道上的积雪和冻冰块；停工后复工时外脚手架应全面检查合格后方可投入使用。

（4）加强用火管理，现场要有足够的消防器材，防止火灾的发生。

（5）加强用电管理，现场禁止使用裸线，不得私架电线，加强线路检查，防止漏电及电路失火，尤其是要在大风雪后对供电线路进行检查，防止断线造成触电事故。

（6）不得以棉帽代替安全帽，施工现场禁止吸烟。

（7）保温材料必须符合环保及消防要求，妥善保管，设专人负责。

（8）在冬施期间，如遇到寒流或室外温度低于－15℃时暂时停止施工。

（9）加强季节性劳动保护工作，冬期要做好防滑、防冻、防煤气中毒工作。霜雪天后要及时清扫施工道路，保证路面通畅。

（10）现场要有防风、灭火措施，要有专人看火。

（11）冬期保温用的物品要在安全地点码放好，并保持环境干燥通风，其堆放间距要符合防火要求。

（12）冬季保温材料要符合消防要求，严格控制用火制度，施工现场严禁明火取暖。

8　应　急　预　案

为了保护本工程施工人员在施工过程中的身体健康和生命安全，保证本工程在出现生产安全事故时，能够及时进行应急救援，从而最大限度地降低生产安全事故给本工程及本工程施工人员所造成的损失，成立工程生产安全事故应急救援小组并实行24h值班制度。

组　　长：＊＊＊

副组长：＊＊＊

组　员：＊＊＊、＊＊＊、＊＊＊
值班表：

日　期	值班组长	联系电话	值班组员	联系电话
星期一	＊＊＊	＊＊＊	＊＊＊	＊＊＊
星期二	＊＊＊	＊＊＊	＊＊＊	＊＊＊
星期三	＊＊＊	＊＊＊	＊＊＊	＊＊＊
星期四	＊＊＊	＊＊＊	＊＊＊	＊＊＊
星期五	＊＊＊	＊＊＊	＊＊＊	＊＊＊
星期六	＊＊＊	＊＊＊	＊＊＊	＊＊＊
星期日	＊＊＊	＊＊＊	＊＊＊	＊＊＊

8.1　重点防范部位

模架体系重点风险因素存在以下几方面：

（1）施工作业人员高空坠落。在支架搭设、拆除、模板支立、拆除及梁体钢筋绑扎、混凝土浇筑等施工过程中，施工人员高空作业较频繁，存在很大的高空作业坠落的风险。

（2）高空坠物伤人。在模架施工过程中，人员的高空作业，易出现高处物件坠落，以及附着物件连接松动脱落，以梁体钢筋绑扎、混凝土浇筑等其他施工活动造成高空物件坠落导致下面施工人员受伤。

（3）支架失稳。由于基础处理不够理想，导致基础软弱不均出现支架不均匀沉降，或者支架方案不够合理这两方面均导致支架立杆受力过大出现失稳现象。

（4）支架变形。在设计支架方案时，考虑不够周全，特别是有的特殊部位未进行加固措施，出现支架变形超限。

8.2　控制措施

根据施工工艺和施工经验，以及以上重点危险因素的辨识，桥梁模架体系施工采取以下相应的应急措施（表 8.2）。

表 8.2

序号	风险项目	降低风险措施
1	高空坠物伤人	1. 架子外侧和底部增加水平防护接网和安全网；2. 加强对操作人员的教育；3. 加强高空附着物件连接部位检查
2	施工作业人员高空坠落	1. 加强对操作人员交底和教育；2. 做好周边和底部保护；3. 高空作业人员将安全带系在牢固物上
3	架子失稳坠落	1. 组织方案论证，制定方案；2. 加强支架基础处理
4	架子变形	1. 加固支架，查找变形原因，指定方案．2. 加强支架的监测

8.3　现场应急预案

1）触电事故应急预案

（1）截断电源，关闭插座上的开关或拔除插头。如果够不着插座开关，就关上总开关。切勿试图关上那件电器用具的开关，因为可能正是该开关漏电。

（2）若无法关上开关，可站在绝缘物上，如塑料布、干木板之类，用扫帚或木椅等将伤者拨离电源，或用绳子、裤子或任何干布条绕过伤者腋下或腿部，把伤者拖离电源。切勿用手触及伤者，也不要用潮湿的工具或金属物质把伤者拨开，也不要使用潮湿的物件拖动伤者

（3）如果患者呼吸心跳停止，开始人工呼吸和胸外心脏按压。切记不能给触电的人注射强心针。若伤者昏迷，则将其身体放置成卧式。

（4）若伤者曾经昏迷、身体遭烧伤或感到不适，必须打电话叫救护车或立即送伤者到医院急救。

（5）高空出现触电事故时，应立即切断电源，把伤人抬到附近平坦的地方，立即对伤人进行急救。

2）支架倒塌应急预案

（1）迅速确定事故发生的准确位置、可能波及的范围、支架损坏的程度、人员伤亡情况等，以根据不同情况进行处置。

（2）划出事故特定区域，非救援人员未经允许不得进入特定区域。迅速核实支架上作业人数，如有人员被坍塌的支架压在下面，要立即采取可靠措施加固四周，然后拆除或切割压住伤者的杆件，将伤员移出。如支架太重可用吊车将架体缓缓抬起，以便救人。如无人员伤亡，立即实施支架加固或拆除等处理措施。以上行动须由有经验的安全员和架子班长统一安排。

3）高处坠落应急预案

（1）救援人员首先根据伤者受伤部位立即组织抢救，促使伤者快速脱离危险环境，送往医院救治，并保护现场。察看事故现场周围有无其他危险源存在。

（2）在抢救伤员的同时迅速向上级报告事故现场情况。

（3）抢救受伤人员时几种情况的处理：

如确认人员已死亡，立即保护现场。如发生人员昏迷、伤及内脏、骨折及大量失血：①立即联系120急救车或距现场最近的医院，并说明伤情。为取得最佳抢救效果，还可根据伤情送往专科医院。②外伤大出血：急救车未到前，现场采取止血措施。③骨折：注意搬运时的保护，对昏迷、可能伤及脊椎、内脏或伤情不详者一律用担架或平板，禁止用搂、抱、背等方式运输伤员。

4）火灾应急预案

发生火灾时，第一发现人要高声呼喊，使附近人员能听到并及时协助补救。根据火情及时报火警119，同时迅速组织人员开展灭火工作。拨打火警电话时，要讲清楚着火地点、部位、单位名称、燃烧物品种类、火势大小及报警人姓名，并由报警人到附近路口迎接消防车到来。

如果是由于线路失火，必须先切断电源，严禁使用水或液体灭火器灭火以防触电事故发生。

火灾发生后，为防止有人被困发生窒息伤害，施救人员要准备好毛巾，湿润后蒙住口、鼻子，抢救被困人员。

5）机械伤害应急预案

应急指挥立即召集应急小组成员，分析现场事故情况，明确救援步骤、所需设备、设施及人员，按照策划、分工，实施救援。需要救援车辆时，应急指挥应安排专人接车，引领救援车辆迅速施救。根据现场人员被伤害的程度，一边通知急救医院，一边对轻伤人员进行现场救护。

6）物体打击应急预案

施工现场负责人要积极组织人员进行抢救，拨打120急救车抢救伤员，并向救援领导报告。

对伤员实行抢救，需要做人工呼吸的做人工呼吸，不需要做人工呼吸立即用车辆送往附近医院对伤员进行抢救。保护好事故现场。

7）应急救援联系方式

火警：119　　急救：120　　匪警：110　交通肇事：122

＊＊＊医院：＊＊＊

8）应急救援路线

略。

9　附　　件

9.1　模架计算书

模架计算内容包括几方面：（1）底模强度、刚度验算；（2）侧模强度、刚度验算；（3）碗扣支架稳定性验算；（4）地基承载力验算；（5）贝雷片验算。

考虑到部分实际进场材料规格尺寸存在偏差，保守起见，验算时10cm×10cm方木按尺寸9cm×9cm验算，碗扣架及钢管按ϕ48×3mm尺寸验算。

9.1.1　荷载计算

根据《建筑施工碗扣式钢管脚手架安全技术规范》JGJ 166—2008，支架高度小于10m时可不考虑架体自重，其他各项荷载如下：

（1）模板荷载：0.5kN/m²（计算底模支架时采用）

（2）梁体自重：新浇筑混凝土（包括钢筋）采用25.5kN/m³，则：

腹板高2.0m：51kN/m²

底板＋顶板厚0.42m：10.71kN/m²

翼缘板均厚0.36m：9.18kN/m²

（3）施工人员及设备荷载：对模板方木2.5kPa、对支架1kPa。

（4）浇筑和振捣混凝土产生的荷载，对底板取1.0kPa，对垂直侧板取4.0kPa。

（5）新浇混凝土对模板侧面压力（参考《混凝土结构工程施工规范》GB 50666—2011）：

取其中的较小值：

$$F = 0.28 \times \gamma_c \times t_0 \times \beta \times V^{1/2}$$
$$F = \gamma_c \times H$$

式中　F——新浇筑混凝土对模板的最大侧压力（kN/m²）；

γ_c——混凝土的重度（kN/m^3）；

t_0——新浇混凝土的初凝时间（h），可按实测确定；当缺乏试验资料时可采用 $t_0=$ $200/(T+15)$ 计算，T 为混凝土的温度（℃）；

β——混凝土坍落度影响修正系数：当坍落度在 50～90mm 时，取 0.85；坍落度在 100～130mm 时，取 0.9；坍落度在 130～180mm 时，取 1.0；

V——混凝土浇筑高度（厚度）与浇筑时间的比值，即浇筑速度（m/h）；

H——混凝土侧压力计算位置处至新浇筑混凝土顶面的总高度（m）；

根据现场情况，各参数取值为 $t_0=200/(10+15)=8$，$\beta=1$，$V=0.5$，$H=1.6$

$$F=0.28\times\gamma_c\times t_0\times\beta\times V^{1/2}=0.28\times25.5\times8\times1\times0.5^{1/2}=42kN/m^2$$
$$F=\gamma_c\times H=25.5\times1.6=42kN/m^2$$

取二者中的较小值，$P=42kN/m^2$ 作为模板侧压力的标准值。

（6）倾倒混凝土产生的水平荷载取 $2kN/m^2$，竖向 $4.0kN/m^2$。

将以上荷载进行统计汇总

编号	项　　目		荷载（kN/m^2）
①	模板自重		0.5
②	钢筋混凝土自重	腹板	51
		底板＋顶板	10.71
		翼缘板	9.18
③	施工人员及机具等外在荷载		模板方木 2.5、支架 1
④	振捣混凝土产生的荷载		底板 2.0、侧板 4.0、支架 1
⑤	新浇混凝土对侧模压力		42
⑥	倾倒混凝土产生的荷载		水平 2.0，竖向 4.0

9.1.2　底模、主次龙骨验算

1）腹板

腹板下顺桥向立杆步距为 90cm，横桥立杆步距为 60cm。

荷载组合计算：

计算强度时：$P_1=1.35\times(①+②)+1.4\times(③+④+⑥)\times1$

$\qquad\qquad=1.35\times(0.5+51)+1.4\times(2.5+2+4)\times1$

$\qquad\qquad=81.5kN/m^2$

计算刚度时：$P_2=(①+②)\times1$

$\qquad\qquad=(0.5+51)\times1$

$\qquad\qquad=51.5kN/m^2$

（1）底模强度、刚度验算

取 1m 宽底板为研究对象，线荷载为：

计算强度时：$q_1=P_1\times1=81.5kN/m$

计算刚度时：$q_2=P_2\times1=51.5kN/m$

底模为 1.5cm 胶合板模板，胶合板模板下方木间距为 20cm，即底模跨度为 20cm，胶合板模板参数：$[\delta]=14.5MPa$，$E=10\times10^3\ MPa$，$[T]=1.40N/mm^2$，按一跨简支梁验算，则有：

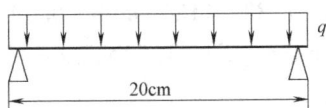

强度验算：

$$M = q_1 l^2/8 = (81.5 \times 0.2^2)/8 = 0.41\text{kN} \cdot \text{m}$$

$$I = bh^3/12 = (1 \times 0.015^3)/12 = 2.81 \times 10^{-7}\text{ m}^4$$

$$W = bh^2/6 = (1 \times 0.015^2)/6 = 3.75 \times 10^{-5}\text{ m}^3$$

$$\delta = M/W = 0.41 \times 10^3/(3.75 \times 10^{-5}) = 11\text{MPa} < [\delta] = 14.5\text{MPa}$$

故底模强度满足要求。

刚度验算：

$$f = 5q_2 l^4/384EI = 5 \times 51.5 \times 10^3 \times 0.2^4/(384 \times 10 \times 10^3 \times 2.81 \times 10^{-7} \times 10^6)$$

$$= 0.00038\text{m} < L/400 = 0.2/400 = 0.0005\text{m}$$

故底模刚度满足要求。

抗剪验算：

$$Q = 0.5q_1 l = 0.5 \times 81.5 \times 0.2 = 8.15\text{kN}$$

$$T = 3Q/2bh = 3 \times 8.15 \times (2 \times 1 \times 0.15) = 815\text{kN/m}^2 = 0.815\text{N//mm}^2 < [T] = 1.40\text{N/mm}^2$$

故底模抗剪强度满足要求。

(2) 次龙骨方木强度、刚度验算

次龙骨间距20cm，主龙骨间距90cm，即次龙骨跨度为90cm，方木参数：$[\delta] = 14.5\text{MPa}$，$E = 11 \times 10^3\text{MPa}$，$[T] = 1.50\text{N/mm}^2$，按一跨简支梁验算。

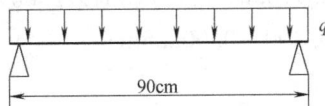

次龙骨上线荷载：

计算强度时：$q_1 = P_1 \times 0.2 \times 0.9/0.9 = 81.5 \times 0.2 = 16.3\text{kN/m}$

计算刚度时：$q_2 = P_2 \times 0.2 \times 0.9/0.9 = 51.5 \times 0.2 = 10.3\text{kN/m}$

强度验算：

$$M = q_1 l^2/8 = (16.3 \times 0.9^2)/8 = 1.6\text{kN} \cdot \text{m}$$

$$I = bh^3/12 = (0.09 \times 0.09^3)/12 = 5.5 \times 10^{-6}\text{ m}^4$$

$$W = bh^2/6 = (0.09 \times 0.09^2)/6 = 1.2 \times 10^{-4}\text{ m}^4$$

$$\delta = M/W = 1.6 \times 10^3/(1.2 \times 10^{-4}) = 13.3\text{MPa} < [\delta] = 14.5\text{MPa}$$

故次龙骨强度满足要求。

刚度验算：

$$f = 5q_2 l^4/384EI = 5 \times 10.3 \times 0.9^4 \times 10^3/(384 \times 11 \times 10^3 \times 5.5 \times 10^{-6} \times 10^6)$$

$$= 0.0016 < L/400 = 0.9/400 = 0.00225\text{m}$$

故次龙骨刚度满足要求。

抗剪验算：

$$Q = 0.5q_1 l = 0.5 \times 16.3 \times 0.9 = 7.335\text{kN}$$

$$T = 3Q/2bh = 3 \times 7.335 \times (2 \times 0.09 \times 0.09) = 1358 \text{kN/m}^2$$
$$= 1.358 \text{N}//\text{mm}^2 < [T] = 1.50 \text{N/mm}^2$$

故次龙骨抗剪强度满足要求。

（3）主龙骨强度、刚度计算

主龙骨在碗扣支架顶托上横桥向放置，碗扣架横桥向横距为 60cm，即主龙骨跨度为 60cm，为计算得简便，将作用在主龙骨上的荷载按均布荷载考虑。10 号槽钢参数：$[\delta] = 205 \text{MPa}$，$E = 2.06 \times 10^5 \text{MPa}$，$[\delta] = 125 \text{N/mm}^2$，按一跨简支梁验算，则有，

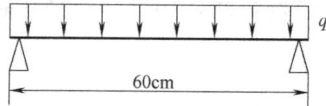

主龙骨上线荷载：

计算强度时：$q_1 = P_1 \times 0.9 \times 0.6/0.6 = 81.5 \times 0.9 = 73.35 \text{kN/m}$

计算刚度时：$q_2 = P_2 \times 0.9 \times 0.6/0.6 = 51.5 \times 0.9 = 46.35 \text{kN/m}$

强度计算：

$$M = q_1 l^2/8 = (73.35 \times 0.6^2)/8 = 3.3 \text{kN} \cdot \text{m}$$
$$I = 1.98 \times 10^{-6} \text{m}^4$$
$$W = 3.97 \times 10^{-5} \text{m}^3$$
$$\delta = M/W = 3.3 \times 10^3/(3.97 \times 10^{-5}) = 83 \text{MPa} < [\delta] = 205 \text{MPa}$$

故主龙骨强度满足要求。

刚度验算：

$$f = 5q_2 l^4/384EI = 5 \times 46.35 \times 0.6^4 \times 10^3/(384 \times 2.06 \times 10^5 \times 1.98 \times 10^{-6} \times 10^6)$$
$$= 0.0002 \text{m} < L/400 = 0.9/400 = 0.00225 \text{m}$$

故主龙骨刚度满足要求。

抗剪验算：

$$Q = 0.5 q_1 l = 0.5 \times 73.35 \times 0.6 = 22.005 \text{kN}$$
$$T = 3Q/2bh = 3 \times 22.005 \times (2 \times 0.048 \times 0.1) = 6876 \text{kN/m}^2$$
$$= 6.876 \text{N/mm}^2 < [T] = 125 \text{N/m}^2$$

故主龙骨抗剪强度满足要求。

2）底板＋顶板、翼缘板（取底顶板验算）

因两者支架步距相同，根据受力情况，取底板＋顶板处验算即可。

强度验算时

$$P_1 = 1.35 \times (① + ②) + 1.4 \times (③ + ④ + ⑥) \times 1$$
$$= 1.35 \times (0.5 + 10.71) + 1.4 \times (2.5 + 2 + 4) \times 1 = 27.1 \text{kN/m}^2$$

刚度验算时：

$$P_2 = (① + ②) \times 1 = (0.5 + 10.71) \times 1 = 11.21 \text{kN/m}^2$$

（1）底模强度、刚度计算

线荷载为：

计算强度时：$q_1 = P_1 \times 1 = 27.1 \text{kN/m}$

计算刚度时：$q_2 = P_2 \times 1 = 11.21 \text{kN/m}$

底板板底模为 1.5cm 胶合板模板，胶合板模板下次龙骨小方木间距为 20cm，即跨度为 20cm，胶合板模板参数：$[\delta]=14.5MPa$，$E=10\times10^3MPa$，$[T]=1.40N/mm^2$，按一跨简支梁验算，则有：

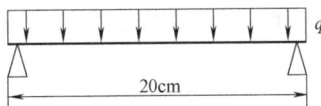

强度计算：

$$M=q_1l^2/8=(27.1\times0.2^2)/8=0.14kN\cdot m$$

$$I=bh^3/12=(1\times0.015^3)/12=2.81\times10^{-7}m^4$$

$$W=bh^2/6=(1\times0.015^2)/6=3.75\times10^{-5}m^3$$

$$\delta=M/W=0.14\times10^3/(3.75\times10^{-5})=3.7MPa<[\delta]=14.5MPa$$

故底模强度满足要求。

刚度验算：

$f=5q_2l^4/384EI=5\times11.21\times10^3\times0.2^4/(384\times10\times10^3\times2.81\times10^{-7}\times10^6)$
　$=0.00008m<L/400=0.2/400=0.0005m$

故底模刚度满足要求。

抗剪验算：

$Q=0.5q_1l=0.5\times27.1\times0.2=2.71kN$

$T=3Q/2bh=3\times2.71/(2\times1\times0.015)=271kN/m^2=0.271N/mm^2<[T]=1.40N/mm^2$

故底模抗剪强度满足要求。

（2）次龙骨强度、刚度验算

次龙骨间距为 20cm，其下主龙骨间距为 90cm，即次龙骨跨度为 90cm，方木参数：$[\delta]=14.5MPa$，$E=11\times10^3MPa$，$[T]=1.50N/mm^2$，按一跨简支梁验算，则有：

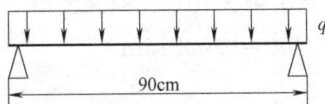

次龙骨上线荷载：

计算强度时：$q_1=P_1\times0.2\times0.9/0.9=27.1\times0.2=5.4kN/m$

计算刚度时：$q_2=P_2\times0.2\times0.9/0.9=11.21\times0.2=2.3kN/m$

强度验算：

$M=q_1l^2/8=(5.4\times0.9^2)/8=0.6kN\cdot m$

$I=bh^3/12=(0.09\times0.09^3)/12=5.5\times10^{-6}m^4$

$W=bh^2/6=(0.09\times0.09^2)/6=1.2\times10^{-4}m^4$

$\delta = M/W = 0.6 \times 10^3 /(1.2 \times 10^{-4}) = 5\text{MPa} < [\delta] = 14.5\text{MPa}$

故次龙骨强度满足要求。

刚度验算：

$f = 5q_2 l^4 /384EI = 5 \times 2.3 \times 0.9^4 \times 10^3 /(384 \times 11 \times 10^3 \times 5.5 \times 10^{-6} \times 10^6)$

$= 0.0003\text{m} < L/400 = 0.9/400 = 0.00225\text{m}$

故次龙骨刚度满足要求。

抗剪验算：

$Q = 0.5q_1 l = 0.5 \times 5.4 \times 0.2 = 2.43\text{kN}$

$T = 3Q/2bh = 3 \times 2.43/(2 \times 0.09 \times 0.09) = 450\text{kN/m}^2 = 0.45\text{N/mm}^2 < [T] = 1.50\text{N/mm}^2$

故次龙骨抗剪强度满足要求。

（3）主龙骨强度、刚度计算

主龙骨顺桥向间距 90cm，横向间距为 90cm，即主龙骨跨度为 90cm，为计算得简便，将作用在主龙骨上的荷载按均布荷载考虑。按一跨简支梁验算，则有，

主龙骨上线荷载：

计算强度时：$q_1 = P_1 \times 0.9 \times 0.9/0.9 = 27.1 \times 0.9 = 24.4\text{kN/m}$

计算刚度时：$q_2 = P_2 \times 0.9 \times 0.9/0.9 = 11.21 \times 0.9 = 10.1\text{kN/m}$

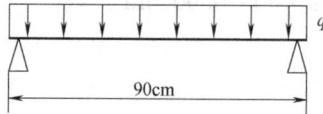

强度计算：

$M = q_1 l^2 /8 = (24.4 \times 0.9^2)/8 = 2.5\text{kN} \cdot \text{m}$

$I = 3.9 \times 10^{-6} \text{m}^4$

$W = 6.2 \times 10^{-5} \text{m}^3$

$\delta = M/W = 2.5 \times 10^3 /(6.2 \times 10^{-5}) = 40\text{MPa} < [\delta_w] = 205\text{MPa}$

故主龙骨强度满足要求。

刚度验算：

$f = 5q_2 l^4 /384EI = 5 \times 10.1 \times 0.9^4 \times 10^3 /(384 \times 2.06 \times 10^5 \times 3.9 \times 10^{-6} \times 10^6)$

$= 0.0001\text{m} < L/400 = 0.9/400 = 0.00225\text{m}$

故主龙骨刚度满足要求。

抗剪验算：

$Q = 0.5q_1 l = 0.5 \times 24.4 \times 0.9 = 10.89\text{kN}$

$T = 3Q/2bh = 3 \times 10.89/(2 \times 0.048 \times 0.1) = 3403\text{kN/m}^2 = 3.403\text{N/mm}^2 < [T] = 1.25\text{N/mm}^2$

故主龙骨抗剪强度满足要求。

9.1.3 侧模强度、刚度验算

荷载组合计算：

计算强度时：$P_1 = 1.35 \times ⑤ + 1.4 \times (④ + ⑥)$

$$=1.35\times42+1.4\times(4+2)$$
$$=65.1kN/m^2$$

计算刚度时：$P_2=⑤=42kN/m^2$

1）侧模强度、刚度验算

侧模为 1.5cm 胶合板模板，胶合板模板背后次龙骨为 10×10 方木，间距 20cm，取 1m 宽面板为研究单元，按一跨简支梁验算。

计算强度时：$q_1=65.1kN/m$

计算刚度时：$q_2=42kN/m$

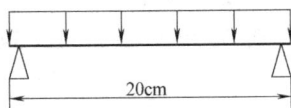

强度验算：

$M=q_1l^2/8=(65.1\times0.2^2)/8=0.3kN\cdot m$

$I=bh^3/12=(1\times0.015^3)/12=2.81\times10^{-7}m^4$

$W=bh^2/6=(1\times0.015^2)/6=3.75\times10^{-5}m^3$

$\delta=M/W=0.3\times10^3/(3.75\times10^{-5})=8MPa<[\delta]=14.5MPa$

故强度满足要求。

刚度验算：

$f=5q_2l^4/384EI=5\times42\times10^3\times0.2^4/(384\times10\times10^3\times2.81\times10^{-7}\times10^6)$

$=0.0003m<L/400=0.2/400=0.0005m$

故刚度满足要求。

抗剪验算：

$Q=0.5q_1l=0.5\times65.1\times0.2=6.51kN$

$T=3Q/2bh=3\times6.51/(2\times1\times0.015)=651kN/m^2=0.651N/mm^2<[T]=1.40N/mm^2$

故抗剪强度满足要求。

2）次龙骨强度、刚度验算

次龙骨间距 20cm，主龙骨钢管间距 90cm。

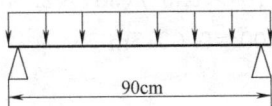

方木线荷载：

计算强度时：$q_1=P_1\times0.2\times0.9/0.9=65.1\times0.2=13.02kN/m$；

计算刚度时：$q_2=P_2\times0.2\times0.9/0.9=42\times0.2=8.4kN/m$；

强度验算

$M=q_1l^2/8=(13.02\times0.9^2)/8=1.32kN\cdot m$

$I=bh^3/12=(0.09\times0.09^3)/12=5.5\times10^{-6}m^4$

$W=bh^2/6=(0.09\times0.09^2)/6=1.2\times10^{-4}\text{m}^4$

$\delta=M/W=1.32\times10^3/(1.2\times10^{-4})=11\text{MPa}<[\delta]=14.5\text{MPa}$

故强度满足要求。

刚度验算：

$f=5q_2l^4/384EI=5\times9.6\times10^3\times0.9^4/(384\times11\times10^3\times5.5\times10^{-6}\times10^6)$

$=0.0013\text{m}<L/400=0.0023\text{m}$

故刚度满足要求。

抗剪验算：

$Q=0.5q_1l=0.5\times13.02\times0.9=5.859\text{kN}$

$T=3Q/2bh=3\times5.859/(2\times0.09\times0.09)=1085\text{kN/m}^2=1.085\text{N/mm}^2<[T]=1.50\text{N/mm}^2$

故抗剪强度满足要求。

3）主龙骨钢管强度、刚度验算

主龙骨为单根 $\phi48$ 钢管，后面支撑点间距为 50cm。钢管参数：$[\delta]=205\text{MPa}$，$E=2.05\times10^5\text{MPa}$，$I=10.8\times10^{-8}$，$[T]=125\text{N/mm}^2$，$W=4.5\times10^{-6}\text{m}^4$

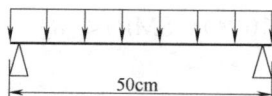

线荷载：

计算强度时：$q_1=P_1\times0.9\times0.5/0.5=65.1\times0.9=58.6\text{kN/m}$

计算刚度时：$q_2=P_2\times0.9\times0.5/0.5=42\times0.9=37.8\text{kN/m}$

强度验算

$M=q_1l^2/8=(58.6\times0.5^2)/8=1.8\text{kN}\cdot\text{m}$

$I=10.8\times10^{-8}\text{m}^4$

$W=4.5\times10^{-6}\text{m}^4$

$\delta=M/W=1.8\times10^3/(4.5\times10^{-6})=40\text{MPa}<[\delta]=205\text{MPa}$

故强度满足要求。

刚度验算：

$f=5q_2l^4/384EI=5\times37.8\times10^3\times0.5^4/(384\times2.05\times10^5\times10.8\times10^{-8}\times10^6)$

$=0.0013\text{m}<L/400=0.6/400=0.0015\text{m}$

故刚度满足要求。

抗剪验算：

$Q=0.5q_1l=0.5\times58.6\times0.5=14.65\text{kN}$

$T=3Q/2bh=3\times14.65/(2\times0.048\times0.048)=9537\text{kN/m}^2=9.537\text{N/mm}^2<[T]=125\text{N/mm}^2$

故抗剪强度满足要求。

9.1.4 立杆承载力、稳定性验算

保守起见，立杆承载力验算取 $\phi48\times3\text{mm}$ 钢管的参数进行计算。

腹板处：$P = 1.35 \times (① + ②) + 1.4 \times (③ + ④ + ⑥)$

$\qquad\qquad = 1.35 \times (0.5 + 51) + 1.4 \times (1 + 1 + 4)$

$\qquad\qquad = 78\text{kPa}$

腹板宽 45cm，腹板范围底部最少设置 2 排立杆支撑，顺桥向间距 90cm，即每 0.9m 长腹板有 2 根立杆支撑。

则腹板底每根立杆承受的力为：$0.9 \times 0.45 \times 78/2 = 16\text{kN}$

底板＋顶板处：$P = 1.35 \times (① + ②) + 1.4 \times (③ + ④ + ⑥)$

$\qquad\qquad\qquad = 1.35 \times (0.5 + 10.71) + 1.4 \times (1 + 1 + 4)$

$\qquad\qquad\qquad = 24\text{kPa}$

箱室最宽为 342cm，箱室范围底部最少设置 3 排立杆支撑，顺桥向间距 90cm，即每 0.9m 长箱室有 3 根立杆支撑。

则箱室底每根立杆承受的力为：$0.9 \times 3.42 \times 24/3 = 24.6\text{kN}$

1）立杆承载力验算

立杆层距为 120cm 时，立杆的允许承载力为 30kN，由以上计算结果可见立杆的承载力满足要求。

2）立杆稳定性验算：

立杆最大受力为 24.6kN。

根据《建筑施工碗扣式钢管脚手架安全技术规范》JGJ 166—2008 钢材抗拉、抗压和抗弯强度设计值：$[\delta] = 205\text{MP}$，$\phi 48 \times 3\text{mm}$ 钢管参数：$i = 16.0\text{mm}$，$A = 424\text{mm}^2$

$$\delta = N/\varphi A$$

式中　φ——稳定系数，根据长细比 $\lambda = L/i$ 按《建筑施工碗扣式钢管脚手架安全技术规范》附录 C 取值。

顶部立杆段：$L = h + 2a$，现场控制 $a < 0.65\text{m}$，为保守取 $a = 0.6\text{m}$；非顶部立杆段：$L = h$；h 为横杆层距。

顶部立杆段 $L = 1.2 + 2 \times 0.6 = 2.4$

$\lambda = L/i = 2.4/0.016 = 150$

按《建筑施工碗扣式脚手架安全技术规范》附录 E 查得：$\varphi = 0.308$

$\delta = N/\varphi A = 24.6/(0.308 \times 0.424) = 188 < [\delta] = 205\text{MPa}$ 满足要求。

9.1.5　地基承载力计算

地基承载力的验算公式

立杆基础（或底座、底板）底面的承载力验算：

$$P = N/A \leqslant f$$

式中　P——立杆基础底面处的平均压力设计值；

$\quad$ A——基础底面积；

$\quad$ N——立杆传至基础顶面的轴心力设计值；

$\quad$ f——地基承载力设计值，$f = K \cdot f_\text{k}$；

$\quad$ f_k——地基承载力标准值；

$\quad$ K——考虑支架处于地面之上上或埋置深度较浅的降低系数：

碎石土、砂土、回填土　　　取 0.4

黏土　　　　　　　　　　　取 0.5

岩石、混凝土　　　　　　　取 1.0

本桥支架基础采用 15cm 二灰碎石，二灰碎石下为压实的粉砂土。

粉砂土层载力验算：

A——基础底面积：立杆底托下铺设下 5cm 厚大板，大板宽 20cm，横桥向通长铺设，箱室底每根立杆对应的面积 $A=0.2\times0.9=0.18m^2$，腹板下每根立杆对应的面积 $A=0.2\times0.6=0.12m^2$

P——立杆基础底面处的平均压力设计值，腹板 $P=16kN$，箱室底 $P=24.6kN$

f_k——地基承载力标准值；参照施工图地勘报告，原状粉砂土推荐容许承载力为 140kPa。

K——考虑支架处于地面之上或埋置深度较线的降低系数：取 1.0

f——地基承载力设计值，$f=K\cdot f_k=1\times140=140kPa$。

腹板下：$P=N/A=16/0.12=133kPa\leqslant f=140kPa$

箱底板：$P=N/A=24/0.18=133kPa\leqslant f=140kPa$

支架地基承载力满足要求。

9.1.6 贝雷片门洞验算

采用长 12m 的普通 321 型贝雷片上跨输油管道，支点到支点间距 10.5m，即按跨度 10.5m 验算。共设置 27 排贝雷片，布置间距与碗扣架立杆一致，如下图布置。

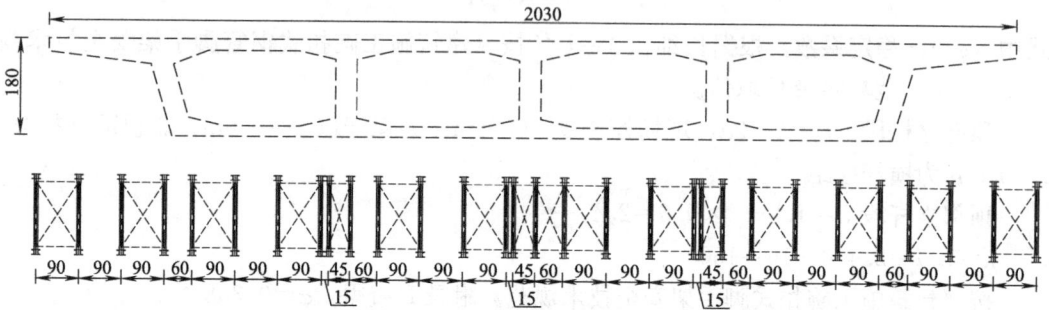

1）贝雷片验算

（1）箱梁：$12.2m^2\times10.5m\times2.5kN/m^3=3267kN$

（2）碗扣架：264kN

（3）模板：110kN

（4）施工人群荷载：$1kN/m^2\times10.5m\times20.3m=213kN$

（5）混凝土振捣荷载：$1kN/m^2\times10.5m\times20.3m=213kN$

（6）贝雷梁自重（配件系数 1.1）：$1.1\times30\times4\times270\times10\div1000=357kN$

雷梁所受到的总荷载，静荷载取 1.2，动荷载取 1.4 安全系数：

$1.2\times(3267+264+110+357)+1.4\times(213+213)=5409kN$

贝雷梁参数

单排单层普通型贝雷梁参数：$E=2.0\times10^5MPa$，$I=250497.2cm4$，$[Q]=245.2kN$，

$[M] = 788.2 \text{kN} \cdot \text{m}$，$[f] = L/400 = 10500/400 = 26.25 \text{mm}$

荷载确定

贝雷梁受力按均布荷载考虑，则每排贝雷梁的均布荷载

$q = 5409 \div 30 \div 10.5 = 17.2 \text{kN/m}$

抗剪强度验算

$Q_{max} = ql/2 = 17.2 \times 10.5/2 = 91 \text{kN} < [Q] = 245.2 \text{kN}$，满足要求

应力验算

$M_{max} = ql^2/8 = 17.2 \times 10.5 \times 10.5/8 = 237 \text{kN} \cdot \text{m} < [M] = 788.2 \text{kN} \cdot \text{m}$，满足要求

挠度验算

$f_{max} = 5ql^4/384EI = 5 \times 17.2 \times 10^{12} \times 10.5 \times 10.5 \times 10.5 \times 10.5/(384 \times 2.0 \times 10^5 \times 250497.2 \times 10^4) = 5.4 \text{mm} < [f] = 26.25 \text{mm}$，满足要求

2）混凝土基础承载力验算

12m贝雷片范围所有荷载均由混凝土基础底下的地基承受，根据计算，12m范围荷载：

（1）箱梁：$12.2 \text{m}^2 \times 12 \text{m} \times 25.5 \text{kN/m}^3 = 3734 \text{kN}$（取箱梁最大断面）

（2）碗扣架：302kN

（3）模板：126kN

（4）施工人群荷载：$1 \text{kN/m}^2 \times 12 \text{m} \times 20.3 \text{m} = 244 \text{kN}$

（5）混凝土振捣荷载：$1 \text{kN/m}^2 \times 12 \text{m} \times 20.3 \text{m} = 244 \text{kN}$

（6）贝雷梁自重（配件系数1.1）：$1.1 \times 30 \times 4 \times 270 \times 10 \div 1000 = 357 \text{kN}$

雷梁所受到的总荷载，静荷载取1.2，动荷载取1.4安全系数：

$1.2 \times (3734 + 302 + 126 + 357) + 1.4 \times (244 + 244) = 6106 \text{kN}$

共设2个条形基础，基础尺寸为宽1.5m，长22m。

参照施工图地勘报告，原状粉砂土推荐容许承载力为140kPa，压实后承载力大于200kPa。保守起见，取140kPa验算。

每个基础可承受的力 $N = 1.5 \times 22 \times 140 = 4620 \text{kN} > 6106/2 = 3053 \text{kN}$，满足要求。

综合以上，本工程模架方案满足施工及规范要求。

9.2 模架设计图

模架平立面图见图9.2-1；

模架楼断面图见图9.2-2和图9.2-3；

桥梁跨输油管道处模架方面图见图9.2-4，模架横断面图见图9.2-5；

细部大样图见图9.2-6。

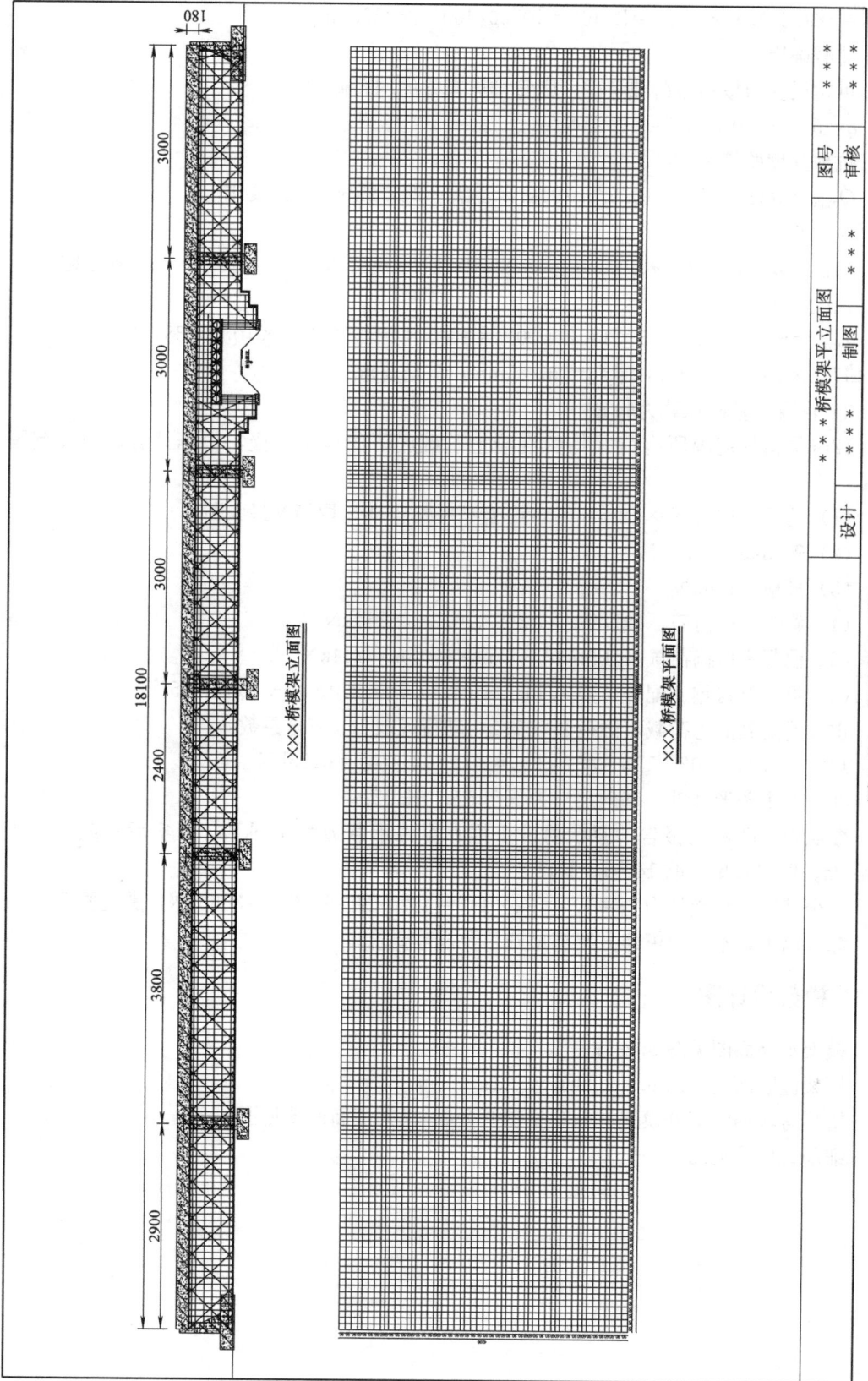

图 9.2-1 模架平立面图

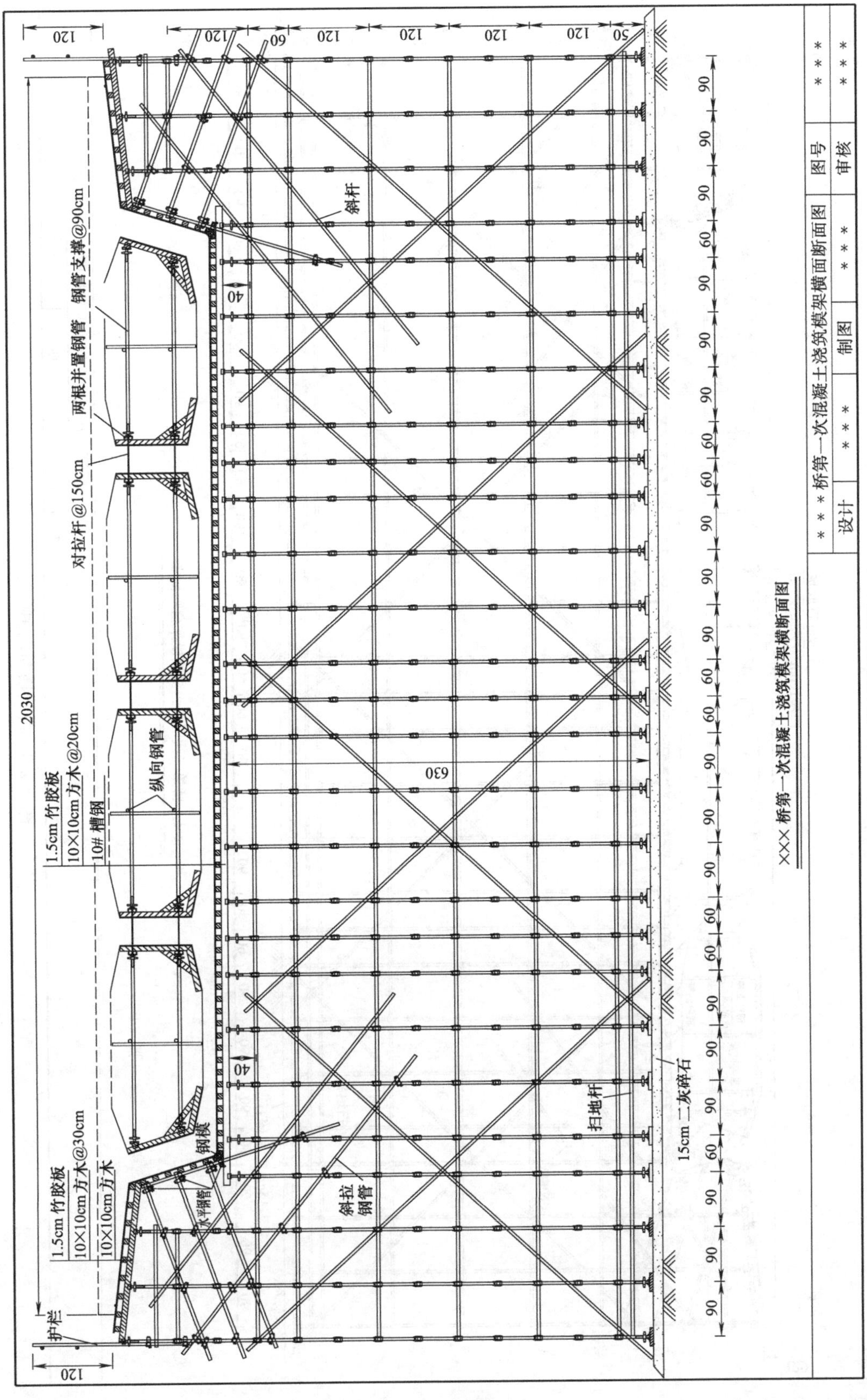

××× 桥第一次混凝土浇筑模架横断面图

图 9.2-2 模架横断面图（一）

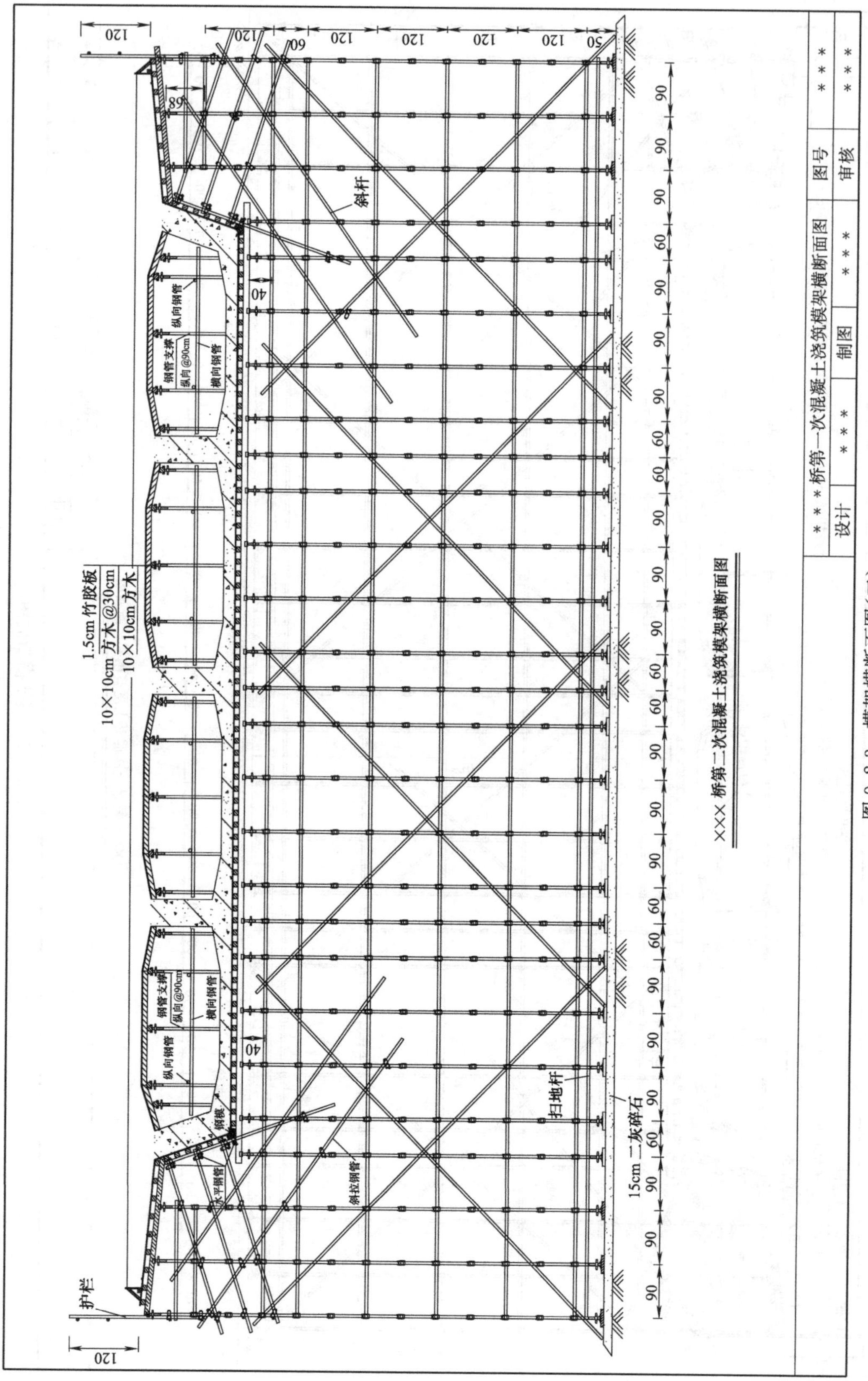

×××桥第一次混凝土浇筑模架横断面图

×××桥第二次混凝土浇筑模架横断面图

图 9.2-3 模架横断面图（二）

设计	* * * *	制图	* * * *	图号	* * *
* * *桥第一次混凝土浇筑模架横断面图		* * *	审核	* * * *	

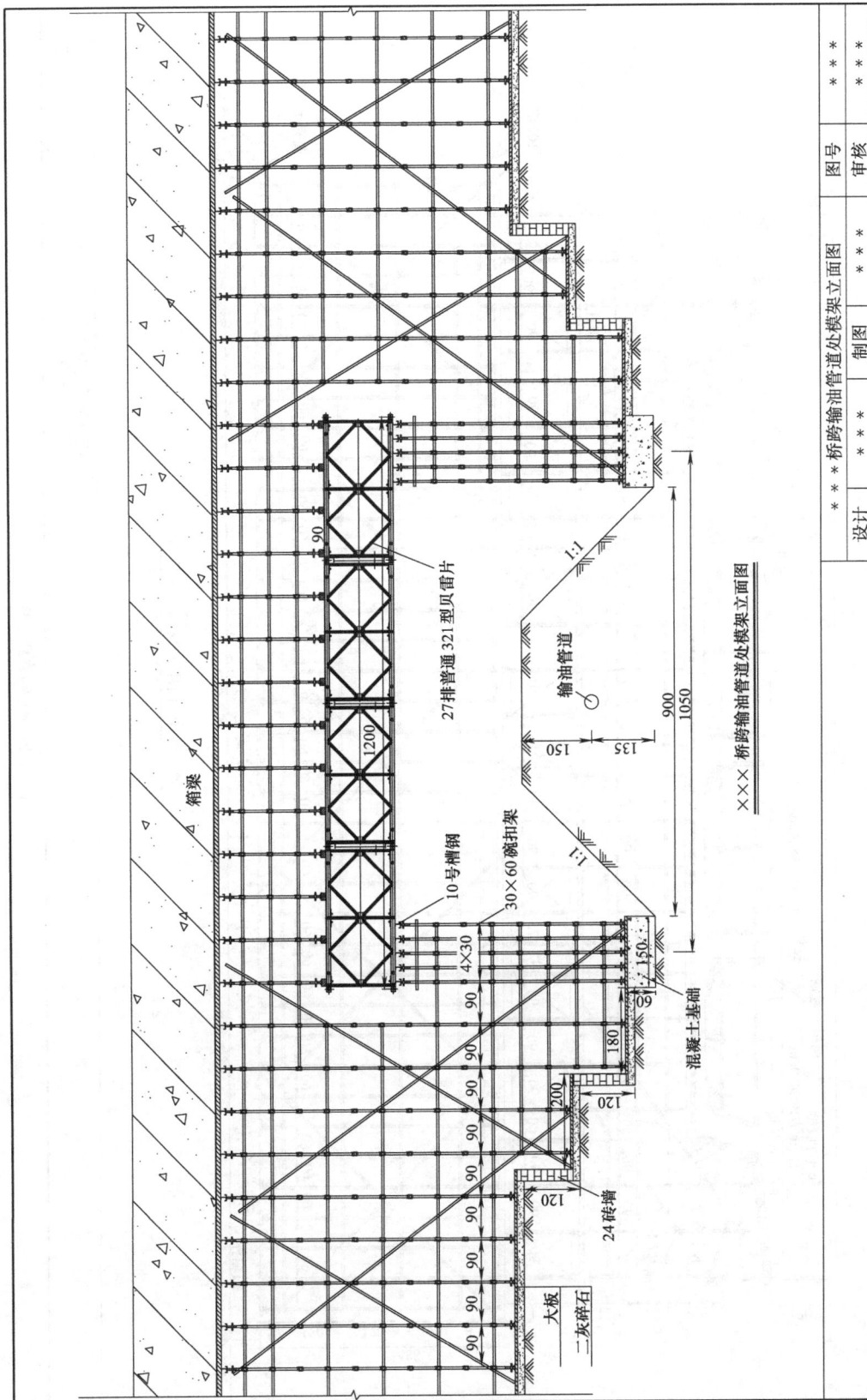

图 9.2-4 模架立面图

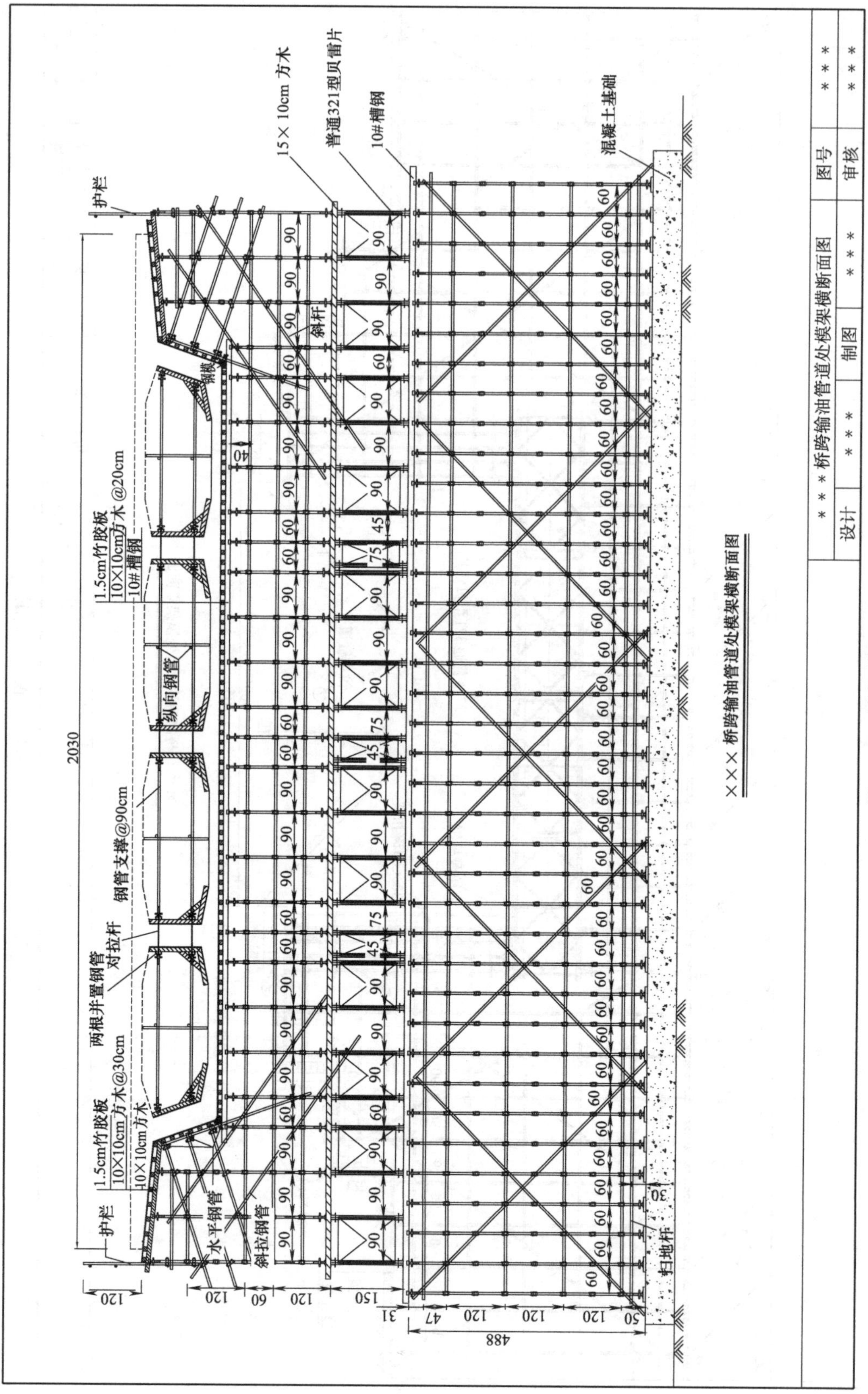

×××桥跨输油管道处模架横断面图

图 9.2-5 模架横断面图

马道搭设示意图

横杆

防身护栏

宽木板

防滑条

30

箱梁排架台阶处理大样图

5cm大板

二灰碎石

24砖墙

二灰碎石

90

90

90

90

二灰碎石

箱梁倒角模板安装大样图

10# 槽钢

钢模

水平钢管

钢筋头与槽钢焊接
卡住纵向钢管

设计	＊＊＊	细部大样图		图号	＊＊＊
	＊＊＊＊	制图	＊＊＊＊	审核	＊＊＊

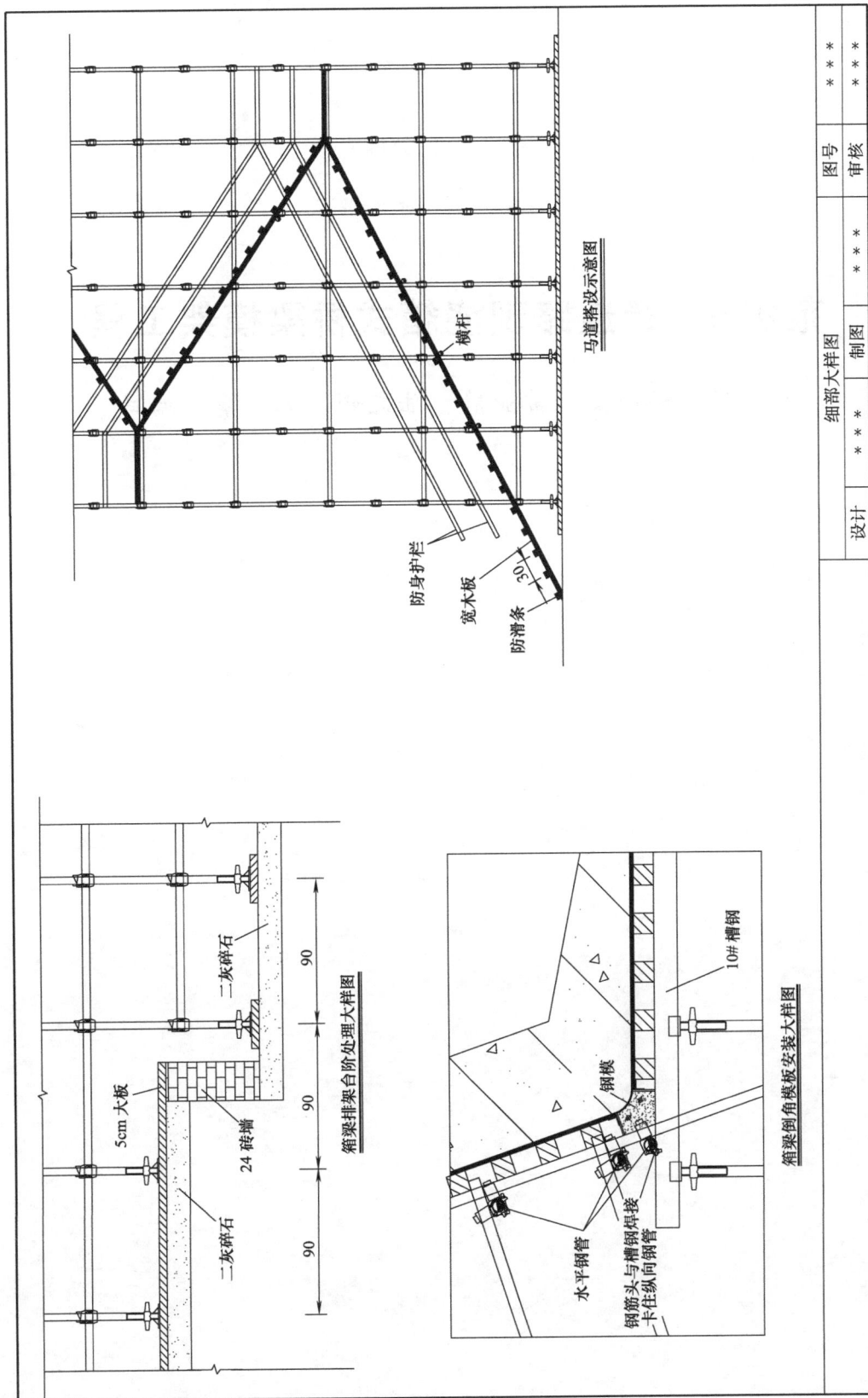

图 9.2-6　细部大样图

范例 6　跨道路现浇箱式桥梁模架工程

赵天庆　杨国良　常亚静　陆文娟　苏　靖　编写

某工程田家营跨线桥

现浇箱梁混凝土模架安全专项施工方案

编制：

审核：

审批：

＊＊＊公司

年　月　日

目　　录

1　编　制　依　据

1.1　国家、行业和地方规范

（1）《建筑地基基础设计规范》GB 50007—2011；

（2）《钢结构设计规范》GB 50017—2003；

（3）《混凝土结构工程施工质量验收规范》GB 50204—2015；

（4）《混凝土结构工程施工规范》GB 50666—2011；

（5）《城市桥梁工程施工与质量验收规范 》CJJ 2—2008；

（6）《公路桥涵施工技术规范》JTGTF 50—2011；

（7）《公路工程施工安全技术规范》JTGF 90—2015；

（8）《建筑施工扣件式钢管脚手架安全技术规范》JGJ 130—2011；

（9）《建筑施工模板安全技术规范》JGJ 162—2008；

（10）《建筑施工碗扣式钢管脚手架安全技术规范》JGJ 166—2008；

（11）《钢管满堂支架预压技术规程》JGJT 194—2009；

（12）《钢管脚手架、模板支架安全选用技术规程》DB 11-T583—2015。

1.2　设计图纸和施工组织设计

（1）某工程第 X 标段招标文件、补遗书及现场考察资料；

（2）某工程施工图设计；

（3）某工程岩土工程勘察报告；

（4）某工程总体施工组织设计。

1.3　安全管理法律、法规及规范性文件

（1）建设工程安全生产管理条例（国务院第 393 号令）；

（2）《危险性较大的分部分项工程安全管理办法》（建质〔2009〕87 号）；

（3）《北京市实施〈危险性较大的分部分项工程安全管理办法〉规定》京建施〔2009〕841 号；

（4）北京市公路工程平安工地标准（京交路安发〔2011〕160 号）。

2　工　程　概　况

2.1　工程简介

本工程为某工程田家营跨线桥。

田家营跨线桥上部结构为现浇后张预应力钢筋混凝土双跨连续箱形梁，上跨现况地方路，跨径为 2m×30m。全桥宽度为 41.5m，分为上下两幅，每幅现浇梁顶面宽 20.3m

（图 2.1）。箱梁截面高 1.8m，梁底宽 15.1m，顶板和底板厚度分别为 0.22m 和 0.2m，内箱最大高度 1.38m。纵向腹梁和边梁宽 0.45m，横隔梁宽 0.45m。桥梁中墩横梁宽度 3.6m，桥梁两端端横梁宽 1.8m。翼缘板宽 2.15m，厚 0.25～0.47m。梁底最大净高 9.8m。

本工程现浇箱梁混凝土强度等级为 C50，拟分两次浇筑。第一次浇筑底板混凝土、顶板以下纵腹梁、纵边梁、横梁和横隔梁混凝土。第二次浇筑顶板和翼缘板混凝土，分界线在翼缘板以下 5cm 处。

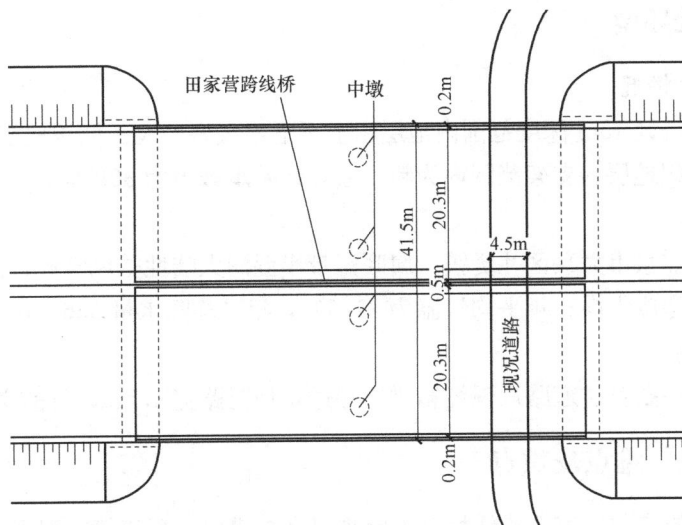

图 2.1   桥梁平面示意图

2.2   结构平面、剖面图

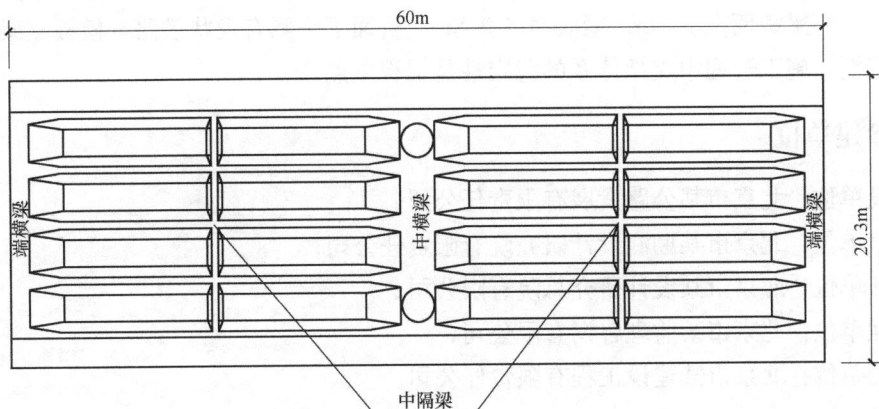

图 2.2-1   箱梁单幅结构平面示意图

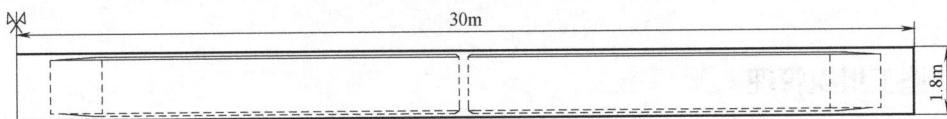

图 2.2-2   箱梁纵断面示意图

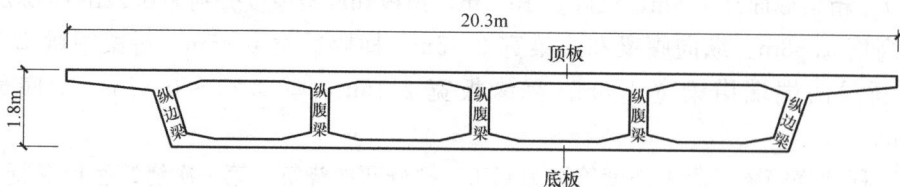

图 2.2-3　箱梁单幅横断面示意图

2.3　工程所处环境

2.3.1　地质水文情况

本工程施工场区 15m 深度范围内地层由上至下依次为：人工堆积地层、新近沉积层、一般第四纪冲洪积地层。支架范围内为粉土层，地基承载力为 80kPa。

2.3.2　气候特点

本工程位于北京市大兴区礼贤镇，属暖温带半湿润大陆性季风气候，四季分明。夏季高温多雨，冬季寒冷干燥。年平均气温为 11.6℃，年平均降水量 556mm。

2.3.3　现况交通

施工现场有一条乡村道路从现浇箱梁下穿过，现况路宽 4.5m，目前交通量不大。

2.4　工程特点、难点及重点

特点：本次施工的田家营跨线桥，上跨现况乡村道路，现浇箱梁混凝土施工需搭设门洞，确保社会车辆通行。

难点：本工程地处大兴区，施工场区内为粉土层，地基承载力较差，桥梁支架地基处理是本工程的难点。因工期要求，现浇箱梁混凝土在冬季施工，混凝土的养护保温是难点。

重点：箱梁截面高 1.8m，梁底净高 9.8m，桥面下一侧有现状道路，模板支架施工时需搭设门洞，施工过程中支架体系的稳定性是工程重点。

2.5　参建单位

建设单位：北京市某公路发展有限责任公司；

勘察单位：北京市某勘测设计研究院有限责任公司；

设计单位：北京市某设计研究总院有限公司；

监理单位：北京市某监理咨询有限公司；

施工单位：北京市某建设工程有限责任公司。

3　施　工　部　署

3.1　施工组织管理

略

3.2 施工进度计划

3.2.1 计划工期

计划开工日期：2015年3月30日；

计划完工日期：2015年6月3日。

3.2.2 进度计划安排

(1) 地基处理，模架基础施工：2015年3月30日～2015年4月4日；

(2) 模架支搭：2015年4月5日～2015年4月17日；

(3) 模架预压：2015年4月18日～2015年4月20日；

(4) 底板、腹板钢筋加工与安装：2015年4月21日～2015年4月27日；

(5) 内模板安装：2015年4月28日～2015年4月30日；

(6) 第一次混凝土浇筑：2015年4月30日；

(7) 第一次混凝土养生：2015年5月1日～2015年5月7日；

(8) 箱梁顶板钢筋加工及安装：2015年5月8日～2015年5月11日；

(9) 第二次混凝土浇筑：2015年5月12日；

(10) 混凝土养生：2015年5月13日～2015年5月26日；

(11) 张拉及压浆施工：2015年5月27日～2015年5月29日；

(12) 支架及模板拆除：2015年5月30日～2015年6月3日。

3.3 施工准备

3.3.1 技术准备

(1) 现浇箱梁混凝土施工前，由项目部技术负责人组织有关人员学习设计图纸、施工规范、施工方案及质量检验评定标准。

(2) 施工负责人对相关管理人员、施工作业人员进行书面安全技术交底。

(3) 项目部对特殊工种的作业人员进行岗前培训，合格后持证上岗。

(4) 质控、测量人员对中墩、桥台的高程和轴线进行复核，必须达到质量验收标准。

(5) 材料部租用、购买的各种材料必须有产品合格证，并按照规范要求进行抽样送检，检验合格后方可使用。严格执行见证取样制度。

3.3.2 人员准备

根据工程量及工期要求，项目部制定了详细的劳务用工计划，要求施工队伍各工种人员配备齐全，确保工程顺利实施表3.3-1。

本次施工人员一览表　　　　　　　　　　　　表3.3-1

序号	工种	数量	备注
1	测量工	4人	完成进场教育
2	试验工	2人	完成进场教育
3	电工	1人	完成进场教育
4	机械工	4人	完成进场教育
5	普工	20人	完成进场教育
6	信号工	3人	完成进场教育

序号	工种	数量	备注
7	钢筋工	10人	完成进场教育
8	电焊工	5人	完成进场教育
9	木工	5人	完成进场教育
10	架子工	10人	完成进场教育

3.3.3　机械准备（表3.3-2）

拟投入机械一览表　　　　　表3.3-2

序号	名称	规格、型号	数量	设备情况
1	装载机	ZL50	1台	良好
2	压路机	YZ-18	1台	良好
3	25t吊车	QY-25	1台	良好
4	水车	SZQ5901	1台	良好
5	切断机	GQ50A	4台	良好
6	全站仪	GTS-302	2台	良好
7	弯曲机	GW-40-1	4台	良好
8	电焊机	ZX7-500	8台	良好
9	发电机	GF120	1台	良好
10	振捣棒		20套	良好
11	电锯		4台	良好
12	冲击夯		2台	良好

4　现浇箱梁混凝土模架设计方案

4.1　模架体系选择

本工程模架体系选型原则是：在确保安全和质量的前提下，兼顾进度、经济指标和操作简便。

本工程地势平坦，交通运输方便。根据选型原则，现浇箱梁混凝土模架选用碗扣式钢管脚手架满堂支架支搭，在现况道路区域采用搭设门洞的方式解决。

4.2　模架设计技术参数

4.2.1　模架地基处理

现况地面清除腐殖土、杂填土后用压路机碾压密实，压实度≥95%，然后铺筑厚30cm级配碎石，用18t以上压路机碾压，压实度≥97%。在支架两侧开挖40cm×30cm的排水沟，排水沟分段开挖形成坡度，低点设集水坑。

4.2.2　碗扣式钢管脚手架支架设计

本桥箱梁梁高1.8m，支架采用碗扣式钢管脚手架支搭。顺桥向间距90cm，在端横梁、中横梁及横隔梁处加密为60cm。横桥向箱体梁下间距90cm，纵腹梁和纵边梁处间距60cm。两侧悬臂板部位间距90cm。

所有支架横杆底层步距 60cm，中部步距 120cm，顶层步距 60cm。立杆采用 LG－120、LG－180、LG－240、LG－300 等规格的杆件进行组合安装。每根立杆至少应与两层横杆连接。

支架支搭完成后，按构造要求，箱梁模架四周采用 $\phi48mm\times3.5mm$ 钢管从底到顶连续设置竖向剪刀撑。支架中间纵、横向剪刀撑由底至顶连续设置，间距不大于 4.5m。剪刀撑的斜杆与地面夹角在 45°～60°之间。沿支架竖向设置水平剪刀撑，除顶端和底部设置外，中间再设一道水平剪刀撑（图 4.2-1）。

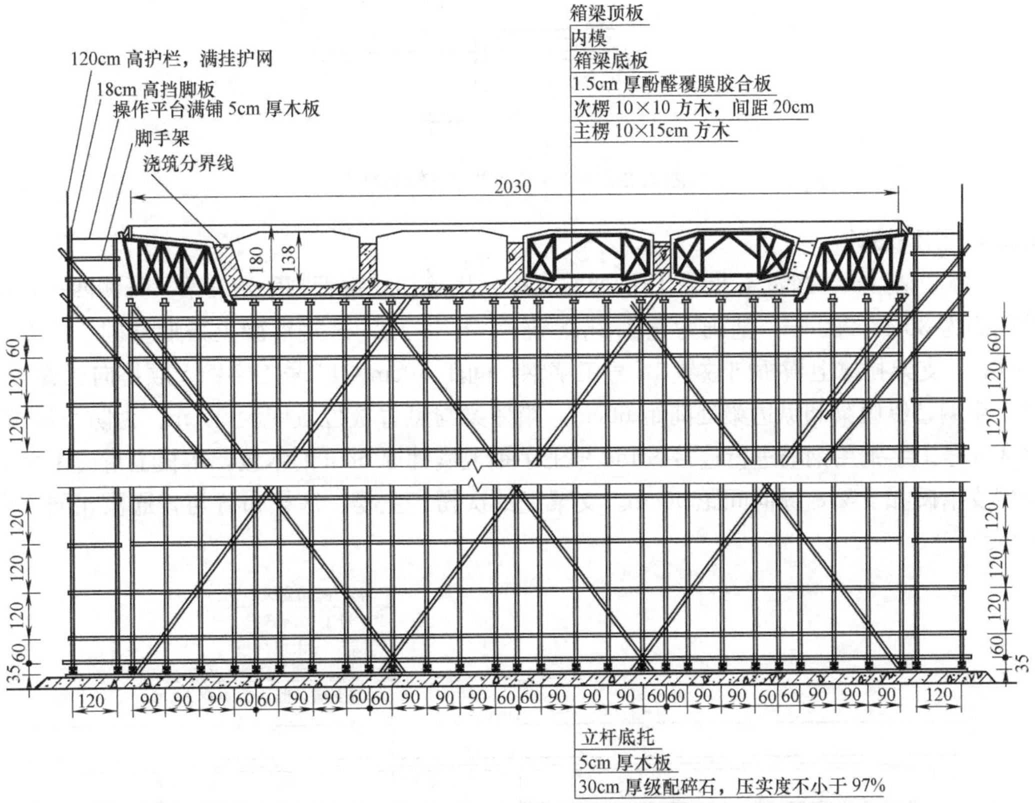

图 4.2-1 箱梁模架横断面示意图

4.2.3 模板设计

箱梁侧模和底模采用"帮夹底"形式，底模下部用 $\phi20mm$ 通长钢筋作为对拉螺栓将侧模与底模锁死（图 4.2-2）。

箱梁大底模板采用厚 15mm 竹胶合板模板，板下次楞为 10cm×10cm 方木，间距20cm，横桥向布置。次楞下立放 10cm×15cm 方木作为主楞，主楞放在碗扣支架的托撑上。纵边梁与纵腹梁处主楞间距 60cm，箱体梁下及悬臂板处主楞支撑间距 90cm。

箱梁内箱模板采用 10cm×10cm 方木制作木框架，表面钉厚 5cm、宽 20cm 的木板，形成箱体，整体吊装。方木框架间距 60cm，设斜撑支顶牢固。

箱梁翼缘板和纵边梁外侧模板采用厚 15mm 的竹胶合板模板，板后密排厚 5cm、宽 20cm 的木板。翼缘板和纵边梁外侧模板支撑采用 10cm×10cm 方木制作的木排架，间距 60cm，分段制作吊装。

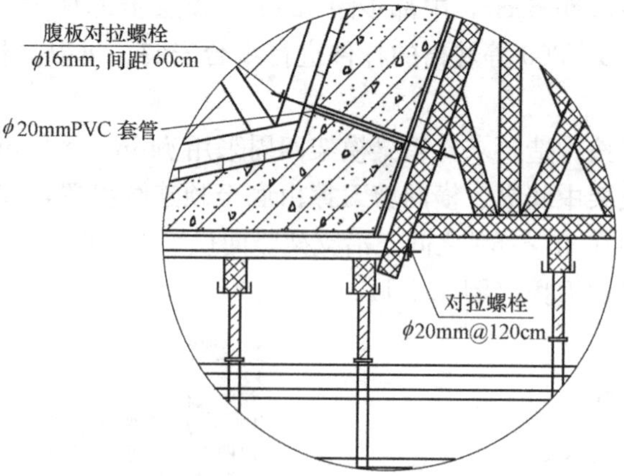

图 4.2-2 "帮夹底"大样示意图

4.2.4 门洞设计

门洞净高 6m,净宽 4.8m。门洞两端支撑采用碗扣式钢管脚手架支架,每侧四排,支撑间距为 30cm×30cm。基础为宽 1.2m、高 0.6m 的 C20 现浇混凝土条形基础,长度为 20.6m。支架托撑上横桥向放置 14 号工字钢,间距 30cm。14 号工字钢上顺桥向放置 45a 号工字钢,纵腹梁和纵边梁处间距 60cm,箱体梁与悬臂板位置间距 90cm。为防止倾覆,将 45a 号工字钢用钢筋进行连接。45a 号工字钢上满铺厚 5cm 的木板,木板上对应工字钢位置支搭碗扣支架,纵向间距 90cm。支架上的次楞、主楞、底模布置与普通段相同(图 4.2-3)。

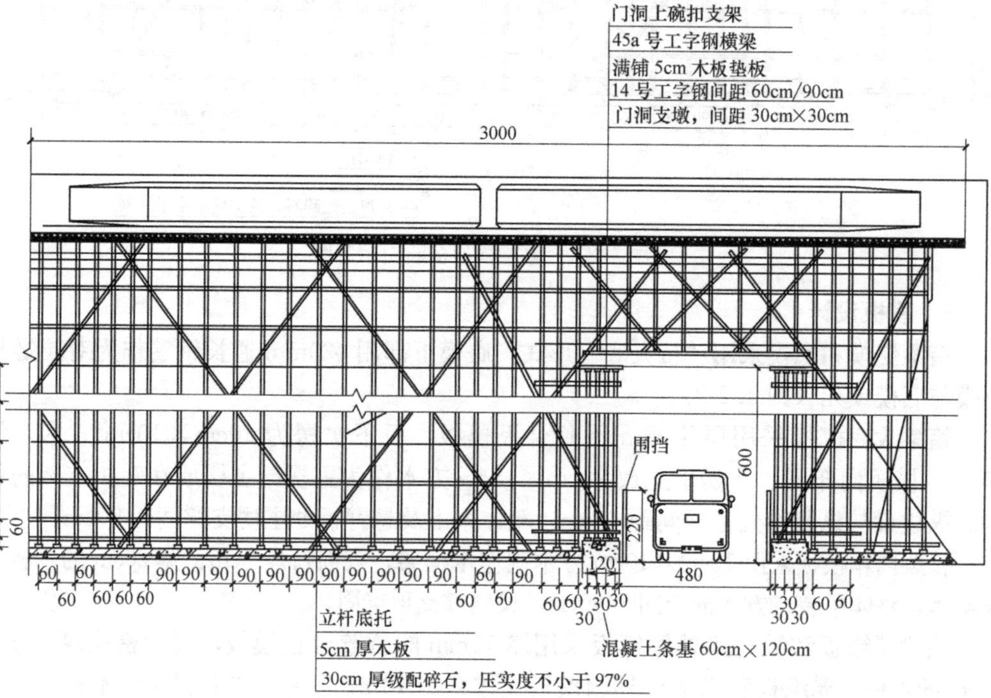

图 4.2-3 门洞设置示意图

5 施工工艺与验收要求

5.1 施工工艺流程

现浇箱梁混凝土的施工步骤为：地基处理→箱梁模板的支架安装→箱梁底模、侧模安装→支架预压→绑扎箱梁底层钢筋、横梁横隔梁钢筋、纵边梁纵腹梁钢筋→安装箱梁芯模→浇筑底板、横梁横隔梁、纵边梁纵腹梁混凝土→混凝土养护→安装顶板底模→绑扎箱梁顶板钢筋及预埋护栏钢筋→浇筑箱梁顶板混凝土→混凝土养护→预应力张拉→灌浆封锚→拆除模板支架。

5.2 主要工序施工方法和技术措施

5.2.1 地基施工

据工程地质勘探资料，桥梁支架搭设范围内的表层土基本为人工堆积层，大部分为耕植土，局部为粉质黏土填土。支架支撑前将支架范围内现况地面进行清表，清表宽度44m。清表完成后，对原地面整平、碾压，要求密实度≥95%，然后铺筑级配碎石，级配碎石的压实度≥97%。

5.2.2 碗扣式钢管脚手架支架施工

（1）基础处理完成后，由测量人员放出箱梁中线及边线，按本专项方案的箱梁模架平面图放出支架的支撑位置。在级配碎石基础上，按支架的纵向中心线铺放厚5cm、宽20cm的木板。

（2）在木板顶面，按照放线位置放置边角部位的底座。以边角部位的底座作为控制点，拉线对齐，摆放其他位置的底座，然后安装立杆与第一层横杆。立杆安装时长、短交错安装，接头错开布置。横杆按照设计步距及时安装，随安装，随采用拉线和铅锤对横杆和立杆的直顺度、垂直度进行检查。一定要在第一层的平面位置调整好以后，再进行上层支搭。

（3）支架横杆底层、顶层步距为60cm，中间部位步距120cm。每根立杆应至少有两处与横杆连接。可调底座板厚不应小于6mm，可调托撑板厚不应小于5mm。螺杆与托撑板应焊牢，焊缝高度不得小于6mm。可调底座、可调托撑与调节螺母啮合长度不得少于6扣，螺母厚度不得小于30mm。可调托撑的抗压承载力不应小于40kN。支架底层纵、横向水平杆作为扫地杆，距地面高度不得大于350mm。立杆上端可调托撑螺杆伸出长度不应超过200mm，当伸出长度超过200mm时需用ϕ48钢管联排固定。可调底座与可调托撑的螺杆插入立杆内的长度均不得小于150mm，模架底部自由端长度不大于350mm，立杆上端自由端长度不大于700mm。

（4）模板支架支搭完成后采用ϕ48mm×3.5mm钢管设置纵、横向剪刀撑与水平剪刀撑。纵、横向剪刀撑和水平剪刀用扣件与碗口支架立杆扣牢。剪刀撑钢管采用搭接，搭接长度不小于1.0m，并用2个旋转扣件分别距杆端不小于100mm处进行固定。当出现不能与立杆扣接时，应与横杆扣接。扣件扭紧力矩为40~65N·m。

（5）支架支搭时要求立杆竖直，横杆水平。支架立杆纵横向直顺度和垂直度偏差应小于 20mm。

（6）门洞上碗扣支架底层纵向水平杆增加 ϕ48.3mm×3.6mm 钢管作为扫地杆，与门洞外支架立杆固定，并延长两跨以上。

5.2.3　模板制作及安装

1）底模铺设

（1）底模安装之前，先把箱梁支座安装在墩顶。支座安装位置及高程要准确，支座与墩顶垫石接触面要密实。在支座安装完成后，在支座四周铺设一层塑料泡沫板，塑料泡沫板的顶面标高比支座上平面高出 2～3mm。在拆除底模板时将墩顶处的泡沫板剔除，施工时严禁用气焊方法剔除泡沫板，以免伤及支座。

（2）底模采用 1.22mm×2.44m，厚 15mm 优质光面竹胶合板，竹胶合板安放在次楞上。竹胶合板在正规厂家购买，要求尺寸一致、表面光洁、平整、无划痕、无破损、无变形。

（3）竹胶合板接缝处用腻子填实压平，为保证混凝土外观质量，尽量减少底模接缝。竹胶合板模板顺桥向平行铺设。

2）侧模和翼缘板底模安装

侧模和翼缘板底模由厚 15mm 光面竹胶合板与厚 5cm、宽 20cm 木板组成。侧模和翼缘板底模的支撑采用 10cm×10cm 方木制作的木排架，木排架间距 60cm。侧模、翼缘板底模与木排架制作成 3m 一段，吊车吊装就位。就位后木排架在主楞上钉限位方木，防止跑模。

3）内模安装

本工程箱梁内模板在加工厂制作成为一个箱体，分段吊装，现场拼接。箱体由 10cm×10cm 方木制作的木框架外侧钉厚 5cm 宽 20cm 的木板组成，3～4m 一段，安装就位后用方木将各段钉牢固定。方木框架支撑间距 60cm，下方使用钢筋架支撑，确保底板混凝土保护层厚度。内模安装后在纵腹梁、横隔梁上加对拉螺栓固定。对拉螺栓直径 16mm，横向和竖向间距均为 60cm。纵腹梁、横隔梁内螺栓套 PVC 套管，顶住两侧模板，确保混凝土结构尺寸准确、满足钢筋保护层厚度要求。

4）封端模板

箱梁封端模板按箱梁横断面结构设计，模板采用 5cm 厚木模板，立楞采用 5cm× 10cm 方钢及 10cm×10cm 方木，间距 60cm。横楞用 15cm×10cm 方木，间距也是 60cm。横楞通过螺栓与端横梁钢筋固定。横楞外设斜撑，撑在已经施工完的桥台上。

5.2.4　门洞施工

1）门洞净高 6m，净宽 4.8m。为防止车辆刮蹭门洞支架，门洞基础采用 60cm 高现浇普通混凝土。基础混凝土宽 1.2m，长 20.6m，上面立 4 排碗口支架，纵横间距均为 30cm。支架的托撑上用吊车吊放 14 号工字钢，14 号工字钢上吊放纵向 45a 号工字钢。45a 号工字钢纵边梁、纵腹梁位置间距为 60cm，其他位置间距 90cm。45a 号工字钢吊放完成后，用直径 20mm 的钢筋将工字钢的上下面焊接连成整体，连接钢筋间距 2m。连接钢筋施工完成后，在 45a 号工字钢上横桥向满铺 5cm 厚的木板。木板上对应工字钢位置支搭碗扣支架，碗扣支架纵横间距 90cm。支架上横桥向放主楞，主楞上放次楞。主楞与普通段相互交错布置。底模布置与普通段相同。

2）门洞两侧支架四周用ϕ48mm×3.5mm钢管设置纵、横向剪刀撑。门洞两侧支架的底层和顶层、门洞顶支架的底层用ϕ48.3mm×3.6mm钢管与普通段立杆联结，每根钢管用十字扣件与支架立杆连接每侧不少于2根。

3）支搭门洞时，按交管部门规定设置交通安全警示标志，在门洞两侧各50m设置限高5m标志，洞口前方两侧路边设"前方施工"、"车辆限速慢行"等醒目警示牌和安全标志。门洞口摆放彩色防撞墩及红锥桶，洞门及洞内环绕警示彩灯。

4）在洞内设置临时路灯，保证道路夜间照明。

5）施工期间在门洞的两个洞口处设专人指挥交通，上、下行车辆分别通过门洞。限制超高、超宽车辆的进入。

6）安排专人对门洞支架、便道等巡视、维护，并对排架进行检查，防止出现车辆刷蹭支架的事件。发现问题及时进行处理，并及时上报现场负责人及项目部领导。

5.2.5 作业平台和马道

在箱梁模架翼缘板两侧设置作业平台和马道，作业平台宽度为1.2m。马道的坡度为1：3～1：3.5，马道转弯休息平台面积不小于$3m^2$，宽度不小于1.5m。作业平台和马道为独立的支架，作业平台剪刀撑设置同模板支架，马道三面设剪刀撑，作业平台和马道支架的上下层用脚手管与箱梁模架相连。作业平台和马道用厚5cm模板作脚手板，满铺绑牢。搭接部分用双排木，搭茬板的板端搭过排木20cm，并用三角木填补板头凸楞。马道的脚手板设防滑木条，防滑条厚度3cm，间距30cm。马道及平台必须设高度1.2m的两道防护栏，并设18cm高的挡脚板。里侧拐角及进出口处护身栏不得伸出端柱。

5.3 验收要求

5.3.1 模架材料进场验收

选用在北京市建委备案的租赁企业租用碗扣式钢管脚手架支架、钢管和扣件。对到场的支架、钢管和扣件进行外观质量检查，抽取样本进行力学性能、扭力矩指标复验，不合格的材料坚决不用。材料进场验收标准如下：

钢管：钢管表面应平直光滑，不得有裂缝、结疤、分层、错位、硬弯、毛刺、压痕、深的划道及严重锈蚀等缺陷，严禁打孔。（目测）

钢管外径及壁厚：外径48mm，壁厚$3.5^{+0.25}$mm（游标卡尺测量3%）

扣件：不允许有裂缝、变形、划丝的螺栓存在；扣件与钢管接触部位不应有氧化皮；活动部位应能灵活转动，旋转扣件间隙应小于1mm。（目测）

碗扣式钢管构配件：铸造件表面应光滑平整，不得有砂眼、缩孔、裂纹、浇冒口残余等缺陷，表面粘砂应清除干净。冲压件不得有毛刺、裂纹、氧化皮等缺陷。各焊缝应饱满，不得有未焊透、夹砂、咬肉、裂纹等缺陷。（目测）

碗扣式钢管脚手架立杆连接套管与立杆间隙应不大于2mm，外套管长度≥160mm，外伸长度≥110mm。（游标卡尺测量3%）

底座及可调托丝杠：可调底座底板的钢板厚度≥6mm；可调托撑钢板厚度≥5mm；可调底座及可调托撑丝杆与螺母捏合长度≥6扣，丝杆直径≥38mm，插入立杆内的长度≥150mm。（钢尺测量）

木材：木材采用落叶松木，有腐朽、折裂、枯节等缺陷的木材不得使用；横截面尺寸偏差不大于 5mm（用直尺量测 3‰）。

5.3.2　模架体系验收

1）支架支搭过程中检查：

（1）支架基础是否有不均匀沉降，立杆底座与木垫板、木垫板与级配碎石基础面的接触有无松动或悬空情况；

（2）杆件的设置、连接和支撑等构造是否符合方案要求；

（3）扣件螺栓是否松动；

（4）安全防护措施是否符合要求。

2）支架验收（表 5.3-1）

支架验收质量标准　　　　　　　　　　　　　　表 5.3-1

序号	项目		技术要求	允许偏差(mm)	检验方法
1	基础	承载力	满足设计要求	—	计算书
		排水	不积水	—	观察
		底座	不晃动、滑动	—	观察
			不沉降	—10	观察
2	立杆垂直度		—	≤3‰	经纬仪
3	杆件间距	步距	—	±20	钢板尺
		纵距	—	±50	钢板尺
		横距	—	±20	钢板尺
4	顶部自由端限值		—	≤700	钢尺
5	水平加强层、剪刀撑		按规范要求设置	—	钢板尺

5.3.3　模板验收（表 5.3-2）

模板验收质量标准　　　　　　　　　　　　　　表 5.3-2

项目		允许偏差(mm)
标高	柱、墙和梁	±10
模板内部尺寸	上部构造的所有构件	+5,0
轴线位置	梁	10
模板相邻两板表面高低差		2
模板表面平整		5
预埋件中心线位置		3
预留孔洞中心线位置		10
预留孔洞界面内部尺寸		+10,0
支架和拱架	纵轴的平面位置	跨度的 1/1000 或 30
	曲线形拱架的标高	+20，—10

5.3.4　支架预压

（1）预压荷载：预压荷载为支架基础承受的混凝土结构恒载与碗扣支架、模板重量之和的1.2倍。

（2）预压范围：箱梁底模搭设完成后进行预压，预压范围为箱梁底模边线以外1m宽度。

（3）加载方式：支架预压按预压单元进行，分3级加载。3级加载依次宜为单元内预压荷载值的60%、80%、100%。

（4）监测点布置：沿混凝土结构纵向每间隔1/4跨径布置一个监测断面；每个监测断面布置5个监测点。

（5）预压合格标准：各监测点连续24h的沉降量平均值小于1mm或各监测点连续72h的沉降量平均值小于5mm。

（6）监测记录：设立临时水准基点，采用高精度水准仪倒尺测量，分别监测加载前、加载后及卸载后标高。加载时每12h观测记录一次，卸载6h后监测各监测点的标高。根据观测结果绘制出沉降曲线并计算支架基础监测点的弹性变形量。观测结果由专人负责汇总，将成果及时报监理工程师审批。

（7）采用一次性卸载。撤除压重砂袋后，根据支架弹性变形量和非弹性变形量设置支架施工预拱度。通过调整可调托撑承高度和设置木抄手楔，微调主楞、次楞标高，使箱梁底模标高满足施工要求。

（8）支架预压完成后由安全部组织技质部、工程部进行联合验收，验收合格后填写支架预压验收表，各方签字报项目部技术负责人审核。在自检合格的基础上宜由施工单位、监理单位、设计单位、建设单位共同参与验收，并填写《钢管满堂支架预压验收表》。

5.4　混凝土浇筑施工

本工程箱梁混凝土分两次浇筑，第一次浇筑底板混凝土和顶板以下纵腹梁、纵边梁和横梁横隔梁混凝土，第二次浇筑顶板和翼缘板混凝土。分界线在翼缘板以下5cm处。

浇筑原则由一端向另一端自低向高处分层浇筑。先浇筑端横梁处的箱底混凝土，然后浇筑纵边梁、纵腹梁、横隔梁，高度30cm，再浇筑底板混凝土。底板混凝土达到控制高程后，重新浇筑纵边梁、纵腹梁、横隔梁。混凝土按30cm一层浇筑，依此顺序向前推进。为了防止纵边梁、纵腹梁、横隔梁混凝土与底板混凝土压差导致混凝土流入箱室内，在箱室内底坡角处设置一道钢丝网片。振捣采用插入式振捣器振实。

5.5　模架拆除施工

5.5.1　拆除时间

混凝土抗压强度达到2.5MPa后方可拆除侧模板，底模板在混凝土强度达到设计强度的100%并张拉完成后拆除。

5.5.2　拆除安全技术措施

（1）在拆除模板支架作业前，召开安全交底会，进行安全、技术交底，明确施工负责人，制订安全可靠的防护措施。落架时间要在箱梁全部张拉灌浆完成，并支模封锚后进行。

（2）模架的拆除顺序遵循先支后拆、后支先拆，先非承重部位、后承重部位，自上而下的原则。人工配合吊车先拆翼缘板底模、纵边梁侧模、外排架及内模内排架模板，后拆箱梁底模及支架。材料一步一清，用吊车垂直吊运下桥码放或装车运走。

（3）底模板拆除时，先用人工将碗扣式钢管脚手架支架的顶托全部旋松下调，用撬杠将整块的胶合板翘起，10cm×10cm方木上的绑扎铅丝去掉，从两侧按顺序将脱离梁底的模板和方木逐块拆下抽出。

（4）支架拆除应从顶层开始，先拆横杆，后拆立杆，逐层往下拆除，禁止上下层同时拆除。支架杆件等拆除后用汽车运走或码放整齐备用。

（5）在拆除作业中，如遇5级以上大风应停止施工，确保安全。

（6）拆除作业时必须划出安全区，设警戒标志，专人看管。施工人员必须戴安全帽，穿防滑鞋，系安全带。严禁酒后作业，严禁在支架上向下抛掷物品和工具，防止发生高处坠落和物体打击事故。

（7）吊车设专人指挥，严禁违章操作。在吊装过程中，必须将模板和其他材料捆绑牢固，防止在吊车转臂时散落伤人。

（8）各种材料要及时清运退场，如一时无法退场的要集中码放，防止出现钉子扎脚等情况。

（9）作业现场必须有足够的照明设备，防止由于照明不足、视线不清而引发意外事故。

6　监　测　方　案

6.1　支架预压的监测

6.1.1　监测点布置
沿混凝土结构纵向每间隔1/4跨径布置一个监测断面；每个监测断面布置5个监测点。

6.1.2　预压合格标准
各监测点连续24h的沉降量平均值小于1mm或各监测点连续72h的沉降量平均值小于5mm。

6.1.3　监测记录
设立临时水准基点，采用高精度水准仪倒尺测量，分别监测加载前、加载后及卸载后标高。加载时每12h观测记录一次，卸载6h后监测各监测点的标高。根据观测结果绘制出沉降曲线并计算支架基础监测点的弹性变形量。观测结果由专人负责汇总，将成果及时报监理工程师审批。

6.2　浇筑过程中对模架的监测

箱梁混凝土浇筑期间设专人检查外模，防止模板变形，同时对支架沉降量进行观测，观测点横向每排5个，纵桥向分别设在跨中和1/4L处，发现变形值超过L/400，立即停止施工，检查分析原因，处理后方可继续施工。

7 施工安全保证措施

7.1 施工过程安全保证措施

（1）建立健全安全生产管理体系，制定完善的安全生产管理制度。项目部设安保部，由一名副经理主管安全生产。各施工队设专职安全监督员，安全监督员要深入施工现场进行检查，发现问题及时处理。坚决杜绝发生重大伤亡事故，确保工程顺利进行。

（2）认真贯彻"安全第一，预防为主"的方针和"以人为本，防护优先"的原则，严格执行安全操作规程，制定安全生产规章制度。教育全体施工人员做好自身防护，做好安全自保工作。

（3）对所有施工人员进行安全生产、环境保护教育，进行安全生产培训，贯彻落实各项安全生产管理制度。进入施工现场人员必须戴安全帽，高空作业必须戴安全帽、穿防滑鞋、系安全带。

（4）临时用电按照三相五线制，实行两级漏电保护的规定。合理布置临时用电系统，配电箱必须符合部颁标准的规定。各种电器闸箱要经常检查保持完好，发现隐患及时处理。临时用电系统的配电箱必须设置围挡，并配以明显的安全警示标志。

（5）定期对施工机械维修保养，关键设备需在有关部门的安全检查合格后，才能投入使用。

（6）本标段作业工种、作业机械种类较多。专业工种经培训考核合格后持证上岗。使用各种机械（机具）时，必须严格按照本机械的安全操作规程操作。

（7）配合起重吊装作业时，吊车司机必须服从信号工指挥。吊装前施工人员必须撤离至吊臂回转半径范围以外。易滚、易滑吊物挡掩时，必须待吊物落稳、信号工指示后方可上前作业。

（8）机械操作人员应经过培训，了解机械设备的构造、性能和用途，掌握有关使用、维修、保养的安全技术知识。电路故障必须由专业电工排除。

（9）施工机械与架空输电导线的最小安全距离如表 7.1 所示。

施工机械与架空输电导线的最小安全距离　　　　　　　　　　　　　表 7.1

输电导线电压(kV)	<1	1~15	20~40	60~110	220
允许沿输电导线垂直方向最近距离(m)	1.5	3	4	5	6
允许沿输电导线水平方向最近距离(m)	1	1.5	2	4	6

（10）焊工必须经安全技术培训、考核，持证上岗。焊接作业现场周围 10m 范围内不得堆放易燃易爆物品。

（11）使用汽车、罐车运送混凝土时，现场道路平整坚实，设专人指挥，指挥人员站在车辆侧面。卸料时，车轮进行挡掩。

（12）现场的消防器材由专人维护、管理，定期更新，保持完整有效。

（13）专人指挥配合机械施工各工序。施工前必须进行安全技术交底。

7.2 安装、拆除过程安全保证措施

（1）患有高血压、心脏病、贫血、癫痫病、恐高症、眩晕等禁忌症人员不得参与高空作业。

（2）严禁赤脚、穿拖鞋、穿硬底鞋作业，严禁在架子上打闹、休息，严禁酒后作业。

（3）架子组装、拆除作业必须3人以上配合操作，必须按照程序支搭、组装和拆除脚手架。严禁擅自拆卸任何固定扣件、杆件。

（4）大风、雨雪后对脚手架进行全面检查，发现问题及时进行处理，经验收合格方可继续使用。

（5）脚手架工作层满铺脚手板，护身栏立挂安全网，安全网下口必须封绑牢固。

（6）人行马道设护栏护网，马道上所铺木板要经过严格检查，必须符合承载要求。木板与马道架子管绑扎牢固，施工中，定期检查支架和马道，及时消除安全隐患。

7.3 危险源辨识评价结果及控制措施

7.3.1 主要危险源

可能导致的危害事件（事故）类型有：坍塌事故、高处坠落、机械伤害、触电、交通伤害、物体打击等。

7.3.2 针对主要危险源的控制措施

1）坍塌事故

（1）土石方施工任务，在施工过程中应严格遵守有关规定进行操作。土石方在开挖时，其边坡、台阶应严格按照设计要求进行操作，发现边坡附近土体裂纹、掉土及塌方险情时，应立即停止作业，下方人员要迅速撤离危险地段，查明原因后，再决定是否继续作业。

（2）脚手架搭设必须依照设计方案，并严格按照经批准的方案搭设。

（3）加强对脚手架的日常检查维护，重点检查架体基础变化和各种支撑及结构联结的受力情况。

（4）当脚手架的前部基础沉陷或施工需要掏空时，应根据具体情况采取加固措施。

（5）当隐患危及架体稳定时，应立即停止使用，并制订针对性措施，限期加固处理。

（6）在支搭与拆除作业过程中要严格按规定的工作顺序进行。

2）高处作业

（1）从业高处作业的人员必须经过逐级的教育与指导，并告知从业岗位存在的危险性，方能让其从事工作。

（2）搭设高处作业安全防护设施的人员，必须经过专门培训，经考核合格后，持证上岗作业，并对从业人员进行定期的体格检查。

（3）遇恶劣天气不得进行露天攀登与悬空的高处作业。

（4）用于高处作业的防护设施，不得擅自拆除，确因作业需要临时拆除必须经部门负责人同意，并在原处采取相应的可靠的防护措施，完成作业后必须立即恢复。

（5）高处的作业人员必须按规定配置个人劳动防护用品，并正确佩戴。

3）机械伤害

（1）操作人员必须经过培训，考试合格取得操作证后方可持证上岗。

（2）操作人员要严格按照机械设备的安全操作规程操作，并且正确穿戴好个人的防护用品。

（3）要经常对设备进行观察和维护，及时清除杂物。

（4）机械设备的零部件的强度、刚度应符合安全技术要求。

（5）机械设备的电气装置必须符合电气安全的要求。

（6）机械设备要根据有关安全要求，装设合理、可靠不影响操作的安全装置。

（7）操作人员必须按规定正确使用安全装置，不能将其拆掉不用。

（8）操作人员自己应在机械设备运行前、按运行规定进行安全检查，防止设备带故障运行。

4）触电

（1）操作人员（电工）必须经过有关部门的培训，考试合格取得操作证书后方可持证上岗。

（2）电工必须严格按照电工安全技术操作规程进行操作，在作业过程中应集中思想，不能麻痹大意，防止操作时失误而引起事故。

（3）电工在作业过程中，线路上必须断电，禁止带电操作。

（4）使用的电气设备，其金属外壳应按安全规程进行保护性接地或保护接零。对保护接地或保护接零的设施要经常检查，保证连接牢固，线路正常。在保护接地或保护接零的导线上不得有任何断开的地方，潮湿环境必须装设漏电保护装置。

（5）使用电气设备和各种电动工具，当人离开工作现场或暂停用时，必须先拔出插头，关闭电源。

（6）需要临时用电装置，必须办理临时用电申请手续，经同意后方可装设，不能私自接装。

（7）临时线路装置使用期限一般规定为三个月，要指定电工装、拆、检查和管理。

（8）严禁在带电导线、带电设备附近使用火炉或喷灯。

（9）施工用电与生活用电线路必须分开架设，动力与照明的保安器必须分开。

（10）变电配电室内严禁吸烟，不准堆放杂物，保持室外内通道和室外道路的畅通。

（11）施工人员用电要遵守"十不准"。不准任何人玩弄电器设备和开关；不准非电工拆装、修理电器设备和用具；不准私接乱接电器设备；不准使用绝缘损坏的电器设备；不准私用电热设备和灯泡取暖；不准擅自移动电器安全标志、围栏等安全设施；不准使用检修中机电设备；不准不办手续而进行施工任务，以防损坏地下电缆。

（12）为了做到及时抢救，平时就要对职工进行触电急救常识教育，对有关人员进行必要的触电急救训练。

5）交通伤害

现场布设交通警示标志及红色灯，设专人疏导交通，施工区域支搭硬质防护围挡。

6）物体打击

作业人员进入现场均一律佩戴安全帽、设置安全网及相关棚护设施。

8　季节性施工保证措施

8.1　雨期施工措施

根据进度安排，本工程不含雨期施工。

8.2　冬期施工措施

根据进度安排，本工程不含冬期施工。

9　应　急　预　案

9.1　应急管理体系

9.1.1　应急管理机构

组长：＊＊＊

副组长：＊＊＊、＊＊＊

组员：＊＊＊

应急救援领导小组办公室设在安保部。

办公室联系电话：010-8927＊＊＊＊

应急救援领导小组名单联系电话见表 9.1 所示。

应急救援领导小组联系名单　　　　　　　　　　　　表 9.1

序号	姓名	职务	部门	电话
1	＊＊＊	项目经理	项目经理办公室	1360132＊＊＊＊
2	＊＊＊	项目常务经理	项目常务经理办公室	1346669＊＊＊＊
3	＊＊	项目总工	项目总工办公室	1391115＊＊＊＊
……	……	……	……	……

9.1.2　职责

略

9.1.3　生产安全应急报告程序（图 9.1）

9.1.4　现场应急抢险程序

（1）当工地发生安全事故时，作业人员应立即将事故情况报告给最近的管理人员，管理人员迅速报告给项目部安全生产应急救援领导小组组长。

（2）应急救援领导小组组长（或现场救援负责人）接到事故报告后，立即启动应急救援预案，通知应急救援人员赶赴现场，实施救援。并将事故情况、处理方案及时报告给公司安全保卫部和公司有关领导。

（3）应急救援领导小组根据事故类型和现场情况，确定抢险救援方案，指挥实施救

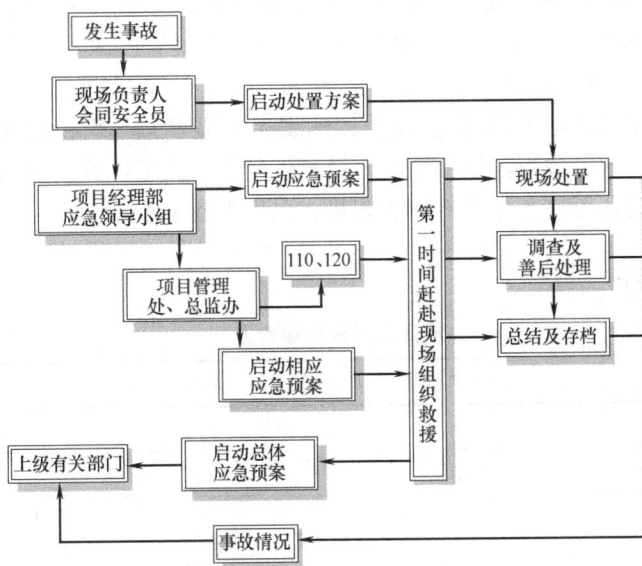

图 9.1　应急响应流程图

援。重大事故服从到场的公司或集团救援领导小组的统一指挥。

9.2　应急响应措施

（1）抢险救援过程中，领导小组要根据现场情况，预测事故发展的趋势，及时提出处理对策，必要时报上级领导小组批准实施。

（2）在救援过程中，做到以人为本，先抢救伤员，后抢救财产。利用各种工具、设备将受伤人员救出。若伤员伤势严重，在进行简单包扎、止血处理的同时，向周边 120 急救中心报告，请求支援。在急救医生到来后，应将伤员受伤原因和已经采取的救护措施详细告诉医生，专人护送伤员到医院抢救。

（3）现场保卫组要严格保护事故现场，划定警戒线，设置警示标志，阻止无关人员进入警戒区域。要维持现场秩序，保证交通路线畅通。因抢救伤员、防止事故扩大及疏通交通等原因需要破坏现场或移动现场有物证意义的物件时，必须做出标志并拍照，详细记录和绘制事故现场示意图，并妥善保存现场重要痕迹、物证。

（4）在救援中，救助人员和抢救机械设备应严格执行安全操作规程，配齐安全设施和防护工具，加强自我保护，确保抢救过程中操作人员的人身安全和财产安全。

（5）物资保障组要指挥协调设备、器材、物资等，以最快速度到达指定位置，投入抢险救援。随时做好增援人员、设备及物资的调集工作。需要连续抢险救援时，组织现场救援人员的食品、饮水、生活用品供应。

（6）现场医疗救护组应立即开展现场急救。根据伤员受伤情况与附近急救中心、救援医院联系，请求出动急救车辆并做好急救准备。紧急情况可组织车辆护送伤员到联系好的医院，确保伤员得到及时医治。

（7）事故善后处理组要立即实施现场调查取证和相关事实材料的收集工作，防止证据遗失。查清事故原因，对事故进行初步分析，以最快的速度向上级进行口头汇报。并于24小时内写出事故报告，上报公司主管部门。制定预防事故再次发生的整改措施。做好事故伤害者及家属善后处理工作。

（8）事故救援结束后，项目部应当组织力量进行现场清理，对抢险救援期间租用、借用的设施、物资、场地等进行清偿和恢复，及早恢复正常施工，减少损失。

（9）救援结束后，要妥善保护好事故现场，以便查找事故原因。

9.3　应急物资准备

应急救援设备和物资

表 9.3

序号	设备名称	数量	备注
1	汽车	1 台	
2	装载机	1 台	
3	25t 汽车吊	1 台	
4	灭火器	30 个	
5	消防桶	2 个	
6	救生垫	3 个	
7	担架	1 副	
8	小药箱	1 个	
9	消毒液	10 瓶	
10	安全绳	100m	
11	安全带	40 个	
12	安全网	100m²	

9.4　应急救援路线示意图

考察离项目部及施工现场最近的医院，将其定为项目部应急救援定点医院。考察施工现场到医院的路线，保证在事故发生时能够以最快的时间将伤者送往定点医院。

本标段急救医院为标段所在地的某中心卫生院，电话：010-8922＊＊＊＊，具体路线见应急救援示意图。

10　附　　件

10.1　计算书

10.1.1　箱梁断面尺寸

根据本桥现浇箱梁混凝土结构特点，取中横梁荷载最大断面 a-a、靠近中横梁处断面 b-b 和荷载最小断面 c-c 三个代表截面分别进行荷载计算（图 10.1-1～图 10.1-4）。

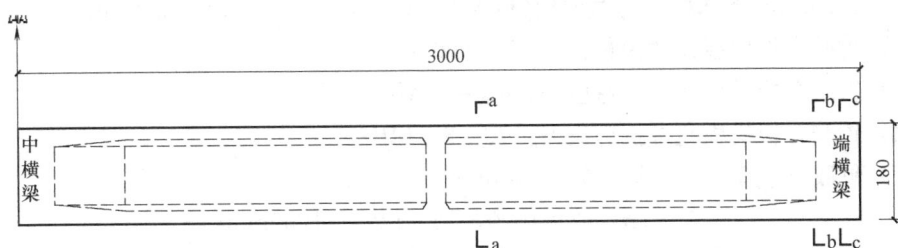

图 10.1-1　箱梁立面图（单位：cm）

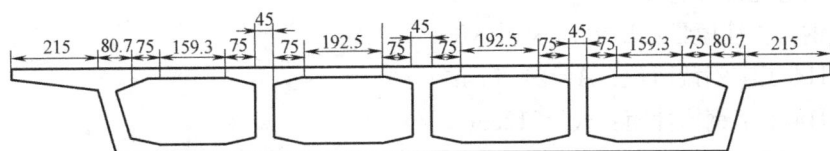

图 10.1-2　a-a 断面（单位：cm）

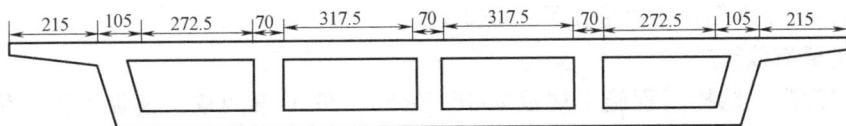

图 10.1-3　b-b 断面（单位：cm）

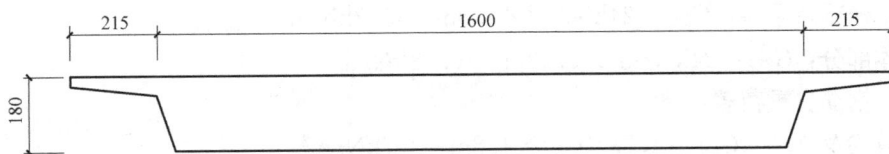

图 10.1-4　c-c 断面（单位：cm）

10.1.2　基本验算数据及参数

(1) 混凝土自重标准值：$\gamma = 24\text{kN/m}^3$

(2) 钢筋混凝土中的钢筋自重标准值：$\gamma = 1.5\text{kN/m}^3$

(3) 木材允许抗压弯应力：$f_m = 13\text{MPa}$

(4) 木材允许抗剪应力：$f_v = 1.5\text{MPa}$

(5) 木材弹性模量：$E = 10000\text{MPa}$

(6) 10cm×10cm 方木惯性矩：$I_x = bh^3/12 = 10 \times 10^3/12 = 833.3\text{cm}^4$

(7) 10cm×10cm 方木抗弯截面模量：$W_x = bh^2/6 = 10 \times 10^2/6 = 166.67\text{cm}^3$

(8) 10cm×15cm 方木惯性矩：$I_x = bh^3/12 = 10 \times 15^3/12 = 2812.5\text{cm}^4$

(9) 10cm×15cm 方木抗弯截面模量：$W_x = bh^2/6 = 10 \times 15^2/6 = 375\text{cm}^3$

(10) 20cm×5cm 木板惯性矩：$I_x = bh^3/12 = 20 \times 5^3/12 = 208.33\text{cm}^4$

(11) 20cm×5cm 木板抗弯截面模量：$W_x = bh^2/6 = 20 \times 5^2/6 = 83.33 \text{cm}^3$

(12) 竹胶合板模板弹性模量：$E = 5000 \text{MPa}$

(13) 竹胶合板模板允许抗弯应力：$f_m = 37 \text{MPa}$

(14) 竹胶合板模板允许抗剪应力：$f_v = 8.3 \text{MPa}$

(15) 竹胶合板模板惯性矩：$b = 1000 \text{mm}$，$h = 15 \text{mm}$

$$I_x = bh^3/12 = 1000 \times 15^3/12 = 281250 \text{mm}^4$$

(16) 竹胶合板模板抗弯截面模量：$W_x = bh^2/6 = 1000 \times 15^2/6 = 37500 \text{mm}^3$

(17) 钢材允许弯曲应力：$[\sigma] = 205 \text{MPa}$

(18) 钢材允许抗剪应力：$[\sigma] = 125 \text{MPa}$

(19) 钢材弹性模量：$E = 2.1 \times 10^5 \text{MPa}$

(20) I14 工字钢截面积：$A = 21.5 \text{cm}^2$

(21) I14 工字钢惯性矩：$I_x = 712 \text{cm}^4$

(22) I14 工字钢抗弯模量：$W_x = 102 \text{cm}^3$

(23) I45a 工字钢截面积：$A = 102 \text{cm}^2$

(24) I45a 工字钢惯性矩：$I_x = 32240 \text{cm}^4$

(25) I45a 工字钢抗弯模量：$W_x = 1430 \text{cm}^3$

10.1.3 主要荷载组成

根据《混凝土结构工程施工规范》GB 50666—2011 第四章 模板工程，荷载取值如下：

(1) 木模板自重取 $G_1 = 0.5 \text{kN/m}^2$

(2) 新浇筑混凝土自重荷载：

纵、横梁及梁端：$G_{2实} = 24 \text{kN/m}^3 \times 1.8 \text{m} = 43.2 \text{kN/m}^2$

箱体部分：$G_{2空} = 24 \text{kN/m}^3 \times 0.42 \text{m} = 10.08 \text{kN/m}^2$

(3) 钢筋自重荷载：

纵横梁及梁端：$G_{3实} = 1.5 \text{kN/m}^3 \times 1.8 \text{m} = 2.7 \text{kN/m}^2$

箱体部分：$G_{3空} = 1.5 \text{kN/m}^3 \times 0.42 \text{m} = 0.63 \text{kN/m}^2$

(4) 新浇混凝土作用于模板的侧压力：G_4 在下列公式计算结果中取小值

$$F = 0.28 \gamma_c t_0 \beta v^{1/2} \tag{10.1-1}$$

$$F = \gamma_c H \tag{10.1-2}$$

式中 F——新浇筑混凝土对模板的最大侧压力（kN/m^2）；

γ_c——混凝土的重力密度（24kN/m^3）；

H——混凝土侧压力计算位置处至新浇筑混凝土顶面的总高度（m），取 1.8m；

t_0——新浇筑混凝土的初凝时间（h），采用 $t_0 = 200/(T+15)$ 计算，（式中 T 为混凝土温度，取 $T = 18℃$），$t_0 = 200/(18+15) = 6.06$；

β——混凝土坍落度修正系数，取 1.0（坍落度大于 130mm，且不大于 180mm）；

v——混凝土浇筑速度，取 1m/h。

则 $F = 0.28 \gamma_c t_0 \beta v^{1/2} = 0.28 \times 25.5 \times 6.06 \times 1 \times \sqrt{1} = 40.72 \text{kN/m}^2$

$$F = \gamma_c H = 24 \times 1.8 = 43.2 \text{kN/m}^2$$

取 $G_4=40.72\text{kN/m}^2$

（5）施工人员、施工料具运输、堆放荷载：$Q_1=2.5\text{kN/m}^2$

（6）振捣混凝土产生的荷载：侧模 $Q_2=4\text{kN/m}^2$

（7）倾倒混凝土产生的水平荷载：$Q_3=2\text{kN/m}^2$

（8）风荷载：取 $Q_4=0.5\text{kN/m}^2$

10.1.4 荷载组合

根据《混凝土结构工程施工规范》GB 50666—2011，永久荷载分项系数取1.35，可变荷载组合系数取1.4。

$$S=1.35\alpha\sum_{i\geqslant 1}S_{G_{ik}}+1.4\,\psi_{cj}\sum_{j\geqslant 1}S_{Q_{jk}} \tag{10.1-3}$$

式中，α 为模板及支架的类型系数，对侧模板取0.9，对底面模板及支架取1.0；ψ_{cj} 为可变荷载组合值系数，取0.9。

1）承载力验算所用荷载

（1）底模板

$$S_{1底}=1.35(G_1+G_2+G_3)+1.4\times 0.9Q_1$$

代入数值得箱梁实体部分处荷载：

$$S_{1底实}=1.35\times(0.5+43.2+2.7)+1.4\times 0.9\times 2.5=65.79\text{kN/m}^2$$

箱体部分荷载：

$$S_{1底空}=1.35\times(0.5+10.08+0.63)+1.4\times 0.9\times 2.5=18.28\text{kN/m}^2$$

（2）侧模板

$$S_{1侧}=1.35\times 0.9G_4+1.4\times 0.9Q_2$$

代入数值得侧模板荷载：

$$S_{1侧}=1.35\times 0.9\times 40.72+1.4\times 0.9\times 4=54.51\text{kN/m}^2$$

2）挠度验算

（1）底模板

$$S_{2底}=(G_1+G_2+G_3)$$

代入数值得箱梁实体部分处荷载：

$$S_{2底实}=(0.5+43.2+2.7)=46.4\text{kN/m}^2$$

箱体部分荷载：

$$S_{2底空}=(0.5+10.08+0.63)=11.21\text{kN/m}^2$$

（2）侧模板

$$S_{2侧}=0.9G_4$$

$$S_{2侧}=0.9\times 40.72=36.65\text{kN/m}^2$$

10.1.5 梁底模竹胶合板模板验算

箱梁底模采用竹胶合板模板，板下次楞间距20cm，计算跨径 $L=20\text{cm}$，取1m宽胶合板作为验算单元，按四等跨连续梁验算。取最不利的箱梁实体部分处的荷载，转换成线荷载（图10.1-5）。

$$q=65.79\text{kN/m}^2\times 1\text{m}=65.79\text{kN/m}$$

1）抗弯强度验算

$$q=65.79\text{kN/m}$$

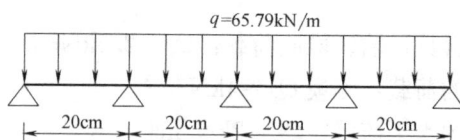

图 10.1-5 底模计算（一）

查《建筑施工模板安全技术规程》JGJ 162—2008 附录 C 等截面连续梁内力及变形系数得到：四等跨连续梁弯矩系数 $k_m=0.100$，剪力系数 $k_v=0.620$，挠度系数 $k_w=0.967$。

则 $M=k_m \times qL^2=0.100 \times 65.79 \times 0.2^2=0.26316\text{kN}\cdot\text{m}=263.16 \times 10^3\text{N}\cdot\text{mm}$

$\sigma=\dfrac{M}{W}=\dfrac{263.16 \times 10^3}{37500}=7.02\text{N/mm}^2<f_m=37\text{N/mm}^2$，验算通过，满足要求。

2）抗剪强度验算

$$V=k_v \times qL=0.620 \times 65.79 \times 0.2=8.16\text{kN}$$

$\tau=\dfrac{2V}{3bh}=\dfrac{2 \times 8.16 \times 10^3}{3 \times 1000 \times 15}=0.36\text{N/mm}^2<f_v=8.3\text{N/mm}^2$，验算通过，满足要求。

3）挠度验算

次楞为 10cm×10cm 方木，所以支撑计算间距取 10cm。

$$q=46.4\text{kN/m}^2 \times 1\text{m}=46.4\text{kN/m}$$

$\omega=\dfrac{k_w \times qL^4}{100EI}=\dfrac{0.967 \times 46.4 \times 100^4}{100 \times 5000 \times 281250}=0.03\text{mm}<[\omega]=\dfrac{L}{400}=\dfrac{100}{400}=0.25\text{mm}$，验算通过，满足要求。

10.1.6 竹胶合板模板下 10cm×10cm 方木次楞验算

次楞间距 20cm，在实体梁处跨度分为 60cm 与 90cm 两种，取最大值 90cm 进行计算。考虑方木长度有限，按三等跨连续梁进行验算，单根次楞承载计算宽度取 20cm。查《建筑施工模板安全技术规程》JGJ 162—2008 附录 C 等截面连续梁内力及变形系数得到：弯矩系数 $k_m=0.101$，剪力系数 $k_v=0.617$，挠度系数 $k_w=0.990$。

1）箱梁实体部分下次楞验算（图 10.1-6）

$$q=65.79\text{kN/m}^2 \times 0.2\text{m}=13.16\text{kN/m}$$

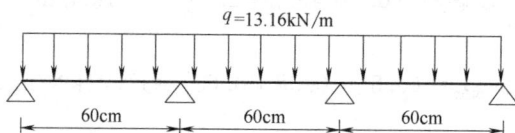

图 10.1-6 箱梁实体部分下次楞计算（二）

（1）抗弯强度验算

$M=k_m \times qL^2=0.101 \times 13.16 \times 0.9^2=1.077\text{kN}\cdot\text{m}=1077 \times 10^3\text{N}\cdot\text{mm}$

$\sigma=\dfrac{M}{W}=\dfrac{1077 \times 10^3}{166666.67}=6.46\text{N/mm}^2<f_m=13\text{N/mm}^2$，验算通过，满足要求。

（2）抗剪强度验算

$$V=k_v \times qL=0.617 \times 13.16 \times 0.9=7.31\text{kN}$$

$$\tau=\frac{2V}{3bh}=\frac{2\times7.31\times10^3}{3\times100\times100}=0.49\text{N/mm}^2<f_\text{v}=1.5\text{N/mm}^2，验算通过，满足要求。$$

（3）挠度验算

$$q=46.4\text{kN/m}^2\times0.2\text{m}=9.28\text{kN/m}$$

$$\omega=\frac{k_\text{w}\times qL^4}{100EI}=\frac{0.990\times9.28\times900^4}{100\times10000\times8333333.33}=0.72\text{mm}<[\omega]=\frac{L}{400}=\frac{900}{400}=2.25\text{mm}，验算$$

通过，满足要求。

2）箱体梁下次楞验算（图 10.1-7）

$$q=18.28\text{kN/m}^2\times0.2\text{m}=3.66\text{kN/m}$$

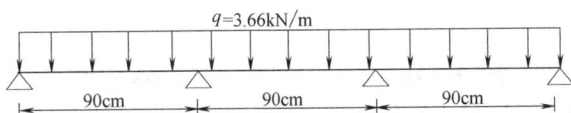

图 10.1-7　箱体梁下次楞计算

（1）抗弯强度验算

$$M=k_\text{m}\times qL^2=0.101\times3.66\times0.9^2=299.42\times10^3\text{N}\cdot\text{mm}$$

$$\sigma=\frac{M}{W}=\frac{237.17\times10^3}{166666.67}=1.80\text{N/mm}^2<f_\text{m}=13\text{N/mm}^2，验算通过，满足要求。$$

（2）抗剪强度验算

$$V=k_\text{v}\times qL=0.617\times3.66\times0.9=2.03\text{kN}$$

$$\tau=\frac{2V}{3bh}=\frac{2\times2.03\times10^3}{3\times100\times100}=1.35\text{N/mm}^2<f_\text{v}=1.5\text{N/mm}^2，验算通过，满足要求。$$

（3）挠度验算

$$q=11.21\text{kN/m}^2\times0.2\text{m}=2.24\text{kN/m}$$

$$\omega=\frac{k_\text{w}\times qL^4}{100EI}=\frac{0.990\times2.24\times900^4}{100\times10000\times8333333.33}=0.17\text{mm}<[\omega]=\frac{L}{400}=\frac{900}{400}=2.25\text{mm}，验$$

算通过，满足要求。

10.1.7　10cm×15cm方木主楞验算

1）箱梁实体部分处主楞验算（图 10.1-8）

主楞在实体梁处纵向跨度为 60cm，横向间距为 60cm 和 90cm 两种，取荷载最大值间距 90cm 进行计算。考虑方木长度有限，按三等跨连续梁进行验算，单根主楞在实体梁处承载宽度取 60cm，按均布荷载验算，查《建筑施工模板安全技术规程》JGJ 162—2008 附录 C 等截面连续梁内力及变形系数得到：弯矩系数 $k_\text{m}=0.101$，剪力系数 $k_\text{v}=0.617$，挠度系数 $k_\text{w}=0.990$。

$$q=65.79\text{kN/m}^2\times0.9\text{m}=59.21\text{kN/m}$$

（1）抗弯强度验算

$$M=k_\text{m}\times qL^2=0.101\times59.21\times0.6^2=2152.87\times10^3\text{N}\cdot\text{mm}$$

$$\sigma=\frac{M}{W}=\frac{2152.87\times10^3}{375000}=5.74\text{N/mm}^2<f_\text{m}=13\text{N/mm}^2，验算通过，满足要求。$$

（2）抗剪强度验算

327

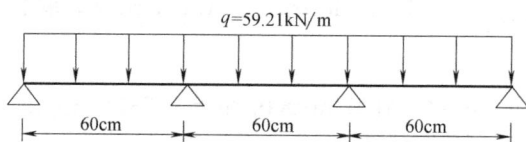

图 10.1-8　箱梁实体部分下主楞计算（一）

$$V = k_v \times qL = 0.617 \times 59.21 \times 0.6 = 21.92\text{kN}$$

$$\tau = \frac{2V}{3bh} = \frac{2 \times 21.92 \times 10^3}{3 \times 100 \times 150} = 0.97\text{N/mm}^2 < f_v = 1.5\text{N/mm}^2，验算通过，满足要求。$$

（3）挠度验算

$$q = 46.4\text{kN/m}^2 \times 0.9\text{m} = 41.76\text{kN/m}$$

$$\omega = \frac{k_w \times qL^4}{100EI} = \frac{0.990 \times 41.76 \times 600^4}{100 \times 10000 \times 28125000} = 0.19\text{mm} < [\omega] = \frac{L}{400} = \frac{600}{400} = 1.5\text{mm}，验算$$
通过，满足要求。

2）纵肋处主楞验算

主楞在纵肋处间距 60cm，跨度 90cm，边纵肋荷载最大，按全部实体混凝土计算。考虑方木长度有限，按三等跨连续梁进行验算，单根主楞在实体梁处承载宽度取 60cm，按均布荷载验算，查《建筑施工模板安全技术规程》JGJ 162—2008 附录 C 等截面连续梁内力及变形系数得到：弯矩系数 $k_m = 0.101$，剪力系数 $k_v = 0.617$，挠度系数 $k_w = 0.990$（图 10.1-9）。

$$q = 65.79\text{kN/m}^2 \times 0.6\text{m} = 39.47\text{kN/m}$$

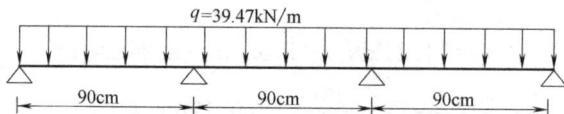

图 10.1-9　箱梁实体部分下主楞计算（二）

（1）抗弯强度验算

$$M = k_m \times qL^2 = 0.101 \times 39.47 \times 0.9^2 = 3229.04 \times 10^3\text{N} \cdot \text{mm}$$

$$\sigma = \frac{M}{W} = \frac{3229.04 \times 10^3}{375000} = 8.61\text{N/mm}^2 < f_m = 13\text{N/mm}^2，验算通过，满足要求。$$

（2）抗剪强度验算

$$V = k_v \times qL = 0.617 \times 39.47 \times 0.9 = 21.92\text{kN}$$

$$\tau = \frac{2V}{3bh} = \frac{2 \times 21.92 \times 10^3}{3 \times 100 \times 150} = 0.97\text{N/mm}^2 < f_v = 1.5\text{N/mm}^2，验算通过，满足要求。$$

（3）挠度验算

$$q = 46.4\text{kN/m}^2 \times 0.6\text{m} = 27.84\text{kN/m}$$

$$\omega = \frac{k_w \times qL^4}{100EI} = \frac{0.990 \times 27.84 \times 900^4}{100 \times 10000 \times 28125000} = 0.64\text{mm} < [\omega] = \frac{L}{400} = \frac{900}{400} = 2.25\text{mm}，验算$$
通过，满足要求。

3）箱体梁下主楞验算

主楞在箱体部分间距 $90cm$，跨度 $90cm$。考虑方木长度有限，按三等跨连续梁进行验算，单根主楞在箱体部分承载宽度取 $90cm$，同样按照均布荷载验算，查《建筑施工模板安全技术规程》JGJ 162—2008 附录 C 等截面连续梁内力及变形系数得到：弯矩系数 $k_m = 0.101$，剪力系数 $k_v = 0.617$，挠度系数 $k_w = 0.990$（图 10.1-10）。

$$q = 18.28 \text{kN/m}^2 \times 0.9\text{m} = 16.45 \text{kN/m}$$

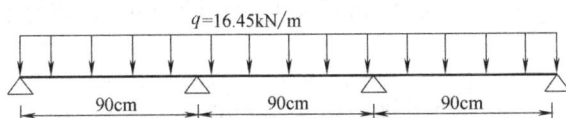

图 10.1-10 箱体梁下主楞计算

（1）抗弯强度验算

$$M = k_m \times qL^2 = 0.101 \times 16.45 \times 0.9^2 = 1345.74 \times 10^3 \text{N} \cdot \text{mm}$$

$$\sigma = \frac{M}{W} = \frac{1345.74 \times 10^3}{375000} = 3.59 \text{N/mm}^2 < f_m = 13 \text{N/mm}^2，验算通过，满足要求。$$

（2）抗剪强度验算

$$V = k_v \times qL = 0.617 \times 16.45 \times 0.9 = 0.914 \text{kN}$$

$$\tau = 2\frac{V}{3bh} = \frac{2 \times 0.917 \times 10^3}{3 \times 100 \times 150} = 0.4/\text{mm}^2 < f_v = 1.5 \text{N/mm}^2，验算通过，满足要求。$$

（3）挠度验算

$$q = 11.21 \text{kN/m}^2 \times 0.9\text{m} = 10.1 \text{kN/m}$$

$$\omega = \frac{k_w \times qL^4}{100EI} = \frac{0.990 \times 10.1 \times 900^4}{100 \times 10000 \times 28125000} = 0.23 \text{mm} < [\omega] = \frac{L}{400} = \frac{900}{400} = 2.25 \text{mm}，验算通过，满足要求。$$

10.1.8 侧模验算

侧模采用酚醛覆膜胶合板（竹胶合板模板），厚 $15mm$。紧贴模板外侧为 $5cm$ 厚、$20cm$ 宽的木板密排，主楞使用 $10cm \times 10cm$ 方木制作的小排架，间距 $60cm$。方木小排架同时支撑翼缘板底模，由于侧模板最大侧压力远大于翼缘板产生的荷载，所以在此只对侧模板进行验算。

1）侧模木板 $bh = 20cm \times 5cm$ 验算

考虑木板长度，按三等跨连续梁进行验算。查《建筑施工模板安全技术规程》JGJ 162—2008 附录 C 等截面连续梁内力及变形系数得到：弯矩系数 $k_m = 0.101$，剪力系数 $k_v = 0.617$，挠度系数 $k_w = 0.990$（图 10.1-11）。

$$q = 54.51 \text{kN/m}^2 \times 0.2\text{m} = 10.9 \text{kN/m}$$

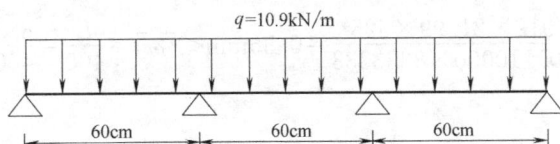

图 10.1-11 侧模计算

（1）抗弯强度验算

$$M=k_{\mathrm{m}}\times qL^2=0.101\times10.9\times0.6^2=396.32\times10^3\mathrm{N\cdot mm}$$

$$\sigma=\frac{M}{W}=\frac{396.32\times10^3}{83333.33}=4.75\mathrm{N/mm^2}<f_{\mathrm{m}}=13\mathrm{N/mm^2}，验算通过，满足要求。$$

（2）抗剪强度验算

$$V=k_{\mathrm{v}}\times qL=0.617\times10.9\times0.6=4.04\mathrm{kN}$$

$$\tau=\frac{2V}{3bh}=\frac{2\times4.04\times10^3}{3\times200\times50}=0.27\mathrm{N/mm^2}<f_{\mathrm{v}}=1.5\mathrm{N/mm^2}，验算通过，满足要求。$$

（3）挠度验算

$$q=36.65\mathrm{kN/m^2}\times0.2\mathrm{m}=7.33\mathrm{kN/m}$$

$$\omega=\frac{k_{\mathrm{w}}\times qL^4}{100EI}=\frac{0.990\times7.33\times600^4}{100\times5000\times2083333.33}=0.9\mathrm{mm}<[\omega]=\frac{L}{400}=\frac{600}{400}=1.5\mathrm{mm}，验算$$

通过，满足要求。

2）侧模 10cm×10cm 方木主楞验算

外排架高度 1.35m，中间有一个支撑点，按两跨连续梁进行验算，受力宽度取 60cm，跨度 62.5cm。查《建筑施工模板安全技术规程》JGJ 162—2008 附录 C 等截面连续梁内力及变形系数得到：弯矩系数 $k_{\mathrm{m}}=0.096$，剪力系数 $k_{\mathrm{v}}=0.625$，挠度系数 $k_{\mathrm{w}}=0.912$（图 10.1-12）。

$$q=54.51\mathrm{kN/m^2}\times0.6\mathrm{m}=32.71\mathrm{kN/m}$$

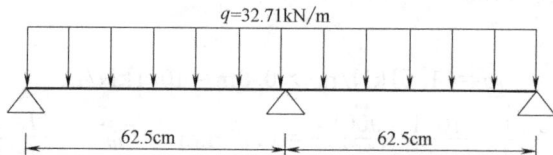

图 10.1-12　侧模主楞计算

（1）抗弯强度验算

$$M=k_{\mathrm{m}}\times qL^2=0.096\times32.71\times0.625^2=1226.63\times10^3\mathrm{N\cdot mm}$$

$$\sigma=\frac{M}{W}=\frac{1226.63\times10^3}{166666.67}=7.36\mathrm{N/mm^2}<f_{\mathrm{m}}=13\mathrm{N/mm^2}，验算通过，满足要求。$$

（2）抗剪强度验算

$$V=k_{\mathrm{v}}\times qL=0.625\times32.71\times0.625=12.78\mathrm{kN}$$

$$\tau=\frac{2V}{3bh}=\frac{2\times12.78\times10^3}{3\times100\times100}=0.85\mathrm{N/mm^2}<f_{\mathrm{v}}=1.5\mathrm{N/mm^2}，验算通过，满足要求。$$

（3）挠度验算

$$q=36.65\mathrm{kN/m^2}\times0.6\mathrm{m}=21.99\mathrm{kN/m}$$

$$\omega=\frac{k_{\mathrm{w}}\times qL^4}{100EI}=\frac{0.912\times21.99\times625^4}{100\times10000\times8333333}=0.36\mathrm{mm}<[\omega]=\frac{L}{400}=\frac{625}{400}=1.56\mathrm{mm}，验算通$$

过，满足要求。

10.1.9　内模验算

内模采用 5cm 厚、20cm 宽的木板密排，主楞使用 10cm×10cm 方木制作的小排架，间距60cm。方木小排架同时支撑顶板和纵、横梁的荷载，由于支撑间距与外侧模板一致，在此不再重复验算。

10.1.10 立杆稳定验算

根据《建筑施工碗扣式钢管脚手架安全技术规范》JGJ 166—2008第4.2.4条中要求，由于支架高度小于10m，所以验算立杆承载力的时候不需考虑支架自重。立杆采用$\phi48\times3.5mm$钢管架设，箱梁实体部分处纵、横桥向间距为0.6m×0.9m，为荷载最大值。

每根立杆承受的荷载：
$$N=65.79\text{kN/m}^2\times0.9\text{m}\times0.6\text{m}=35.53\text{kN}$$

$\phi48\times3.5mm$钢管，考虑到目前市场上钢管质量参差不齐，部分钢管的壁厚达不到3.5mm，所以验算时按照壁厚3mm计算钢管截面积：A＝424.12mm²

钢管外圆直径：$d=48mm$

钢管内圆直径：$d_1=41mm$

则钢管的回转半径：
$$i=\frac{\sqrt{(d_1^2+d_2^2)}}{4}=\frac{\sqrt{(48^2+41^2)}}{4}=15.8\text{mm}$$

杆件长细比：$\lambda=L/i=(600+2\times700)/15.8=126.6$

根据λ值查《建筑施工碗扣式钢管脚手架安全技术规范》

JGJ 166—2008附录E Q235A级钢管轴心受压构件的稳定系数，得：$\varphi=0.42$

故支柱的受压应力为：

$\sigma_w=\dfrac{N}{\varphi A}=35.53\times10^3/(0.42\times424.12)=199.46\text{N/mm}^2<205\text{N/mm}^2$，验算通过，满足要求。

10.1.11 地基承载力验算

根据地勘报告，模架支撑范围内表层均为粉质填土，厚度约0.50～2.70m。粉质填土地基承载力容许值为80kPa，碾压密实后作为持力层。

铺筑0.3m厚的级配碎石，压实度97%，根据《简明施工计算手册》（第四版）表5-2，$z/b=1.5$（垫层厚$z=30cm$，支架垫板宽$b=20cm$），所以扩散角取30°。

根据上文计算，单根杆件受最大轴力为35.52kN，传至$bh=20cm\times5cm$木板上，受力面积为0.2m×0.6m=0.12m²。

单杆地基受力面积＝$(0.2+2\times0.3\times\tan30°)\times(0.6+2\times0.3\times\tan30°)=0.52\text{m}^2$。

传递至地基上的荷载为：35.53/0.52=68.33kN/m²=68.33kPa<80kPa 验算通过，满足要求。

10.1.12 门洞验算

跨现况地方路门洞净宽度均为4.8m，I45a工字钢垂直于现况路放置。

工字钢下部支撑体系采用碗扣支架，支撑间距为30cm×30cm，其下浇筑宽1.2m高0.6m的C20混凝土条形基础。支架顶托上横桥向放置14号工字钢，间距30cm。14号工字钢上顺桥向放置45a号工字钢，间距与碗扣支架一致，即纵梁处间距60cm，箱体梁和悬臂梁下间距90cm（为防止倾覆，将45号工字钢用钢筋进行连接），工字钢上满铺木板后，搭设碗扣支架，布置间距与普通段相同。

门洞范围内排架为单独体系，与普通段之间用 ϕ48mm 钢管，十字卡联结，每根钢管与支架立杆连接不少于 5 根，保证各区排架之间连接成一个整体。

1) 支架顶托上横向 14 号工字钢验算

14 号工字钢间距 30cm，跨径 30cm，作为 45a 号工字钢的垫梁，上部荷载直接传递给碗扣支架，承受的弯矩、剪力都很小，可不验算。

2) 纵梁处 45a 号工字钢验算

箱体部分间距为 90cm，但是荷载远远小于箱梁实体部分处荷载，所以在此只对纵梁处工字钢进行验算，45a 号工字钢在纵梁处间距 60cm，计算跨径 6m，简化为单跨梁进行验算（图 10.1-13）。

$$q=65.79\text{kN/m}^2 \times 0.6\text{m}=39.47\text{kN/m}$$

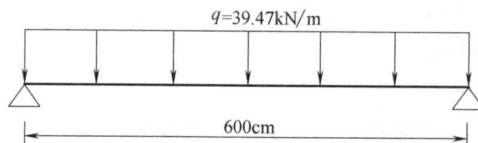

图 10.1-13 门洞 45a 号工字钢计算

（1）抗弯强度验算

根据公式（10.1-4）进行抗弯强度验算：

$$\sigma=\frac{M}{W}\leqslant f \tag{10.1-4}$$

弯矩：$M= qL^2/8=39.47 \times 6^2/8=177.62 \times 10^6 \text{N} \cdot \text{mm}$

代入数值得：

$$\sigma=\frac{177.62 \times 10^6}{1430 \times 10^3}=124.20 \leqslant f=215\text{N/mm}^2$$

验算通过，满足要求。

（2）抗剪强度验算

根据公式（10.1-5）进行抗剪强度验算：

$$\tau=\frac{VS}{It_{\text{w}}}\leqslant f_{\text{v}} \tag{10.1-5}$$

式中：

剪力：$V=qL/2=39.74 \times 6/2=119.22\text{kN}$

对 x 轴面积矩：$S=836.4 \times 10^3 \text{mm}^3$

对 x 轴惯性矩：$I=32240 \times 10^4 \text{mm}^4$

腹板厚度：$t_{\text{w}}=11.5\text{mm}$

$$\tau=\frac{119.22 \times 10^3 \times 836.4 \times 10^3}{32240 \times 10^4 \times 11.5}=26.9\text{N/mm}^2 < f_{\text{v}}=125\text{N/mm}^2$$

验算通过，满足要求。

（3）挠度验算

$$q=46.4\text{kN/m}^2 \times 0.6\text{m}=27.84\text{kN/m}$$

$$\omega = \frac{5qL^4}{384EI} = \frac{5 \times 27.84 \times 6000^4}{384 \times 2.1 \times 10^5 \times 32240 \times 10^4} = 6.9\text{mm} < [\omega] = \frac{L}{400} = \frac{6000}{400}$$
$$= 15\text{mm}$$

验算通过，满足要求。

（4）门洞工字钢梁整体稳定性验算验算

在施工中45a号工字钢的顶面和底面已经用直径20mm的钢筋进行了连接。此处不考虑连接的作用，对单根的工字钢进行整体稳定性验算，整体稳定性验算取净跨距4.8m。

根据公式（10.1-6）进行整体稳定性验算：

$$\sigma = \frac{M_x}{\varphi_b W_x} \leqslant f_m \tag{10.1-6}$$

式中：

弯矩：$M = qL^2/8 = 39.47 \times 4.8^2/8 = 113.67 \times 10^6 \text{N} \cdot \text{mm}$

整体稳定性系数：φ_b根据《钢结构设计规范》GB 50017—2003附录B表B.2查得0.59（45a工字钢上翼缘受均布荷载，跨度6m）

代入数值得：

$$\sigma = \frac{113.67 \times 10^6}{0.59 \times 1430 \times 10^3} = 134.7\text{N/mm}^2 < f_m = 215\text{N/mm}^2$$

验算通过，满足要求。

3）C20混凝土条形基础验算

（1）荷载计算

门洞支架基础承受的荷载以该区段箱梁自重为永久荷载组合而成，门洞区域箱梁区段长度$L = 6.9\text{m}$，箱梁截面面积$A = 12.24\text{m}^2$，门洞混凝土基础宽1.2m，计算长度20.6m。

根据《混凝土结构工程施工规范》GB 50666—2011第四章 模板工程，荷载取值如下：

① 木模板自重取：$G_1 = 0.5\text{kN/m}^2 \times 20.3\text{m} \times 6.9\text{m} = 70.04\text{kN}$

② 新浇筑混凝土自重荷载：
$$G_2 = (24\text{kN/m}^3 + 1.5\text{kN/m}^3) \times 12.24\text{m}^2 \times 6.9\text{m} = 2153.63\text{kN}$$

③ 每个混凝土条形基础自重：
$$G_3 = 24\text{kN/m}^3 \times 0.6\text{m} \times 1.2\text{m} \times 20.6\text{m} = 355.97\text{kN}$$

④ 施工人员、施工料具运输、堆放荷载：
$$Q_1 = 2.5\text{kN/m}^2 \times 20.3\text{m} \times 6.9\text{m} = 350.18\text{kN}$$

因此可计算每个混凝土条形基础对地基的荷载：

$$S_{条基} = \frac{70.04}{2} + \frac{2153.63}{2} + 355.97 + \frac{350.18}{2} = 1643.01\text{kN}$$

（2）混凝土条形基础下的地基承载力验算

单个混凝土条形地基受力面积$= 1.2 \times 20.6 = 24.72\text{m}^2$。

传递至地基上的荷载为：$1643.01/24.72 = 66.25\text{kN/m}^2 = 66.47\text{kPa} < 80\text{kPa}$

验算通过，满足要求。

4）门洞处立杆验算

门洞处立杆间距30cm×30cm，根据以上计算可得门洞处单边立杆所承受的总荷载为

$1643.01kN-355.97kN=1287.04kN$，每侧立杆每排 29 根，共 4 排，总数为 $29\times4=116$ 根，每根立杆承受的集中力为：

$$N=1287.04kN/116=11.10kN$$

此数值小于前面计算单根立杆荷载最大值 35.53kN，门洞处立杆承载力满足要求，可不用验算。

10.1.13　对拉螺栓验算

1）纵腹板与横隔梁对拉螺栓横向、竖向间距均为 60cm，选择直径为 16mm 的拉杆，其承受的拉力为：

$$N=57.53kN/m^2\times0.6m\times0.6m=20.71kN$$

根据公式（10.1-7）

$$N/A\leqslant[f] \tag{10.1-7}$$

计算：

$$N/A=\frac{20.71\times10^3N}{3.14\times8^2}=103.0MPa<[f]=215MPa$$

验算通过，满足要求。

2）底模下 $\phi20mm$ 通长钢筋计算：

外排架支撑间距为 60cm，混凝土浇筑高度为 1.35m。依据前面计算：

$$S_{1侧}=1.35\,G_4+1.4\times0.9\,Q_2 \tag{10.1-8}$$

$S_{1侧}=1.35\times0.9\times43.2+1.4\times0.9\times4=57.53kN/m^2$

$N=57.53\times0.6\times1.35=46.60kN$

$$N/A=\frac{46.60\times10^3N}{3.14\times10^2}=129.30MPa<[f]=215MPa$$

验算通过，满足要求。

10.2　模架施工图（略）

范例 7　地铁明挖车站模架工程

李雁鸣　毛杰　编写

李雁鸣：北京建工博海建设有限公司质量总监，教授级高工。

毛杰：北京城建集团工程总承包部总工程师，教授级高工。

北京市地铁某号线工程某站
模架工程安全专项施工方案

编制：

审核：

审批：

＊＊＊公司

年 月 日

目　录

1　编　制　依　据

1.1　国家、行业和地方相关规范规程

国家、行业和地方规范一览表　　　　　　　表 1.1

类别	名　　称	编号
国家	《混凝土结构工程施工质量验收规范》	GB 50204—2015
	《地下铁道工程施工及验收规范》(2003 版)	GB 50299—1999
	《建筑工程施工质量验收统一标准》	GB 50300—2013
	《混凝土结构工程施工规范》	GB 50666—2011
行业	《建筑施工安全检查标准》	JGJ 59—2011
	《建筑工程大模板技术规程》(附条文说明)	JGJ 74—2003
	《建筑施工高处作业安全技术规范》	JGJ 80—2016
	《建筑施工扣件式钢管脚手架安全技术规范》	JGJ 130—2011
	《建筑施工碗扣式钢管脚手架安全技术规范》	JGJ 166—2016
	《建筑工程冬期施工规程》	JGJ/T 104—2011
地方	《钢管脚手架、模板支架安全选用技术规程》	DB11/T 583—2015
	《建设工程施工现场安全防护、场容卫生及消防保卫标准》	DB11 945—2012
	《北京市市政工程施工安全操作规程》	DBJ 01-56—2001
	《轨道交通车站工程施工质量验收标准》(修订版)	QGD-006—2005

1.2　相关设计图纸

工程图纸一览表　　　　　　　表 1.2

序号	图 纸 名 称
1	北京市地铁＊号线工程＊＊站主体围护结构施工图
2	北京市地铁＊号线工程＊＊站主体结构施工图

1.3　安全管理法规文件

安全管理法规文件一览表　　　　　　　表 1.3

序号	安全管理相关法规文件
1	《建设工程安全生产管理条例》国务院第 393 号令
2	《危险性较大的分部分项工程安全管理办法》(建质[2009]87 号)
3	《北京市实施<危险性较大的分部分项工程安全管理办法>规定》(京建施[2009]841 号)
4	《建设工程高大模板支撑系统施工安全监督管理导则》建质[2009]254 号

1.4 其他

其他文件一览表　　　　　　　　　　　　　　　　　表 1.4

序号	文 件 名 称
1	北京市地铁＊号线工程＊＊站施工组织设计
2	北京市地铁＊号线工程＊＊站主体结构其他相关专项施工方案
3	《混凝土结构施工图平面整体表示方法制图规则和构造详图》11G101-1
4	《建筑构造通用图集》08BJ1-1
5	北京市危险性较大的分部分项工程安全专项施工方案专家论证细则(2015 版)

2 工 程 概 况

2.1 工程建设概况

工程建设概况表　　　　　　　　　　　　　　　　表 2.1

序号	项目	内 容
1	工程名称	北京市地铁某号线工程某站
2	工程地址	北京市丰台区＊＊＊＊
3	建设单位	某公司
4	设计单位	某公司
5	监理单位	某公司
6	质量监督单位	某质量监督站
7	施工总承包单位	某公司
8	勘察单位	某公司
9	合同工期	某年某月某日至某年某月某日
10	合同质量目标	结构质量奖项:结构长城杯

2.2 车站概况

某站是北京市地铁某号线工程的一个中间站。车站位于某路和某路的交叉口以西沿某路东西向设置,紧邻某路南侧红线。车站南侧为某住宅小区,西端紧邻某路,东端为某路。车站沿某路呈一字形布置,为地下三层岛式车站。车站两端区间均为盾构区间,盾构在车站西端为始发,在车站东端为吊出。

车站总长 193.3m,标准段宽度为 21.1m,呈东西走向。车站有效站台中心里程处顶板覆土厚度为 4.07m,底板埋深约 24.7m。车站北侧设置 2 个出入口,1 个风道和 1 组地面风亭;南侧设置 1 个出入口,1 个风道和 1 组风亭。其中 1、2 号出入口局部采用暗挖施工,其余结构均采用明挖顺做施工。车站总建筑面积 17080m² (图 2.2)。

车站基坑起(终)点里程为:右 K20+855.348～右 K21+048.648。

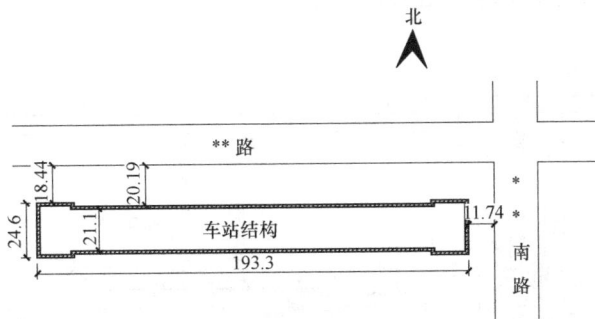

图 2.2　＊＊车站位置平面示意图

2.3　主体结构概况

（1）主体结构工程概况见表2.3。

表 2.3

主体结构概况表

序号	项目			内　　容
1	建筑功能			地下三层标准岛式车站
2	结构形式			双柱三跨、现浇钢筋混凝土框架结构
3	建筑层高	主体结构		地下一层：7.0m（1～28轴）
				地下二层：5.6m（1～28轴）
				地下三层：7.77m（1～3、26～28轴）、6.86m（3～26轴）
4	结构断面尺寸（mm）	主体结构	底板	1000（1～28轴）
			中板	400（两层中板1～28轴）
			顶板	800（1～28轴）
			柱	800×1000（中柱）；800×1000（壁柱）；800×900（风道柱）；800×800（通道柱）；300×300（夹层柱）；500×400（梯柱）
			梁	地下一层：1000×2000（顶纵梁）；1000×1000（顶横梁）；800×800（顶暗梁）；1800×1000、1400×1000（孔边梁）；800×800（通道顶过梁）
				地下二层：1000×1000（中纵梁）；1000×800（中横梁）；1800×800、1400×800、500×600、900×600、300×600、1700×600、1420×600（孔边梁）；800×800（通道底过梁）；800×800（环框梁）
				地下三层：1000×1000（中纵梁）；1000×800（中横梁）；1800×800、1400×800、500×600、900×600、600×600、800×600、300×600、1550×600、700×600（孔边梁）；800×800（环框梁）地下三层：1200×2200（底纵梁）；1000×1910（底横梁）；800×1000（底暗梁）
			墙	800（标准段、扩大端端墙）；900（扩大端侧墙）
5	构件最大几何尺寸（mm）			板：1～28轴底板 1000
				墙：1～28轴侧墙、1、28轴端墙 800；1、28轴侧墙 900
				中柱：800×1000
				壁柱：800×1000（端墙）
				梁：底纵梁 1200×2200；顶纵梁 1000×2000

（2）某站主体结构平面图见图 2.3-1～图 2.3-3。

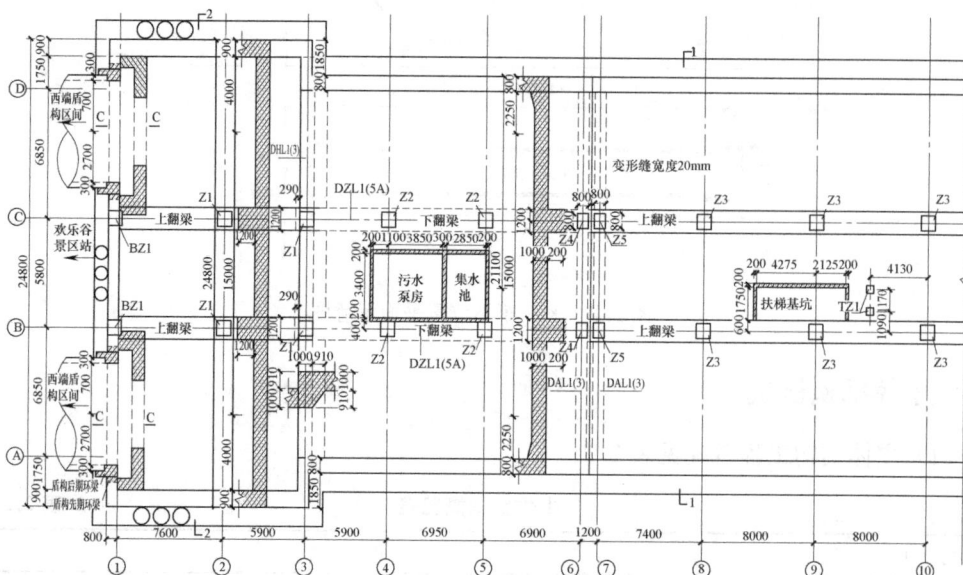

图 2.3-1　某站主体①-⑩轴结构平面图

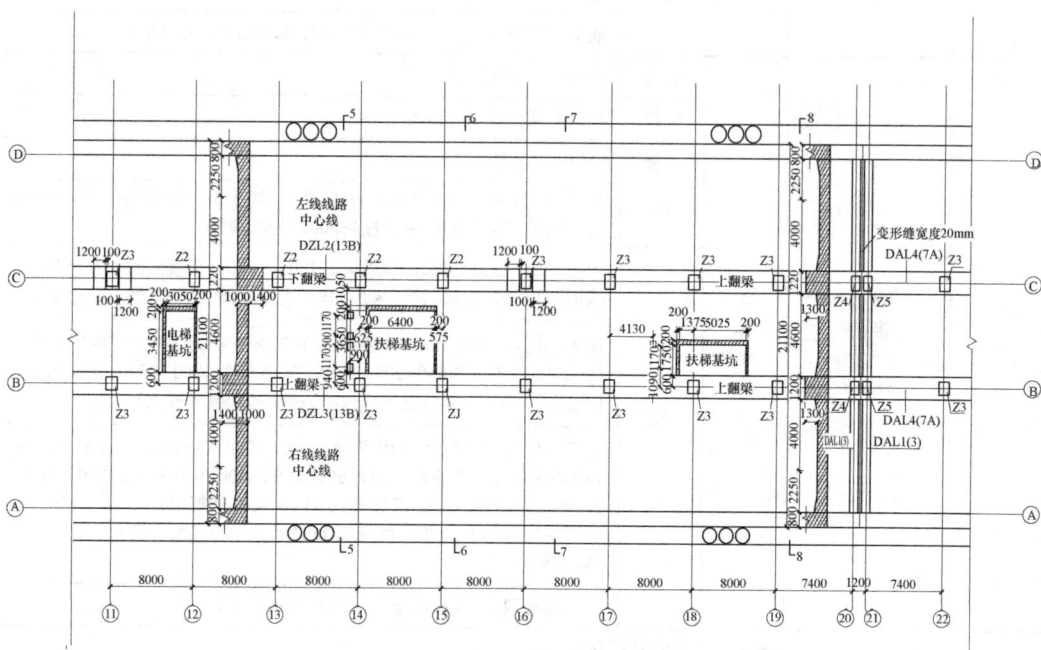

图 2.3-2　某站主体⑪-㉒轴结构平面图

（3）某站主体结构横剖面图见图 2.3-4 和图 2.3-5。

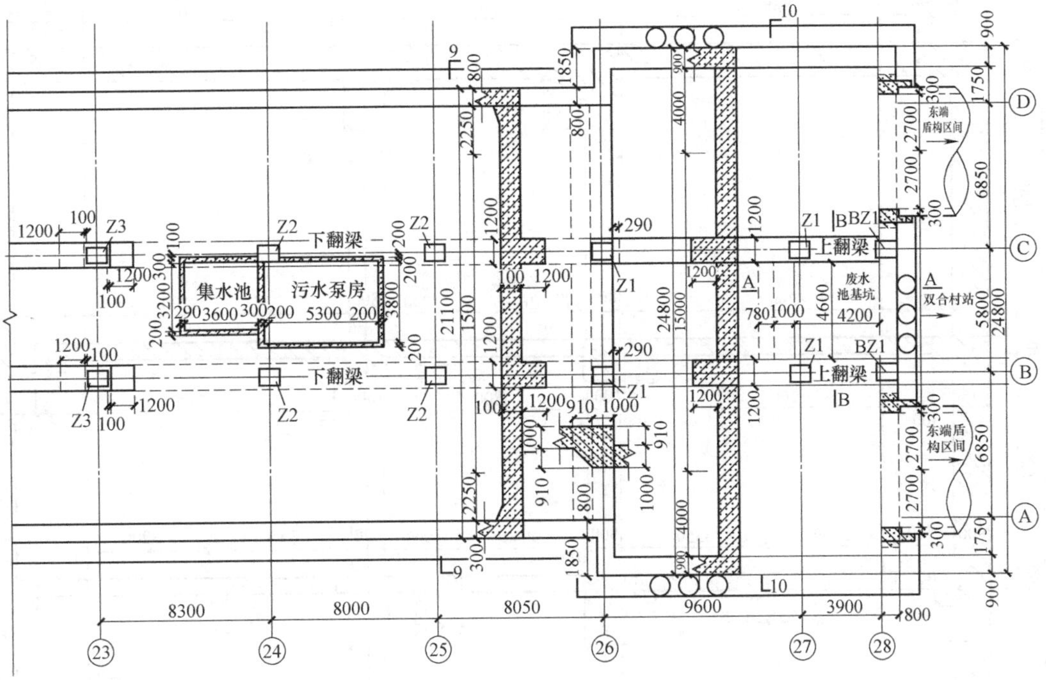

图 2.3-3 某站主体㉓-㉘轴结构平面图

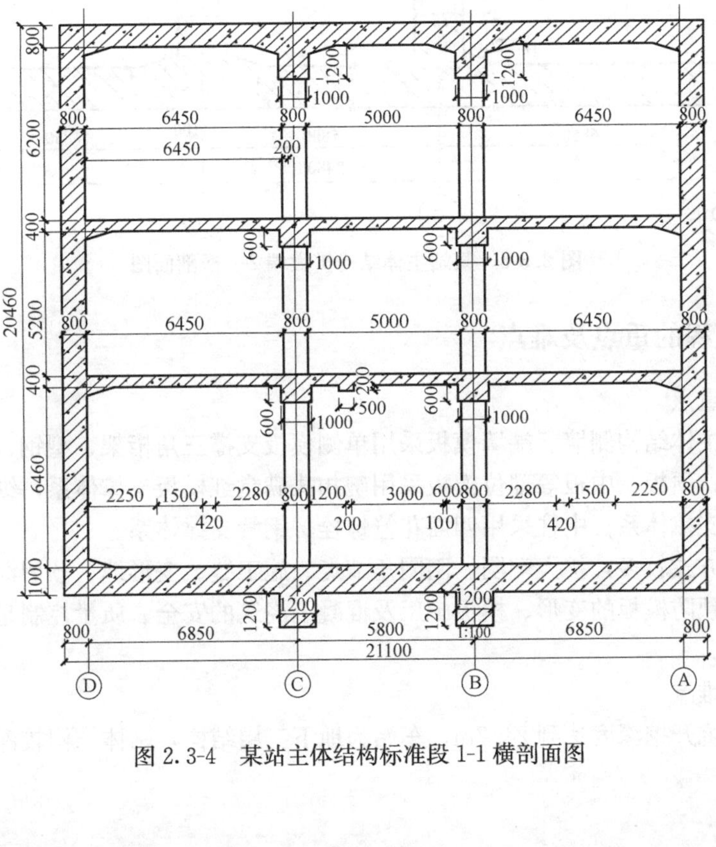

图 2.3-4 某站主体结构标准段 1-1 横剖面图

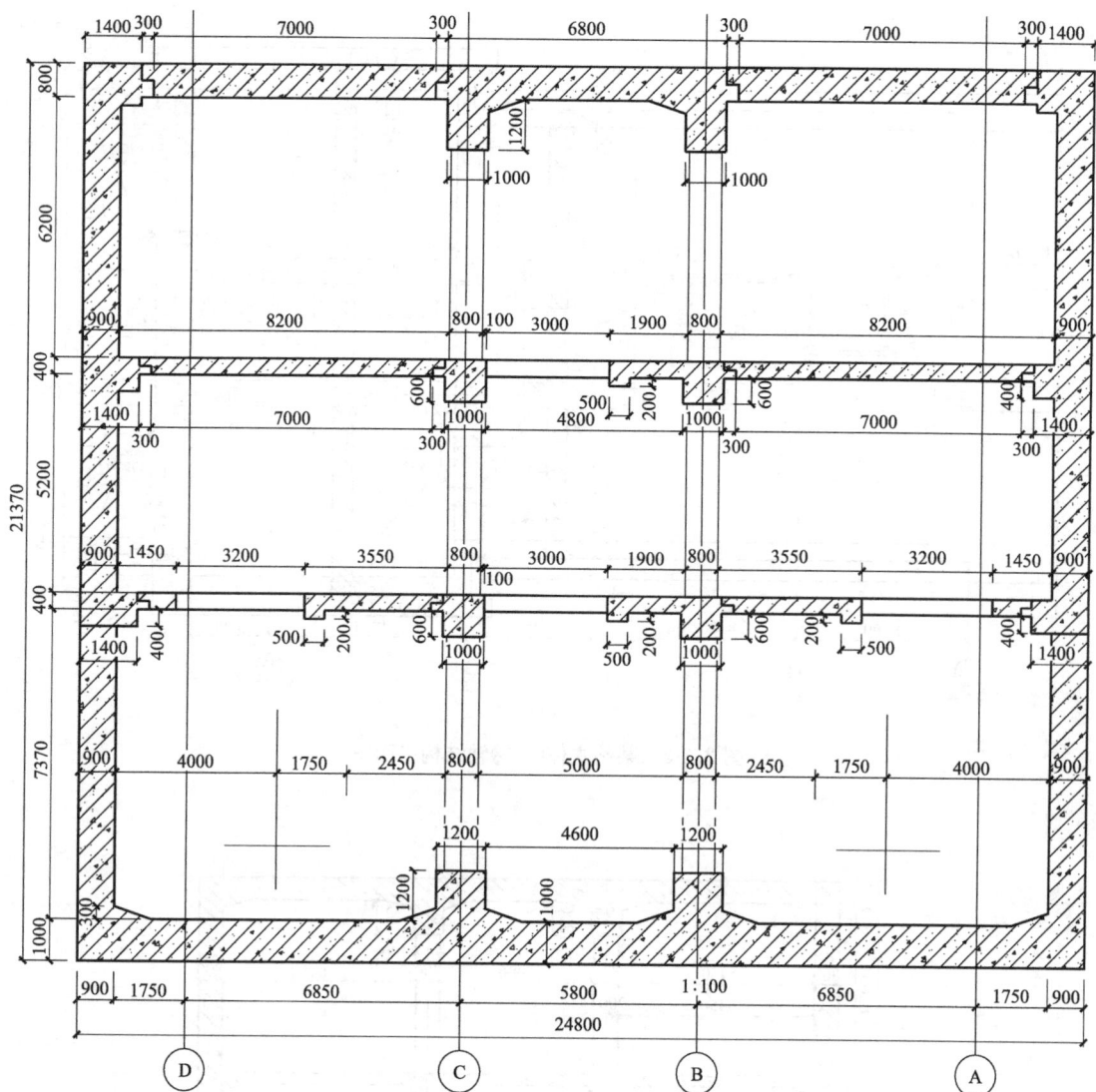

图 2.3-5 某站主体结构扩大端 2-2 横剖面图

2.4 模板工程的重点及难点

（1）工程重点

＊＊车站主体结构侧墙、端墙模板采用单侧模板支撑三角桁架、型钢、几字梁背楞的模板支撑体系；顶板、中板等部位模板采用碗扣式满堂红模板支撑体系，纵梁模板采用钢管扣件式模板支撑体系；中柱采用四面花篮螺栓、钢管支撑体系。

模板施工方式较多，扩大端阴、阳阴角节点、施工缝、变形缝、预留洞口等的细部处理复杂，因此预防模板的变形、模板施工及混凝土浇筑的安全、质量控制是本车站模板工程的工作重点。

（2）工程难点

＊＊站基坑开挖深度达到 24.7m，车站为地下三层结构，站体结构较深，端墙、侧墙

采用单侧模板体系分开浇筑，各施工步序的衔接影响施工进度。

基坑竖向设置4道水平钢支撑，且第三道支撑直径为800mm，导致模板、材料等吊装十分不便；钢支撑需混凝土结构达到强度要求后才能拆除，对整体工期影响较大；因此对主体结构施工顺序、混凝土构件成型的时间控制是本工程的难点。

2.5 施工风险因素分析

根据《北京市轨道交通工程建设安全风险技术管理体系》要求，对××站主体模板施工风险因素进行分析，模板工程主要风险包括：墙体较高、较厚且多数部位为单侧支模，墙体模板的吊装、混凝土浇筑过程的模板抗浮为墙体施工的风险点。梁板构件较大、支撑较高，其模板及支撑体系的稳定性为梁板施工的风险。

3 施 工 安 排

3.1 施工总体顺序

（1）该车站自西向东依次为1～9流水段，具体流水段划分详见图3.1-1。

| 17250.0 | 17410.0 | 29413.0 | 21815.0 | 24762.0 | 27990.0 | 19060.0 | 20000.0 | 15600.0 |
| 第一流水段 | 第二流水段 | 第三流水段 | 第四流水段 | 第五流水段 | 第六流水段 | 第七流水段 | 第八流水段 | 第九流水段 |

图3.1-1 某站主体结构流水段划分图

（2）主体结构施工依土方开挖顺序施工，自第1流水段向东依次顺作，待第1流水段土方见底验收后，进行车站第1流水段结构施工，第1流水段南北侧墙、中柱及西端墙混凝土结构浇筑完成后，进行第2流水段底板施工，依次类推。每个流水段底板及导墙混凝土施工完毕，拆除第四道支撑；地下二层中板及导墙混凝土施工完毕，拆除第三道支撑；地下一层中板及导墙混凝土施工完毕，拆除第二道支撑；地下一层顶板混凝土施工完毕，拆除第一道支撑（拆除支撑时混凝土构件强度必须达到设计要求）。

（3）车站扩大端侧墙与端墙均采用三角背撑单侧支模，东西两端扩大端比标准段宽1750mm，综合考虑各项因素，确保车站模板施工安全，将第1及第9流水段的侧墙与端墙分开浇筑。第1及第9流水段施工顺序相同。

（4）第2～8流水段结构形式一致，施工顺序相同。

（5）以第1、2、3流水段纵向、竖向施工顺序可明确全车站的施工顺序，纵向施工顺序见图3.1-2，竖向施工顺序见图3.1-3。

3.2 车站竖向施工顺序

（1）第2～8流水段（标准段）的竖向施工顺序（图3.2）

每个流水段（标准段）的竖向施工顺序为：底板＋导墙㈠→地下三层侧墙＋中柱㈡→地下二层中板＋导墙㈢→地下二层侧墙＋中柱㈣→地下一层中板＋导墙㈤→地下一层侧墙

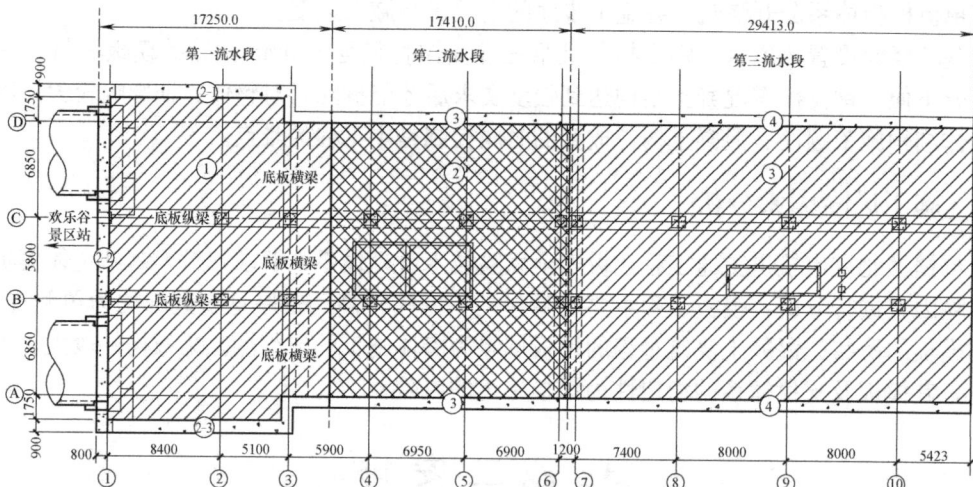

图 3.1-2 第 1、2、3 流水段纵向施工顺序平面图

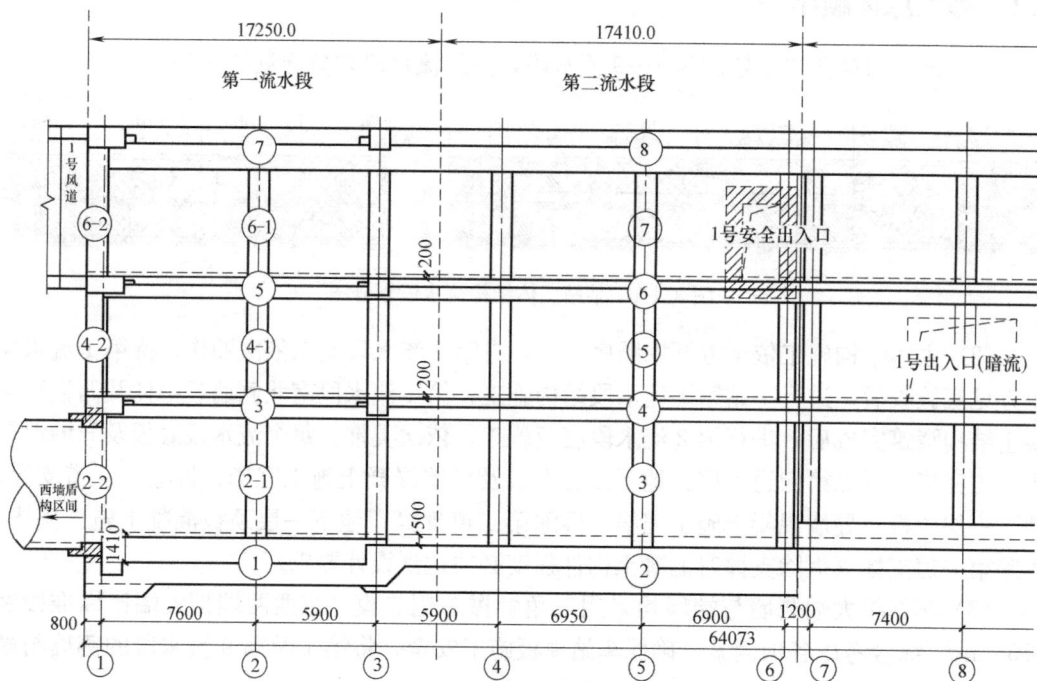

图 3.1-3 第 1、2、3 流水段纵向施工顺序剖面图

十中柱(六)→顶板(七)。

(2) 第 1 及第 9 流水段（扩大端）竖向施工顺序

第 1 及第 9 流水段在每层侧墙及中柱施工完毕后，施工东西端墙，其他与标准段一致。

地下三层底板和导墙→地下三层侧墙及中柱→地下三层西（东）端墙→地下二层中板和导墙→地下二层侧墙及中柱→地下二层西（东）端墙→地下一层中板和导墙→地下一层侧墙及中柱→地下一层西（东）端墙→顶板。

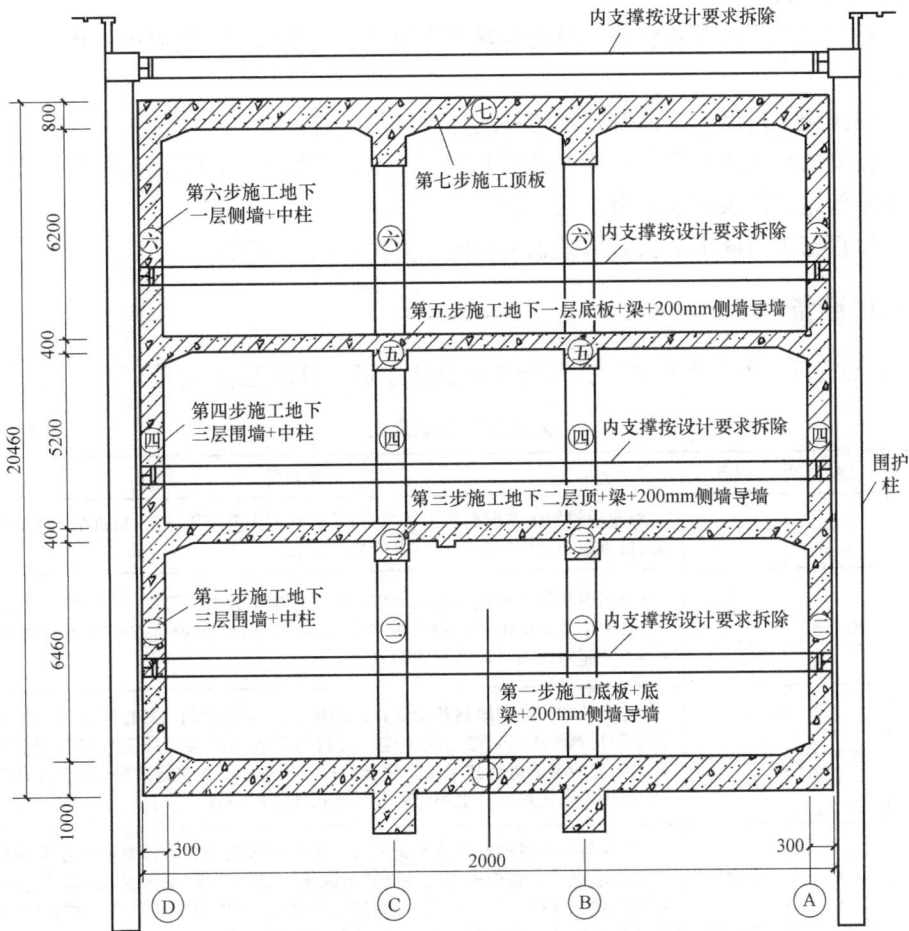

图 3.2　某站主体结构竖向施工顺序图（标准段）

3.3　施工工期安排

根据车站主体结构施工进度计划，合理组织安排模板施工。其中超限部位工期计划如表 3.3 所示。

超限部位工期计划表　　　　　　　　　　　　表 3.3

序号	部位	开始时间	结束时间
1	第一流水段地下三层竖向	＊＊＊＊年＊＊月＊＊日	＊＊＊＊年＊＊月＊＊日
2	＊＊＊＊＊	＊＊＊＊年＊＊月＊＊日	＊＊＊＊年＊＊月＊＊日

4　施　工　准　备

4.1　技术准备

（1）根据施工组织设计、施工图纸要求计算模板配置数量，确定各部位模板施工方

347

法，提前完成模板的翻样工作。

（2）项目总工程师及主管施工员需对操作班组做好岗前培训，明确模板加工、安装标准及要求。

（3）根据施工进度，提前制定预埋件的加工、订货计划。

（4）按要求预先画出各种规格大模板的加工图纸，并按各自的使用部位对大模板进行编号，下发到施工员及作业班组，准备加工。

（5）模板施工前施工工长必须完成模板施工安全、技术交底。

4.2 人员准备

1）明确管理层及劳务层各级人员分工及具体职责。具体见表4.2。

人员分工及职责表 表4.2

岗位	姓名	职务	主要职责
管理层负责人	＊＊＊	项目经理	对超限模架体系安全施工负总责；负责确定主要施工方法；负责组织本方案的论证；负责组织超限模板支撑体系的最终验收
	＊＊＊	技术负责人	(1)组织相关人员进行超限模架安全专项施工方案的编写；(2)审核本方案内容；(3)参加本方案的论证；(4)组织本方案的交底；(5)组织检查本方案的执行情况；(6)参加超限模板支撑体系的验收
	＊＊＊	生产经理	(1)参与本方案的编制及论证；(2)制定生产进度计划；(3)按本方案进行劳动力及各种材料组织；(4)参与架体施工材料的验收；(5)参加施工方案和安全技术交底；(6)向劳务队进行技术及安全交底；(7)检查方案的执行情况；(8)施工的组织协调、现场问题处理；(9)参加超限模板支撑体系的验收
	＊＊＊	安全员	(1)参与本方案和安全技术交底；(2)确保超限模板支撑体系的搭设和使用符合方案要求；(3)监督检查工人各项安全操作项目；(4)参与模架施工材料的验收；(5)对超限模板支撑体系的安装、拆除进行安全检查和管理；(6)特殊工种证件的审查
	＊＊＊	材料员	(1)制定各楼的材料供应计划；(2)参与施工方案和安全技术交底；(3)参与架体材料的验收
	＊＊＊	放线员	(1)负责按本方案的施工图施放立杆点位；(2)负责混凝土浇筑时模架变形监测
	＊＊＊	试验员	(1)负责对模架所用材料进行复试；(2)负责制作混凝土试块；(3)负责提供拆模及拆除内支撑的混凝土强度报告
劳务层负责人	＊＊＊	劳务队长	(1)向项目部的管理层负责人负责；(2)按照方案实施施工准备工作，协调生产资源以满足施工要求；(3)按照方案要求组织安全生产工作；(4)参加模板支撑体系的验收
	＊＊＊	木工工长	(1)向劳务队长和项目部的管理层负责人负责；(2)接受安全技术交底；(3)按照方案要求施工；(4)参与架体施工材料的验收；(5)对模架专业施工提出模板专业技术要求；(6)为模架施工提供定位依据；(7)参加模板支撑体系的验收
	＊＊＊	架子工长	(1)向劳务队长和项目部的管理层负责人负责；(2)接受安全技术交底；(3)按照方案及技术、安全交底的要求施工；(4)参与架体施工材料的验收；(5)确保高大模板支撑体系的搭设和使用符合方案要求；(6)对超限模板支撑体系的安装、拆除进行指挥、检查和管理；(7)参加模板支撑体系的验收
	＊＊＊	安全员	(1)向劳务队长和项目部的管理层负责人负责；(2)接受安全技术交底；(3)按照方案及技术、安全交底的要求施工；(4)参与架体施工材料的验收；(5)对高大模板支撑体系的安装、拆除进行指挥、检查和管理；(6)监督检查工人各项安全操作项目；(7)参加模板支撑体系的验收

2）劳务层人员

（1）根据结构施工进度计划要求编制劳动力计划，结构施工阶段的高峰期模板、架子及其他相关人员工力约为 150 人。

（2）架子工须体检合格并经《特种作业人员安全技术管理规则》考核和安全教育培训，持证上岗。

（3）项目部技术质量部按规定对相关部门及劳务队伍进行方案技术交底。

4.3　材料准备（表 4.3）

模板主要材料计划表　　　　　　　　　　　　　　　　　　表 4.3

序号	名称		规格	单位	数量	备注
1	木胶合板		1220×2440×18mm	块	5900	用于梁、板、墙、柱以及预留洞口模板
2	方木		100×50mm	m³	200	
			100×100mm	m³	160	
3	碗扣	立杆	φ48×3.5mm—1.2m	根	4400	用于梁、板模板支撑
4			φ48×3.5mm—1.8 m		9900	
5			φ48×3.5mm—2.4m		12000	
6			φ48×3.5mm—3.0m		9400	
7			φ48×3.5mm—0.9m		1100	
8			φ48×3.5mm—1.5m		3700	
9			φ48×3.5mm—2.1m		3500	
10		横杆	φ48×3.5mm—0.9m		63200	
11			φ48×3.5mm—0.6m		14200	
12	钢管		φ48.3mm×3.6mm×6m	根	580	用于不同模架连接、支撑等
13			φ48.3mm×3.6mm×4m		300	
14			φ48.3mm×3.6mm×2m		150	
15	扣件		旋转	个	65000	用于钢管连接
16			对接		4000	
17	可调支撑 U 形托		丝杆 φ36	支	22000	用于竖向、横向支撑
18	三角支架		3100＋2400＋400	套	60	
19	槽钢背楞		10 号	m	340	
20	几字梁		H=100	m	1000	用于侧墙、端墙模板支撑
21	几字梁连接板		L=350	块	360	
22	几字梁连接爪			套	1260	
23	预埋螺栓		M16(70/80)	套	1260/720	
24	对拉螺栓		φ14	套	4800	用于梁、柱模板对拉
			φ16		2500	
			φ18		1300	

4.4 机具准备

钢卷尺、靠尺板、水平尺、角尺、小线、托线板、电钻、电锯、电刨、手锯、扳手、钳子、铁锤、汽车吊、龙门吊等。

4.5 现场准备

按照＊＊站总体施工平面布置，将车站基坑北侧围挡东部区域，作为模板加工及堆放场地；在基坑北侧围挡中部（围挡回缩段）有一块场地，也可视实际需要作为模板的加工场地，具体平面布置详见图9.1。

4.6 运输准备

现场单侧模板及木胶合板在模板加工区组装成大模板，包括侧墙模板、梁模板以及中柱模板，现场安装采用龙门吊吊运，人工配合就位，可采用汽车吊配合龙门吊使用。

4.7 试验检验工作

用于模架搭设的材料进场要进行检验试验工作，检查内容见表4.7。

构配件外观质量及技术资料检查验收表　　　　　　　　表4.7

项目	要求	抽检数量	检查方法
技术资料	营业执照、资质证明、生产许可证、产品合格证、质量检测报告、相关合同要件		检查资料
钢管	钢管表面应平直光滑，不得有裂缝、结疤、分层、错位、硬弯、毛刺、压痕、深的划道及严重锈蚀等缺陷，严禁打孔；钢管外壁使用前必须涂刷防锈漆，钢管内壁宜涂刷防锈漆	全数	目测
钢管外径及壁厚	外径48.3mm,壁厚3.6mm,实际壁厚大于等于3.0mm	3%	游标卡尺测量
扣件	扣件不允许有裂缝、变形、滑丝的螺栓存在；扣件与钢管接触部位不应有氧化皮；活动部位应能灵活转动，旋转扣件两旋转面间隙应小于1mm；扣件表面应进行防锈处理。 试验要求：扣件超过288个开始做试验，每10000个做一组	全数	目测复试
碗扣	碗扣的铸造件表面应光滑平整，不得有砂眼、缩孔、裂纹、浇冒口残余等缺陷，表面粘砂应清除干净；冲压件不得有毛刺、裂纹、氧化皮等缺陷。碗扣的各焊缝应饱满，不得有未焊透、夹砂、咬肉、裂纹等缺陷	全数	目测
碗扣立杆连接套管	碗扣架的立杆连接套管，其壁厚不应小于3.5mm,内径不应大于50mm,套管长度不应小于160mm,外伸长度不应小于110mm	3%	游标卡尺测量
底座及可调托丝杆	可调底座及可调托撑丝杆与螺母捏合长度不得少于4～5扣，丝杆直径不小于36mm,插入立杆内的长度不得小于150mm。托撑钢板厚度≥5mm	3%	钢板尺测量
槽钢	槽钢的力学性能应符合GB/T 700或GB/T 1591的有关规定。表面不应有裂缝、折叠、结疤、分层和夹杂。表面不允许有局部发纹、凹坑、麻点、刮痕氧化皮压入等缺陷存在。不应有大于5mm的毛刺。每米重量允许偏差不应超过±3%	全数	目测尺量
胶合板模板	模板应采用耐水胶，表面应平整光滑，具有防水、耐磨、耐酸碱的保护膜，并有保温性能好、易脱模等特点。不得有腐朽、鼓泡、翘皮、缺损、污染等现象	全数	尺量对角线

350

项目	要求	抽检数量	检查方法
方木	规格分别为 50mm×100mm 和 100 mm×100 mm,实际断面不得小于 40 mm×88 mm 和 88 mm×88 mm,其中腐烂、变形、通洞和尺寸不符合要求的禁止使用	全数	目测 尺量
脚手板	木脚手板不得有通透疖疤、扭曲变形、劈裂等影响安全使用的缺陷,严禁使用含有标皮、腐朽的木脚手板	全数	目测

5　模架设计及主要施工方法

5.1　模架选型

某车站第 1、2、3 流水段涵盖端头井、标准段的梁、板、墙、柱、预留孔洞、楼梯、轨顶风道等一系列车站重要构件及部位。因此本车站模板工程主要按照这三个流水段结构的顶板、中板、顶板梁、中板梁、墙、柱等的模板和支撑体系,以及其他构件、部位的细部构造进行说明,其他流水段再照此进行模板施工。

5.1.1　竖向结构模板及支撑选型

墙体模板面板采用 18mm 厚木胶合板,双侧支模采用次背楞 100mm 高几字梁、10 号槽钢双拼主背楞;单侧支模采用三角背楞的模板支撑体系。

5.1.2　水平结构模板及支撑选型

1) 楼板模板及支撑选型

面板采用 18mm 厚木胶合板;次龙骨 50mm×100mm 方木、纵向布置,主龙骨 100mm×100mm 方木、横向布置。碗扣式满堂红支架,立杆步距 1200mm。

2) 梁模板及支撑选型

模板采用 18mm 厚木胶合板,底模支撑次龙骨 50mm×100mm 方木、纵向布置,主龙骨 100mm×100mm 方木、横向布置;梁侧模板横背楞 50mm×100mm 方木,竖背楞 100mm×100mm 方木,对拉螺栓 ϕ18;梁底支撑体系碗扣立杆扣件式支架体系,步距为 1200mm。与两侧顶板支撑体系连为一体。

5.2　模架设计

5.2.1　板模架设计

板模板及支撑体系参数见表 5.2-1;模架材料计算参数采用表 4.4-3 中的最小值。

5.2.2　梁底模架设计

1) 地下一层顶纵梁截面为 1000mm×2000mm,顶横梁 1000mm×1000mm 虽然截面较纵梁小,但其两侧顶板支撑为碗扣式支架立杆 600mm×600mm,步距 1200mm,故顶横梁与顶纵梁支撑体系相同。

2) 地下一层孔边梁 1800mm×1000mm、1700mm×1000mm、1400mm×1000mm,宽度较宽,此部分梁支撑体系统一进行设计。考虑其两侧顶板支撑连为整体,其支撑立杆在沿梁方向间距与两侧顶板支撑间距一致。

3）顶过梁 800mm×800mm 虽然截面较小考虑其两侧顶板支撑连为整体，其支撑立杆在沿梁方向间距与两侧顶板支撑间距一致。

4）地下二层及地下三层中纵梁均为 1000mm×1000mm，中横梁均为 1000mm×800mm，孔边梁 900mm×600mm，此部分梁支撑体系一进行设计。

5）地下二层及地下三层中孔边梁截面宽度≤800mm、梁高 600mm，环框梁800mm×800mm 此部分梁支撑体系一进行设计。

6）地下二层及地下三层中孔边梁 1800mm×800mm、1700mm×600mm、1400mm×800mm、1420mm×600mm、1550mm×600mm 此部分梁支撑体系一进行设计。

7）梁底模及支撑设计见表5.2-2。

5.2.3　梁侧模板及侧向支撑设计

1）梁侧模板及侧向支撑设计按梁高进行设计，分为顶纵梁高 2m、顶横梁高 1m、中板纵（横）梁高 1m、孔边梁高 0.6 至 1m、洞口宽度小于 1m 的下挂梁及洞口宽度大于 1m 的下挂梁等 6 种形式设计。

2）梁侧模板侧向支撑体设计见表5.2-3；模架材料计算参数采用表4.7-1中的最小值。

5.2.4　梁模板及支撑节点设计

1）顶纵梁模板及支撑节点设计（图5.2-1、图5.2-2）

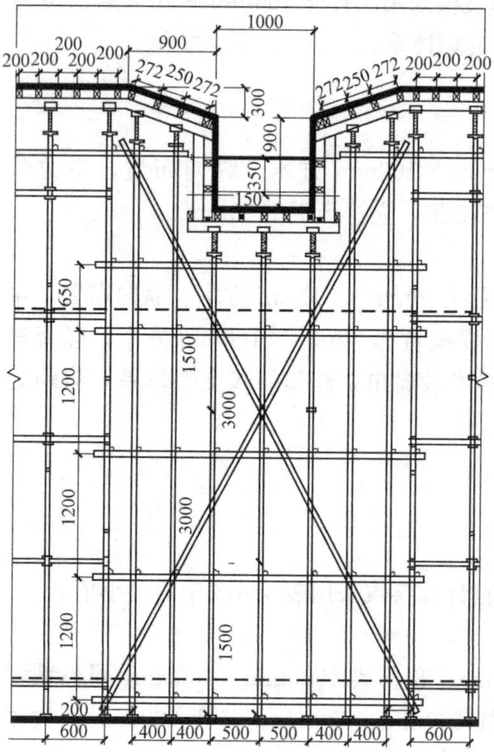

图 5.2-1　顶梁模板支撑节点图（一）

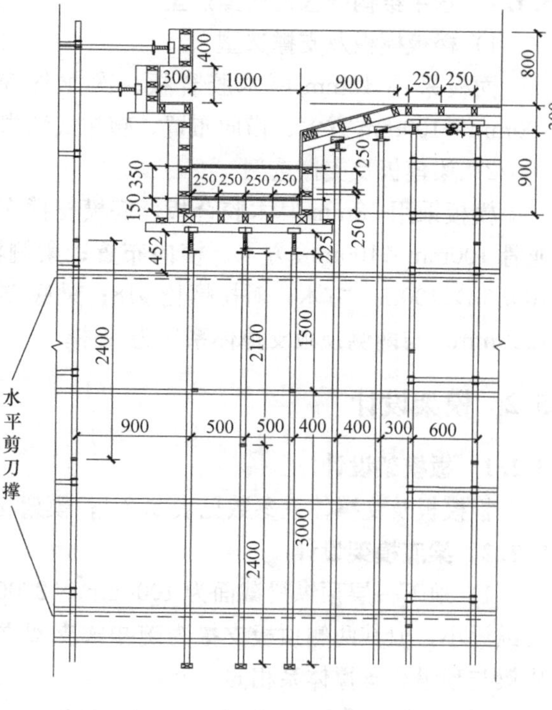

图 5.2-2　顶梁模板支撑节点图（二）

板模板及支撑体系参数表

表5.2-1

序号	部位及构件名称	搭设高度(m)	模板面板(方向)	次龙骨规格、间距及方向(mm)	主龙骨规格、间距及方向(mm)	支撑体系相关参数(mm)	立杆竖向组合及a值	抱柱或结构拉接设置	剪刀撑
1	顶板(地下一层顶板)	6.2	18mm厚胶合板(纵向)	50×100方木 间距≤250,纵向	100×100方木 间距600,横向	碗扣式支架 立杆600×600 步距1200	2.4m+1.8m+1.5m a=350mm	水平杆每一步与中柱抱拉牢固。板下模架与侧墙支顶牢固	竖向剪刀撑：横向由底至顶连续设置竖向剪刀撑。中板下竖向剪刀撑为4.2m(7跨)。顶板下竖向剪刀撑为4.5m(5跨)。水平剪刀撑：在支撑架顶端、底部共设置两道水平剪刀撑
2	中板(地下二层顶板)	5.2	18mm厚胶合板(纵向)	50×100方木 间距≤300,纵向	100×100方木 间距900,横向	碗扣式支架 立杆900×900 步距1200	3m+1.8m/2.4m+2.4m a=250mm		
3	中板(地下三层顶板)	7.37/6.46	18mm厚胶合板(纵向)	50×100方木 间距≤300,纵向	100×100方木 间距900,横向	碗扣式支架 立杆900×900 步距1200	层高7.37m: 2.1m+1.8m+1.8m+1.2m a=220mm; 层高6.46m: 2.4m+1.2m+1.2m+2.4m a=310mm		

梁底模板支撑体系参数表

表5.2-2

序号	部位及构件名称	支撑高度(m)	模板面板(mm)	次龙骨规格、间距及方向(mm)	主龙骨规格、间距及方向(mm)	支撑体系相关参数(mm)	立杆竖向组合及a值	抱柱、顶墙等与结构拉接设置	剪刀撑
1	顶纵梁 1000×2000 顶横梁 1000×1000	5/6	18	50×100方 木间距≤200,沿梁方向	100×100方 木间距600,直于梁方向	梁下3根立杆横向间距2×500,纵向600,步距1200	顶纵梁支撑高度5m 3m+1.5m,a=350mm 顶横梁支撑高度6m 3m+1.2m+1.2m,a=450mm	水平杆每一步与中柱抱拉牢固。梁板下模架支架水平杆加U托与两侧墙顶牢固	竖向剪刀撑：横向由底至顶连续设置竖向剪刀撑。顶板下竖向剪刀撑间距为4.2m(7跨)。中板下竖向剪刀撑间距为4.5m(5跨)。水平剪刀撑：在支撑架顶端、底部设置两道水平剪刀撑
2	顶孔边梁 1800×1000、1700×1000、1400×1000	6	18	50×100方 木间距≤200,沿梁方向	100×100方 木间距600,直于梁方向	梁下4根立杆间距3×500,沿梁方向600,步距1200	支撑高度6m 3m+1.2m+1.2m,a=450mm		
3	顶过梁 800×800	6.2	18	50×100方 木间距≤200,沿梁方向	100×100方 木间距600,沿梁方向	梁下2根立杆间距600,沿梁方向600,步距1200	支撑高度6.2m 3m+1.2m+1.5m,a=350mm		

续表

序号	部位及构件名称	支撑高度（m）	模板面板（mm）	次龙骨规格、间距及方向（mm）	主龙骨规格、间距及方向（mm）	支撑体系相关参数（mm）	立杆竖向组合及 a 值	抱柱、顶端等与结构拉接设置	剪刀撑
4	中纵梁1000×1000、中横梁1000×800、孔边梁900×600	4.6/6.77/5.7（下反梁）	18	50×100方木间距≤250，沿梁方向	100×100方木间距900，垂直于梁方向	梁下3根立杆横向间距2×500，沿梁方向900，步距1200	支撑高度4.6m：1.8m+2.4m/3m+1.2m，a=250mm；支撑高度6.77m：1.8m+2.4m+2.1m，a=320mm；支撑高度5.7m：2.4m+1.5m+1.2m，a=450mm		竖向剪刀撑由底至顶连续设置竖向剪刀撑。中板下竖向剪刀撑间距为4.2m（7跨）。顶板下竖向剪刀撑间距为4.5m（5跨）。水平剪刀撑：在支撑架顶端、底部设置两道水平剪刀撑
5	中孔边梁宽≤800/梁高600、过梁、环框梁800×800	5.6/4.8/6.97	18	50×100方木间距≤250，沿梁方向	100×100方木间距900，垂直于梁方向	梁下2根立杆间距500，沿梁方向900，步距1200	支撑高度5.6m：2.1m+1.8m+1.2m，a=350mm；支撑高度4.8m：3m+1.5m，a=350mm	水平杆每一步与中柱抱拉牢固；梁板下模架支撑水平杆加U托及梁两侧端顶牢固	
6	中孔边梁1800×800、1700×600、1400×800、1420×600、1550×600	5.6/4.8/6.97	18	50×100方木间距≤250，沿梁方向	100×100方木间距900，垂直于梁方向	梁下4根立杆间距3×500，沿梁方向900，步距1200	支撑高度5.6m：2.1m+1.8m+1.2m，a=350mm；支撑高度6.97m：2.4m+1.8m+2.4m，a=220mm		

表 5.2-3

纵梁侧模板及侧向支撑体系参数表

序号	部位及构件名称（mm）	模板面板规格（mm）	横背楞规格、间距（mm）	竖背楞规格、间距（mm）	螺栓规格及间距/支顶及间距（mm）	锁扣
1	顶纵梁1000×2000	18mm厚胶合板（纵向）	50×100方木间距600	100×100方木间距600	两道M18对拉螺栓，150+350mm，水平间距600mm	下部采用50×100mm方木锁口，锁口方木采用钉子与底模的主龙骨钉牢，防止梁底模发生整体移位
2	顶横梁1000×1000	18mm厚胶合板（纵向）	50×100方木间距600	100×100方木间距600	一道M18对拉螺栓，距梁底250mm，水平间距600mm	
3	中板纵、横梁1000×1000	18mm厚胶合板（纵向）	50×100方木间距600	100×100方木间距600	一道M18对拉螺栓，距梁底250mm，水平间距900mm	
4	孔边梁600×1000	18mm厚胶合板（纵向）	50×100方木间距900	100×100方木间距900	梁高大于等于800mm一道M18对拉螺栓，距梁底250mm，水平间距900mm	
5	洞口宽度小于1m的下挂梁	18mm厚胶合板（纵向）	50×100方木间距同梁底模	100×100方木同距同梁底模	50×100方木支顶，水平同距同梁底模	
6	洞口宽度大于1m的下挂梁	18mm厚胶合板（纵向）	50×100方木间距同梁底模	100×100方木间距同梁底模	φ48.3钢管两头设置丝托支顶，顶，水平间距同梁底模	

2）中板梁模架设计（图 5.2-3）

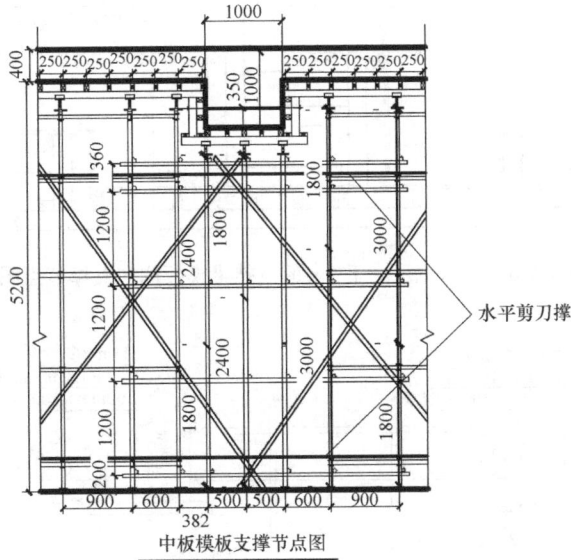

图 5.2-3　中板模板支撑节点图

3）底板梁模架设计（图 5.2-4）

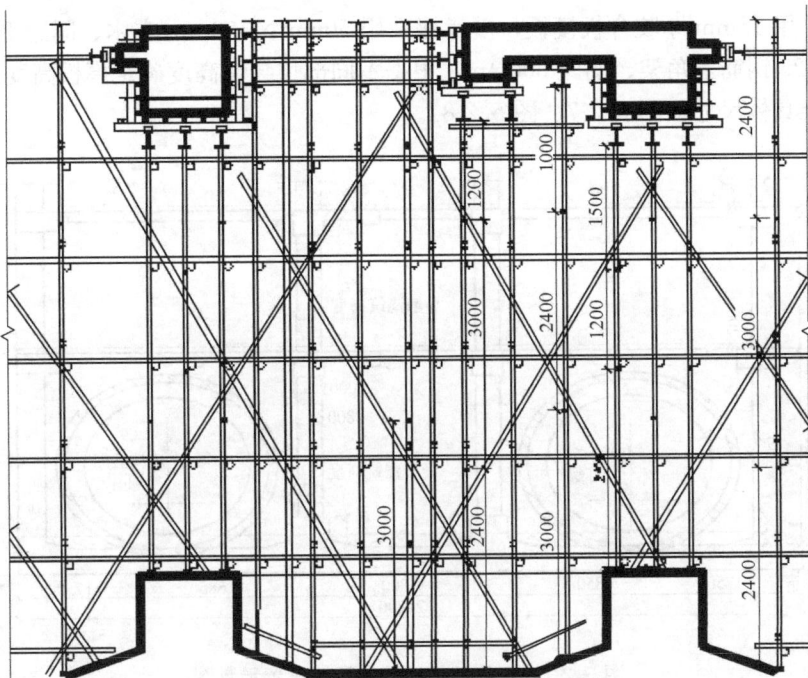

图 5.2-4　底板模板节点图

4）洞口宽度小于 1m 的下挂梁模板侧向支撑节点设计（图 5.2-5）

5）洞口宽度大于 1m 的下挂梁模板侧向支撑节点设计（图 5.2-6）

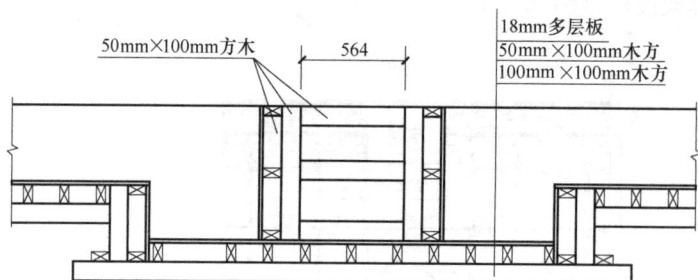

图 5.2-5 洞口宽度小于 1m 的下挂梁模板侧向支撑节点图

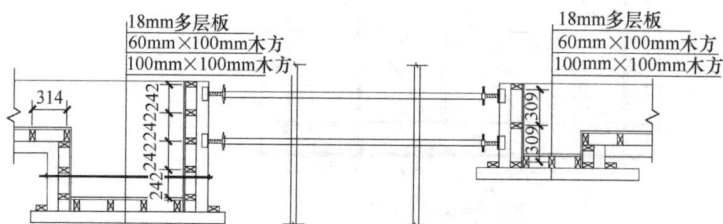

图 5.2-6 洞口宽度大于 1m 的下挂梁模板侧向支撑节点图

5.2.5 墙体模板设计

1) 导墙模板设计

模板采用 18mm 厚胶合板模板，横背楞采用 50mm×100mm 方木、间距 200mm，竖背楞采用 ϕ25 钢筋三角架、间距 600mm，根据不同部位导墙高度确定模板高度及支撑 ϕ25 钢筋三角架具体尺寸（图 5.2-7、图 5.2-8）。

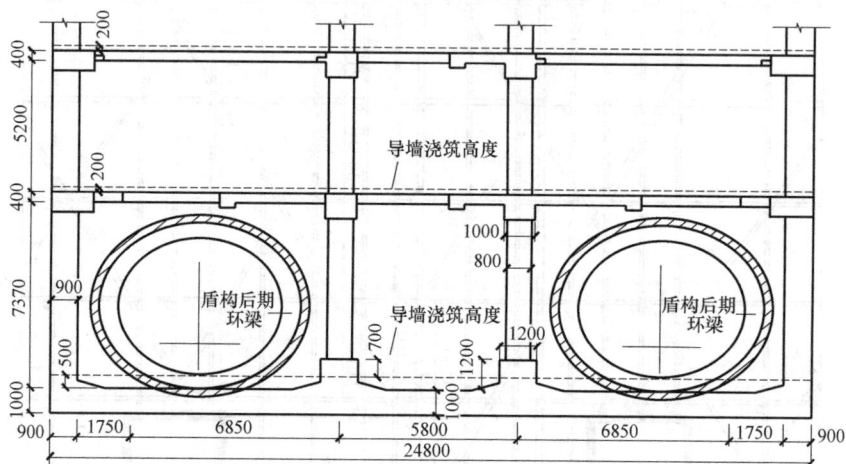

图 5.2-7 主体结构西端墙导墙设置示意图

2) 侧墙模板设计

（1）模板体系

侧墙模板采用 18mm 厚木胶合板，次背楞采用 100mm 高几字梁、间距为 250mm，横

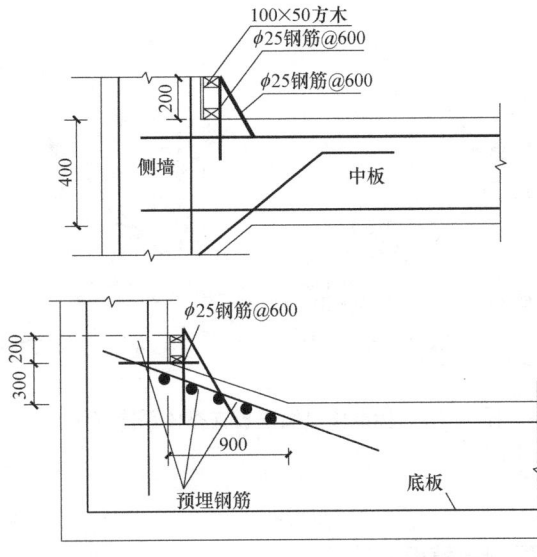

图 5.2-8　导墙（中板、底板）模板构造图

背楞采用 10 号槽钢双拼、间距 900mm。

（2）支撑体系

侧墙采用单侧三角支架支撑体系，单侧支架由埋件系统和架体两部分组成，其中埋件体系包括：地脚螺栓、连接螺母；架体系统包括：架体标准块、外连杆、蝶形螺母和横梁等。地脚螺栓 ϕ25 锚固长度 570mm、间距 300mm 布置，三角支撑间距 800mm 架设（图 5.2-9）。

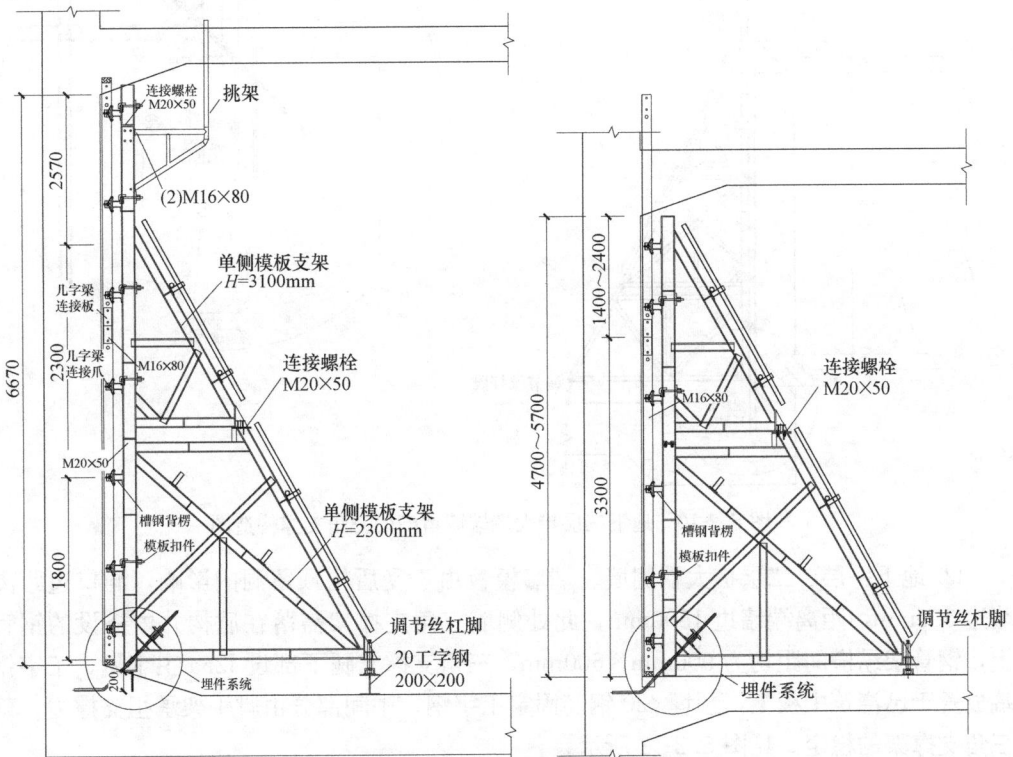

图 5.2-9　标准段侧墙模板支撑体系图

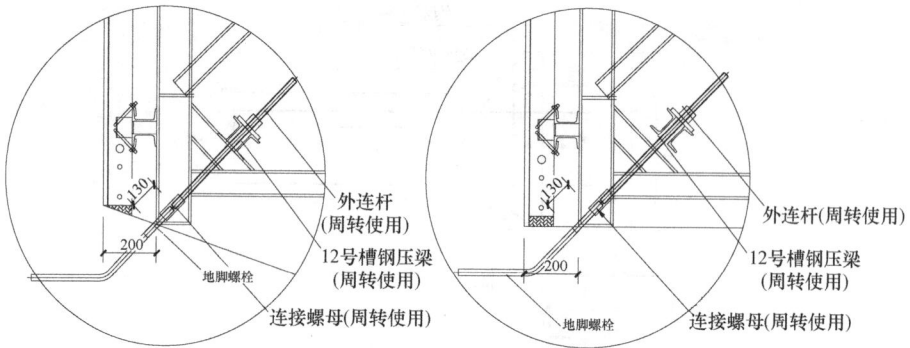

图 5.2-9　标准段侧墙模板支撑体系图（续）

3）端墙模板设计

（1）模板体系

车站端墙模板设计同侧墙模板设计。

（2）支撑体系

① 地下三层盾构井端头留槽处垫预制混凝土块，间距为 800mm，抬高三角支撑角撑。具体做法详见图 5.2-10、图 5.2-11 所示。

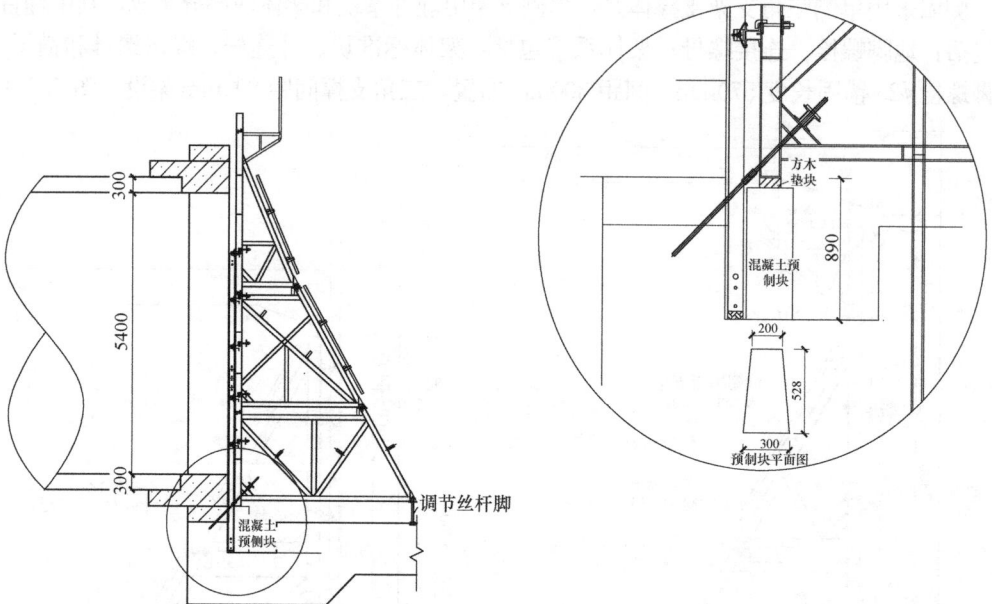

图 5.2-10　地下三层扩大端端墙留槽处三角支撑构造图

② 地下一层、二层扩大端侧墙、端墙模板由于受盾构预留洞的影响，洞口边距离侧墙边 800mm，距离端墙边 1500mm，此处侧墙三角支撑架需落在盾构井内搭设的钢管架上，钢管架纵横间距均为 900mm×600mm，三角支撑支腿下部设 I25a 工字钢，工字钢两端放置于已浇筑中板上，预埋 $\phi20$ 钢筋固定工字钢，中间部分由脚手架承担支撑力，确保三角支撑架的稳定。见图 5.2-12 所示。

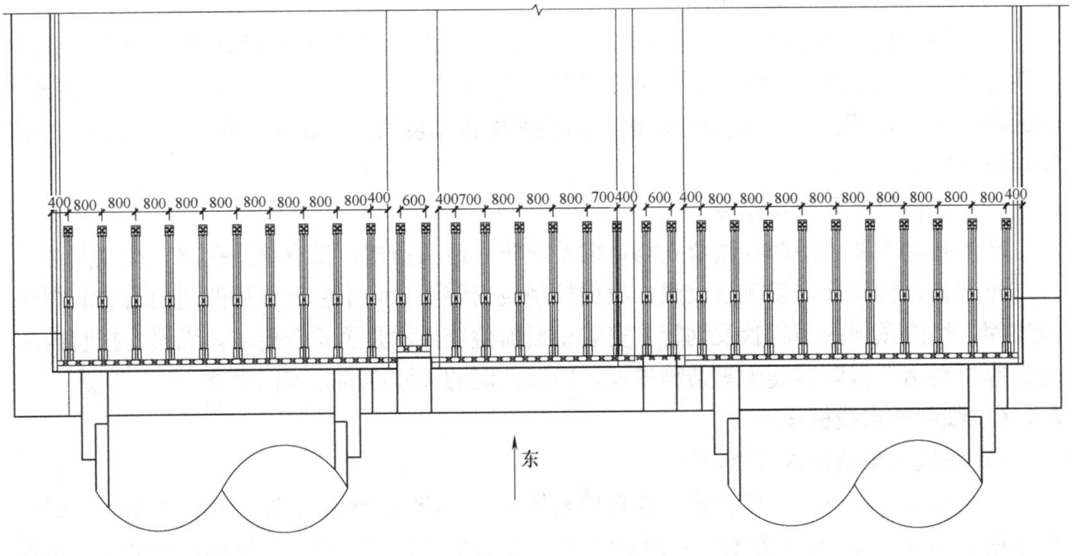

图 5.2-11 地下三层扩大端端墙三角支撑平面布置图

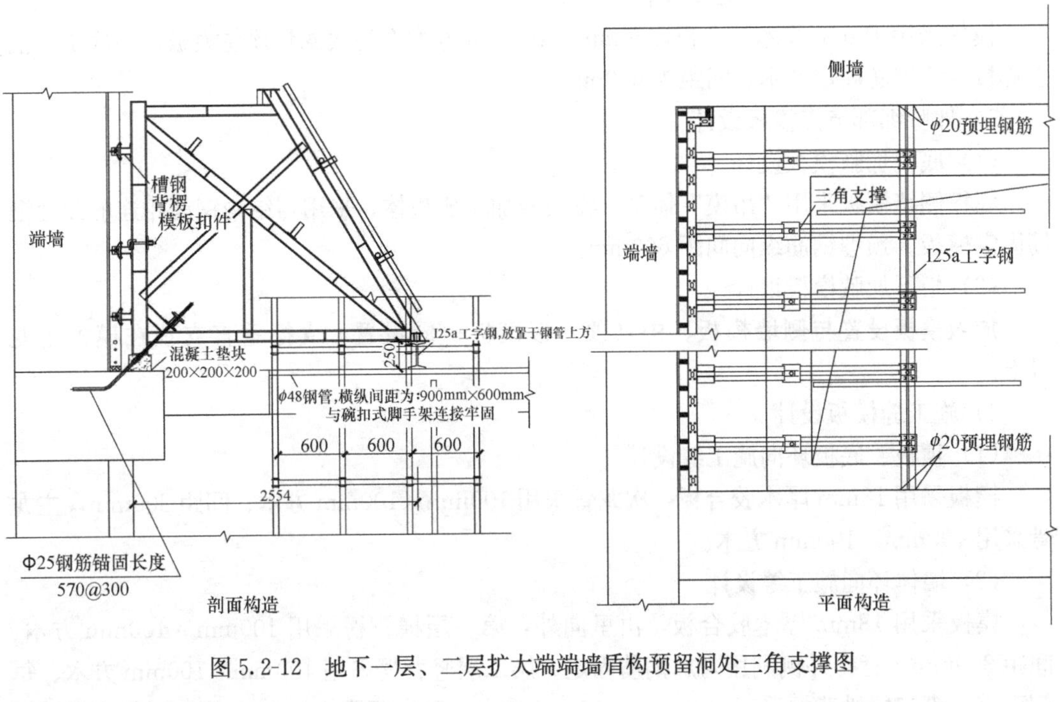

图 5.2-12 地下一层、二层扩大端端墙盾构预留洞处三角支撑图

4) 墙体洞口模板设计

(1) 主体与附属结构接口部位预留洞口模板

墙体与附属结构接口部位包括：1号、2号风道，1号、2号、3号出入口，安全应急通道。

模板采用 18mm 厚木胶合板，竖背楞采用 100mm×100mm 方木，间距 200mm；横背楞采用 100mm×100mm 方木，间距 600mm。支撑体系采用扣件式钢管支架，立杆纵向间距为 600mm，沿墙厚方向为 300mm，步距为 600mm。

（2）主体与区间接口部位预留洞口模板

墙体与盾构区间接口部位预留洞口为圆形洞口，供区间盾构始发和接收，此部位混凝土模板采用定型钢模。模板共分为三部分，规格型号主要是：900mm×900mm 钢模、600mm×900mm 钢模及少量自制木模，钢模的模板厚度为 55mm（含肋），采用 I28 工字钢环撑（间距 300mm）。

（3）墙体预留孔洞口模板

墙体孔洞主要为消防栓预留孔洞，以及消防管道预留槽，没有贯通孔洞，按照图纸尺寸制作木盒，按设计位置测量放线，根据控制线安装木盒，木盒就位后四周用附加筋绑固定牢固，墙内预埋的塑料管及钢管在安装模板前检查尺寸是否符合要求，无误后把管内用泡沫等材料堵严以防混凝土等杂物进入，确保孔洞的尺寸准确，牢固可靠。

5.2.6 细部节点模板设计

1）底板纵梁侧模板节点设计

模板采用 18mm 厚木胶合板，横背楞采用 100mm×100mm 方木、间距 300mm，竖背楞采用 100mm×100mm 方木、间距 600mm，在背楞处设置勾筋与加腋钢筋连接以防止模板上漂移位；纵梁顶面横向布置 100mm×100mm 方木横撑、间隔 600mm 布置。

2）扩大端与标准段底板模板节点设计

模板采用 18mm 厚木胶合板，50mm×100mm 方木作为次龙骨顶住模板，在底板钢筋上焊接 $\phi25$ 钢筋固定方木、间距为 600mm。

3）加腋细部节点模板设计

（1）底板加腋模板设计

底板侧墙模板采用"吊模"体系，将模板加工成整体，采用与结构钢筋相连的预埋钢筋固定模板。预埋钢筋纵向间距 600mm。

（2）板下加腋模板设计

加腋模板设置与侧墙模板、中（顶）板模板一同设置，支撑垂直支顶在模板主龙骨上。

4）施工缝模板设计

（1）顶板、底板环向施工缝设计

模板采用 18mm 厚木胶合板，次龙骨采用 100mm×100mm 方木、间距 300mm，主龙骨采用 100mm×100mm 方木。

（2）墙体环向施工缝设计

模板采用 18mm 厚木胶合板，由里向外，第一层横背楞采用 100mm×100mm 方木、间距 300mm，背楞外侧利用附加钢筋固定；第二层竖背楞采用 100mm×100mm 方木、每侧两道；第三层横背楞采用 100mm×100mm 方木、竖向间距 600mm；第四层竖背楞采用两道 100mm×100mm 方木。

（3）中板施工缝设计

中板施工缝采用遇水膨胀止水条，堵头模板采用 18mm 厚木胶合板。因有预留的结构钢筋，所以在施工缝模板的相应位置需留出钢筋位置，次龙骨采用 100mm×100mm 方木、间距 300mm，主龙骨采用 100mm×100mm 方木。

5）变形缝模板设计

（1）顶板、中板、底板变形缝设计

变形缝采用中孔型中埋钢边橡胶止水带，首先按图纸固定止水带位置，然后配制止水带两侧的模板。由内向外，第一层竖龙骨采用 100mm×100mm 方木、间距 300mm；第二层横龙骨采用 100mm×100mm 方木、根据板厚设置 2～3 道；第三层竖龙骨采用 100mm×100mm 方木、间距 600mm。

（2）墙体变形缝设计

首先按图纸固定止水带位置，然后配制止水带两侧的模板，模板采用 18mm 厚木胶合板，由里向外，第一层横背楞采用 100mm×100mm 方木，间距 300mm，背楞外侧利用附加钢筋固定；第二层竖背楞采用 100mm×100mm 方木，每侧两道；第三层横背楞采用 100mm×100mm 方木，竖向间距 600mm；第四层竖背楞采用两道 100mm×100mm 方木。

6）轨顶风道模板设计

模板采用 18mm 厚木胶合板，次龙骨采用 50mm×100mm 方木、间距 300mm，主龙骨采用 100×100mm 方木、间距 600mm。

7）扩大端侧墙阴角、阳阴（阳）角模板板设计

模板支撑体系设计参考标准段侧墙施工，模板及支撑体系根据侧墙阴阳角不同进行不同配置。

（1）阳角

扩大端、标准段的侧墙模板与端墙一致。侧墙模板细部主要体现在扩大端与标准段连接处的阴、阳阴（阳）角模板板处理，现场采用"⌐⌐"型定型模板，用高强螺栓紧固在主背楞上，确保有足够的支撑力，此处主背楞加密间距变为 450mm。

（2）阴角

扩大端先浇筑侧墙混凝土，再浇筑端墙。在浇筑侧墙混凝土时，预留 400mm 的侧墙，浇筑扩大端阴阴（阳）角模板板采用"⌐"型定型模板，模板及几字梁配置与端墙模板一致，主背楞间距加密为 600mm，再用三角背撑支撑端墙模板。

8）楼梯模板设计

车站楼梯与地下二层、一层中板一起浇筑，楼梯脚部预埋钢筋固定楼梯模板，楼梯模板采用 18mm 木胶合板，次龙骨采用 100mm×100mm 方木，主龙骨为 100mm×100mm 方木，楼梯平台下楼梯模板采用 100mm×100mm 方木支撑，平台以上支撑采用扣件式脚手架，并与中板脚手架有效连接。支撑楼梯模板施工前根据图纸及实际层高放样。根据放线先支设休息平台梁，平台板模板，立杆纵、横间距为 600mm，立杆步距为 600mm。

5.3　模板安装

5.3.1　顶板、中板模板安装

1）工艺流程

支架安装→安装主龙骨→安装次龙骨→调整楼板下皮标高及起拱→铺设面板→检查模板上皮标高、平整度→验收

2）支撑体系安装

（1）中板、顶板支撑体系采用碗扣式满堂红支撑体系，梁模架采用扣件式支撑体系。架体搭设前根据设计图纸测量放线，定出立杆位置，根据顶板梁、中板梁实际情况，以中

心线为中心两侧对称布置，梁、板支架、腋角支架等非标准跨距处增加碗扣立杆，在满足梁立杆间距不大于模架设计宽度的前提下，可将梁底立杆间距调整，采用碗扣钢管作为立杆，横向采用扣件钢管连接，间距同每层模板支撑体系纵向间距一致，与梁两侧碗扣式立杆采用钢管连接牢固。每流水段支架搭设时，两端必须伸出起始与终止断面至少一跨。

（2）立杆底部铺设垫木，从跨的一侧开始安装第一排立柱，临时固定再安第二排立柱，依次逐排安装。立柱要垂直，确保上下层立柱在同一竖向中心线上，立柱上端均采用 U 形托槽，上方支撑在顶模板主龙骨上，下方置于 50mm×100mm 垫木上。板模支撑具体做法如图 5.3-1 所示。立杆底部垫 50mm×100mm 方木；顶部接可调丝托，可调丝托的杆件一定与立杆的内径相吻合，不得出现大的活动量，且立杆上端包括可调螺杆伸出顶层水平杆的长度不得大于 500mm。如图 5.3-1 所示。

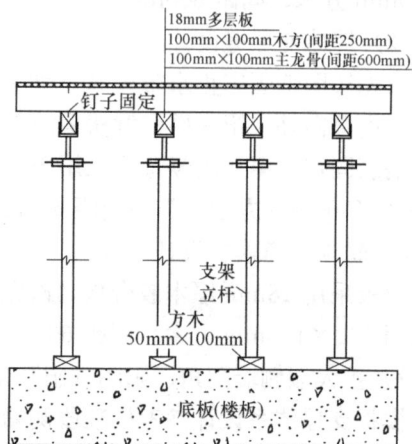

图 5.3-1　板模支撑示意图

（3）主龙骨有接头的地方一定要在其下侧与丝托上部垫方木进行连接，且接头两侧用木板把两根方木连接牢固。具体做法见图 5.3-2 所示。

（4）支撑立杆安装过程中将接头位置相互错开，同一断面上有接头的立杆数量不应超过立杆总数的 50%。

（5）为保证支撑立杆的稳定性，在结构底板加腋处设置混凝土底座。底座采用斜三角，宽度为 100mm，高度为 50mm，随底板一起支模浇筑。做法见图 5.3-3。

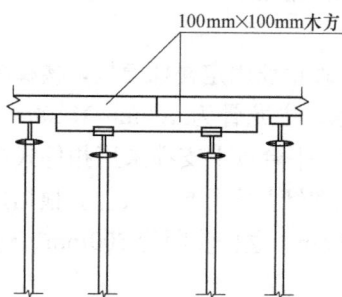

图 5.3-2　顶板、中板模板主龙
　　　　骨有接头处交接示意图

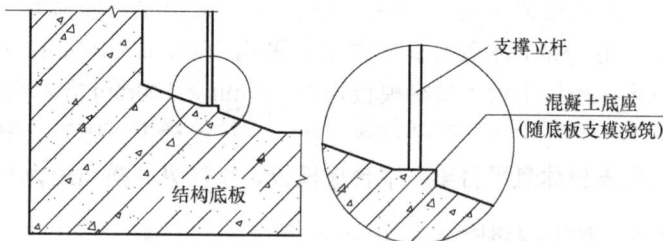

图 5.3-3　支撑杆在底板加腋处做法

（6）在距立杆顶部 100mm 处双向各增加一根水平杆以确保 a 值满足支撑体系设计要求。

3）模板安装

（1）支架安装完毕后，从跨的一侧开始逐排依次安装主龙骨，主龙骨安装完毕后，调整楼板下皮的标高以及起拱，调整完毕后铺设次龙骨和面板。

（2）中板以及顶板无下挂梁的预留洞口在顶板模板大面铺设后，根据图纸上的位置弹好墨线，把预钉好的洞口木盒安装就位，固定牢固；设置下挂梁的预留洞口，梁、板模板及支撑体系单独进行施工，安装完毕后进行整体连接固定。所有木胶合板拼缝均布置在次龙骨上，次龙骨接头均布置在主龙骨上。

（3）模板安装完成后拉通线测量模板标高及位置，按照相关规范严格检查，合格后方可进行钢筋绑扎。

（4）木胶合板布置方向为车站纵向×横向＝2440mm×1220mm，模板次龙骨沿车站纵向布置，主龙骨沿横向布置，所有木胶合板拼缝均布置在次龙骨上，所有次龙骨接头均布置在主龙骨上。木胶合板的接茬应在纵向的次龙骨上，板面采用硬拼缝制作，有加腋的采用八字接法，所有拼缝要严密。模板具体构造及布置情况如图5.3-4～图5.3-7所示。

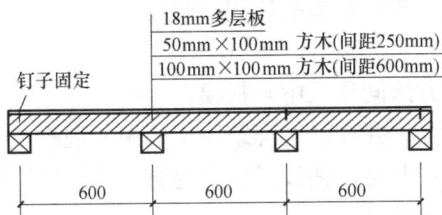

图5.3-4　顶板模板构造图

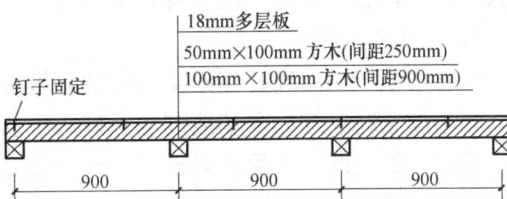

图5.3-5　中板模板构造图

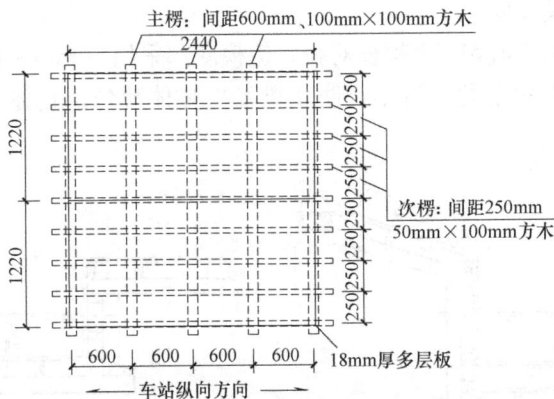

图5.3-6　顶板模板平面布置图

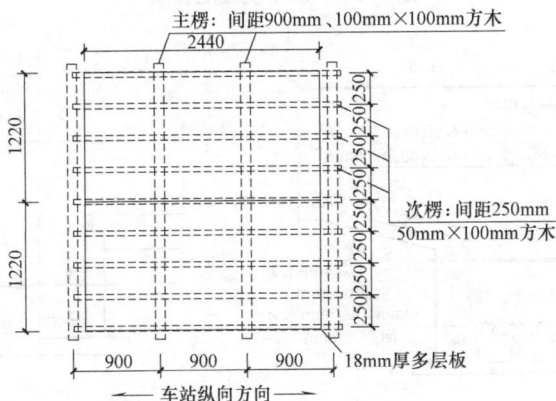

图5.3-7　中板模板平面布置图

4）顶板起拱

顶板模板起拱以车站结构的横向计算。车站主体结构板跨度大于 4m，起拱高度为 4mm。

5）其他要求

（1）方木表面必须刨光，模板表面必须刷脱模剂，板间拼缝表面要求平整，不得翘曲。

（2）板模（加腋模）与墙体混凝土接茬部位贴密封条后支顶牢固，防止混凝土浇筑时该部位出现漏浆，甚至错台等问题。

5.3.2 梁模板安装

1）工艺流程

弹出梁轴线及水平线并复核→搭设支架→安装梁底主、次龙骨→梁底起拱→安装梁底模板→绑扎钢筋→安装侧模→复合梁模尺寸、位置→与相邻模板连固→验收

2）梁模板安装

（1）梁模板采用底托邦的安装方法，模板安装方法同顶（中）板模。

（2）施工时，首先在基坑侧墙上弹出梁的轴线点，并在已经浇筑完毕的中柱混凝土上弹出梁的下部边线。然后沿梁轴线方向铺设底模的主龙骨，铺设横向次龙骨，然后按照梁下净空尺寸调整模板标高并起拱，最后铺设大板和木胶合板。

（3）梁的钢筋绑扎完毕后，开始安装侧模，调整紧固，并校正梁中线、标高和断面尺寸，最后与两端的板模连固。

（4）外侧模板采用 2 道 $\phi18$ 钢螺栓对拉，侧模底部采用 $50mm\times100mm$ 方木锁口，锁口方木采用钉子与底模的主龙骨钉牢，防止梁发生整体移位。具体布置形式如图 5.3-8、图 5.3-9 所示。

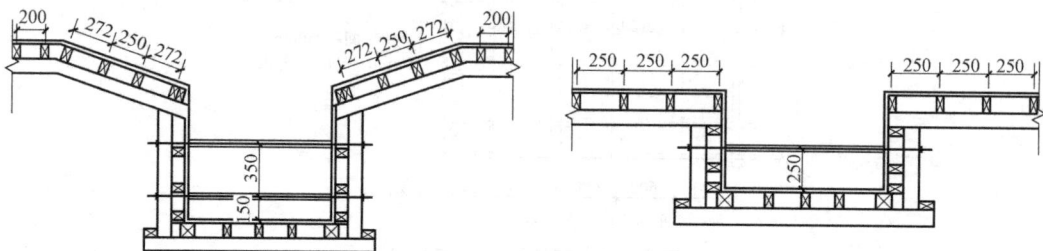

图 5.3-8　顶梁模板配置图

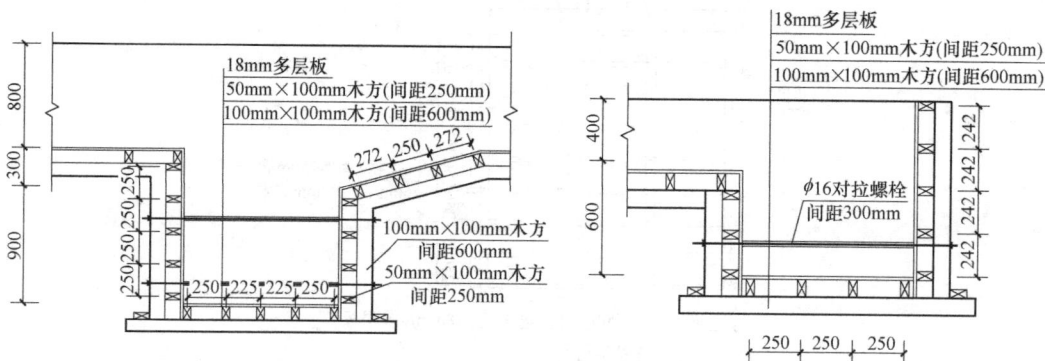

图 5.3-9　中板梁模板配置图

3）宽度小于 1m 洞口下挂梁侧模板安装

（1）安装底模，支设方法同顶（中）板模。

（2）由专业测量人员将梁的位置线准确标在底模上，按照梁底模板、方木的配置方式制作、安装梁的外侧模板体系，并且与梁底模板、中板模板及支撑体系做可靠固定，外侧模采用 50mm×100mm 方木支顶，水平间距 600mm，下部采用 50mm×100mm 方木锁口，锁口方木采用钉子与底模的主龙骨钉牢，防止梁发生整体移位。

（3）钢筋绑扎完毕后，将已加工好的木盒，安放在梁内侧，木盒内部采用 50mm×100mm 方木支顶牢固。木盒尺寸必须精确，确保梁的截面尺寸及洞口位置准确。

（4）木盒上口标高较板顶混凝土面高出 20～30mm，木盒上口加铅丝与板钢筋连接牢固，防止木盒发生移位。具体构造见图 5.3-10。

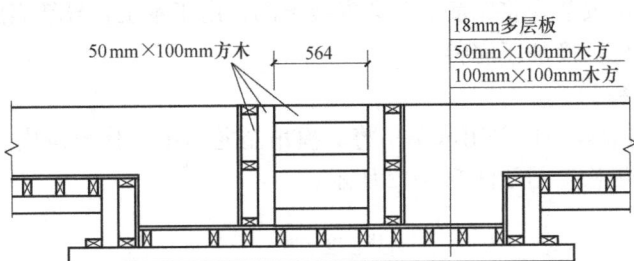

图 5.3-10　板预留洞（宽度小于 1m）下挂梁模板节点图

4）宽度大于 1m 洞口下挂梁侧模板安装

（1）宽度大于 1m 的预留洞口下挂梁侧模，按梁侧模板的制作、安装方法进行安装。

（2）首先支设梁底模和外侧模板，模板及主、次龙骨设置参照梁模板体系，外侧模板采用 ϕ48 钢管，两头设置丝托支顶，水平间距 400mm，与竖向支撑立杆连接牢固。具体构造见图 5.3-11。

（3）若洞口遇施工缝，洞口可按尺寸用木板卡茬，木板必须根据钢筋的位置锯豁。要保证洞口位置尺寸准确，结构牢固，不得跑浆。

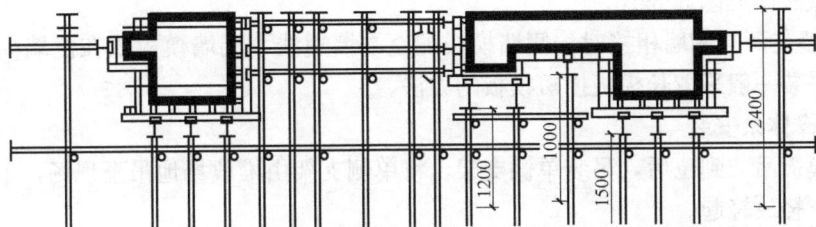

图 5.3-11　顶板预留洞（宽度大于 1m）下挂梁模板节点图

5）其他要求

（1）板模与梁侧模、梁的侧模与底模以及梁模与墙模之间接缝贴海绵条，防止漏浆。

（2）梁的底模按照规范起拱，起拱采用降梁两头，中间标高不变的方法。为保证梁底两端的水平，必须备水平尺，待梁底铺设完毕，柱线调至平整。

（3）梁的两端预留 100mm 宽的清扫洞口，洞口的长度同梁的宽度，所有楼板以及梁的杂物经由该洞口清出，然后在浇筑混凝土前封闭严密。

6）支撑安装

梁侧模板采用 2 道 ϕ18 对拉螺栓进行固定。其他构件设置与顶板模设置要求相同，梁支撑体系与板支撑体系做可靠拉接。

5.3.3 导墙、侧墙、端墙模板安装

1）模板安装流程

钢筋绑扎并验收后→弹外墙边线→合外墙模板→单侧支架吊装到位→安装单侧支架→安装加强钢管（单侧支架斜撑部位的附加钢管，现场自备）→安装压梁槽钢→安装埋件系统→调节支架垂直度→安装上操作平台→再紧固检查一次埋件系统→验收合格后混凝土浇筑。

2）模板安装

（1）导墙模板的安装应将钢筋三角架安装牢固，由于本工程导墙高度变化较多，钢筋三角架需按每种导墙高度加工完善。

（2）墙模板安装

① 模板整体组装好后，采用汽车吊将墙模吊至龙门吊工作范围内，然后由龙门吊按位置吊装。侧墙模板构造图如图 5.3-12 所示。

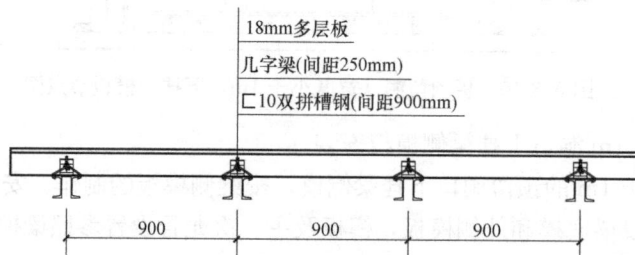

18mm多层板
几字梁(间距250mm)
□10双拼槽钢(间距900mm)

900　　900　　900

图 5.3-12 侧墙模板构造图

② 就位合墙体模板时，模板下口与预先弹好的墙边线对齐，然后安装钢管背楞，临时用钢管将墙体模板撑住。相邻模板间采用螺栓连接。相邻模板的主背楞采用专用芯带连接，具体做法详见图 5.3-13。

③ 端墙与两端侧墙相接时，侧墙模板配至端墙边线，端墙模板撞在侧墙模板上，模板阴阳角拼装一般采取长模板撞短模板的方法。

3）支撑体系安装

（1）模板吊装到位后，吊装单侧支架，将单侧支架由堆放场地吊至现场，单侧支架在吊装时，应轻放轻起。

（2）需由标准节和加高节组装的单侧支架，应预先在材料堆放场地装拼好，然后由龙门吊吊至现场。

（3）每安装五至六榀单侧支架后，穿插埋件系统的压梁槽钢。

（4）支架安装完后，安装埋件系统。用钩头螺栓将模板背楞与单侧支架部分连成一个整体。因为单侧支架受力后模板将略向后倾，故调节单侧支架后支座，直至模板面板上口向墙内倾约 5mm。

（5）最后再紧固并检查一次埋件受力系统，确保混凝土浇筑时，模板下口不会漏浆。安装完毕后，检查一遍支撑和各种扣件是否紧固，模板拼缝及下口是否严密，模板安装是

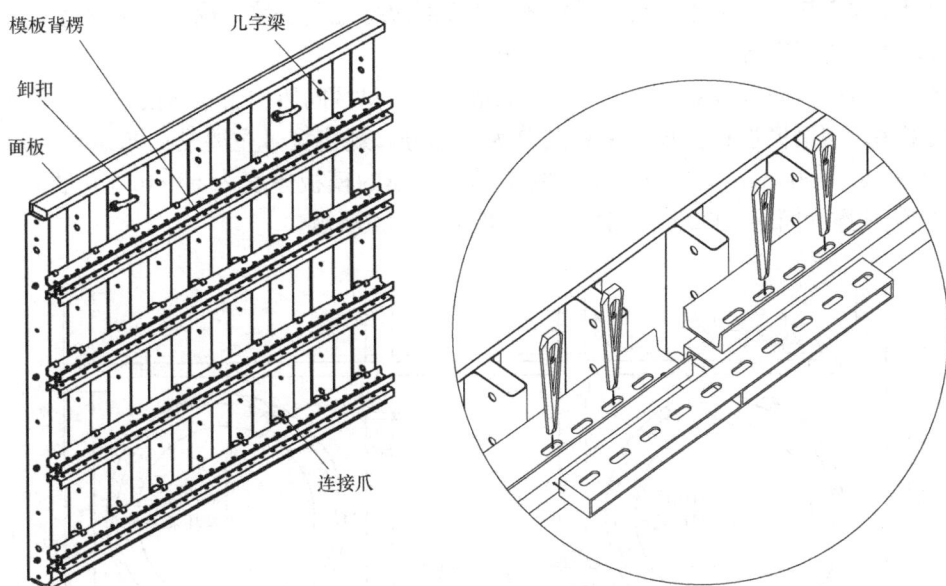

图 5.3-13　相邻模板主背楞连接方式示意图

否垂直，最后清扫墙内杂物。

4）其他要求

（1）模板表面必须刷脱模剂，板间拼缝表面要求平整，不得翘曲。

（2）端墙模板设置清扫口，位于墙的底部，两端靠近转角处各设一个，尺寸为 100mm×100mm，浇筑混凝土前封堵严密。

（3）墙体模板安装前，两块模板之间的缝内夹海绵条，并用棉纱蘸脱模剂涂刷板面。

（4）模板吊装就位时，仔细核对每一块模板的布置位置。预先用钢管斜撑在将浇筑的墙体上。等支架吊装到位后，再调垂直度。

（5）多榀支架堆放在一起时，应在平整场地上相互叠放整齐，以免支架变形。

（6）单侧模板支撑体系后点垫必须牢固稳定。

5.3.4　洞口模板安装

1）工艺流程

在基坑侧墙弹出洞口净空的尺寸线→安装支撑体系→安装整体模板→调整高程并紧固→与主体侧墙模板连接紧固→验收

2）模板支架安装

洞口模板在侧墙及拱顶钢筋绑扎完成并验收合格后进行。安装时，首先在底板上弹出侧墙模板线以及支架立柱轴线，然后安装支撑体系，而后安装侧墙模板并调整紧固，最后安装拱顶整体模板并调整高程，调整合适后固定，并与侧墙模板相连。

3）支撑体系安装

（1）墙体洞口模板安装

支撑体系采用 φ48.3 壁厚 3.6mm 的扣件式支架，立杆间距纵向间距为 600mm，沿墙厚方向为 300mm，立杆步距为 600mm。水平支撑沿墙厚方向为 300mm，竖向间距为立杆间距。小横杆间距为 600mm×600mm，所有交叉节点均为扣件锁紧，架子管采用对接方式，确保支撑不变形，整体一致，要严格按照图纸尺寸配制安装，确保方正垂直。

（2）主体与区间接口部位预留洞口模板

墙体与盾构区间接口部位预留洞口为圆形洞口，供区间盾构始发和接收，此部位混凝土模板采用定型钢模进行支设，模板共分为三部分，规格型号主要是：900mm×900mm钢模、600mm×900mm钢模及少量自制木模，钢模的模板厚度为55mm（含肋），采用I28工字钢环撑（间距300mm）。具体构造如图5.3-14所示。

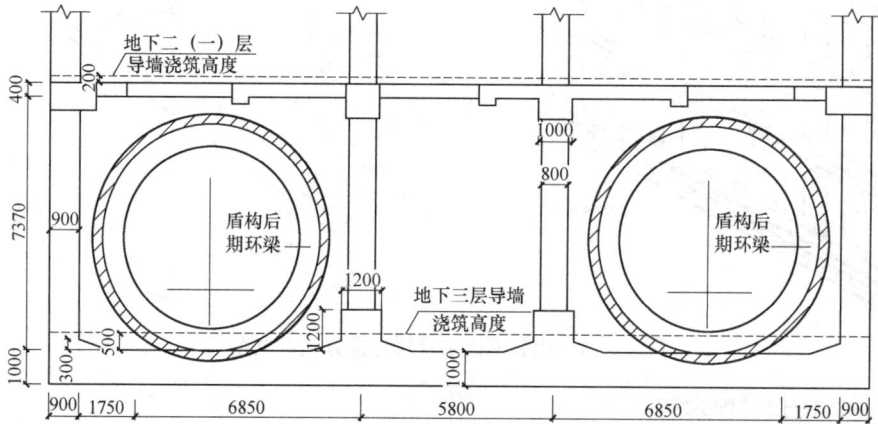

图5.3-14 盾构环梁模板构造图

4）墙体预留孔洞口模板

墙体孔洞主要为消防栓预留孔洞，以及消防管道预留槽，没有贯通孔洞，按照图纸尺寸制作木盒，根据控制线安装木盒，木盒就位后四周用附加筋绑固定牢固，墙内预埋的塑料管及钢管在安装模板前检查尺寸是否符合要求，无误后把管内用泡沫等材料堵严以防混凝土等杂物进入，确保孔洞的尺寸准确，牢固可靠。具体构造如图5.3-15所示。

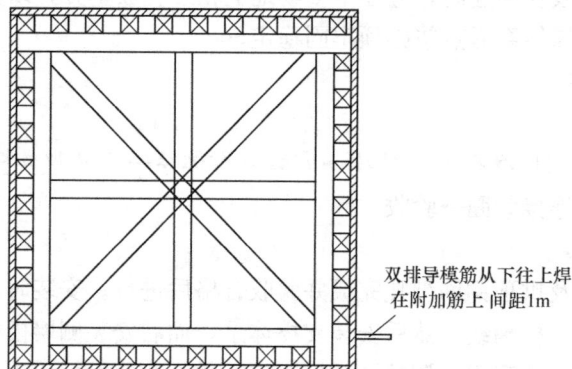

图5.3-15 墙体预留洞模板构造图

5）其他要求

（1）在侧墙模板安装前进行，以减少模板安装的施工难度。

（2）洞口模板靠近主体的端头修齐，顶在侧墙模板上，并从侧墙上打入钉子将两部分模板固定。

5.3.5　模板安装注意事项

（1）模板安装时按号就位，在吊装模板时，要把钢丝绳按模板上预留的位置挂平、挂牢。

（2）在墙模板就位时，由于加腋筋较长，要防止钢筋来回跳伤人。就位后，先把上口与主筋拴牢，再用 100mm×100mm 方木临时支顶，确保牢靠，以防倾倒伤人。

（3）每块墙模模板拼装调直后，及时与支架顶牢，下口与导墙螺栓拧牢。每道横杆支托必须与侧墙竖向 100mm×100mm 方木顶牢。

（4）碗扣架的碗扣盖必须扣死，扣件式钢管脚手架的卡子也必须拧牢，并且保证各管件横平竖直。管件要安装一根牢固一根，由下往上安装。严禁把立杆全接起来再安横杆，以防止上节倾斜伤人。操作时要精神集中，上下呼应，保持材料安牢、扣牢。工具不用时放在工具袋内。

（5）在铺设顶板时，要顺序铺设，主、次龙骨要按尺寸钉牢，不得有探头，不得有小块及单块木胶合板放在顶板模板上，防止人员踩踏后滑倒受伤。

（6）现场严禁吸烟，现场做好文明施工，做到活完场清。

5.4　混凝土浇筑

5.4.1　混凝土浇筑方法

采用汽车泵进行混凝土浇筑。

5.4.2　混凝土浇筑顺序

（1）地下三层端墙浇筑受盾构环梁、第四道钢支撑影响；地下二层、一层端墙由于受到预留盾构接收井的影响，故将扩大端侧墙与端墙分开两次浇筑，其中扩大端盾构井首先浇筑两边侧墙，然后浇筑端墙。盾构环梁采用三块定型模板，考虑后续施工难度，将环梁底部跟第一流水段底板一起浇筑。

（2）浇筑方向由远及近，利用分段、分条、薄层浇筑，缩短施工时间，防止混凝土初凝。

5.4.3　混凝土浇筑要求

确保模板支架施工过程中均衡受载，分层浇筑，避免集中卸料，严格控制混凝土的浇筑厚度及浇筑速度，梁分层浇筑厚度≤400mm。

5.5　监控量测措施

（1）每个流水段施工断面选取不少于 3 点进行监控量测。

（2）对已验收完毕封面板的架体，侧向位移使用经纬仪在牢固可靠位置定点，然后在监测点杆件上去观测点，同时在楼板相应位置取对照点，根据监测频率对监测点杆件依对照点进行实时监测。监测侧向水平位移值不得大于 5mm。

（3）对已验收完毕封面板的架体，竖向标高采用精密水准仪进行观测，同上所述，在监测杆件上取得初始值，然后在其他牢固可靠的位置取得对照高程点，根据监测频率对监测点杆件依对照高程点进行实时监测。监测竖向标高变化值不得大于 25mm。

（4）若监测过程中发现监测值超出预警值，停止浇筑，人员立即撤离。

5.6 模板拆除

5.6.1 模板拆除条件

1）墙、柱及梁侧模的拆除

（1）混凝土强度能保证结构构件表面及棱角不因拆除模板而受损后，方可拆除墙、柱、模板及梁模侧板。

（2）冬期施工期间，当混凝土同条件试块强度大于混凝土强度标准值的30％时方可拆除墙、柱、模板及梁模侧板。

2）梁、板底模的拆除

梁、板底模的拆除除满足的混凝土强度达到100％外，中板模板必须待顶板拆除模板及支撑体系后方可拆除。

3）主体结构段3仓同做，拆除可顺次倒运；折返线段因完成较快，待结构全部完成后整体拆除。

5.6.2 墙模拆除

1）墙体模板使用龙门吊或汽车吊配合进行拆除。

2）拆模时首先拆除斜拉纤，撬出模板底角顺水方木，然后将龙门吊的挂钩挂到模板吊点上；而后拆除竖向主楞上支撑固定点，从模板下部轻轻撬动模板，使之与墙体分离；而后向外侧平移，躲开墙上口的加腋预留钢筋后再向上起吊；最后逐榀（根）拆除模板支架。

5.6.3 顶模拆除

顶模拆除时，从方木的一端依次松开顶托，待整根方木下方顶托松开后，拆除该根方木及其下方顶托；然后按相同方法拆除同一块木胶合板下的其他方木；待一块木胶合板下的所有方木拆除完成后，撬下该块木胶合板；按照此种方法从施工段的一端至另一端依次拆除顶模，直至完成。

5.6.4 梁模拆除

（1）模拆除时，先拆除梁侧模板。从跨中下调支柱顶翼U形托螺杆，之后向两端逐根下调，再拆除主、次楞，然后拆除梁底模；拆除梁底模支柱时，亦从跨中向两端作业。

（2）板模拆除时，先下调支柱顶翼U形托螺杆，再拆除主、次楞，然后拆除板底模。在原有板底支撑架上适量搭设脚手板，以托住拆下的模板，严禁使拆下的模板自由坠落于地面。

5.7 季节性施工措施

5.7.1 雨期施工措施

（1）每天及时收集气象预报资料。

（2）做好模板、钢管覆盖防止雨淋后腐蚀、生锈，扣件等置于库房内保管防止生锈。遇强对流天气时，模板必须用钢丝绳牢固固定。

（3）遇大风大雨时停止支架搭设及模板工程的施工。雨后上架作业应有防滑措施。

（4）未搭设完成的支架及未完工的模板需设置必要的斜撑、压重等取保支架模板处于较安全状态。

（5）做好基坑及边坡的防排水，防止基坑内泥土被雨水带入模板内（特别是底板施工时。

（6）雨后及大风后必须重新对支架重新进行检查及验收，检查及验收内容详见前面章节。

5.7.2　冬期施工措施

（1）模板使用前将表面冻块、冰渣全部清理干净。

（2）模板脱模剂宜选用水溶性脱模剂。

（3）结构模板拆除时间以同条件混凝土试块强度报告为准。

（4）按规定浇筑混凝土后，在模板外及时覆盖阻燃性草帘或者防火保温被进行保温，防止混凝土遭冻。

6　质量标准及检查验收

6.1　模板安装质量标准

6.1.1　模板安装允许偏差见表6.1。

模板安装允许偏差　　　　　　　　　　　　　　　表6.1

序号	项　　目		允许偏差（mm）	检 查 方 法
1	轴线位移		5	钢尺检查
2	底模上表面标高		±5	水准仪或拉线钢尺检查
3	截面内部尺寸	基础	±10	钢尺检查
		柱、墙、梁	+4 −5	
4	层高垂直度	不大于5m	6	经纬仪或吊线、钢尺检查
		大于5m	8	
5	相邻两板表面高低差		2	钢尺检查
6	表面平整度		5	2m靠尺、楔形塞尺
7	预埋钢板中心线位置		3	拉线、尺量
8	预埋管、预留孔中心线位置		5	拉线、尺量
9	插筋	中心线位置	5	拉线、尺量
		外露长度	+10 0	
10	预埋螺栓	中心线位置	2	拉线、尺量
		外露长度	+10 0	
11	预留洞	中心线位置	10	拉线、尺量
		尺寸	+10 0	

6.1.2 施工质量要求

（1）模板在使用前必须清理干净并涂刷脱模剂。

（2）模板支模完毕进行清模，将杂物吹净。

（3）接缝不漏浆，严禁脱模剂沾污钢筋，污染混凝土接茬处。

（4）支模、拆模必须人工传料，轻拿轻放，严禁抛扔，防止损坏成品。

（5）楼板模板支好后必须用水平仪进行检测校正标高。

（6）模板拆除，混凝土强度和临时支撑符合要求，拆模不得损伤结构面层及棱角。结构层上堆放物料及施工集中荷载不得过载，并注意尽量放置在梁位置，避免大量荷载放置在板中。

6.2 模架安装质量标准

6.2.1 模架架搭设的技术要求、允许偏差与检验方法，见表6.2。

模架架搭设的技术要求、允许偏差与检验方法　　表6.2

序号	项目	部位	技术要求	允许偏差△(mm)	检验方法
1	地基基础	表面	坚实平整	—	观察
		排水	不积水		
		垫板	不晃动		
		底座	不滑动		
			不沉降	—10	
2	立杆垂直度	最后验收垂直度20～80m		±100	用经纬仪或吊线和卷尺检查
	允许水平偏差(mm)				
	搭设中检查偏差的高度(m)	总高度3‰，最大偏差不得大于21mm			
3	间距	步距	—	±20	钢板尺
		纵距	—	±50	
		横距	—	±20	
4	纵向水平杆高差	一根杆的两端	—	±20	水平仪或水平尺
		同跨内两根纵向水平杆高差	—	±10	
5	横向水平杆外伸长度偏差		外伸500mm	—50	钢板尺量测
6	扣件安装	主节点处各扣件中心点相互距离	$a \leqslant 150mm$		钢板尺量测
		同步立杆上两个相隔对接扣件的高差	$a \leqslant 500mm$		钢卷尺量测
		立杆上对接扣件至主节点的距离	$a \leqslant h/3$		
		纵向水平杆上的对接扣件至主节点的距离	$a \leqslant l_a/3$		
		扣件螺栓拧紧扭力矩	40～65N·m		扭力扳手检查
7	剪刀撑斜杆与地面的倾角		45°～60°	—	角尺测测
8	脚手板外伸长度	对接	$a=130～150mm$ $l \leqslant 300$	—	卷尺测测
		搭接	$a \geqslant 100mm$ $l \geqslant 200mm$	—	

6.3　检查验收

6.3.1　检查验收项目、人员及时间要求见表 6.3。

检查验收项目、人员及时间要求　　　　　　　　　　表 6.3

检查验收项目	检查验收人员	检查验收时间
材料验收	材料员＊＊,工长＊＊,质检员＊＊	材料进场
架体定位验收	放线员＊＊,质检员＊＊	架体定位完成
架体搭设过程验收	工长＊＊,质检员＊＊,安全员＊＊,技术员＊＊	每道水平剪刀撑搭设之前
模架支撑验收	项目经理＊＊,技术负责人＊＊,工长＊＊,安全员＊＊,质检员＊＊,监理＊＊	模架支撑全部搭设完毕

6.3.2　检查与验收项目、部位及相关要求

1）材料验收

（1）主要构配件应有产品标识及产品质量合格证。

（2）供应商应配套提供管材、零件、铸件、冲压件等材质、产品性能检验报告。

（3）钢管管壁厚度；焊接质量；外观质量；可调底座和可调托撑丝杆直径、与螺母配合间隙及材质。

（4）构配件进场检查与验收由技术、生产、安全及物资部门，会同甲方、监理验收。

2）架体基础验收

（1）下层楼板达到一定强度后，方可在开始搭设模板支撑架。支撑架立杆底部应满铺脚手板。

（2）适当清理平整场地，使架体基础略高于四周地面，保证雨水及时排除出架体区域。

3）架体定位验收

搭设前模架基础上的立杆点位立杆平面布置图放设完毕后，逐一进行检查验收。

4）架体搭设过程验收

（1）支撑架按立杆、横杆、水平剪刀撑，竖向剪刀撑、横向斜杆、拉接杆、水平顶杆的顺序逐步搭设，不得一次搭设到设计高度。第一层水平杆搭设完成后必须对立杆的垂直度、横杆的水平度进行检查，符合要求方能继续下一层的搭设。每层水平杆搭设完成后，进行垂直度和水平度的检查。

（2）扫地杆搭设完毕后，应对架体进行第一次验收，全部符合要求后方能继续下一步的搭设。

（3）架体每搭设完一道水平剪刀撑后，应对架体进行一次验收，验收通过后方能继续搭设。

（4）铺设模板前对架体再次进行检查，各项全部合格后才可铺设模板。

（5）模板验收及浇筑混凝土时必须拉通线控制标高和各轴线位置、构件尺寸。

（6）墙、柱、梁、顶板模板应 100％检查验收。

（7）针对架体检查与验收过程中出现的问题，提出整改方法与整改措施。

7　安全保证、文明施工措施

7.1　安全管理

7.1.1　方针目标

（1）在施工中，始终贯彻"安全第一、预防为主"的安全生产工作方针，认真执行国务院、建设部、北京市关于建筑施工企业安全生产管理的各项规定，重点落实北京市建委、北京市劳动局发布的《北京市建筑施工现场安全防护基本标准》，把安全生产工作纳入施工组织设计和施工管理计划，使安全生产工作与生产任务紧密结合，保证职工在生产过程中的安全与健康，严防各类事故发生，以安全促生产。

（2）强化安全生产管理，通过组织落实、责任到人、定期检查、认真整改，实现"杜绝死亡事故，控制重伤事故在 0.5‰以下，尽量减少轻伤事故"的工作目标。

7.1.2　组织管理

（1）成立由项目经理部安全生产负责人为首，各施工单位安全生产负责人参加的"安全生产管理委员会"，组织领导施工现场的安全生产管理工作。

（2）根据作业人员情况成立现场"安全纠察队"，"安全纠察队"队员每人佩戴项目经理部统一印制的"安全纠察"臂章，开展日常安全生产检查工作。

（3）项目经理部主要负责人与各施工单位主要负责人签订安全生产责任状，施工单位主要负责人再与本单位施工负责人签订安全生产责任状，安全生产工作责任到人，层层负责。

7.1.3　安全管理

（1）建立安全管理体系：配备专职安全员，在各单位、班组设兼职安检员，建立和完善安全生产责任制，所有制度分解到位，责任落实到人。

（2）大力进行安全生产工作的宣传教育，对所有参建单位、班组进行入场教育，使安全第一的知识做到人人皆知，高度重视。在工作中事事进行安全交底，处处有安全警示牌，时时有专人负责安全管理。

（3）解决安全隐患，做到"四不放过"，处理安全问题重奖重罚。

（4）施工现场场容场貌按照市文明工地标准要求。

7.1.4　劳务用工管理

1）使用的施工人员，必须接受建筑施工安全生产教育，经考试合格后方可上岗作业，未经建筑施工安全生产教育或考试不合格者，严禁上岗作业。

2）施工人员上岗作业前的建筑施工安全生产教育，由施工单位负责组织实施。

3）施工人员上岗前须由施工单位劳务部门负责人将施工人员名单提供给本单位安全部门，由安全部门负责组织安全生产教育，安全生产教育的主要内容：

（1）安全生产的方针、政策、法规和制度；

（2）安全生产的重要意义和必要性；

（3）建筑安装工程施工中安全生产的特点；

（4）施工现场的概况；

（5）本工程施工现场安全生产管理制度、规定；

（6）建筑施工中因工伤亡事故的典型案例和触电、物体打击、机械（起重）伤害、坍塌等五大伤害事故的控制预防措施；

（7）建筑施工中常用的有毒、有害化学材料的用途和预防中毒的知识。

4）施工人员上岗作业前，必须由施工长（或班组长）负责组织本队（组）学习本工种的安全操作规程和一般安全生产知识。

5）每日上班前，施工（班组）负责人，必须召集所辖全体人员，针对当天任务，结合安全技术交底内容和作业环境、设施、设备状况、本队人员技术素质、安全意识、自我保护意识以及思想状态，有针对性地进行班前安全活动，提出具体注意事项，跟踪落实，并做好活动纪录。

6）强化对施工人员的管理。用工手续必须齐全有效，严禁私招乱雇，杜绝跨省市违法用工。

7）参与施工的人员必须是经过专业培训且必须经考试合格有上岗证、经验丰富、身体健康的专业人员。安装和拆除过程中至少配备两名安全员现场监督。

7.1.5　安全防护管理

（1）所有参加模板施工的施工人员，严格按照各工种的安全操作规程施工，严禁违章作业。

（2）基坑边坡必须设有可靠护栏，高度不得小于 1.2m，护栏上设密目网。

（3）电焊工必须佩戴好防护眼镜、绝缘鞋、绝缘手套等防护用品。

（4）操作前必须对所使用工具、吊具和索具以及固定地锚进行检查，不合格者不得使用。

（5）高处作业时，必须穿防滑鞋，系好安全带，安全带正确使用，悬挂安全带的位置必须牢固。

（6）安装与拆除过程中，必须设专人指挥与协调，划出施工作业区域，设专人看护，设置警戒线，无关人员不得进入该区域内，架子管拆除时，严禁直接向下扔钢管，应采用麻绳系牢后，平稳下放至地面。

（7）模板吊装以及脚手架安装以及拆除时必须有安全员进行旁站。

（8）吊车起钩前，吊物周围的所有死角均不得站人。

（9）施工人员要做好"一对一"结伴监护，防止意外伤害。

（10）尽量避免上下交叉作业，如果不能避免时必须有施工人员上下照应，并严禁抛掷工具，以及其他物品。上、下工作面间应设有专用防护棚或其他防护设施。

（11）高空作业使用的所有工器具都要绑上防坠绳，配备工具包，不用时将工器具系到脚手架上。

（12）安装作业人员在上下攀爬过程中必须注意力集中，防止抓脱、踩空。

（13）作业人员在安装过程中必须注意力集中，防止挤压手脚。

（14）模板组装或拆除时，指挥拆除和挂钩人员必须站在安全可靠的地方方可操作，严禁任何人员随模板起吊。

（15）拆模后起吊前，应复查预埋螺栓及其他拉结是否拆净，在确无遗漏且模板与墙体完全脱离后方可起吊。

（16）吊装所有物品必须由司索工捆绑挂勾，严禁非司索工操作。

（17）在吊物尤其是吊架子管、方木时下方严禁站人，零散物品以及捆绑困难的物品必须采用吊斗进行吊装。

（18）所有安装作业人员均应接受安全管理人员的监督。

（19）所有作业人员均应正确使用并自觉维护安全设施，保证安全设施的可靠性。

（20）起重捆绑必须由专人检查，保证万无一失。

（21）架子工等从事高空作业人员，必须进行身体检查，不得使用患有高血压、心脏病、癫痫病和其他不适于高空作业人员，从事高空作业。

（22）施工现场光线不足的地方以及夜间施工时必须设有足够的照明。

（23）洞口、临边必须按要求设置坚实的封盖板栏以及安全网等安全防护设施，并固定牢固，加设明显的标志。不得随意拆移，如必须临时性拆移，需经施工现场负责人核准，移除后必须设有专人看护，不得离人。工作完毕后，必须立即恢复。

（24）混凝土浇筑操作平台必须满铺脚手板，并采用铅丝固定牢固，并设有不低于1.2m 的护栏。

7.1.6　临时用电管理

（1）建立现场临时用电检查制度，按北京市建委关于现场临时用电管理规定对现场各种线路和设施进行定期和不定期抽查，并将记录存档。

（2）施工机具、车辆及人员，应与内、外电线路保持安全距离。达不到规范规定的最小距离时，必须采用可靠的防护措施。

（3）配电系统必须实行分级配电。现场内所有电闸箱的内部设置必须符合有关规定，箱内电器必须可靠、完好，其选型、定值要符合有关规定，开关电器应标明用途。

（4）在采用接地和接零保护方式的同时，必须设两级漏电保护装置，实行分级保护，形成完整的保护系统。漏电保护装置的选择应符合规定。

（5）手持电动工具的使用应符合国家标准的有关规定。工具的电源线、插头和插座应完好，电源线不得任意接长和调换，工具的外绝缘应完好无损，维修和保管应由专人负责。

（6）电焊机应单独设开关。电焊机外壳应做接零或接地保护。施工现场内使用的所有电焊机必须加装电焊机触电保护器。电焊机一次线长度应小于 5m，二次线长度应小于30m。接线应压接牢固，并安装可靠防护罩。焊把线应双线到位，不得借用金属管道、金属脚手架、轨道及结构钢筋。

（7）所有用电设备按要求实行一机、一闸、一漏、一保险。

（8）使用电动工具必须经过检验，合格后方可使用，且必须使软橡胶电缆，配备漏电保护器，并应有良好接地。严禁私拉乱接电源。

（9）电气操作人员必须持证上岗，非电气人员不得乱动、乱碰、乱接电气系统。

7.1.7　施工机械管理

（1）施工机械应设定专人负责，施工机械的操作人员必须持证上岗。

（2）龙门吊等施工机械必须由专业电气工程师、机械工程进行定期定期检查、维修、保养。

（3）所用进场的施工机械必须有合格证，大型机械必须报验合格后方可使用。

（4）任何机械设备发生故障及时报告，必须由专业人员进行检修，严禁自行动手修理。

（5）电刨、电锯等木工机械必须有可造的防护措施，确保安全。

（6）龙门吊轨道上严禁放置物品，严禁在龙门吊轨道上停留。

（7）起重机司机及指挥信号工必须经过培训，持证上岗。施工中指挥人员与司机必须统一信号，禁止违章指挥和操作。

（8）吊车在工作中如遇机械故障不能正常工作，应立刻设法放下重物，严禁继续施工，严禁吊物在空时进行调整或检修机械。

（9）汽车吊回转半径内严禁站人，防止发生意外。

（10）施工中所使用的起吊绳的安全系数要确保至少 8 倍，没有断丝，磨损超标现象，没有严重翘曲、扭曲现象，使用钢丝绳夹角不能大于 90°，且棱角必须要垫包角。

（11）操作人员与指挥人员必须密切配合协调一致，指挥信号必须清晰明确；操作人员必须精力集中，防止误操作，严格按信号操作，在信号不清或不明确时，禁止操作，不能根据自己的猜测判断进行操作。

（12）五级以上大风天气应停止模板作业。

7.2　材料管理措施

（1）施工现场必须建立一套周密、完整的材料管理体系，从各个环节入手，道道把关，杜绝材料浪费现象，增收节支。

（2）材料进场要实行严格的材料验收制度，不合格或达不到验收标准的一律退货。

（3）材料的保管，材料验收合格后，按品种、规格、型号分别存放，并责任分工到人。

（4）材料发放实行限额领料制度，办理出库领料手续。

（5）材料使用严格执行工艺标准，各种机具、设备、工具的使用按照产品说明，严禁违章操作使用。

（6）施工中的剩余材料及时返回材料库。

7.3　保卫管理措施

（1）成立保卫领导小组、治保综合治理委员会，会同有关部门搞好重点部位安全检查工作。

（2）健全施工现场各项保卫管理制度，加强保卫工作及护场人员岗位责任制。

（3）贯彻谁主管谁负责的原则，对重点部位加强防范，把案发率降至最低点。

7.4　消防管理措施

（1）加强现场用火用电管理，认真执行用火审批手续，把好用火关。

（2）抓好自有职工、劳务队伍的岗前培训，电、气焊及其他特殊工种实行持证上岗，并按操作规程和防火要求进行。

（3）确保施工现场消防器材设备充足有效，并随工程进度情况按有关规定增加防火器材。

（4）逐级落实防火责任制，加强防火教育，消灭违章，提高全员意识。

（5）木工加工场以及模板、方木堆放场地严禁烟火，并配备足够的灭火器。

（6）模板施工与焊接施工交叉作业或在已完成模板的部位进行焊接施工时，必须采用防火毡或钢板进行有效的隔离措施，并配灭火器；应有专职安全员进行旁站。

（7）氧气瓶、乙炔瓶工作间距不少于 5m，两瓶同明火作业点距离不少于 10m。钢筋作回路地线。焊把线无破损，绝缘良好。电焊机设置地点应防潮、防雨、防砸。

（8）施工现场严禁吸烟。

7.5　文明施工措施

（1）施工现场相应的位置必须设有醒目的安全标志。

（2）施工区域内工器具、模板、架子管等构件应摆放整齐、有序、定点放置。

（3）施工现场的脚手板、斜道板、跳板和交通运输通道应随时清理，如有雨水或冰雪，要采取防滑措施。

（4）木工加工必须在设置了隔音措施的木工加工棚内作业，减少噪声对环境的影响。

（5）每日工作完毕，及时清理施工产生的废料垃圾，做到活完料净场地清。

8　施工风险控制措施及应急预案

8.1　风险控制措施

针对模板施工过程中可能产生的风险，制定风险控制措施如下：

8.1.1　机械事故

（1）车辆驾驶员和各类机械操作员，必须持证上岗，严禁无证操作，对驾驶员、机械操作员定期进行安全教育。

（2）严禁酒后驾驶车辆和操作机械，车辆严禁超载、超高、超速驾驶，禁止使用带病的车辆、机械和超负荷运转。

（3）机械设备在施工现场应集中停放，严禁对运转中的机械设备进行检修、保养。

（4）指挥机械作业的指挥人员，指挥信号必须准确，操作人员必须听从指挥，严禁蛮干。

（5）起重作业应严格执行《建筑机械使用安全技术规程》JGJ 33 和《建筑安装工人安全技术操作规程》中的有关规定和要求。

（6）使用钢丝绳的机械，必须定期进行保养，发现问题及时更换，在运行中禁止工作人员跨越钢丝绳，用钢丝绳起吊、拖拉重物时，现场人员应远离钢丝绳。

（7）设专人对机械设备、各种车辆定期检查、维修和保养，对查出的隐患要及时进行处理，并制定防范措施，防止发生机械伤害事故。

8.1.2　吊运过程中产生碰撞或吊装物坠落

（1）起重机械司机及指挥信号工必须经过培训合格，持证上岗。施工中指挥人员与司机必须统一信号，禁止违章指挥和操作。操作人员与指挥人员必须密切配合协调一致，指挥信号必须清晰明确；操作人员必须精力集中，防止误操作，严格按信号操作，在信号不清或不明确时，禁止操作，不能根据自己的猜测判断进行操作。

（2）吊车、龙门吊等在工作中如遇机械故障不能正常工作，应立刻设法放下重物，严禁继续施工，严禁吊物在空时进行调整或检修机械。

（3）吊车、龙门吊等起重机械严禁超载。

（4）施工中所使用的起吊绳的安全系数要确保至少 8 倍，没有断丝，磨损超标现象，没有严重翘曲、扭曲现象，使用钢丝绳夹角不能大于 90°，且棱角必须要垫包角。

（5）五级以上应大风停止模板吊装作业。

（6）吊装所有物品必须由司索工捆绑挂勾，严禁非司索工操作。起重捆绑必须由专人检查，保证万无一失。

（7）模板吊装以及脚手架安装以及拆除时必须有安全员进行旁站。

（8）模板组装或拆除时，指挥拆除和挂钩人员必须站在安全可靠的地方方可操作，严禁任何人员随模板一起起吊。

8.1.3　模板支撑体系坍塌

（1）模板及支撑体系荷载计算必须经复核通过方可实施。

（2）进场的脚手架、扣件，托撑等支撑体系材料必须有合格证，必须复试合格后方可使用。

（3）严格按照模板安装施工方案进行施工，支撑体系的施工误差不得大于规范要求。

（4）模板支撑体系必须支顶牢固，所有扣件必须连接牢固。模板及支撑体系安装完成后，必须经验收合格后方可进行混凝土浇筑。

（5）严格控制混凝土浇筑速度，在混凝土浇筑过程中，设专人对模板支撑体系进行监测，并配备对讲机，保证联络畅通。

（6）混凝土浇筑施工过程中如果模板及支撑发出异常声音，立即停止施工，查明原因并妥善处理后方可继续施工。

（7）混凝土浇筑施工过程中如果模板及支撑出现松动、变形等异常情况立即停止施工，对松动、变形部位进行妥善处理后方可继续施工。

（8）模板拆除严格按照正常拆除顺序进行，严禁私自乱拆，出现模板及支撑体系局部失稳，造成事故。

8.2　应急预案

8.2.1　应急预案说明

根据《中华人民共和国安全生产法》为了保护企业从业人员在生产建设过程中的身体健康和生命安全，保证在建筑施工中出现生产安全事故时，能够及时进行应急救援，最大限度降低人员和财产损失，对可能发生的事故如：机械事故、高空坠物以及高空坠落、触电、火灾、模板支撑体系坍塌，制定本工程的应急救援预案。

8.2.2　抢险组织

（1）为保证工程施工安全，危险源一旦出现险情，能够做到及时、迅速、有效抢险，将险情控制在最小范围，将损失减小到最低限度，特成立项目部抢险领导小组。抢险领导小组对集团公司负责，对项目部各分部统一指挥。

（2）应急救援指挥组

指挥长：＊＊＊（项目经理）　电话＊＊＊＊＊＊＊

副指挥长：＊＊＊（生产经理）、＊＊＊（技术负责人）、＊＊＊（安全总监）

成员：＊＊＊（工长）、＊＊＊（安全员）、＊＊＊（材料员）、＊＊＊（行政保卫人员）等

（3）抢险突击队名单如下：

队长：＊＊＊、＊＊＊

副队长：＊＊＊、＊＊　　　组员：＊＊＊、＊＊＊、＊＊＊

8.2.3　应急救援机构组织职责

（1）指挥长：负责召集领导小组成员，下达指令，决策救援目的、方案、步骤等重大事项，统一协调指挥救援实施全过程。

（2）副指挥长：负责整体指挥事故现场救援，掌握现场实际情况，督促救援方案的落实实施，了解现场伤员情况，遇有特殊情况，及时果断调整救援方案。

（3）应急指挥人员职责：

① 事故发生后，立即赶赴事发地点，了解现场状况，初步判断事故原因及可能产生的后果，组织人员实施救援。

② 发生伤亡事故后，安排人员联络医院、消防机构、应急机械设备、派人接车等事宜。

③ 召集救援小组人员，明确救援目的、救援步骤，统一协调开展救援。

④ 按照救援预案中的人员分工，确认实施对外联络、人员疏散、伤员抢救、划定区域、保护现场等的人员及职责。

⑤ 协调应急救援过程中出现的其他情况。

⑥ 救援完成、事故现场处理完后，与现场相关人员确认恢复生产的条件及时恢复生产。

⑦ 根据应急实施情况及效果，完善应急救援预案。

（4）现场安全员

① 立即赶赴事故现场，了解现场状况，参与事故救援。

② 依据现场状况，判断仍存在的不安全状态，采取处理措施，最大限度地减少人员及财产损失，防止事态进一步扩大。

③ 判断拟采取的救援措施可能带来的其他不安全因素，根据专业知识及经验，选择最佳方案并向应急指挥提出自己的建议。

④ 参与应急救援预案的完善工作。

（5）专业操作人员及其他应急小组成员

① 听从指挥，明确各自职责。

② 统一步骤，有条不紊地按照分工实施救援。

③ 参与应急救援预案的完善。

8.2.4　应急处理程序和报告程序

在施工生产中，一旦发生突发事故，应立即启动先期处置应急预案，迅速采取有效措施，尽力控制事态发展，以减少人员伤亡和财产损失，及时上报并同时抢救伤员及疏散人员，避免事故蔓延（图8.2）。

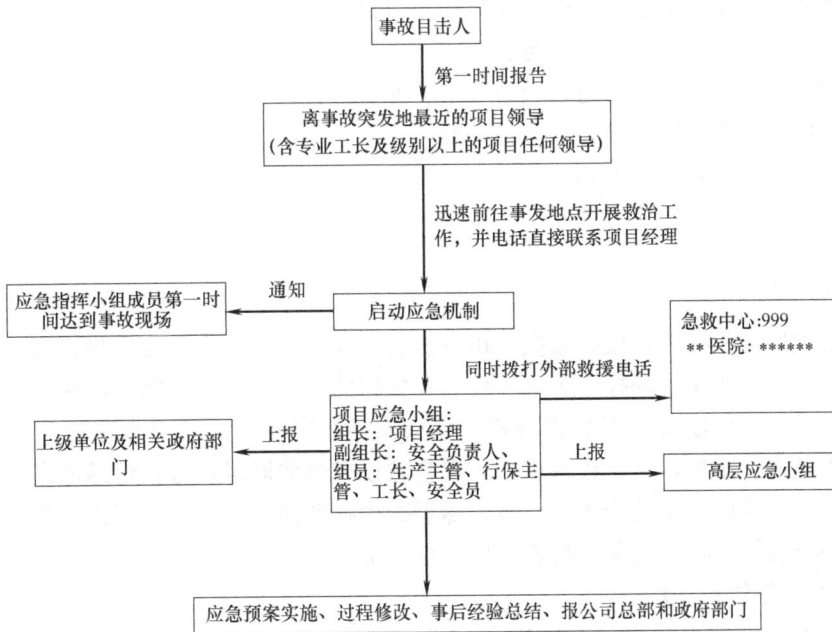

图 8.2　事故报告流程图

8.2.5　事故应急救援程序

应急指挥立即召集应急小组成员，分析现场事故情况，明确救援步骤、所需设备、设施及人员，按照策划、分工，实施救援。需要救援车辆时，应急指挥应安排专人接车，引领救援车辆迅速施救。

1）机械事故

（1）发现险情的人员立即向领导报告。

（2）立即切断电源。

（3）指挥员召集抢险小组进入应急状态，并上报。

（4）对险情制定抢救方案。

（5）根据险情制定抢修方案。

（6）各小组按职责实施方案。

（7）保护事故现场。

2）高空坠物以及高空坠落

（1）发现险情的人员立即向领导报告。

（2）停止高空作业。

（3）指挥员召集抢险小组进入应急状态，并上报。

（4）对险情制定抢救方案。

（5）根据险情制定抢修方案。

（6）各小组按职责实施方案。

（7）保护事故现场。

3）触电

（1）发生电击后必须首先切断电源，关闭开关或用绝缘物体挑开电线、电器，或用带木柄（干燥）的斧头砍断电线，千万不可用手直接拉病人。

（2）发现险情的人员立即向领导报告。

（3）指挥员召集抢险小组进入应急状态，并上报。

（4）对险情制定抢救方案。

（5）根据险情制定抢修方案。

（6）各小组按职责实施方案。

（7）保护事故现场。

4）火灾

发生火灾后，积极进行报警救援，由外协员和保卫干事二人负责，报警后立即去大门口外迎候并指导消防车进场投入灭火工作。在报警的同时，义务消防队由保卫干事负责指挥灭火组成员使用现场灭火器材积极投入灭火战斗；同时消火栓组急速打开附近的消火栓，接好水龙头、水枪，迅速投入灭火。在自救或求援的同时，抢救组迅速进行火场及其周围重要物品和易燃物品的抢救和疏散，尽量减少财产损失。由工长等人对救灾抢险中受伤的人员进行现场包扎或送医院抢救，以减少人员伤亡。

5）模板支撑体系坍塌

可能发生模板坍塌的部位有标准段侧墙，端墙，第一、二、三流水段侧墙、顶板、中板。

（1）发现险情的人员立即向领导报告。

（2）指挥员召集抢险小组进入应急状态，并上报。

（3）事故现场应急处理

① 警戒隔离：抢险队员在事故现场周围用警戒桩、警戒线带等物资在现场设置警戒隔离区，非抢险队员不得进入警戒区内，以防止发生连锁事故，为更好地进行抢险工作创造条件。

② 人员疏散：抢险队员将事故现场被困人员及时组织转移到安全地带，并将现场非抢险队人员转移出事故现场。

③ 人员抢救：确定是否有人员受伤、被困，如有人员受伤、被困，抢险队员先将受伤人员从事故现场解救出来并进行现场急救处理。立即联系 120、999 急救车或 ＊＊医院（电话＊＊＊＊＊＊＊），同时尽量确定被困人员的详细情况（包括人员数量、姓名以及被困位置），为抢救创造有利条件。

④ 控制险情：抢险队员使用预备的应急物资，对有进一步倾斜、倒塌发展趋势的脚手架进行加固，以最大限度减少人员和财产损失。

⑤ 设置向导：在事故现场入口及进入现场的主要通道边安排引导人员，以引导救险车辆、人员、物资等迅速准确地进入事故现场。

⑥ 记录：事故发生后，由安质部有关人员对事故的发生、发展以及抢险救护等过程情况进行记录，为事后的调查、分析提供资料。

（4）根据险情制定抢修方案。

6）抢救受伤人员时几种情况的处理

（1）如确认人员已死亡，立即保护现场。

（2）如发生人员昏迷、伤及内脏、骨折及大量失血：

①立即联系120、999急救车或＊＊医院（电话＊＊＊＊＊），并说明伤情。为取得最佳抢救效果，还可根据伤情联系专科医院。

②外伤大出血急救车未到前，现场采取止血措施。

③骨折：注意搬动时的保护，对昏迷、可能伤及脊椎、内脏或伤情不详者，应注意摔伤及骨折部位的保护，避免因不正确的抬运，使骨折错位造成二次伤害。疑似脊椎骨折必须用木板床水平搬动，绝对禁忌头、躯体、脚不平移动。注意保暖及现场抗休克。患者骨折端早期应妥善地简单固定。固定的松紧要合适，不能太紧或太松。固定时可紧贴皮肤垫上棉花、毛巾等松软物，外以固定材料固定，以细布条捆扎。

（3）一般性外伤

视伤情送往医院，防止破伤风。轻微内伤，送医院检查。

8.2.6　应急物资储备

应急资源的准备是应急救援工作的重要保障，项目部应根据潜在的事故性质和后果分析，配备应急资源，包括：救援机械和设备、交通工具、医疗设备和必备药品、生活保障物资，详见表8.2。

主要应急物资、机械设备储备表　　　　表8.2

序号	材料、设备名称	单位	数量	规格型号	主要工作性能指标	现在何处
				机械设备		
1	湿喷机	台	4	TK-961	$5m^3/h$	现场
2	注浆泵	台	3	BW-250		现场
3	空压机	台	5	SA-5150W	$20m^3/min$	现场
4	钻机	台	1	CY-2A		现场
5	砂浆泵	台	2	KUBJ 型		现场
6	装载机	辆	2	ZL40	斗容量 $2m^3$	现场
7	蛙式打夯机	台	2	YZS0.6B	12kN	现场
8	风镐	台	10	G10	26L/S	现场
9	凿岩机	台	12	7655	$3.2m^3/min$	现场
10	小型挖掘机	辆	3	WY-4.2	斗容量 $0.2m^3$	现场
11	挖掘机	辆	2	PC200	斗容量 $1.6m^3$	现场
12	机动翻斗车	辆	12	FC-1	斗容 $0.75m^3$	现场
13	东风车	辆	8	8T		现场
14	液压汽车吊	辆	1	QY-25	25t	现场
15	千斤顶	台	4	YCW-120 型	120t	现场
16	混凝土输送泵	台	3	HBT60	输送 $60m^3/h$	现场
17	滚筒式搅拌机	台	2	JS350	斗容 350L	现场
18	电焊机	台	6	BX500		现场
19	卷扬机	台	2	JJ2-0.5	拉力 5t	现场
20	对讲机	台	10	GP88S		现场
21	发电机	台	1		200kW	现场

续表

序号	材料、设备名称	单位	数量	规格型号	主要工作性能指标	现在何处
22	通风机	台	3	JBT61-2	250～390m³/min	现场
23	污水泵	台	2	BW250/50型	150～250L/min	现场
主要材料						
24	钢拱架	榀	20	43kg/m钢轨		现场
25	临时立柱	榀	10	φ600钢管		现场
26	砂袋	只	120			现场
27	编织袋	只	1000			仓库

8.2.7　善后处理

现场抢险工作完成后，由项目部技术负责人组织项目部有关部门和人员，配合上级部门，对事故的发生、发展等方面的情况进行调查，形成相关的调查记录。对事故中受伤人员应及时送医院治疗，直到伤愈后方可出院，并按有关要求支付受伤期间的误工损失；对事故中不幸死亡人员应做好其家属的思想工作，并按有关要求及时将赔偿费用支付给其家属。

8.2.8　应急抢救路线图（略）

9　施　工　图

9.1　某站主体结构施工平面布置图（图9.1）

9.2　车站主体结构①-⑩轴模架支撑体系剖面图（图9.2）

9.3　模板支撑剖面图

（1）③-⑥轴（标准段下返梁）模板支撑体系横剖面图（图9.3-1）

（2）扩大端模板支撑剖面图（图9.3-2）

9.4　立杆平面布置图

（1）地下三层顶板模架支撑立杆平面布置图（图9.4-1）

（2）地下二层顶板模架支撑立杆平面布置图（图9.4-2）

（3）地下一层顶板模架支撑立杆平面布置图（图9.4-3）

10　计　算　书

10.1　梁模板支撑架计算内容

（1）模板面板计算：抗弯强度计算、抗剪计算、挠度计算

（2）梁底次龙骨计算：抗弯强度、抗剪、挠度

（3）梁底主龙骨的计算：抗弯强度、抗剪、度计算

（4）立杆的稳定性计算：验算长细比、验算立杆稳定性、满堂支撑架构造验算、高宽比验算。

（5）立杆基础强度核定或说明。

10.2　顶板支撑架计算书

（1）模板面板计算：抗弯强度计算、抗剪计算、挠度计算

（2）梁底次龙骨计算：抗弯强度、抗剪、挠度

（3）梁底主龙骨的计算：抗弯强度、抗剪、挠度计算

（4）立杆的稳定性计算：验算长细比、验算立杆稳定性、满堂支撑架构造验算、高宽比验算

（5）立杆基础强度核定或说明

10.3　梁侧模板计算书

（1）梁侧模板面板的计算：面板为受弯结构，需要验算其抗弯强度、挠度计

（2）梁侧模板横背楞计算：横背楞直接承受模板传递的荷载，需要验算其抗弯强度和挠度。

（3）梁侧模板竖背楞计算：竖背楞承受内龙骨传递的荷载，需要验算其抗弯强度和挠度。

（4）对拉螺栓的计算：对拉螺栓强度。

10.4　侧墙、端墙模板计算书

1）支架与埋件受力计算：埋件强度验算、埋件锚固强度验算。

2）面板计算：强度及挠度验算。

3）几字梁计算：次楞为几字梁间距为 250mm，将次楞简化为三跨连续梁，型钢主楞间距即为次梁跨度取 $l = 0.9$m，则次楞验算内容为：

（1）荷载分析；

（2）荷载验算；

（3）挠度验算。

4）型钢主楞验算内容包括：强度验算、挠度验算。

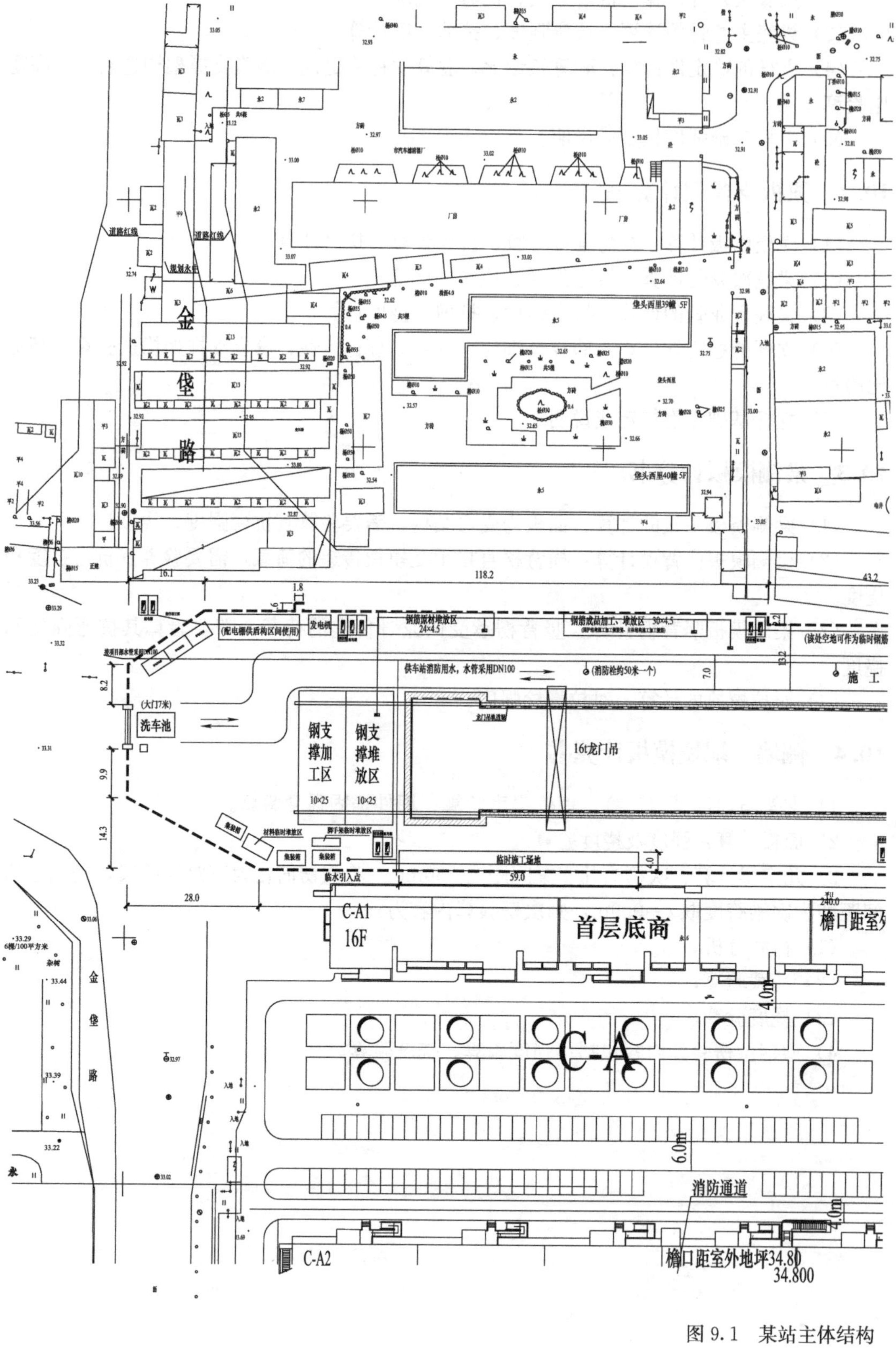

图 9.1　某站主体结构

施工平面布置图

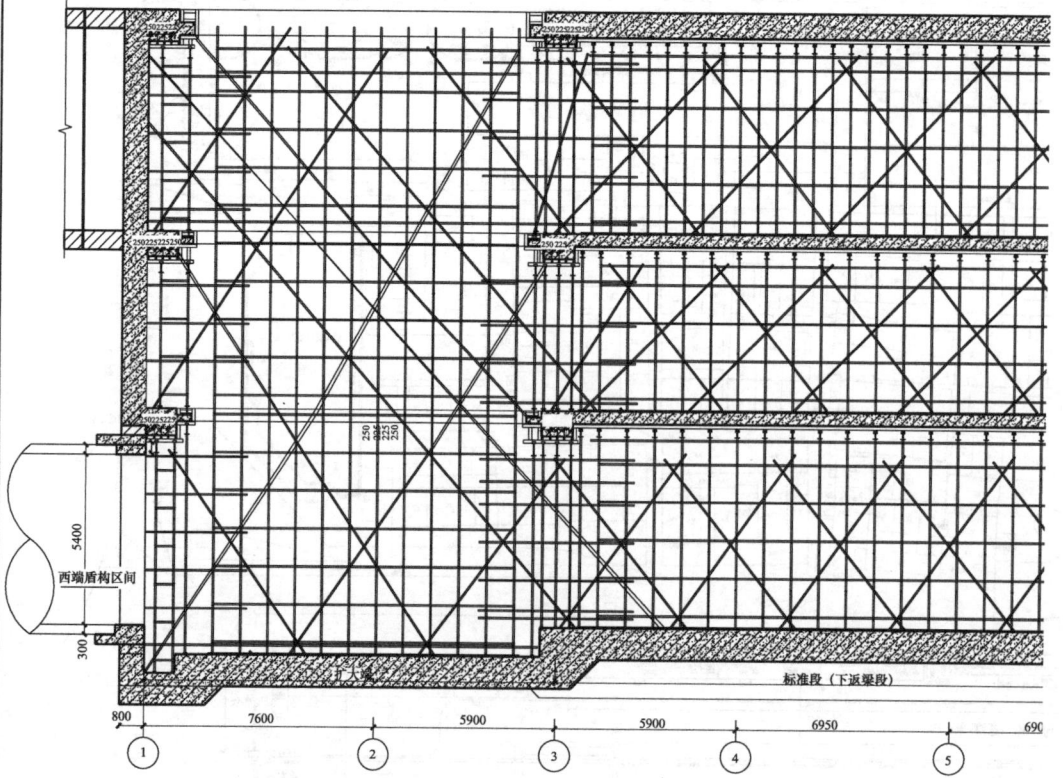

图 9.2　车站主体结构①-⑩

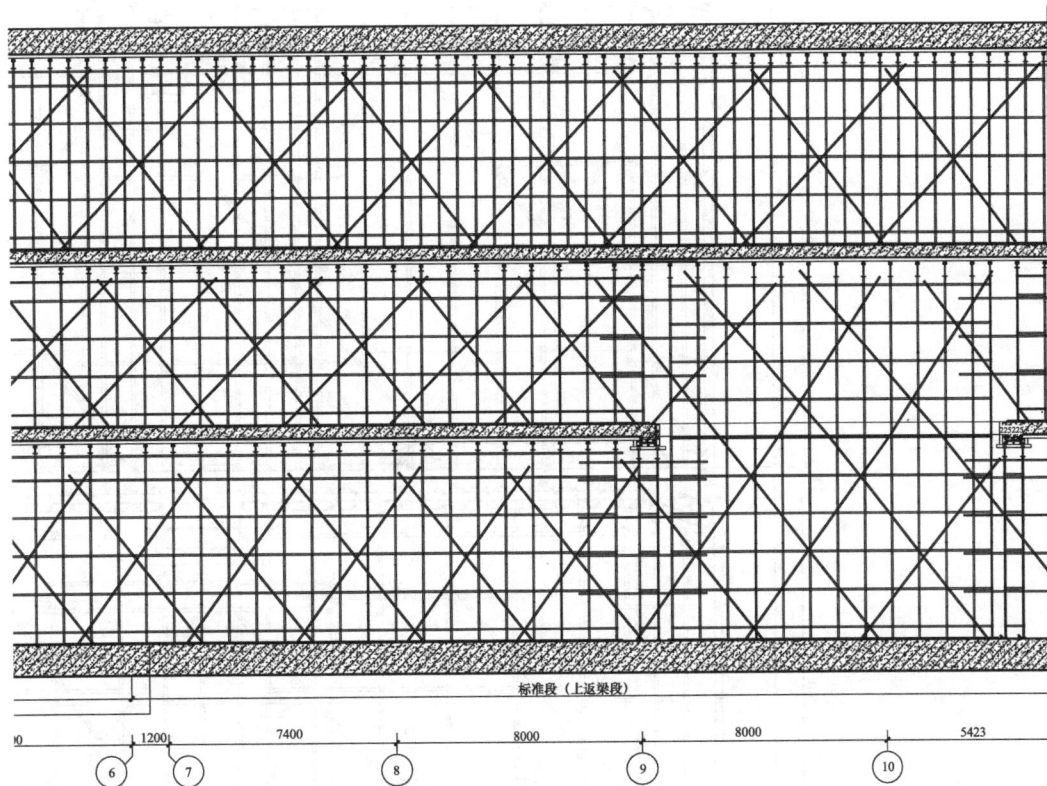

标准段（上返梁段）

⑥ 1200	7400	8000	8000	5423
⑦	⑧	⑨	⑩

总体审定		＊＊＊＊＊＊＊＊		工程名称	北京地铁7号线工程	
系统审定	项目负责人	＊＊＊		车站主体结构 ①-⑩轴模架 支撑体系剖面图	设计阶段	施工图设计
	专业负责人	＊＊＊			工程编号	
	设　计　人	＊＊＊			比例	1：100
	校　核　人	＊＊＊			日期	2012.12
	审　核　人	＊＊＊			图号	附图9.2
	审　定　人	＊＊＊				

轴模架支撑体系剖面图

389

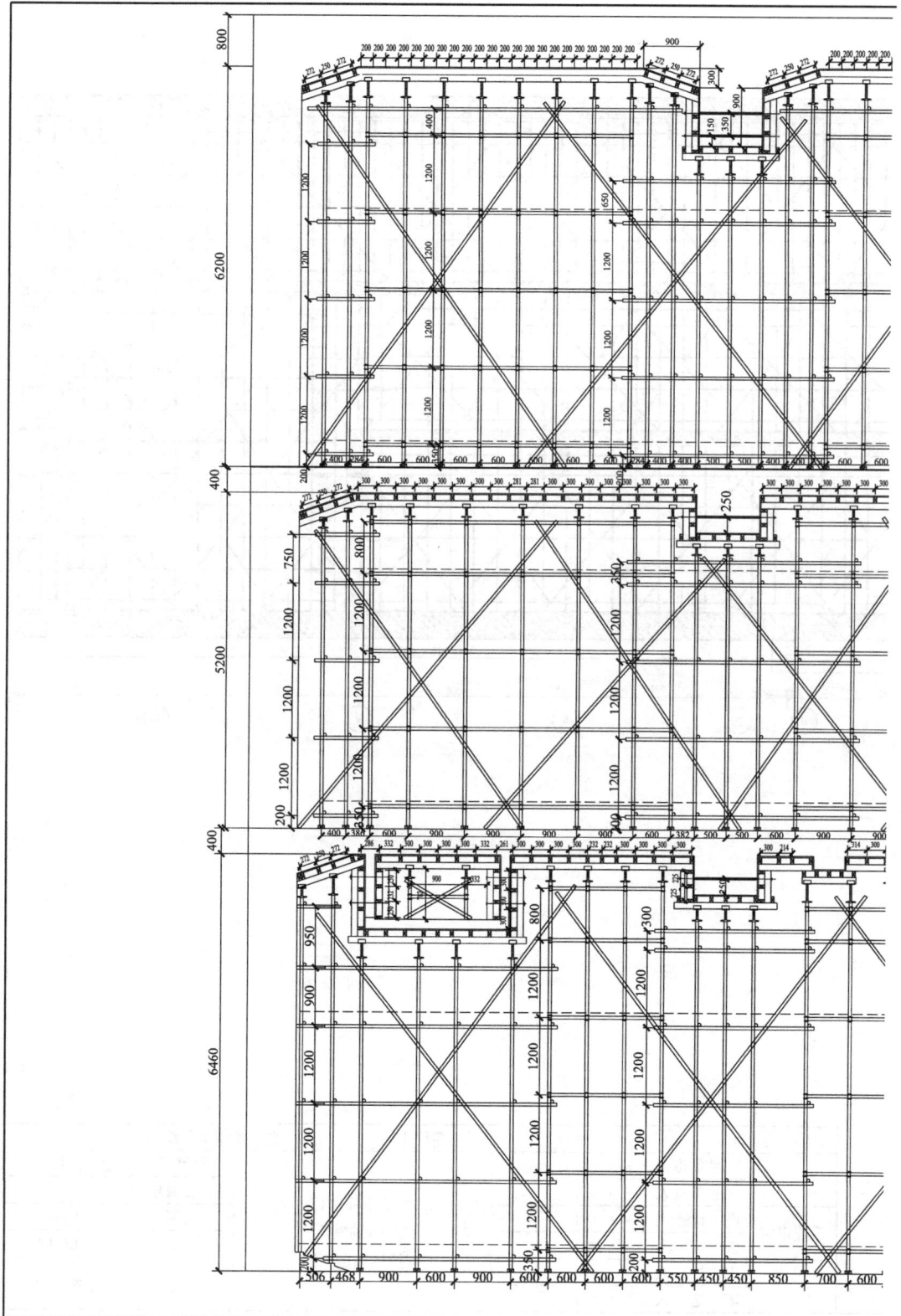

图 9.3-1 3-6 轴（标准段下返梁）

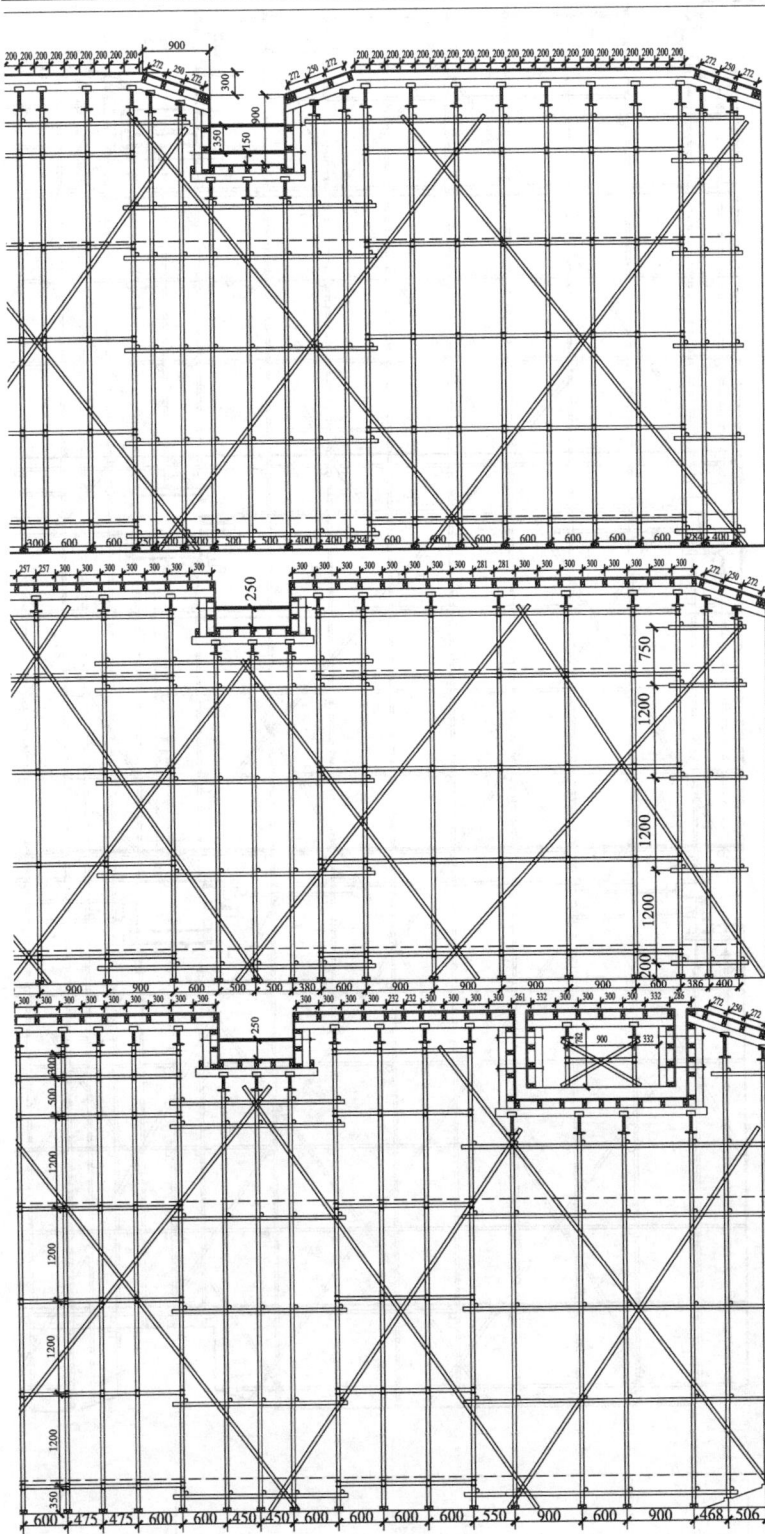

模板支撑体系横剖面图

图号	＊＊＊＊＊	3-6 轴（标准段下返梁）模板支撑体系横剖面图
制图	＊＊＊	

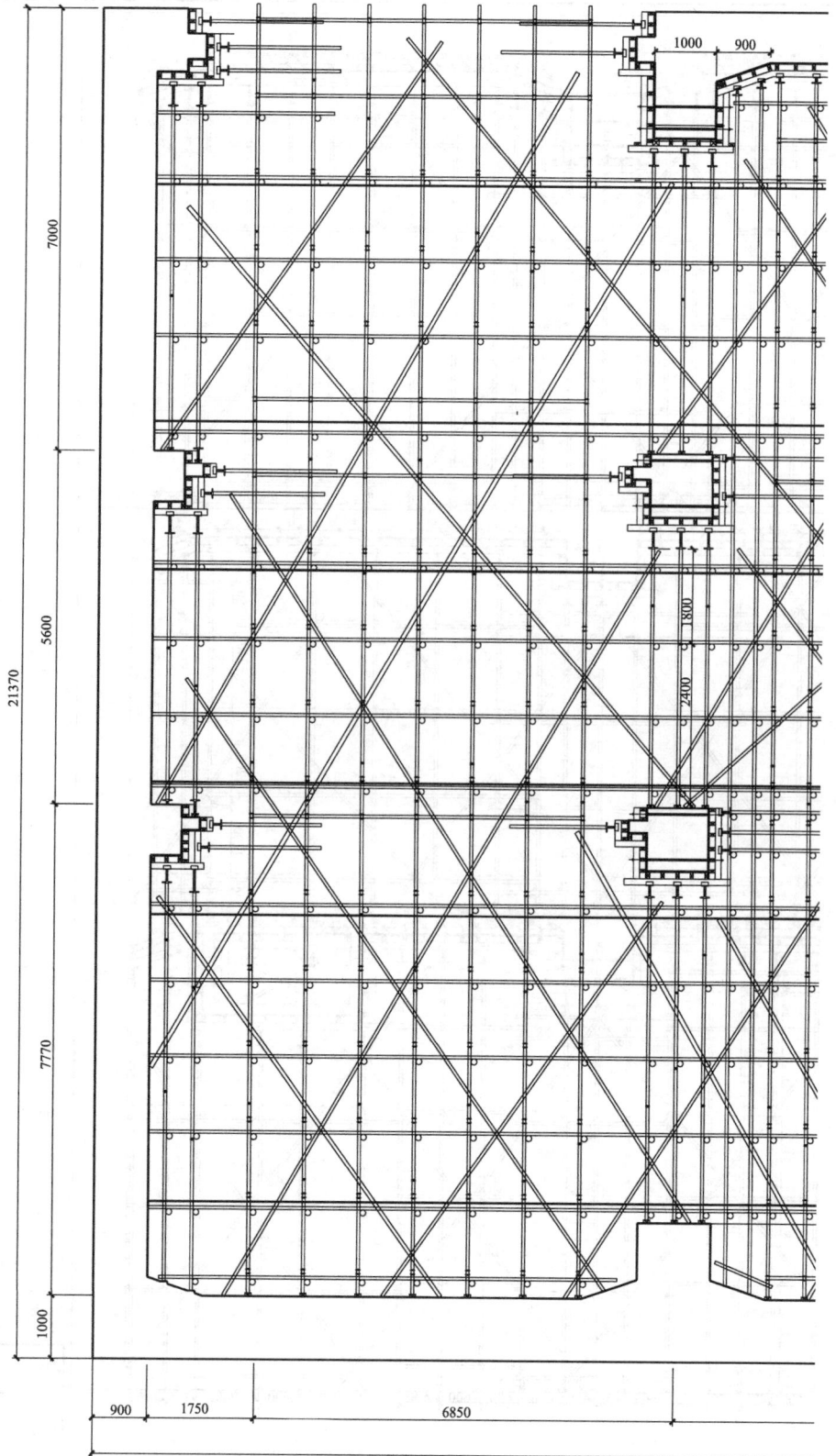

图 9.3-2 扩大端模

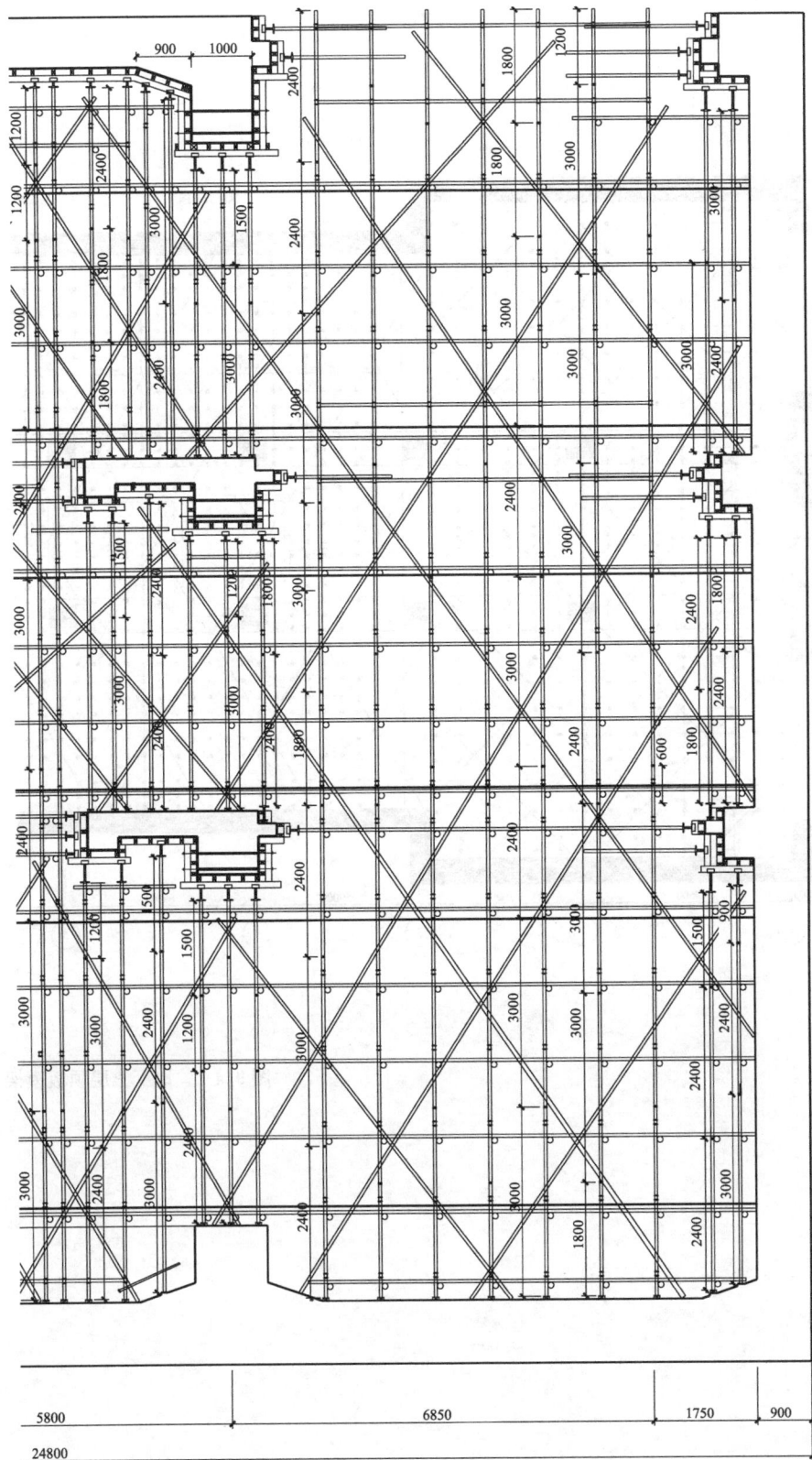

板支撑剖面图

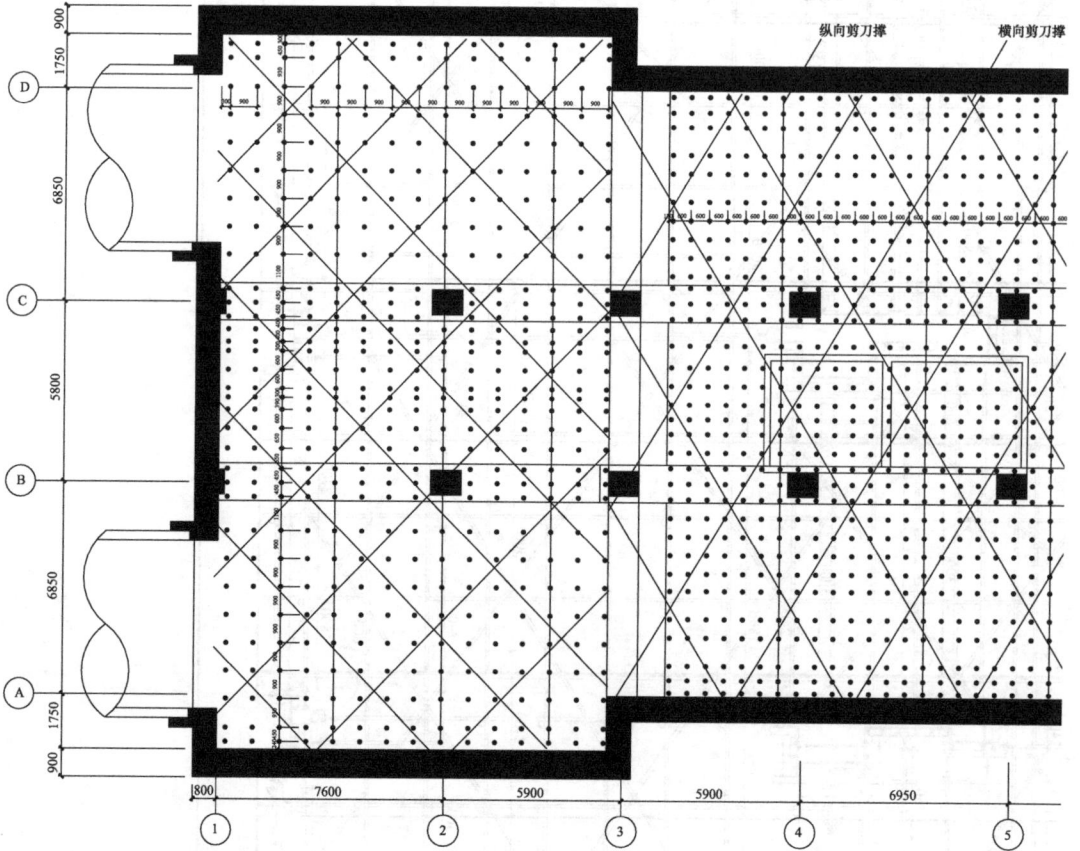

图 9.4-1 地下三层顶板模架

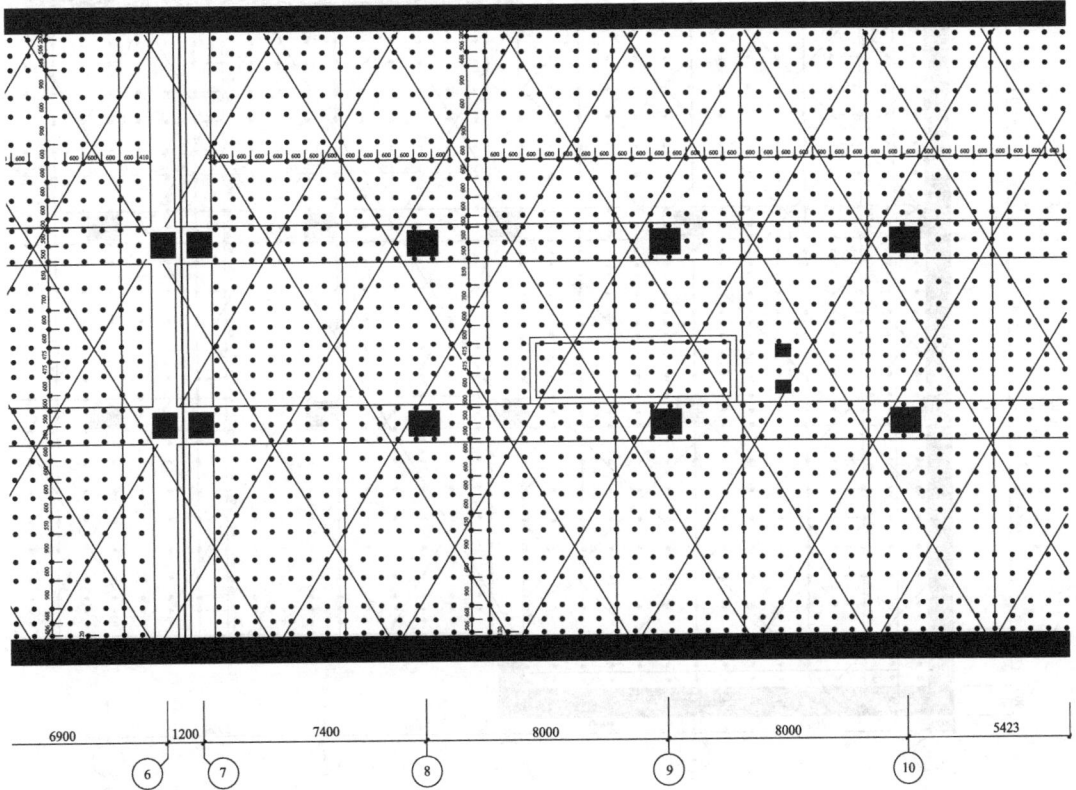

支撑立杆平面布置图

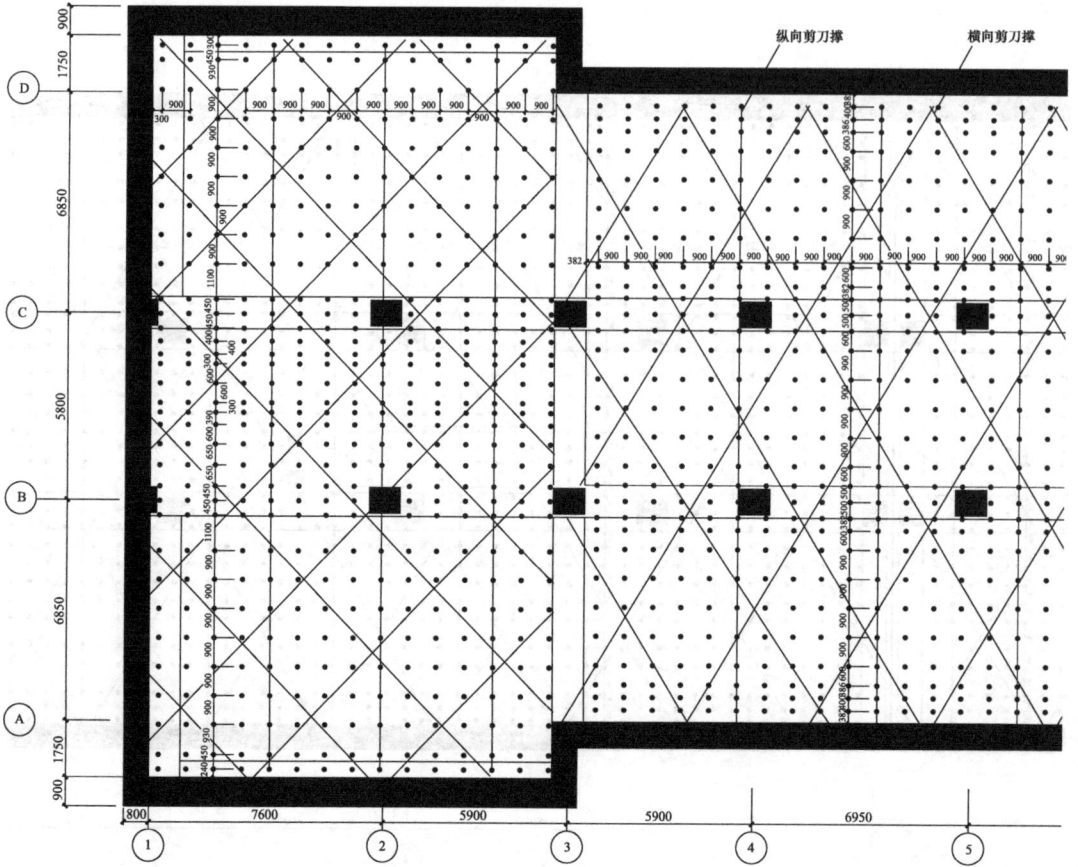

图 9.4-2 地下二层顶板模

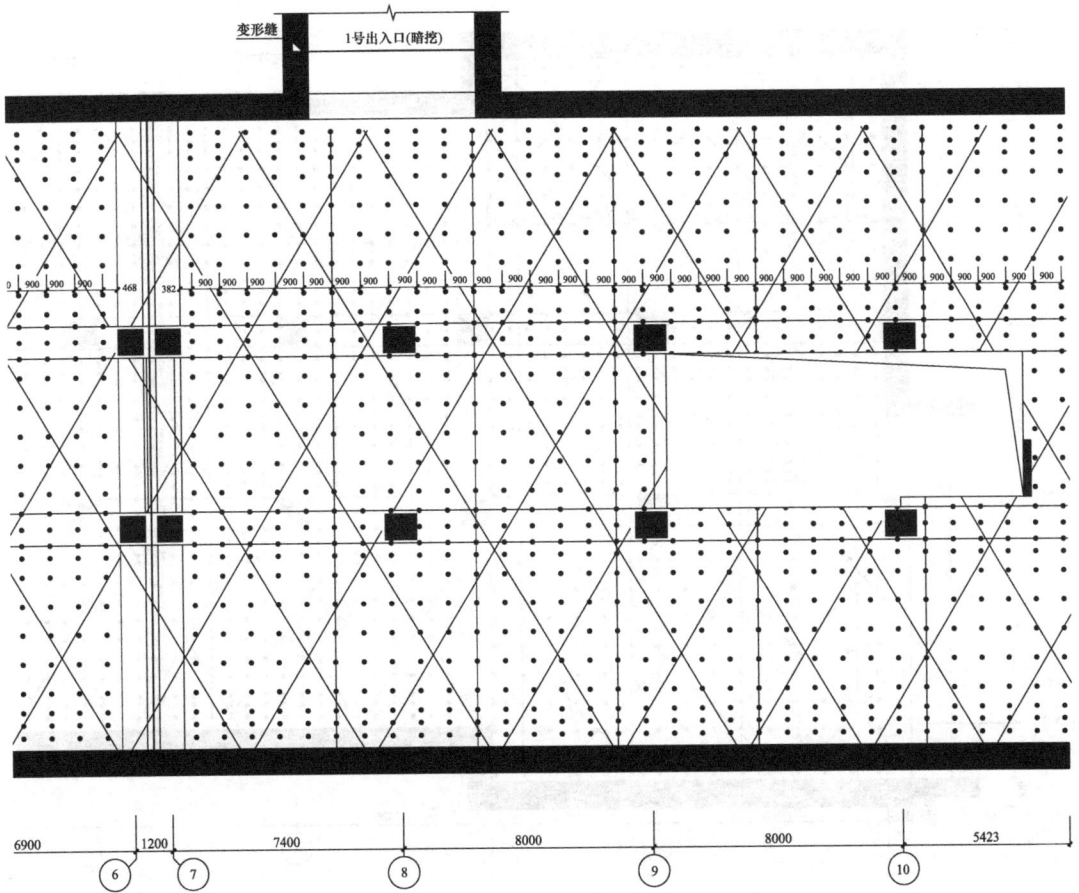

架支撑立杆平面布置图

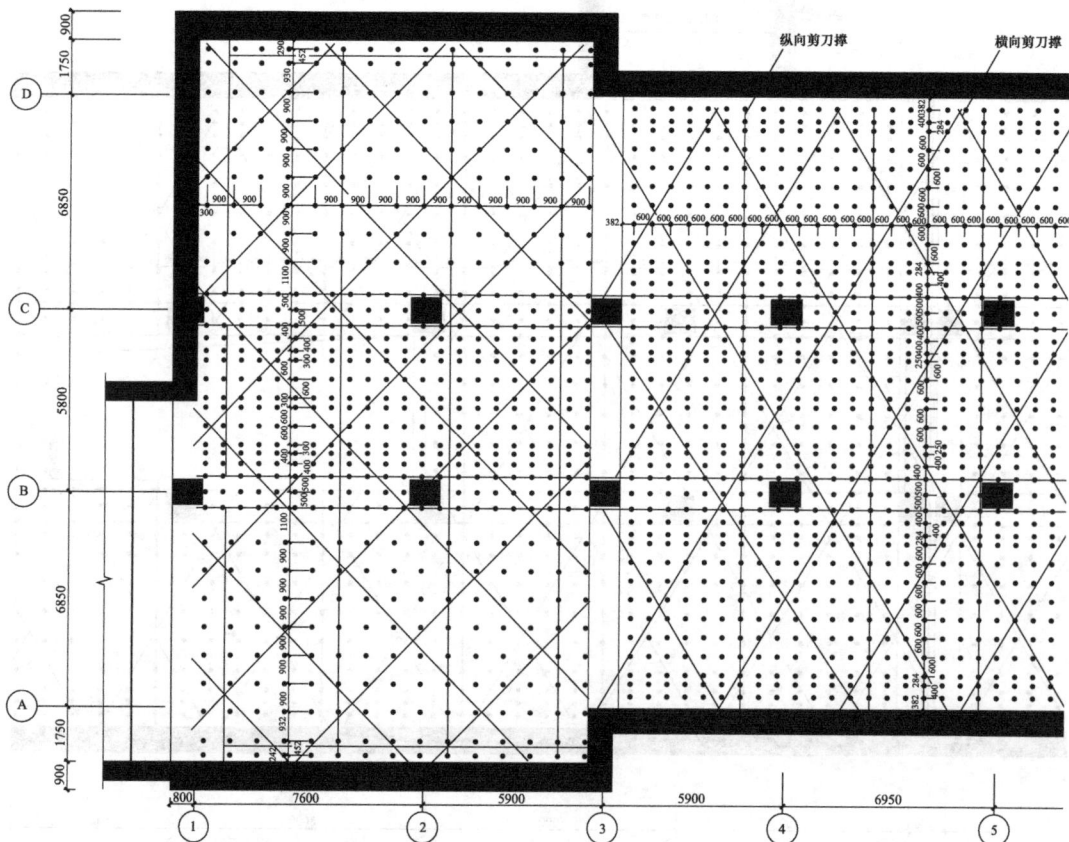

图 9.4-3 地下一层顶板模架

支撑立杆平面布置图

范例 8　液压爬升模板工程

杨晓毅　梅晓丽　刘志坚　编写

杨晓毅：中国建筑一局（集团）有限公司，教授级高工，副总工程师，工作年限 21 年，主要从事建筑施工技术管理工作。

梅晓丽：中建一局集团第三建筑有限公司，高级工程师，总工程师，工作年限 18 年，主要从事建筑施工技术质量管理工作。

刘志坚：北京卓良模板有限公司，高级工程师，总经理工作，年限 17 年，主要从事建筑模架技术工作。

某工程液压爬模安全
专项施工方案

编制：

审核：

审批：

***公司

年 月 日

目　　录

1　编　制　依　据

1.1　国家、行业和地方相关规范规程

方案编制依据的国家、行业和地方相关规范规程见表1.1。

相关规范规程表　　　　　　　　　表1.1

名　　称	编　号
《建筑结构荷载规范》	GB 50009—2012
《混凝土结构设计规范》(2015年版)	GB 50010—2010
《钢结构设计规范》	GB 50017—2003
《冷弯薄壁型钢结构技术规范》	GB 50018—2002
《混凝土结构工程施工质量验收规范》	GB 50204—2015
《钢结构工程施工质量验收规范》	GB 50205—2001
《混凝土结构工程施工规范》	GB 50666—2011
《液压传动系统及其元件的通用规则和安全要求》	GB/T 3766—2015
《建筑机械使用安全技术规程》	JGJ 33—2012
《施工现场临时用电安全技术规范》	JGJ 46—2005
《建筑施工安全检查标准》	JGJ 59—2011
《建筑工程大模板技术规程》	JGJ 74—2003
《建筑施工高处作业安全技术规范》	JGJ 80—2016
《液压爬升模板工程技术规程》	JGJ 195—2010
《建筑施工临时支撑结构技术规范》	JGJ 300—2013
《建设工程施工现场安全防护、场容卫生及消防保卫标准》	DB 11/945—2012

1.2　设计图纸与施工组织设计

方案编制依据的设计图纸与施工组织设计详见表1.2。

设计图纸与施工组织设计表　　　　　　表1.2

名　　称	编　号
项目工程结构图	
项目施工组织设计	

1.3　安全管理法规文件

方案编制依据安全管理法规文件详见表1.3。

安全管理法规文件表　　　　　　　　　　　　　　　　表 1.3

名　　称	编　号
《安全生产事故应急预案编制导则》	AQ/T 9002—2006
关于印发《建设工程高大模板支撑系统施工安全监督管理导则》的通知	住房和城乡建设部建质[2009]254 号
《危险性较大的分部分项工程安全管理办法》	建质[2009]87 号

2　工　程　概　况

2.1　总体概况

项目位于北京市，总建筑面积 162369.4m²（其中：地上建筑面积 120000m²，地下建筑面积 42369.4m²），地下 5 层（另有夹层 1 层），地上 39 层（另有夹层 1 层，屋顶 1 层），标准层高 4350mm，檐口高度 179.98m，局部出屋顶高度 185.85m。主楼设有两道伸臂桁架加强层，南北各设一榀带跃层支撑的框架。外围框架柱为矩形钢管混凝土柱，核心筒墙为设有钢骨的钢筋混凝土墙；楼板采用钢梁＋压型钢板现浇混凝土组合楼板。

主体结构施工竖向工作面设计：最高工作面（第一施工面）为核心筒墙体结构及爬模施工，下一工作面（第二施工面）为外框钢结构施工，最下一工作面（第三施工面）为核心筒内筒钢梁＋压型钢板现浇混凝土组合楼板结构施工，地下室核心筒部分和裙房结构一起施工，详见图 2.1-1、图 2.1-2。

F14 层和 F28 层两道伸臂桁架加强层，结构墙体预留外伸钢牛腿，钢牛腿设计长度为 1100mm。核心筒外墙结构随高度变化而向内收缩，F2 层时单次收缩达到 300mm。

核心筒结构自 B5 层开始使用大钢模板，B4 层安装液压爬模，B4 层筒体至 39 层，均采用液压爬模施工技术。

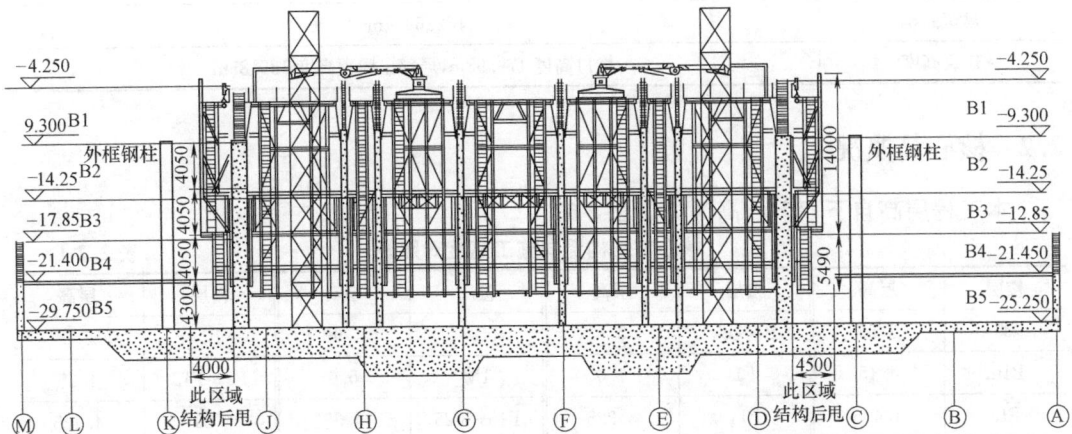

图 2.1-1　地下结构施工期间核心筒与外框错层示意图

工程各参建方和项目主要信息详见表 2.1。

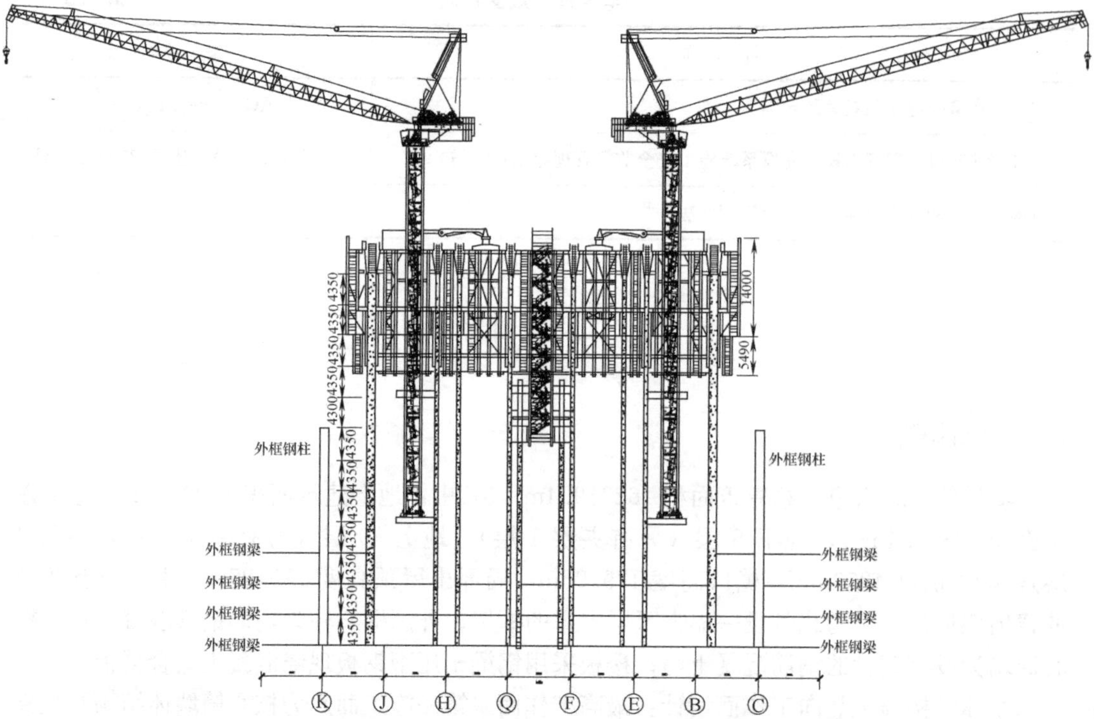

图 2.1-2 地上结构施工期间核心筒与外框错层示意图

工程信息表 表 2.1

项 目	内 容
建设单位	
设计单位	
监理单位	
施工单位	
建筑面积	162369.4m²
建筑高度	檐口高度 179.98m,局部出屋顶高度 185.85m

2.2 核心筒概况

本工程层高自下而上层高详见表 2.2-1。

核心筒结构竖向施工高度对照表 表 2.2-1

楼层	层高	楼层	层高	楼层	层高	楼层	层高
B5	3.55	B4~B3	3.6	B2	4.95	B1	5.0
B1m	4.15	F1	7.0	1M	5.0	F2~F12	4.35
F13	4.425	F14	5.325	F15~F25	4.35	F26	4.425
F27	5.325	F28~F38	4.35	F39	4.55	机房层	6.2

2.2.1 核心筒墙体厚度变化

核心筒墙体结构随高度变化而变化,详见表 2.2-2。

核心筒结构外墙施工厚度对照表 表 2.2-2

楼层	墙厚	楼层	墙厚	楼层	墙厚
B5～F2	1300	F3～F5	1000	F6～F9	900
F10～F19	800	F20～F25	700	F26～F29	600
F30～F34	500	F35～F39	400		

2.2.2　核心筒分区及结构平面变化

核心筒分区及结构平面变化见图 2.2-1～图 2.2-4。

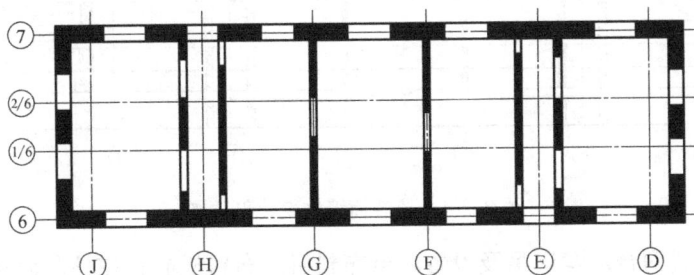

图 2.2-1　B5～F14 层结构平面图

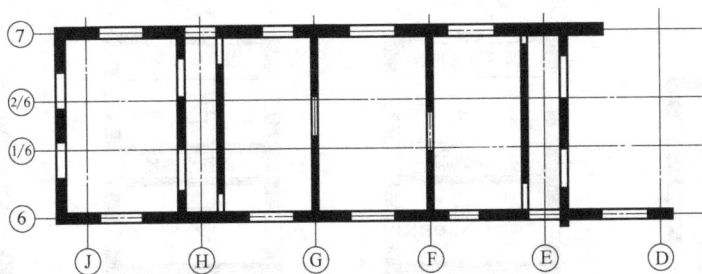

图 2.2-2　F15～F28 层结构平面图

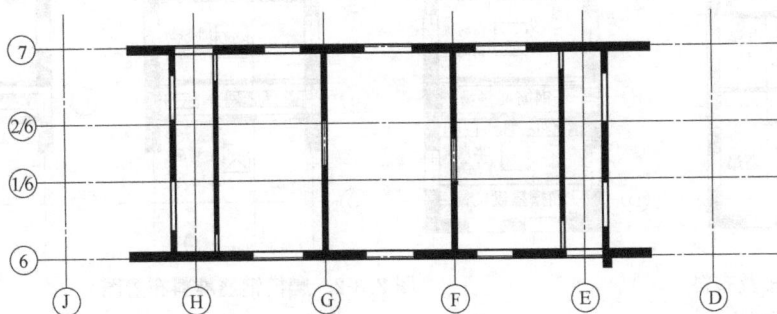

图 2.2-3　F29～F39 层结构平面图

2.3　与爬模设计相关的条件及要求

2.3.1　与爬模相关的大型设备位置及上平台功能分区要求

核心筒施工分为南北两个流水段进行施工。

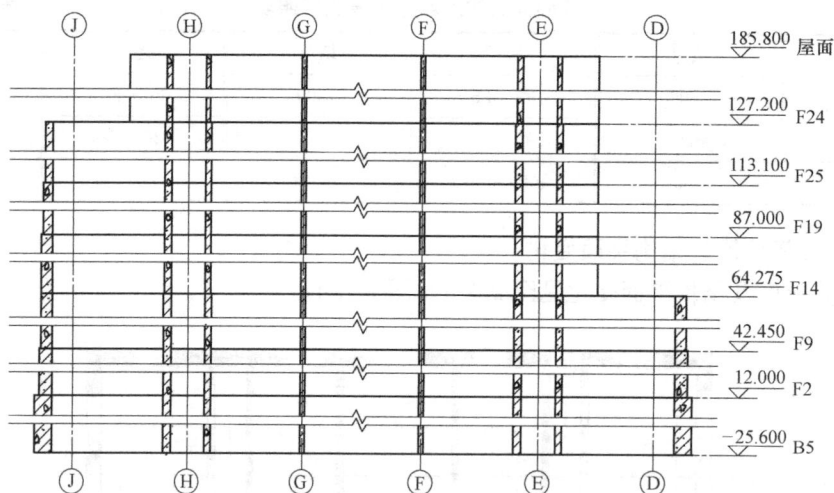

图 2.2-4 核芯筒墙体变化剖面图

本工程拟设置两台动臂塔吊及设置两台布料机。布料机放置在核芯筒爬模平台上，随着爬模的爬升而爬升。大型设备及功能分区平面布置见图 2.3-1～图 2.3-3。

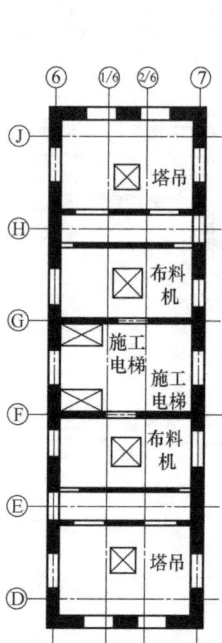

图 2.3-1 塔吊及布料
机平面布置图

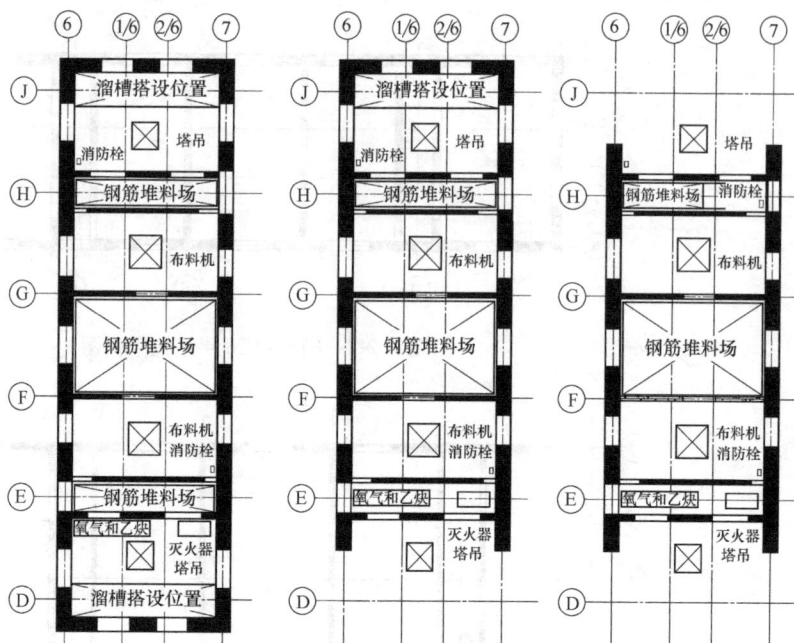

图 2.3-2 爬模钢筋堆料布置图

2.3.2 爬模平台设置及设计荷载要求

爬模平台设计需充分考虑施工需要，满足施工工序要求，平台设计荷载如下：爬模上平台 $4kN/m^2$，爬升施工考虑风荷载 7 级，非爬升状态考虑风荷载 9 级。

2.3.3 其他相关设计要求

根据施工组织设计要求，核心筒墙体结构先行，水平结构滞后施工；

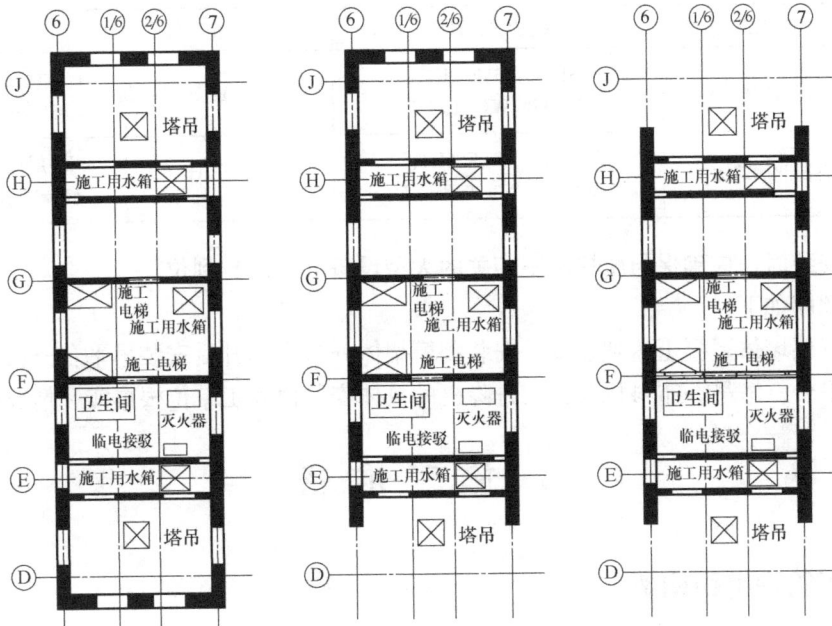

图 2.3-3　爬模施工平台配套设施布置图

必须保证爬模架体整体爬升的同步性以免造成架体扭转、破坏；

模板在遇到结构尺寸变化的时候拆改量尽量减少；

墙体模板后移距离尽量不小于 600mm，满足施工人员进入绑扎钢筋的条件。

2.4　爬模设计考虑的本工程难点

层高较高，爬模架体设计高度大，架体的稳定是设计重点。

结构在 L3 层时，外墙一次性内缩 300mm，需考虑此处处理措施。

结构在 L15 及 L29 层时结构变化较大，架体的布置及拆改是难点。

核心筒结构有外伸钢结构牛腿，牛腿处爬模平台处理是难点。

2.5　本工程危险源分析

从本工程实际情况出发，结合爬模施工的特点，分析本工程核心筒爬模施工的危险源存在于以下几点：

核心筒总高度较大，因此爬模施工必须考虑大风情况下架体的相应加固措施。

核心筒结构变化较大，需考虑爬模的适应性及改装后的安全性。

核心筒上下作业面之间高度较大，需确保下方施工人员交叉作业时的安全。

2.6　爬模施工组织布署

本工程 B5 层施工组织采取核心筒结构先行、外围和筒内楼板滞后施工的方式。这种施工方案的调整给爬模安装带来了一定的变化，具体调整见表 2.6。

爬模安装时间表　　　　　　　　　　　　　表 2.6

分段施工结束提供操作面	对应安装架体	预计安装时间	备注
B5 层核心筒南侧墙体	S1、S2、E6、E5、E4、W6、W5、W4、H、G、F	9 月 13 日	B5 层核心筒南侧墙体施工完毕
B5 层核心筒北侧墙体	N1、N2、E1、E2、E3、W1、W2、W3、A、B、C、D	9 月 20 日	B5 层核心筒北侧墙体施工完毕

爬模安装时，应确保与爬模施工相关的大型设备（塔吊）到位。

安装顺序如下：

地下五层墙体混凝土达到强度→安装爬模架体→首次爬升后安装吊平台→再次爬升后安装防护平台。塔吊、布料机及施工升降机的具体安装由施工单位根据实际情况确定。

3　施 工 准 备

3.1　施工管理组织构架

为保证爬模施工的进度及质量、安全，项目部成立专门管理爬模施工的组织体系。

3.2　液压自爬模系统施工中职责划分范围

总包方（以下简称甲方）：负责爬模架体施工及定期安全检查、液压维护。

分包方（以下简称乙方）：负责液压爬模材料供应，技术指导服务，液压系统维修及保养。相关人员联系表见表 3.2。

专业分包有关人员联系电话　　　　　　　　　表 3.2

序 号	姓　名	电　话	备注
1			
2			
3			
4			
5			
6			

3.3　技术准备

编制爬模专项方案，并经审核批准。

爬模安装前对操作人员、相关施工人员进行技术交底工作。

进场的爬模产品和零部件按照专项方案和设计要求，核对数量和质量验收合格。

3.4　人员组织

爬模安装由爬模专业公司负责技术指导，施工方组织专业施工人员（专业的架子工和木工）和机具进行安装，负责安装爬模的施工人员应具备以下素质：

（1）从事作业人员必须年满 18 岁，两眼视力均不低于 1.0、无色盲、无听觉障碍，无高血压、心脏病、癫痫、眩晕和突发性昏厥等疾病，无其他疾病和生理缺陷。

（2）熟悉本作业的安全技术操作规程，责任心强，工作认真负责。

（3）正确使用个人防护用品和采取安全防护措施。进入施工现场，必须戴好安全帽，作业时必须系好安全带，使用工具要放在工具套内。

（4）操作人员必须经过培训教育，考试、体检合格后持证上岗。任何人不得安排未经培训的无证人员上岗作业。

3.5　机具准备

爬模出厂前，进行预组装和各项性能试验，验收合格后方可出厂，做到现场安装试机一次成功。

准备需要的机具和设备：根据爬模安装要求，提供爬模到现场后的运输安装工具，如塔吊等；提供足够的堆放安装场地和相应的临电接驳。

机具存放：设置一间临时存放工具和爬模零配件的仓库。

4　爬模装置及模板设计方案

核心筒内外墙均为直墙段，墙体处采用全钢组合大模板。爬模架体选用承载能力及抗风较强的 ZPM-80 体系。

4.1　模板设计

4.1.1　钢模板设计

核心筒内外均采用钢模板。钢模板的重量约为 100kg/m²，钢模板面板厚度不小于 5mm，次肋为 75×50×5mm 角钢，间距小于 300mm，背楞为 10 号双槽钢，间距为 300/1100/1200/1200/700，边肋 75×8 带钢；标准层浇筑高度为 4.35m，钢模板设计高度为 4.5m（下包 100mm，上挑 50mm），见图 4.1-1。

钢模板之间用螺栓连接，模板的背楞根据墙体长度设计，本工程模板设计最大变形为 2mm。模板上的拉杆孔在模板组拼成整体后，磁力钻打孔，孔径为 $\phi26$。每块模板编号，编号应方便现场模板查找和拼装。模板表面喷红漆，与混凝土接触面涂油处理。

4.1.2　对拉螺杆设计

本工程爬模模板均使用 D15 型号对拉螺杆，材质为 45 号钢，对拉螺杆布置间距不大于 1m。

当对拉螺杆遇型钢立柱时，对拉螺杆无法对拉，可采用钢立柱上焊接连接螺母，另一端与对拉螺杆相连，竖向位置由模板上的拉杆孔确定，如图 4.1-2 所示。

4.1.3　梁板后浇及钢梁节点处理

后浇梁钢筋采用预埋直螺纹套筒的方式连接，如图 4.1-3 所示。

对于后浇楼板，在核心筒墙内预埋图纸要求楼板钢筋，待核心筒混凝土浇筑完成后剔出拉直与楼板钢筋焊接，采用双面焊接 $6d$，见图 4.1-4。

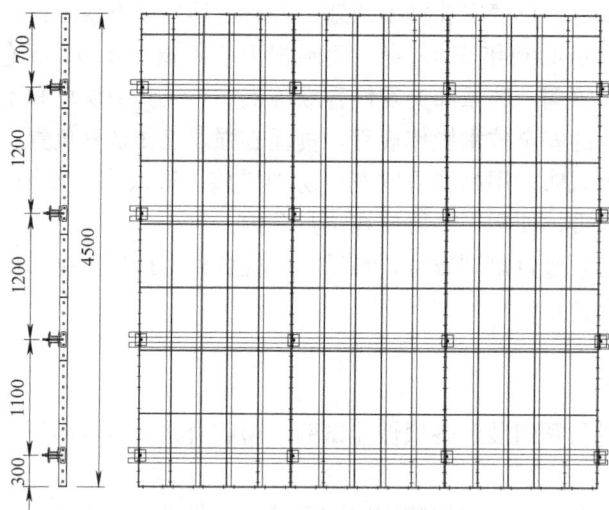

图 4.1-1　模板立面图

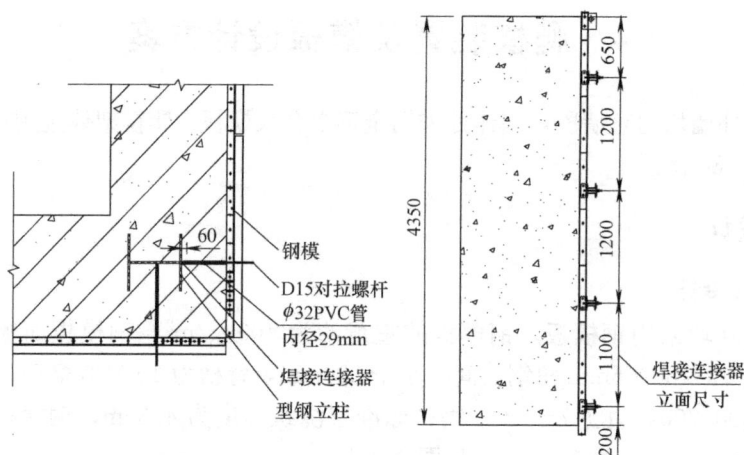

图 4.1-2　对拉螺杆遇型钢柱无法对拉节点图

4.2　模板平面设计

4.2.1　外墙模板调整

模板从 B5 层开始使用，由于外墙随结构高度增加而内缩，故每次外墙结构变化时，外墙模板需进行相应调整，模板设计时两端配置有小块钢模板，墙体内缩时拆除相应宽度模板即可。

4.2.2　模板后移设计

外侧模板采用后移装置与上操作支架分离的方式，上操作支架固定在主平台上，模板利用后移装置进行后移，利用后移装置上的调节座进行垂直度调节。内筒模板通过手板葫芦吊挂在爬模上平台横梁上。外侧模板与后移装置连接方式见图 4.2。

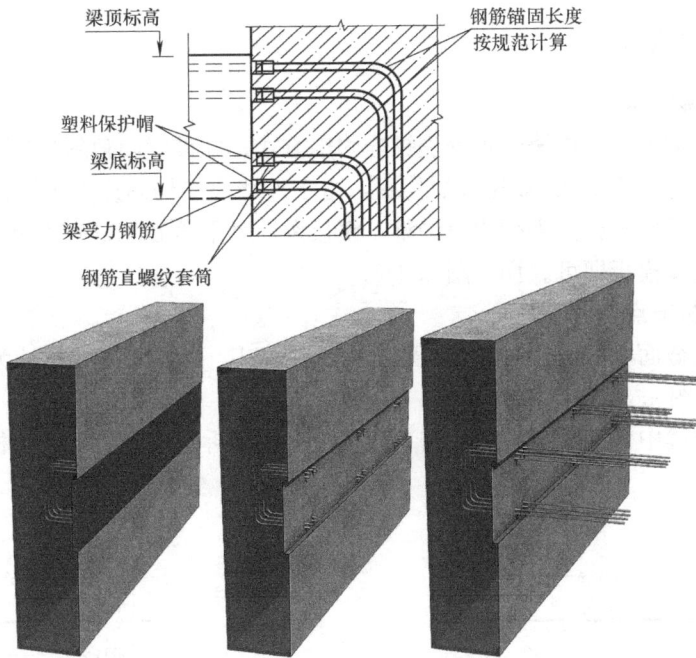

图 4.1-3 核芯筒剪力墙与后施工混凝土梁连接示意图

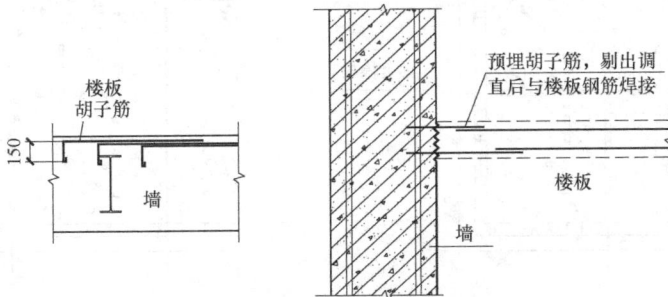

图 4.1-4 后浇楼板做法示意图

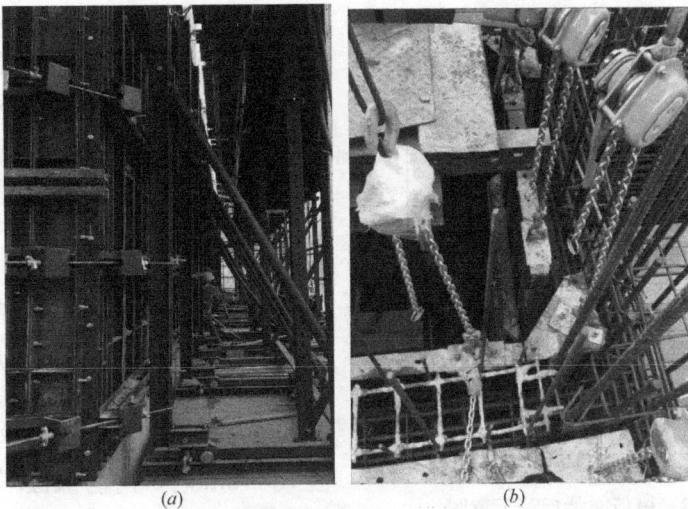

图 4.2 模板后移装置

4.3　模板节点设计

4.3.1　阳角模板节点

模板的阳角部位采用传统的角钢加螺栓固定方式，并设置阳角斜拉杆，确保模板在施工过程拼缝严密；模板拟从 B5 层开始使用，由于外墙随结构高度增加而内缩，故每次外墙结构变化时，外墙模板需进行相应调整，模板设计时阳角处配置有小块钢模板，墙体内缩时拆除相应宽度模板即可。详见图 4.3-1。

4.3.2　阴角模板节点

阴角模板为截面 400mm×400mm 宽，设计为子口，两边大模板设计为母口，子口压母口 15mm，见图 4.3-2。

模板安装过程中先安装角模，后安装大模板，模板拆除时先拆除大模板，最后将角模拆出。

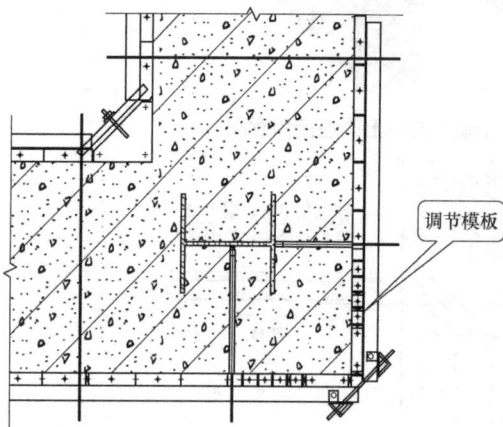

图 4.3-1　阳角连接示意图

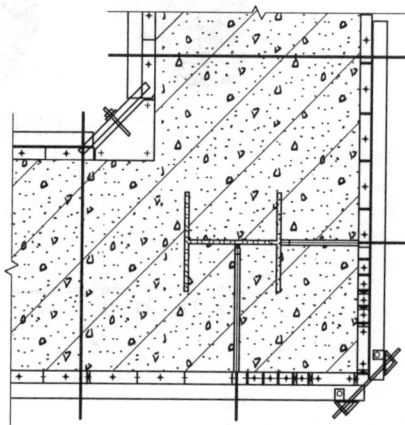

图 4.3-2　阴角模板示意图

阴角两侧大模板的后移需要交替进行，以保证最大后移距离。后移面一为爬模导轨面可后移 600mm；后移面二可后移 150mm；阴角模可后移 50mm。后移面一合模后，后移面二可后移 600mm，详见图 4.3-3。

4.3.3　门洞处模板节点

门洞处设置梁模板，梁模与两侧大模板通过螺栓连接；门洞宽度小于 2m 时，钢模背楞连通，梁模板与墙模板连接为整体，方便模板与爬模架体的固定；门洞宽度大于 2m 时，门洞部位不设模板且背楞断开，并配置独立的梁模板与爬模架体连

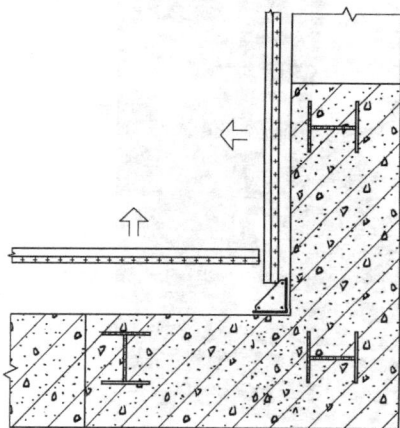

图 4.3-3　模板交替后移示意图

接，详见图4.3-4。

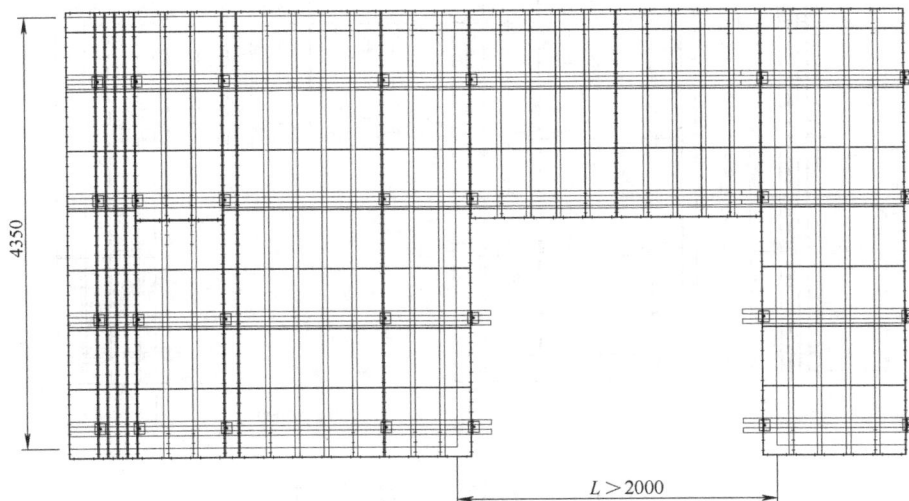

图4.3-4　门洞处模板示意图

4.3.4　门洞处钢模板与散拼梁底模连接节点

门洞两侧大模板设计时均超出门洞约100mm，以便于门洞处散拼模板施工。施工时散拼模板可利用钢管背楞通过对拉螺栓与钢模板进行拉结。做法示意见图4.3-5。

4.3.5　外伸牛腿处模板处理

为保证爬模顺利爬升及不影响核心筒其他结构施工，核心筒结构施工时预留牛腿，以便后续外围钢结构施工。为确保模板正常作业，预留牛腿处模板配置一块可以拆卸的模板，当有牛腿时，将活动模板拆除，空余部位根据牛腿具体尺寸现场拼装模板。当结构无预留牛腿时，再将该模

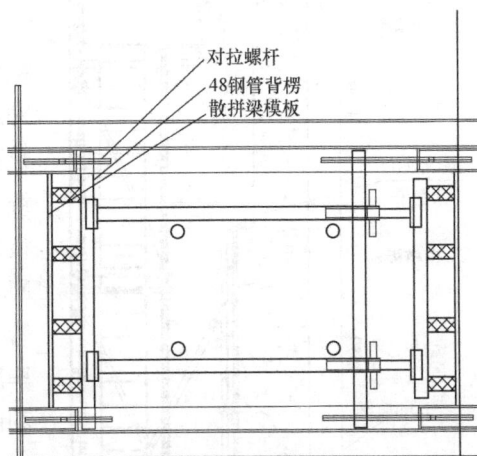

图4.3-5　门洞处模板与散拼模板连接示意图

板与其他模板重新组装好，进行下一阶段施工，直到下次出现牛腿的时候重复以上操作，见图4.3-6。

4.3.6　外墙墙体内缩导轨与挂座节点设计

由于外墙截面尺寸随着结构高度增加而变化；B5～F39顶层外墙结构共内缩7次，其中单次内缩最大为300mm，其余均为每次内缩≤100mm。墙体每次内缩100mm时，爬模架体可通过自身斜爬功能爬升通过；墙体内缩300mm时，需设置过渡垫盒，确保每次爬升收缩在100mm以内。由于外墙模板下包100mm，为保证墙体变截面时模板能够下包，故需在浇筑变截面层的前一层时模板上口垫木方或木盒子。详见图4.3-7～图4.3-9。

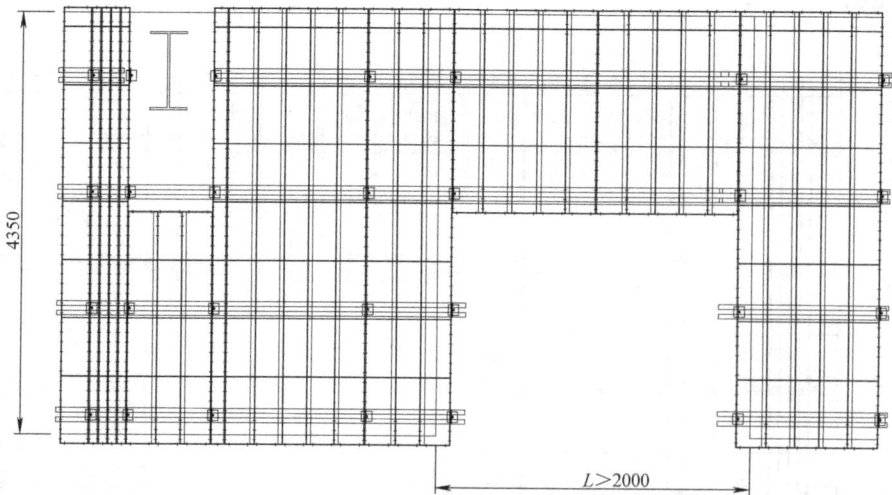

图 4.3-6　牛腿处模板处理示意图

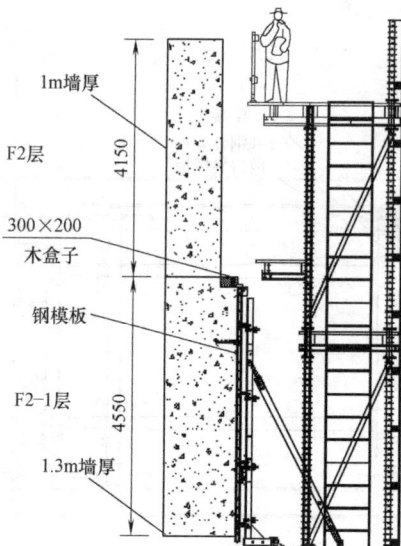

图 4.3-7　墙体收缩 300mm 处
垫木盒子节点示意图

4.4　预埋设计

B5 层外墙厚 1300mm，外侧爬模埋件采用标准双埋件系统；墙厚大于 400mm 时可设置标准埋件系统，墙厚小于或等于 400mm 则无法满足预埋件预埋需求。内筒采用穿墙螺栓预埋系统，确保安全稳固；在使用穿墙螺栓位置两侧模板均开孔，预埋 PVC 管，并在 PVC 管内穿入 M36 螺杆或塞入砂袋，以免浇筑时损坏 PVC 管。使用标准预埋件则在合模时将混凝土浇筑完毕脱模后安装受力螺栓。预埋件节点见图 4.4-1 和图 4.4-2。

双埋件系统预埋件螺杆直径 D20，采用 45 号钢；受力螺栓直径 M36，10.9 级；模板提前开好了爬锥孔，总共三排，分别对应不同的层高，且暂用不到的爬锥孔临时封堵，见图 4.4-3。

预埋件安装方式：爬模架体使用的预埋件需要利用模板进行提前预埋，固定方法是模板拼装时将固定预埋件的孔按照图纸标定的位置打好，在模板就位前将预埋件用螺栓提前安装在模板的面板上，模板就位后须按照图纸检查每个埋件的位置及紧固程度，检查无误后方可进行混凝土的浇筑，浇筑完成达到拆模要求后将安装螺栓拆掉，模板后移后预埋件留在混凝土墙体中待爬模爬升后使用，见图 4.4-4。

预埋施工时预埋件与结构配筋点焊或绑扎，防止浇筑时预埋件位置偏移。为便于爬锥拆卸，安装前应先涂抹黄油再用胶带包裹。

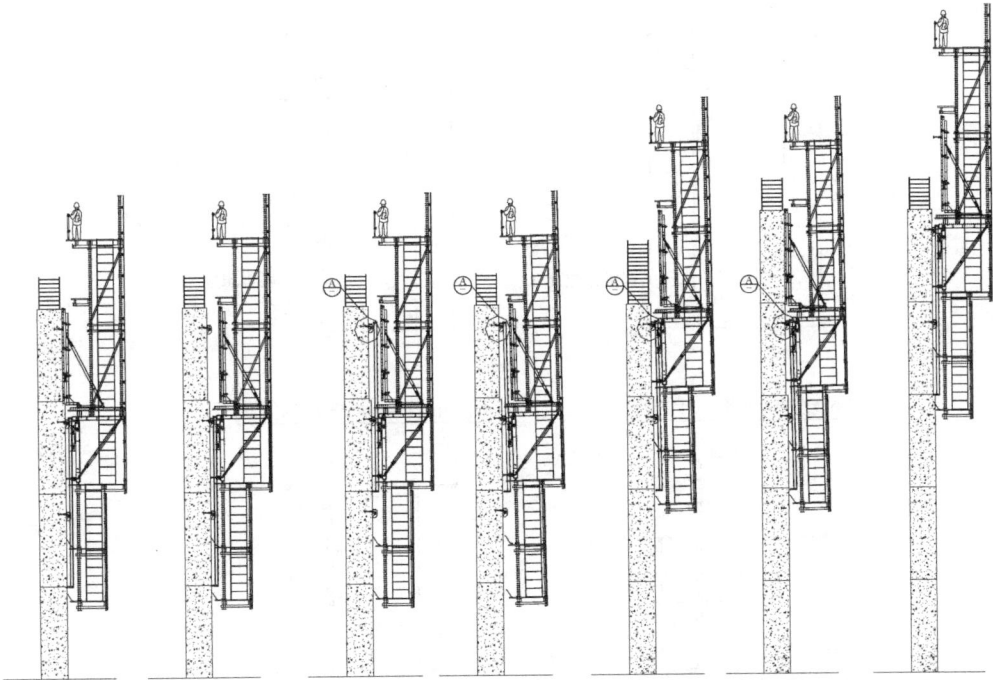

图 4.3-8　墙体变截面时爬升处理示意图

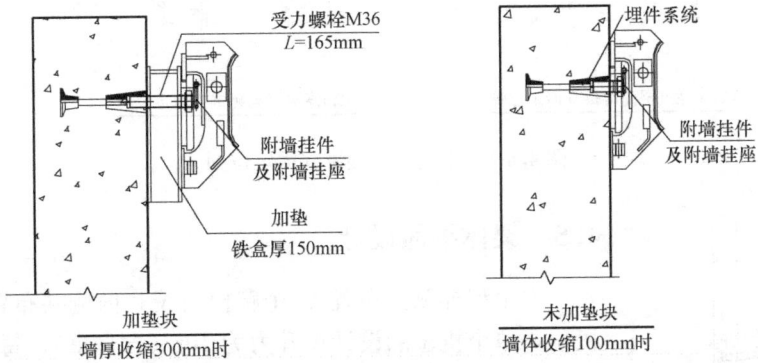

图 4.3-9　不同墙厚收缩节点图

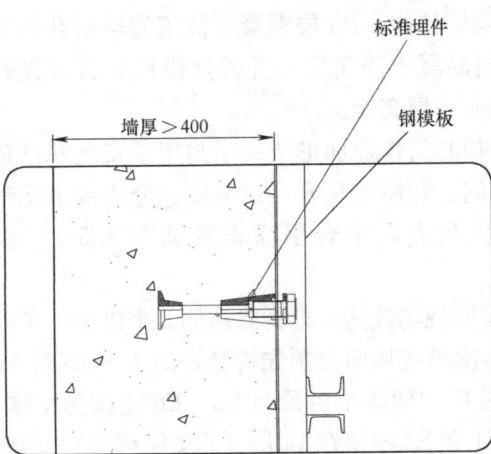

图 4.4-1　墙厚大于 400 的埋件做法图　　　　图 4.4-2　墙厚小于 400 的埋件做法图

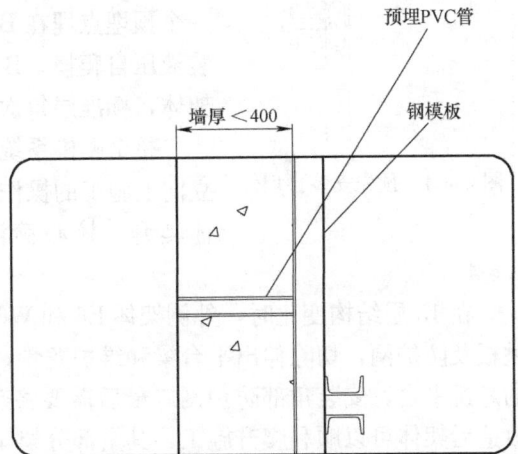

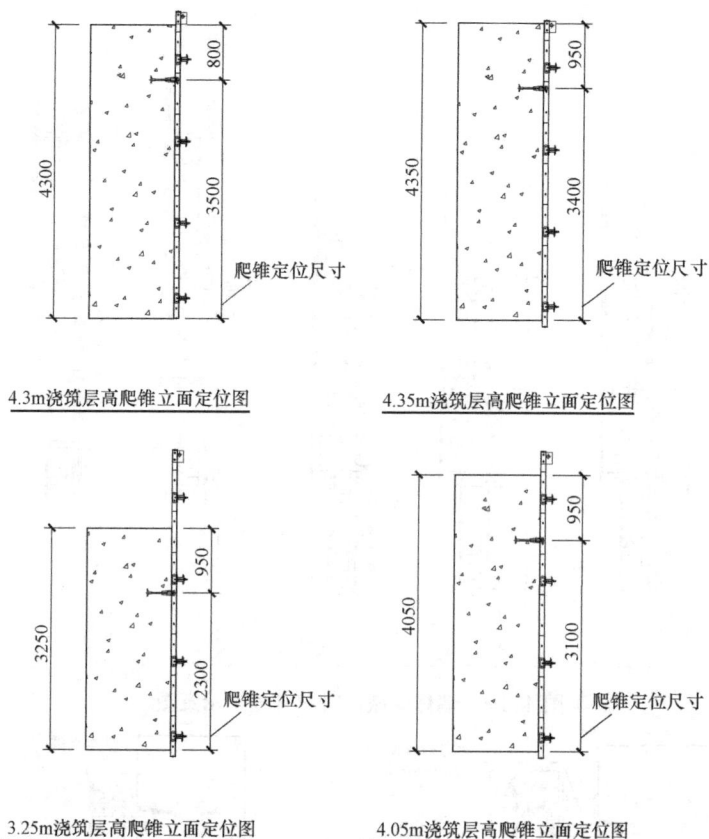

4.3m浇筑层高爬锥立面定位图　　　　　　　4.35m浇筑层高爬锥立面定位图

3.25m浇筑层高爬锥立面定位图　　　　　　　4.05m浇筑层高爬锥立面定位图

图 4.4-3　不同层高爬锥立面定位图

4.5　架体平面设计

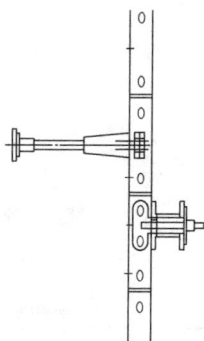

图 4.4-4　预先安装预埋件

本工程外侧共布置 44 个爬模机位，内侧共布置 48 个爬模机位，单个机位的设计顶升力为 10t（含自重），每个机位设置一套液压油缸，92 套油缸共配置 9 套集中泵站。爬模预埋件第一个预埋点埋在 B5 层墙体内，B5 层混凝土浇筑完毕后开始安装液压自爬模，B4 层混凝土浇筑完毕并拆除模板后方可提升架体，标准层每次提升一层高度。

整个爬模系统在核心筒作业面形成一个封闭、安全并可独立向上施工的操作空间。爬模架爬升可以分段、分块或单元整体爬升。核心筒液压爬模及平台平面布置见图 4.5-1～图 4.5-4。

在 15 层结构变化时，外侧架体 E6 和 W6 需要现场改造，即拆除南侧 2 个机位、多余跳板及防护网，切除伸出平台梁和维护龙骨，再次吊装地面上预先拼装好的 4.8m×1.0m 的悬挑平台，安装角部防护网，最后需要将改造后的架体平台梁与 E5、E6 连接为整体。改造后架体可以顺利爬升施工，其余部分架体 S1 和 S2 停留在 14 层（非变结构层），做施工平台用，相应上架体可以拆除。内筒（G 筒）架体需要拆除中间平台，南侧 4 个机位停留在 14 层做施工平台，补齐内架北侧 4 个机位上的防护网，内架变外架可顺利爬升施工。

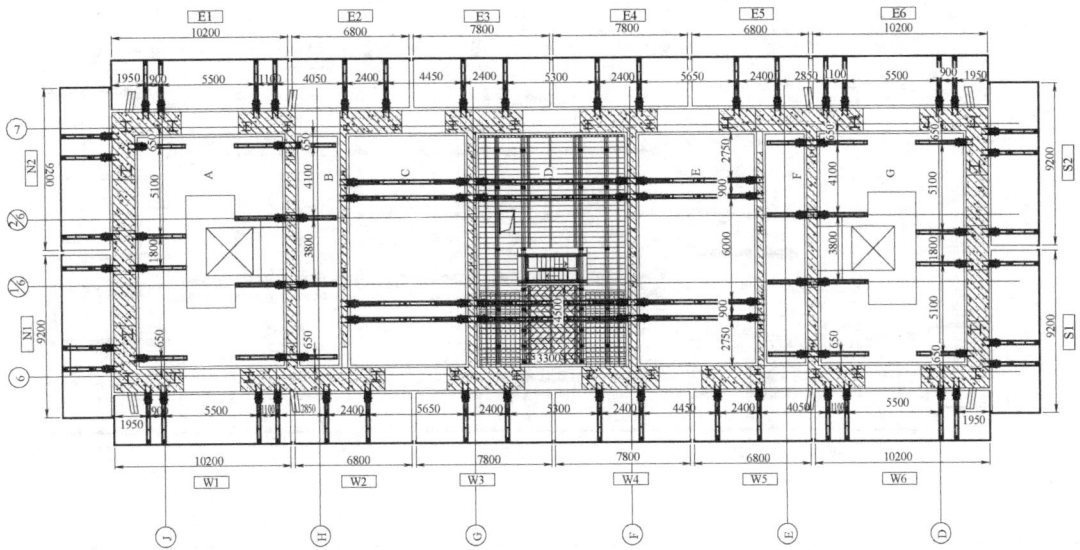

图 4.5-1　爬模机位平面布置图

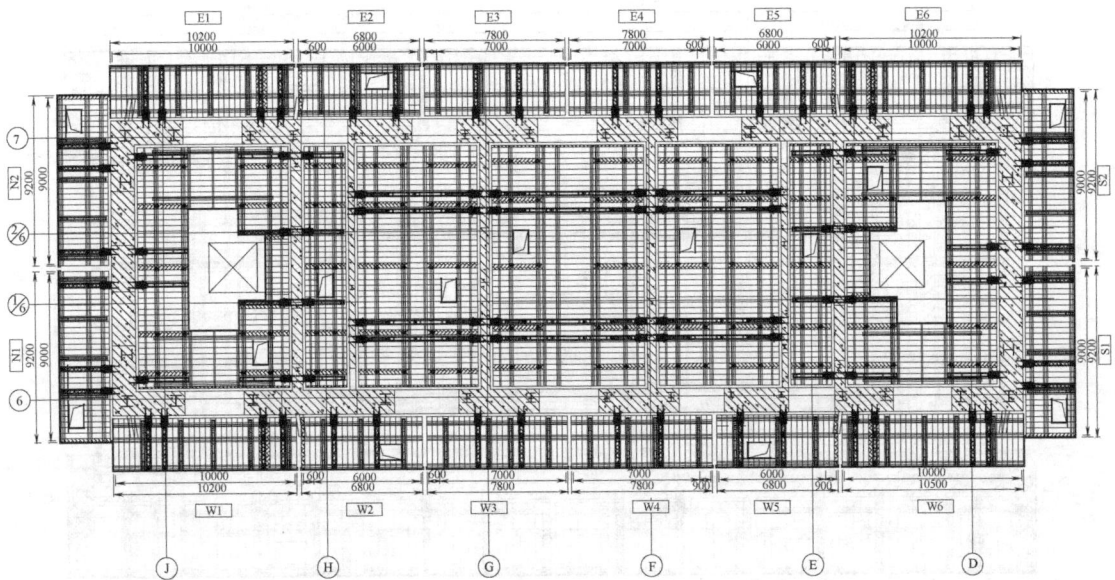

图 4.5-2　B4～F14 层爬模主平台平面布置图

在 29 层结构变化时，外侧架体 E1 和 W1 需要现场改造，即拆除北侧 2 个机位、多余跳板及防护网，切除伸出平台梁和维护龙骨，再次吊装地面上预先拼装好的 4.8m×1.0m 的悬挑平台，安装角部防护网，最后需要将改造后的架体平台梁与 E2、E3 连接为整体。改造后架体可以顺利爬升施工，其余部分架体 N1 和 N2 停留在 28 层（非变结构层），做

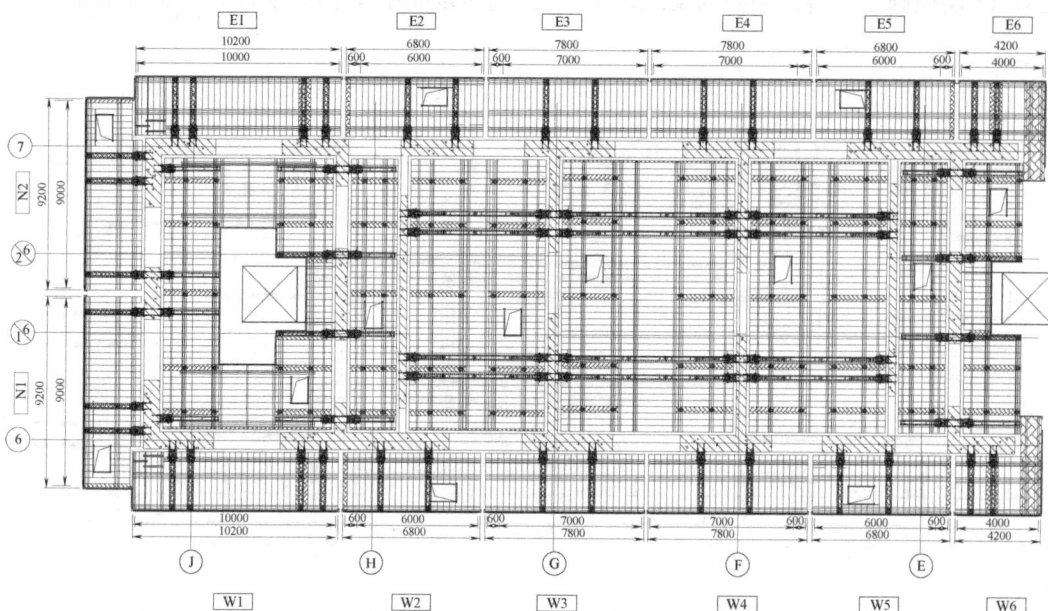

图 4.5-3　F15～F28 层爬模主平台平面布置图

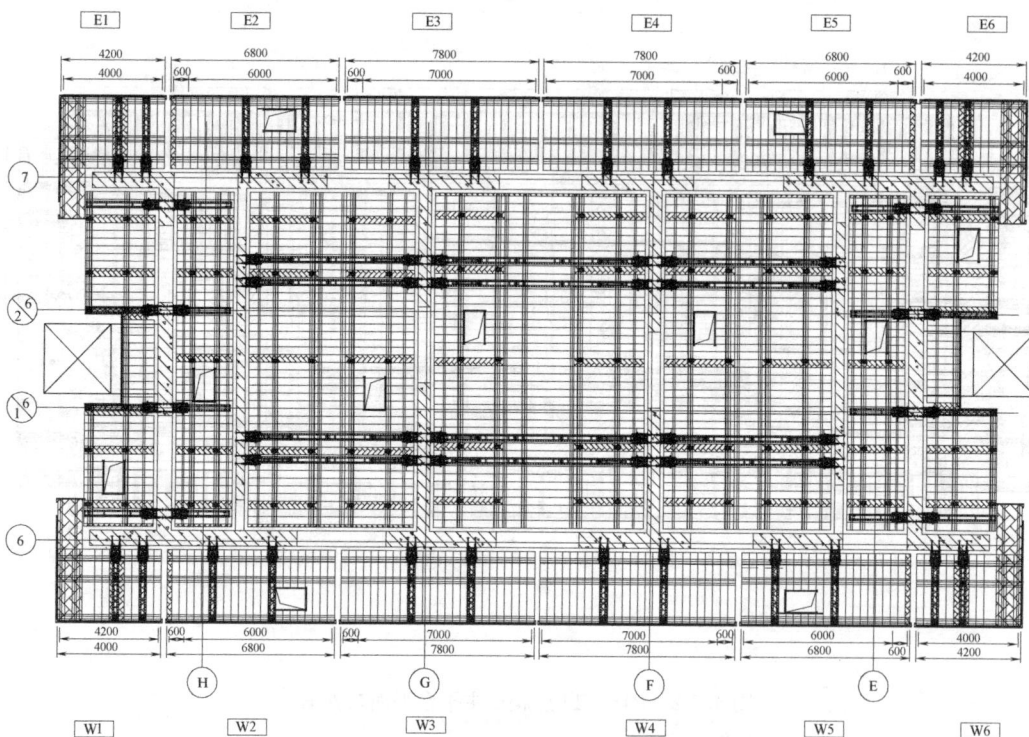

图 4.5-4　F29～F39 层爬模主平台平面布置图

施工平台用，相应上架体可以拆除。内筒（A 筒）架体需要拆除中间平台，北侧 4 个机位停留在 28 层做施工平台，补齐内架南侧 4 个机位上的防护网，内架变外架可顺利爬升施工。

15 层和 29 层拆除中需要做好临时安全防护，拆完后立即安装好防护网，详见图 4.5-5 和图 4.5-6。

为避免架体爬升时与结构冲突，爬模平台板与混凝土墙面间留有 150mm 的间隙；同时为防止高空坠物，在架体与混凝土墙面之间的空隙处设置翻板，当架体提升时将翻板翻开，架体提升到位后，应立即将翻板铺好。为全面做好安全防护工作，我们在导轨与平台跳板之间的缝隙处同样设置盖板。做法参见图 4.5-7。

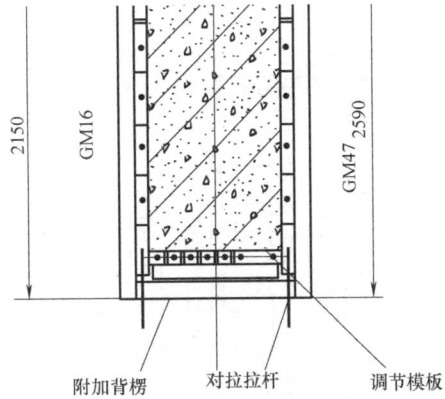

图 4.5-5　F15、F29 层模板角部处理示意图

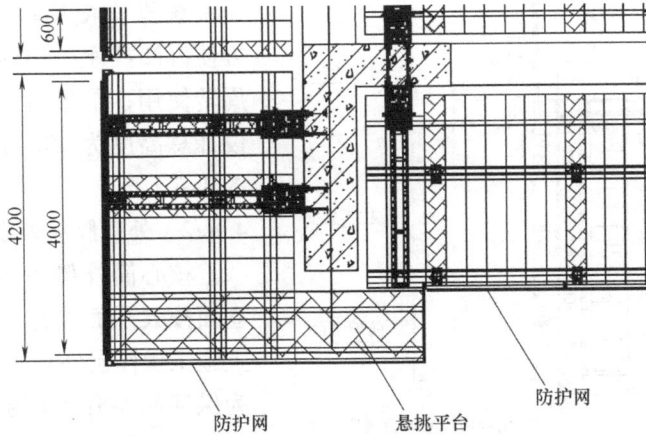

图 4.5-6　F15、F29 层架体角部处理示意图

图 4.5-7　架体与结构间缝隙翻板、架体导轨处缝隙处理图

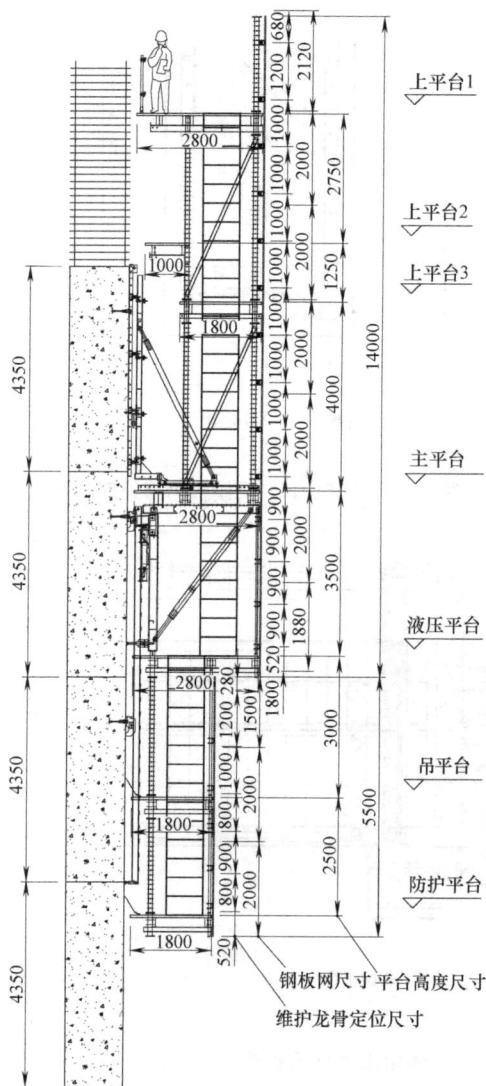

图 4.6-1　外侧架体立面图

4.6 架体立面设计

4.6.1 平台设计

根据现场混凝土施工要求，为满足现场施工时钢筋绑扎所需平台高度需求，外侧爬模架体共设置 7 层操作平台：①平台为上平台，供施工时放置钢筋等材料使用；②平台为绑筋操作平台，供绑钢筋等施工操作使用；③平台为模板操作平台，供模板施工操作使用；④平台为主平台，供模板后移使用兼作主要人员通道；⑤平台为液压操作平台，爬模爬升时进行液压系统操作使用；⑥平台为吊平台，方便拆卸挂座、爬锥及受力螺栓以便周转使用；⑦平台为防护平台。架体设计总高度为 19.5m。架体立面图见图 4.6-1。

4.6.2 外侧爬模外立面防护设计

核心筒外侧主平台 2.8m 宽，外立面按大平面设计，液压平台层及以上施工操作层外立面设计为同一立面。为保证高空作业时施工人员的安全，架体外防护设计采用密孔钢板网，钢板网孔径为 5mm，挡风系数为 0.65。密孔钢板网在保证外围护的抗冲击性、安全性、耐用性以及采光要求的同时，外立面形象美观整洁。

4.6.3 核心筒爬模架体立面设计

核心筒爬模架体立面设计见图 4.6-2～图 4.6-4。

标准层高 4350mm 一次性爬升，非标准层按标准层高进行分摊，B5～F39 层非标层总共分摊为 4350mm、4050mm 和 3250mm 三种层高。为了保证不同层高下埋件距混凝土上表面为 950mm，在模板上开相应高度的爬锥孔以满足浇筑分层的需要，具体浇筑分层见图 4.6-5 和图 4.6-6。

4.6.4 平台板设计

外侧爬模设置 7 层平台，各层平台板均采用为 50mm 花纹钢跳板，局部采用木跳板填补；花纹钢跳板具有防火、防滑、耐腐蚀的作用。

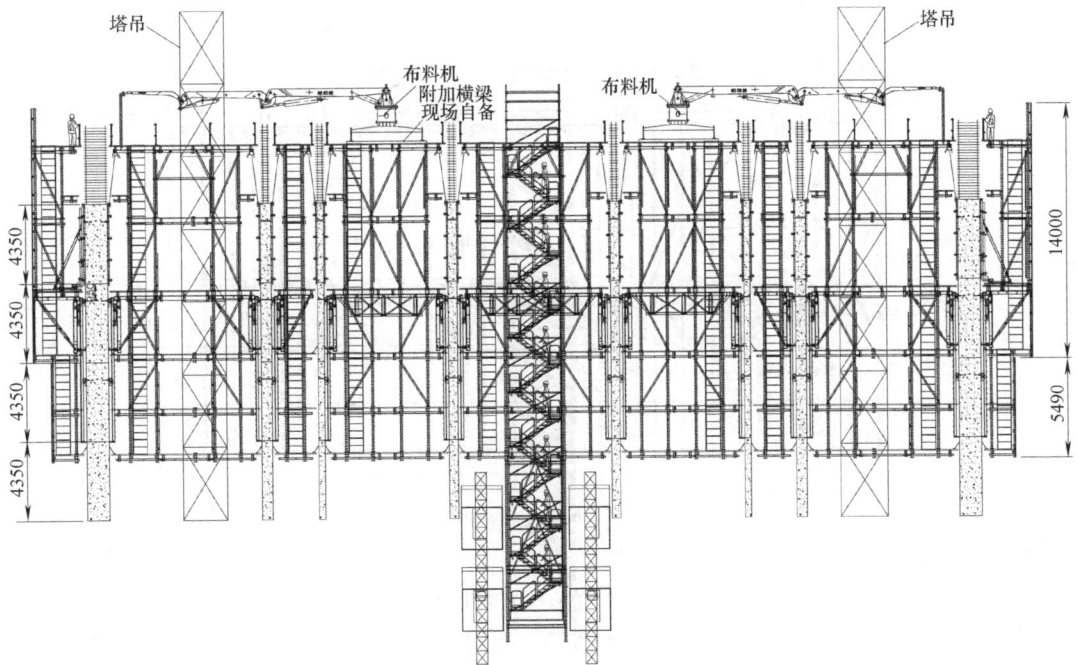

图 4.6-2　B4~F14 层爬模架体总剖面图

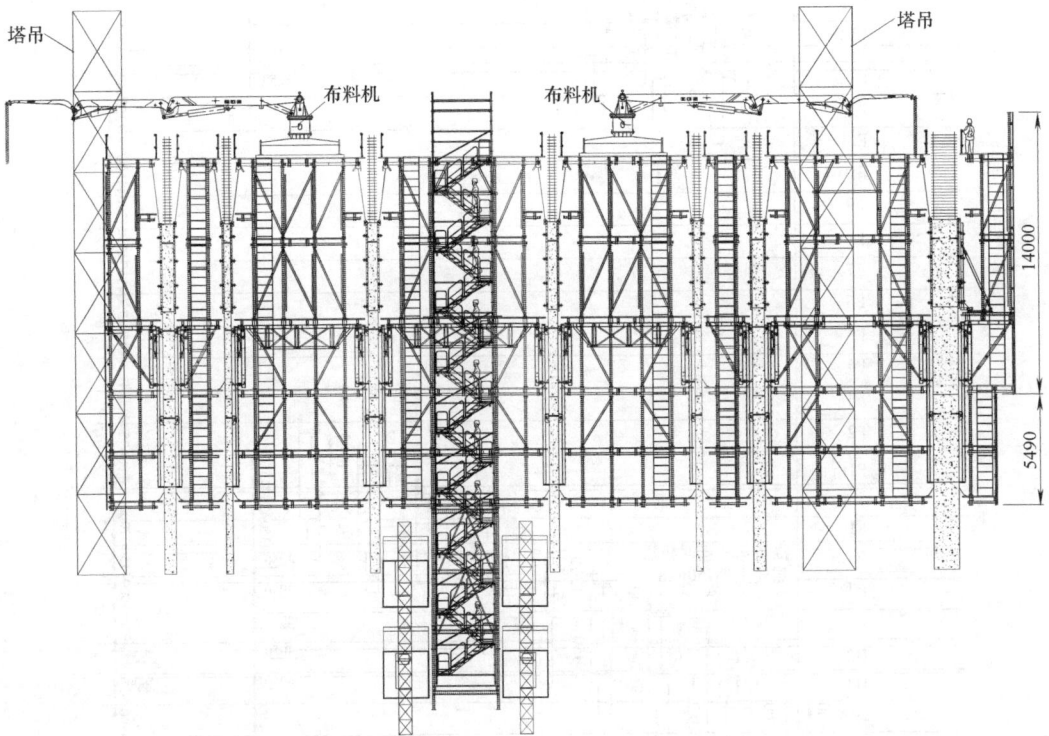

图 4.6-3　F15~F28 层爬模架体总剖面图

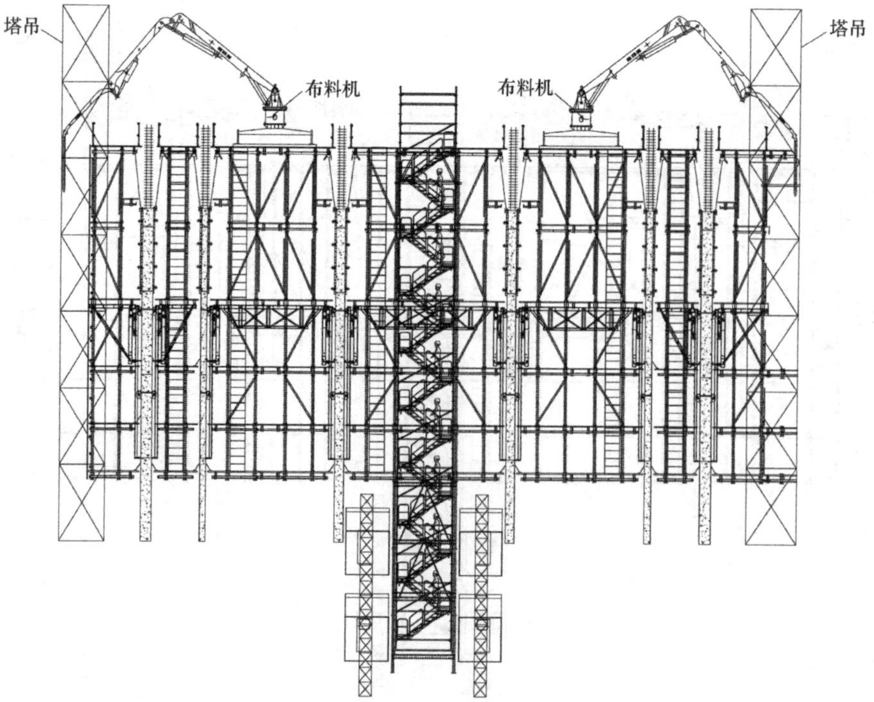

图 4.6-4 F29～F39 层爬模架体总剖面图

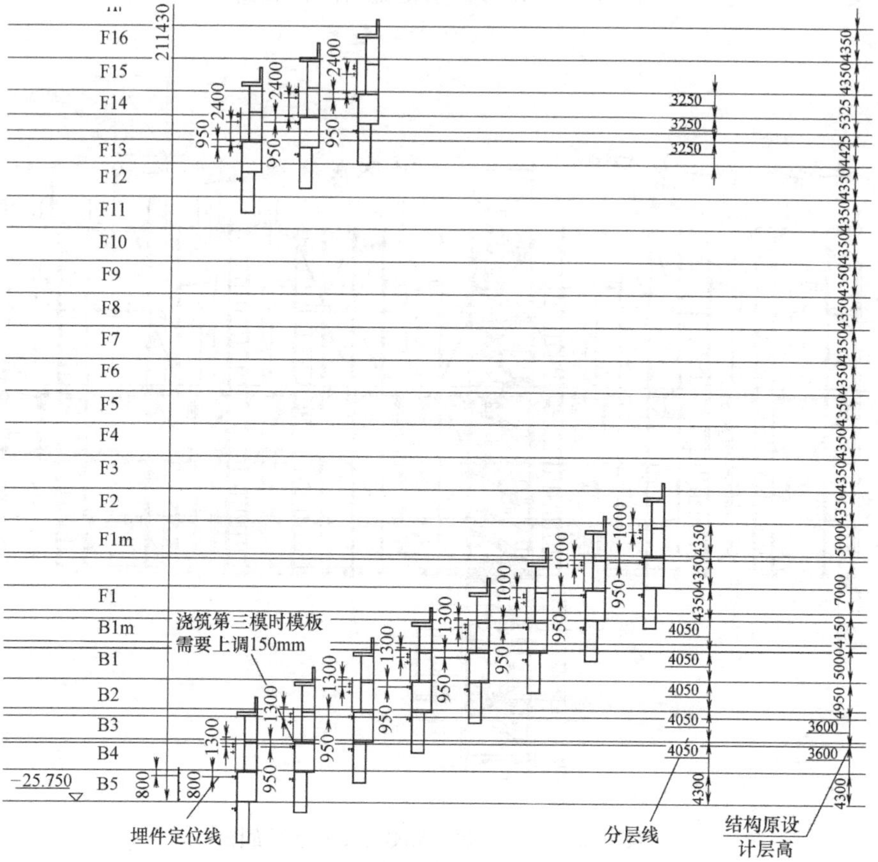

图 4.6-5 爬升浇筑分层图（一）

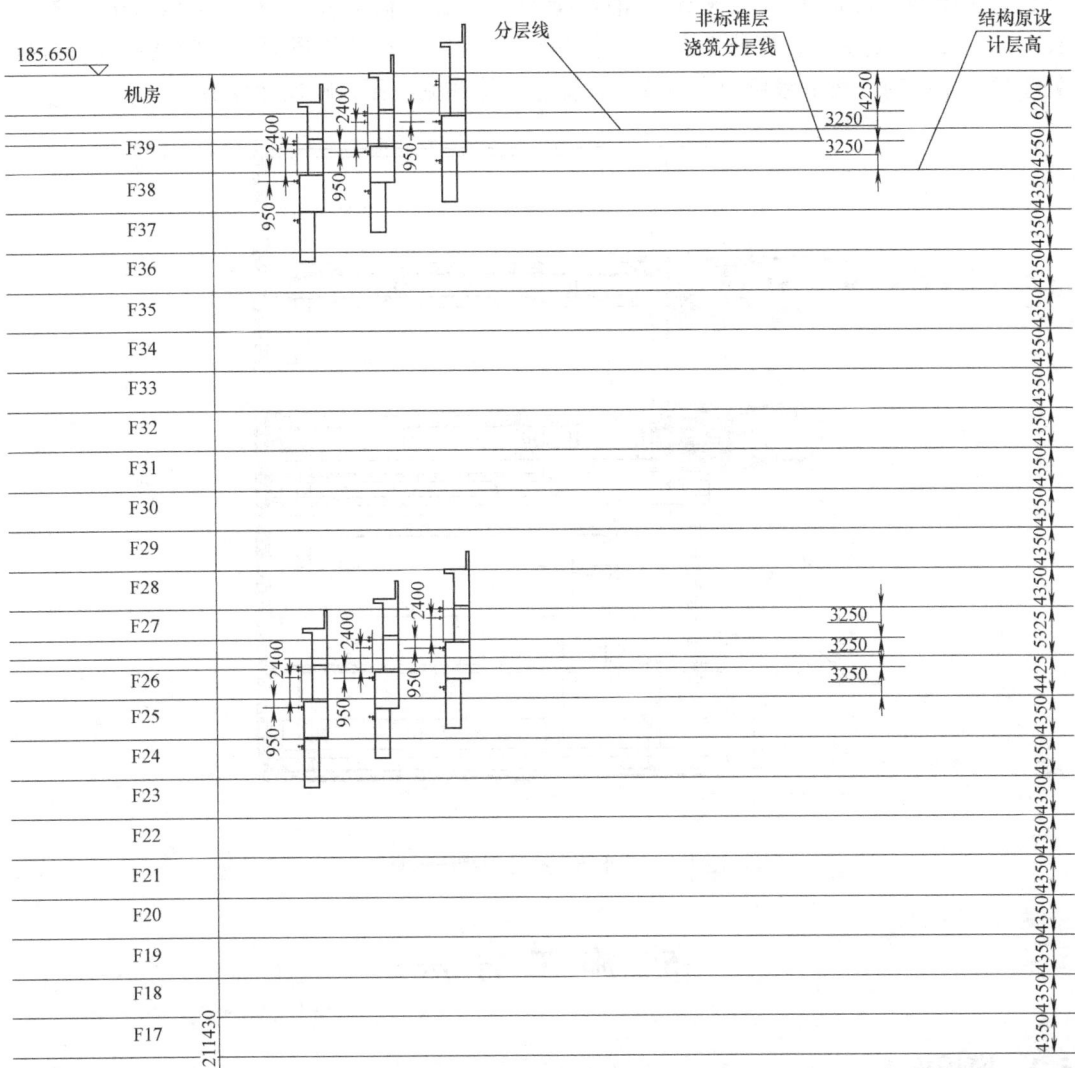

图 4.6-6 爬升浇筑分层图（二）

4.6.5 通道设计

除吊平台外，各层平台均设上下人洞，人洞周围设护栏，层与层之间设置钢制梯。并在梯子洞口周边由现场自行设置临边防护。

4.6.6 外侧爬模架体遇外伸牛腿处处理措施

牛腿设计长度 1100mm，爬模距墙面较近的平台梁需在牛腿处局部断开，并设置翻板，当爬模爬升通过牛腿时，将翻板翻开，待爬模通过牛腿位置后将翻板恢复，见图 4.6-7 外伸牛腿处理措施示意图。

4.6.7 爬模施工荷载设计

根据 JGJ 195—2010 要求，爬模处于施工工况时，爬模上平台荷载为 $3kN/m^2$，模板操作平台施工荷载标准值为 $1.0kN/m^2$；液压操作平台和吊平台施工荷载标准值为 $1.0kN/m^2$，但不参与爬模荷载设计组合。爬模处于爬升工况时，上平台不允许堆载，主平台施工荷载标准值为 1.0kN/m²，液压操作平台施工荷载标准值为 1.0kN/m²。按照 JGJ 195—2010 要求，爬模处于施工工况和爬升工况时，按 7 级风力进行安全计算；爬模处于停工工况时，按 9 级风力进行安全计算。具体详见液压自爬模计算书。

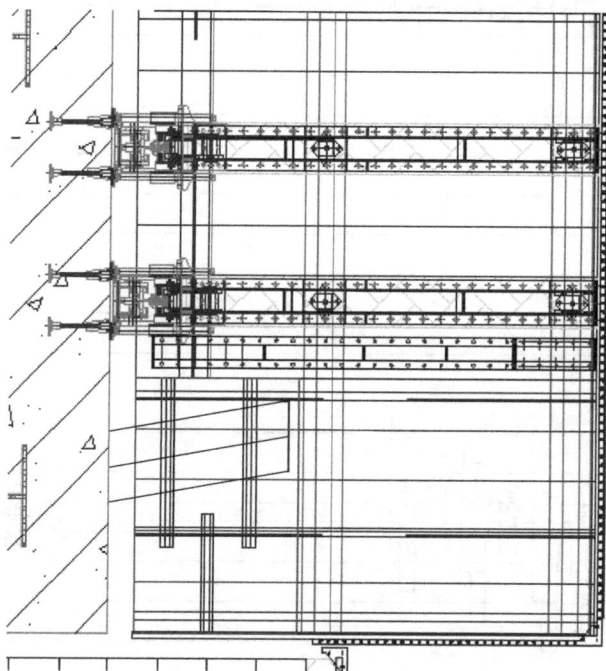

图 4.6-7　外伸牛腿处理措施示意图

5　施　工　方　法

5.1　模板施工

5.1.1　附属材料、工具的准备

（1）施工现场备好扳手、铁锤、铲刀、角磨机等工具。根据要求备好海绵条、单面胶条等。

（2）场地的安排

根据施工现场总平面图，确定模板堆放区、配件堆放区及模板周转用地等。

场地应平整坚实、排水流畅，底层模板应垫离地面 10cm。模板卸车后重叠水平码放高度不超过 10 块，起吊时，要避免碰撞；墙板位置要靠近使用部位，并尽可能缩短塔吊的行程。相邻码放区域间要留出通道，便于模板配件的安装。

配件安装后，模板吊离码放区，对于安装支撑的模板，可将模板吊至使用部位附近堆放，开始清理板面及刷脱模剂。井筒及窄井等位置的模板，无法安装支撑，现场搭设钢管架，将模板竖向插在钢管架内，并在模板间宜留出便于清理和刷脱模剂的通道。

（3）人员的安排

现场设专职人员、专业施工班组负责大模板的施工，要求熟悉模板平面图及模板设计方案。熟悉大模板的施工安全规定。

（4）模板及配件的检验、入库

按模板数量表，清点运到现场的模板；穿墙螺栓、各种连接螺栓要入库保存，以防生锈；斜支撑的调节丝杠、穿墙螺栓要涂抹润滑油。

5.1.2　模板的吊装

（1）模板安装前的准备工作

熟悉模板和模板平面布置图纸。安装模板前，检查楼层的墙身控制线，门口线及标高线等；电线管、电线盒等与钢筋固定，门窗模就位，凡门窗模、预埋盒等与混凝土面相接触的部位需刷脱模剂，与模板接触的面其侧棱需粘海棉条。

施工现场备好脱模剂，木方、护身栏杆及操作平台木跳板、护栏板等。

在模板就位前认真涂刷脱模剂。在首次涂刷脱模剂时，必须对模板进行全面清理，清除模板板面的污垢和锈蚀，然后才能涂刷脱模剂。涂刷时，要注意周围环境，防止散落在建筑物、机具和人身衣物上，更不得刷在钢筋上。脱模剂要薄而均匀，不得漏刷。涂刷脱模剂后的模板，不得长时间放置，以防雨淋或落上灰尘，影响拆模。

为防止大模板下口跑浆，安装大模板前，地面应保证水平。由结构引起的地面高差，可用刨平的木方承垫在模板的底部；由施工质量引起的地面不平，且高低差较小时，可在模板就位处的地面上用 401 胶粘海绵条，以减少漏浆；对于底部悬空的模板，继续安装模板前，要设置模板承垫条或带（如外挂架，双排架，木方等），并较正其平直。

（2）吊装注意事项

模板起吊时，要垂直起吊、稳起稳落、严禁大幅度摆，起吊前，应注意检查模板是否与周围有刮兜的现象；摘钩后，塔吊钩及钢丝绳必须超过模板平台架护栏及其他障碍后方可转臂；地面操作人员，在模板起吊时，必须离开模板 2m 以外。

（3）施工管理人员必须向作业班组进行技术及安全交底。

5.1.3　模板的安装

（1）模板安装注意事项：

模板吊装前，必须检查固定钩、支腿、挑架的螺栓是否紧固。起吊前，应注意检查模板是否与周围有刮兜的现象，及时清理。

（2）模板的安装工序

先吊入角模 →吊入一侧墙模、就位、调垂直 →穿拉杆 →就位另一侧墙模 →穿对拉螺栓，调整垂直度 →处理节点（安装阴角连接器、模板连接器等、围挡梁位等）

（3）模板拆除

模板拆除时的顺序为：拆模板连接器 →拆模板 →拆阳角 →拆阴角。墙体达到一定强度后方可拆模，同时应保证穿墙栓顺利拆卸。全现浇结构外墙混凝土强度必须达 10MPa 时。

阴角模拆除：角模的两面都是混凝土墙面，吸附力较大，加之施工中模板封闭不严，或者角模位移，被混凝土握裹，因此拆除可能有时遇到困难。需先将模板外表的混凝土剔除，然后用小锤敲高出部分的角模，进行脱模。

模板拆除后，对于结构的棱角部位，要及时进行保护，以防止损伤。

对于无法安装斜支撑的模板，则要放在模板堆放区的钢管架内。

5.2　爬模安装

5.2.1　安装前准备工作

（1）对爬锥中心标高及模板底标高进行抄平，当模板在楼板、基础底板或变截面墙体上安装时，对高低不平的部位应进行找平处理；

（2）放墙轴线、墙边线、门窗洞口线、模板边线、架体或提升架中心线、提升架外边线；

（3）对爬模安装标高的下层结构外形尺寸、预留承载螺栓孔、爬锥进行检查，对超出允许偏差的结构进行剔凿修正；

（4）绑扎完成模板高度范围内的钢筋；

（5）安装门窗洞口模板、预留洞模板、预埋件、预埋管线；

（6）模板板面需刷脱模剂，机加工件需加润滑油。

5.2.2　安装流程

本工程拟从 B4 层混凝土浇筑完毕后开始安装架体，安装具体流程如下：

安装准备→搭设脚手架，合模浇筑 B5 层混凝土→绑扎 B4 层钢筋→拆模，安装挂座→塔吊吊装拼装好的整榀三角架，安装液压平台→安装爬模后移装置，吊装模板→合模浇筑 B4 层混凝土→整体吊装拼装好的上平台→同时安装外防护龙骨及钢板网，绑扎 B3 层钢筋→安装液压系统，吊装导轨→导轨吊装到位，调试液压系统→通过液压系统，进行第一次爬模爬升→爬模爬升到位，合模浇筑 B3 层混凝土→安装拼装好的吊平台，绑扎 B2 层钢筋→爬模再爬升一次安装防护平台及翻板→爬模安装完毕，详见图 5.2。

安装完毕的爬模架体除流水段断开外，可以将其他各平台之间的上平台梁、主平台梁、防护平台梁连接成整体，以增加架体的整体刚度，连接方式采用焊接。

5.2.3　安装技术要求

（1）安装前的准备工作主要为：对预埋件的中心标高和模板底标高应进行抄平确认；在有门洞的位置安装架体时，应首先安装好门洞支撑架。

（2）安装三角架、桁架时，必须使用钢管对架体单元进行连接，做好剪刀撑，使架体形成稳定结构。

（3）安装预埋件时，爬锥孔内抹黄油后拧紧高强螺杆，保证混凝土不流进爬锥螺纹内，爬锥外面用胶带及黄油包裹以便于拆卸。

（4）确保预埋件位置的正确。预埋时须依据"预埋定位图"中平面预埋位置及立面预埋位置进行逐点放线预埋。预埋尺寸应满足表 5.2 要求。

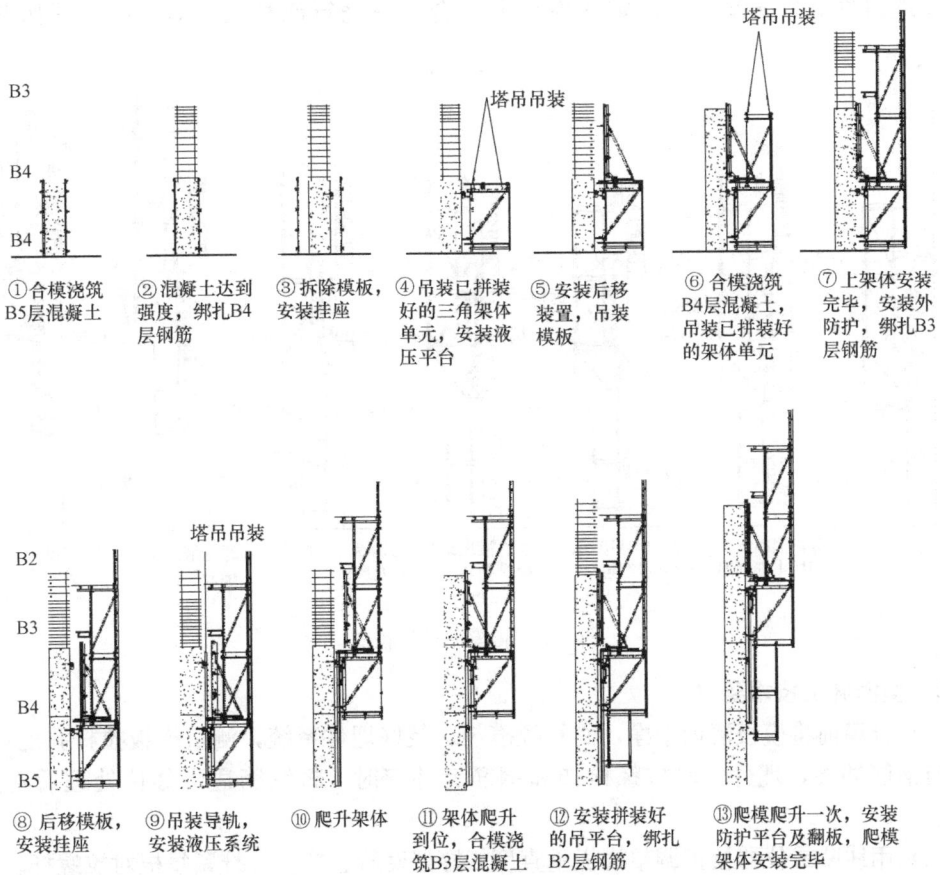

①合模浇筑B5层混凝土　②混凝土达到强度，绑扎B4层钢筋　③拆除模板，安装挂座　④吊装已拼装好的三角架体单元，安装液压平台　⑤安装后移装置，吊装模板　⑥合模浇筑B4层混凝土，吊装已拼装好的架体单元　⑦上架体安装完毕，安装外防护，绑扎B3层钢筋

⑧后移模板，安装挂座　⑨吊装导轨，安装液压系统　⑩爬升架体　⑪架体爬升到位，合模浇筑B3层混凝土　⑫安装拼装好的吊平台，绑扎B2层钢筋　⑬爬模爬升一次，安装防护平台及翻板，爬模架体安装完毕

图 5.2　爬模安装流程示意图

预埋尺寸偏差表

表 5.2

项　　目	尺寸要求
临近两层预埋孔垂直偏差	小于 5mm
多层累积预埋孔垂直偏差	小于 20mm
同一预埋层两孔水平偏差	小于 5mm

5.2.4　安装质量验收程序

（1）爬模安装前，施工方组织监理、专业公司等相关方进行技术资料、结构轴线、标高测量定位，爬模预埋件安装位置的检查验收，符合要求后进行安装。

（2）爬模安装完成，施工方组织监理、专业公司等相关方按照专项方案有关技术参数检查验收后方可投入使用。

5.2.5　安装质量验收内容

见附表 2：液压爬模安装检查验收表。

5.3　爬模施工

5.3.1　施工流程

混凝土浇筑完成→绑扎钢筋→模板拆模后移→安装附墙装置→提升导轨→爬升架体→

模板清理刷脱模剂→预埋件固定在模板上→合模→浇筑混凝土。爬升示意图如图 5.3 所示。

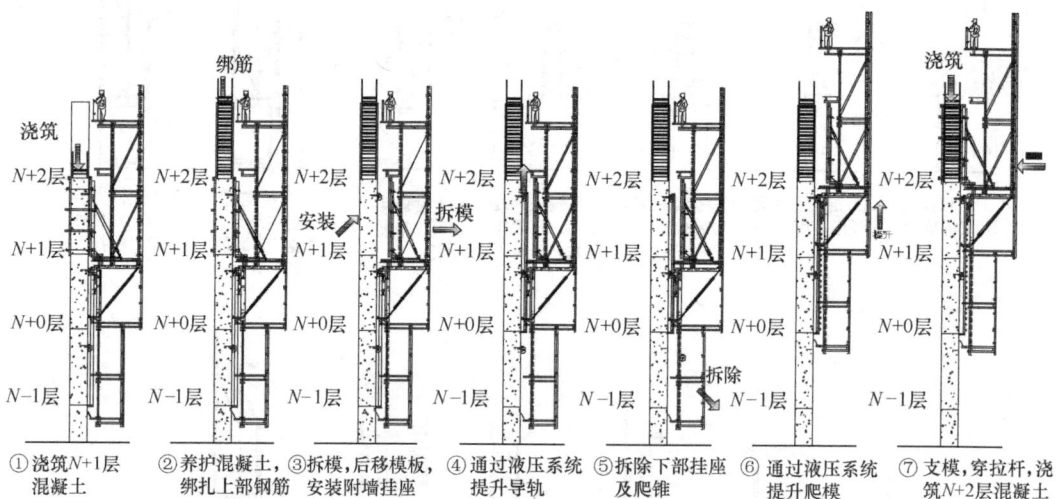

图 5.3　爬模循环流程图

5.3.2　爬模施工技术要求

（1）合模前将模板清理干净，刷好脱模剂，装好埋件系统，测量模板拉杆孔的位置，是否与钢筋冲突，埋件、对拉螺栓如和钢筋有冲突时，将钢筋适当移位处理后再进行合模。

（2）用线坠或仪器校正调整模板垂直度，穿好套管、拉杆，拧紧每根对拉螺杆。

（3）混凝土振捣时严禁振捣棒碰撞受力螺栓套管或锥形接头等。

（4）上层混凝土强度达到 10MPa 时，由项目部开具提升通知单，爬模技术指导与施工方安全员共同对架体系统（包括架体上的杂物，各连接部位的连接，及液压控制系统等）进行检查并填写提升前检查记录表，清理架体杂物，符合要求后方可提升。提升时现场在相应楼层准备临时电箱。

（5）爬升架体或提升导轨时液压控制台应有专人操作，每榀架子设专人看管是否同步，发现不同步，可调节液压阀门进行控制。

（6）拆模时，外侧支架先拔出齿轮插销，内筒支架松动后移螺母，扳动后移装置将模板后移；后移到位后，外侧支架插上再插上齿轮插销，内筒支架拧紧后移螺母。

（7）维护、检修的内容：检查架体系统的连接部位和防护是否符合要求，否则及时整改，对电气控制系统要定期调试，及时更换易损件。

5.3.3　施工过程检查

施工过程中每层进行爬升过程的安全检查，符合要求后进行下道工序施工。填写液压爬模爬升安全检查记录表。

5.4　爬模拆除

5.4.1　拆除准备

（1）爬模拆除条件：当结构施工完毕，即可对爬模进行拆除。

（2）机械设备：由现场塔吊配合爬模的拆除作业。

（3）人员组织：专业公司提供专人负责爬模拆除过程中的技术指导和安全培训工作，施工方负责爬模的拆除工作，配备专业架子工，爬模拆除前，工长应向施工人员进行书面安全交底。交底接受人应签字。

（4）爬模拆除时应先清理架上杂物，如脚手板上的混凝土、砂浆块、U 形卡、活动杆件及材料。拆除后，要及时将结构周圈搭设防护栏杆。

（5）爬模拆除前，先将进入楼的通道封闭，并做醒目标识，画出拆除警戒线，严禁人员进入警戒线内。

5.4.2　拆除顺序

按照规定要求，爬模装置拆除前应明确平面和竖向拆除顺序，按照现场塔吊起重力矩要求，将爬模装置的外筒拆除顺序按照顺时针（或逆时针）方向逐个单元拆除。

5.4.3　拆除流程

①浇筑完最后一层→②拆除上支架→③退模，拆除模板及后移装置→④拆除导轨、下挂座及液压系统→⑤拆除下架体，拆除上挂座→⑥塔吊运至地面、分组落地（见图5.4）。

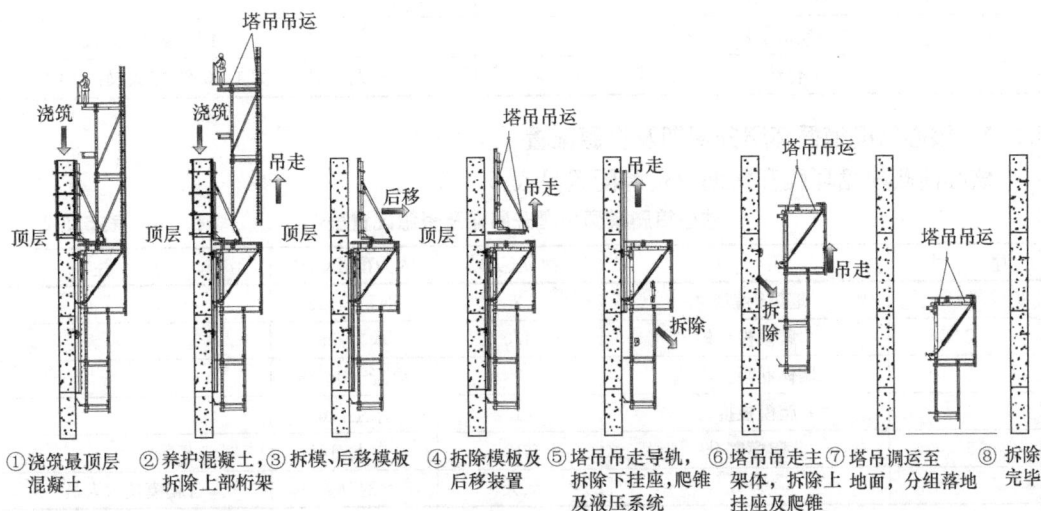

图 5.4　爬模拆除流程图

5.4.4　拆除技术要求

（1）用塔吊先将模板拆除并吊下。

（2）拆除主平台以上的模板桁架系统，用塔吊吊下。

（3）用塔吊抽出导轨。

（4）拆除液压装置及配电装置。

（5）将液压控制台的主平台跳板拆除，吊出液压控制泵站和一些液压装置。

（6）操作人员位于吊平台上将下层附墙装置及爬锥拆除并吊下。

（7）用塔吊吊起主梁三脚架和吊平台，起至适当高度，卸下最高一层附墙装置及爬锥，并修补好爬锥孔洞。

（8）最后拆除与爬梯或电梯相连的架体，操作人员卸好吊钩、拆除附墙装置及爬锥，操作人员从电梯或爬梯下来后，再吊下最后一榀架子。

（9）外防护穿孔板等架体落地就位后，再进行拆除。

5.5 液压爬模安装、爬升和拆除周期及资源配置

5.5.1 爬模安装周期及资源配置

爬模安装周期及资源配置见表5.5-1。

初始状态：首层墙体混凝土浇筑完毕。

爬模安装周期及资源配置表　　　　　　　　表 5.5-1

序　号	项　　目	时间（天）	人力配置（个）	备　　注
1	吊装主平台	1.5	力工：10	
2	吊装模板后移支架	1.5	力工：10	
3	吊装模板	1	力工：10	
4	安装液压装置	1	专人：10	
5	安装导轨	0.5	力工：6	地下4层混凝土浇筑完
6	液压调试	1	专人：10	
7	安装吊平台			不影响施工进度
	合计	6.5天	10+10人	力工10名，专人操作10名

5.5.2 核心筒爬模循环爬升周期及资源配置

核心筒爬模循环爬升周期及资源配置见表5.5-2。

核心筒爬模循环爬升周期及资源配置表　　　　　　表 5.5-2

序　号	项　　目	时间（天）	人力配置（个）	备　　注
1	墙体钢筋绑扎	2	钢筋工：18	
2	爬模板合模	1.0	木工：16	
3	墙体混凝土浇筑	1	混凝土工：18	
4	爬模板拆模	1	木工：16	
5	爬模爬升	1	专人：16	
	合计	5天	34人	含爬模技术人员

5.5.3 爬模拆除周期及资源配置

初始状态：最后一层混凝土浇筑完。

爬模拆除周期及资源配置见表5.5-3。

爬模拆除周期及资源配置表　　　　　　　　表 5.5-3

序　号	项　　目	时间（天）	人力配置（个）	备　　注
1	拆除模板	2.0	力工：16	
2	拆除模板后移支架	3.0	力工：16	
3	拆除导轨	1.0	力工：16	
4	拆除液压装置	1.0	专人：16	
5	拆除主平台	3.0	力工：16	混凝土浇筑完成
	合计	10天	16人	力工6名，专人操作8名

6　爬模施工安全措施

6.1　安全管理组织机构

现场安全管理组织机构见图 6.1。

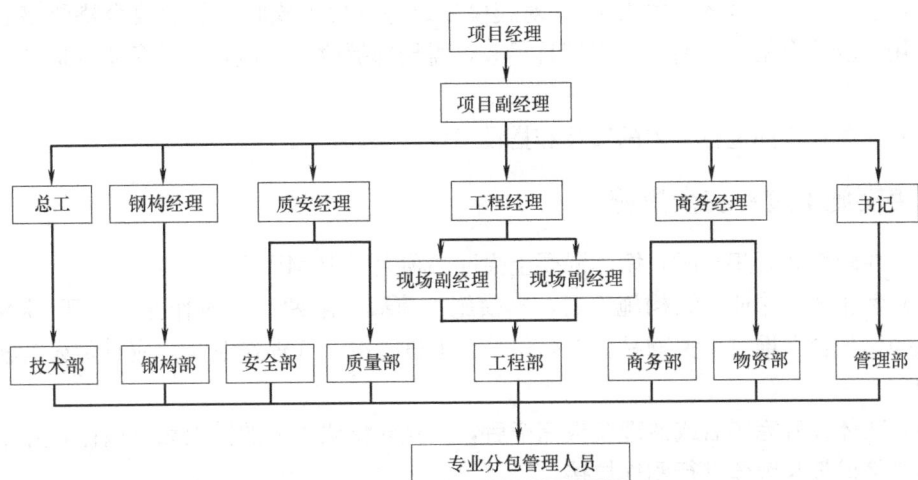

图 6.1　安全管理组织机构图

6.2　爬模产品质量保障措施

（1）爬模产品所使用的各类钢材、机电产品均有产品合格证，并符合设计要求，对于受力螺栓、双埋件挂座、横梁钩头、承重插销、导轨等重要受力部件，除应有钢材生产厂家产品合格证及材质证明外，还应进行复检，确保材料质量符合安全要求。

（2）爬模产品出厂前，必须进行组装调试并验收合格，不合格产品不得出厂。

（3）爬模产品进入施工现场，总包方组织监理、专业公司等相关方对产品验收后进行安装。

6.3　爬模安装过程安全措施

（1）安装前应根据专项施工方案要求，配备合格人员，明确岗位职责，并对有关施工人员进行安全技术交底。

（2）严格控制预埋件和预埋套管的埋设质量，为保证预埋位置的准确，应用辅助筋将预埋套管与墙体横向钢筋固定可靠，防止跑偏。预埋孔位偏差未达到要求的不得进行安装；预埋孔处墙面必须平整，保证挂座与墙体的充分接触；螺母必须拧紧以确保附墙座与墙面的充分接触。

（3）在结构墙体混凝土强度超过 10MPa（特殊要求的另行规定）后，方可进行爬模安装。

（4）爬模上所有零部件的连接螺栓、销轴、锁紧钩及楔板必须拧紧和锁定到位，经常插、拔的零件要用细钢丝拴牢。

（5）主承力点以上的架体高度为悬臂端，应在爬模正常使用阶段将悬臂端的中间位置与结构进行刚性拉接固定，以减少风荷载对架体的影响，拉接水平间距不大于3m。

（6）操作平台上按相关规范要求设置灭火器，并确保灭火器可靠有效。

（7）爬模安装完毕后，根据相关规范规定要求，组织监理、专业公司等相关方（包括负责生产、技术、安全的相关人员），对爬模安装进行检查验收，经验收合格签字后方可投入使用。验收合格后任何人不得擅自拆改，需局部拆改时，应经设计负责人同意，由架子工操作。

（8）严禁在夜间进行架体的安装和搭设工作。

6.4　爬模施工过程安全措施

（1）在爬模装置爬升时，墙体混凝土强度必须大于10MPa。

（2）禁止超载作业，结构施工时，爬模施工荷载（限两层同时作业）小于$3kN/m^2$，严禁在操作平台上堆放无关物品。在操作平台上进行电、气焊作业时，应有防火措施和专人看护。

（3）架体提升完毕后或清理模板完毕后，应立即将架体上的模板靠近墙体，并用模板对拉螺栓将模板与墙体进行刚性拉接。

（4）爬模专职操作人员在爬模的使用阶段应经常（每日至少两次）巡视、检查和维护爬模的各个连接部位；确保爬模的各部位按要求进行附着固定。

（5）非爬模专职操作人员不得随便搬动、拆卸、操作爬模上的各种零配件和电气、液压等装备。在爬模上进行施工作业的其他人员如发现爬模有异常情况时，应随时通报爬模专职操作人员进行及时处理。

（6）六级（含六级）以上大风应停止作业，大风前须检查架体悬臂端拉接状态是否符合要求，大风后要对架体做全面检查符合要求后方可使用。

（7）每施工3层或施工进度较慢及施工暂时停滞时每个月都应对挂座、液压系统等进行检查保养，以保证架体的正常使用。

（8）施工过程中，由施工方组织施工技术人员、安全员、液压操作人员、监理等进行爬模架体的检查，确保施工过程安全，内容见附表3：液压爬模架体月检记录表。

6.5　爬模提升过程安全措施

（1）爬模提升时，架体上不允许堆放与提升无关的杂物。严禁非爬模操作人员上爬模架。

（2）提升过程中应实行统一指挥、规范指令，提升指令只能由一人下达，但当有异常情况出现时，任何人均可立即发出停止指令。

（3）爬模提升到位后，必须及时按使用状态要求进行附着固定。在没有完成架体固定工作之前，施工人员不得擅自离岗或下班，未办交付使用手续的，不得投入使用。

（4）遇六级（含六级）以上大风和大雨、大雪、浓雾和雷雨等恶劣天气时，禁止进行提升和拆卸作业，禁止夜间进行提升作业。

（5）正在进行提升作业的爬模作业面的正下方严禁人员进入，并应设专人负责监护。

6.6 爬模拆除过程安全措施

（1）爬模的拆卸工作须严格按照专项方案及安全操作规定的有关要求进行。

（2）拆除工作前对施工人员进行安全技术交底，拆除中途不得换人，如更换人员必须重新进行安全技术交底。

（3）爬模拆除属于高空特种作业，从事高空作业的人员必须经过体检、凡患有高血压、心脏病、癫痫病、晕高症或视力不够以及不适合高空作业的，不得从事登高拆除作业。

（4）操作人员必须经专业安全技术培训，持证上岗，同时熟知本工种的安全操作规定和施工现场的安全生产制度，不违章作业。对违章作业的指令有权拒绝，并有责任制止他人违章作业。操作人员将安全带系于墙体在台仓外一侧的墙体施工钢管操作架上，防止爬模拆除过程中本身失稳造成坠落事故。

（5）操作人员必须正确使用个人安全防护用品，必须着装灵便（紧身紧袖），必须正确佩戴安全帽和安全带，穿防滑鞋。作业时精力要集中，团结协作，统一指挥。不得"走过挡"和跳跃架子，严禁打闹玩笑，酒后上班。

（6）拆除架体前划定作业区域范围，并设警戒标识，与拆除架体无关的人员禁止进入。拆除架体时应有可靠的防止人员与物料坠落的措施，严禁抛扔物料。

（7）遇六级（含六级）以上大风和雨雪天气、浓雾和雷雨天气时，禁止进行架体的拆除工作，并预先采取加固架体的措施。禁止夜间进行爬模的拆除工作。

（8）拆除工作因故不连续时，应对未拆除部分采取可靠的固定措施。

（9）拆除架体的人员应配备工具套，手上拿钢管时，不准同时拿扳手，工具用后必须放在工具套内。拆下来的各种配件要随拆、随清、随运、分类、分堆、分规格码放整齐，要有防水措施，以防雨后生锈。

6.7 爬模安全防护措施

爬模设置7层平台，上平台除墙体位置外满铺脚手板，要求脚手板离混凝土墙面的距离不应大于200mm；主平台满铺脚手板，要求脚手板离混凝土墙面的距离不应小于100mm；下平台满铺脚手板，要求脚手板离混凝土墙面的距离不应小于200mm；液压平台和防护平台与墙体间间隙用翻板封闭。绑筋辅助平台根据实际需要，脚手板可不满铺，脚手板与离墙距离不超过200mm。

各片架体平台间留有100mm的间隙，以保证单独架体的提升。为安全防护，在离架体的空隙处铺设翻板，当架体提升时将翻板翻开，架体提升到位后，应立即将翻板铺好，并用安全网将各独立架体连接好。在铺设架体各层脚手板时，在标准架体水平位置中间留1200mm×800mm的洞，预制爬梯将各平台连接，使架体上下有一个通道，在各平台洞口处用护栏做好维护。

地上15层和29层安拆前需要做好爬模架体的安全措施，必须由项目部统一下达拆除命令，对操作人员进行安全交底，拆除中做好临时安全防护，拆完后立即安装防护。

流水段处外侧爬模提升前，需要做好临时平台防护。

6.8 防火措施

爬模架的平台板部分是木质材料，在有明火的情况下容易引起火灾，为保证施工安全，需采取以下措施：

（1）在爬模架体的主平台相应位置安放灭火器，灭火器应使用合格产品，并定期进行检查，并对不能正常使用的灭火器及时进行更换。

（2）对施工现场的工人进行消防安全教育，施工作业面严禁进行明火作业，严禁吸烟。

（3）安全网必须用符合安全部门规定的防火安全网。

（4）爬模架体上必须配备足够的灭火安全器材，成立义务消防队。施工消防供水系统随爬模施工同步设置。

（5）在爬模架高处进行电、气焊接作业时，应用非燃材料做接火盘，并派专人看守，大风天气焊接时，应设风挡，防止火花飞溅。

（6）设置火灾发生时施工人员紧急疏散通道

（7）火灾发生后，现场管理人员在通过消火栓及消防水箱进行灭火扑救的同时，要组织施工人员及时撤离火灾现场，爬模作业面施工人员通过爬模上平台和下平台之间的楼梯通道进入核心筒楼板与爬模主平台之间垂直楼梯，从楼板作业面疏散楼梯进行紧急撤离。施工时应提前组织爬模工作人员进行紧急情况下的疏散演习。

7 季节性施工保证措施

7.1 防雷措施

依据《施工现场临时用电安全技术规范》JGJ 46—2005 第5.4.2条，"当最高机械设备上避雷针（接闪器）的保护范围能覆盖其他设备，且又最后退出现场，则其他设备科不设防雷装置"本工程爬模在塔吊覆盖范围之内，因此爬模不设置防雷装置。

7.2 防雨措施

在爬模架体的上平台跳板为花纹钢跳板，确保雨水不会进入到爬模下几层平台，雨季施工的情况下，人员只要通过爬梯下至爬模架体的主平台进行避雨即可。

本工程模板体系施工时将会有作业时间位于雨季，若混凝土施工过程中核心筒墙体内进入大量雨水将会引起钢筋锈蚀并将影响到混凝土的强度、浇筑质量。因此，本工程模板体系设计时必须考虑雨季暴雨及雷雨天气对核心筒墙施工过程的影响。

因此，本工程核心筒爬模需要考虑雨季施工遮雨措施。爬模设计考虑将爬模上平台做成防水上平台，并在平台之间墙体两边设置遮雨棚，内墙为单侧遮雨设计，外墙为双侧遮雨设计，墙体内型钢位置单独设置遮雨棚，遮雨棚连接在平台爬升到位后进行，爬升时遮雨棚收回。具体见表7.2。

雨季施工遮雨措施做法表　　　　　　　　　　表7.2

遮雨棚设计方案	备　注
遮雨棚骨架 钢柱外固遮雨棚 胶条密封 方钢骨架 H型钢豁口 雨棚斜拉杆拉于栓钉上 伸臂式雨棚支架	遮雨棚为两片组装式,交接位置处胶条密封防水,方钢组焊,表面铺防水布,与钢柱交接位置尺寸根据钢柱截面变化进行调整。型钢柱位置遮阳棚面积大于两侧墙体位置面积
H型钢柱位置遮雨棚做法	
方钢柱豁口 方钢骨架胶条密封 斜拉杆10%　挂构连接10% 伸臂式雨棚支架 爬模上平台	遮雨棚为两片组装式,交接位置处胶条密封防水,方钢组焊,表面铺防水布,与钢柱交接位置尺寸根据钢柱截面变化进行调整。方钢柱位置遮阳棚面积大于两侧墙体位置面积。方钢柱顶部加盖板防止雨水进入箱体
方钢柱位置遮雨棚做法	
平面示意图 防雨布卡口 立面防雨布卷轴　防雨布卷轴 剖面示意图 可伸缩遮雨棚单元详图1 可伸缩遮雨棚单元详图2 插销 两片遮雨棚顶部接点图	遮雨棚为两片组装式,交接位置用卡口固定,遮雨棚设计为可收缩式,在晴天可将遮雨棚折叠回收,作平台栏杆使用,雨天拉开作遮雨用途,为防止雨水从侧面进入墙体,在遮雨棚立杆侧面固定一立面遮雨卷轴,下垂700mm以遮挡立面雨水

437

7.3 防风措施

爬模体系在六级风以下可以进行施工及爬升作业，风力超过六级不能进行爬模施工作业，所有人员须撤离爬模施工平台；当风力超过九级时，除施工人员需撤离爬模施工平台、不得再进行爬模施工作业外，还需将外侧爬模架体与内筒爬模架体之间进行有效的连接，保证爬模架体的整体刚度。

（1）当大风天气来临前，做好爬模加固措施，所有安全销承重销必须安装就位。安全销可惜竖向锁死爬模，防止架体因大风滑出导轨坠落。

（2）大风天气来临前，必须合模，穿好对拉螺杆并锁死安装螺母，使内外架体连接成整体。

7.4 防冻措施

冬期施工，遇到雨雪天气时，应及时清理爬模工作平台上的积雪及结冻物，做到脚下安全、防滑。

钢模板冬期施工需要做好保温措施，可以选用质轻、防火、保温性能比较好的聚苯乙烯泡沫板。施工中注意保护、避免破损，如破坏要进行及时修补和更换。

8 应 急 预 案

本预案主要针对爬模施工可能发生的高空坠落、架体倾覆、物体打击、火灾等紧急情况的应急准备和响应。

8.1 应急组织

8.1.1 组织机构

本着"安全第一，预防为主，综合治理"的方针，项目部建立安全应急预案领导小组，全面处置各类安全突发事件工作。

应急小组组织机构见图 8.1-1。

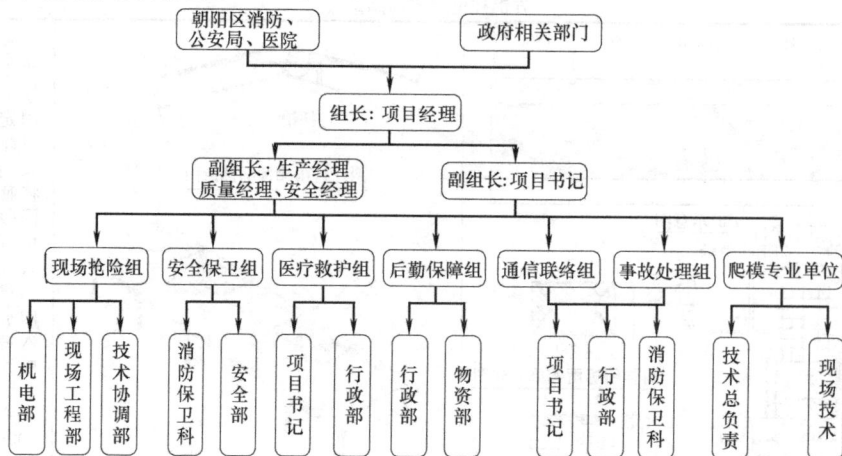

图 8.1-1 应急小组组织机构图

8.1.2 应急小组管理职责

应急小组管理职责详见表 8.1。

应急小组管理职责分工表 表 8.1

名称	主要职责分配
组长、副组长职责	(1)决定是否存在或可能存在的重大紧急事故,要求应急服务机构提供帮助并实施场外应急计划,在不受事故影响的地方进行直接控制。 (2)复查和评估事件(事故)的可能发展方向,确定其可能的发展方向。 (3)通告外部机构,决定请求外部机构或启动上一级预案(公司级)。 (4)施工现场实行交通管制,协助场外机构开展服务工作。 (5)指导设施的部分停工,决定应急撤离,并确保任何伤害者都能得到足够的重视。 (6)负责恢复生产,应急终止,上报事件(事故)
现场抢险组	组织实施抢险行动方案,协调有关部门的抢险行动;及时向指挥部报告抢险进展情况
安全保卫组	负责事故现场的警戒,阻止非抢险救援人员进入现场,负责现场车辆疏通,维持治安秩序,负责保护抢险人员的人身安全
后勤保障组	负责调集抢险器材、设备;负责解决全体参加抢险救援工作人员的食宿问题
医疗救护组	负责现场伤员的救护等工作
事故处理组	负责做好对遇难者家属的安抚工作,协调落实遇难者家属抚恤金和受伤人员住院费问题,做好其他善后事宜
爬模专业单位	负责爬模的技术支持等工作

8.1.3 应急通信牌

安全事故应急通信牌详见图 8.1-2。

安全事故应急通信牌
常用电话

匪警：110   天气情况查询：12121
火警：119   交通事故报警：122
电话维修：112
电话查号：114

现场应急小组常用电话

组长（项目经理）：

副组长（书记）：

副组长（生产经理）：

副组长（质量经理、安全经理）：

现场24h应急电话：

常用电话

(1) 公司总部（企卫公司）办公室电话：
    保安大队：   消防交通：
(2) 公司医院电话：   医生值班室：
(3) 派出所报警电话：   片警警官电话：
(4) 卫生院电话：
    朝阳区第二医院（北京市小庄医院）：   010-85993431
    首都医科大学附属医院北京朝阳医院：   010-85231000
(5) 朝阳区建外街道办事处城建科电话：   010-58783606
(6) 朝阳区建外街道办事处劳动科电话：   010-58789658
(7) 北京市公安消防总队红庙中队：   010-65021328

图 8.1-2 安全事故应急通信牌

8.2　应急准备措施

8.2.1　落实各级应急准备组织机构及其责任制

项目经理部应明确职责，实行责任制，做好各项措施的落实工作。各项外协施工单位必须编制承包施工范围内的应急救援预案。

8.2.2　培训

项目安全生产监督管理部门监督、指导项目经理部各外协施工单位进行应急救援预案、有关安全相关知识的学习。

各外协施工单位由项目经理和安全员组织，对项目施工操作人员进行培训工作，培训内容包括项目应急预案、安全常识及实际操作等。

8.2.3　应急准备措施要点

严格按照公司《安全生产与文明施工实施细则》的要求，进行安全防护、安全验收及安全检查工作，避免或减少高处坠落事故带来的伤害。

现场人员应严格按要求配备和使用个人防护用品，避免或减少意外伤害的发生。进入施工现场必须戴安全帽。

紧急事务联络员的手机电话应 24 小时开通，随时保证信息畅通。

8.3　应急响应措施

在高处坠落事故中出现人员伤害时，发现人员应立即通知项目紧急事务联络员，并及时通知公司紧急事务联络员，由项目紧急事务联络员根据情况决定是否拨打 120、999、110 等求救电话，条件允许可直接送往就近医院；在送往医院前项目应组织进行相应的现场急救，为伤员争取抢救机会，挽救生命。

8.3.1　严重创伤伤员的现场急救和转送

（1）迅速使伤员脱离危险场地，将其转移到安全地带。

（2）保持呼吸道通畅。发现窒息者，应及时解除其呼吸道梗阻和呼吸机能障碍，可解开伤员衣领，清除其口、鼻、咽、喉部的异物，采取半卧位（脊柱损伤者除外）；根据情况，可请有经验人员为其做人工呼吸。

（3）有效止血，防治休克。大出血可引起失血性休克，甚至死亡，必须立即有效止血，可根据不同伤情应用指压法、填塞或止血带等方法；对没有消化道损伤的清醒伤员可给予含盐饮料，少量多次引用。

（4）包扎伤口。即时包扎伤口可避免在运送途中伤口暴露，增加感染机会。稍加压力的包扎，一般的出血可以制止，遇有肠脱出、脑膨出等内脏脱出，应进行保护性包扎（如伤口扣上碗、盆等物后再加压包扎），避免干燥或受压；包扎物品应用急救包内的灭菌纱布，或清洁的毛巾、衣服、布类等。

（5）保存好断离的器官或组织。若有断肢、断指（趾）、较大块的皮肤或组织，应用尽量干净的干布（最好为灭菌敷料）包裹，装入塑料袋内，再将塑料袋置于冰水中，随伤员一起转送。

（6）预防感染并止痛。如果施工工地比较偏远，运送时间较长，可以给伤员用抗生素和止痛剂，以预防感染，减轻痛苦。

8.3.2 脊柱损伤的现场急救

(1) 应用硬质担架或木板、门板搬运。

(2) 先使伤员四肢伸直,担架放在伤员一侧,两至三人扶伤员躯干,使其成一整体滚动,移至担架上,注意不要使躯干扭转;禁用搂抱或一人抬头、一人抬足的方法,以免增加脊柱的弯曲,加重椎骨和脊髓的损伤。

(3) 对颈椎损伤的伤员,要有专人托扶头部,沿纵轴向上略加牵引,使头、颈随躯干一同移动,或由伤员自己双手托住头部,缓慢搬移;严禁随便强行搬动头部,伤员躺到担架上后,用沙袋或折好的衣服放在颈的两侧加以固定。

8.3.3 触电事故现场急救

发现事故现场发生触电事故,首先切断事故电源、对伤员进行抢救(人工呼吸或心脏按压法),保护现场,同时拨打急救中心电话并疏散现场围观人群,派人去路口迎接急救车辆,伤员送往医院途中抢救工作不能停止。

8.4 应急医疗急救路线图

(略)

8.5 应急救援装备及应急救援药品

(1) 为保证发生突发性事故时,救援工作能顺利展开,在施工现场应准备好常用的应急救援装备及药品等。

(2) 应急救援药品包括:外用药品:双氧水、雷佛奴尔水、红药水、碘酒、消毒的棉签、药棉、清凉油或祛风油、三角巾、急救包。口服药:人丹、十滴水、保济丸或藿香正气丸、一般退烧药品。

(3) 应急救援装备见表 8.5。

应急救援装备表　　　　　　　　　　　　　　　　　　表 8.5

序　号	器材设备名称	用　途	数　量	单　位	备　注
1	安全帽	个人防护	50	顶	
2	安全带	个人防护	20	条	
3	监测仪器	应急监测	2	台	
4	交通车辆	应急运输	2	辆	
5	灭火器	应急救火	40	个	
6	急救药箱	应急救护	2	个	
7	担架	转运伤员	2	个	
8	木方、脚手板	临时支护	适量		

8.6 事故现场恢复及预案的管理和评审

(1) 事故现场恢复

应急救援工作结束后,将现场恢复到一个基本稳定的状态。在现场恢复的过程中仍存在潜在的危险,所以应充分考虑现场恢复过程中可能的危险。该部分主要内容应包括:宣布应急结束的程序；撤离和交接程序；恢复正常状态的程序；现场清理和受影响区域的连续检测；事故调查与后果评价等。

（2）预案的管理和评审

该应急预案是应急救援工作的指导文件，应急救援后对应急预案进行评审，针对实际情况以及预案中所暴露出的缺陷，不断地更新、完善和改进。

8.7　爬模施工过程中的风险和措施

8.7.1　安装过程

（1）预埋孔位不对

模板安装时埋件孔位、机位和首次预埋件位置要严格在一条线，首次定位埋件时水平和竖向标高要求非常严格。

架体与挂座不能对应时，首先检查架体尺寸是否正确，如架体尺寸正确，说明预埋位置有所偏差，偏差小于30mm可通过对埋件挂座上的长圆孔调整距离，使连接板上的孔位对正，若孔位偏差过大则需在墙体重新打孔并安装埋件挂座（因此每次预埋都应须严格检查）。

（2）预埋件漏埋或失效

如果埋件漏埋或失效时应采取以下方式进行补救：在预先设置的预埋件位置处，用冲击钻在剪力墙上钻出ϕ38的孔洞，将M36的通长螺杆穿过墙体，再用螺母及垫圈将其固定，最后再将挂座栓接于M36的通长螺杆上，见图8.7。

（3）塔吊挂钩没挂紧或挂钩位置不正确

爬模在进行整体吊装前应预先在地面组装位置进行预吊装，解决挂钩位置问题。先将架体稍稍吊起，观察架体的变形和挂钩是否牢靠，确定无误后，方可进行吊装。如吊起后架体倾斜过大应将其回落至地面，重新选择挂钩位置，待架体在吊起后没有较大倾斜的情况下再将架体吊装至安装位置，并做出标识，以便下次吊装时找准挂钩位置。

8.7.2　正常使用过程

（1）架体螺栓松动

如螺丝有松动现象，应立即对螺栓进行紧固。

（2）因超载导致局部架体变形

图8.7　预埋件漏埋
或失效处理示意图

应立即清理架体上所有物品，对局部变形位置进行暂时加固，立即安排更换变形部件的工作，做安全检查，看其他部位是否正常（施工过程中严禁架体进行超载或集中荷载作业）。

8.7.3　提升过程

（1）突遇大风天气

应立即停止架体的提升作业，切断架体提升所需电源，将架体上端悬挑端进行拉接固定，用钢管和特制扣件拉住爬模架最上端大横杆，待大风天气停止后再进行提升作业。

（2）遇障碍物影响提升

因架体高度较高，在提升前需进行联合检查，确认拆除所有障碍物、具备提升条件后

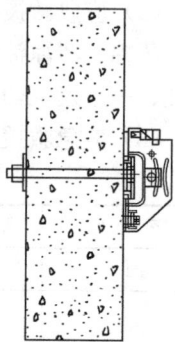

方可进行提升。如在提升时遇障碍物，会对整个架体的安全造成严重影响，如遇事先没有发现的障碍物，应立即停止提升，待拆除障碍物后方可再进行提升作业。

（3）液压缸无法正常工作

爬升时油缸无法正常工作时，需用 10t 的手扳葫芦将力卸载至混凝土结构上，葫芦上吊点设置在上一层已安好的挂座上，另一端与三脚架钩头连接，拉紧葫芦使其受力后更换油缸，若现场无备用油缸，则需塔吊配合提升。

8.7.4　拆除过程

（1）突遇大风天气

应立即停止架体的拆除，将架体上端悬挑端进行拉接固定，待大风天气停止后再进行拆除作业。

（2）架体上的坠落物

拆除前严格检查架体整体稳定性和清理架体上的所有物品，经各方检查完毕后方可进行拆除作业。

（3）警戒线内有人走动

拆除架体前，事先应在地面划出拆除警戒线，警戒线内严禁通行，地面应有人通过对讲机与拆除作业面的施工人员进行随时通告，当警戒线内有人通行时，应立即停止架体的拆除作业，待地面安全人员报告安全后方可进行拆除作业。

9　附　　件

9.1　计算书

9.1.1　大模板计算书 （略）
9.1.2　外侧爬模计算书 （略）
9.1.3　内侧爬模计算书 （略）

9.2　附图 （略）

范例 9　液压升降卸料平台工程

李雁鸣　李鸿飞　古文辉　编写

李雁鸣：北京建工博海建设有限公司质量总监，教授级高工

李鸿飞：北京城建二建设工程有限公司总工程师，教授级高工

某工程液压爬升卸料平台安全专项施工方案

编制：

审核：

审批：

***公司

年 月 日

目　　录

1　编　制　依　据

1.1　国家、行业和地方相关规范规程

名　称	编　号
《建筑结构荷载规范》	GB 50009—2012
《混凝土结构设计规范》	GB 50010—2010
《钢结构设计规范》	GB 50017—2003
《冷弯薄壁型钢结构技术规范》	GB 50018—2002
《混凝土结构工程施工质量验收规范》	GB 50204—2015
《钢结构工程施工质量验收规范》	GB 50205—2001
《混凝土结构工程施工规范》	GB 50666—2011
《液压传动系统及其元件的通用规则和安全要求》	GB/T 3766—2015
《建筑机械使用安全技术规程》	JGJ 33—2012
《施工现场临时用电安全技术规范》	JGJ 46—2005
《建筑施工安全检查标准》	JGJ 59—2011
《建筑施工高处作业安全技术规范》	JGJ 80—2016
《液压升降整体脚手架安全技术规程》	JGJ 183—2009
《建筑施工工具式脚手架安全技术规范》	JGJ 202—2010

1.2　设计图纸与施工组织设计

名　称	编　号
施工图	JG-10～JG-18
施工组织设计	GHXC623-SZ-01
液压爬升卸料平台产品企业标准	

1.3　安全管理法规文件

名　称	编　号
《建设工程安全生产管理条例》	国务院第 393 号令
《危险性较大的分部分项工程安全管理办法》	建质[2009]87 号
《北京市实施＜危险性较大的分部分项工程安全管理办法＞规定》	京建施[2009]841 号

2 工 程 概 况

2.1 总体概况

工程名称	＊＊＊＊
建设单位	＊＊＊＊
监理单位	＊＊＊＊
施工单位	＊＊＊＊
设计单位	＊＊＊＊
勘察单位	＊＊＊＊

本工程由6栋住宅楼、3栋配套管理用房和1个整体地下车库组成。总占地面积646494m²，总建筑面积207183.39m²。

施工要求在5-5号楼的5-8轴和5-10轴之间、5-20轴和5-22轴之间的南侧阳台洞口安装两套液压爬升卸料平台用于物料周转。洞口宽度3600mm，结构悬挑1400mm，楼板厚度：180mm，阳台板厚度为110mm，混凝土等级为：C30。

本工程5-5号楼地下3层，地上25层，剪力墙结构。层高自下而上依次为：从首层开始至24层，层高均为3m，第25层高3.12m，屋面层层高4.5m。卸料平台从第2层开始安装，第4层开始使用，一直到顶。

2.2 相关平面图（图2.2）

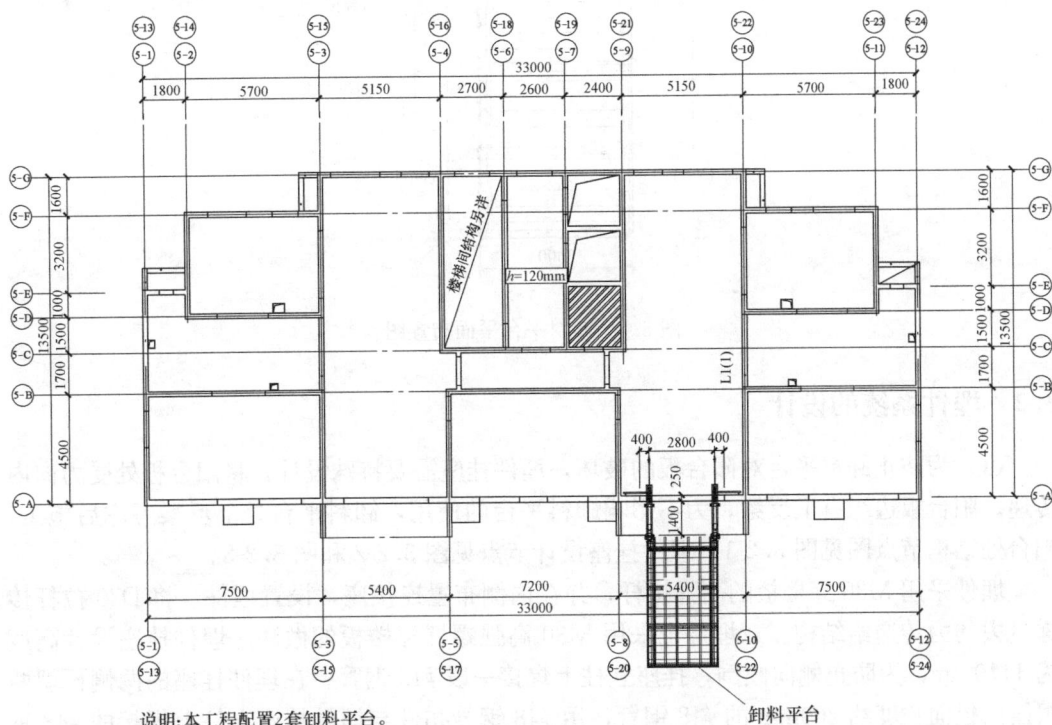

说明:本工程配置2套卸料平台。

图2.2 5-5号楼卸料平台平面布置图

2.3　卸料平台在本工程施工的难点

（1）卸料平台布置在有阳台板的洞口处，埋件挂座悬挑较大。

（2）为防止卸料平台对阳台板的破坏，挂座处需要特殊设计，将阳台板处受力向内传递。

3　液压爬升卸料平台方案设计

3.1　卸料平台布置

本工程共设置两套卸料平台，分别布置在 5-5 号住宅楼南侧 5-8 轴到 5-10 轴之间和 5-20 轴到 5-22 轴之间的阳台洞口处，洞口宽度 3.6m。两套卸料平台尺寸相等尺寸均为 3m×5.3m(W×L)，两导轨间距 2.8m。卸料平台平面位置见图 3.1。

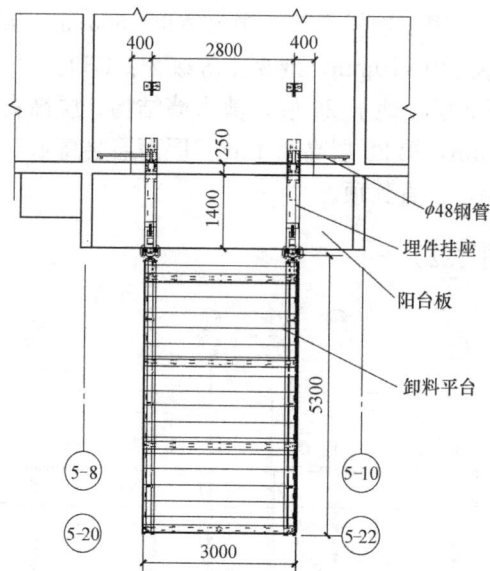

图 3.1　卸料平台平面布置图

3.2　埋件系统的设计

（1）为防止卸料平台对阳台板的破坏，埋件挂座需要特殊设计，将阳台板处受力向内传递。阳台板边缘有上反梁，为不影响卸料平台的使用，卸料平台处上反梁考虑后施工。阳台处结构节点图见图 3.2-1，埋件挂座设计节点见图 3.2-2 和图 3.2-3。

埋件采用 M30 穿楼板的高强螺杆，并在内侧布置连接座，设置埋件。将 D20 拉杆传递过去的力传递给结构。双埋件也采用 M30 高强螺杆穿楼板的做法。埋件挂座设计高度为 1170mm，为防止侧向倾倒，挂座立柱上焊接一段 ϕ48 钢管。在埋件挂座的两侧预埋两根露出板面长度约 200mm 的 ϕ48 钢管，用 ϕ48 钢管扣件与埋件挂座立柱上焊接的 ϕ48 钢管进行拉结。埋件定位图见图 3.2-4。

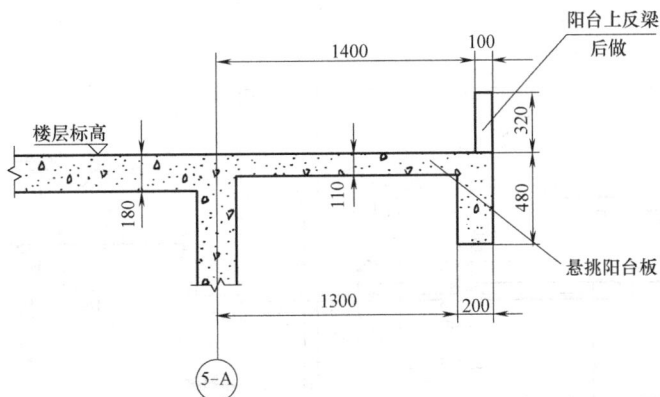

图 3.2-1 阳台板处结构节点立面图

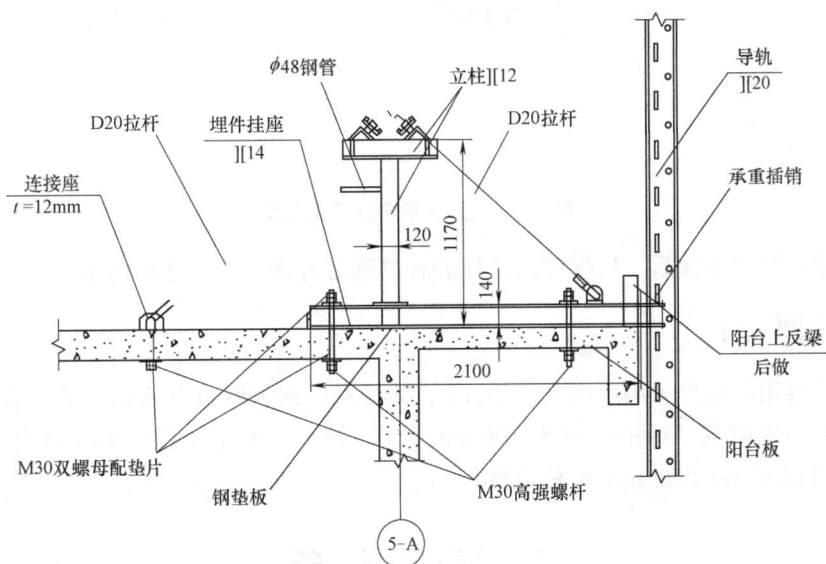

图 3.2-2 埋件挂座设计节点立面图

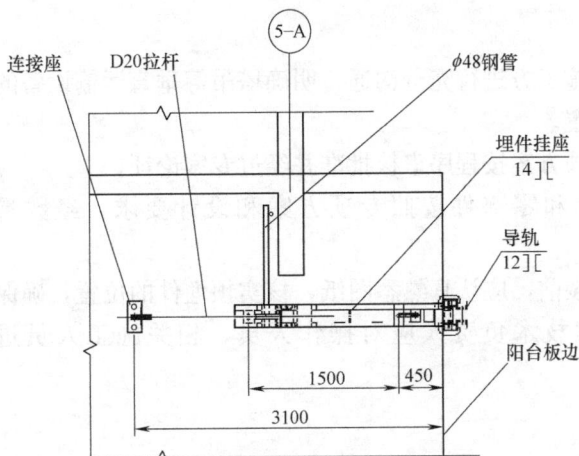

图 3.2-3 埋件挂座平面图

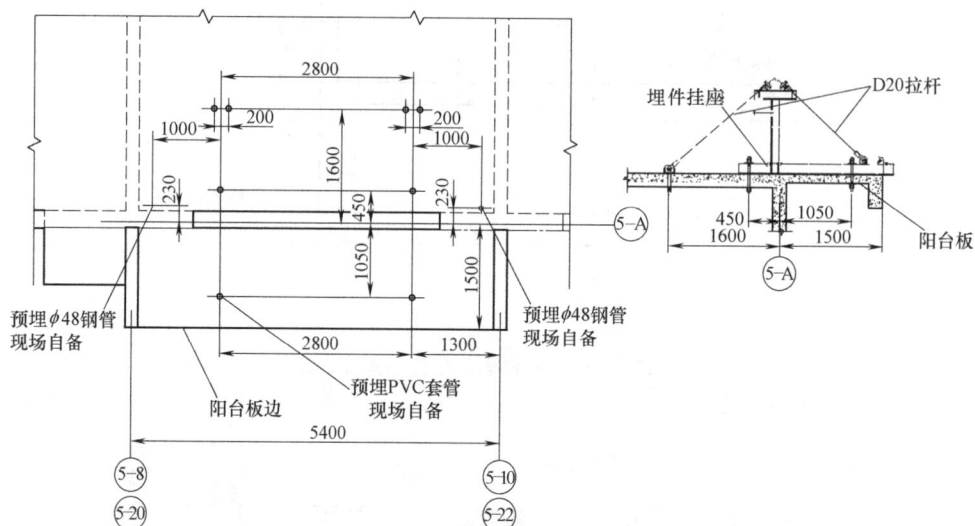

图 3.2-4　卸料平台埋件定位图

（2）埋件挂座安装后，应保证斜拉杆和各高强螺杆螺母处于紧固状态。

3.3　钢板网设计

卸料平台用外防护采用厚度为 0.5mm 的钢板网，钢板网设有 ϕ5mm 的小孔，方便采光并可以减小风荷载，标准规格为 1000mm×2000mm，根据工程需要还设有 980mm×2000mm、1150mm×2000mm 两种规格。

4　施　工　准　备

4.1　技术准备

（1）专业公司与施工方进行充分沟通，明确塔吊等垂直运输设备的分布，确定卸料平台位置及预埋设计位置。

（2）卸料平台专项方案按程序审核批准并经过专家论证。

（3）进场的产品和零部件按照专项方案和设计要求，经数量核对和质量验收合格。

（4）卸料平台安装前，应认真熟悉图纸，核实预埋件的位置，确保安装准确。

（5）安装前方案技术负责人应对操作人员、相关施工人员进行安全技术交底工作。

4.2　人员组织

1）卸料平台的材料供应，安装及爬升的技术指导由＊＊公司负责。

2）总包管理与协调，总包项目经理部负责审查材料供应单位的产品合格证，安全生产许可证等相关证件。负责审查特种作业人员的建筑施工特种作业操作资格证书等。对卸料平台的进度、施工质量、安全等进行监督和管理。卸料平台安装完成后由总包项目经理部组织监理和建设单位进行验收后方可使用。

3）卸料平台的安装由专业公司负责技术指导，施工方组织专业施工人员（专业的架子工）和机具进行安装，负责安装的施工人员应具备以下素质：

（1）从事作业人员必须年满 18 岁，两眼视力均不低于 1.0、无色盲、无听觉障碍，无高血压、心脏病、癫痫、眩晕和突发性昏厥等疾病，无其他疾病和生理缺陷。

（2）熟悉本作业的安全技术操作规程，责任心强，工作认真负责。

（3）正确使用个人防护用品和采取安全防护措施。进入施工现场，必须戴好安全帽，作业时必须系好安全带，使用工具要放在工具套内。

（4）操作人员必须经过培训教育，考试、体检合格后持证上岗。任何人不得安排未经培训的无证人员上岗作业。

4.3 机具准备

（1）卸料平台的吊装为整体吊装。施工现场需要配合产品在现场的运输安装设备，如塔吊。

（2）准备好使用工具，线坠、白线、卷尺、铁水平尺、力矩扳手、电焊机、水钻等机具材料。

（3）卸料平台出厂前，进行预组装，验收合格后方可出厂，保证现场安装。

（4）施工用电配送到位，现场需提供大于 12kW 的电力以满足卸料平台爬升需求。

5 施 工 方 法

5.1 卸料平台的安装

5.1.1 安装流程

安装准备→在 F2～F4 层底板中根据施工图尺寸做好预埋，混凝土达到强度后安装埋件挂座→吊装导轨→导轨安装到位，插入承重插销→整体吊装在地面拼好的卸料平台→卸料平台安装到位，插入连接件→安装质量验收（图 5.1）。

5.1.2 安装技术要求

（1）安装前的准备工作主要为：对预埋件的位置确认。

（2）安装预埋件时，穿过楼板的螺杆加垫片使用双螺母拧紧。

（3）确保预埋件位置的正确。预埋时须依据"卸料平台埋件定位图"中平面预埋位置及立面预埋位置进行逐点放线预埋。预埋尺寸应满足表 5.1 的要求。

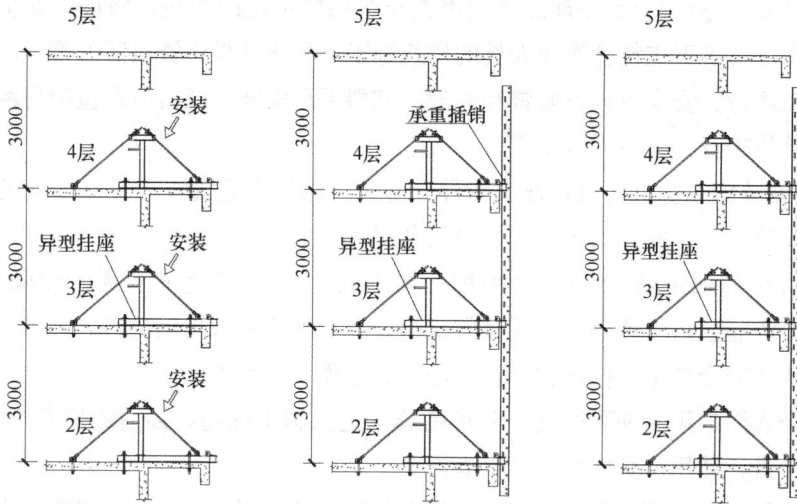

(1) 2~4层顶板施工时,预埋和PVC套管。和φ48钢管,混凝土达到强度后安装埋件挂座

(2) 吊装导轨,导轨到位后插入承重插销定位

(3) 整体吊装在地面拼装好的卸料平台

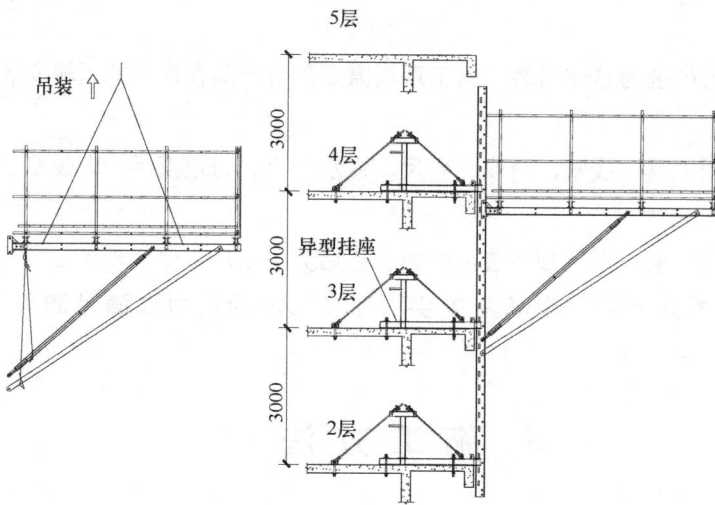

(4) 卸料平台吊装到位,插入连接件,安装完成

图 5.1　卸料平台安装流程图

预埋尺寸要求　　　　　　　　　　　　　　　　　　表 5.1

项　　目	尺寸要求(mm)
临近两层预埋孔垂直偏差	小于 10
多层累积预埋孔垂直偏差	小于 40
同一预埋层两孔水平偏差	小于 10

5.1.3　安装质量验收程序

（1）卸料平台安装前,施工总承包方组织监理、专业公司等相关方进行技术资料、结构轴线、标高测量定位,预埋件安装位置的检查验收,符合要求后进行安装。

（2）卸料平台安装完成，施工总承包方组织监理、专业公司等相关方按照专项方案有关技术参数检查验收后方可投入使用。

5.1.4 安装质量验收标准（见附表1）。

5.2 卸料平台施工

1）施工流程

凝土浇筑完成→安装埋件挂座→安装卸料平台液压系统→拔出承重插销→液压系统推动导轨爬升→导轨带动卸料平台爬升→爬升到位后，插入承重插销定位→拆除卸料平台下层埋件挂座周转使用→卸料平台一次爬升完成（图5.2-1、图5.2-2）。

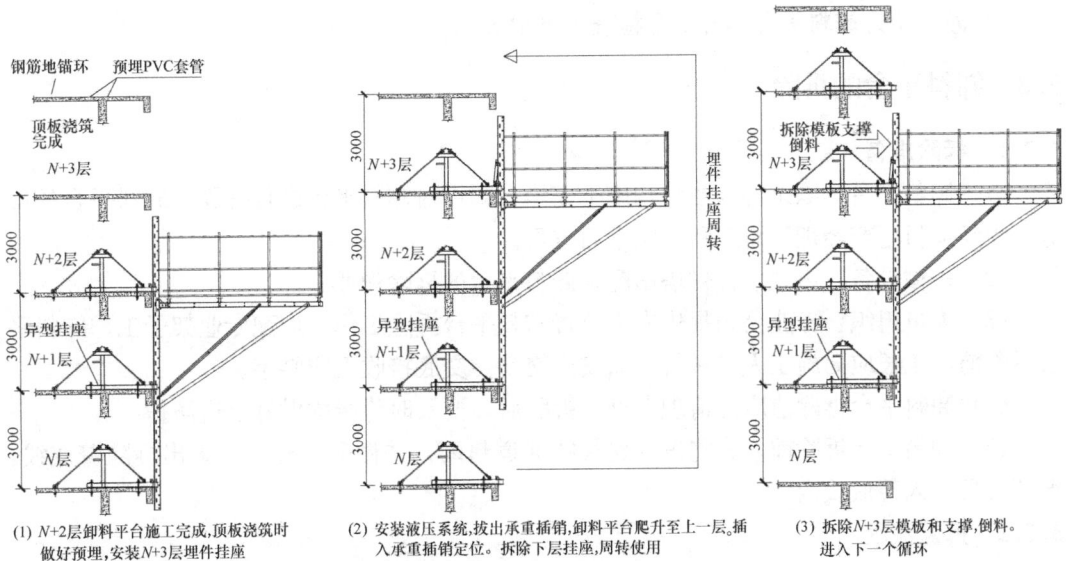

(1) N+2层卸料平台施工完成，顶板浇筑时做好预埋，安装N+3层埋件挂座

(2) 安装液压系统，拔出承重插销，卸料平台爬升至上一层。插入承重插销定位。拆除下层挂座，周转使用

(3) 拆除N+3层模板和支撑，倒料。进入下一个循环

图 5.2-1 卸料平台施工流程图

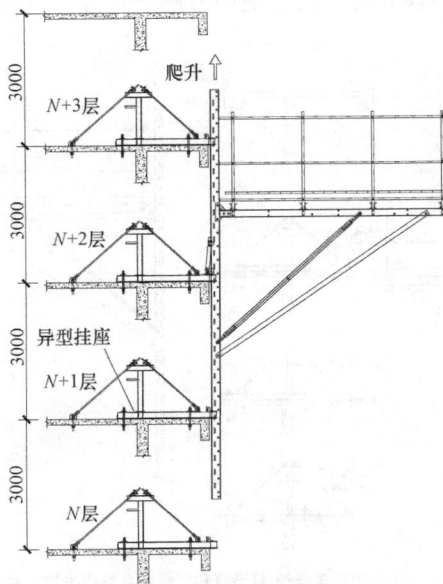

图 5.2-2 爬升最不利位置

2）卸料平台施工技术要求

（1）混凝土振捣时严禁振捣棒碰撞预埋套管。

（2）上层混凝土强度达到 10MPa 时，由项目部生产部门开具提升通知单，技术指导与施工总承包方安全员共同对卸料平台系统（包括卸料平台上的杂物，各连接部位的连接，及液压控制系统等）进行检查并填写提升前检查记录表，清理卸料平台杂物，符合要求后方可提升。

（3）爬升卸料平台时液压控制台应有专人操作，每个机位设专人看管是否同步，发现不同步，可调节液压阀门进行控制。

3）施工过程中每层进行爬升都要进行爬升前、爬升过程和爬升后使用前的安全检查，做好安全记录，符合要求后才能进行下道工序施工。

4）液压爬升卸料平台爬升安全检查表见附表二。

5.3 卸料平台的拆除

5.3.1 拆除准备

（1）卸料平台拆除条件：当结构施工完毕，即可对卸料平台进行拆除。卸料平台的拆除必须经项目生产经理、总工程师签字后方可。

（2）机械设备：由现场提供塔吊配合卸料平台的拆除作业。

（3）人员组织：专业公司提供专人负责卸料平台拆除工作，应配专业架子工，卸料平台拆除前，工长应向施工人员进行书面安全交底。交底接收人应签字。

（4）卸料平台拆除前应先清理杂物。拆除后，要及时将结构做好临边防护。

（5）卸料平台拆除前，先将进入建筑的通道封闭，并做醒目标识，画出拆除警戒线，严禁人员进入警戒线内。

5.3.2 拆除流程

拆除准备→清理所有杂物和拆除现有外部连接→在起吊设计位置上安装好塔吊的吊钩→拔出承重插销，整体吊移卸料平台至地面分解→拆除埋件挂座及埋件系统，并修补好埋件孔洞（图 5.3）。

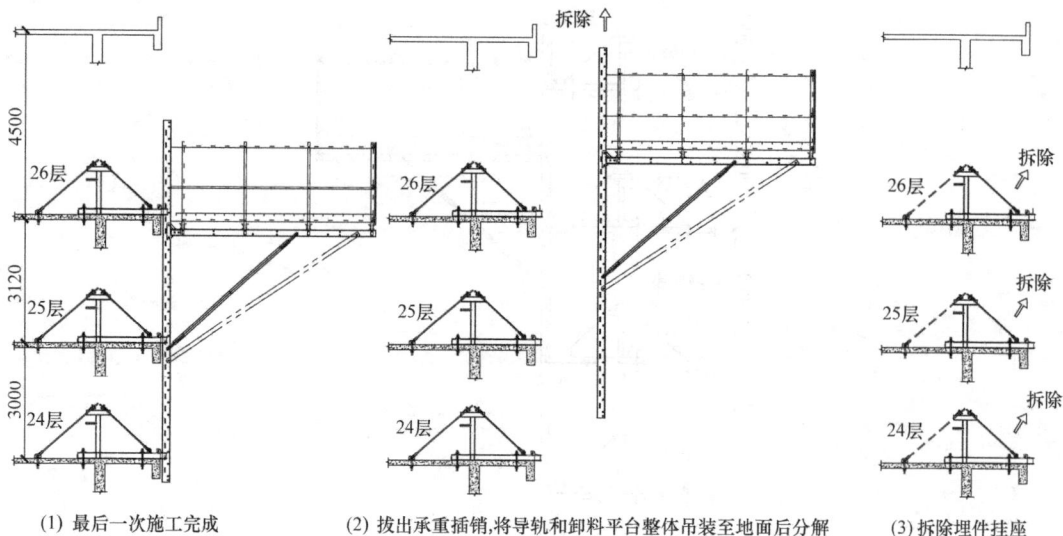

(1) 最后一次施工完成　　(2) 拔出承重插销,将导轨和卸料平台整体吊装至地面后分解　　(3) 拆除埋件挂座

图 5.3　卸料平台拆除流程图

6　施工安全措施

6.1　产品质量保障措施

（1）卸料平台产品所使用的各类钢材、机电产品均有产品合格证，并符合设计要求，对于高强螺杆等重要受力部件，除应有钢材生产厂家产品合格证外，还应进行复检，确保材料质量符合安全要求。

（2）卸料平台产品出厂前，必须进行组装调试并验收合格，不合格产品不得出厂。

（3）卸料平台产品进入施工现场，施工总承包方组织监理、专业公司等相关方对产品验收后进行安装。

6.2　安装过程安全措施

（1）安装前应根据专项施工方案要求，配备合格人员，明确岗位职责，并对有关施工人员进行安全技术交底。

（2）严格控制预埋件和预埋套管的埋设质量，为保证预埋位置的准确，应用辅助筋将预埋套管与楼板横向钢筋焊接固定，防止跑偏。预埋孔位偏差未达到要求的不得进行安装；预埋孔处楼面必须平整，螺母必须拧紧保证埋件挂座与楼面的充分接触。

（3）在结构楼板混凝土强度超过 10MPa 后，方可进行卸料平台埋件挂座的安装。

（4）卸料平台上所有零部件的连接螺栓、销轴、锁紧钩等必须拧紧和锁定到位，经常插、拔的零件要用细钢丝拴牢。

（5）卸料平台安装完毕后，施工总承包方组织监理、专业公司等相关方（包括负责生产、技术、安全的相关人员），对卸料平台安装进行检查验收，经验收合格签字后方可投入使用。验收合格后任何人不得擅自拆改，需局部拆改时，应经设计负责人同意，由架子工操作。

（6）严禁在夜间进行平台的安装和搭设工作。

6.3　施工过程安全措施

（1）在卸料平台装置爬升时，混凝土强度必须大于 10MPa。

（2）卸料平台专职操作人员在卸料平台的使用阶段应经常（每日至少两次）巡视、检查和维护卸料平台的各个连接部位；确保卸料平台的各部位按要求进行附着固定。

（3）非卸料平台专职操作人员不得随便搬动、拆卸、操作卸料平台上的各种零配件和电气、液压等装备。在卸料平台上进行施工作业的其他人员如发现卸料平台有异常情况时，应随时通报卸料平台专职操作人员进行及时处理。

（4）六级以上大风应停止作业，大风前须检查卸料平台悬臂端拉接状态是否符合要求，大风后要对卸料平台做全面检查符合要求后方可使用，冬天下雪后应清除积雪并经检查后方可使用。

（5）每施工 3 层或施工进度较慢及施工暂时停滞时每个月施工方都应对埋件挂座、液压系统等进行检查保养，以保证卸料平台的正常使用。

（6）施工过程中，由施工总承包方组织施工技术人员、安全员、液压操作人员、监理等进行平台的检查，并做好检查记录，确保施工过程安全。

6.4　提升过程安全措施

（1）卸料平台提升时，严禁非操作人员擅自操作液压系统。

（2）提升过程中应实行统一指挥、规范指令，提升指令只能由一人下达，但当有异常情况出现时，任何人均可立即发出停止指令。

（3）卸料平台提升到位后，必须及时按使用状态要求进行附着固定。在没有完成卸料平台固定工作之前，施工人员不得擅自离岗或下班，未办交付使用手续的，不得投入使用。

（4）遇六级以上大风和大雨、大雪、浓雾和雷雨等恶劣天气时，禁止进行提升和拆卸作业，禁止夜间进行提升作业。

（5）正在进行提升作业的卸料平台下面，严禁人员进入施工现场，并应设专人负责监护。

6.5　拆除过程安全措施

（1）卸料平台的拆卸工作须严格按照专项方案及安全操作规定的有关要求进行。

（2）卸料平台的拆除必须经项目部生产经理、总工程师签字后方可进行。拆除工作前对施工人员进行安全技术交底，拆除中途不得换人，如更换人员必须重新进行安全技术交底。

（3）卸料平台拆除属于高空特种作业，不合格人员不得从事登高拆除作业。

（4）操作人员必须经专业安全技术培训，持证上岗，同时熟知本工种的安全操作规定和施工现场的安全生产制度，不违章作业。对违章作业的指令有权拒绝，并有责任制止他人违章作业。操作人员将安全带系于施工钢管操作架上，防止卸料平台拆除过程中本身失稳造成坠落事故。

（5）操作人员必须正确使用个人安全防护用品，必须着装灵便（紧身紧袖），必须正确佩戴安全帽和安全带，穿防滑鞋。作业时精力要集中，团结协作，统一指挥。

（6）拆除卸料平台前划定作业区域范围，并设警戒标识，与拆除卸料平台无关的人员禁止进入。拆除卸料平台时应有可靠的防止人员与物料坠落的措施，严禁抛扔物料。

（7）遇六级以上大风和雨雪天气、浓雾和雷雨天气时，禁止进行卸料平台的拆除工作，并预先采取加固卸料平台的措施。禁止夜间进行卸料平台的拆除工作。

（8）拆除工作因故不连续时，应对未拆除部分采取可靠的固定措施。

（9）拆除卸料平台的人员应配备工具套，手上拿钢管时，不准同时拿扳手，工具用后必须放在工具套内。拆下来的各种配件要随拆、随清、随运、分类、分堆、分规格码放整齐，要有防水措施，以防雨后生锈。

6.6　防火措施

（1）在结构楼板相应位置安放灭火器，灭火器应使用合格产品，并定期进行检查，并对不能正常使用的灭火器及时进行更换。

（2）对施工现场的工人进行消防安全教育，施工作业面严禁进行明火作业，严禁吸烟。

7　季节性施工

7.1　防雷措施

（1）在建筑电气设计中，随着建筑物主体的施工，各种防雷接地线和引下线都在同步施工，建筑物的竖向钢筋、钢柱就是防雷接地引下线，卸料平台处于作业面下部，与结构主体连接，不再单独考虑防雷措施。

（2）在施工期间如遇有雷雨，卸料平台禁止有人靠近，所有人员必须立即离开。

7.2　防雨措施

雨期施工的情况下，人员只要进入结构主体结构进行避雨即可。

7.3　防风措施

卸料平台卸料平台在六级风以下可以进行施工及爬升作业，风力超过六级不能进行卸料平台施工作业，所有人员须撤离；当风力超过九级时，除了施工人员需撤离不得再进行卸料平台施工作业外，还需将使卸料平台主梁与阳台板做双向水平拉结，保证卸料平台的整体刚度。

8　应急预案

本预案主要针对卸料平台施工可能发生的高空坠落、架体倾覆、物体打击等紧急情况的应急准备和响应。

8.1　应急组织

8.1.1　组织机构

本着"安全第一，预防为主，综合治理"的方针，项目部建立安全应急预案领导小组，全面处置各类安全突发事件工作。

应急预案领导小组：

组　长：＊＊＊　副组长：＊＊＊　＊＊＊　＊＊＊

爬架施工班组人员：＊＊＊

通信小组：＊＊＊＊＊＊＊＊＊＊＊

警戒小组：＊＊＊＊＊＊＊＊

抢险小组：＊＊＊＊＊＊＊＊

抢救小组：＊＊＊＊＊＊＊＊＊＊＊

紧急事务联络员：＊＊＊

后勤小组：＊＊＊＊＊＊＊＊

善后小组：＊＊＊＊＊＊＊＊＊＊＊＊＊

8.1.2　各组职责

组长职责：全面负责项目部应急救援责任制的组织和落实工作，为应急准备及响应的培训工作提供必要的资源。

通信组职责：

（1）接警的第一时间内准确、迅速地向项目部应急救援组发出事故通知，并及时将指挥中心的各种指令准确传达到相关部位。

（2）负责在关键部位引导公共组织顺利到达现场。

（3）协助公司级应急救援通信组工作。

警戒组职责：

（1）迅速对事故现场周围建立警戒区域，为应急救援工作的物资运输、人群疏散、救援队伍提供交通畅通。

（2）防止无关人员进入事故现场发生不必要的伤亡或进行违法活动。

（3）负责项目部应急救援的警戒与治安。

（4）协助发出警报、现场紧急疏散、人员清点、传达紧急信息、执行指挥机构的通告、协助事故调查。

（5）协助公司级应急救援的警戒与治安。

抢险组职责：

（1）尽快控制事故的发展，防止事故的蔓延和进一步扩大。

（2）迅速抢救伤员及珍贵财物、资料。

（3）根据现场的实际情况做出准确判断，不得冒险作业，为公共急救组织到达现场开展急救工作做好充分准备。

（4）负责项目部级应急救援的消防和抢险。

（5）协助公司级应急救援的消防和抢险。

抢救组职责：

（1）组织受伤人员的现场急救。

（2）根据受伤的情况合理安排转送医院进行治疗。

（3）准备必要的急救器材及药品。

（4）负责项目经理部级应急救援的医疗与卫生工作。

（5）协助公司级应急救援的医疗与卫生职能。

后勤组职责：

（1）负责应急物资的准备和管理。

（2）负责及时供应所需的设备、材料、用品等，参加设备安全事故的调查处理。

善后组职责：

（1）主要负责事故调查、分析、处理。

（2）协调相关单位积极处理事故，将事故影响降到最低。

8.2　安全应急救援联系电话

8.2.1　急救电话

火警电话：119　　　　　　　匪警电话：110

急救中心：120   999   交通事故：122

8.2.2 项目部有关人员联系电话

序　号	姓　名	职　务	电　话	备　注
1	＊＊＊	总工		
2	＊＊＊	生产经理		
3	＊＊＊	机电经理		
4	＊＊	工程部经理		
5	＊＊	安全总监		
6	＊＊	质量总监		

8.3 应急准备措施

8.3.1 落实各级应急准备组织机构及其责任制

项目经理部应明确职责，实行责任制，做好各项措施的落实工作。各项外协施工单位必须编制承包施工范围内的应急救援预案。

8.3.2 培训

项目安全生产监督管理部门监督、指导项目经理部各外协施工单位进行应急救援预案、有关安全相关知识的学习。

各外协施工单位由项目经理和安全员组织，对项目施工操作人员进行培训工作，培训内容包括项目应急预案、安全常识及实际操作等。

8.3.3 应急准备措施要点

严格按照公司《安全生产与文明施工实施细则》的要求，进行安全防护、安全验收及安全检查工作，避免或减少高处坠落事故带来的伤害。

现场人员应严格按要求配备和使用个人防护用品，避免或减少意外伤害的发生。进入施工现场必须戴安全帽。

紧急事务联络员的手机电话应24小时开通，随时保证信息畅通。

8.4 应急响应措施

在高处坠落事故中出现人员伤害时，发现人员应立即通知项目紧急事务联络员，并及时通知公司紧急事务联络员，由项目紧急事务联络员根据情况决定是否拨打120、999、110等求救电话，条件允许可直接送往就近医院；在送往医院前项目应组织进行相应的现场急救，为伤员争取抢救机会，挽救生命。

8.4.1 严重创伤伤员的现场急救和转送

（1）迅速使伤员脱离危险场地，将其转移到安全地带。

（2）保持呼吸道通畅。发现窒息者，应及时解除其呼吸道梗阻和呼吸机能障碍，可解开伤员衣领，清除其口、鼻、咽、喉部的异物，采取半卧位（脊柱损伤者除外）；根据情况，可请有经验人员为其做人工呼吸。

（3）有效止血，防治休克。大出血可引起失血性休克，甚至死亡，必须立即有效止血，可根据不同伤情应用指压法、填塞或止血带等方法；对没有消化道损伤的清醒伤员可给予含盐饮料，少量多次引用。

（4）包扎伤口。即时包扎伤口可避免在运送途中伤口暴露，增加感染机会。稍加压力的包扎，一般的出血可以制止，遇有肠脱出、脑膨出等内脏脱出，应进行保护性包扎（如伤口扣上碗、盆等物后再加压包扎），避免干燥或受压；包扎物品应用急救包内的灭菌纱布或清洁的毛巾、衣服、布类等。

（5）保存好断离的器官或组织。若有断肢、断指（趾）、较大块的皮肤或组织，应用尽量干净的干布（最好为灭菌敷料）包裹，装入塑料袋内，再将塑料袋置于冰水中，随伤员一起转送。

（6）预防感染并止痛。如果施工工地比较偏远，运送时间较长，可以给伤员用抗生素和止痛剂，以预防感染，减轻痛苦。

8.4.2 脊柱损伤的现场急救

（1）应用硬质担架或木板、门板搬运。

（2）先使伤员四肢伸直，担架放在伤员一侧，两至三人扶伤员躯干，使其成一整体滚动，移至担架上，注意不要使躯干扭转；禁用搂抱或一人抬头、一人抬足的方法，以免增加脊柱的弯曲，加重椎骨和脊髓的损伤。

（3）对颈椎损伤的伤员，要有专人托扶头部，沿纵轴向上略加牵引，使头、颈随躯干一同移动，或由伤员自己双手托住头部，缓慢搬移；严禁随便强行搬动头部，伤员躺到担架上后，用沙袋或折好的衣服放在颈的两侧加以固定。

触电事故：发现事故现场发生触电事故，首先切断事故电源、对伤员进行抢救（人工呼吸或心脏按压法），保护现场，同时拨打急救中心电话并疏散现场围观人群，派人去路口迎接急救车辆，伤员送往医院途中抢救工作不能停止。

8.5 应急医疗急救路线图

目的地	线 路
朝阳医院	事故现场-广渠路-东三环-朝外大街-东大桥-工体东路-朝阳医院

图 8.5-1 急救路线图（略）

8.6 应急救援装备及应急救援药品

（1）为保证发生突发性事故时，救援工作能顺利展开，在施工现场应准备好常用的应急救援装备及药品等。

（2）应急救援药品包括：外用药品：双氧水、雷佛奴尔水、碘酒、消毒的棉签、药棉、清凉油或祛风油、三角巾、急救包。口服药：人丹、十滴水、保济丸或藿香正气丸、一般退烧药品。

（3）应急救援装备见表 8.6。

应急救援装备表　　　　　　　　　　　　　　　　表 8.6

序　号	器材设备名称	用　途	数　量	单　位	备　注
1	安全帽	个人防护	50	顶	
2	安全带	个人防护	20	条	
3	监测仪器	应急监测	2	台	
4	交通车辆	应急运输	2	辆	

续表

序　　号	器材设备名称	用　　途	数　　量	单　　位	备　　注
5	灭火器	应急救火	40	个	
6	急救药箱	应急救护	2	个	
7	担架	转运伤员	2	个	
8	木方、脚手板	临时支护	适量		

8.7　事故现场恢复及预案的管理和评审

（1）事故现场恢复

应急救援工作结束后，将现场恢复到一个基本稳定的状态。在现场恢复的过程中仍存在潜在的危险，所以应充分考虑现场恢复过程中可能的危险。该部分主要内容应包括：宣布应急结束的程序；撤离和交接程序；恢复正常状态的程序；现场清理和受影响区域的连续检测；事故调查与后果评价等。

（2）预案的管理和评审

该应急预案是应急救援工作的指导文件，应急救援后对应急预案进行评审，针对实际情况以及预案中所暴露出的缺陷，不断地更新、完善和改进。

8.8　施工过程中的风险和措施

1）安装过程

（1）预埋孔位不对。架体与埋件挂座不能对应时，首先检查架体尺寸是否正确，如架体尺寸正确，说明预埋位置有所偏差，水平偏差小于 20mm 可通过对埋件挂座上的长圆孔调整距离，使连接板上的孔位对正，若孔位偏差过大则需在楼板重新打孔并安装埋件挂座（因此每次预埋都应须严格检查）。

（2）预埋件漏埋或失效。如果埋件漏埋或失效时应采取以下方式进行补救：在预先设置的预埋件位置处，用冲击钻在楼板钻出 $\phi 34$ 的孔洞，将 M30 的通长螺杆穿过楼板，再用螺母及垫圈将其与挂座固定。

2）正常使用过程。如螺丝有松动现象，应立即对螺栓进行紧固。

3）提升过程

（1）突遇大风天气。应立即停止架体的提升作业，切断架体提升所需电源，将架体上端悬挑端进行拉接固定，用钢管和扣件拉住卸料平台最上端导轨，待大风天气停止后再进行提升作业。

（2）遇障碍物影响提升。卸料平台在提升前需进行联合检查，确认拆除所有障碍物、具备提升条件后方可进行提升。如在提升时遇障碍物，会对整个架体的安全造成严重影响，如遇事先没有发现的障碍物，应立即停止提升，待拆除障碍物后方可再进行提升作业。

（3）液压缸无法正常工作。在提升过程中当液压油缸无法正常工作时，应立即插好承重插销，然后更换液压油缸。

4）拆除过程

（1）突遇大风天气。应立即停止架体的拆除，将架体上端悬挑端进行拉接固定，待大风天气停止后再进行拆除作业。

（2）架体上的坠落物。拆除前严格检查架体整体稳定性和清理平台和架体上的所有物品，经各方检查完毕后方可进行拆除作业。

（3）警戒线内有人走动。拆除架体前，事先应在地面划出拆除警戒线，警戒线内严禁通行，地面应有人通过对讲机与拆除作业面的施工人员进行随时通告，当警戒线内有人通行时，应立即停止架体的拆除作业，待地面安全人员报告安全后方可进行拆除作业。

9　计　算　书

9.1　施工阶段计算

9.1.1　施工阶段荷载组合

9.1.2　风荷载计算

9.1.3　卸料平台计算

（1）平台施工荷载计算

（2）卸料平台自重计算

（3）卸料平台受力计算

建立力学模型，分别将风荷载、自重荷载和施工荷载施加在力学模型上，经计算在各杆件的受力均满足要求后，对导轨、主梁、斜撑、次梁等主要杆件进行受力验算。

（4）支座反力计算。

（5）承重插销计算。

（6）埋件挂座计算

导轨与埋件挂座通过承重插销连接，埋件挂座与结构通过高强螺杆连接；导轨将力传递到挂座上，再通过斜拉杆、高强螺杆和钢垫板将力传递到结构上。由于现场使用时，要求右侧悬挑阳台板处尽量不受力，故设计加高的异型埋件挂座将力向左侧传递。

建立力学模型，将导轨在承重插销和埋件挂座处的支座反力反向施加在模型上，对埋件挂座进行受力验算。在计算结果显示，各杆件的受力均满足要求后，对埋件挂座、D20斜拉杆、上部槽钢横梁等各主要杆件进行受力验算，并画出反力图。

（7）连接座耳板抗剪验算。

（8）高强螺杆验算。

（9）穿墙螺杆处混凝土局部受压承载力计算。

（10）高强螺杆与混凝土接触处的混凝土抗冲切强度计算。

9.2　爬升阶段计算

9.2.1　计算条件

9.2.2　风荷载计算

9.2.3　卸料平台架体验算

（1）先以导轨为支座建立卸料平台支架的力学模型，计算支座反力。

（2）建立导轨的力学模型，将平台支架的支座反力反向施加在导轨上，计算轴力、剪力和弯矩。

（3）导轨挠度验算。

9.2.4　油缸承载力验算

10　方　案　图　纸

（1）卸料平台平面布置图 ZL-GHXC-01（A）。（略）

（2）卸料平台预留孔平面定位图 ZL-GHXC-01（B）。（略）

（3）卸料平台总装图 ZL-GHXC-02。（略）

（4）卸料平台安装流程图 ZL-GHXC-03。（略）

（5）卸料平台爬升流程图 ZL-GHXC-04。（略）

（6）卸料平台拆除流程图 ZL-GHXC-05。（略）

附表 1　液压爬升卸料平台安装检查验收表

工程名称		总包单位		
施工单位		监理单位		
序号	检查项目	标准规定		检查结果
1	附着承载系统连接处的混凝土强度	大于 10MPa		
2	同一单元附着承载系统中心水平和垂直误差	±5mm		
3	两导轨拼装平行度和垂直误差	±5mm		
4	同一导轨接长处错台	±2mm		
5	两支架之间跨度	±5mm		
6	爬锥与受力螺栓连接紧固	受力螺栓拧入爬锥应为 60mm,垫板厚度 10mm		
7	埋件为穿透结构时受力螺栓连接方式	应为双螺母连接		
8	受力螺栓和挂座应连接紧固	挂座连接牢固不晃动,至少两层		
9	液压缸组件	正确安装牢固,承重舌和撑钩到位		
10	电气液压系统	①电控系统工作正常、灵敏可靠。②电气接线应牢固、电缆接头绝缘可靠,电路应有漏电和接地保护。③液压系统工作正常可靠。升降平稳、二缸同步误差不超过 20mm。④超载时溢流阀保护,液压缸油管破裂时液压锁保护。⑤液压系统应排油排气		
11	架体连接	采用销轴连接要插上弹簧销,螺栓螺母连接要采用平垫圈弹簧垫圈并用力拧紧		
12	承重插销	安装到位牢固		
13	卸料平台可调斜杆	可调斜杆同侧两根可调斜杆在同一导轨上的安装位置不能为同一位置		
14	防护板	防护板铺设严密无缝隙,无翻边		
检查结论				
总包单位		验收人员签字		日期
监理单位		验收人员签字		日期
施工单位		验收人员签字		日期

附表 2　液压爬升卸料平台爬升安全检查表

工程名称		施工部位		
工况	检查项目			检查结果
爬升前	爬升操作人员及通信设备是否已到位检查并试用			
	爬升前混凝土强度是否大于 10MPa			
	埋件位置与设计位置是否一致			
	受力螺栓及挂座是否安装牢固			
	是否清除所有障碍物,卸料平台与结构的连接是否拆除			
	卸料平台上不必要的荷载是否清理及人员是否撤离			
	电控系统及液压系统是否工作正常			
	液压缸组件是否灵活可靠			
	液压缸组件是否安装好,限位板是否扣好			
	液压缸组件撑钩是否顶在梯档位置上			
爬升班组 日期		总包单位 日期		监理单位 日期	
爬升过程	液压缸爬升一个行程后是否及时拨掉承重插销			
	液压缸不同步、架体遇到障碍等阻碍爬升状况应及时喊停			
	爬升到位后是否插入承重插销			
	随时检查液压缸组件撑钩和承重舌的可靠性			
	随时检查挂座和液压缸组件连接处的限位板的可靠性			
施工单位 日期		总包单位 日期		监理单位 日期	
爬升后 使用前	再次检查附着承载系统可靠性,建筑保护屏处于承重插销受力状态			
	是否关闭所有液压系统及电气设备			
	导轨至少附着在两层挂座上			
	架体各构件连接是否牢固			
施工单位 日期		总包单位 日期		监理单位 日期	

说明：1. 检查人员应由施工技术人员、安全员、施工单位、监理单位组成；
　　　2. 检查结果填写是或否即可；
　　　3. 本表格一式三份总包单位、监理单位、施工单位各一份。